주기선형계

연속계와 이산계의 융합

신정선·김도한 지음

KM 경문사

머리말

자연현상을 미분방정식으로 기술하고, 그 해 또는 해의 성질에 의해 자연 현상을 해명하는 것은 뉴턴(Newton) 이래 300년 이상의 역사를 가지는 전통적인 방법이다. 특히 상미분방정식은 푸앵카레(Poincaré) 이후, 해의 정성적 연구가 활발이 진행되었으며, 최근 카오스 현상, 프랙털 그리고 컴퓨터의 발달과 보급 등으로 이 분야의 연구는 폭넓고 깊이 있게 진행되었을 뿐만 아니라 인공지능, 생태계 등 여러 분야에 응용되고 있다.

이 책에서는 상미분방정식 전반을 다루는 것이 아니라 선형미분방정식계, 특히 주기계수 선형미분방정식계의 기초 이론을 다루되 종래와 달리 저자들에 의해 개발된 방법으로 새롭게 전개한다. 일반적으로 주기계수 선형미분방정식계에서 초기값과 대역적 해와는 1 대 1 대응이다. 즉 초기점을 주면, 그 점을 지나는 대역적 해가 유일하게 정해지며 그 해는 종래의 상수변화법의 공식(제차방정식의 해와 비제차방정식의 해의 합의 형태)으로 주어진다. 그러나 해의 점근적 행태는 적분 항 때문에 잘 알 수가 없다. 그러므로 초기값을 주면, 이에 따르는 해의 점근적 행태를 한 눈으로 알 수 있으면 다행이다. 바로 이러한 생각을 구현한 것이 이 책이다. 이를 위해 저자는 종래 방법과는 다르게 해를 주기함수와 행태를 알 수 있는 (지수함수와 비슷한) 함수의 합의 형태로 표현할 수 있다는 것을 밝힘으로써 이를 가능케 하였다. 이와 같은 해의 표현은 연속계를 이산화(차분화)하고 이산화된 차분방정식계의 새로운 해의 표현을 찾아내고, 그 결과를 다시 연속계로 돌림으로써 얻어진다. 이 과정에 이항계수, 베르누이 수 및 스털링 수 등이 밀접하게 관계된다. 그러므로 이 책은 연속계, 이산계, 수론의 융합체라고 말할 수 있다.

이 책의 주요 특징은 다음과 같다.

첫째, 상수변화법의 공식의 변형으로서 주기계수 선형미분방정식계(연속계), 상수계수 선형차분방정식계(이산계)의 해의 표현을 새롭게 주었다. 이 표현의 최대의 이점은 해의 모든 행태를 쉽게 알 수 있다는 것이다.

둘째, 얻은 해의 표현으로부터 해의 점근적 행태를 초기값에 의해 특징지을 수 있다.

셋째, 상수계수 선형차분방정식계(이산계)의 해의 표현으로부터 행렬의 변환공식을 새롭게 얻고 있다. 이 변환공식은 이산계와 연속계에 사이의 다리 역할을 한다.

넷째, 스펙트럼 분해정리와 스펙트럼 사상정리를 기초로 하는 행렬의 스펙트럼 이론을 기본 도구로 삼고 있다. 많은 책들은 조르당(Jordan) 표준형에 의거하고 있다.

이 책의 내용을 이해하려면 예비지식으로 고도한 수학은 필요하지 않지만, 미분적분학, 선형대수학, 대수학, 수론(조합), 미분방정식(구적법), 복소수함수론의 기초지식을 이해하고 있으면 된다. 따라서 미분방정식, 차분방정식의 전문가, 수리공학자, 수리생물학자는 물론, 고등학교 수학 교사, 자연계 대학원생과 학부 학생들도 충분히 이해하리라고 믿는다.

독자들이 이 책을 통해 연속계, 이산계, 수론 등의 융합 연구를 이해하고, 이 분야에 흥미를 느낄 수 있으면 저자로서 큰 기쁨으로 여기겠다.

이 책의 내용은 일본 전기통신대학 명예교수 나이토 토시키와 오랫동안 공동으로 연구한 결과가 많이 포함되어 있으며, 이 자리를 통해 심심한 사의를 드린다. 또한 연구의 좋은 협력자인 일본 시즈오카 대학 교수 미야자키 린코에게도 역시 감사를 드린다. 그리고 서울대학교 대학원생 오제한 군과, 학부생 류상우 군에게도 많은 도움을 받았으며 역시 감사를 드린다. 끝으로 경문사 사장과 편집진께 이 책의 출판을 승락해주고, 출판될 때까지 많은 격려와 지원을 아끼지 않음에 심심한 사의를 표한다.

2018년 8월

신정선, 김도한

차 례

제 II 편 주기선형계 I : 이산계

부록

도입

1. 책의 주요 내용

주기계수 선형미분방정식계의 해의 행태를 초기값에 의해 특징짓는 시도를 자세히 보려는 것이 이 책의 주요 내용이다. 주기계수 선형미분방정식계의 기본정리는 플로케(Floquet) 정리와 마세라(Massera) 정리이다. 플로케 정리는 해작용소의 형태와 성질에 관한 정리이며, 마세라 정리는 주기해와 유계해와의 관계를 해명한 정리이다. 마세라 정리는 다음과 같이 표현된다.

정리 : 비제차 주기계수 선형미분방정식계가 $[0, \infty)$ 위에서 유계해를 가지면 주기해가 존재한다.

이 정리를 초기값의 관점에서 보면, $[0, \infty)$ 위에서 유계해가 되는 $t = 0$에서의 초기값의 집합이 공집합이 아니라는 것과 그 부분집합으로서 주기해가 되는 초기값의 집합이 공집합이 아니라는 것은 동치라고 말할 수 있다. 그러나 보다 중요한 것은 이 집합들을 결정하는 것이다. 따라서 다음 문제가 자연스럽게 생겨난다.

문제 I 비제차 주기계수 선형미분방정식계에서 구간 $[0, \infty)$ 위에서 유계해가 되는 $t = 0$ 에서의 초기값의 집합 및 주기해가 되는 초기값의 집합을 결정하는 문제.

이 문제는 비제차 주기계수 선형미분방정식계의 기초 이론에서는 기본 문제이며, 당연히 해결되어 있어야 할 문제임에도 불구하고 오랜 세월 숨겨진 채 남아 있었다. 저자는 오랫동안 이 문제의 해결을 시도하였으며 최근에 새로운 결과를 얻을 수 있었다.

독자들의 이해를 돕기 위해, 기본적인 착상을 가장 간단한 1차원 비제차 주기계수 선형미분방정식

$$\frac{d}{dt}x(t) = ax(t) + f(t), \quad x(0) = w \in \mathbb{C} \tag{0.1}$$

에서 시도해 보기로 하자. 여기서 $a \in \mathbb{C}$ 그리고 $f : \mathbb{R} \to \mathbb{C}$는 주기 $\tau > 0$을 가진 연속함수이다. 방정식 (0.1)의 해 $x(t; w, f)$는 상수변화법의 공식에 의해 다음과 같이 표현된다.

$$x(t; w, f) = e^{at}w + \int_0^t e^{a(t-s)}f(s)ds. \tag{0.2}$$

일반적으로 우변의 적분항의 해석은 쉽지 않다. 편의상,

$$F(t) = \int_0^t e^{a(t-s)} f(s)ds, \quad a_f = F(\tau)$$

라고 놓는다. 이 때 위의 해 (0.2)를

$$x(t; w, f) = (e^{at}w + z(t)) + (F(t) - z(t))$$

라고 변형하여 제2항 $h(t; f) := F(t) - z(t) \not\equiv 0$ 이 주기 $\tau > 0$을 가지도록 $z(t)$를 결정해 보자. 간단한 계산에 의해

$$\begin{aligned} F(t+\tau) &= \int_0^{t+\tau} e^{a(t+\tau-s)} f(s)ds \\ &= \int_0^{\tau} e^{a(t+\tau-s)} f(s)ds + \int_{\tau}^{t+\tau} e^{a(t+\tau-s)} f(s)ds \\ &= e^{at}a_f + \int_0^t e^{a(t-s)} f(s+\tau)ds \\ &= e^{at}a_f + F(t) \end{aligned}$$

이므로

$$F(t+\tau) - F(t) = e^{at}a_f$$

를 얻는다. 이 식은 적분항 $F(t)$의 성질을 뚜렷하게 보여주고 있다. $h(t; f)$가 τ-주기함수이므로

$$[F(t+\tau) - h(t+\tau; f)] - [F(t) - h(t; f)] = e^{at}a_f,$$

즉, $z(t+\tau) - z(t) = e^{at}a_f$를 얻는다. 따라서 $z(t)$는(물론, $F(t)$도) 다음 차분방정식

$$\Delta_\tau \eta(t) := \eta(t+\tau) - \eta(t) = e^{at}a_f, \quad t \in \mathbb{R} \tag{0.3}$$

의 해가 된다. 차분방정식 (0.3)의 해를 $e^{at}a_f$의 화분(indefinite sum)이라고 부르고 $\Delta_\tau^{-1}e^{at}a_f$ 라고 나타내면, 일반적으로

$$\Delta_\tau^{-1}e^{at}a_f = z(t) + c(t)$$

의 형태이다. 여기서 $c(t)$는 주기함수이며, 이를 주기상수라고 부르지만 보통 생략한다. 간단한 계산법에 의해

$$z(t) = \Delta_\tau^{-1}e^{at}a_f = \begin{cases} \frac{e^{at}}{e^{a\tau}-1}a_f & (e^{a\tau} \neq 1) \\ \frac{e^{at}}{\tau}ta_f & (e^{a\tau} = 1) \end{cases} \tag{0.4}$$

가 되고 $z(t) \not\equiv F(t)$이다. 이 $z(t)$를 방정식 (0.1)의 주기화함수(periodicizing function)라고 부른다. 해 $z(t)$는 화분의 정의와 성질로부터 간단히 얻어진다(보기 4.1.2의 해법 I 참조). 여기서는 화분의 일반적이고 고정적인 해법으로부터 유도하자. $z(t)$가 차분방정식 (0.3)의 해,

즉 $z(t+\tau) = z(t) + e^{at}a_f$ 이므로

$$z(t+n\tau) = z(t) + e^{at}\sum_{k=0}^{n-1} e^{ak\tau}a_f \ \ (t \in \mathbb{R},\ n = 1, 2, \cdots)$$

를 얻는다. 간단한 계산에 의해

$$\sum_{k=0}^{n-1} e^{ak\tau}a_f = \begin{cases} \frac{1-e^{na\tau}}{1-e^{a\tau}}a_f & (e^{a\tau} \neq 1) \\ na_f & (e^{a\tau} = 1) \end{cases}$$

이다. 따라서 주기화함수 (0.4)는 다음과 같이 하여 얻어 진다 (보기 4.1.2의 해법 II 참조).

i) $e^{a\tau} \neq 1$ 일 때

$$\begin{aligned} z(t+n\tau) &= z(t) + e^{at}\frac{1-e^{na\tau}}{1-e^{a\tau}}a_f \\ &= z(t) + \frac{e^{at}}{1-e^{a\tau}}a_f - \frac{e^{at+na\tau}}{1-e^{a\tau}}a_f. \end{aligned}$$

따라서

$$z(t+n\tau) + \frac{e^{at+na\tau}}{1-e^{a\tau}}a_f = z(t) + \frac{e^{at}}{1-e^{a\tau}}a_f =: c(t)$$

이므로 $z(t) = \frac{e^{at}}{e^{a\tau}-1}a_f + c(t)$ 를 얻는다. 여기서 $c(t)$ 는 주기상수이다.

ii) $e^{a\tau} = 1$ 일 때

$$\begin{aligned} z(t+n\tau) &= z(t) + ne^{at}a_f \\ &= z(t) + \left(\frac{t+n\tau}{\tau} - \frac{t}{\tau}\right)e^{at}a_f \\ &= z(t) - \frac{t}{\tau}e^{at}a_f + \frac{t+n\tau}{\tau}e^{a(t+n\tau)}a_f \end{aligned}$$

이므로 $z(t) = \frac{e^{at}}{\tau}ta_f + d(t)$ 를 얻는다. 여기서 $d(t)$ 는 주기상수이다. 따라서 $z(t)$ 는 (0.4)와 동일한 결과를 얻는다.

일반적으로 주기화함수를 위의 방법으로 구하기는 쉽지 않다. 따라서 다른 방법, 즉, 미분방정식 (0.1)을 이산화하는 병법을 생각하자. 이산점 $t = n\tau$ 에서의 미분방정식 (0.1)의 해 $x(t) := x(t; c, f)$ 의 값을 $x_n := x(n\tau)$ 라고 놓으면,

$$\begin{aligned} x_{n+1} &= e^{a\tau}x_n + \int_{n\tau}^{(n+1)\tau} e^{a((n+1)\tau-r)}f(r)dr \\ &= e^{a\tau}x_n + \int_0^{\tau} e^{((n+1)\tau-(s+n\tau))A}f(s+n\tau)ds \\ &= e^{a\tau}x_n + \int_0^{\tau} e^{a(\tau-s)}f(s)ds \\ &= e^{a\tau}x_n + a_f \end{aligned}$$

가 성립한다. 즉,

$$x_{n+1} = e^{a\tau}x_n + a_f, \;\; x_0 = w \tag{0.5}$$

가 얻어진다. 즉, 미분방정식의 해 $x(t)$의 이산점 $t = n\tau$에서의 값 $x(n\tau)$는 위의 이산적인 선형차분방정식의 해가 되는데 이 해를 이용해 보자.

방정식 (0.5)의 해를 $x_n(0, w; a_f)$라고 표기하면 해 $x_n(0, 0; a_f)$는

$$x_n(0, 0; a_f) = \sum_{k=0}^{n-1} e^{ak\tau}a_f$$

이므로 차분방정식 (0.3)의 해 $z(t)$는

$$z(t + n\tau) = z(t) + e^{at}x_n(0, 0; a_f), \;\; (t \in \mathbb{R}, \; n = 1, 2, \cdots)$$

와 같이 표현된다(정리 4.1.5 참조). 이와 같이 주기화함수 $z(t)$는 이산적인 선형차분방정식의 해와 깊이 연관되어 있다.

위의 결과로부터 방정식 (0.1)의 해 $x(t; w, f)$는 다음과 같이 주어진다.

1) $e^{a\tau} \neq 1$인 경우.

방정식 (0.1)의 해 $x(t; w, f)$는

$$x(t; w, f) = e^{at}\left(w + \frac{1}{e^{a\tau} - 1}a_f\right) + u(t, a_f) \tag{0.6}$$

와 같이 표현된다. 여기서

$$u(t, a_f) = e^{at}\frac{1}{1 - e^{a\tau}}a_f + \int_0^t e^{a(t-s)}f(s)ds$$

는 방정식 (0.1)의 τ-주기해이다.

2) $e^{a\tau} = 1$인 경우.

방정식 (0.1)의 해 $x(t; w, f)$는

$$x(t; w, f) = e^{at}w + \frac{e^{at}}{\tau}ta_f + v(t, a_f) \tag{0.7}$$

와 같이 표현된다. 여기서

$$v(t, a_f) = -\frac{e^{at}}{\tau}ta_f + \int_0^t e^{a(t-s)}f(s)ds$$

는 τ-주기함수이다.

위의 해의 표현은 종래의 표현과 달리, 주기함수와 행태를 알 수 있는 (지수함수와 비슷한) 함수의 합으로 표현되어 있다. 새로운 해의 표현 (0.6), (0.7)의 최대의 이점은 방정식 (0.1)의 모든 해의 행태를 쉽게 알 수 있다는 것이다. 이를 해의 유계성과 주기성, 즉 문제 I에 대해서만 보기로 하자. $[0, \infty)$에서 해가 유계가 되는 $t = 0$에서의 초기값의 집합을 **IB**, 주기해가 되는 초기값의 집합을 **IP**라고 나타내자.

1. $\Re a > 0$이면, $\mathbf{IB} = \mathbf{IP} = \{\frac{1}{1-e^{a\tau}}a_f\}$이다.

2. $\Re a < 0$이면, $\mathbf{IB} = \mathbb{C}$, $\mathbf{IP} = \{\frac{1}{1-e^{a\tau}}a_f\}$이다.

3. $\Re a = 0, \frac{\tau\Im a}{2\pi} \notin \mathbb{Z}$이면, $\mathbf{IB} = \mathbb{C}$, $\mathbf{IP} = \{\frac{1}{1-e^{a\tau}}a_f\}$이다.

4. $a = \frac{2n\pi i}{\tau}, n \in \mathbb{Z}, a_f = 0$이면, $\mathbf{IB} = \mathbf{IP} = \mathbb{C}$이다.

5. $a = \frac{2n\pi i}{\tau}, n \in \mathbb{Z}, a_f \neq 0$이면, $\mathbf{IB} = \mathbf{IP} = \emptyset$이다.

이 예에서 보듯이 위와 같은 새로운 해의 표현으로부터 해의 모든 행태를 한눈에 알 수 있다. 그러므로 다음 문제가 새롭게 제기된다.

문제 II 비제차 주기계수 선형미분방정식계의 해의 점근적 행태를 알 수 있도록 해의 표현을 새롭게 주는 문제.

위의 문제에 대한 해답을 주는 것이 이 책의 주요 목표이다.

2. 책의 구성

이 책은 세 편으로 구성된다. 제I편은 1장에서 3장까지로 이루어진다. 여기서는 이 책의 기본 도구인 행렬의 스펙트럼 이론을 서술하며, 이에 기초하여 선형미분방정식과 이산적인 선형차분방정식에 관한 종래의 고전적인 결과들을 서술한다. 제II, III편은 새롭게 전개된 내용이며, 이 책의 중심 내용이다. 제II편에서는 이산계를 취급하며 4장에서 6장까지로 이루어진다. 여기서는 차분과 화분, 베르누이 수, 스털링 수 등을 다루며, 비제차인 경우 이산적인 주기계수 선형차분방정식의 해의 표현과 해의 행태를 서술한다. 그리고 해의 표현으로부터 변환공식을 유도한다. 제III편에서는 연속계를 취급하며 7장에서 8장까지로 이루어진다. 여기서는 제II편의 결과를 써서 비제차 주기계수 선형미분방정식의 해의 표현과 해의 행태를 서술한다.

1장에서는 벡터공간 $\mathbb{C}^n$, 노음(norm)공간, 일반화된 고유공간 등을 다룬다. 특히 행렬의 스펙트럼 분해정리와 스펙트럼 사상정리를 기초로 하는 행렬의 스펙트럼 이론을 서술하며, 이는 책 전반에서 기본도구로 사용된다. 따라서 종래의 행렬의 조르당(Jordan) 표준형은 덜 다룬다. 스펙트럼 이론의 응용으로서 행렬의 지수, 행렬의 로그를 다룬다. 그리고 행렬 A가 실행렬이고, 그 고유값이 복소수를 가질 때 A^n과 e^{At}의 스펙트럼 분해의 실수화를 서술한다.

2장에서는 선형미분방정식계

$$\frac{d}{dt}x(t) = A(t)x + f(t), \quad x(0) = w$$

의 일반론, 즉 해의 일반적 성질 및 해의 구조, 수반미분방정식, 비제차 선형미분방정식에서의 상수변화법의 공식등을 서술한다. $A(t)$가 가환일 때 해작용소의 구성 그리고 $A(t) = A$일 때 상수계수 선형미분방정식의 해의 표현, 해의 행태로서 극한정리를 취급한다. 주기계수 선형미분방정식에서는 플로케 정리, 주기해의 유일성과 존재성, 마세라의 정리 등을 비교적 자세히 서술한다.

3장에서는 이산적인 선형차분방정식

$$x_{n+1} = B(n)x_n + b(n), \quad x_0 = w$$

의 해의 표현과 해의 일반적 성질을 서술한다. 특수한 경우로서 상수계수, 주기계수, 선형차분방정식의 해에 대한 기초 사항을 언급하며, 2장과 한 쌍이 된다.

4장에서는 차분과 화분, 베르누이 수 및 스털링 수를 취급하며, 특히 이항계수, 베르누이 수 및 스털링 수와의 관계를 서술한다. 여기에서는 이후의 전개에 기초가 되는 내용을 다룬다.

5장에서는 비제차 상수계수 선형차분방정식계

$$x_{n+1} = Bx_n + b, \quad x_0 = w$$

및 $B = e^{\tau A}, \tau > 0$인 경우의 방정식의 전진해의 새로운 표현을 서술한다. 이 표현으로부터 해의 점근적 행태, 특히 상수해, 유계해 등이 초기값에 의해 특징지어진다. 여기에서 얻은 이산계에 관한 정보는 7, 8장에서 연속계의 정보를 얻는데 중요한 역할을 한다.

6장에서는 변환공식을 취급한다. 5장에서 취급한 이산적인 선형차분방정식의 해의 표현에서는 A에 의한 것과 B에 의한 것이 존재하며, 이 두 표현은 $B = e^{\tau A}, \tau > 0$일 때 겉보기가 다를 뿐 같은 것이다. 이들을 비교함으로써 변환공식을 얻을 수 있다. 이 변환공식은 8장에서 연속계를 고찰할 때 중요한 역할을 한다. 변환공식의 응용으로 이산적인 주기계수 선형차분방정식의 해의 표현, 그리고 이항계수, 베르누이 수 및 스털링 수와의 새로운 관계도 얻어진다.

7장에서는 비제차 항이 주기인 상수계수 선형미분방정식계(연속계)

$$\frac{d}{dt}x(t) = Ax(t) + f(t)$$

의 해의 새로운 표현을 주며, 해의 행태가 초기값에 의해 특징지어진다. 이 표현은 5장에서 얻은 이산계(차분방정식)의 해의 표현으로부터 유도된다.

8장에서는 이 책의 최종 목표인 비제차 주기계수 선형미분방정식계

$$\frac{d}{dt}x(t) = B(t)x(t) + f(t)$$

의 새로운 해의 표현을 주며, 역시 해의 행태가 초기값에 의해 특징지어진다. 이 표현은 6장의 변환공식, 7장의 해의 표현, 플로케 정리 등을 결합하여 얻어진다.

부록에서는 평균값 정리를 일반화한 유한 증분의 적분형과 미분형을 제시한다. 비선형미분방정식의 해의 존재성, 연장불가능한 해의 존재성, 초기값에 관한 연속성(캄케의 정리)과 미분가능성과 선형화방정식을 다룬다.

책의 주요 내용

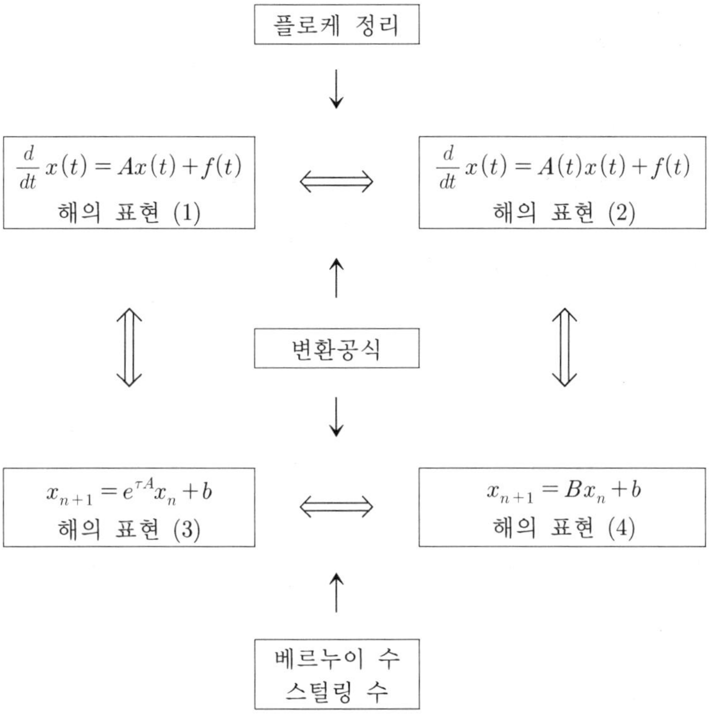

여기서

$A \longrightarrow$: A를 사용하면 얻을 수 있다.

$A \Longleftrightarrow B$: A로부터 B, B로부터 A가 유도.

$A(t)$는 $\mathbb{R}$ 위에서 연속인 τ-주기 m차 행렬값 함수, $f(t)$는 $\mathbb{R}$ 위에서 연속인 τ-주기 m차 벡터값 함수, b는 m차 벡터.

A, B는 m차 행렬, $U(t, 0)$는 (2)에서의 제차방정식의 해작용소.

1) $B = e^{\tau A}$이면, (3) $\Longleftrightarrow$ (4).

2) $b = a_f := \int_0^\tau e^{(\tau - s)A} f(s) ds$이면, (3) $\Longleftrightarrow$ (1).

3) $B = U(\tau, 0), b = b_f := \int_0^\tau U(\tau, s) f(s) ds$이면, (2) $\Longleftrightarrow$ (4).

4) $U(\tau, 0) = e^{\tau A}$이면, (1) $\Longleftrightarrow$ (2).

기 호

행렬 H는 $m \times m$ 복소행렬, E는 단위행렬이라고 한다.

• **행렬과 관련되는 기호**

행렬 H에 대하여

$\sigma(H)$: H의 고유값의 집합,

$h_\eta(H)$: $\eta \in \sigma(H)$의 표수,

$W_\eta(H) = \mathcal{N}(H - \eta E)$와 $G_\eta(H) = \mathcal{N}((H - \eta E)^{h_\eta(H)})$는 각각

$\eta \in \sigma(H)$에 대응하는 고유공간, 일반화된 고유공간,

$Q_\eta(H) : \mathbb{C}^m \to G_\eta(H)$는 H에 따르는 단위행렬의 분해사영.

• **해의 표현과 관련되는 벡터량**

$w,\ b \in \mathbb{C}^m$, $\tau > 0$, $\omega = \frac{2\pi}{\tau}$ 그리고 B_k는 베르누이 수라고 한다. 그리고 함수 $a(z) = (z-1)^{-1}$, $\varepsilon(z) = (e^z - 1)^{-1}$이라고 놓자.

행렬 H에 대하여,

$$H_{k,\lambda} := \frac{\tau^k}{k!}(H - \lambda E)^k, \quad H_{[k,\mu]} := \frac{1}{k!\mu^k}(H - \mu E)^k, \ \ (\mu \neq 0).$$

$\lambda \in \sigma(H)$에 대하여

$$X_\lambda(H) = \sum_{k=0}^{h_\lambda(H)-1} \varepsilon^{(k)}(\tau\lambda) H_{k,\lambda} \ \ (\lambda \notin i\omega\mathbb{Z}),$$

$$Y_\lambda(H) = \sum_{k=0}^{h_\lambda(H)-1} B_k H_{k,\lambda} \ \ (\lambda \in i\omega\mathbb{Z}),$$

$\alpha_\lambda(w,b) := \alpha_\lambda(w,b;H) = Q_\lambda(H)w + X_\lambda(H)Q_\lambda(H)b \ \ (\lambda \notin i\omega\mathbb{Z})$,

$\beta_\lambda(w,b) := \beta_\lambda(w,b;H) = \tau(H - \lambda E)Q_\lambda(H)w + Y_\lambda(H)Q_\lambda(H)b \ \ (\lambda \in i\omega\mathbb{Z})$,

(여기서 $i = \sqrt{-1}$, $\mathbb{Z} = \{0, \pm 1, \pm 2, \cdots\}$, $f^{(k)}(z)$는 $f(z)$의 k차 도함수).

$\mu \in \sigma(H)$에 대하여

$$Z_\mu(H) = \sum_{k=0}^{h_\mu(H)-1} a^{(k)}(\mu)\frac{1}{k!}(H - \mu E)^k$$

$$= -\sum_{k=0}^{h_\mu(H)-1} \frac{1}{(1-\mu)^{k+1}}(H - \mu E)^k \ \ (\mu \neq 1),$$

$\gamma_\mu(w,b) := \gamma_\mu(w,b;H) = Q_\mu(H)w + Z_\mu(B)Q_\mu(H)b \ \ (\mu \neq 1)$,

$\delta(w,b) := \delta(w,b;H) = (H - E)Q_1(H)w + Q_1(H)b \ \ (\mu = 1)$.

- 책에서 사용하는 기초적인 기호와 개념

1) 집합과 사상

$a \in X$: a가 집합 X의 원소,

$A \subset X$: 집합 A가 집합 X의 부분집합,

$A \cup B$: 합 집합, $A \cap B$: 공통 집합, $A \setminus B$: 차 집합, $A \times B$: 곱 집합,

$A^c := X \setminus A$: 부분집합 A의 여집합을 나타낸다.

그리고 집합 X, Y에 대하여 사상 $f : X \to Y$의 단사, 전단사, 합성사상 및 역사상 등의 기초개념은 아는 것으로 본다. 그리고 사상 $f : X \to Y$의 부분집합 $Z \subset X$에서의 제한을 $f|_Z$로 나타낸다.

2) 위상개념

위상공간에서 열린집합, 닫힌집합 등의 개념도 알고 있다고 하고, 집합 A의 닫힘을 $\overline{A}$, 내부를 $intA$라고 쓴다.

3) 수체

$\mathbb{R} := (-\infty, \infty)$는 실수의 집합 (실수체), $\mathbb{C} := \{a + ib \ : \ a, b \in \mathbb{R}\}$, $i = \sqrt{-1}$은 복소수의 집합 (복소수체). 복소수 $z = a + ib \in \mathbb{C}$의 실수부를 $\Re z$, 허수부를 $\Im z$, 공액복소수를 $\overline{z}$라고 쓴다. 즉, $\Re z = a, \Im z = b, \overline{z} = a - ib$이다.

$\mathbb{K}$는 $\mathbb{R}$ 또는 $\mathbb{C}$를 나타내며, $\mathbb{N}, \mathbb{Z}$는 각각 자연수의 집합, 정수의 집합.

$\mathbb{N}_0 := \mathbb{N} \cup \{0\}$, $\mathbb{R}_+ := [0, \infty)$, $\mathbb{R}_- := (-\infty, 0]$.

4) 기호와 약속

$|I|$: 구간 I의 길이.

크로네커(Kronecker)의 기호 : $\delta_{ij} = 1 \ (i = j)$, $\delta_{ij} = 0 \ (i \neq j)$).

약속 :

$$\sum_{j=k}^{k-1} f(j) = 0.$$

수학 용어의 한글화를 위해 급수를 합열, 콤팩트를 옹근으로 하였다.

- 이 책의 번호체계

정리, 도움정리 등에 부여된 번호, 예컨대 정리 3.4.5에서 3은 3장, 4는 절을 뜻하며, 5는 3장의 번호이다. 식 번호도 마찬가지이다. 부록에 대해서는 정리 B.3는 부록 B의 세 번째 정리라는 뜻이다.

제 I 편

선형계의 일반론

1

유한차원 공간에서의 스펙트럼 이론

제 1 절 이항정리와 다항식

이 절에서는 이항정리와 관련된 기본사항 그리고 다항식의 초보적인 결과를 간단히 다룬다. 이들은 앞으로 이론을 전개하는데 중요한 역할을 한다.

1.1 이항정리

n개의 물건에서 k개의 물건을 골라내는 조합의 총수는

$$ {}_nC_k = \binom{n}{k} = \frac{n!}{k!(n-k)!} \ (n, k \in \mathbb{N}, k \leq n) $$

로 주어진다. 여기서 $n! = n(n-1)\cdots 2\cdot 1$이다. $0! = 1$이므로 ${}_nC_0 = {}_0C_0 = 1$이다.

$n \in \mathbb{N}_0$에 대하여

$$ (n)_k = \begin{cases} n(n-1)\cdots(n-k+1), & k \in \{1, 2, \cdots, n\} \\ 1, & k = 0 \\ 0, & k \in \{n+1, n+2, \cdots\} \end{cases} $$

로 정의한다. 조합의 총수의 정의를

$$ \binom{n}{k} = \frac{(n)_k}{k!}, \ (n, k \in \mathbb{N}_0) \tag{1.1} $$

와 같이 약간 확장한다. 그러면 $(n)_k$의 정의로부터

$$ \binom{n}{k} = 0 \ (n < k) \tag{1.2} $$

이 된다. 조합의 기본적인 관계식은 다음과 같다.

$$\binom{n+1}{k} = \binom{n}{k-1} + \binom{n}{k}. \tag{1.3}$$

앞으로, $k \in \mathbb{N}_0$에 대하여

$$0^k = \begin{cases} 1 & (k=0) \\ 0 & (k \in \mathbb{N}) \end{cases}$$

이라고 약속한다.

$x, y \in \mathbb{C}$와 $n \in \mathbb{N}_0$에 대하여 이항정리

$$(x+y)^n = \sum_{k=0}^{n} \binom{n}{k} x^{n-k} y^k = \sum_{k=0}^{n} \binom{n}{k} x^k y^{n-k} \tag{1.4}$$

가 성립하며, 이 전개식의 계수 $\binom{n}{k}$를 **이항계수(binomial coefficient)**라고 부른다.

(1.4)에 $x = 1, y = -1$을 대입하고, 위 약속을 따르면

$$\sum_{k=0}^{n} (-1)^k \binom{n}{k} = \sum_{k=0}^{n} (-1)^{n-k} \binom{n}{k} = \begin{cases} 1 & (n=0) \\ 0 & (n \geq 1). \end{cases} \tag{1.5}$$

물론, 관계식

$$\sum_{k=i}^{n-1} \binom{k}{i} = \binom{n}{i+1} \tag{1.6}$$

도 성립한다. 사실,

$$\sum_{k=0}^{n-1} (1+x)^k = \sum_{k=0}^{n-1} \sum_{i=0}^{k} \binom{k}{i} x^i = \sum_{i=0}^{n-1} \left(\sum_{k=i}^{n-1} \binom{k}{i} \right) x^i$$

이고,

$$\sum_{k=0}^{n-1} (1+x)^k = \frac{(1+x)^n - 1}{1+x-1} = \sum_{i=1}^{n} \binom{n}{i} x^{i-1} = \sum_{i=0}^{n-1} \binom{n}{i+1} x^i$$

이므로 이들의 계수를 서로 비교하면 (1.6)을 얻는다.

하나의 응용으로 **방데르몽드 항등식(Vandermonde identity)**을 증명하자.

정리 1.1.1. r, s, n은 음이 아닌 정수이고 n은 r 또는 s를 넘지 않는다면, 다음 등식이 성립한다.

$$\binom{r+s}{n} = \sum_{k=0}^{n} \binom{r}{k} \binom{s}{n-k}.$$

증명 두 가지 방법으로 증명하자.

(I) A를 r개의 서로 다른 빨간 공의 집합이라 하고, B를 s개의 서로 다른 흰 공의 집합이라 하자. 합집합 $A \cup B$으로부터 n개의 공을 골라내는 경우의 수가 $\binom{r+s}{n}$이다. 한편, n개 중에 k개가 빨간 공인 경우의 수는(남은 $n-k$개는 흰 공) $\binom{r}{k}\binom{s}{n-k}$이다. 따라서 전체의 경우의 총수는

$$\binom{r+s}{n} = \sum_{k=0}^{n} \binom{r}{k}\binom{s}{n-k}$$

이 된다.

(II) 관계식

$$(1+x)^{r+s} = (1+x)^r(1+x)^s$$

의 계수를 비교함으로써 방데르몽드 항등식을 보이자. 좌변의 x^n의 계수는 $\binom{r+s}{n}$와 일치한다. 우변은

$$\left(\sum_{i=0}^{\infty}\binom{r}{i}x^i\right)\left(\sum_{j=0}^{\infty}\binom{s}{j}x^j\right)$$

가 된다. 따라서 우변의 x^n의 계수는

$$\sum_{k=0}^{n}\binom{r}{k}\binom{s}{n-k}$$

가 된다. 이로부터 방데르몽드 항등식을 얻는다. □

1.2 다항식

앞으로 필요하게 될 다항식과 유리식에 관한 기본사항을 증명없이 간단히 다룬다. 증명은 대수학 책을 참조하기 바란다.

먼저 $\mathbb{K}$를 실수체 $\mathbb{R}$ 또는 복소수체 $\mathbb{C}$의 둘 중 하나로 하고, $\mathbb{K}$의 원소를 스칼라 또는 수라고 부른다. $x \in \mathbb{K}$에 관한 다항식 전체의 집합을 $\mathcal{P}_{\mathbb{K}}[x]$라고 나타낸다. 다항식

$$f(x) = \sum_{k=0}^{n} a_k x^k = a_0 + a_1 x + a_2 x^2 + \cdots + a_n x^n \quad (a_n \neq 0,\ a_k \in \mathbb{K},\ k = 0, 1, \cdots, n)$$

에 대하여 n을 다항식 $f(x)$의 **차수**라 부르고, $\deg f$ 또는 $\deg f(x)$로 나타낸다. 다항식 $f \in \mathcal{P}_{\mathbb{K}}[x]$에 대하여 $f(\alpha) = 0$을 만족하는 복소수 α를 $f(x)$의 **영점**, 또는 방정식 $f(x) = 0$의 **해**라고 부른다. 특히

$$f(a) = f'(a) = \cdots = f^{(m-1)}(a) = 0, \quad f^{(m)}(a) \neq 0$$

이 성립할 때, a를 m차의 영점이라 부른다. 이 경우

$$f(x) = (x-a)^m g(x)$$

로 표현된다. 여기서 $g(x)$는 $\deg f = m + \deg g$인 다항식이고, $g(a) \neq 0$이다.

$f, g \in \mathcal{P}_{\mathbb{K}}[x]$, $\deg g \leq \deg f$일 때, $f = qg + r$이고 $\deg r < \deg g$인 $q, r \in \mathcal{P}_{\mathbb{K}}[x]$의 짝이 하나만 존재한다 ($\deg f < \deg g$의 경우는 $q = 0$이다). q는 f를 g로 나눈 몫, r을 나머지라고 부른다. $r = 0$일 때, g는 f의 약수(인수) 또는 g는 f를 나눈다라고 말한다. $h \in \mathcal{P}_{\mathbb{K}}[x]$가 각 $f_1, f_2, \cdots, f_r \in \mathcal{P}_{\mathbb{K}}[x]$ ($f_i \not\equiv 0$, $i = 1, 2, \cdots, r$)의 약수일 때, h는 $f_1, f_2, \cdots, f_r$의 공약수라고 부른다. $f_1, f_2, \cdots, f_r$의 공약수 d에 대하여 다른 공약수 모두가 d의 약수일 때, d를 최대공약수라고 부른다. 1이 $f_1, f_2, \cdots, f_r$의 최대공약수일 때, $f_1, f_2, \cdots, f_r$은 **서로 소 (relatively prime)**라고 말한다. 물론, $f_1, f_2, \cdots, f_r$의 어느 2개도 서로 소이면, $f_1, f_2, \cdots, f_r$은 서로 소이다. 그리고 $f_1, f_2, \cdots, f_r \in \mathcal{P}_{\mathbb{K}}[x]$가 서로 소라는 것은 이들이 공통의 영점을 가지지 않는다는 것과 동치이다.

도움정리 1.1.1. 다항식 $f_1(x), f_2(x), \cdots, f_r(x)$의 최대공약수를 $d(x)$라고 하면

$$f_1(x)u_1(x) + f_2(x)u_2(x) + \cdots + f_r(x)u_r(x) = d(x) \tag{1.7}$$

를 만족하는 다항식 $u_1(x), u_2(x), \cdots, u_r(x)$가 존재한다.

특히, 다항식 $f_1(x), f_2(x), \cdots, f_r(x)$가 서로 소일 때,

$$f_1(x)u_1(x) + f_2(x)u_2(x) + \cdots + f_r(x)u_r(x) = 1 \tag{1.8}$$

을 만족하는 다항식 $u_1(x), u_2(x), \cdots, u_r(x)$가 존재한다.

$f \in \mathcal{P}_{\mathbb{K}}[x]$에 대하여 $\mathcal{P}_{\mathbb{K}}[x]$에서의 약수가 자기 자신의 상수배 또는 0차 다항식 뿐인 경우, $f(x)$는 $\mathcal{P}_{\mathbb{K}}[x]$에서 **기약(irreducible)**이라 부른다. 예컨대 $x^2 + 1$은 $\mathcal{P}_{\mathbb{R}}[x]$에서 기약이지만 $\mathcal{P}_{\mathbb{C}}[x]$에서는 기약이 아니다.

정리 1.1.2. 1) 곱 $f_1(x)f_2(x)\cdots f_r(x)$, $r \geq 2$가 기약인 다항식 $p(x)$로 나누어질 때, 적어도 하나의 $f_i(x)$는 $p(x)$로 나누어진다.

2) **(소인수(prime factor)분해의 유일성)** 0이 아닌 임의의 다항식은 기약다항식의 곱으로 분해된다. 그 분해는 상수배와 순서를 무시하면 유일하다.

다항식 $f(x), g(x)$ $(\neq 0)$에 의하여 얻어지는 식 $\frac{f(x)}{g(x)}$를 유리식이라 부른다. 유리식은 사칙연산이 가능할 뿐만 아니라 유리식은 보다 간단한 유리식의 합으로 표현된다. 즉 부분분수 전개가 가능하다.

정리 1.1.3 (부분분수 전개(partial fraction expansion)). $f(x), g(x) \in \mathcal{P}_{\mathbb{K}}[x]$는, $\deg f(x) < \deg g(x)$를 만족하며, $g(x)$는 $g(x) = g_1(x)g_2(x)\cdots g_r(x)$와 같이 인수분해되고, $g_1(x), g_2(x), \cdots, g_r(x) \in \mathcal{P}_{\mathbb{K}}[x]$의 어느 2개도 서로 소라고 하자. 그러면

$$\frac{f(x)}{g(x)} = \frac{f_1(x)}{g_1(x)} + \frac{f_2(x)}{g_2(x)} + \cdots + \frac{f_r(x)}{g_r(x)}, \quad \deg f_i(x) < \deg g_i(x) \tag{1.9}$$

를 만족하는 함수 $f_i(x) \in \mathcal{P}_{\mathbb{K}}[x]$, $i = 1, 2, \cdots, r$이 유일하게 존재한다. 특히,

$$g(x) = (x - \lambda_1)^{m_1} \cdots (x - \lambda_r)^{m_r}, \quad \lambda_i \neq \lambda_j \ (i \neq j)$$

일 때, (1.9)는 적당한 복소수 상수 c_{ij}를 써서 다음과 같이 표현된다.

$$\frac{f(x)}{g(x)} = \sum_{i=1}^{r}\sum_{j=1}^{m_i} \frac{c_{ij}}{(x-\lambda_i)^j} \tag{1.10}$$

제 2 절 벡터(선형)공간과 노음공간

이 절에서는 벡터(선형)공간과 선형사상에 관한 기본사항, 노음공간과 그의 기본성질 그리고 행렬의 합열의 수렴성을 간단히 다룬다.

2.1 벡터(선형)공간과 선형사상

정의 1.2.1. $\mathbb{K}$ 위의 **벡터공간(vector space)** X는 원소들의 합 $+$과 원소와 수의 곱 $\cdot$이 정의되고 다음 성질을 만족하는 집합을 말한다($c \in \mathbb{K}$와 $v \in X$에 대하여 곱 $c \cdot v$를 간단히 cv로 나타낸다). $x, y, z \in X$와 $a, b \in \mathbb{K}$에 대하여

(1) $x + y = y + x$

(2) $(x + y) + z = x + (y + z)$

(3) $x + 0 = x$인 영원소 $0 \in X$가 존재한다.

(4) $x + x' = 0$인 원소 x'이 존재한다. x'을 $-x$라고 표기한다.

(5) $a(bx) = (ab)x$

(6) $(a + b)x = ax + bx$

(7) $a(x + y) = ax + ay$

(8) $1x = x$

가 성립한다.

$\mathbb{K}$ 위의 벡터공간 X에서, $\mathbb{K}$가 복소수체(실수체)이면, 복소(실) 벡터공간이라고 부르고 그의 원소를 벡터라고도 부른다.

성분이 $\mathbb{K}$의 값을 갖는 n차 열벡터, n차 행벡터의 개념은 이미 알고 있다고 가정한다. n차 열벡터 전체를 $\mathbb{K}^n$으로 나타낸다. 즉,

$$\mathbb{K}^n = \left\{ a := \begin{pmatrix} a_1 \\ a_2 \\ \cdots \\ a_n \end{pmatrix} : a_1, a_2, \cdots, a_n \in \mathbb{K} \right\}.$$

$\mathbb{K}^n$은 보통의 연산으로 $\mathbb{K}$ 위의 벡터공간이 된다. 특히 성분이 복소수(실수)이면, $\mathbb{C}^n(\mathbb{R}^n)$이라고 나타낸다.

열벡터 $x \in \mathbb{C}^n$의 공액복소수 $\overline{x}$, 실수부 $\Re x$, 허수부 $\Im x$를

$$\overline{x} = \begin{pmatrix} \overline{x_1} \\ \overline{x_2} \\ \vdots \\ \overline{x_n} \end{pmatrix}, \ \Re x = \begin{pmatrix} \Re x_1 \\ \Re x_2 \\ \vdots \\ \Re x_n \end{pmatrix}, \ \Im x = \begin{pmatrix} \Im x_1 \\ \Im x_2 \\ \vdots \\ \Im x_n \end{pmatrix},$$

$x \in \mathbb{K}^n$의 전치 ${}^t x$를 ${}^t x = (x_1, x_2, \cdots, x_n)$으로 나타낸다.

(i, j)성분이 $\mathbb{K}$의 값을 취하는 $m \times n$ 행렬 전체의 집합을 $M_{mn}(\mathbb{K})$라고 나타낸다. 특히, $m = n$이면 $M_n(\mathbb{K})$로 표기한다. $M_{mn}(\mathbb{K})$는 보통의 연산으로 $\mathbb{K}$ 위의 벡터공간이 된다. $M_n(\mathbb{K})$에 있어서 n차 단위행렬 E_n, 영행렬 O_n은, 간단히 E, O라고 쓴다. 정칙행렬, 역행렬의 정의는 이미 알고 있다고 가정하고, $A \in M_n(\mathbb{K})$가 역행렬을 가질 때, 이를 A^{-1}로 표기한다.

$\mathbb{K}^n$에서의 일차독립성, 일차종속성, 계수(rank), 벡터공간의 차원, 기저, 부분공간 등의 기본 개념도 이미 알고 있다고 가정한다. 여기서는 벡터의 일차독립성에 관한 주의만을 언급하자. 벡터 $x_1, x_2, \cdots, x_r \in \mathbb{K}^n$에 대하여

$$a_1 x_1 + a_2 x_2 + \cdots + a_r x_r = 0 \implies a_1 = a_2 = \cdots = a_r = 0$$

이 성립하고 $a_i \in \mathbb{C}$일 때 $x_1, x_2, \cdots, x_r$은 $\mathbb{C}$ 위에서 일차독립, $a_i \in \mathbb{R}$일 때 $\mathbb{R}$ 위에서 일차독립이라고 말한다. 다음 명제는 쉽게 얻어진다.

(1) $x_1, x_2, \cdots, x_r \in \mathbb{C}^n$이 $\mathbb{C}$ 위에서 일차독립이면 $\mathbb{R}$ 위에서 일차독립이다.

(2) $x_1, x_2, \cdots, x_r \in \mathbb{R}^n$이 $\mathbb{R}$ 위에서 일차독립이면 $\mathbb{C}$ 위에서 일차독립이며 역도 성립한다.

(3) $0 \neq x \in \mathbb{R}^n$일 때 x, $ix \in \mathbb{C}^n$은 $\mathbb{R}$ 위에서 일차독립이지만 $\mathbb{C}$ 위에서는 일차독립이 아니다.

도움정리 1.2.1. $A \in M_n(\mathbb{C})$이고, 주어진 $x(\neq 0) \in \mathbb{C}^n$에 대하여, $A^{k-1}x \neq 0$, $A^k x = 0$을 만족하는 양의 수 k가 존재한다고 가정하면,

$$x, Ax, \cdots, A^{k-1}x$$

는 일차독립이다.

$\mathbb{K}$ 위의 벡터공간 X에서 $x_i \in X$, $i = 1, \cdots, r$이 주어졌을 때, 집합

$$W = \{\alpha_1 x_1 + \cdots + \alpha_r x_r \ : \ \alpha_1, \cdots, \alpha_r \in \mathbb{K}\}$$

는 X의 부분공간이 된다. 이 W를 $\{x_1, \cdots, x_r\}$로부터 **생성된 부분공간(subspace generated)**이라 부르고, 기호 $W = [x_1, \cdots, x_r]$로 표기한다. 분명히, 그 차원은 $\dim W \leq r$이다. 물론 $x_1, \cdots, x_r$이 일차독립이면, $\dim W = r$이다.

A, B가 $\mathbb{K}$ 위의 벡터공간 X의 부분공간이면,

$$A + B = \{x + y \ : \ x \in A, y \in B\}, \ tA = \{tx \ : \ x \in A\}, \ t \in \mathbb{K}$$

도 부분공간이다.

V와 W를 벡터공간, 사상 $\varphi : V \to W$가 다음 두 조건을 만족할 때 $\varphi : V \to W$를 **선형사상 (linear mapping)**이라 부른다.

1) 임의의 $x, y \in V$에 대하여 $\varphi(x+y) = \varphi(x) + \varphi(y)$가 성립한다.

2) 임의의 $x \in V$와 임의의 $\lambda \in \mathbb{C}$에 대하여 $\varphi(\lambda x) = \lambda\varphi(x)$가 성립한다.

특히, $V = W$일 때 선형사상 φ를 **선형변환(linear transformation)**이라 부른다. 선형사상 $\varphi : V \to W$를 부분공간 $Z \subset V$에 제한한 사상을 $\varphi|_Z$라고 표기한다. φ의 상 (또는 치역) $\mathcal{R}(\varphi)$와 핵 $\mathcal{N}(\varphi)$를 각각

$$\mathcal{R}(\varphi) = \{\varphi(x) \ : \ x \in V\}, \quad \mathcal{N}(\varphi) = \{x \in V \ : \ \varphi(x) = 0\}$$

이라고 정의한다. 그러면 $\mathcal{R}(\varphi) \subset W$와 $\mathcal{N}(\varphi) \subset V$는 각각 부분공간이며, 다음 사실이 성립한다.

1) φ가 전사인 것과 $\mathcal{R}(\varphi) = W$인 것은 동치이다.

2) φ가 단사인 것과 $\mathcal{N}(\varphi) = \{0\}$인 것은 동치이다.

행렬 $A \in M_{mn}(\mathbb{K})$는 선형사상이므로 그의 치역과 핵은 각각

$$\mathcal{R}(A) = \{Ax \ : \ x \in \mathbb{K}^n\}, \quad \mathcal{N}(A) = \{x \in \mathbb{K}^n \ : \ Ax = 0\}$$

이라고 정의된다.

다음 결과는 잘 알려져 있다.

정리 1.2.1. $\varphi : V \to W$를 선형사상이라고 하자.

1) 선형사상 φ가 단사일 때, $\{a_1, a_2, \cdots, a_r\} \subset V$가 일차독립이면,

$$\{\varphi(a_1), \varphi(a_2), \cdots, \varphi(a_r)\} \subset W$$

도 일차독립이다.

2) V가 유한차원이면, 관계식

$$\dim V = \dim \mathcal{N}(\varphi) + \dim \mathcal{R}(\varphi)$$

가 성립한다.

마지막으로 실벡터공간의 복소화에 대하여 언급하자.

복소벡터공간 $\mathbb{C}^n$의 부분공간 W에 대하여

$$\overline{W} = \{\overline{z} \ : \ z \in W\}, \quad W^{\mathbb{R}} = W \cap \mathbb{R}^n$$

이라고 놓자. 그러면 $\overline{W}$는 $\mathbb{C}^n$의 부분공간, $W^{\mathbb{R}}$은 $\mathbb{R}^n$의 부분공간이고, $\overline{\overline{W}} = W$가 성립한다. 또

$$\Re W = \{\Re z \ : \ z \in W\}, \quad \Im W = \{\Im z \ : \ z \in W\}$$

라고 놓으면, $\Re W$, $\Im W$는 $\mathbb{R}^n$의 부분공간이며, $\Re W = \Im W$가 성립한다.

$\mathbb{R}^n$ 의 부분공간 V 에 대하여

$$W = V + iV = \{x + iy \ : \ x, \ y \in V\}, \ i = \sqrt{-1}$$

이라고 정의되는 W 는 $\mathbb{C}^n$ 의 부분공간이며, W 를 V 의 **복소화(complexification)**라고 부른다. 거꾸로 $\mathbb{C}^n$ 의 부분공간 W 가 먼저 주어지고 위의 관계를 만족하는 $\mathbb{R}^n$ 의 부분공간 V 가 존재할 때 V 를 W 의 **실수화(realification)**라고 부른다.

명제 1.2.1. W 가 부분공간 $V \subset \mathbb{R}^n$ 의 복소화이면

$$V = \Re W = \Im W = W^{\mathbb{R}}$$

이고, $W \subset \mathbb{C}^n$ 의 차원과 부분공간 $V \subset \mathbb{R}^n$ 의 차원은 일치한다. 즉,

$$\dim_{\mathbb{C}} W = \dim_{\mathbb{R}} V. \tag{1.11}$$

여기서 좌변은 $\mathbb{C}^n$ 의 부분공간 W 의 차원이며, 우변은 $\mathbb{R}^n$ 의 부분공간 V 의 차원이다.

증명 V 의 원소 $u_1, \ u_2, \ \cdots, \ u_k$ 가 $\mathbb{R}$ 위에서 일차독립이면, W 에서 $u_1, \ u_2, \ \cdots, \ u_k$ 도 $\mathbb{C}$ 위에서 일차독립이라는 것은 쉽게 알 수 있다. 분명히, $k \le \dim_{\mathbb{C}} W$ 이므로 $\dim_{\mathbb{R}} V \le \dim_{\mathbb{C}} W$ 가 성립한다.

다음으로 $u_1, \ u_2, \ \cdots, \ u_k$ 를 V 의 기저라고 하자. W 의 정의에 의해 임의의 $x \in W$ 는 $x = u + iv, \ u, \ v \in V$ 와 같이 표현된다. 그러면 $u = \sum_{j=1}^{k} a_j u_j, \ v = \sum_{j=1}^{k} b_j u_j$ 인 $a_j, \ b_j \in \mathbb{R}$ 이 유일하게 존재하고

$$x = \sum_{j=1}^{k} (a_j + ib_j) u_j$$

가 성립한다. 따라서 W 에서 $u_1, \ u_2, \ \cdots, \ u_k$ 가 $\mathbb{C}$ 위에서 일차독립이므로 W 의 기저가 된다. 그러므로 (1.11)이 성립한다. □

일반적으로 행렬 $A \in M_n(\mathbb{C})$ 와 벡터 $x \in \mathbb{C}^n$ 은

$$A = \Re A + i \Im A, \quad x = \Re x + i \Im x$$

로 분해된다.

실행렬 $B \in M_n(\mathbb{R})$ 에 대하여

$$\mathcal{N}(B) = \mathcal{N}^{\mathbb{C}}(B) := \{z \in \mathbb{C}^n \ : \ Bz = 0\}, \ \mathcal{N}^{\mathbb{R}}(B) = \{z \in \mathbb{R}^n \ : \ Bz = 0\}$$

이라고 놓으면,

$$\mathcal{N}^{\mathbb{C}}(B) = \mathcal{N}^{\mathbb{R}}(B) + i\mathcal{N}^{\mathbb{R}}(B), \ \Re \mathcal{N}^{\mathbb{C}}(B) = \mathcal{N}^{\mathbb{R}}(B) \tag{1.12}$$

가 성립한다. 사실, $z = x + iy, \ x, \ y \in \mathbb{R}^n$ 일 때, $\Re Bz = Bx, \ \Im Bz = By$ 이므로

$$Bz = 0 \iff Bx = By = 0.$$

따라서 (1.12)로부터 $\mathcal{N}^{\mathbb{C}}(B)$는 $\mathcal{N}^{\mathbb{R}}(B)$의 복소화이다. 차원에 관해서는 명제 1.2.1에 의해

$$\dim_{\mathbb{C}} \mathcal{N}^{\mathbb{C}}(B) = \dim_{\mathbb{R}} \mathcal{N}^{\mathbb{R}}(B)$$

가 성립한다.

2.2 노음공간

정의 1.2.2. $\mathbb{K}$ 위의 벡터공간 X에서 다음 성질을 만족하는 양을 노음 $\|\cdot\|$이라 부르고, 이 노음이 도입된 공간 X를 **노음공간(normed space)**이라 부른다. $x, y \in X$와 $\lambda \in \mathbb{K}$에 대하여

(N_1) $\|x\| \geq 0$, $\|x\| = 0 \Longleftrightarrow x = 0$,

(N_2) $\|\lambda x\| = |\lambda| \|x\|$, $(x \in X)$,

(N_3) $\|x + y\| \leq \|x\| + \|y\|$.

노음공간을 $(X, \|\cdot\|)$이라고 쓸 때도 있다.

두 벡터 $x,\ y \in \mathbb{C}^n$의 **내적(inner product)**을

$$\langle x, y\rangle = x_1\overline{y_1} + x_2\overline{y_2} + \cdots + x_n\overline{y_n} \tag{1.13}$$

이라고 정의한다. 내적은 다음과 같은 성질을 가진다.

1) $\langle x, x\rangle \geq 0$, $\quad \langle x, x\rangle = 0 \Longleftrightarrow x = 0$

2) $\langle x, y\rangle = \overline{\langle y, x\rangle}$

3) $\langle x + y, z\rangle = \langle x, z\rangle + \langle y, z\rangle \quad \langle x, y + z\rangle = \langle x, y\rangle + \langle x, z\rangle$

4) $\langle cx, y\rangle = c\langle x, y\rangle \ (c \in \mathbb{C}) \quad \langle x, cy\rangle = \overline{c}\langle x, y\rangle \ (c \in \mathbb{C})$

이제 내적과 관련하여 수반행렬을 정의하고 간단히 그 성질을 다룬다. 행렬 $A = (a_{ij}) \in M_{mn}(\mathbb{C})$의 전치행렬 ${}^tA \in M_{nm}(\mathbb{C})$는 a_{ji}를 (i, j)성분으로 하는 행렬이며, 공액행렬은 $\overline{A} = (\overline{a_{ij}})$이다. 이 때 행렬 ${}^t\overline{A}$를 A의 **수반행렬(adjoint matrix)**이라 부르고, A^*라고 쓴다. 수반행렬은 다음 성질을 가진다.

$$\begin{array}{ll} 1)\ (A^*)^* = A & 2)\ (A+B)^* = A^* + B^* \\ 3)\ (cA)^* = \overline{c}A^* \ (c \in \mathbb{C}) & 4)\ (AB)^* = B^*A^* \end{array}$$

도움정리 1.2.2. 다음 관계가 성립한다.

1) $\langle x, y\rangle = {}^tx\overline{y} = \overline{x^*y}$, $(x, y \in \mathbb{C}^n)$.

2) $A \in M_{mn}(\mathbb{C})$, $x \in \mathbb{C}^n$, $y \in \mathbb{C}^m$일 때 $\langle Ax, y\rangle = \langle x, A^*y\rangle$,
$A \in M_{nm}(\mathbb{C})$, $x \in \mathbb{C}^n$, $y \in \mathbb{C}^m$일 때 $\langle A^*x, y\rangle = \langle x, Ay\rangle$.

3) A가 정칙행렬이면, A^*도 역시 정칙이고,

$$(A^*)^{-1} = (A^{-1})^*.$$

증명 1)은 (1.13)으로부터 명백하다.

2)의 첫째 등식은 다음과 같이 얻어진다.

$$\langle Ax, y\rangle = {}^t(Ax)\overline{y} = {}^t x^t A\overline{y} = {}^t x\overline{A^* y} = \langle x, A^* y\rangle.$$

둘째 등식도 쉽게 얻어진다.

3)은 $AA^{-1} = E$이므로 양변에 $*$를 작용하면, $(A^{-1})^* A^* = E$가 된다. 따라서 A^*는 정칙이고, $(A^*)^{-1} = (A^{-1})^*$이다. □

벡터공간 $\mathbb{C}^n$에 노음 $|\cdot|_2$를

$$|x|_2 = \sqrt{\langle x, x\rangle} = \sqrt{|x_1|^2 + \cdots + |x_n|^2}$$

이라고 정의한다. 이 노음을 **제곱 노음** 또는 **유클리드 노음(Euclidean norm)**이라 부른다. 그러면 **코시–슈바르츠(Cauchy–Schwarz) 부등식**

$$|\langle x, y\rangle| \leq |x|_2 |y|_2 \tag{1.14}$$

가 성립한다.

정의 1.2.3. $\mathbb{C}^n$의 두 노음 $|\cdot|$과 $\|\cdot\|$에 대하여

$$k|x| \leq \|x\| \leq \ell|x| \quad (x \in \mathbb{C}^n)$$

을 만족하는 양의 상수 k, ℓ가 존재할 때, 이 두 **노음이 동등하다(equivalent norms)**고 말한다.

정리 1.2.2. $\mathbb{C}^n$의 임의의 노음 $\|\cdot\|$과 제곱 노음 $|\cdot|_2$는 동등하다.

증명 $e_1, e_2, \cdots, e_n$을 $\mathbb{C}^n$의 표준기저라고 하면, 임의의 $x \in \mathbb{C}^n$은

$$x = x_1 e_1 + \cdots + x_n e_n$$

과 같이 유일하게 표현되므로, 노음의 성질과 코시–슈바르츠 부등식에 의해

$$\|x\| = \left\|\sum_{i=1}^{n} x_i e_i\right\| \leq \sum_{i=1}^{n} |x_i| \|e_i\| \leq \left(\sum_{i=1}^{n} \|e_i\|^2\right)^{\frac{1}{2}} |x|_2$$

를 얻는다. 여기서 $N(x) := \|x\|$는 노음공간 $(\mathbb{C}^n, |\cdot|_2)$ 위에서 실수값 연속함수이다. 따라서 옹근(컴팩트) 집합 $S := \{x \in \mathbb{C}^n \ : \ |x|_2 = 1\}$에서 $N(x)$는 최소값 k와 최대값 ℓ을 가진다. $k \leq \ell$이고 노음의 성질에 의해, $k > 0$이므로 k, ℓ은 양수이다. $x = 0$일 때는 분명하다. $x \neq 0$일 때, $y = (1/|x|_2)x$라고 놓으면 $|y|_2 = 1$이므로 $k \leq \|y\| \leq \ell$을 얻는다.

$$\|y\| = \left\|\frac{1}{|x|_2} x\right\| = \frac{1}{|x|_2}\|x\|$$

이므로 $k \leq \|x\|/|x|_2 \leq \ell$이 성립한다. □

다음으로 $M_{mn}(\mathbb{K})$에 노음을 도입하자. $M_{mn}(\mathbb{K})$의 원소 $A := (a_{ij})$는 mn개의 성분을 가진 벡터로 볼 수 있으므로,

$$|A|_2 = \sqrt{\sum_{i=1}^{m}\sum_{j=1}^{n}|a_{ij}|^2}$$

는 $M_{mn}(\mathbb{K})$의 노음이다. 그러면 다음 부등식

$$|Ax|_2 \le |A|_2|x|_2 \quad (x \in \mathbb{K}^n) \tag{1.15}$$

가 성립한다. 사실, A의 j열을 $a_j \in \mathbb{K}^m$ $(1 \le j \le n)$이라고 놓으면,

$$|A|_2 = \left(\sum_{j=1}^{n}|a_j|_2^2\right)^{1/2}$$

로 표현된다. 따라서 코시–슈바르츠 부등식에 의해, $x \in \mathbb{K}^n$이면

$$\begin{aligned}|Ax|_2 &= |\sum_{j=1}^{n}x_ja_j|_2 \le \sum_{j=1}^{n}|x_j||a_j|_2 \\ &\le \left(\sum_{j=1}^{n}|x_j|^2\sum_{j=1}^{n}|a_j|_2^2\right)^{1/2} \\ &= |A|_2|x|_2\end{aligned}$$

를 얻는다.

행렬 $A \in M_{mn}(\mathbb{K})$에 의한 선형사상 $X := \mathbb{K}^n \ni x \mapsto Ax \in Y := \mathbb{K}^m$을 다루기로 하자. 이 선형사상의 **작용소 노음(operator norm)**을

$$\|A\| := \sup\left\{\frac{\|Ax\|_Y}{\|x\|_X} \;:\; x \in \mathbb{K}^n,\ x \ne 0\right\} \tag{1.16}$$

이라고 정의한다. 이 노음은 다음의 sup 노음

$$\|A\| = \sup\{\|Ax\|_Y \;:\; \|x\|_X = 1\}$$

과 동등하다(문헌 [70] 참조).

그러면 (1.15)를 일반화한 부등식 $\|Ax\|_Y \le \|A\|\|x\|_X$, $(x \in X)$를 얻는다.

성질 1.2.1. 위 작용소 노음은 다음 성질을 가진다.

1) $\|A\| \ge 0$, $\|A\| = 0$은 $A = O$일 때만 성립한다.
2) $\|\lambda A\| = |\lambda|\|A\|$, $\lambda \in \mathbb{K}$
3) $\|A + B\| \le \|A\| + \|B\|$, $(A, B \in M_{mn}(\mathbb{K}))$
4) $\|AB\| \le \|A\|\|B\|$ $(A \in M_{mk}(\mathbb{K}),\ B \in M_{kn}(\mathbb{K}))$

특히, $X = Y$일 때,

5) $\|A\|_2 \le |A|_2$, 여기서 $\|A\|_2 = \sup\{|Ax|_2 \;:\; |x|_2 = 1\}$.

증명 1), 2), 3)은 노음의 성질이다.

4) $Z = \mathbb{K}^k$의 노음을 $\|\cdot\|_Z$라고 쓰면 임의의 $x \in X$에 대하여

$$\|ABx\|_Y \le \|A\|\|Bx\|_Z \le \|A\|\|B\|\|x\|_X$$

이므로 $\|AB\| \le \|A\|\|B\|$를 얻는다.

5)는 부등식 (1.15)로부터 분명하다. □

2.3 행렬의 합열(급수)

먼저 노음공간에서 수렴성의 개념을 다루자.

정의 1.2.4. 노음공간 $(X, \|\cdot\|)$의 열 $\{x_n\}$과 $x_0 \in X$가 있어서

$$\lim_{n\to\infty} \|x_n - x_0\| = 0,$$

즉, 임의의 $\varepsilon > 0$에 대하여 양의 정수 n_0가 존재하고

$$\|x_n - x_0\| < \varepsilon \ \ (n \ge n_0)$$

이 성립할 때 열 $\{x_n\}$은 $x_0 \in X$로 **수렴한다(converge)**고 말하고, $\lim_{n\to\infty} x_n = x_0$ 또는 $x_n \to x_0 \ (n \to \infty)$라고 표기한다.

노음공간 $(M_{mn}(\mathbb{K}), \|\cdot\|)$에서 $A_k = (a_{ij}^{(k)}), A = (a_{ij})$라고 놓으면, $\lim_{k\to\infty} A_k = A$는 각 (i, j)성분에 대하여 $\lim_{k\to\infty} a_{ij}^{(k)} = a_{ij}$ 가 성립하는 것과 동치이다.

정의 1.2.5. 노음공간 $(X, \|\cdot\|)$의 열 $\{x_n\}$이 임의의 $\varepsilon > 0$에 대하여 양의 정수 $n_0 \in \mathbb{N}$이 존재하고

$$\|x_m - x_n\| < \varepsilon \ \ (m, n > n_0)$$

이 성립할 때 **코시(Cauchy)열**이라 부른다. 특히, 노음공간 X의 각 코시열이 X 안에서 수렴하면 **바나흐 공간(Banach space)** 또는 **완비(complete) 노음공간**이라 부른다.

노음공간 $\mathbb{K}^n$과 $(M_{mn}(\mathbb{K}), \|\cdot\|)$는 바나흐 공간이 된다.

다음으로 행렬의 합열의 정의와 일반적 성질을 증명없이 서술하자.

정의 1.2.6. n차 행렬의 열 $\{A_k\}$에 대하여 부분합을 $S_m = \sum_{k=1}^{m} A_k$라고 놓자. $\lim_{m\to\infty} S_m = A$일 때 행렬합열

$$\sum_{k=1}^{\infty} A_k = A_1 + A_2 + \cdots + A_k + \cdots \tag{1.17}$$

는 A로 **수렴한다**고 말하고, $\sum_{k=1}^{\infty} A_k = A$와 같이 표기한다. 특히, $\sum_{k=1}^{\infty} \|A_k\|$가 수렴할 때, (1.17)도 역시 수렴하므로 (1.17)이 **절대수렴한다(absolutely converge)**고 말한다.

절대수렴성은 행렬의 노음의 선택에 의존하지 않는다는 것을 주의하자.

도움정리 1.2.3. $A_k = (a_{ij}^{(k)})$라고 하자. 그러면 (1.17)이 절대수렴하기 위한 필요충분조건은, 성분의 합열 $\sum_{k=1}^{\infty} a_{ij}^{(k)}$가 모두 절대수렴하는 것이다.

다음 결과는 실수의 합열의 경우를 일반화한 것으로 그 증명도 거의 비슷하다.

정리 1.2.3. 다음 명제가 성립한다.

1) $\sum_{k=0}^{\infty} A_k$가 수렴하기 위한 필요충분조건은, 임의의 $\varepsilon > 0$에 대하여 양의 정수 n_0가 존재하고, 임의의 $q > p \geq n_0$에 대하여

$$\left\| \sum_{k=p}^{q} A_k \right\| < \varepsilon$$

이 성립하는 것이다.

2) $\sum_{k=0}^{\infty} A_k$가 절대수렴하면 항의 순서를 임의로 바꾼 합열도 절대수렴하고, 그 합은 순서에 관계없이 일정하다.

3) $\sum_{k=0}^{\infty} A_k$가 절대수렴하면, 임의의 행렬 P, Q에 대하여 $\sum_{k=0}^{\infty} PA_k$, $\sum_{k=0}^{\infty} A_k Q$도 절대수렴한다.

4) 두 합열 $\sum_{k=0}^{\infty} A_k$와 $\sum_{k=0}^{\infty} B_k$가 절대수렴하면, 합

$$\sum_{k=0}^{\infty} (A_k + B_k)$$

도 절대수렴한다. 그리고 $\sum_{k=0}^{\infty} \sum_{p+q=k} A_p B_q$도 절대수렴하며, 관계식

$$\left(\sum_{p=0}^{\infty} A_p \right) \left(\sum_{q=0}^{\infty} B_q \right) = \sum_{k=0}^{\infty} \sum_{p+q=k} A_p B_q$$

가 성립한다.

보기 1.2.1. $r = \|A\| < 1$일 때 $\sum_{k=0}^{\infty} A^k$는 절대수렴한다. 사실,

$$\sum_{k=0}^{\infty} \|A^k\| \leq \sum_{k=0}^{\infty} \|A\|^k = \sum_{k=0}^{\infty} r^k = \frac{1}{1-r} = \frac{1}{1-\|A\|}.$$

정리 1.2.4. $A \in M_n(\mathbb{C})$를 정칙행렬이라고 하자. 행렬 M이 $\|M - A\| < 1/(2\|A^{-1}\|)$을 만족하면 M도 정칙이고, 다음 부등식이 성립한다.

$$\|M^{-1} - A^{-1}\| \leq 2\|A^{-1}\|^2\|M - A\|.$$

증명 A가 정칙이므로 $N = A^{-1}(A - M)$이라고 놓으면,

$$M = A - (A - M) = A(E - A^{-1}(A - M)) = A(E - N)$$

과 같이 표현된다. $\|A - M\| < 1/(2\|A^{-1}\|)$이므로

$$\|N\| \leq \|A^{-1}\|\|A - M\| \leq \|A^{-1}\|\frac{1}{2\|A^{-1}\|} \leq \frac{1}{2}$$

이 된다. 보기 1.2.1에 의해 $\sum_{i=0}^{\infty} N^i$는 절대수렴한다. 더욱이

$$(E - N)\sum_{i=0}^{n} N^i = E - N^{n+1} \quad (n = 0, 1, 2, \cdots)$$

이므로 양변에 극한을 취하면, $(E - N)\sum_{i=0}^{\infty} N^i = E$를 얻는다. 따라서 $E - N$은 역행렬이 존재하며, $(E - N)^{-1} = \sum_{i=0}^{\infty} N^i$이다. 이로부터 M은 역행렬이 존재하고 $M^{-1} = (E - N)^{-1}A^{-1}$이 성립한다. 한편,

$$\begin{aligned} M^{-1} - A^{-1} &= ((E - N)^{-1} - E)A^{-1} \\ &= (E - N)^{-1}(E - (E - N))A^{-1} = (E - N)^{-1}NA^{-1} \\ &= \sum_{i=1}^{\infty} N^i A^{-1} \end{aligned}$$

이므로

$$\|M^{-1} - A^{-1}\| \leq \frac{\|N\|}{1 - \|N\|}\|A^{-1}\|.$$

부등식 $\|N\| \leq 1/2$로부터 $1/(1 - \|N\|) < 2$를 얻는다. □

제3절 직합과 사영

이 절에서는 선형공간의 직합분해와 사영, 직교여공간의 성질, 선형방정식의 해를 다룬다. 특히, 다항식에 기초하여 $\mathbb{C}^n$의 직합분해를 구성한다. 이는 다음 절에서 $\mathbb{C}^n$의 일반화된 고유공간에 의한 직합분해 정리의 기초가 된다.

3.1 직합과 사영

$W_1, \cdots, W_r$ 은 $\mathbb{C}^n$ 의 부분공간이라 하자. 이 때

$$W_1 + \cdots + W_r := \{a_1 + \cdots + a_r \ : \ a_i \in W_i, \ i = 1, \ \cdots, \ r\}$$

을 $W_1, \cdots, W_r$ 의 **합공간(sum space)**이라 부른다. 이 합공간은 $W_1, \cdots, W_r$ 을 포함하는 $\mathbb{C}^n$ 의 최소의 부분공간이다.

앞으로 벡터 또는 수의 곱하기 $a_1 \cdots a_{i-1} a_{i+1} \cdots a_r$ 과 더하기 $a_1 + \cdots + a_{i-1} + a_{i+1} + \cdots + a_r$ (a_i 를 제거한 것)을 각각 간단하게 $a_1 \cdots \check{i} \cdots a_r$, $a_1 + \cdots + \check{i} + \cdots + a_r$ 이라고 나타낸다.

정의 1.3.1. $\mathbb{C}^n$ 의 부분공간 $W_1, W_2, \cdots, W_r$ 이

$$W_i \cap (W_1 + \cdots + \check{i} + \cdots + W_r) = \{0\} \ (i = 1, \cdots, r) \tag{1.18}$$

을 만족할 때, $W_1 + \cdots + W_r$ 을 $W_1, \cdots, W_r$ 의 **직합(direct sum)** 또는 **직합공간(direct sum space)**이라 부르고, $W_1 \oplus \cdots \oplus W_r$ 또는 간단히 $\bigoplus_{i=1}^{r} W_i$ 라고 표기한다. (1.18)을 **직합조건(direct sum condition)**이라 부른다.

다음 정리에서 보듯이 부분공간의 직합조건은 벡터의 일차독립 조건과 거의 비슷하다고 할 수 있다.

정리 1.3.1. $W_1, \cdots, W_r$ 의 합공간이 직합공간이 되기 위한 필요충분조건은 $W_1 + \cdots + W_r$ 의 임의의 원소 x 가

$$x = x_1 + \cdots + x_r \ \ (x_i \in W_i, \ i = 1, \cdots, r)$$

과 같이 유일하게 표현되는 것이다. 다시 말해서

$$x_1 + \cdots + x_r = 0 \ \ (x_i \in W_i, \ i = 1, \cdots, r)$$

이면, $x_1 = \cdots = x_r = 0$ 만 성립하는 것이다.

정의 1.3.2. $W_1, \cdots, W_r$ 은 $\mathbb{C}^n$ 의 부분공간이고,

$$\mathbb{C}^n = \bigoplus_{i=1}^{r} W_i \tag{1.19}$$

를 만족할 때, $W_1, \cdots, W_r$ 이 $\mathbb{C}^n$ 을 직합분해한다고 하거나, 또는 $\mathbb{C}^n$ 이 부분공간 $W_1, \cdots, W_r$ 에 의해 **직합분해(direct sum decomposition)**된다고 말한다.

$\mathbb{C}^n$ 의 직합분해 (1.19) 에 의해

$$x = x_1 + x_2 + \cdots + x_r, \ \ x_i \in W_i (i = 1, 2, \cdots, r)$$

와 같이 유일하게 표현된다. 이 때 $x \in \mathbb{C}^n$ 을 $x_i \in W_i$ 로 보내는 사상 P_i 는 선형사상이다. 분명히, $P_i^2 x = P_i x$ 가 성립한다.

정의 1.3.3. $P \in M_n(\mathbb{C})$가 관계식

$$P^2 = P$$

를 만족할 때 **사영(projection)**이라 부른다. 사영의 집합 $\{P_1, \cdots, P_r\}$이 조건

$$P_1 + \cdots + P_r = E, \ \ P_iP_j = O \ \ (i \neq j, \ i, j = 1, 2, \cdots, r)$$

을 만족할 때 이 집합을 **단위행렬 E의 분해사영족(family of the projective decomposition of the unit matrix E)**, $E = P_1 + \cdots + P_r$을 **단위행렬 E의 사영분해(projective decomposition of the unit matrix E)**라고 부른다.

P가 사영일 때

$$\mathbb{C}^n = \mathcal{N}(P) \oplus \mathcal{R}(P)$$

가 성립한다. $Q := E - P$라고 놓으면 Q도 사영이며, $P + Q = E$가 성립한다. 분명 $x \in \mathcal{R}(P)$이면 $Px = x$, $Qx = 0$이다. 따라서 모든 $x \in \mathbb{C}^n$에 대하여 $PQx = QPx = 0$이므로 P, Q는 E의 분해사영족이다. 따라서 $\mathcal{N}(P) = \mathcal{R}(Q)$이므로

$$\mathbb{C}^n = \mathcal{R}(Q) \oplus \mathcal{R}(P)$$

를 얻는다.

$\mathbb{C}^n$의 직합분해와 단위행렬 E의 분해사영족과의 관계는 다음 정리에 의해 주어진다.

정리 1.3.2. $W_1, \cdots, W_r$은 $\mathbb{C}^n$의 부분공간이라 하자. 그러면

$$\mathbb{C}^n = \bigoplus_{i=1}^{r} W_i$$

가 성립하는 것과 다음 성질을 만족하는 사영의 족 $P_1, \cdots, P_r$이 유일하게 존재하는 것은 동치이다.

1) $P_iP_j = O \ \ (i \neq j, \ i, j = 1, 2, \cdots, r)$
2) $P_1 + \cdots + P_r = E$
3) $W_i = \mathcal{R}(P_i)$.

증명 ($\Longrightarrow$) $\mathbb{C}^n = W_1 \oplus \cdots \oplus W_r$이므로 임의의 $x \in \mathbb{C}^n$은 정리 1.3.1에 의해 $x = x_1 + \cdots + x_r$과 같이 유일하게 분해된다. 따라서 사영 P_i, $i = 1, \cdots, r$을

$$P_i : \mathbb{C}^n \to W_i \ ; \ x \mapsto P_ix = x_i$$

라고 정의하면, 그 치역은 $P_i\mathbb{C}^n = W_i$이다. 그러므로 $x = P_1x + \cdots + P_rx$가 되며, 더욱이 x는 $\mathbb{C}^n$의 임의의 원소이므로 관계식 $E = P_1 + \cdots + P_r$을 얻는다. 위 식에서 x에 P_ix를 대입하면,

$$P_ix = P_1P_ix + \cdots + P_iP_ix + \cdots + P_rP_ix$$

가 된다. $P_jP_ix \in W_j$ 이므로 분해의 유일성에 의해, $i \neq j$ 이면 $P_jP_ix = 0$ 이고, $i = j$ 이면 $P_iP_ix = P_ix$ 가 성립한다. 즉 $P_jP_ix = \delta_{ji}P_ix$. 더욱이 x는 임의의 원소이므로 관계식 $P_jP_i = \delta_{ji}P_i$를 얻는다.

다음으로 유일성을 보이자. 지금 사영족의 두 짝 $P_1, \cdots, P_r$과 $Q_1, \cdots, Q_r$이 존재하고 이들이 조건 1), 2), 3)을 만족한다고 하자. 조건 2)로부터 임의의 $x \in \mathbb{C}^n$에 대하여,

$$x = P_1x + \cdots + P_rx = Q_1x + \cdots + Q_rx$$

가 성립하므로,

$$(P_1 - Q_1)x + \cdots + (P_i - Q_i)x + \cdots + (P_r - Q_r)x = 0$$

이 된다. 조건 3)으로부터 $(P_i - Q_i)x \in W_i$ 이고, 정리 1.3.1에 의해 $(P_i - Q_i)x = 0$. 그러므로 $P_i = Q_i$.

($\Longleftarrow$) 조건 $E = P_1 + \cdots + P_r$의 양변에 P_j를 작용하면, 조건 1)에 의해 $P_j^2 = P_j$를 얻는다. 즉, P_j, $j = 1, 2, \cdots, r$는 사영이다. 조건 2)로부터 임의의 $x \in \mathbb{C}^n$은 $x = \sum_{i=1}^{r} P_ix$와 같이 표현된다. 조건 3)에 의해 $W_i = \mathcal{R}(P_i)$이므로 $\mathbb{C}^n = W_1 + W_2 + \cdots + W_r$이 성립한다. 지금 $\sum_{i=1}^{r} x_i = 0$, $x_i \in W_i$ $(i = 1, \cdots, r)$라고 하자. 양변에 P_j를 작용하면, $\sum_{i=1}^{r} P_jx_i = 0$이 된다. $x_i \in W_i$이므로 $x_i = P_iz$인 $z \in \mathbb{C}^n$이 존재한다. 조건 1)에 의해 $P_jx_i = P_jP_iz = 0 (i \neq j)$이므로 $P_jx_i = 0$ $(i \neq j)$을 얻는다. 따라서 $P_ix_i = 0$이 된다. 한편 $x_i = P_iz$이므로 $P_i^2z = 0$이 성립한다. P_i는 사영이므로 $P_iz = 0$이 되고, 그 결과 $x_i = 0$을 얻는다. 정리 1.3.1에 의해, $W_1, W_2, \cdots, W_r$은 $\mathbb{C}^n$을 직합분해한다. □

정리 1.3.2의 증명으로부터 다음 따름정리를 얻는다.

따름정리 1.3.1. 정리 1.3.2에서 조건 1)과 2)를 만족하는 사상의 족 $P_1, \cdots, P_r$은 사영족이며, 부분공간 $\mathcal{R}(P_1), \mathcal{R}(P_2), \cdots, \mathcal{R}(P_r)$은 $\mathbb{C}^n$을 직합분해한다.

따름정리 1.3.2. 사영의 족 $P_1, \cdots, P_r$이 $P_iP_j = O$ $(i \neq j)$을 만족하면,

$$\mathcal{R}(P_1 + P_2 + \cdots + P_r) = \mathcal{R}(P_1) \oplus \mathcal{R}(P_2) \oplus \cdots \oplus \mathcal{R}(P_r)$$

이 성립한다.

부분공간의 직합의 차원에 관해서는 다음 관계식(문헌 [56, 2] 참조)이 성립한다.

정리 1.3.3 (차원 정리). 부분공간 $W_1, \cdots, W_r$의 합공간이 직합공간이면, 관계식

$$\dim (W_1 \oplus W_2 \oplus \cdots \oplus W_r) = \dim W_1 + \dim W_2 + \cdots + \dim W_r$$

이 성립한다.

다항식 $f(x)$에 정방행렬 A를 대입하면, 행렬 $f(A)$가 얻어진다. 다음 정리는 다항식을 사용하여 $\mathbb{C}^n$의 직합분해의 구성법을 준다.

정리 1.3.4. 다항식 $f(\lambda)$가 $f(\lambda) = f_1(\lambda)f_2(\lambda)\cdots f_r(\lambda)$와 같이 인수분해되고, 약수 $f_i(\lambda), i = 1, 2, \cdots, r$의 어느 2개도 서로 소라고 가정하면, $A \in M_n(\mathbb{C})$에 대하여

$$\mathcal{N}(f_i(A)) := \{x \ : \ f_i(A)x = 0\} \ \ (i = 1, \cdots, r)$$

는 부분공간이고,

$$\mathcal{N}(f(A)) = \mathcal{N}(f_1(A)) \oplus \cdots \oplus \mathcal{N}(f_r(A))$$

가 성립한다.

특히, $f(A) = O$이면 $\mathbb{C}^n$은

$$\mathbb{C}^n = W_1 \oplus \cdots \oplus W_r, \ \ W_i := \mathcal{N}(f_i(A)) \tag{1.20}$$

와 같이 직합분해된다. 이 직합분해에 대응하는 사영 $P_i : \mathbb{C}^n \to W_i$, $i = 1, 2, \cdots, r$은 A의 다항식이다.

증명 유리식의 부분분수 전개정리(정리 1.1.3)에 의해

$$\frac{1}{f(\lambda)} = \sum_{i=1}^{r} \frac{u_i(\lambda)}{f_i(\lambda)}, \quad \deg u_i(\lambda) < \deg f_i(\lambda)$$

를 만족하는 다항식 $u_i(\lambda)$, $i = 1, 2, \cdots, r$이 유일하게 존재한다. 따라서 $F_i(\lambda) = f(\lambda)/f_i(\lambda)$, $i = 1, 2, \cdots, r$이라고 놓으면, 다항식 $F_1(\lambda), F_2(\lambda), \cdots, F_r(\lambda)$는 가정에 의해 서로 소이고,

$$F_1(\lambda)u_1(\lambda) + F_2(\lambda)u_2(\lambda) + \cdots + F_r(\lambda)u_r(\lambda) = 1$$

이 성립한다. λ를 행렬 A로 바꾸어 놓으면

$$F_1(A)u_1(A) + F_2(A)u_2(A) + \cdots + F_r(A)u_r(A) = E$$

가 얻어진다. 그러므로,

$$P_i = F_i(A)u_i(A) \ \ (i = 1, 2, \cdots, r)$$

라고 놓으면, $P_1 + P_2 + \cdots + P_r = E$가 성립한다. 따라서 $x \in \mathcal{N}(f(A))$에 대하여

$$f_i(A)P_ix = f(A)u_i(A)x = u_i(A)f(A)x = 0$$

이므로 $P_ix \in \mathcal{N}(f_i(A))$이다. 즉, $\mathcal{R}(P_i|_{\mathcal{N}(f(A))}) \subset \mathcal{N}(f_i(A))$가 성립한다. 거꾸로 $x \in \mathcal{N}(f_i(A))$라고 하자. 분명히, $x \in \mathcal{N}(f(A))$. $i \neq j$에 대하여 $f_i(\lambda)$는 $F_j(\lambda)$의 약수이므로

$$P_jx = F_j(A)u_j(A)x = f_1(A)\cdots\check{i}\cdots\check{j}\cdots f_r(A)u_j(A)f_i(A)x = 0.$$

즉, $P_jx = 0$. 이로부터 $x = \sum_{j=1}^{r} P_jx = P_ix$이고, $x \in \mathcal{R}(P_i|_{\mathcal{N}(f(A))})$이다. 그러므로 $\mathcal{N}(f_i(A)) = \mathcal{R}(P_i|_{\mathcal{N}(f(A))})$. 또 $i \neq j$이면 $F_i(\lambda)F_j(\lambda)$는 $f(\lambda)$를 약수로 가진다. 따라서

$x \in \mathcal{N}(f(A))$에 대하여 $i \neq j$이면, $P_i P_j x = 0$이 성립한다. $f(A) = O$이면, $\mathcal{N}(f(A)) = \mathbb{C}^n$이므로 정리 1.3.2를 적용하면 직합분해 (1.20)을 얻는다. 분명히 P_i는 이 직합분해에 대응하는 $\mathbb{C}^n$으로부터 W_i로의 사영이고, A의 다항식이다. □

3.2 직교여공간과 선형방정식의 해

$\mathbb{C}^n$의 벡터 x, y가 $\langle x, y \rangle = 0$을 만족할 때, 즉 직교할 때 $x \perp y$라고 쓴다. 그리고 $\mathbb{C}^n$의 벡터 x가 부분공간 V의 모든 벡터 y와 직교할 때, $x \perp V$라고 쓴다. $\mathbb{C}^n$의 부분공간 V에 대하여, 집합

$$V^{\perp} := \{x \in \mathbb{C}^n \ : \ \langle x, y \rangle = 0, \ \forall y \in V\}$$

은 $\mathbb{C}^n$의 부분공간으로 V의 **직교여공간(orthogonal complement)**이라고 말한다. $\dim V = m$이면, $\dim V^{\perp} = n - m$이다.

정리 1.3.5. V를 $\mathbb{C}^n$의 부분공간이라고 하면

1) $(V^{\perp})^{\perp} = V$

2) **(사영정리(projection theorem))** $\mathbb{C}^n$의 직합분해

$$\mathbb{C}^n = V \oplus V^{\perp}$$

이 성립한다.

증명 1) $\dim V = m$이라고 놓으면, $\dim V^{\perp} = n - m$, $\dim (V^{\perp})^{\perp} = n - (n - m) = m$이다. 그리고 $V \subset (V^{\perp})^{\perp}$이므로, $(V^{\perp})^{\perp} = V$.

2) $V \cap V^{\perp} = \{0\}$이고 $\dim V + \dim V^{\perp} = n$이므로 $\mathbb{C}^n = V \oplus V^{\perp}$이 성립한다. □

이 정리에 의하여 임의의 $x \in \mathbb{C}^n$은

$$x = v + v^{\perp}, \ \ v \in V, \ v^{\perp} \in V^{\perp}$$

과 같이 유일하게 표현된다. v를 x의 V로의 **정사영(orthogonal projection)**이라 부른다. 위의 사영정리는 임의의 $x \in \mathbb{C}^n$에 대하여

$$(x - v) \perp V$$

인 $v \in V$가 존재한다는 뜻이다.

정리 1.3.6. A는 $m \times n$ 행렬이라고 하자. 그러면

1) $\text{rank}\,(A) = \text{rank}\,(A^*)$

2) $n = m$이면, $\dim \mathcal{N}(A) = \dim \mathcal{N}(A^*)$

3) $\mathcal{N}(A) = (\mathcal{R}(A^*))^{\perp}$

4) $\mathcal{R}(A) = (\mathcal{N}(A^*))^{\perp}$.

증명 1) 다음 세 가지 명제는 서로 동치이다.

(i) rank $(A) = r$,

(ii) A의 열벡터 공간의 차원이 r,

(iii) A의 행벡터 공간의 차원이 r.

그리고 A의 열벡터 공간의 차원은 A^*의 행벡터 공간의 차원과 같다. 따라서 1)이 성립한다.

2) $\dim \mathcal{N}(A) = n - \text{rank}\,(A) = n - \text{rank}\,(A^*) = \dim \mathcal{N}(A^*)$.

3) $Ax = 0$이면, 임의의 $y \in \mathbb{C}^m$에 대하여

$$\langle x, A^*y\rangle = \langle Ax, y\rangle = \langle 0, y\rangle = 0.$$

그러므로 $x \perp \mathcal{R}(A^*)$.

거꾸로 $x \perp \mathcal{R}(A^*)$이면, 임의의 $y \in \mathbb{C}^m$에 대하여,

$$\langle Ax, y\rangle = \langle x, A^*y\rangle = 0.$$

따라서 $Ax = 0$.

4) 3)으로부터 $\mathcal{N}(A^*) = (\mathcal{R}(A))^\perp$이므로 정리 1.3.5에 의해 $(\mathcal{R}(A))^{\perp\perp} = \mathcal{R}(A)$. □

정리 1.3.6의 간단한 응용으로 선형방정식(연립1차방정식)의 해의 존재성에 대하여 고찰하자. $A \in M_n(\mathbb{C})$, $b \in \mathbb{C}^n$일 때 비제차 선형방정식

$$Ax = b \tag{1.21}$$

와 대응하는 제차 선형방정식

$$Ax = 0 \tag{1.22}$$

을 생각하기로 하자.

방정식 (1.21)의 해 전체를 **해공간(solution space)**이라 부른다.

1) 방정식 (1.21)이 해를 가진다는 것과 $b \in \mathcal{R}(A)$가 성립한다는 것은 동치이다

2) x_0가 방정식 (1.21)의 해이면, 해공간은

$$x_0 + \mathcal{N}(A)$$

이다. $b = 0$이면, 해공간은 $\mathbb{C}^n$의 부분공간이지만, $b \neq 0$인 경우, 해공간은 **아핀(affine) 공간**이 된다.

분명히 방정식 (1.22)는 자명한 해(0인 해)를 가진다. 다음 결과는 정리 1.3.6으로부터 명백하다.

정리 1.3.7. 비제차 선형방정식 (1.21)의 해가 존재하기 위한 필요충분조건은 $b \in (\mathcal{N}(A^*))^\perp$이 성립하는 것이다. 즉, b가 수반제차 선형방정식

$$A^*x = 0 \tag{1.23}$$

을 만족하는 모든 해 x와 직교한다는 것이다.

주 1.3.1. 제차 선형방정식 (1.22)가 영이 아닌 해를 가지면, 대응하는 비제차 선형방정식 (1.21)의 해는 유일하지 않다. 거꾸로 비제차 선형방정식 (1.21)의 해가 유일하지 않으면, 제차 선형방정식 (1.22)는 영이 아닌 해를 가진다.

제 4 절 일반화된 고유공간: 일반적인 경우

이 절에서는 정방행렬의 고유값, 고유공간, 일반화된 고유공간들의 성질, 케일리–해밀턴 정리 등을 다룬다. 특히 공간 $\mathbb{C}^n$ 이 일반화된 고유공간들에 의해 직합분해되는 것을 밝힌다.

4.1 고유값과 고유다항식

정방행렬 $A = (a_{ij}) \in M_n(\mathbb{C})$가 주어졌다고 하자. 선형방정식에서

$$Ax = \lambda x \tag{1.24}$$

를 만족하는 영이 아닌 벡터 x가 존재할 때, 수 $\lambda \in \mathbb{C}$를 A의 **고유값(eigenvalue)**, $x\,(\neq 0) \in \mathbb{C}^n$을 A의 (고유값 λ에 대응하는) **고유벡터(eigenvector)**라고 부른다. A의 고유값의 집합을 $\sigma(A)$라고 표기한다. 선형방정식 (1.24)가 해 $x \neq 0$을 가질 조건이 $\det(\lambda E - A) = 0$이므로 A의 고유값은 고유방정식(특성방정식)

$$\Phi_A(\lambda) := \det(\lambda E - A) = 0$$

의 해[1]에 의해 주어진다. $\Phi_A(\lambda)$를 A의 **고유다항식(characteristic polynomial)**, $\Phi_A(\lambda) = 0$을 A의 **고유방정식(characteristic equation)**이라 부른다. 고유다항식 $\Phi_A(\lambda)$는 λ에 관한 n차 다항식이다.

고유다항식의 인수분해가

$$\Phi_A(\lambda) = \prod_{i=1}^{r}(\lambda - \lambda_i)^{m_i} = (\lambda - \lambda_1)^{m_1} \cdots (\lambda - \lambda_r)^{m_r} \quad (i \neq j \Rightarrow \lambda_i \neq \lambda_j) \tag{1.25}$$

이면, $\sigma(A) = \{\lambda_1, \cdots, \lambda_r\}$이 된다. 분명히

$$m_1 + m_2 + \cdots + m_r = n \tag{1.26}$$

이 성립한다. m_i를 고유값 λ_i의 **지수** 또는 **대수적 중복도(algebraic multiplicity)**라고 부른다. 일반적으로 $\lambda \in \sigma(A)$의 지수를 $m_\lambda(A)$, 특히 A가 명백한 경우 m_λ라고 쓴다. 이 표기에 따르면 $m_i = m_{\lambda_i}$이다.

행렬식의 전개에 의해,

$$\Phi_A(\lambda) = \lambda^n - (trA)\lambda^{n-1} + \cdots + (-1)^n \det A$$

---

[1] n차의 대수방정식 $f(x) = a_0x^n + a_1x^{n-1} + \cdots + a_{n-1}x + a_n = 0$, $a_0 \neq 0$은 중복도를 포함해서 정확하게 n개 존재한다. 증명은 문헌 [3, p. 97]을 참조하기 바란다.

을 얻는다. 여기서 $trA := \sum_{i=1}^{n} a_{ii}$. 한편 $\Phi_A(\lambda)$의 인수분해식을 전개하여 계수를 비교하면

$$trA = m_1\lambda_1 + \cdots + m_r\lambda_r, \quad \det A = \lambda_1^{m_1} \cdots \lambda_r^{m_r}$$

이 성립한다.

행렬 A와 B가 (서로) **닮았다(similar)**는 것은 정칙행렬 P가 존재하여, $B = P^{-1}AP$가 성립한다는 것이다. 이를 $A \sim B$라고 표기한다. 분명 $\Phi_A(\lambda) = \Phi_{P^{-1}AP}(\lambda)$이므로 $A \sim B$이면, $\Phi_A(\lambda) = \Phi_B(\lambda)$이다.

주 1.4.1. 일반적으로 정방행렬 A는 삼각행렬과 서로 닮았다는 것이 알려져 있다. 따라서 그 삼각행렬의 대각선 원소가 바로 A의 고유값이다.

행렬 A가 정방행렬 $A_1, A_2, \cdots, A_r$을 대각성분으로 하는 다음과 같은 행렬

$$A := \begin{pmatrix} A_1 & & & \text{\Large 0} \\ & A_2 & & \\ & & \ddots & \\ \text{\Large 0} & & & A_r \end{pmatrix}$$

을 행렬 $A_1, A_2, \cdots, A_r$의 **직합**이라 부르고,

$$A = A_1 \oplus A_2 \oplus \cdots \oplus A_r \ \text{ 또는 } \ A = \text{diag}(A_1, \cdots, A_r)$$

로 나타낸다. 그러면

$$\Phi_A(\lambda) = \Phi_{A_1}(\lambda) \cdots \Phi_{A_r}(\lambda), \quad \det(A) = \det(A_1) \cdots \det(A_r). \tag{1.27}$$

특히, 대각성분 이외의 성분이 모두 영인 정방행렬을 대각행렬이라 부른다. 대각성분이 위로부터 순차적으로 $\lambda_1, \cdots, \lambda_n$ (그들은 서로 같을 수 있다)인 n차 대각행렬을 $\text{diag}(\lambda_1, \lambda_2, \cdots, \lambda_n)$으로 나타낸다. 즉

$$\text{diag}(\lambda_1, \lambda_2, \cdots, \lambda_n) = \begin{pmatrix} \lambda_1 & 0 & \cdots & 0 \\ 0 & \lambda_2 & \cdots & 0 \\ \vdots & \vdots & \vdots & \vdots \\ 0 & 0 & \cdots & \lambda_n \end{pmatrix}.$$

대각행렬에 닮은 행렬을 **대각화가능(diagonalizable)**, 또는 **반단순(semi-simple)**이라고 말한다. 정방행렬 A가 주어졌을 때 정칙행렬 T가 존재하여, $T^{-1}AT = \text{diag}(\lambda_1, \cdots, \lambda_n)$이 성립하면,

$$\Phi_A(\lambda) = \Phi_{T^{-1}AT}(\lambda) = \prod_{i=1}^{n}(\lambda - \lambda_i).$$

A의 고유방정식과 A와의 관계, 즉 케일리–해밀턴(Cayley–Hamilton) 정리(문헌 [56, 2] 참조)를 서술하자.

정리 1.4.1. (케일리–해밀턴 정리) A의 고유다항식 $\Phi_A(\lambda)$에 대하여

$$\Phi_A(A) = O$$

이 성립한다.

정의 1.4.1. $A^k = O$인 $k \geq 1$이 존재할 때, A를 **멱영행렬(nilpotent matrix)**이라 부른다.

도움정리 1.4.1. 다음 명제가 성립한다.

1) 반단순한 멱영행렬은 영행렬뿐이다.
2) 정방행렬 A에 관하여 다음 명제는 동치이다.
   (1) A는 멱영행렬이다.
   (2) $\sigma(A) = \{0\}$이다.
   (3) A는 대각성분 모두가 영인 삼각행렬과 닮았다.

4.2 일반화된 고유공간

n차 정방행렬 A의 고유값 $\lambda \in \sigma(A)$에 대하여

$$G_\lambda(A, k) := \mathcal{N}((A - \lambda E)^k) = \{x \,:\, (A - \lambda E)^k x = 0\} \ (k = 1, 2, \cdots),$$

$$\mathcal{R}_\lambda(A, k) := \mathcal{R}((A - \lambda E)^k) = \{(A - \lambda E)^k x \,:\, x \in \mathbb{C}^n\}$$

들은 $\mathbb{C}^n$의 부분공간이다. 여기서 $G_\lambda(A, 0) = \{0\}$, $\mathcal{R}_\lambda(A, 0) = \mathbb{C}^n$과 같이 정의한다. 분명히,

$$G_\lambda(A, 1) \subset G_\lambda(A, 2) \subset \cdots$$

이므로

$$G_\lambda(A) := \bigcup_{k=1}^{\infty} G_\lambda(A, k)$$

는 $\mathbb{C}^n$의 부분공간이다. 역시

$$\mathcal{R}_\lambda(A, 1) \supset \mathcal{R}_\lambda(A, 2) \supset \cdots$$

이므로

$$\mathcal{R}_\lambda(A) := \bigcap_{k=1}^{\infty} \mathcal{R}_\lambda(A, k)$$

도 $\mathbb{C}^n$의 부분공간이다.

$G_\lambda(A)$를 A의 고유값 λ에 대응하는 **일반화된 고유공간(generalized eigenspace)**이라 부르고, 그 원소 $(\neq 0)$를 A의 고유값 λ에 대응하는 **일반화된 고유벡터(generalized eigenvector)**라고 부른다. 특히 $W_\lambda(A) := G_\lambda(A, 1)$을 고유값 λ에 대응하는 **고유공간(eigenspace)**이라 부른다.

혼동이 생기지 않는 한, 위 기호 A를 생략하고, W_λ, G_λ, $G_\lambda(k)$, $\mathcal{R}_\lambda$, $\mathcal{R}_\lambda(k)$라고 쓴다.

먼저 정리 1.3.4를 써서 $\mathbb{C}^n$의 직합분해를 구하여 보자.

정리 1.4.2. A의 고유다항식 $\Phi_A(\lambda)$가 (1.25)와 같이 주어졌다고 하자. 그러면 $\mathbb{C}^n$의 직합분해

$$\mathbb{C}^n = G_{\lambda_1}(m_1) \oplus G_{\lambda_2}(m_2) \oplus \cdots \oplus G_{\lambda_r}(m_r) \tag{1.28}$$

이 성립한다. 이 직합분해에 대응하는 $G_{\lambda_i}(m_i)$로의 사영 P_i는 A의 다항식으로 표현된다. 즉, $1/\Phi_A(\lambda)$의 부분분수 전개를

$$\frac{1}{\Phi_A(\lambda)} = \frac{v_1(\lambda)}{(\lambda-\lambda_1)^{m_1}} + \cdots + \frac{v_r(\lambda)}{(\lambda-\lambda_r)^{m_r}}$$

라고 할 때,

$$P_i = v_i(A)\Phi_i(A) = v_i(A)(A-\lambda_1 E)^{m_1} \cdots \check{i} \cdots (A-\lambda_r E)^{m_r} \tag{1.29}$$

이다. 여기서 $\Phi_i(\lambda) = \Phi_A(\lambda)/(\lambda-\lambda_i)^{m_i}$, $i = 1, 2, \cdots, r$.

증명 정리 1.3.4에서

$$f_i(\lambda) = (\lambda-\lambda_i)^{m_i},\ (i = 1, 2, \cdots, r),\ \ f(\lambda) = \Phi_A(\lambda)$$

라고 놓으면, $\mathcal{N}(f_i(A)) = G_{\lambda_i}(m_i)$. 그리고 케일리–해밀턴 정리에 의해 $\Phi_A(A) = O$이므로 $\mathcal{N}(f(A)) = \mathbb{C}^n$이다. 정리 1.3.4의 증명과 (1.20)으로부터 결론을 얻는다. □

정의 1.4.2. 부분공간 $V \subset \mathbb{C}^n$과 n차 행렬 A가

$$AV \subset V$$

를 만족할 때, V를 **A-불변(A-invariant)**이라 부른다.

다음 도움정리는 $G_\lambda(m_\lambda)$의 성질을 보여주고 있다.

도움정리 1.4.2. 임의의 $\lambda \in \sigma(A)$에 대하여 $G_\lambda(m_\lambda)$는 A-불변이다.

두 행렬 A와 B가 **가환(commutative)**이라는 뜻은 $AB = BA$가 성립하는 것이다. 일반적으로 다음 결과가 성립한다.

도움정리 1.4.3. 두 행렬 A와 B가 가환이라고 하자. 그러면 핵 $\mathcal{N}(A)$와 치역 $\mathcal{R}(A)$는 B-불변이다.

증명 $x \in \mathcal{N}(A)$일 때 $Ax = 0$이므로 $0 = BAx = ABx$이다. 따라서 $Bx \in \mathcal{N}(A)$. 다음으로 $y \in \mathcal{R}(A)$일 때 $Az = y$인 z가 존재하므로 $By = BAz = ABz$이다. 따라서 $By \in \mathcal{R}(A)$. □

다음으로 $\mathbb{C}^n$의 직합분해 (1.28)이 일반화된 고유공간에 의한 직합분해임을 보이자. 이를 위해 다음 도움정리들을 준비하자.

도움정리 1.4.4. 다음 명제가 성립한다.

1) $G_\lambda(k+1) = G_\lambda(k)$ 이면, $G_\lambda(k+i) = G_\lambda(k), i = 1, 2, \cdots$ 이다.

2) $\mathcal{R}_\lambda(k+1) = \mathcal{R}_\lambda(k)$ 이면, $\mathcal{R}_\lambda(k+i) = \mathcal{R}_\lambda(k), i = 1, 2, \cdots$ 이다.

3) 다음 명제들은 서로 동치이다.

$$(1)\ G_\lambda(k+1) = G_\lambda(k), \quad (2)\ \dim G_\lambda(k+1) = \dim G_\lambda(k)$$
$$(3)\ \mathcal{R}_\lambda(k+1) = \mathcal{R}_\lambda(k), \quad (4)\ \dim \mathcal{R}_\lambda(k+1) = \dim \mathcal{R}_\lambda(k)$$
$$(5)\ \operatorname{rank}(A - \lambda E)^{k+1} = \operatorname{rank}(A - \lambda E)^k.$$

도움정리 1.4.5. $\lambda \in \sigma(A)$ 라고 하자. 그러면

1) $$\dim G_\lambda(1) < \cdots < \dim G_\lambda(k_0 - 1) < \dim G_\lambda(k_0) = \dim G_\lambda(k_0 + 1)$$

을 만족하는 $k_0 \in \mathbb{N}$이 유일하게 존재한다. 즉

$$k_0 = \min\{k \in \mathbb{N} : G_\lambda(k) = G_\lambda(k+1)\}$$

이 존재한다.

2) k_0에 관한 1)의 부등식을 계수로 표현하면 다음과 같이 된다.

$$\begin{aligned}\operatorname{rank}(A - \lambda E) > \cdots > \operatorname{rank}(A - \lambda E)^{k_0 - 1} &> \operatorname{rank}(A - \lambda E)^{k_0} \\ &= \operatorname{rank}(A - \lambda E)^{k_0 + 1}.\end{aligned}$$

증명 1) $G_\lambda(k) \subset G_\lambda(k+1), k = 1, 2, \cdots$ 이므로 두 부분공간의 일치, 불일치는 그 차원의 일치, 불일치에 의해 결정된다. $\mathbb{C}^n$은 유한차원이므로 1)에서 언급한 $k_0 \in \mathbb{N}$은 유일하게 존재한다.

2) 차원과 계수의 관계로부터 분명하다. □

정의 1.4.3. 도움정리 1.4.5의 1)에서 얻어진 $k_0 \in \mathbb{N}$를 λ의 **표수(index)** 또는 **기하적 중복도 (geometric multiplicity)**라 부르고, $h_\lambda(A)$ 또는 A가 명백한 경우 h_λ라고 표기한다.

정리 1.4.3. $\lambda \in \sigma(A)$라고 하자. 그러면

1) $G_\lambda(m_\lambda + 1) = G_\lambda(m_\lambda)$, $\quad \mathcal{R}_\lambda(m_\lambda + 1) = \mathcal{R}_\lambda(m_\lambda)$

2) $h_\lambda \leq m_\lambda$

3) $G_\lambda = G_\lambda(h_\lambda)$, $\quad \mathcal{R}_\lambda = \mathcal{R}_\lambda(h_\lambda)$.

증명 1) 각 $\lambda_i \in \sigma(A)$에 대하여 $(A - \lambda_i E)^{m_i + 1} x = 0$일 때, $(A - \lambda_i E)^{m_i} x = 0$ 임을 보이면 충분하다. 일반성을 잃지 않고 $\lambda_1 \in \sigma(A)$인 경우를 보이기로 하자. x가 $(A - \lambda_1 E)^{m_1 + 1} x = 0$을 만족한다고 하자. 그러면 정리 1.4.2에 의해 $x = x_1 + \cdots + x_r$, $x_i \in G_{\lambda_i}(m_i)$, $i = 1, \cdots, r$로 표현된다. 따라서

$$(A - \lambda_1 E)^{m_1} x = \sum_{i=1}^{r} (A - \lambda_1 E)^{m_1} x_i = \sum_{i=2}^{r} (A - \lambda_1 E)^{m_1} x_i,$$

즉

$$(A-\lambda_1 E)^{m_1}x - \sum_{i=2}^{r}(A-\lambda_1 E)^{m_1}x_i = 0$$

을 얻는다. $G_{\lambda_i}(m_i)$는 도움정리 1.4.2에 의해 A-불변이므로 $(A-\lambda_1 E)^{m_1}x_i \in G_{\lambda_i}(m_i)$, $i=2,\cdots,r$이다. 더욱이, $0=(A-\lambda_1 E)^{m_1+1}x=(A-\lambda_1 E)(A-\lambda_1 E)^{m_1}x$ 이므로 $(A-\lambda_1 E)^{m_1}x \in \mathcal{N}(A-\lambda_1 E) \subset G_{\lambda_1}(m_1)$이다. 따라서 정리 1.3.1에 의해,

$$(A-\lambda_1 E)^{m_1}x = (A-\lambda_1 E)^{m_1}x_2 = \cdots = (A-\lambda_1 E)^{m_1}x_r = 0$$

을 얻는다. 이로부터 명제 1)의 전반이 성립한다. 후반은 도움정리 1.4.4로부터 나온다.

2), 3)은 h_λ의 최소성으로부터 나온다. □

분명히,

$$G_\lambda = G_\lambda(h_\lambda) = G_\lambda(m_\lambda), \ \ \mathcal{R}_\lambda = \mathcal{R}_\lambda(h_\lambda) = \mathcal{R}_\lambda(m_\lambda).$$

정리 1.4.4. $\lambda \in \sigma(A)$라고 하면

$$\mathbb{C}^n = \mathcal{R}((A-\lambda E)^{h_\lambda}) \oplus \mathcal{N}((A-\lambda E)^{h_\lambda})$$

가 성립한다.

증명 $\mathbb{C}^n = \mathcal{R}((A-\lambda E)^{m_\lambda}) \oplus \mathcal{N}((A-\lambda E)^{m_\lambda})$를 증명하면 된다. $\lambda_1 \in \sigma(A)$, $g_1(\lambda) = (\lambda-\lambda_1)^{m_1}$, $g_2(\lambda) = \Phi_A(\lambda)/(\lambda-\lambda_1)^{m_1}$이라고 놓으면, $g_1(\lambda), g_2(\lambda)$는 서로 소이므로 $g_1(\lambda)v_1(\lambda)+g_2(\lambda)v_2(\lambda)=1$인 다항식 $v_1(\lambda)$, $v_2(\lambda)$가 존재한다. $x \in \mathbb{C}^n$에 대하여 $x_1 = g_1(A)v_1(A)x$, $x_2 = g_2(A)v_2(A)x$ 라고 놓으면, $x = x_1+x_2$이고, $x_1 \in \mathcal{R}((A-\lambda_1 E)^{m_1})$, $(A-\lambda_1 E)^{m_1}x_2 = \Phi_A(\lambda)x = 0$이다. 따라서 $\mathbb{C}^n = \mathcal{R}((A-\lambda_1 E)^{m_1}) + \mathcal{N}((A-\lambda_1 E)^{m_1})$.

나머지는 직합임을 보이면 된다. 이를 위해 $x \in \mathcal{N}((A-\lambda_1 E)^{m_1}) \cap \mathcal{R}((A-\lambda_1 E)^{m_1})$이라고 하면, $x = (A-\lambda_1 E)^{m_1}y$와 같이 표현되며, $0=(A-\lambda_1 E)^{m_1}x = (A-\lambda_1 E)^{2m_1}y$ 가 성립한다. 따라서 정리 1.4.3에 의해 $(A-\lambda_1 E)^{m_1}y=0$이므로 $x=0$을 얻는다. □

정리 1.4.2와 정리 1.4.3으로부터 $\mathbb{C}^n$의 직합분해

$$\mathbb{C}^n = G_{\lambda_1}(h_{\lambda_1}) \oplus \cdots \oplus G_{\lambda_r}(h_{\lambda_r}) \tag{1.30}$$

은 일반화된 고유공간에 의한 직합분해이다. 이 직합분해에 대응하는 사영 $\mathbb{C}^n \to G_{\lambda_i}(h_{\lambda_i})$를 $Q_{\lambda_i}(A)$라고 나타낸다. 이 기호를 책 전반에서 사용함을 주의하기 바란다. $P_i := Q_{\lambda_i}(A)$라고 놓으면, 사영족 $P_1, P_2, \cdots, P_r$이 유일하게 존재한다. 이 사영족을 A**에 따르는 단위행렬** E**의 분해사영족(family of projections of decomposition by** A**)**이라 부른다.

마지막으로 $\mathbb{C}^n$의 일반화된 고유공간에 의한 직합분해와 행렬의 표현과의 관계를 보기로 하자.

정리 1.4.5. 다음 명제가 성립한다.

1) $\dim G_{\lambda_i}(h_{\lambda_i}) = m_i$

2) $G_{\lambda_1}(h_{\lambda_1}), \cdots, G_{\lambda_r}(h_{\lambda_r})$의 기저를 순차적으로 나열하여 얻어지는 n차 정칙행렬을 T라고 하면,

$$T^{-1}AT = A_1 \oplus A_2 \oplus \cdots \oplus A_r.$$

여기서 $A_i\ (i = 1, 2, \cdots, r)$는 고유값 λ_i 만을 가지는 m_i 차행렬이다.

증명 먼저, $G_{\lambda_i}(h_{\lambda_i})$의 차원을 n_i라고 하자. 그 기저를 $e^i_1, e^i_2, \cdots, e^i_{n_i}$ 라고 나타내고 이를 순차적으로 나열한 $n \times n_i$ 행렬 $(e^i_1, e^i_2, \cdots, e^i_{n_i})$를 T_i라고 놓자. $G_{\lambda_i}(h_{\lambda_i})$는 A-불변이므로

$$Ae^i_j = a^i_{1j}e^i_1 + a^i_{2j}e^i_2 + \cdots + a^i_{n_ij}e^i_{n_i} \quad (j = 1, 2, \cdots, n_i)$$

로 표현된다. 따라서 a^i_{kj}를 (k, j) 성분으로 하는 n_i차 행렬을 A_i라고 놓으면, $AT_i = T_iA_i$가 된다. 따라서

$$(AT_1, AT_2, \cdots, AT_r) = (T_1, T_2, \cdots, T_r)(A_1 \oplus A_2 \oplus \cdots \oplus A_r)$$

을 얻는다. 정리 1.4.2와 차원정리(정리 1.3.3)에 의해, $n_1 + n_2 + \cdots + n_r = n$이므로 $T = (T_1, T_2, \cdots, T_r)$이라고 놓으면, T는 정방행렬이다. T의 열벡터는 직합공간의 기저를 나열한 것이므로 일차독립이다. 따라서 T는 n차 정칙행렬이 된다. 그러므로

$$T^{-1}AT = A_1 \oplus A_2 \oplus \cdots \oplus A_r.$$

다음으로 A_i의 고유값이 λ_i뿐이라는 것을 보이자. T_i의 열벡터는 $G_{\lambda_i}(h_{\lambda_i})$의 벡터이므로

$$O = (A - \lambda_iE)^{h_{\lambda_i}}T_i = T_i(A_i - \lambda_iE)^{h_{\lambda_i}}$$

이다. 또한 T_i의 열벡터는 일차독립이므로 $(A_i - \lambda_iE)^{h_{\lambda_i}} = O$이 된다. 도움정리 1.4.1에 의해 멱영행렬 $B_i := A_i - \lambda_iE$의 고유값은 모두 0뿐이고, B_i는 n_i차 행렬이므로 $\Phi_{B_i}(\lambda) = \lambda^{n_i}$. 따라서

$$\begin{aligned}\Phi_{A_i}(\lambda) &= \det(\lambda E - A_i) = \det((\lambda - \lambda_i)E - (A_i - \lambda_iE)) \\ &= \Phi_{B_i}(\lambda - \lambda_i) = (\lambda - \lambda_i)^{n_i}.\end{aligned}$$

즉 $\sigma(A_i) = \{\lambda_i\}$가 된다.

마지막으로, $n_i = m_i$ 임을 보이자. (1.27)에 의해

$$\Phi_{T^{-1}AT}(\lambda) = (\lambda - \lambda_1)^{n_1} \cdots (\lambda - \lambda_r)^{n_r}$$

이다. 한편, $\Phi_A(\lambda) = (\lambda - \lambda_1)^{m_1} \cdots (\lambda - \lambda_r)^{m_r}$ 이고 $\Phi_A(\lambda) = \Phi_{T^{-1}AT}(\lambda)$이므로 소인수분해의 유일성(정리1.1.2)으로부터

$$m_i = n_i = \dim G_{\lambda_i}(h_{\lambda_i})$$

를 얻는다. □

4.3 최소다항식

행렬 A에 따르는 E의 분해사영족을 고유다항식보다 차수가 작은 다항식, 즉 최소다항식을 쓰면 비교적 계산이 간단하다. 먼저 최소다항식의 개념과 여러 성질을 보이기로 한다.

$P_1, P_2, \cdots, P_r$을 A에 따르는 E의 분해사영족이라고 한다. 그러면 사영 P_i는 A의 다항식으로 표현된다. 사실, 정리 1.4.2에서 보듯이 $\Phi_i(\lambda) = \Phi_A(\lambda)/(\lambda - \lambda_i)^{m_i}$, $i = 1, 2, \cdots, r$이라고 놓으면,

$$\Phi_1(\lambda)v_1(\lambda) + \cdots + \Phi_r(\lambda)v_r(\lambda) = 1$$

을 만족하는 다항식 $v_1(\lambda), \cdots, v_r(\lambda)$이 존재하며, P_i는 A의 다항식 $P_i = v_i(A)\Phi_i(A)$로 주어진다. 더욱이 위 식의 양변을 $\Phi_A(\lambda)$로 나누면, 부분분수 분해정리에 의해 $v_i(\lambda)$의 차수는 m_i보다 작다. 따라서 $v_i(\lambda)\Phi_i(\lambda)$의 차수는 고유다항식의 차수보다 작은 것을 알 수 있다.

이 사영은 이 절 뒤에 나오는 정리 1.4.8에서 보듯이 보다 차수가 작은 다항식을 써서 계산된다.

정의 1.4.4. 멱영행렬 A에 대하여 $A^k = O$이 되는 k의 최소의 수, 즉 $A^{m-1} \neq O$, $A^m = O$을 만족하는 양의 정수 m을 A의 **영화지수(index of nilpotent matrix)**라고 부른다.

보기 1.4.1.

$$A = \begin{pmatrix} 1 & 0 & 0 \\ 0 & 1 & 0 \\ 0 & 0 & 1 \end{pmatrix}, \quad B = \begin{pmatrix} 1 & 0 & 0 \\ 0 & 1 & 1 \\ 0 & 0 & 1 \end{pmatrix}, \quad C = \begin{pmatrix} 1 & 1 & 0 \\ 0 & 1 & 1 \\ 0 & 0 & 1 \end{pmatrix}$$

라고 놓는다. 그러면 A, B, C의 고유값은 1이고, 일반화된 고유공간은 $\mathbb{C}^3$ 전체이고,

$$(A - E) = O,\ (B - E) \neq O,\ (B - E)^2 = O,\ (C - E)^2 \neq O,\ (C - E)^3 = O.$$

따라서 $A - E$, $B - E$, $C - E$의 영화지수는 각각 1, 2, 3이다.

정리 1.4.6. $\lambda \in \sigma(A)$이고 P_λ를 $G_\lambda(h_\lambda)$로의 사영이라고 하자. 그러면

$$(A - \lambda E)^{h_\lambda - 1}P_\lambda \neq O,\ \ (A - \lambda E)^{h_\lambda}P_\lambda = O.$$

증명 $G_\lambda = G_\lambda(h_\lambda)$이므로 $(A - \lambda E)^{h_\lambda}P_\lambda = O$. 그리고 $G_\lambda(h_\lambda - 1) \neq G_\lambda(h_\lambda)$이므로 $(A - \lambda E)^{h_\lambda - 1}x \neq 0, (A - \lambda E)^{h_\lambda}x = 0$이 되는 $x \in G_\lambda(h_\lambda)$ 가 존재한다. 이 때 x에 대하여 $x = P_\lambda y$인 $y \in \mathbb{C}^n$이 존재하므로, $(A - \lambda E)^{h_\lambda - 1}P_\lambda y \neq 0$. 즉, $(A - \lambda E)^{h_\lambda - 1}P_\lambda \neq O$이 성립한다. □

따름정리 1.4.1. 다음 명제가 성립한다.

1) 멱영행렬 A의 영화지수는 고유값 0의 표수와 같다.

2) $\lambda \in \sigma(A)$의 표수 h_λ는 $(AP_\lambda - \lambda P_\lambda)$의 영화지수이다.

정의 1.4.5. $\sigma(A) = \{\lambda_1, \lambda_2, \cdots, \lambda_r\}$에 대하여 다항식

$$\Psi_A(\lambda) = (\lambda - \lambda_1)^{h_1}(\lambda - \lambda_2)^{h_2} \cdots (\lambda - \lambda_r)^{h_r}$$

을 A의 **최소다항식(minimal polynomial)**이라 부른다. 여기서 $h_i = h_{\lambda_i}(A)$, $i = 1, 2, \cdots, r$.

정리 1.4.7. A의 최소다항식 $\Psi_A(\lambda)$는 다음 성질을 가진다.

1) $\Psi_A(A) = O$
2) $\Psi_A(\lambda)$는 $Q(A) = O$을 만족하는 모든 다항식 $Q(\lambda)$를 나눈다.

증명 1) $\Psi_A(A) = \Psi_A(A)(P_1 + \cdots + P_r)$ 과 같이 분해된다. 정리 1.4.6에 의해 $(A - \lambda_1 E)^{h_1} P_1 = O$이므로

$$\begin{aligned}\Psi_A(A)P_1 &= (A - \lambda_1 E)^{h_1} \cdots (A - \lambda_r E)^{h_r} P_1 \\ &= (A - \lambda_2 E)^{h_2} \cdots (A - \lambda_r E)^{h_r} (A - \lambda_1 E)^{h_1} P_1 \\ &= O.\end{aligned}$$

마찬가지로 $\Psi_A(A)P_i = O$, $i = 2, \cdots, r$이므로 $\Psi_A(A) = O$.

2) $Q(\lambda)$를 $Q(A) = O$을 만족하는 0이 아닌 다항식, 그 차수를 m이라고 하자. A의 고유값 λ_i를 중심으로 테일러 전개하면,

$$Q(\lambda) = Q(\lambda_i) + \frac{Q'(\lambda_i)}{1!}(\lambda - \lambda_i) + \cdots + \frac{Q^{(h_i-1)}(\lambda_i)}{(h_i - 1)!}(\lambda - \lambda_i)^{h_i - 1} + \sum_{k \geq h_i}^{m} \frac{Q^{(k)}(\lambda_i)}{k!}(\lambda - \lambda_i)^k$$

이 된다. 따라서 모든 $x \in \mathbb{C}^n$에 대하여, 다음 식이 성립한다.

$$\begin{aligned}0 &= Q(A)x \\ &= Q(\lambda_i)x + \frac{Q'(\lambda_i)}{1!}(A - \lambda_i E)x + \cdots + \frac{Q^{(h_i-1)}(\lambda_i)}{(h_i - 1)!}(A - \lambda_i E)^{h_i - 1}x \\ &\quad + \sum_{k \geq h_i}^{m} \frac{Q^{(k)}(\lambda_i)}{k!}(A - \lambda_i E)^k x\end{aligned} \tag{1.31}$$

이제 $(A - \lambda_i E)^{h_i - 1}x_0 \neq 0$을 만족하는 $x_0 \in G_{\lambda_i}(h_i)$를 잡자. 도움정리 1.2.1에 의하여 $x_0, (A - \lambda_i E)x_0, \cdots, (A - \lambda_i E)^m x_0$는 일차독립이다. 따라서 식 (1.31)에 $x = x_0$를 대입하면,

$$0 = Q(\lambda_i)x_0 + \frac{Q'(\lambda_i)}{1!}(A - \lambda_i E)x_0 + \cdots + \frac{Q^{(h_i-1)}(\lambda_i)}{(h_i - 1)!}(A - \lambda_i E)^{h_i - 1}x_0 + \sum_{k \geq h_i}^{m} 0$$

이 되어,

$$Q(\lambda_i) = Q'(\lambda_i) = \cdots = Q^{(h_i-1)}(\lambda_i) = 0$$

을 얻는다. 따라서 $Q(\lambda)$는 $(\lambda - \lambda_i)^{h_i}$로 나누어지고, 이는 모든 $i = 1, \cdots, r$에 대하여 성립하므로, 결국 $Q(\lambda)$는 $\Psi_A(\lambda)$로 나누어진다. □

주 1.4.2. 이 정리로부터 행렬 A의 최소다항식은 $Q(A) = O$을 만족하는 다항식 $Q(\lambda)$ 중에서 차수가 최소이고 최고차수의 계수가 1인 다항식이라고 말할 수 있다.

정리 1.4.8. A의 최소다항식 $\Psi_A(\lambda)$의 차수를 h라고 하면, A에 따르는 E의 분해사영족 $P_1, \cdots, P_r$은 차수가 h보다 작은 A의 다항식으로 표현된다. 즉, $1/\Psi_A(\lambda)$의 부분분수 전개를

$$\frac{1}{\Psi_A(\lambda)} = \frac{u_1(\lambda)}{(\lambda - \lambda_1)^{h_1}} + \cdots + \frac{u_r(\lambda)}{(\lambda - \lambda_r)^{h_r}}$$

라고 할 때, $\Psi_i(\lambda) = \Psi_A(\lambda)/(\lambda - \lambda_i)^{h_i}$ 라고 놓으면

$$P_i = u_i(A)\Psi_i(A) \ \ (i = 1, 2, \cdots, r) \tag{1.32}$$

이다.

증명 정리 1.4.7의 1)에 의해, $\mathbb{C}^n = \{x \ : \ \Psi_A(A)x = 0\}$을 얻는다. 따라서 정리의 증명은 정리 1.4.2의 증명과 비슷하다. □

4.4 반단순행렬의 스펙트럼 분해

여기서 반단순행렬을 특징짓기로 하자.

정리 1.4.9. n차 행렬 A에 대하여, $\sigma(A) = \{\lambda_1, \cdots, \lambda_r\}$, A에 따르는 단위행렬 E의 분해사영족을 $P_1, \cdots, P_r$이라고 하자, 그러면 다음 명제는 동치이다.

1) A는 대각화가능. 즉,

$$T^{-1}AT = \mathrm{diag}(\alpha_1, \alpha_2, \cdots, \alpha_n)$$

인 정칙행렬 T와 대각행렬 $\mathrm{diag}(\alpha_1, \alpha_2, \cdots, \alpha_n)$이 존재한다.

2) $W_{\lambda_i} = G_{\lambda_i}$, $i = 1, 2, \cdots, r$

3) $\dim W_{\lambda_i} = m_i$, $i = 1, 2, \cdots, r$

4) $\Psi_A(\lambda) = (\lambda - \lambda_1) \cdots (\lambda - \lambda_r) : h_{\lambda_i}(A) = 1$, $i = 1, 2, \cdots, r$

5) $A = \lambda_1 P_1 + \cdots + \lambda_r P_r$

6) A는 단위행렬의 분해사영족 $Q_1, Q_2, \cdots, Q_s$와 수 $\mu_1, \mu_2, \cdots, \mu_s$가 존재하여

$$A = \mu_1 Q_1 + \mu_2 Q_2 + \cdots + \mu_s Q_s \tag{1.33}$$

와 같이 표현된다.

위 조건의 하나가 만족될 때, P_i, $i = 1, 2, \cdots, r$은

$$P_i = \prod_{j \neq i} \frac{A - \lambda_j E}{\lambda_i - \lambda_j} \tag{1.34}$$

로 주어진다.

증명 1) $\Longrightarrow$ 2) $\Longrightarrow$ 5) $\Longrightarrow$ 6) $\Longrightarrow$ 1), 2) $\Longleftrightarrow$ 3), 2) $\Longleftrightarrow$ 4) 의 순서로 증명한다.

1) 이 성립한다고 하자. 그러면 A의 고유다항식은 $\Phi_A(\lambda) = (\lambda - \alpha_1)\cdots(\lambda - \alpha_n)$과 같이 된다. 여기서 $\alpha_1, \cdots, \alpha_n$은 A의 고유값이다(주의 1.4.1 참조). 행렬 T의 열의 순서를 바꾸어 (이를 다시 T라고 나타낸다)

$$T^{-1}AT = \lambda_1 E_1 \oplus \cdots \oplus \lambda_r E_r \tag{1.35}$$

과 같이 만들 수 있다. 여기서 E_i는 m_i차 단위행렬이다. $x \in G_{\lambda_1}$이라고 하자. $y = T^{-1}x$ 라고 놓으면, $k = 1, 2, \cdots$ 에 대하여

$$(A - \lambda_1 E)^k x = T(0E_1 \oplus (\lambda_2 - \lambda_1)^k E_2 \cdots\cdots \oplus (\lambda_r - \lambda_1)^k E_r)y.$$

$k = m_1$이라고 놓으면, 좌변은 영이므로 y의 $m_1 + 1$, $m_1 + 2$, $\cdots, n$ 번째 성분은 영이다. $k = 1$에 대하여 우변은 영이므로 $(A - \lambda_1 E)x = 0$이다. 따라서 $G_{\lambda_1} = W_{\lambda_1}$이다. 마찬가지로 모든 i에 대하여 $G_{\lambda_i} = W_{\lambda_i}$가 성립한다.

2)가 성립한다고 가정하면,

$$\mathbb{C}^n = G_{\lambda_1} \oplus \cdots \oplus G_{\lambda_r} = W_{\lambda_1} \oplus \cdots \oplus W_{\lambda_r}.$$

이 직합분해에 대응하는 단위행렬의 분해사영족을 $\{P_1, P_2, \cdots, P_r\}$이라고 하자. 그러면 임의의 $x \in \mathbb{C}^n$에 대하여, $P_i x \in W_{\lambda_i}$이므로

$$Ax = A\sum_{i=1}^{n} P_i x = \sum_{i=1}^{n} AP_i x = \sum_{i=1}^{n} \lambda_i P_i x.$$

따라서 $A = \sum_{i=1}^{r} \lambda_i P_i$.

5) $\Longrightarrow$ 6)은 분명하다.

6) 이 성립한다고 하자. (1.33)의 양변에 Q_i를 오른쪽과 왼쪽에 곱하면

$$AQ_i = \mu_i Q_i, \quad Q_i A = \mu_i Q_i$$

가 된다. 따라서 A와 Q_i는 가환이고, Q_i의 영이 아닌 열벡터는 고유값 μ_i에 대응하는 A의 고유벡터이다. $\mathcal{R}(Q_i)$의 기저인 열벡터 $x_1^i, x_2^i, \cdots, x_{m(i)}^i$, $m(i) = \dim \mathcal{R}(Q_i)$를 택하고, $i = 1, 2, \cdots, s$의 순서로 나열한 행렬을 T라고 하면,

$$AT = T(\mu_1 E_1 \oplus \mu_2 E_2 \oplus \cdots \oplus \mu_s E_s). \tag{1.36}$$

여기서 E_i는 $m(i)$차 단위행렬이다. 따라서 1)이 성립한다.

2) $\Longleftrightarrow$ 3) 정리 1.4.5에 의해 $\dim G_{\lambda_i} = m_i$, $W_{\lambda_i} \subset G_{\lambda_i}$이므로 2) 와 3)의 동치성은 쉽게 증명된다.

2) $\Longleftrightarrow$ 4) 2)는 $h_{\lambda_i} = 1$, $i = 1, \cdots, r$이라는 뜻이므로 2) 와 4)의 동치성은 분명하다.

마지막으로 4)를 가정하면, (1.32)에서의 $u_i(\lambda)$는

$$u_i(\lambda) = \frac{1}{\prod_{j \neq i}(\lambda_i - \lambda_j)}$$

이 되고, (1.34)를 얻는다. 따라서 증명이 끝난다. □

위 정리부터 다음 결과를 얻는다.

따름정리 1.4.2. $\sigma(A) = \{\lambda_1, \cdots, \lambda_r\}$ 인 행렬 A가 대각화가능하면,

$$T^{-1}AT = \mathrm{diag}(\lambda_1, \cdots, \lambda_1, \lambda_2, \cdots, \lambda_2, \cdots, \lambda_r, \cdots, \lambda_r)$$

인 정칙행렬 T가 존재한다. 여기서 λ_i의 개수는 $m_i = \dim W_{\lambda_i}$ 이고, T의 열벡터는 고유공간의 기저를 $W_{\lambda_1}, W_{\lambda_2}, \cdots, W_{\lambda_r}$ 의 순서로 나열한 것이다.

정리 1.4.9의 5)를 반단순행렬의 **스펙트럼 분해정리(spectral decomposition theorem)**라고 부른다. 이와 관련하여 다음 정리를 얻는다.

정리 1.4.10. 정방행렬 A가 E의 분해사영족 Q_1', Q_2', $\cdots$, Q_r'을 써서

$$A = \mu_1' Q_1' + \cdots + \mu_r' Q_r' \tag{1.37}$$

과 같이 표현되었다고 하자. μ_1', μ_1', $\cdots$, μ_r' 중 같은 것을 묶어서 (1.37)의 우변을 새로

$$A = \mu_1 Q_1 + \cdots + \mu_s Q_s \tag{1.38}$$

라고 쓰자. 여기서 μ_1, μ_2, $\cdots$, μ_s는 서로 다른 수이다. 그러면 $\sigma(A) = \{\mu_1, \mu_2, \cdots, \mu_s\}$ 이고, Q_1, Q_2, $\cdots$, Q_s는 A에 따르는 E의 분해사영족이다.

증명 $K(j) = \{k \ : \ \mu_k' = \mu_j\}$라고 놓으면, $Q_j = \displaystyle\sum_{k \in K(j)} Q_k'$ 이다. Q_1, Q_2, $\cdots$, Q_s가 E의 분해사영족임을 증명하는 것은 쉽다. 정리 1.4.9와 (1.38)에 의해, A는 대각화가능하다. 정리 1.4.9의 6) $\Longrightarrow$ 1)의 증명에 의해, (1.36)을 만족하는 정칙행렬 T가 존재하므로, A의 고유다항식은

$$\Phi_A(\lambda) = (\lambda - \mu_1)^{m_1} \cdots (\lambda - \mu_s)^{m_s}$$

가 된다. 따라서 $\sigma(A) = \{\mu_1, \mu_2, \cdots, \mu_s\}$를 얻는다. Q_i의 영이 아닌 열벡터는 μ_i에 대응하는 A의 고유벡터이므로 $\mathcal{R}(Q_i) \subset W_{\mu_i}$. 따라서

$$\mathbb{C}^n = \mathcal{R}(Q_1) \oplus \cdots \oplus \mathcal{R}(Q_s) \subset W_{\mu_1} \oplus \cdots \oplus W_{\mu_s} \subset \mathbb{C}^n$$

이 되고, $\mathcal{R}(Q_i) = W_{\mu_i}$를 얻는다. □

위의 정리는 다음 절에서 스펙트럼 분해정리로 일반화된다.

다음으로 두 행렬 A와 B가 가환이고 반단순행렬인 경우를 고찰한다.

정리 1.4.11. A, B를 반단순행렬이라고 하자. 그러면 A, B가 가환이기 위한 필요충분조건은 E의 분해사영족 P_1, $P_2, \cdots$, P_m이 존재하고, A와 B가

$$A = \lambda_1 P_1 + \lambda_2 P_2 + \cdots + \lambda_m P_m$$

$$B = \mu_1 P_1 + \mu_2 P_2 + \cdots + \mu_m P_m$$

와 같이 표현되는 것이다. 여기서 $\lambda_1, \cdots, \lambda_m$ 은 서로 같을 수도 있으며, $\mu_1, \cdots, \mu_m$ 도 마찬가지이다.

증명 $P_iP_j = P_jP_i$ 이므로 충분성은 분명하다. 따라서 필요성을 증명하자. A, B는 반단순이므로 정리 1.4.9 는

$$A = \lambda_1 H_1 + \lambda_2 H_2 + \cdots + \lambda_p H_p$$

$$B = \mu_1 Q_1 + \mu_2 Q_2 + \cdots + \mu_q Q_q$$

로 표현된다. 정리 1.4.2에 의해, H_i는 A의 다항식, Q_j는 B의 다항식으로 표현된다. 이 사실과 A, B가 가환이라는 것으로부터, H_i, Q_j는 가환이다. 따라서

$$AB = \lambda_1 H_1 \sum_{j=1}^{q} \mu_j Q_j + \lambda_2 H_2 \sum_{j=1}^{q} \mu_j Q_j + \cdots + \lambda_p H_p \sum_{j=1}^{q} \mu_j Q_j,$$

$$BA = \mu_1 Q_1 \sum_{i=1}^{p} \lambda_i H_i + \mu_2 Q_2 \sum_{i=1}^{p} \lambda_i H_i + \cdots + \mu_q Q_q \sum_{i=1}^{p} \lambda_i H_i$$

이므로 $R_{ij} = H_iQ_j$ 라고 놓으면, A, B는 $R_{ij}, i = 1, \cdots, p\,;\, j = 1, \cdots, q$의 일차결합이 된다. 뿐만 아니라

$$R_{ij}R_{km} = H_iQ_jH_kQ_m = H_iH_kQ_jQ_m = \delta_{ik}\delta_{jm}H_iQ_j = \delta_{ik}\delta_{jm}R_{ij}$$

이다. 그리고

$$\sum_{i=1}^{p}\sum_{j=1}^{q} R_{ij} = \sum_{i=1}^{p}\sum_{j=1}^{q} H_iQ_j = \sum_{i=1}^{p} H_i \sum_{j=1}^{q} Q_j = \sum_{i=1} H_i = E$$

이므로 R_{ij}, $i = 1, \cdots, p\,;\, j = 1, \cdots, q$는 단위행렬 E의 분해사영족이다. 따라서 정리 1.4.10에 의해 증명이 끝난다. □

따름정리 1.4.3. A, B가 가환인 반단순행렬이면, A, B는 같은 행렬에 의해 대각화된다.

증명 위 정리에 의해 $A = \sum_{i=1}^{m} \lambda_i P_i$, $B = \sum_{i=1}^{m} \mu_i P_i$와 같이 표현된다. $\mathcal{R}(P_i)$의 영 아닌 벡터는 A의 고유벡터이면서 동시에 B의 고유벡터이다. 따라서 모든 $\mathcal{R}(P_i)$, $\mathcal{R}(P_i) \neq \{0\}$ 인 기저를 택하고 이들 전부를 나열한 벡터열은 $\mathbb{C}^n$ 의 기저가 된다. 이들은 A 의 고유벡터로부터 이루어지는 기저이고 동시에, B의 고유벡터로 이루어지는 기저이다. 따라서 이 벡터열을 나열한 행렬을 T라고 놓으면, $T^{-1}AT$, $T^{-1}BT$ 는 둘 다 대각행렬이다. □

따름정리 1.4.4. A, B가 가환인 반단순행렬이면, $A + B$, AB도 반단순행렬이다.

따름정리 1.4.5. 두 멱영행렬 A와 B가 가환이면, $A + B$와 AB도 멱영행렬이다.

4.5 보기

보기 1.4.2. $\alpha,\ \beta \in \mathbb{R},\ \beta \neq 0$ 이라고 할 때

$$A = \begin{pmatrix} \alpha & \beta \\ -\beta & \alpha \end{pmatrix}$$

에 따르는 단위행렬의 분해사영족을 구하여 보자.

A의 고유값의 집합은 $\sigma(A) = \{\alpha + i\beta, \alpha - i\beta\}$ 이고, 모두 단순해이다. 따라서 (1.34) 에 의해

$$P_1 = \frac{A - (\alpha - i\beta)E_2}{2i\beta} = \frac{-i}{2\beta}\begin{pmatrix} i\beta & \beta \\ -\beta & i\beta \end{pmatrix} = \frac{-i}{2}\begin{pmatrix} i & 1 \\ -1 & i \end{pmatrix}$$

$$P_2 = \frac{A - (\alpha + i\beta)E_2}{-2i\beta} = \frac{i}{2}\begin{pmatrix} -i & 1 \\ -1 & -i \end{pmatrix}.$$

보기 1.4.3.

$$A = \begin{pmatrix} -1 & 2 & -2 & 2 \\ -1 & 1 & -1 & 2 \\ 0 & 0 & -1 & 2 \\ 0 & 0 & -1 & 1 \end{pmatrix}$$

에 따르는 단위행렬의 분해사영족을 구하여 보자.

고유다항식이

$$\Phi_A(\lambda) = \det(\lambda E - A) = (\lambda - i)^2(\lambda + i)^2$$

이므로 A의 고유값의 집합은 $\sigma(A) = \{i, -i\}$ 이다.

$$\text{rank}\,(A - iE) = \text{rank}\,(A - iE)^2 = 2$$

$$\text{rank}\,(A + iE) = \text{rank}\,(A + iE)^2 = 2$$

이므로 표수는 $h_i(A) = 1, h_{-i}(A) = 1$ 이다. 따라서 최소다항식은

$$\Psi_A(\lambda) = (\lambda - i)(\lambda + i)$$

이 된다. 따라서

$$\frac{1}{\Psi_A(\lambda)} = \frac{-\frac{1}{2}i}{\lambda - i} + \frac{\frac{1}{2}i}{\lambda + i}$$

이 되고,

$$1 = -\frac{1}{2}i(\lambda + i) + \frac{1}{2}i(\lambda - i)$$

를 얻는다. 그러므로 A에 따르는 단위행렬의 분해사영족은

$$P_i = -\frac{i}{2}(A+iE) = \frac{i}{2}\begin{pmatrix} 1-i & -2 & 2 & -2 \\ 1 & -1-i & 1 & -2 \\ 0 & 0 & 1-i & -2 \\ 0 & 0 & 1 & -1-i \end{pmatrix},$$

$$P_{-i} = \frac{i}{2}(A-iE) = \frac{i}{2}\begin{pmatrix} -1-i & 2 & -2 & 2 \\ -1 & 1-i & -1 & 2 \\ 0 & 0 & -1-i & 2 \\ 0 & 0 & -1 & 1-i \end{pmatrix}.$$

보기 1.4.4.

$$A = \begin{pmatrix} -1 & 2 & -1 & 2 \\ -1 & 1 & -1 & 3 \\ 0 & 0 & -1 & 2 \\ 0 & 0 & -1 & 1 \end{pmatrix}$$

에 따르는 단위행렬의 분해사영족을 구하여 보자.

고유다항식은

$$\Phi_A(\lambda) = \det(\lambda E - A) = (\lambda - i)^2(\lambda + i)^2$$

이므로 A의 고유값의 집합은 $\sigma(A) = \{i, -i\}$이다.

$$\text{rank}\,(A - iE) = 3 > \text{rank}\,(A - iE)^2 = 2$$

$$\text{rank}\,(A + iE) = 3 > \text{rank}\,(A + iE)^2 = 2$$

이므로 고유다항식은 최소다항식과 일치한다. 따라서

$$\frac{1}{\Phi_A(\lambda)} = \frac{-\frac{1}{4}i\lambda - \frac{1}{2}}{(\lambda - i)^2} + \frac{\frac{1}{4}i\lambda - \frac{1}{2}}{(\lambda + i)^2}$$

이 되고

$$\begin{aligned} 1 &= (-\frac{1}{4}i\lambda - \frac{1}{2})(\lambda + i)^2 + (\frac{1}{4}i\lambda - \frac{1}{2})(\lambda - i)^2 \\ &= \frac{1}{4}i(-\lambda + 2i)(\lambda + i)^2 + \frac{1}{4}i(\lambda + 2i)(\lambda - i)^2 \end{aligned}$$

를 얻는다. 따라서 A에 따르는 단위행렬의 분해사영족은

$$\begin{aligned} P_i &= \frac{1}{4}i(-A + 2iE)(A + iE)^2 \\ &= \frac{i}{2}\begin{pmatrix} 1-i & -2 & 2 & -2 \\ 1 & -1-i & 1 & -2 \\ 0 & 0 & 1-i & -2 \\ 0 & 0 & 1 & -1-i \end{pmatrix}, \end{aligned}$$

$$P_{-i} = \frac{1}{4}i(A+2iE)(A-iE)^2$$
$$= \frac{i}{2}\begin{pmatrix} -1-i & 2 & -2 & 2 \\ -1 & 1-i & -1 & 2 \\ 0 & 0 & -1-i & 2 \\ 0 & 0 & -1 & 1-i \end{pmatrix}.$$

제 5 절 일반화된 고유공간 : 실행렬인 경우

이 절에서는 n차 행렬 A가 실행렬이고 복소고유값($\mu \in \sigma(A), \Im\mu \neq 0$)을 가지는 경우를 주로 고찰한다. 행렬 A의 고유다항식이

$$\Phi_A(\mu) = \prod_{j=1}^{p}(\mu-\lambda_j)^{m_j}\prod_{k=1}^{q}((\mu-\alpha_k)^2+\beta_k^2)^{n_k} \tag{1.39}$$

로 주어졌다고 한다. 여기서 λ_j는 A의 실고유값, $\mu_k = \alpha_k + i\beta_k, (i=\sqrt{-1},\ \beta_k \neq 0)$는 A의 복소고유값이다. A는 실행렬이므로 복소고유값 μ_k의 공액복소수 $\overline{\mu_k} = \alpha_k - i\beta_k$도 A의 고유값이다.

5.1 일반화된 고유공간의 구조

먼저 일반화된 고유공간의 간단한 성질을 언급하자.

성질 1.5.1. μ가 실행렬 A의 복소고유값이라고 하자.

1) $z \in \mathcal{N}^{\mathbb{C}}((A-\mu E)^k) \Longleftrightarrow \overline{z} \in \mathcal{N}^{\mathbb{C}}((A-\overline{\mu}E)^k),\ 1 \le k \le h_A(\lambda)$;
$z \in G_\mu(A) \Longleftrightarrow \overline{z} \in G_{\overline{\mu}}(A)$.
2) $\dim G_\mu(A) = \dim G_{\overline{\mu}}(A),\ \ h_\mu(A) = h_{\overline{\mu}}(A)$.
3) $G_\mu(A) \cap \mathbb{R}^n = \{0\},\ \ G_\mu(A) \cap i\mathbb{R}^n = \{0\}$.
4) $z \in G_\mu(A), z \neq 0$이면 $\Re z \neq 0, \Im z \neq 0$.
5) $\Re G_\mu(A) = \Re G_{\overline{\mu}}(A) = \Im G_\mu(A) = \Im G_{\overline{\mu}}(A)$.

증명 먼저 $h = h_\mu(A)$라고 놓자.

1) $z \in \mathcal{N}^{\mathbb{C}}((A-\mu E)^k)$라고 하자. 그러면

$$0 = \overline{(A-\mu E)^k z} = \overline{(A-\mu E)^k}\overline{z} = (A-\overline{\mu}E)^k\overline{z},$$

즉, $\overline{z} \in \mathcal{N}^{\mathbb{C}}((A-\overline{\mu}E)^k)$. 역도 마찬가지이다. 나머지는 $k = h$를 택하면 된다.

2) $u_1,\ u_2,\ \cdots,\ u_k$가 $G_\mu(A)$에서 일차독립이면, $\overline{u_1},\ \overline{u_2},\ \cdots,\ \overline{u_k}$는 $G_{\overline{\mu}}(A)$에서 일차독립이며, 역도 성립한다. 나머지는 분명하다.

3) 실벡터 x에 대하여 $(A-\mu E)^h x = 0$이면 $(A-\overline{\mu}E)^h x = 0$이므로 $x \in G_\mu(A) \cap G_{\overline{\mu}}(A)$이다. 한편, $G_\mu(A) \cap G_{\overline{\mu}}(A) = \{0\}$이므로 $x = 0$이다. 실벡터 y에 대하여 $(A-\mu E)^h iy = 0$이면, $(A-\mu E)^h y = 0$이므로 위와 마찬가지로 $y = 0$을 얻는다. 즉, $iy = 0$이다.

4) $z \in G_\mu(A)$일 때 $\Re z = 0$이고, $\Im z = 0$이면, 3)에 의해 $z = 0$을 얻는다. 대우 명제로부터 4)가 성립한다.

5) $z \in G_\mu(A)$이면 $-iz \in G_\mu(A)$이므로 $\Re G_\mu(A) = \Im G_\mu(A)$이다. 1)에 의해 $\Re G_\mu(A) = \Re G_{\overline{\mu}}(A)$는 분명하다. 또한 나머지도 분명하다. □

λ가 실행렬 A의 실고유값이면 다음 결과가 성립한다.

명제 1.5.1. λ가 실행렬 A의 실고유값이면,

$$G_\lambda(A) = G_\lambda^{\mathbb{R}}(A) + iG_\lambda^{\mathbb{R}}(A)$$

$$\dim_{\mathbb{C}} G_\lambda(A) = \dim_{\mathbb{R}} G_\lambda^{\mathbb{R}}(A)$$

가 성립한다.

증명 $h = h_\lambda(A)$라고 놓자. $(A - \lambda E)^k$는 실행렬이므로 (1.12)에 의해

$$G_\lambda(A) = \mathcal{N}^{\mathbb{C}}((A - \lambda E)^h) = \mathcal{N}^{\mathbb{R}}((A - \lambda E)^h) + i\mathcal{N}^{\mathbb{R}}((A - \lambda E)^h)$$

를 얻는다. 나머지는 분명하다. 차원에 관해서는 명제 1.2.1로부터 나온다. □

μ가 실행렬 A의 복소고유값인 경우를 보이기로 하자.

명제 1.5.2. μ가 실행렬 A의 복소고유값이라고 하자.

1) $G_\mu(A) \oplus G_{\overline{\mu}}(A) = \Re G_\mu(A) + i\Re G_\mu(A)$. 즉, $G_\mu(A) \oplus G_{\overline{\mu}}(A)$는 $\Re G_\mu(A)$의 복소화이다.

2) $\Re G_\mu(A) = (G_\mu(A) \oplus G_{\overline{\mu}}(A)) \cap \mathbb{R}^n$.

3) $\dim_{\mathbb{C}}(G_\mu(A) \oplus G_{\overline{\mu}}(A)) = \dim_{\mathbb{R}} \Re G_\mu(A) = 2\dim_{\mathbb{C}} G_\mu(A)$.

증명 1) 성질 1.5.1의 5)로부터 $G_\mu(A) \oplus G_{\overline{\mu}}(A) \subset \Re G_\mu(A) + i\Re G_\mu(A)$가 쉽게 증명된다. 역의 포함관계를 증명하기 위해 $x,\ y \in \Re G_\mu(A)$라고 하자. 그러면 $x = \Re z,\ y = \Im w$인 $z,\ w \in G_\mu(A)$가 존재한다. 그러므로

$$x + iy = \frac{1}{2}(z + \overline{z}) + i\frac{1}{2i}(w - \overline{w}) = \frac{1}{2}(z + w + \overline{z} - \overline{w}).$$

$\frac{1}{2}(z + w), \frac{1}{2}(z - w) \in G_\mu(A)$이므로 성질 1.5.1의 1)에 의해 $\frac{1}{2}(\overline{z} - \overline{w}) \in G_{\overline{\mu}}(A)$를 얻는다. 따라서 $x + iy \in G_\mu(A) \oplus G_{\overline{\mu}}(A)$가 성립한다.

2) 명제 1) 과 명제 1.2.1로부터 분명하다.

3) 성질 1.5.1의 2)에 의해 $\dim G_\mu(A) = \dim G_{\overline{\mu}}(A)$이므로 차원정리로부터

$$\dim_{\mathbb{C}}(G_\mu(A) \oplus G_{\overline{\mu}}(A) = \dim_{\mathbb{C}} G_\mu(A) + \dim_{\mathbb{C}} G_{\overline{\mu}}(A) = 2\dim_{\mathbb{C}} G_\mu(A)$$

를 얻는다. 나머지는 명제 1.2.1로부터 분명하다. □

행렬 A의 고유다항식이 (1.39)로 주어졌을 때 A에 따르는 단위행렬 E의 분해사영족

$$P_{\lambda_1}, \cdots, P_{\lambda_p}, P_{\mu_k}, P_{\overline{\mu_k}}, \cdots, P_{\mu_q}, P_{\overline{\mu_q}}$$

에 의해

$$E = \sum_{j=1}^{p} P_{\lambda_j} + \sum_{k=1}^{q} (P_{\mu_k} + P_{\overline{\mu_k}}) \tag{1.40}$$

와 같이 표현된다.

η가 실행렬 A의 고유값일 때 사영 P_η는 다음 성질을 가진다.

도움정리 1.5.1. η가 실행렬 A의 고유값이라고 하자. 그러면

$$P_{\overline{\eta}} = \overline{P_\eta}.$$

증명 A에 따르는 단위행렬 E의 스펙트럼분해를 사용하면 임의의 실벡터 $x \in \mathbb{R}^n$은 (1.39)에 의해

$$x = \sum_{j=1}^{p} P_{\lambda_j} x + \sum_{k=1}^{q} (P_{\mu_k} + P_{\overline{\mu_k}}) x$$

와 같이 표현된다. 양변에 공액복소수를 취하면

$$x = \sum_{j=1}^{p} \overline{P_{\lambda_j}} x + \sum_{k=1}^{q} (\overline{P_{\mu_k}} + \overline{P_{\overline{\mu_k}}}) x.$$

성질 1.5.1의 1)에 의해

$$\overline{P_{\lambda_j}} x \in G_{\overline{\lambda_j}}(A) = G_{\lambda_j}(A), \ \ \overline{P_{\mu_k}} x \in G_{\overline{\mu_k}}(A), \ \ \overline{P_{\overline{\mu_k}}} x \in G_{\overline{\overline{\mu_k}}}(A) = G_{\mu_k}(A)$$

이므로

$$\overline{P_{\lambda_j}} x = P_{\lambda_j} x, \ \ \overline{P_{\mu_k}} x = P_{\overline{\mu_k}} x, \ \ \overline{P_{\overline{\mu_k}}} x = P_{\mu_k} x.$$

따라서 임의의 벡터 $z \in \mathbb{C}^n$에 대하여

$$\overline{P_{\mu_k}} z = \overline{P_{\mu_k}} \Re z + i \overline{P_{\mu_k}} \Im z = P_{\overline{\mu_k}} \Re z + i P_{\overline{\mu_k}} \Im z = P_{\overline{\mu_k}} z,$$

$$\overline{P_{\lambda_j}} z = \overline{P_{\lambda_j}} \Re z + i \overline{P_{\lambda_j}} \Im z = P_{\lambda_j} \Re z + i P_{\lambda_j} \Im z = P_{\lambda_j} z$$

가 성립한다. □

실행렬 A의 복소고유값 μ에 대하여

$$R_\mu = \Re P_\mu = \frac{P_\mu + \overline{P_\mu}}{2} = \frac{P_\mu + P_{\overline{\mu}}}{2},$$

$$I_\mu = \Im P_\mu = \frac{P_\mu - \overline{P_\mu}}{2i} = \frac{P_\mu - P_{\overline{\mu}}}{2i}$$

라고 놓자.

이 때 관계식 $P_\mu^2 = P_\mu$, $P_{\overline{\mu}}^2 = P_{\overline{\mu}}$, $P_\mu P_{\overline{\mu}} = P_{\overline{\mu}} P_\mu = 0$을 쓰면, P_μ, R_μ, I_μ는 다음 성질을 가진다.

성질 1.5.2. R_μ와 I_μ는 다음 성질을 가진다.

1) $P_\mu = R_\mu + iI_\mu$, $P_{\overline{\mu}} = R_\mu - iI_\mu$; $R_{\overline{\mu}} = R_\mu$, $I_{\overline{\mu}} = I_\mu$
2) $R_\mu, I_\mu \in M_n(\mathbb{R})$
3) $R_\mu^2 = \frac{1}{2}R_\mu$; $I_\mu^2 = -\frac{1}{2}R_\mu$
4) $R_\mu I_\mu = I_\mu R_\mu = \frac{1}{2}I_\mu$
5) 사상 $2R_\mu : \mathbb{C}^n \to G_\mu(A) \oplus G_{\overline{\mu}}(A)$는 사영이다.

도움정리 1.5.2. $\mu \in \sigma(A)$를 복소고유값이라고 하자. 그러면 $z \in G_\mu(A)$에 대하여

$$R_\mu \Re z = \frac{1}{2}\Re z,\ R_\mu \Im z = \frac{1}{2}\Im z,\ I_\mu \Re z = \frac{1}{2}\Im z,\ I_\mu \Im z = -\frac{1}{2}\Re z$$

가 성립한다.

증명 $z \in G_\mu(A)$이면,

$$P_\mu z = z,\ \ P_{\overline{\mu}} z = P_\mu \overline{z} = 0,\ \ P_{\overline{\mu}}\overline{z} = \overline{z}$$

가 된다. 따라서 첫째 등식은 다음 등식에 의하여 얻어진다.

$$\begin{aligned} R_\mu \Re z &= \frac{1}{2}(P_\mu + P_{\overline{\mu}})\frac{1}{2}(z+\overline{z}) = \frac{1}{4}(P_\mu z + P_\mu \overline{z} + P_{\overline{\mu}} z + P_{\overline{\mu}}\overline{z}) \\ &= \frac{1}{4}(z+\overline{z}) = \frac{1}{2}\Re z. \end{aligned}$$

나머지 등식도 위와 비슷하게 얻어진다. □

다음 결과는 $G_\mu(A)$의 구조를 보여주고 있다.

정리 1.5.1. $\mu \in \sigma(A)$가 복소고유값이라고 하면 대응하는 일반고유공간은 다음 구조를 가진다.

$$\begin{aligned} G_\mu(A) &= \{u + i2I_\mu u \ :\ u \in \Re G_\mu(A)\} \\ &= \{-2I_\mu v + iv \ :\ v \in \Re G_\mu(A)\} \end{aligned}$$

증명 $w = u + iv \in G_\mu(A), u, v \in \mathbb{R}^n$이라고 하자. 그러면 $w = P_\mu z$를 만족하는 $z = x + iy \in \mathbb{C}^n$이 존재한다. $u + iv = (R_\mu + iI_\mu)(x+iy)$이므로

$$u = R_\mu x - I_\mu y,\ \ v = I_\mu x + R_\mu y \tag{1.41}$$

를 얻는다. 성질 1.5.2에 의해

$$2I_\mu u = 2I_\mu(R_\mu x - I_\mu y) = 2I_\mu R_\mu x - 2I_\mu^2 y = I_\mu x + R_\mu y = v.$$

그러므로 $v = 2I_\mu u$. 마찬가지로, $u = -2I_\mu v$도 얻어진다.

거꾸로 $u \in \Re G_\mu(A)$에 대하여 $w = u + i2I_\mu u$라고 둔다. $u \in \Re G_\mu(A)$이므로 $u + iv \in G_\mu(A)$인 $v \in \mathbb{R}^n$이 존재한다. 그러면 성질 1.5.2에 의해

$$u + iv = P_\mu(u + iv) = (R_\mu + iI_\mu)(u + iv) = (R_\mu u - I_\mu v) + i(R_\mu v + I_\mu u)$$

이므로 $u = R_\mu u - I_\mu v$, $v = R_\mu v + I_\mu u$가 성립한다. 성질 1.5.2에 의해

$$\begin{aligned} w &= u + i2I_\mu u = (R_\mu u - I_\mu v) + i2I_\mu(R_\mu u - I_\mu v) \\ &= (R_\mu u - I_\mu v) + i(I_\mu u + R_\mu v) \\ &= u + iv \in G_\mu(A) \end{aligned}$$

가 된다. □

$\mu \in \sigma(A)$가 복소고유값이라고 하면,

$$\Re G_\mu(A) = [G_\mu(A) \oplus G_{\overline{\mu}}(A)] \cap \mathbb{R}^n = \{z + \overline{z} : z \in G_\mu(A)\}$$

가 성립한다는 것을 주의하자.

따름정리 1.5.1. $\mu \in \sigma(A)$가 복소고유값이라 하자. 그러면

$$I_\mu \Re G_\mu(A) = \Im G_\mu(A).$$

보다 엄밀하게 $I_\mu : \Re G_\mu(A) \to \Im G_\mu(A)$는 전단사이다.

증명 정리 1.5.1로부터 임의의 $v \in \Im G_\mu(A)$에 대하여 $v = I_\mu u$인 $u \in \Re G_\mu(A)$가 존재한다. 이는 I_μ가 전사라는 뜻이다. $0 \in \Im G_\mu(A)$에 대하여 $0 = I_\mu u$인 $u \in \Re G_\mu(A), u \neq 0$이 존재한다고 가정하자. 그러면 $u + i0 \in G_\mu(A)$이다. $u \neq 0$이므로 성질 1.5.1의 4)로부터 모순이 생긴다. 그러므로 $u = 0$, 즉 I_μ는 단사이다. □

도움정리 1.5.3. $\mu \in \sigma(A)$, $\Im\mu \neq 0$이면,

$$R_\mu \mathbb{R}^n = \Re G_\mu(A)$$

가 성립한다.

증명 성질 1.5.2의 5)는 $2R_\mu \mathbb{R}^n \subset G_\mu(A) \oplus G_{\overline{\mu}}(A)$를 의미한다. $2R_\mu$가 실행렬이므로 $2R_\mu \mathbb{R}^n \subset \mathbb{R}^n$이다. 따라서 명제 1.5.2에 의해 $2R_\mu \mathbb{R}^n \subset (G_\mu(A) \oplus G_{\overline{\mu}}(A)) \cap \mathbb{R}^n = \Re G_\mu(A)$가 성립한다. $2R_\mu \mathbb{R}^n = R_\mu \mathbb{R}^n$이므로 $R_\mu \mathbb{R}^n \subset \Re G_\mu(A)$를 얻는다.

거꾸로 $x \in \Re G_\mu(A)$를 가정하자. 그러면 $z := x + iy \in G_\mu(A)$인 $y \in \mathbb{R}^n$이 존재한다. 정리 1.5.1에 의해 $y = 2I_\mu x$이므로 $z = x + i2I_\mu x$를 얻는다. P_μ는 $G_\mu(A)$ 위에로의 사영이고 성질 1.5.2로부터 $2I_\mu^2 = -R_\mu, 2R_\mu I_\mu = I_\mu$이므로

$$\begin{aligned} x + i2I_\mu x = P_\mu(x + i2I_\mu x) &= (R_\mu + iI_\mu)(x + i2I_\mu x) \\ &= R_\mu x - I_\mu 2I_\mu x + i(R_\mu 2I_\mu x + I_\mu x) \end{aligned}$$

$$= 2R_\mu x + i2I_\mu x$$

를 얻는다. 따라서

$$x = 2R_\mu x \in 2R_\mu \mathbb{R}^n = R_\mu \mathbb{R}^n.$$

즉, $\Re G_\mu(A) \subset R_\mu \mathbb{R}^n$을 보여주고 있다. 결국, $R_\mu \mathbb{R}^n = \Re G_\mu(A)$가 성립한다. □

위의 결과를 적용하여 다음 결과를 얻는다.

정리 1.5.2. $\mu \in \sigma(A)$, $\Im\mu \neq 0$이면,

$$P_\mu \mathbb{R}^n = P_\mu \mathbb{C}^n = G_\mu(A)$$

가 성립한다.

증명 먼저 관계식 $P_\mu \mathbb{R}^n = G_\mu(A)$를 증명하자. 이를 위해 $G_\mu(A) \subset P_\mu \mathbb{R}^n$임을 보이면 충분하다. $z = x + iy \in G_\mu(A)$라고 가정하자. 그러면 도움정리 1.5.2에 의해 $y = 2I_\mu x$가 성립한다. 도움정리 1.5.3에 의해 $R_\mu \mathbb{R}^n = \Re G_\mu(A)$이고 성질 1.5.2의 4)로부터 $x = R_\mu u$인 $u \in \mathbb{R}^n$이 존재하므로

$$z = x + iy = R_\mu u + i2I_\mu R_\mu u = R_\mu u + iI_\mu u = P_\mu u$$

를 얻는다. 따라서 $G_\mu(A) \subset P_\mu \mathbb{R}^n$이다. 나머지는 분명하다. □

따름정리 1.5.2. $\mu \in \sigma(A)$, $\Im\mu \neq 0$이면,

$$I_\mu \mathbb{R}^n = \Im G_\mu(A)$$

가 성립한다.

명제 1.5.2와 정리 1.5.2를 써서

$$2R_\mu \mathbb{R}^n = \Re G_\mu(A) = (G_\mu(A) \oplus G_{\overline{\mu}}(A)) \cap \mathbb{R}^n$$

을 얻는다. 즉, $2R_\mu$의 $\mathbb{R}^n$으로의 제한은 $\Re G_\mu(A)$로의 사영이라는 뜻이다.

실벡터공간 $\mathbb{R}^n$은 $A \in M_n(\mathbb{R})$의 고유다항식 (1.39)에 의해 다음과 같이 분해된다.

주 1.5.1.

$$\mathbb{R}^n = \left(\bigoplus_{j=1}^{p} G_{\lambda_j}(A) \cap \mathbb{R}^n \right) \bigoplus \left(\bigoplus_{k=1}^{q} \Re G_{\mu_k}(A) \right).$$

사실, 복소벡터공간 $\mathbb{C}^n$는 $A \in M_n(\mathbb{R})$의 고유다항식 (1.39)에 의해

$$\mathbb{C}^n = \left(\bigoplus_{j=1}^{p} G_{\lambda_j}(A) \right) \bigoplus \left(\bigoplus_{k=1}^{q} \left(G_{\mu_k}(A) \bigoplus G_{\overline{\mu_k}}(A) \right) \right)$$

와 같이 분해된다. 이 직합분해에 대응하여 A에 의한 단위행렬의 분해는 (1.40)이다. 이로부터 단위행렬은

$$E = \sum_{j=1}^{p} P_{\lambda_j} + \sum_{k=1}^{q} 2Q_{\mu_k} \tag{1.42}$$

와 같이 분해된다. 따라서

$$P_{\lambda_j}\mathbb{R}^n = G_{\lambda_j}(A) \cap \mathbb{R}^n, \;\; 2R_{\mu_k}\mathbb{R}^n = [G_{\mu_k}(A) \oplus G_{\overline{\mu_k}}(A)] \cap \mathbb{R}^n$$

이므로

$$\begin{aligned}\mathbb{R}^n &= \left(\bigoplus_{j=1}^{p} G_{\lambda_j}(A) \cap \mathbb{R}^n\right) \bigoplus \left(\bigoplus_{k=1}^{q} \left([G_{\mu_k}(A) \bigoplus G_{\overline{\mu_k}}(A)] \cap \mathbb{R}^n\right)\right) \\ &= \left(\bigoplus_{j=1}^{p} G_{\lambda_j}(A) \cap \mathbb{R}^n\right) \bigoplus \left(\bigoplus_{k=1}^{q} \Re G_{\mu_k}(A)\right)\end{aligned}$$

가 된다.

5.2 행렬 $(A - \mu E)^j P_\mu$의 성질

행렬 $A \in M_n(\mathbb{C})$에 대하여 행렬 $M_j(\mu), N_j(\mu)$를 다음과 같이 정의한다.

$$M_j(\mu) := M_j(\mu; A) = \Re(A - \mu E)^j - 2\Im(A - \mu E)^j I_\mu \in M_n(\mathbb{R}) \tag{1.43}$$

$$N_j(\mu) := N_j(\mu; A) = 2\Re(A - \mu E)^j I_\mu + \Im(A - \mu E)^j \in M_n(\mathbb{R}). \tag{1.44}$$

$\mu \in \sigma(A) \cap \mathbb{R}$이면,

$$M_j(\mu) = (A - \mu E)^j, \;\; N_j(\mu) = 0, \;\; M_j(\mu)P_\mu = (A - \mu E)^j P_\mu$$

이다.

이와 관련하여 다음 결과가 성립한다.

도움정리 1.5.4. μ를 $A \in M_m(\mathbb{R})$의 복소고유값이라고 하자. 그러면 다음 관계식이 성립한다.

$$M_j(\overline{\mu}) = M_j(\mu), \;\; N_j(\overline{\mu}) = -N_j(\mu), \;\; j = 0, 1, 2, \cdots.$$

증명 간단한 계산에 의해

$$\begin{aligned}M_j(\overline{\mu}) &= \Re(A - \overline{\mu}E)^j - 2\Im(A - \overline{\mu}E)^j I_{\overline{\mu}} \\ &= \Re\overline{(A - \mu E)^j} - 2\Im\overline{(A - \mu E)^j} I_{\overline{\mu}} \\ &= \Re(A - \mu E)^j - 2(-\Im(A - \mu E)^j)(-I_\mu) \\ &= M_j(\mu).\end{aligned}$$

마찬가지로,

$$\begin{aligned}N_j(\overline{\mu}) &= 2\Re(A-\overline{\mu}E)^j I_{\overline{\mu}} + \Im(A-\overline{\mu}E)^j \\ &= 2\Re\overline{(A-\mu E)^j)}(-I_\mu) + \Im\overline{(A-\mu E)^j} \\ &= 2\Re(A-\mu E)^j(-I_\mu) - \Im(A-\mu E)^j \\ &= -N_j(\mu)\end{aligned}$$

가 성립한다. □

다음 도움정리는 스펙트럼 분해를 실수화하는데 중요한 역할을 한다.

도움정리 1.5.5. μ를 $A \in M_n(\mathbb{R})$의 복소고유값이라고 하자. 그러면 $j = 0, 1, 2, \cdots$에 대하여

$$\Re((A-\mu E)^j P_\mu) = M_j(\mu)R_\mu = -N_j(\mu)I_\mu, \tag{1.45}$$

$$\Im((A-\mu E)^j P_\mu) = N_j(\mu)R_\mu = M_j(\mu)I_\mu, \tag{1.46}$$

$$(A-\mu E)^j P_\mu = M_j(\mu)P_\mu = iN_j(\mu)P_\mu. \tag{1.47}$$

증명 $B_j(\mu)$와 $C_j(\mu)$를 다음과 같이 정의한다.

$$\begin{aligned}B_j(\mu) &= \Re((A-\mu E)^j P_\mu) = (\Re(A-\mu E)^j)R_\mu - (\Im(A-\mu E)^j)I_\mu \\ C_j(\mu) &= \Im((A-\mu E)^j P_\mu) = (\Re(A-\mu E)^j)I_\mu + (\Im(A-\mu E)^j)R_\mu.\end{aligned}$$

성질 1.5.2의 4)에 의해 $I_\mu = 2I_\mu R_\mu$이므로

$$\begin{aligned}B_j(\mu) &= (\Re(A-\mu E)^j)R_\mu - 2(\Im(A-\mu E)^j)I_\mu R_\mu \\ &= (\Re(A-\mu E)^j - 2\Im(A-\mu E)^j I_\mu)R_\mu = M_j(\mu)R_\mu, \\ C_j(\mu) &= 2(\Re(A-\mu E)^j)I_\mu R_\mu + (\Im(A-\mu E)^j)R_\mu \\ &= (2\Re(A-\mu E)^j I_\mu + \Im(A-\mu E)^j)R_\mu = N_j(\mu)R_\mu\end{aligned}$$

를 얻는다. 성질 1.5.2의 3)에 의해 $R_\mu = -2I_\mu^2$이므로 역시

$$\begin{aligned}B_j(\mu) &= -2(\Re(A-\mu E)^j)I_\mu^2 - (\Im(A-\mu E)^j)I_\mu \\ &= -(2\Re(A-\mu E)^j I_\mu + \Im(A-\mu E)^j)I_\mu = -N_j(\mu)I_\mu, \\ C_j(\mu) &= (\Re(A-\mu E)^j)I_\mu - 2(\Im(A-\mu E)^j)I_\mu^2 \\ &= (\Re(A-\mu E)^j - 2\Im(A-\mu E)^j)I_\mu = M_j(\mu)I_\mu\end{aligned}$$

를 얻는다. 따라서 등식 (1.45)와 등식 (1.46)이 성립한다. 등식 (1.47)은 위 등식으로부터 직접 증명된다. □

따름정리 1.5.3. μ를 $A \in M_n(\mathbb{R})$의 복소고유값이라고 하자. 그러면 $w \in G_\mu(A)$에 대하여 다음 관계식이 성립한다.

$$\Re((A-\mu E)^j w) = M_j(\mu)\Re w = -N_j(\mu)\Im w$$

$$\Im((A-\mu E)^j w) = M_j(\mu)\Im w = N_j(\mu)\Re w$$

$$(A-\mu E)^j w = M_j(\mu)w = N_j(\mu)w.$$

증명 $w = P_\mu w$이므로 등식 (1.47)로부터 다음 등식이 증명된다.

$$(A-\mu E)^j w = M_j(\mu)(\Re w + i\Im w) = M_j(\mu)\Re w + iM_j(\mu)\Im w.$$

따라서 $\Re((A-\mu E)^j w) = M_j(\mu)\Re w, \Im((A-\mu E)^j w) = M_j(\mu)\Im w$. 마찬가지로,

$$(A-\mu E)^j w = iN_j(\mu)(\Re w + i\Im w) = -N_j(\mu)\Im w + iN_j(\mu)\Re w$$

이므로 $\Re((A-\mu E)^j w) = -N_j(\mu)\Im w, \Im((A-\mu E)^j w) = N_j(\mu)\Re w$를 얻는다. 나머지는 분명하다. □

명제 1.5.3. μ를 $A \in M_n(\mathbb{R})$의 복소고유값이라고 하자. $w \in G_\mu(A)$이고 $(A-\mu E)^j w \neq 0$이면, $i = 0, 1, 2, \cdots, j$에 대하여

$$M_i(\mu)\Re w \neq 0,\ M_i(\mu)\Im w \neq 0,$$
$$N_i(\mu)\Re w \neq 0,\ N_i(\mu)\Im w \neq 0$$

이 성립한다.

증명 $(A-\mu E)^j w \neq 0$이므로 $0 \neq (A-\mu E)^i w \in G_\mu(A), i = 0, 1, \ldots, j$이다. 성질 1.5.1의 4)는

$$\Re((A-\mu E)^j w) \neq 0,\ \ \Im((A-\mu E)^j w) \neq 0$$

을 의미한다. 따라서 따름정리 1.5.3으로부터 명제의 증명이 나온다. □

마지막으로 $G_\mu(A)$의 실기저를 고찰하자.

명제 1.5.4. μ는 $A \in M_n(\mathbb{R})$의 복소고유값이고 영 아닌 벡터 $z_1, z_2, \cdots, z_m \in G_\mu(A)$라고 하자. 그러면 다음 두 명제는 동치이다.

1) $z_1, z_2, \cdots, z_m$이 $G_\mu(A)$의 기저이다.

2) $\Re z_1, \Im z_1, \Re z_2, \Im z_2, \cdots, \Re z_m, \Im z_m$이 $\Re G_\mu(A)$의 기저이다 (즉, $G_\mu(A) \oplus G_{\overline{\mu}}(A)$의 실기저이다).

증명 $z \in G_\mu(A)$일 때, $iz \in G_\mu(A)$이므로 $\Re z, \Im z \in \Re G_\mu(A)$이다. $z_1, z_2, \cdots, z_m \in G_\mu(A)$가 $G_\mu(A)$의 기저이므로 $\Re z_j = x_j, \Im z_j = y_j$라고 놓으면, $x_1, y_1, x_2, y_2, \cdots, x_m, y_m$은 성질 1.5.1의 4)에 의해 영이 아닌 벡터이다. 이 벡터들은 $\mathbb{R}$ 위에서 일차독립이다. 사실, 실수 $a_j, b_j, j = 1, 2, \cdots, m$에 대하여

$$\sum_{j=1}^{m}(a_j x_j + b_j y_j) = 0$$

이라고 하면

$$0 = \sum_{j=1}^{m} \left(a_j \frac{z_j + \overline{z_j}}{2} + b_j \frac{z_j - \overline{z_j}}{2i} \right)$$
$$= \sum_{j=1}^{m} \left(\frac{a_j - ib_j}{2} z_j \right) + \sum_{j=1}^{m} \left(\frac{a_j + ib_j}{2} \overline{z_j} \right).$$

도움정리 1.5.1에 의해 $\overline{z_j} \in G_{\overline{\mu}}(A)$이므로 정리 1.3.1로부터

$$\sum_{j=1}^{m} \frac{a_j - ib_j}{2} z_j = \sum_{j=1}^{m} \frac{a_j + ib_j}{2} \overline{z_j} = 0$$

을 얻는다. $a_j - ib_j = 0$, $a_j + ib_j = 0$이므로 $a_j = b_j = 0$이다.

따라서 x_1, y_1, x_2, y_2, $\cdots$, x_m, y_m은 $\mathbb{R}$ 위에서 일차독립인 $\Re G_\mu(A)$의 벡터이다. 뿐만 아니라 명제 1.5.2의 3)에 의해

$$2m = \dim_{\mathbb{C}} G_\mu(A) \oplus G_{\overline{\mu}}(A) = \dim_{\mathbb{R}} \Re G_\mu(A)$$

이므로 $\Re G_\mu(A)$의 실기저가 된다. 따라서 $G_\mu(A) \oplus G_{\overline{\mu}}(A)$의 실기저가 된다.

거꾸로 2)가 성립한다고 가정하자. $z_k = \Re z_k + i\Im z_k \in G_\mu(A)$일 때 z_1, z_2, $\cdots$, z_m이 일차독립임을 보이면 증명이 끝난다.

$$c_1 z_1 + c_2 z_2 + \cdots + c_m z_m = 0$$

이라고 하자. 그러면

$$\sum_{k=1}^{m} c_k \Re z_k + i \sum_{k=1}^{m} c_k \Im z_k = 0.$$

따라서 $c_k = a_k + ib_k$라고 놓으면

$$\sum_{k=1}^{m} a_k \Re z_k - \sum_{k=1}^{m} b_k \Im z_k + i \left(\sum_{k=1}^{n} b_k \Re z_k + \sum_{k=1}^{m} a_k \Im z_k \right) = 0,$$

즉,

$$\sum_{k=1}^{m} a_k \Re z_k - \sum_{k=1}^{m} b_k \Im z_k = 0, \quad \sum_{k=1}^{m} b_k \Re z_k + \sum_{k=1}^{m} a_k \Im z_k = 0$$

을 얻는다. 가정 2)로부터 $a_k = b_k = 0$, $k = 1, 2, \cdots, m$이다.
따라서 $c_1 = c_2 = \cdots = c_m = 0$이다. □

제 6 절 스펙트럼 분해정리와 그 응용

이 절에서는 행렬 A, 역행렬 $(\lambda E - A)^{-1}$, 멱행렬 A^n, 가환인 행렬의 차 $A - B$와 곱 AB의 표현정리, 즉 스펙트럼 분해정리를 서술한다. 특히 행렬 A의 표현은 $\mathbb{C}^n$의 일반화된 고유공간에 의한 직합분해에 기초하여, 스펙트럼 분해정리로 주어진다.

6.1 스펙트럼 분해정리

반단순행렬 A에 대하여, $\sigma(A) = \{\lambda_1, \cdots, \lambda_r\}$이고, A에 따르는 E의 분해사영족을 $P_1, \cdots, P_r$이라고 하면, 정리 1.4.9에 의해 A의 분해 $A = \lambda_1 P_1 + \cdots + \lambda_r P_r$이 성립한다. 그러므로 일반적인 행렬에 대하여 위 분해가 성립하는가, 또는 위 분해가 성립하지 않는 경우 어떤 종류의 분해가 성립할 수 있는가 하는 문제가 제기된다. 이 문제는 다음 정리에 의해 해결된다.

정리 1.6.1. (스펙트럼 분해정리) $\sigma(A) = \{\lambda_1, \lambda_2, \cdots, \lambda_r\}$이고 $P_1, \cdots, P_r$이 A에 따르는 단위행렬 E의 분해사영족이라고 하자.

1) A는

$$\begin{aligned} A &= S + N \\ &= \lambda_1 P_1 + \cdots + \lambda_r P_r + N \end{aligned} \tag{1.48}$$

으로 표현된다. 여기서

$$S := \lambda_1 P_1 + \cdots + \lambda_r P_r \tag{1.49}$$

는 반단순행렬, N은 멱영행렬, S와 N은 서로 가환이고 A와 P_i도 가환이다. 즉, 임의의 n 차행렬 A 는 서로 가환인 반단순행렬과 멱영행렬의 합으로 표현된다.

2) 반단순행렬 S'과 멱영행렬 N'이 가환이고, $A = S' + N'$이면, $S' = S$, $N' = N$이다. 즉 A의 분해는 유일하다.

증명 1) $E = P_1 + \cdots + P_r$이므로 양변에 A를 곱하면

$$A = A\sum_{i=1}^{r} P_i = \sum_{i=1}^{r} AP_i = \sum_{i=1}^{r} \lambda_i P_i + \sum_{i=1}^{r}(A - \lambda_i E)P_i.$$

정리 1.4.9에 의해, $S = \sum_{i=1}^{r} \lambda_i P_i$는 반단순이고 정리 1.4.10에 의해 $\sigma(S) = \sigma(A)$이다. $N = \sum_{i=1}^{r}(A - \lambda_i E)P_i$라고 놓으면, A와 P_i는 교환 가능하므로, $SN = NS$. 그리고 $P_i P_j = \delta_{ij} P_i$ 이므로

$$N^2 = (A - \lambda_1 E)^2 P_1 + \cdots + (A - \lambda_r E)^2 P_r$$

을 얻는다. 마찬가지로

$$N^k = (A - \lambda_1 E)^k P_1 + \cdots + (A - \lambda_r E)^k P_r$$

을 얻는다. 따라서 $h = \max\{h_{\lambda_1}, \cdots, h_{\lambda_r}\}$이라고 놓으면, $N^h = O$이다.

2) 분해의 유일성을 보이기로 하자. 다른 분해 $A = S' + N'$ (S'은 반단순, N'은 멱영)이 존재하고, S'과 N'이 가환이라고 하자.

$$S + N = S' + N'$$

이므로

$$S - S' = N' - N \tag{1.50}$$

이다. $A = S' + N'$이고 $S'N' = N'S'$이면, S', N'은 A와 가환이다. P_i가 A의 다항식으로 표현되므로 S, N도 역시 A의 다항식이다. 따라서 S', N'은 둘 다 S 및 N과 가환이다. 따름정리 1.4.4에 의해 $S - S'$는 반단순이고 따름정리 1.4.5에 의해 $N - N'$은 멱영이다. 도움정리 1.4.1에 의해 (1.50)의 양변은 O이어야 한다. 따라서 $S = S'$, $N' = N$이다. 즉, $A = S + N$는 유일한 분해이다. □

(1.48)의 사영족은 A에 따르는 E의 분해사영족이지만, 일반적으로 E의 분해사영족으로 바꾸면 다음 정리를 얻는다.

정리 1.6.2. E의 분해사영족 Q_1', Q_2', $\cdots$, Q_t'과 이들과 가환인 멱영행렬 N을 써서 정방행렬 A가

$$A = \mu_1' Q_1' + \cdots + \mu_t' Q_t' + N \tag{1.51}$$

로 표현되었다고 하자. $\mu_1', \mu_2', \cdots , \mu_t'$ 중 같은 것을 묶어서 (1.51)의 우변을 새로

$$A = \mu_1 Q_1 + \cdots + \mu_s Q_s + N \tag{1.52}$$

이라고 쓰자. 여기서 μ_1, μ_2, $\cdots$, μ_s는 서로 다른 수이다.

그러면 $\sigma(A) = \{\mu_1, \mu_2, \cdots , \mu_s\}$이고, Q_1, Q_2, $\cdots$, Q_s는 A에 따르는 E의 분해사영족이고, Q_i와 N은 가환이다.

증명 $S' = \sum_{j=1}^{t} \mu_j' Q_j'$이라고 놓으면, $A = S' + N$, $S'N = NS'$. 그리고 $S = \sum_{j=1}^{s} \mu_j Q_j$, $Q_j = \sum_{k \in K(j)} Q_k', K(j) = \{k : \mu_k' = \mu_j\}$라고 놓으면 증명은 정리 1.4.10과 정리 1.6.1로부터 나온다. □

(1.48)을 A의 스펙트럼 분해라고 부르지만 위 정리로부터 (1.51)도 A의 스펙트럼 분해라고도 부른다.

6.2 역행렬 $(\lambda E - A)^{-1}$의 스펙트럼 분해

n차 행렬 A에 대하여, $(\lambda E - A)$의 역행렬은 고유방정식 $\Phi_A(\lambda) = \det(\lambda E - A) = 0$과 여인자행렬을 써서 표현된다. 이는 λ의 유리식이고 분자의 차수는 분모의 차수 n보다 작기 때문에 부분분수 전개하면

$$(\lambda E - A)^{-1} = \sum_{i=1}^{r} \sum_{j=1}^{m_i} \frac{1}{(\lambda - \lambda_i)^j} B_{ij} \tag{1.53}$$

의 형태가 된다. 보다 엄밀하게는 다음과 같이 된다.

정리 1.6.3. $\sigma(A) = \{\lambda_1, \cdots, \lambda_r\}$이라고 하면 $(\lambda E - A)^{-1}$는 λ의 유리식이고, 그 부분분수 전개는

$$(\lambda E - A)^{-1} = \sum_{i=1}^{r} \left(\sum_{j=0}^{h_i-1} \frac{1}{(\lambda - \lambda_i)^{j+1}} (A - \lambda_i E)^j \right) P_i \tag{1.54}$$

로 주어진다. 여기서 $h_i = h_{\lambda_i}(A), P_i = P_{\lambda_i}$이다.

증명

$$\lambda E - A = \sum_{i=1}^{r} (\lambda E - A) P_i$$

의 우변의 각 항은

$$(\lambda E - A)P_i = (\lambda - \lambda_i)P_i - (A - \lambda_i E)P_i (\lambda - \lambda_i)\left(E - \frac{A - \lambda_i E}{\lambda - \lambda_i} \right) P_i$$

로 변형된다. 이 양변에

$$Q_i := \frac{1}{\lambda - \lambda_i} \left(E + \left(\frac{A - \lambda_i E}{\lambda - \lambda_i} \right) + \left(\frac{A - \lambda_i E}{\lambda - \lambda_i} \right)^2 + \cdots + \left(\frac{A - \lambda_i E}{\lambda - \lambda_i} \right)^{h_i - 1} \right) P_i$$

를 곱하면

$$(\lambda E - A) P_i Q_i = \left(E - \frac{(A - \lambda_i E)^{h_i}}{\lambda - \lambda_i} \right) P_i$$

가 된다. $(A - \lambda_i E)^{h_i} P_i = O$이므로 $(\lambda E - A) P_i Q_i = P_i$ 가 성립한다. 따라서

$$(\lambda E - A) \sum_{i=1}^{r} P_i Q_i = \sum_{i=1}^{r} P_i = E.$$

그러므로

$$\begin{aligned}
(\lambda E - A)^{-1} &= \sum_{i=1}^{r} P_i Q_i \\
&= \sum_{i=1}^{r} \left(\frac{E}{\lambda - \lambda_i} + \frac{A - \lambda_i E}{(\lambda - \lambda_i)^2} + \cdots + \frac{(A - \lambda_i E)^{h_i - 1}}{(\lambda - \lambda_i)^{h_i}} \right) P_i.
\end{aligned}$$

위 결과로부터 정리의 결과를 얻는다. □

(1.54)에서

$$S = \sum_{i=1}^{r} \frac{1}{\lambda - \lambda_i} P_i,$$

$$N = \sum_{i=1}^{r} \left(\sum_{j=1}^{h_i-1} \frac{1}{(\lambda-\lambda_i)^{j+1}} (A-\lambda_i E)^j P_i \right)$$

라고 놓으면 ($h_i = 1$ 이면 기호의 약속에 따라 그 항은 0으로 간주한다) N은 멱영행렬이므로 역행렬 $(\lambda E - A)^{-1}$의 스펙트럼 분해

$$(\lambda E - A)^{-1} = S + N$$

을 얻는다.

위 정리와 복소함수론에서의 극, 위수, 유수에 관한 기본 정리로부터 다음 결과를 얻는다.

정리 1.6.4. 1) λ_i가 A의 고유값이라는 것과 λ_i가 $(\lambda E - A)^{-1}$의 고립특이점의 극이라는 것은 동치이다.

2) A의 고유값 λ_i의 표수는 $(\lambda E - A)^{-1}$의 고립특이점 λ_i의 극의 위수와 일치하며, 부분분수 전개 (1.53)의 계수 B_{ij}는 영행렬이 아닌 j의 최대값이다.

3) $(\lambda E - A)^{-1}$의 고립특이점 λ_i에 있어서 유수는 P_i이고 사영 P_i는 부분분수 전개 (1.53)에 있어서 $1/(\lambda - \lambda_i)$의 계수 B_{i1}과 일치한다.

따름정리 1.6.1. 정리 1.6.3을 쓰면 $A^* = A$를 만족하는 행렬 A (에르미트 행렬)는 반단순이다.

따름정리 1.6.2. $R(\lambda) = (A - \lambda E)^{-1}$이라고 놓으면, 관계식

$$R(\lambda_1) - R(\lambda_2) = (\lambda_1 - \lambda_2) R(\lambda_1) R(\lambda_2)$$

가 성립한다.

6.3 A^n의 스펙트럼 분해

여기서는 정방행렬 A에 대하여 $A^n (n \in \mathbb{N}_0)$의 표현(스펙트럼 분해정리)을 준다. P_λ, $\lambda \in \sigma(A)$는 A에 따르는 E의 분해사영족이라 한다.

정리 1.6.5. 각 $n = 0, 1, 2, \cdots$ 에 대하여

$$A^n P_\lambda = \sum_{j=0}^{h_\lambda(A)-1} \frac{(n)_j}{j!} \lambda^{n-j} (A - \lambda E)^j P_\lambda, \quad n = 0, 1, 2, \cdots \tag{1.55}$$

$$A^n = \sum_{\lambda \in \sigma(A)} \sum_{j=0}^{h_\lambda(A)-1} \frac{(n)_j}{j!} \lambda^{n-j} (A - \lambda E)^j P_\lambda. \tag{1.56}$$

증명 $A^n = A^n \sum_{\lambda\in\sigma(A)} P_\lambda$ 이므로 (1.55)를 보이자. $A = \lambda E + (A - \lambda E)$ 이므로 $N_\lambda = A - \lambda E$ 라고 놓고 A^n 에 행렬의 이항정리를 적용하면,

$$A^n P_\lambda = \sum_{j=0}^{n} \frac{(n)_j}{j!} \lambda^{n-j} N_\lambda^j P_\lambda \tag{1.57}$$

를 얻는다. $\lambda = 0 \in \sigma(A)$ 일 때도 (1.57)이 성립한다. $h_\lambda = h_\lambda(A)$ 라고 두자.

$n > h_\lambda - 1$ 이면, $N_\lambda^j P_\lambda = O\,(j = h_\lambda, h_\lambda + 1, \cdots)$ 이며, (1.57)의 우변은 (1.55)의 우변과 일치한다.

$n \le h_\lambda - 1$ 이면, $(n)_j = 0\,(j = n+1, n+2, \cdots, h_\lambda - 1)$ 이므로 (1.57)의 우변은 (1.55)의 우변과 같이 표현된다. □

주 1.6.1. $\lambda = 0$ 이 A 의 고유값인 경우 (1.56)은 다음과 같이 표현된다.

$$A^n = \begin{cases} \displaystyle\sum_{\lambda\in\sigma(A)\setminus\{0\}} \sum_{j=0}^{h_\lambda-1} \frac{(n)_j}{j!} \lambda^{n-j} (A - \lambda E)^j P_\lambda & (n < h_0 - 1) \\ \displaystyle A^n P_0 + \sum_{\lambda\in\sigma(A)\setminus\{0\}} \sum_{j=0}^{h_\lambda-1} \frac{(n)_j}{j!} \lambda^{n-j} (A - \lambda E)^j P_\lambda & (n \ge h_0 - 1) \end{cases} \tag{1.58}$$

(1.55)에서

$$S = \sum_{\lambda\in\sigma(A)} \lambda^n P_\lambda,$$

$$N = \sum_{\lambda\in\sigma(A)} \sum_{j=1}^{h_\lambda-1} \frac{(n)_j}{j!} \lambda^{n-j} (A - \lambda E)^j P_\lambda$$

라고 놓으면, N 은 멱영행렬이므로 (1.55)는 $A^n = S + N$ 으로 표현된다. 즉, A^n 의 스펙트럼 분해를 얻는다.

따름정리 1.6.3. A가 반단순행렬인 경우, (1.56)은 다음과 같이 표현된다.

$$A^n = \sum_{\lambda\in\sigma(A)} \lambda^n P_\lambda.$$

마지막으로 행렬 A가 실행렬이고 복소고유값을 가지는 경우를 고찰하자.

도움정리 1.6.1. A가 실행렬이고 $\mu = re^{i\theta} \in \sigma(A), \Im\mu \neq 0$ 이라고 하자. 그러면

$$\mu^n (A - \mu E)^k P_\mu = r^n (\cos n\theta M_k(\mu) - \sin n\theta N_k(\mu)) P_\mu,$$

$$\overline{\mu}^n (A - \overline{\mu} E)^k P_{\overline{\mu}} = r^n (\cos n\theta M_k(\mu) - \sin n\theta N_k(\mu)) P_{\overline{\mu}}.$$

증명 $\mu^n = r^n(\cos n\theta + i\sin n\theta)$ 이므로 도움정리 1.5.5에 의해

$$\begin{aligned}
\mu^n(A-\mu E)^k P_\mu &= r^n(\cos n\theta + i\sin n\theta)(A-\mu E)^k P_\mu \\
&= r^n(\cos n\theta(A-\mu E)^k P_\mu + i\sin n\theta(A-\mu E)^k P_\mu \\
&= r^n(\cos n\theta M_k(\mu) + i(\sin n\theta) i N_k(\mu))P_\mu \\
&= r^n(\cos n\theta M_k(\mu) - \sin n\theta N_k(\mu))P_\mu
\end{aligned}$$

가 성립한다. $\overline{\mu}^n = r^n(\cos n\theta - i\sin n\theta)$ 이므로 역시 도움정리 1.5.5와 도움정리 1.5.4에 의해

$$\begin{aligned}
\overline{\mu}^n(A-\overline{\mu}E)^k P_{\overline{\mu}} &= r^n(\cos n\theta - i\sin n\theta)(A-\overline{\mu}E)^k P_{\overline{\mu}} \\
&= r^n(\cos n\theta(A-\overline{\mu}E)^k P_\mu - i\sin n\theta(A-\overline{\mu}E)^k P_{\overline{\mu}} \\
&= r^n(\cos n\theta M_k(\overline{\mu}) - i(\sin n\theta) i N_k(\overline{\mu}))P_{\overline{\mu}} \\
&= r^n(\cos n\theta M_k(\overline{\mu}) + \sin n\theta N_k(\overline{\mu}))P_{\overline{\mu}} \\
&= r^n(\cos n\theta M_k(\mu) - \sin n\theta N_k(\mu))P_{\overline{\mu}}
\end{aligned}$$

가 성립한다. □

정리 1.6.6. A는 실행렬이고 $\mu = re^{i\theta} \in \sigma(A), \Im\mu \neq 0$ 이라고 하자. 그러면 $n \in \mathbb{Z}$에 대하여

$$A^n P_\mu = \sum_{j=0}^{h_\mu(A)-1} \frac{(n)_j}{j!} r^{n-j}\left[\cos((n-j)\theta)M_j(\mu) - \sin((n-j)\theta)N_j(\mu)\right]P_\mu, \tag{1.59}$$

$$A^n 2R_\mu = \sum_{j=0}^{h_\mu(A)-1} \frac{(n)_j}{j!} r^{n-j}\left[\cos((n-j)\theta)M_j(\mu) - \sin((n-j)\theta)N_j(\mu)\right]2R_\mu \tag{1.60}$$

가 성립한다.

증명 $2R_\mu = P_\mu + P_{\overline{\mu}}$ 이므로 등식 (1.56)과 도움정리 1.6.1로부터 쉽게 증명된다. □

따름정리 1.6.4. $A \in M_m(\mathbb{R})$의 고유다항식 $\Phi_A(\mu)$가 (1.39)에 의해 주어졌다고 하자. 그러면 A^n의 스펙트럼 분해는 다음과 같이 주어진다.

$$\begin{aligned}
A^n &= \sum_{j=1}^{p}\sum_{i=0}^{h_{\lambda_j}(A)-1} \frac{(n)_i}{i!}\lambda_j^{n-i}(A-\lambda_j E)^i P_{\lambda_j} \\
&+ \sum_{k=1}^{q}\sum_{j=0}^{h_{\mu_k}(A)-1} \frac{(n)_j}{j!} r_k^{n-j}\left[\cos((n-j)\theta_k)M_j(\mu_k) - \sin((n-j)\theta_k)N_j(\mu_k)\right]2R_\mu.
\end{aligned}$$

여기서 $\mu_k = r_k e^{\theta_k}$.

보기 1.6.1. 실행렬

$$A = \begin{pmatrix} 0 & 0 & -1 \\ 1 & 0 & 0 \\ 0 & 1 & 0 \end{pmatrix} \tag{1.61}$$

에 대하여 A^n 을 구하여 보자.

행렬 A의 고유방정식은

$$\Phi_A(\mu) = |\mu E - A| = (\mu+1)(\mu^2-\mu+1).$$

따라서 $\sigma(A) = \{-1, \gamma := \frac{1+\sqrt{3}i}{2}, \overline{\gamma}\}$. 그의 표수는 $h_{-1}(A) = h_\gamma(A) = h_{\overline{\gamma}}(A) = 1$이다. 행렬 A에 따르는 단위행렬의 분해사영족 $P_{-1}, P_\gamma, P_{\overline{\gamma}}$은 도움정리 1.5.1 와 (1.34)에 의해

$$P_{-1} = \frac{(A-\gamma E)(A-\overline{\gamma}E)}{(-1-\gamma)(-1-\overline{\gamma})},\ \ P_\gamma = \frac{(A+E)(A-\overline{\gamma}E)}{(\gamma+1)(\gamma-\overline{\gamma})},\ \ P_\gamma = P_{\overline{\gamma}}$$

로 주어지므로

$$\begin{aligned} P_{-1} &= \frac{1}{3}(A-\gamma E)(A-\overline{\gamma}E) \\ &= \frac{1}{3}\begin{pmatrix} -\gamma & 0 & -1 \\ 1 & -\gamma & 0 \\ 0 & 1 & -\gamma \end{pmatrix}\begin{pmatrix} -\overline{\gamma} & 0 & -1 \\ 1 & -\overline{\gamma} & 0 \\ 0 & 1 & -\overline{\gamma} \end{pmatrix} \\ &= \frac{1}{3}\begin{pmatrix} 1 & -1 & 1 \\ -1 & 1 & -1 \\ 1 & -1 & 1 \end{pmatrix}. \end{aligned}$$

그리고

$$\begin{aligned} P_\gamma &= -\frac{1+\sqrt{3}i}{6}(A+E)(A-\overline{\gamma}E) \\ &= -\frac{1+\sqrt{3}i}{6}\begin{pmatrix} 1 & 0 & -1 \\ 1 & 1 & 0 \\ 0 & 1 & 1 \end{pmatrix}\begin{pmatrix} -\overline{\gamma} & 0 & -1 \\ 1 & -\overline{\gamma} & 0 \\ 0 & 1 & -\overline{\gamma} \end{pmatrix} \\ &= \frac{1}{6}\begin{pmatrix} 2 & 1+\sqrt{3}i & -1+\sqrt{3}i \\ 1-\sqrt{3}i & 2 & 1+\sqrt{3}i \\ -1-\sqrt{3}i & 1-\sqrt{3}i & 2 \end{pmatrix} \end{aligned}$$

로 주어진다. 따라서

$$2R_\gamma = \frac{1}{3}\begin{pmatrix} 2 & 1 & -1 \\ 1 & 2 & 1 \\ -1 & 1 & 2 \end{pmatrix},\ \ 2I_\gamma = \frac{1}{3}\begin{pmatrix} 0 & \sqrt{3} & \sqrt{3} \\ -\sqrt{3} & 0 & \sqrt{3} \\ -\sqrt{3} & -\sqrt{3} & 0 \end{pmatrix}$$

$$M_0(\gamma) = E,\ \ N_0(\gamma) = 2I_\gamma$$

이므로 따름정리 1.6.4에 의해

$$\begin{aligned}
A^n &= (-1)^n P_{-1} + \left(\cos\frac{n\pi}{3} M_0(\gamma) - \sin\frac{n\pi}{3} N_0(\gamma)\right) 2R_\gamma \\
&= (-1)^n P_{-1} + \left(\cos\frac{n\pi}{3} E - \sin\frac{n\pi}{3} 2I_\gamma\right) 2R_\gamma \\
&= (-1)^n P_{-1} + \left(\cos\frac{n\pi}{3} 2R_\gamma - \sin\frac{n\pi}{3} 2I_\gamma\right) \\
&= \frac{1}{3}(-1)^n \begin{pmatrix} 1 & -1 & 1 \\ -1 & 1 & -1 \\ 1 & -1 & 1 \end{pmatrix} \\
&\quad + \frac{1}{3}\cos\frac{n\pi}{3} \begin{pmatrix} 2 & 1 & -1 \\ 1 & 2 & 1 \\ -1 & 1 & 2 \end{pmatrix} - \frac{1}{3}\sin\frac{n\pi}{3} \begin{pmatrix} 0 & \sqrt{3} & \sqrt{3} \\ -\sqrt{3} & 0 & \sqrt{3} \\ -\sqrt{3} & -\sqrt{3} & 0 \end{pmatrix}.
\end{aligned}$$

6.4 가환인 행렬의 차와 곱하기의 스펙트럼 분해

여기서는 2개의 가환인 정방행렬 A와 B의 차 $A-B$와 곱하기 AB의 스펙트럼 분해를 준다. 먼저 가환인 행렬 A와 B에 대하여 다음 결과가 성립한다.

명제 1.6.1. 두 행렬 A와 B가 가환이라고 하자. 그러면 A와 B는 공통의 고유벡터를 가진다. 즉, $Aa = \lambda a$, $Ba = \mu a$인 벡터 $a \neq 0$이 존재한다.

증명 A의 고유값 λ에 대응하는 고유공간 W_λ는 $\mathcal{N}(A-\lambda E)$와 일치한다. $A-\lambda E$와 B가 가환이므로 도움정리 1.4.3에 의해 W_λ는 B-불변이다. B의 W_λ로의 제한 $B|_{W_\lambda}$에 속하는 하나의 고유벡터 $a \in W_\lambda$를 택하면 a는 B의 고유벡터이다. $a \in W_\lambda$이므로 A의 고유벡터이다. □

명제 1.6.2. 두 행렬 A와 B가 가환이고, $\alpha \in \sigma(A)$, $\beta \in \sigma(B)$라고 하자. 그러면 $G_\alpha(A) \cap G_\beta(B) \neq \{0\}$과 $W_\alpha(A) \cap W_\beta(B) \neq \{0\}$은 동치이다. 그리고 임의의 $k \in \mathbb{N}$에 대하여 $\mathcal{N}((A-\alpha E)^k) \cap \mathcal{N}((B-\beta E)^k) \neq \{0\}$과 $W_\alpha(A) \cap W_\beta(B) \neq \{0\}$은 동치이다.

증명 $G_\alpha(A) \cap G_\beta(B) \neq \{0\}$일 때, $W_\alpha(A) \cap W_\beta(B) \neq \{0\}$ 임을 보이면 된다. 먼저 $x \in G_\alpha(A) \cap G_\beta(B), x \neq 0$이라고 하자. 그러면

$$(A-\alpha E)^{i-1}x \neq 0,\ (A-\alpha E)^i x = 0,\ (B-\beta E)^{j-1}x \neq 0,\ (B-\beta E)^j x = 0$$

을 만족하는 $i,\ j \geq 1$이 존재한다. $y = (A-\alpha E)^{i-1}x$라고 놓으면, $y \in W_A(\alpha)$, $y \neq 0$이면서

$$(B-\beta E)^j y = (A-\alpha E)^{i-1}(B-\beta E)^j x = 0.$$

따라서

$$(B-\beta E)^{k-1}y \neq 0,\ (B-\beta E)^k y = 0$$

인 $k \geq 1$이 존재한다. 다시 $z = (B-\beta E)^{k-1}y$라고 놓으면, $z \neq 0$이고 $(B-\beta E)z = 0$이다. 한편 $(A-\alpha E)z = (B-\beta E)^{k-1}(A-\alpha E)y = 0$이므로 $z \in W_A(\alpha) \cap W_B(\beta)$, $z \neq 0$. 나머지도 비슷하게 증명된다. □

행렬 A에 대하여 $\sigma(A) = \{\alpha_1, \cdots, \alpha_r\}$, A에 따르는 E의 분해사영족을 $P_1, \cdots, P_r$ 그리고 행렬 B에 대하여 $\sigma(B) = \{\beta_1, \cdots, \beta_s\}$, B에 따르는 E의 분해사영족을 $Q_1, \cdots, Q_s$ 라고 하자. 그러면 두 행렬 A와 B에 대한 스펙트럼 분해정리에 의해 두 멱영행렬 M과 N이 존재하고

$$A = \sum_{i=1}^{r} \alpha_i P_i + M, \;\; B = \sum_{j=1}^{s} \beta_j Q_j + N,$$

$$E = P_1 + \cdots + P_r, \;\; E = Q_1 + \cdots + Q_s$$

가 성립한다. 그리고 P_i, M 은 A의 다항식, Q_j, N은 B의 다항식에 의해 표현된다. 따라서 $AB = BA$이므로

$$P_iQ_j = Q_jP_i, \; MP_i = P_iM, \; MQ_j = Q_jM,$$
$$NP_i = P_iN, \; NQ_j = Q_jN, \; MN = NM.$$

$R_{ij} = P_iQ_j$ 라고 놓자.

도움정리 1.6.2. 두 행렬 A와 B가 가환이라고 하자. 그러면

1) $E = \sum_{i=1}^{r} \sum_{j=1}^{s} R_{ij}$, $R_{ij}R_{k\ell} = \delta_{ik}\delta_{j\ell}R_{ij}$.

2) $R_{ij}(\mathbb{C}^n) = G_{\alpha_i}(A) \cap G_{\beta_j}(B)$. (1.62)

증명 P_i와 Q_j의 가환성에 의해

$$R_{ij}R_{k\ell} = P_iQ_jP_kQ_\ell = P_iP_kQ_\ell Q_j = \delta_{ik}\delta_{j\ell}P_iQ_j$$

이므로

$$R_{ij}R_{k\ell} = \delta_{ik}\delta_{j\ell}R_{ij}.$$

임의의 $x \in \mathbb{C}^n$에 대하여 $x = P_1x + \cdots + P_rx = Q_1x + \cdots + Q_sx$이므로

$$\begin{aligned} x &= P_1x + \cdots + P_rx \\ &= P_1(Q_1x + \cdots + Q_sx) + \cdots + P_r(Q_1x + \cdots + Q_sx) \\ &= \sum_{i=1}^{r}\sum_{j=1}^{s} R_{ij}x, \end{aligned}$$

즉,

$$E = \sum_{i=1}^{r}\sum_{j=1}^{s} R_{ij}.$$

그리고

$$R_{ij}x = P_iQ_jx \in G_{\alpha_i}(A), \;\; R_{ij}x = P_iQ_jx = Q_jP_ix \in G_{\beta_j}(B)$$

이므로 $R_{ij}x \in G_{\alpha_i}(A) \cap G_{\beta_j}(B)$를 얻는다. 거꾸로 $x \in G_{\alpha_i}(A) \cap G_{\beta_j}(B)$이면, $x = P_ix = Q_jx$. 따라서 $x = P_ix = P_iQ_jx = R_{ij}x$이므로 결국 관계식 (1.62)를 얻는다. □

이제 행렬의 차 $A - B$의 스펙트럼 분해와 고유값을 생각하기로 하자. 이를 위하여

$$I = I(A, B) = \{(i, j) \;:\; W_{\alpha_i}(A) \cap W_{\beta_j}(B) \neq \{0\}\}$$

$$I(\eta) = \{(i, j) : \eta = \alpha_i - \beta_j, \; W_{\alpha_i}(A) \cap W_{\beta_j}(B) \neq \{0\}\}$$

라고 놓자.

정리 1.6.7. 두 행렬 A와 B가 가환이라고 하자.

1) $A - B$의 스펙트럼 분해는

$$A - B = \sum_{(i,j)\in I} (\alpha_i - \beta_j)R_{ij} + M - N \tag{1.63}$$

으로 주어진다.

2) $\sigma(A - B) = \{\alpha - \beta \;:\; W_\alpha(A) \cap W_\beta(B) \neq \{0\}\}$.

3) $\eta \in \sigma(A - B)$에 대하여

$$Q_\eta(A - B) = \sum_{(i,j)\in I(\eta)} R_{ij},$$

$$G_\eta(A - B) = \bigoplus_{(i,j)\in I(\eta)} \left[G_{\alpha_i}(A) \cap G_{\beta_j}(B)\right].$$

4) $\eta \in \sigma(A - B)$에 대하여

$$h_\eta(A - B) \leq \max_{(i,j)\in I(\eta)} \{h_{\alpha_i}(A) + h_{\beta_j}(B)\} - 1, \tag{1.64}$$

$$(A - B - \eta E)^{h_{\alpha_i}(A)+h_{\beta_j}(B)-1}x = 0, \quad (x \in G_{\alpha_i}(A) \cap G_{\beta_j}(B), \; (i, j) \in I(\eta)). \tag{1.65}$$

증명 위로부터

$$\begin{aligned} A - B &= \sum_{i=1}^{r} \alpha_i P_i \sum_{j=1}^{s} Q_j - \sum_{j=1}^{s} \beta_j Q_j \sum_{i=1}^{r} P_i + M - N \\ &= \sum_{i=1}^{r} \alpha_i \sum_{j=1}^{s} P_iQ_j - \sum_{j=1}^{s} \beta_j \sum_{i=1}^{r} P_iQ_j + M - N \\ &= \sum_{i=1}^{r}\sum_{j=1}^{s} (\alpha_i - \beta_j)R_{ij} + M - N. \end{aligned} \tag{1.66}$$

도움정리 1.6.2, 명제 1.6.2와 (1.66)로부터

$$S := \sum_{i=1}^{r}\sum_{j=1}^{s}(\alpha_i - \beta_j)R_{ij} = \sum_{(i,j)\in I}(\alpha_i - \beta_j)R_{ij}. \tag{1.67}$$

분명히 R_{ij}, $(i,j) \in I$는 E의 분해사영족이다.

$$H = M - N$$

이라고 놓으면, M과 N이 멱영행렬이므로 H도 역시 멱영행렬인 것이 쉽게 확인된다. 그러면 (1.66)은

$$A - B = S + H, \tag{1.68}$$

라고 쓸 수 있으며, 이는 정리 1.6.2에 의해 $A - B$의 스펙트럼 분해를 주고 있다.

한편

$$\sigma(A-B) = \{\eta_1, \cdots, \eta_\rho\}$$

라고 놓으면

$$S = \sum_{(i,j)\in I}(\alpha_i - \beta_j)R_{ij} = \sum_{k=1}^{\rho}\eta_k \sum_{(i,j)\in I(\eta_k)} R_{ij},$$

이므로 스펙트럼 분해의 유일성으로부터 $Q_{\eta_k}(A-B) = \displaystyle\sum_{(i,j)\in I(\eta_k)} R_{ij}$를 얻는다. 도움정리 1.6.2에 의해

$$\begin{aligned} Q_{\eta_k}(A-B)(\mathbb{C}^m) &= \sum_{(i,j)\in I(\eta_k)} R_{ij}(\mathbb{C}^m) \\ &= \sum_{(i,j)\in I(\eta_k)} [G_{\alpha_i}(A) \cap G_{\beta_j}(B)] \\ &= \bigoplus_{(i,j)\in I(\eta_k)} [G_{\alpha_i}(A) \cap G_{\beta_j}(B)] \end{aligned}$$

가 된다.

마지막으로, (1.64)의 증명을 보이자. $(A - B - \eta E)^{h_{A-B}(\eta)}x = 0$이라고 하자. 그러면 $x = \sum_{(i,j)\in I(\eta)} x_{ij}$, $x_{ij} \in G_{\alpha_i}(A) \cap G_{\beta_j}(B)$와 같이 나타낼 수 있다.

$G_\eta(A-B) = \bigoplus_{(i,j)\in I(\eta)} \left[G_{\alpha_i}(A) \cap G_{\beta_j}(B)\right]$이므로 $(A - B - \eta E)^{h_\eta(A-B)}x_{ij} = 0$.

한편, 임의의 $m \in \mathbb{N}_0$에 대하여

$$\begin{aligned} &(A - B - (\alpha_i - \beta_j)E)^m x_{ij} = ((A - \alpha_i) - (B - \beta_j))^m x_{ij} \\ = &\sum_{k=0}^{m} {}_mC_k (A - \alpha_i E)^k (-1)^{m-k} (B - \beta_j E)^{m-k} x_{ij}. \end{aligned} \tag{1.69}$$

항 $(A-\alpha_i E)^k(B-\beta_j E)^{m-k}x_{ij}$를 검토해 보자. $h_{\alpha_i}(A)+h_{\beta_j}(B)-1\le m$이면,

$$(A-\alpha_i E)^k(B-\beta_j E)^{m-k}x_{ij}=0,\ \ (k=0,\ 1,\ \cdots,\ h_{\alpha_i}(A)+h_{\beta_j}(B)-1)$$

이 성립한다. 따라서 (1.69)의 모든 항은 0이 된다.

결국, $h_{\alpha_i}(A)+h_{\beta_j}(B)-1\le m$이면, $(A-B-(\alpha_i-\beta_j)E)^m x_{ij}=0$이다. 이는 (1.64)와 (1.65)가 성립한다는 뜻이다. 따라서 증명이 끝난다. □

다음으로 행렬의 곱하기 AB의 스펙트럼 분해와 고유값을 생각하자.

정리 1.6.8. 두 행렬 A와 B가 가환이라고 하자.

1) AB의 스펙트럼 분해는

$$AB=\sum_{(i,j)\in I}\alpha_i\beta_j R_{ij}+M\left(\sum_{j=1}^{s}\beta_j Q_j\right)+N\left(\sum_{i=1}^{r}\alpha_i P_i\right)+MN \tag{1.70}$$

으로 주어진다.

2) $\sigma(AB)=\{\alpha\beta : W_\alpha(A)\cap W_\beta(B)\neq\{0\}\}$,

3) $\eta\in\sigma(AB)$에 대하여

$$Q_\eta(AB)=\sum_{(i,j)\in I(\eta)}R_{ij},$$

$$Q_\eta(AB)(\mathbb{C}^n)=\bigoplus_{(i,j)\in I(\eta)}\left[G_{\alpha_i}(A)\cap G_{\beta_j}(B)\right],$$

여기서 $I(\eta)=\{(i,j) : \eta=\alpha_i\beta_j,\ W_{\alpha_i}(A)\cap W_{\beta_j}(B)\neq\{0\}\}$.

4) $\eta\in\sigma(AB)$에 대하여

$$h_\eta(AB)\le\max_{(i,j)\in I(\eta)}\{h_{\alpha_i}(A)+h_{\beta_j}(B)\}-1, \tag{1.71}$$

$$(AB-\eta E)^{h_{\alpha_i}(A)+h_{\beta_j}(B)-1}x=0,(x\in G_{\alpha_i}(A)\cap G_{\beta_j}(B),\ (i,j)\in I(\eta)). \tag{1.72}$$

증명 위로부터

$$\begin{aligned}AB&=\left(\sum_{i=1}^{r}\alpha_i P_i+M\right)\left(\sum_{j=1}^{s}\beta_j Q_j+M\right)\\&=\left(\sum_{i=1}^{r}\alpha_i P_i\right)\left(\sum_{j=1}^{s}\beta_j Q_j\right)+M\left(\sum_{j=1}^{s}\beta_j Q_j\right)+\left(\sum_{i=1}^{r}\alpha_i P_i\right)N+MN\\&=\sum_{i=1}^{r}\sum_{j=1}^{s}\alpha_i\beta_j R_{ij}+M\left(\sum_{j=1}^{s}\beta_j Q_j\right)+\left(\sum_{i=1}^{r}\alpha_i P_i\right)N+MN.\end{aligned} \tag{1.73}$$

도움정리 1.6.2, 명제 1.6.2와 (1.73)으로부터

$$S := \sum_{i=1}^{r}\sum_{j=1}^{s} \alpha_i\beta_j R_{ij} = \sum_{(i,j)\in I} \alpha_i\beta_j R_{ij}.$$

분명히, R_{ij}, $(i,j) \in I$는 E의 분해사영족이다.

$$H = M\left(\sum_{j=1}^{s} \beta_j Q_j\right) + \left(\sum_{i=1}^{r} \alpha_i P_i\right) N + MN$$

이라고 놓으면, M과 N은 멱영행렬이므로 H도 역시 멱영행렬인 것이 쉽게 확인된다. 그러면 (1.73)은

$$AB = S + H \tag{1.74}$$

라고 쓸 수 있으며, 이는 정리 1.6.2에 의해 AB의 스펙트럼 분해를 주고 있다. 나머지는 정리 1.6.7의 증명과 유사하다.

마지막으로 (1.71)의 증명을 보이자. $(AB - \eta E)^{h_\eta(AB)}x = 0$라고 하자. 그러면 $x = \sum_{(i,j)\in I(\eta)} x_{ij}$, $x_{ij} \in G_{\alpha_i}(A) \cap G_{\beta_j}(B)$와 같이 나타낼 수 있다. 그리고 $G_\eta(AB) = \bigoplus_{(i,j)\in I(\eta)} \left[G_{\alpha_i}(A) \cap G_{\beta_j}(B)\right]$이므로 $(AB - \eta E)^{h_\eta(AB)}x_{ij} = 0$.

한편, 임의의 $m \in \mathbb{N}_0$에 대하여

$$\begin{aligned}(AB - \alpha_i\beta_j E)^m x_{ij} &= (A(B-\beta_j) + \beta_j(A-\alpha_i))^m x_{ij} \\ &= \sum_{k=0}^{m} {}_mC_k \beta_j^k (A-\alpha_i E)^k A^{m-k}(B-\beta_j E)^{m-k} x_{ij}.\end{aligned} \tag{1.75}$$

항 $(A-\alpha_i E)^k(B-\beta_j E)^{m-k}x_{ij}$를 검토해 보자. $h_{\alpha_i}(A) + h_{\beta_j}(B) - 1 \le m$이면,

$$(A-\alpha_i E)^k(B-\beta_j E)^{m-k}x_{ij} = 0, \quad (k = 0,\ 1,\ \cdots,\ h_{\alpha_i}(A) + h_{\beta_j}(B) - 1)$$

이 성립한다. 따라서 (1.75)의 모든 항 ${}_mC_k\beta_j^k(A-\alpha_i E)^k A^{m-k}(B-\beta_j E)^{m-k}x_{ij}$는 0이 된다.

결국, $h_{\alpha_i}(A) + h_{\beta_j}(B) - 1 \le m$이면, $(AB - \alpha_i\beta_j E)^m x_{ij} = 0$이다. 이는 (1.71)과 (1.72)가 성립한다는 뜻이다. 따라서 증명이 끝난다. □

보기 1.6.2.

$$A = \begin{pmatrix} 2 & 0 & 0 \\ 0 & 1 & 2 \\ 0 & 0 & 1 \end{pmatrix},\quad B = \begin{pmatrix} 3 & 0 & 0 \\ 0 & 2 & 1 \\ 0 & 0 & 2 \end{pmatrix}$$

에 대하여 스펙트럼 $\sigma(A-B)$, $\sigma(AB)$를 구하기로 하자.

간단한 계산에 의해

$$AB = \begin{pmatrix} 6 & 0 & 0 \\ 0 & 2 & 5 \\ 0 & 0 & 2 \end{pmatrix} = BA,$$

즉, A와 B는 가환이다. 따라서 $\sigma(A) = \{1, 2\}$, $\sigma(B) = \{2, 3\}$, $\sigma(A - B) = \{-1\}$, $\sigma(AB) = \{2, 6\}$이다. 사실,

$$\mathcal{N}(A - E) = \left[\begin{pmatrix} 0 \\ 1 \\ 0 \end{pmatrix}\right], \quad \mathcal{N}(A - 2E) = \left[\begin{pmatrix} 1 \\ 0 \\ 0 \end{pmatrix}\right]$$

$$\mathcal{N}(B - 2E) = \left[\begin{pmatrix} 0 \\ 1 \\ 0 \end{pmatrix}\right], \quad \mathcal{N}(B - 3E) = \left[\begin{pmatrix} 1 \\ 0 \\ 0 \end{pmatrix}\right].$$

따라서

$$\mathcal{N}(A - E) \cap \mathcal{N}(B - 2E) = \left[\begin{pmatrix} 0 \\ 1 \\ 0 \end{pmatrix}\right] \neq \{0\},$$

$$\mathcal{N}(A - 2E) \cap \mathcal{N}(B - 3E) = \left[\begin{pmatrix} 1 \\ 0 \\ 0 \end{pmatrix}\right] \neq \{0\}$$

이고

$$\mathcal{N}(A - 1E) \cap \mathcal{N}(B - 3E) = \{0\}, \ \mathcal{N}(A - 2E) \cap \mathcal{N}(B - 2E) = \{0\}.$$

그러므로 정리 1.6.7과 정리 1.6.8에 의해 $\sigma(A - B) = \{-1\}$, $\sigma(AB) = \{2, 6\}$을 얻는다.

제 7 절 일반 스펙트럼 분해정리와 일반 스펙트럼 사상정리

이 절에서는 행렬의 스펙 트럼 반경그리고 멱합열을 행렬의 멱합열로 확장하고 행렬의 멱함열의 합으로 표현되는 행렬함수에 대한 스펙트럼 분해정리와 스펙트럼 사상정리를 보이기로 한다.

7.1 일반 스펙트럼 분해정리

1. 행렬의 스펙트럼 반경

여기서는 정방행렬A의 멱A^n의 스펙트럼 분해정리의 응용으로서 A의 스펙트럼 반경과 $n \to \infty$일 때의 A^n의 행태를 보이자. 정방행렬 A의 **스펙트럼 반경 (spectral radius)** $r_\sigma(A)$를 다음과 같이 정의한다.

$$r_\sigma(A) = \max\{|\lambda| \ : \ \lambda \in \sigma(A)\}.$$

다음 정리는 A의 스펙트럼 반경과 $\lim_{n\to\infty} A^n$의 관계를 보여주고 있다.

정리 1.7.1. 정방행렬 A에 대하여

1) $r_\sigma(A) < 1$이면,

$$\lim_{n\to\infty} A^n = O.$$

2) $r_\sigma(A) \leq 1$, $\{\lambda : |\lambda| = 1, \lambda \in \sigma(A)\} = \{1\}$이고 $h_1(A) = 1$일 때,

$$\lim_{n\to\infty} A^n = P_i.$$

3) 그 밖의 경우, $\lim_{n\to\infty} A^n$은 존재하지 않는다.

증명 먼저 $\sigma(A) = \{\lambda_1, \lambda_2, \cdots, \lambda_r\}$이라고 하자.

1) $r_\sigma(A) < 1$이라고 하자. 그러면 모든 $i = 1, 2, \cdots, r$에 대하여 $|\lambda_i| < 1$이 성립한다. $\lambda \in \sigma(A)$라고 하자.

$|\lambda_i| < 1$인 경우, 임의의 $j \in \mathbb{N}_0$에 대하여

$$\lim_{n\to\infty} (n)_j \lambda_i^n \leq \lim_{n\to\infty} n^j \lambda_i^n = 0.$$

따라서 $\lim_{n\to\infty} (n)_j \lambda^{n-j} = 0$ 이다. 그러므로 $r_\sigma(A) < 1$이면, (1.56)에 의해

$$\lim_{n\to\infty} A^n = O$$

이다.

2) $\lambda_1 = 1, |\lambda_i| < 1$ $(i = 2, 3, \cdots, r)$이고 $h_1 = 1$라고 하자. $\sigma(A) = \{\lambda_1, \cdots, \lambda_r\}$이므로 (1.56)은

$$A^n = P_1 + \lambda_2^n P_2 + \cdots + \lambda_r^n P_r + \sum_{i=1}^{r} \sum_{j=1}^{h_i - 1} \frac{(n)_j}{j!} \lambda_i^{n-j} (A - \lambda_i E)^j P_i$$

가 된다. 그러므로 $|\lambda_i| < 1$, $i = 2, \cdots, r$이면, $\lim_{n\to\infty} A^n = P_1$.

3) 그 밖의 경우를 보이자.

(1) $|\lambda| > 1$인 경우 고유벡터 w를 잡으면, $A^n w = \lambda^n w$. 따라서 $\lim_{n\to\infty} A^n w$ 는 존재하지 않으며, $\lim_{n\to\infty} A^n$도 존재하지 않는다.

(2) $|\lambda_1| = 1$, $\lambda_1 \neq 1, |\lambda_i| < 1$ $(i = 2, 3, \cdots, r)$일 때, λ_1의 고유벡터 u를 택하면 $A^n u = \lambda_1^n u$이므로 $\lim_{n\to\infty} A^n u$는 존재하지 않는다. 따라서 $|\lambda_1| = 1$, $\lambda_1 \neq 1$을 만족하는 고유값 λ_1이 있는 경우는 $\lim_{n\to\infty} A^n$도 존재하지 않는다.

(3) $\lambda_1 = 1, |\lambda_i| < 1$ $(i = 2, 3, \cdots, r), h_1 \geq 1$이라고 하자. 이 때 $(A - E)v \neq 0$, $(A - E)^2 v = 0$을 만족하는 $v \neq 0$이 존재한다. $0 = (A^2 - 2A + E)v$이므로 $A^2 v = 2Av - v$이다. 수학적 귀납법에 의해 $n \geq 2$에 대하여 $A^n v = nAv - (n-1)v$ 임을 확인할 수 있다. 더욱이 $nAv - (n-1)v = n(Av - (1 - 1/n)v)$이고, $\lim_{n\to\infty}(Av - (1 - 1/n))v = Av - v \neq 0$이므로 $\lim_{n\to\infty}(nA - (n-1)v)$는 존재하지 않는다. 따라서 $\lim_{n\to\infty} A^n v$는 존재하지 않으며, $\lim_{n\to\infty} A^n$도 존재하지 않는다. □

위 정리의 증명으로부터 다음 사실을 알 수 있다.

따름정리 1.7.1. $\lambda \in \sigma(A)$가 $|\lambda| < 1$을 만족한다고 가정하면, 임의의 $x \in G_\lambda(A)$에 대하여 $A^n x \to 0 \quad (n \to \infty)$.

따름정리 1.7.2. 정방행렬 A에 대하여 $\lim_{n\to\infty} A^n = O$이기 위한 필요충분조건은 $r_\sigma(A) < 1$이 성립하는 것이다.

따름정리 1.7.3. 정방행렬 A에 대하여

$$\lim_{n\to\infty} A^n$$

이 존재하기 위한 필요충분조건은 (1) $r_\sigma(A) \le 1$이고, (2) $\{\lambda : |\lambda| = 1, \lambda \in \sigma(A)\} = \{1\}$, $h_1(A) = 1$을 만족하는 것이다.

정방행렬 A의 스펙트럼 반경은 다음 정리에 의해 주어진다.

정리 1.7.2.

$$r_\sigma(A) = \lim_{n\to\infty} \|A^n\|^{\frac{1}{n}}.$$

증명 $\lambda \in \sigma(A)$라고 하자. $Ax = \lambda x$인 고유벡터 $x \ne 0$을 택하면 $A^n x = \lambda^n x$이다.

$$|\lambda|^n \|x\| = \|\lambda^n x\| = \|A^n x\| \le \|A^n\| \|x\|$$

이므로 $|\lambda| < \|A^n\|^{1/n}$을 얻는다. 이로부터 $|\lambda| \le \liminf_{n\to\infty} \|A^n\|^{1/n}$이지만 λ는 임의의 고유값이므로

$$r_\sigma(A) \le \liminf_{n\to\infty} \|A^n\|^{1/n}. \tag{1.76}$$

다음으로 $a > r_\sigma(A)$라고 한다. 그러면 정리 1.6.5에 의해

$$\begin{aligned}\|A^n\| &= \left\| \sum_{\lambda\in\sigma(A)} \sum_{j=0}^{h_\lambda(A)-1} \frac{(n)_j}{j!} \lambda^{n-j}(A-\lambda E)^j P_\lambda \right\| \\ &= a^n \left\| \sum_{\lambda\in\sigma(A)} \sum_{j=0}^{h_\lambda(A)-1} \frac{(n)_j}{j!} \left(\frac{\lambda}{a}\right)^{n-j} a^{-j}(A-\lambda E)^j P_\lambda \right\|.\end{aligned}$$

여기서 각 $\lambda \in \sigma(A)$에 대하여 $|\lambda/a| < 1$이므로

$$\left\| \sum_{j=0}^{h_\lambda(A)-1} \frac{(n)_j}{j!} \left(\frac{\lambda}{a}\right)^{n-j} a^{-j}(A-\lambda E)^j P_\lambda \right\| \to 0 \ \ (n \to \infty)$$

이 얻어지며, 그 결과 적당한 수 $M > 0$이 존재해서

$$\left\| \sum_{\lambda\in\sigma(A)} \sum_{j=0}^{h_\lambda(A)-1} \frac{(n)_j}{j!} \left(\frac{\lambda}{a}\right)^{n-j} a^{-j}(A-\lambda E)^j P_\lambda \right\| \le M \quad (n = 0, 1, 2, \cdots)$$

이 성립한다. 따라서 $\|A^n\| \le M a^n$, 즉, $\|A^n\|^{\frac{1}{n}} \le M^{\frac{1}{n}} a$. 이로부터

$$\limsup_{n\to\infty} \|A^n\|^{\frac{1}{n}} \le a$$

를 얻는다. a는 $r_\sigma(A)$에 얼마든지 가까이 잡을 수 있으므로

$$\limsup_{n\to\infty} \|A^n\|^{\frac{1}{n}} \le r_\sigma(A). \tag{1.77}$$

부등식 (1.76)과 (1.77)에 의해

$$r_\sigma(A) \le \liminf_{n\to\infty} \|A^n\|^{1/n} \le \limsup_{n\to\infty} \|A^n\|^{\frac{1}{n}} \le r_\sigma(A)$$

를 얻는다. 따라서 정리의 증명이 끝난다. □

2. 행렬의 멱합열

복소수열$\{c_n\}$과 $z \in \mathbb{C}$에 대하여

$$\sum_{n=0}^{\infty} c_n z^n = c_0 + c_1 z + c_2 z^2 + \cdots + c_n z^n + \cdots \tag{1.78}$$

을 $\{c_n\}$을 계수, 0을 중심으로 하는 **멱합열(power series)**이라고 부른다. 멱합열에 대하여 다음과 같이 음이 아닌 실수 ρ가 존재한다. $|z| < \rho$이면, (1.78)은 수렴하고, $|z| > \rho$이면, (1.78)은 발산한다. 이 때 ρ를 (1.78)의 **수렴반경(convergence radius)**이라 부른다. 여기서 모든 z에 대하여 (1.78)이 수렴할 때 수렴반경을 $\rho = \infty$라고 쓰고, $z = 0$에서만 수렴할 때 $\rho = 0$이라고 쓴다. $\rho > 0$이면, (1.78)은 $|z| < \rho$에서 정칙함수를 나타낸다. 멱합열 (1.78)의 수렴반경은 다음 식으로 주어진다.

$$r = \limsup_{n\to\infty} |c_n|^{\frac{1}{n}}$$

이라고 놓으면 (1.78)의 수렴반경 ρ는 $0 < r < +\infty$일 때,

$$\rho = \frac{1}{r}$$

로 주어진다. $r = +\infty$일 때 $\rho = 0$이고 $r = 0$일 때 $\rho = \infty$이다.

도움정리 1.7.1. 멱합열 (1.78)에 있어서 $\hat{r} := \lim_{n\to\infty} |\frac{c_{n+1}}{c_n}|$가 존재한다면,

$$\rho = \frac{1}{\hat{r}}$$

이 성립한다.

다음으로 행렬의 멱합열을 정의하자. n차 행렬 A를 멱합열 (1.78)의 z에 대입한 멱합열

$$\sum_{n=0}^{\infty} c_n A^n \tag{1.79}$$

을 **행렬의 멱합열(power series of matrices)**이라고 부른다. 이는 주어진 n차 행렬 A에 대하여 행렬의 합열 (1.17)에서 $A_n = c_n A^n$이라고 놓으면 된다.

이 멱합열이 수렴하는 A의 범위를 알아보자.

n차행렬 A에 대하여 노음 $\|\cdot\|$으로서 작용소 노음을 택하면 $\|A^n\| \le \|A\|^n$이 성립한다. 따라서 $\|A\| < \rho$이면, (1.79)는 수렴한다.

행렬의 멱합열의 수렴 범위는 다음과 같이 주어진다.

정리 1.7.3. 행렬 A는 정방행렬이고 $f(z) = \sum_{n=0}^{\infty} c_n z^n$의 수렴반경을 $\rho > 0$이라고 하자. 그러면

1) $r_\sigma(A) < \rho$이면 $\sum_{n=0}^{\infty} c_n A^n$은 절대수렴한다.

2) $r_\sigma(A) > \rho$이면, $\sum_{n=0}^{\infty} c_n A^n$은 발산한다.

증명 P_λ, $\lambda \in \sigma(A)$를 A에 따르는 E의 분해사영족이라고 하자. 정리 1.6.5에 의해, 형식적으로

$$\begin{aligned}\sum_{n=0}^{\infty} c_n A^n &= \sum_{n=0}^{\infty} c_n \sum_{\lambda\in\sigma(A)} \sum_{j=0}^{h_\lambda - 1} \frac{(n)_j}{j!} \lambda^{n-j} (A-\lambda E)^j P_\lambda \\ &= \sum_{\lambda\in\sigma(A)} \sum_{j=0}^{h_\lambda - 1} \left(\sum_{n=0}^{\infty} c_n (n)_j \lambda^{n-j} \right) \frac{1}{j!} (A-\lambda E)^j P_\lambda\end{aligned}$$

로 표현된다. $|\lambda| < \rho$이면, $\sum_{n=0}^{\infty} c_n (n)_j \lambda^{n-j} = (f^{(j)}(\lambda))$는 절대수렴한다. 따라서 $r_\sigma(A) < \rho$이면, $\sum_{n=0}^{\infty} c_n A^n$ 은 절대수렴한다.

$r_\sigma(A) > \rho$라고 하자. 그러면 $|\lambda_1| > \rho$인 A의 고유값 $\lambda_1 \in \sigma(A)$와 고유값 λ_1에 대응하는 고유벡터 u가 존재한다. $\sum_{n=0}^{\infty} c_n A^n$이 수렴하면,

$$\sum_{n=0}^{\infty} c_n A^n u = \sum_{n=0}^{\infty} c_n {\lambda_1}^n u$$

가 수렴하며, 따라서 $\sum_{n=0}^{\infty} c_n {\lambda_1}^n$도 수렴한다. 이것은 ρ의 정의에 어긋난다. 그러므로 $\sum_{n=0}^{\infty} c_n A^n$은 발산한다. □

보기 1.7.1. 행렬의 멱합열 $\sum_{n=0}^{\infty} \frac{A^n}{n!}$의 수렴성을 확인하자. 여기서

$$A = \begin{pmatrix} \alpha & 0 \\ 0 & \beta \end{pmatrix}.$$

멱합열의 수렴반경이 $\rho = +\infty$ 이므로 $\displaystyle\sum_{n=0}^{\infty} \frac{A^n}{n!}$ 은 수렴하고,

$$\sum_{n=0}^{\infty} \frac{1}{n!} A^n = \begin{pmatrix} e^{\alpha} & 0 \\ 0 & e^{\beta} \end{pmatrix}$$

을 얻는다.

3. 일반 스펙트럼 분해정리

여기서는 이 절의 중요 목적인 행렬의 멱합열의 합 $f(A)$ 의 표현(일반 스펙트럼 분해정리)을 준다.

정리 1.7.4. $f(z) = \displaystyle\sum_{n=0}^{\infty} c_n z^n$ 의 수렴반경을 $\rho > 0$, 그리고 P_λ, $\lambda \in \sigma(A)$ 는 정방행렬 A 에 따르는 E 의 분해사영족이라고 하자. $\displaystyle\sum_{n=0}^{\infty} c_n A^n$ 을 $f(A)$ 라고 표시하면 $r_\sigma(A) < \rho$ 일 때 $f(A)$ 는 다음과 같이 유한합으로 표현된다.

$$f(A) = \sum_{\lambda \in \sigma(A)} \sum_{j=0}^{h_\lambda - 1} \frac{f^{(j)}(\lambda)}{j!} (A - \lambda E)^j P_\lambda. \tag{1.80}$$

특히, A 가 반단순이면,

$$f(A) = \sum_{\lambda \in \sigma(A)} f(\lambda) P_\lambda. \tag{1.81}$$

증명 정리 1.7.3의 증명으로부터 분명하다. □

(1.80)은 $f(A)$ 의 스펙트럼 분해를 주고 있다. 사실,

$$S = \sum_{\lambda \in \sigma(A)} f(\lambda) P_\lambda, \quad N = \sum_{\lambda} \sum_{j=1}^{h_\lambda - 1} \frac{f^{(j)}(\lambda)}{j!} (A - \lambda E)^j P_\lambda \tag{1.82}$$

라고 놓는다. 여기서 $\displaystyle\sum_{\lambda}$ 는 $h_\lambda \geq 2$ 이상인 $\lambda \in \sigma(A)$ 에 관한 합이다. S 는 반단순, N 은 멱영행렬, $SN = NS$ 이고 (1.80)은

$$f(A) = S + N \tag{1.83}$$

과 같이 쓸 수 있다. 따라서 정리 1.7.4를 $f(A)$ **의 (일반)스펙트럼 분해정리(general spectral decomposition theorem)**라고 부른다

특수한 경우를 보자. m 차 행렬 (a_{ij}) 의 성분이 $a_{i\,i+1} = 1 (i = 1, 2, \cdots, m-1)$ 이고 다른 성분은 모두 0 일 때 이를 J_m 이라고 나타낸다.

따름정리 1.7.4. 정리 1.7.4에서 $A = \lambda E + J_m$ 이라고 하자. 그러면

$$f(A) = \sum_{n=0}^{\infty} c_n A^n = \begin{pmatrix} f(\lambda) & \frac{f'(\lambda)}{1!} & \frac{f''(\lambda)}{2!} & \cdots & \frac{f^{(m-1)}(\lambda)}{(m-1)!} \\ & f(\lambda) & \frac{f'(\lambda)}{1!} & \cdots & \frac{f^{(m-2)}(\lambda)}{(m-2)!} \\ & & \ddots & \ddots & \vdots \\ & 0 & & \ddots & \frac{f'(\lambda)}{1!} \\ & & & & f(\lambda) \end{pmatrix}.$$

증명 J_m^2 은 성분이 $a_{i\,i+2} = 1,\ (i = 1, 2, \cdots, m-2)$ 이고 그밖의 다른 항은 모두 0인 행렬이다. 따라서 $J_m^{m-1} \neq O, J_m^m = O$이 된다. $(A - \lambda E) = J_m$ 이므로 따름정리 1.4.1에 의해 $h_\lambda(A) = m$ 을 얻는다. 정리 1.7.4에서 $\mathbb{C}^m$ 으로부터 $G_\lambda(A, h_\lambda)$로 사영된 것을 P라고 하면, $P = E$를 얻는다. 그러므로 (1.80)은

$$f(A) = \sum_{j=0}^{m-1} \frac{f^{(j)}(\lambda)}{j!}(J_m)^j$$

가 된다. 이를 성분으로 나타내면 위 결과를 얻는다. □

7.2 일반 스펙트럼 사상정리

행렬 A와 행렬의 다항식 $f(A) = \sum_{k=0}^{m} a_k A^k$ 의 고유값들 사이의 관계는 **프로베니우스(Frobenius) 정리**로 알려져 있다. $f(x)$가 다항식일 때, 관계식

$$\sigma(f(A)) = f(\sigma(A))$$

가 성립한다.

이 정리는 보다 일반적인 행렬의 멱급수의 합 $f(A)$에 확장된다.

$f(\sigma(A)) = \{f(\lambda) \ :\ \lambda \in \sigma(A)\}$ 라고 정의하고, $\mu \in f(\sigma(A))$ 에 대하여,

$$\sigma_\mu(A; f(A)) := \{\lambda \in \sigma(A) \ :\ f(\lambda) = \mu\}$$

라고 놓는다. $\{h_\lambda \ :\ \lambda \in \sigma_\mu(A)\}$ 의 최대값을 취하는 $\sigma_\mu(A)$ 의 원소를 λ_μ 라고 나타낸다. 즉

$$h_{\lambda_\mu} = \max\{h_\lambda \ :\ \lambda \in \sigma_\mu(A; f(A))\}.$$

정리 1.7.5. $f(z) = \sum_{n=0}^{\infty} c_n z^n$ 의 수렴반경을 $\rho > 0$ 이라고 하고, 정방행렬 A는 $r_\sigma(A) < \rho$를 만족한다고 하자. 그러면 다음 관계식이 성립한다.

1) **(일반 스펙트럼 사상정리(general spectral mapping theorem))**

$$\sigma(f(A)) = f(\sigma(A)).$$

2) $\mu \in \sigma(f(A))$일 때,

$$Q_\mu(f(A)) = \sum_{\lambda \in \sigma_\mu(A; f(A))} P_\lambda, \quad G_\mu(f(A)) = \bigoplus_{\lambda \in \sigma_\mu(A; f(A))} G_\lambda(A).$$

3) $\lambda \in \sigma_\mu(A; f(A))$일 때,

$$\mathcal{N}((A-\lambda E)^j) \subset \mathcal{N}((f(A)-\mu E)^j) \ (j = 1, 2, \cdots),$$

즉

$$\bigoplus_{\lambda \in \sigma_\mu(A; f(A))} \mathcal{N}((A-\lambda E)^j) \subset \mathcal{N}((f(A)-\mu E)^j) \ (j = 1, 2, \cdots).$$

4) 임의의 $\mu \in \sigma(f(A))$에 대하여 부등식

$$h_\mu(f(A)) \leq h_{\lambda_\mu}$$

가 성립한다.

특히 $h_{\lambda_\mu} = 1$일 때 등식 $h_\mu(f(A)) = h_{\lambda_\mu}$가 성립하며, $h_{\lambda_\mu} \geq 2$일 때 $f'(\lambda_\mu) \neq 0$이면, 등식

$$h_\mu(f(A)) = h_{\lambda_\mu}$$

가 성립한다.

증명 1) (1.82)는

$$S = \sum_{\mu \in f(\sigma(A))} \mu \sum_{\lambda \in \sigma_\mu(A; f(A))} P_\lambda$$

라고 쓸 수 있다. $Q_\mu = \sum_{\lambda \in \sigma_\mu(A; f(A))} P_\lambda$라고 놓으면,

$$S = \sum_{\mu \in f(\sigma(A))} \mu Q_\mu$$

로 표현된다. (1.83)은 $f(A)$의 스펙트럼 분해이고, Q_μ는 분명히 $f(A)$에 따르는 E의 분해사영족이므로 정리 1.6.2에 의해, $\sigma(f(A)) = f(\sigma(A))$를 얻는다.

2) 다시 정리 1.6.2에 의해 $G_\mu(f(A)) = \mathcal{R}(Q_\mu)$, 따름정리 1.3.2에 의해

$$G_\mu(f(A)) = \mathcal{R}(Q_\mu) = \bigoplus_{\lambda \in \sigma_\mu(A)} \mathcal{R}(P_\lambda) = \bigoplus_{\lambda \in \sigma_\mu(A)} G_\lambda(A).$$

따라서 2)가 성립한다.

3) $x \in G_\lambda(A) = \mathcal{R}(P_\lambda)$라고 하자. 그러면 $P_\lambda x = x$이므로 (1.80)에 의해

$$f(A)x = \sum_{j=0}^{h_\lambda - 1} \frac{f^{(j)}(\lambda)}{j!}(A-\lambda E)^j x.$$

$h_\lambda = 1$인 경우는, $(f(A) - f(\lambda)E)x = 0$이다. 따라서 3)이 성립한다.

$h_\lambda \geq 2$인 경우는

$$(f(A) - f(\lambda)E)x = \left(\sum_{j=1}^{h_\lambda - 1} \frac{f^{(j)}(\lambda)}{j!}(A - \lambda E)^j \right) x$$

라고 쓸 수 있다. 이제

$$H_\lambda = \sum_{j=1}^{h_\lambda - 1} \frac{f^{(j)}(\lambda)}{j!}(A - \lambda E)^{j-1}$$

이라고 놓으면,

$$(f(A) - f(\lambda)E)x = H_\lambda(A - \lambda E)x.$$

$H_\lambda A = AH_\lambda$ 이므로

$$(f(A) - f(\lambda)E)^j x = H_\lambda^j (A - \lambda E)^j x.$$

따라서 $(A - \lambda E)^j x = 0$일 때 $(f(A) - f(\lambda)E)^j x = 0$. $f(\lambda) = \mu$라고 놓으면

$$\mathcal{N}((A - \lambda E)^j) \subset \mathcal{N}((f(A) - \mu E)^j), \quad j = 1, 2, \cdots.$$

$h_\lambda \geq 2$인 경우도 3)이 성립한다.

4) 2)와 3)에 의해

$$\begin{aligned} G_\mu(f(A)) &= \bigoplus_{\lambda \in \sigma_\mu(A)} G_\lambda(A) \\ &= \bigoplus_{\lambda \in \sigma_\mu(A)} \mathcal{N}((A - \lambda E)^{h_{\lambda_\mu}}) \\ &\subset \mathcal{N}((f(A) - \mu E)^{h_{\lambda_\mu}}) \\ &\subset G_\mu(f(A)). \end{aligned}$$

따라서

$$G_\mu(f(A)) = \mathcal{N}((f(A) - \mu E)^{h_{\lambda_\mu}}).$$

그러므로 μ의 표수 h_μ는 부등식 $h_\mu \leq h_{\lambda_\mu}$를 만족한다. 이로써 4)의 전반 부분이 증명되었다.

다음으로 $h_{\lambda_\mu} = 1$일 때 등식이 성립하는 것은 분명하다. $h_{\lambda_\mu} \geq 2$라고 하면, $(A - \lambda_\mu E)^{h_{\lambda_\mu} - 1} x_0 \neq 0$, $(A - \lambda_\mu E)^{h_{\lambda_\mu}} x_0 = 0$인 벡터 $x_0 \in \mathcal{R}(P_{\lambda_\mu})$가 존재한다. 그러면 (1.80)에 의해

$$\begin{aligned} (f(A) - \mu E)^{h_{\lambda_\mu} - 1} x_0 &= \left(\sum_{j=1}^{h_{\lambda_\mu} - 1} \frac{f^{(j)}(\lambda_\mu)}{j!}(A - \lambda_\mu E)^j \right)^{h_{\lambda_\mu} - 1} x_0 \\ &= f'(\lambda_\mu)^{h_{\lambda_\mu} - 1}(A - \lambda_\mu E)^{h_{\lambda_\mu} - 1} x_0. \end{aligned}$$

따라서 $f'(\lambda_\mu) \neq 0$이면,

$$(f(A)-\mu E)^{h_{\lambda_\mu}-1}x_0 \neq 0, \text{ 즉 } x_0 \notin \mathcal{N}((f(A)-\mu E)^{h_{\lambda_\mu}-1}).$$

3)에 의해 $x_0 \in \mathcal{N}((f(A)-\mu E)^{h_{\lambda_\mu}})$이므로

$$\mathcal{N}((f(A)-\mu E)^{h_{\lambda_\mu}-1}) \neq \mathcal{N}((f(A)-\mu E)^{h_{\lambda_\mu}}).$$

따라서 $h_{\lambda_\mu} \leq h_\mu$이다. 그러므로 $h_\mu = h_{\lambda_\mu}$가 성립한다. 즉, 4)의 후반 부분이 증명되었다. □

따름정리 1.7.5. 정리 1.7.5에서 $\lambda \in \sigma_\mu(A; f(A))$가 $\mu = f(\lambda)$의 단순근이면

$$W_\mu(f(A)) = \bigoplus_{\lambda \in \sigma_\mu(A;f(A))} W_\lambda(A).$$

증명 $\mathcal{N}(A-\lambda E) \subset \mathcal{N}(f(A)-\mu E)$이므로 $\displaystyle\bigoplus_{\lambda \in \sigma_\mu(A;f(A))} \mathcal{N}(A-\lambda E) \subset \mathcal{N}(f(A)-\mu E)$가 성립한다. $x \in \mathcal{N}(f(A)-\mu E)$라고 하자. 즉, $(f(A)-\mu E)x = 0$. 따라서

$$P_\lambda(f(A)-\mu E)x = 0, \lambda \in \sigma_\mu(A; f(A)).$$

(1.80)에 의해

$$\begin{aligned} 0 &= \left(\sum_{j=0}^{h_\lambda-1} \frac{f^{(j)}(\lambda)}{j!}(A-\lambda E)^j P_\lambda - \mu E\right) P_\lambda x \\ &= \sum_{j=1}^{h_\lambda-1} \frac{f^{(j)}(\lambda)}{j!}(A-\lambda E)^j P_\lambda x, \end{aligned}$$

즉,

$$\sum_{j=1}^{h_\lambda-1} \frac{f^{(j)}(\lambda)}{j!}(A-\lambda E)^j P_\lambda x = 0.$$

가정에 의해 λ는 $\mu = f(\lambda)$의 단순근이므로 $f^{(i)}(\lambda) \neq 0$이다. 따라서 $(A-\lambda E)P_\lambda x = 0$을 얻는다. 이는 $P_\lambda x \in \mathcal{N}(A-\lambda E)$라는 뜻이다. 정리 1.7.5에 의해

$$G_\mu(f(A)) = \bigoplus_{\lambda \in \sigma_\mu(A;f(A))} G_\lambda(A)$$

이므로 $x = \displaystyle\sum_{\lambda \in \sigma_\mu(A;f(A))} P_\lambda x$. 따라서

$$\mathcal{N}(f(A)-\mu E) \subset \bigoplus_{\lambda \in \sigma_\mu(A;f(A))} \mathcal{N}(A-\lambda E)$$

를 얻는다. □

$f(A)$의 특별한 경우 $f(A) = A^n$을 생각하자.

따름정리 1.7.6. A는 정방행렬, $n \in \mathbb{N}$, $n \geq 2$라고 하자. 그러면 행렬 A^n에 대하여 다음 명제가 성립한다.

1) $\sigma(A^n) = (\sigma(A))^n := \{\lambda^n : \lambda \in \sigma(A)\}$.

2) $\mu \in \sigma(A^n)$이면,

$$G_\mu(A^n) = \bigoplus_{\lambda \in \sigma_\mu(A;A^n)} G_\lambda(A),$$

$$Q_\mu(A^n) = \sum_{\lambda \in \sigma_\mu(A;A^n)} Q_\lambda(A).$$

3) $\lambda \in \sigma_\mu(A)$이면,

$$\mathcal{N}((A - \lambda E)^j) \subset \mathcal{N}((A^n - \mu E)^j) \ \ (j = 1, 2, \cdots),$$

즉

$$\bigoplus_{\lambda \in \sigma_\nu(A;A^n)} \mathcal{N}((A - \lambda E)^j) \subset \mathcal{N}((A^n - \mu E)^j)$$

4) $\mu \in \sigma(A^n)$이면, 부등식

$$h_\mu(A^n) \leq h_{\lambda_\mu}(A)$$

가 성립한다. 특히 $\mu \neq 0$이면, 등식 $h_\mu(A^n) = h_{\lambda_\mu}(A)$가 성립한다. $\mu = 0$인 경우는 $h_0(A) = 1$일 때 등식이 성립한다.

제 8 절 행렬의 지수와 행렬의 로그

이 절에서는 행렬의 멱합열에 관한 앞 절의 결과를 이용하여, 잘 알려져 있는 지수함수 e^x, 로그함수 $\log x$를 행렬의 지수함수 e^A (또는 e^{tA}), 로그함수 $\log A$로 확장한다.

특히 이 행렬함수들의 표현으로서 스펙트럼 분해정리를 보이기로 한다. 이들은 선형계의 방정식에서 중요한 역할을 한다.

8.1 행렬의 지수

지수함수 $\exp z$, $z \in \mathbb{C}$를 멱합열로 표현하면,

$$\exp z = \sum_{k=0}^{\infty} \frac{1}{k!} z^k = 1 + z + \frac{1}{2!} z^2 + \cdots + \frac{1}{n!} z^n + \cdots$$

이 된다.

X를 n차 행렬이라고 하면,

$$\exp X = \sum_{k=0}^{\infty} \frac{1}{k!} X^k = E + X + \frac{1}{2!} X^2 + \cdots + \frac{1}{n!} X^n + \cdots$$

를 **행렬 X의 지수함수(exponent function of matrix X)**라고 부른다. $\exp X$를 e^X라고 나타내기도 한다. $\exp z$의 수렴반경이 ∞이므로 정리 1.7.4에 의해, $\exp X$는 임의의 정방행렬 X에 대하여 절대수렴한다.

정방행렬 A와 실수 t를 택하고, $X = tA$라고 놓으면

$$\exp(tA) = E + tA + \frac{t^2}{2!} A^2 + \cdots + \frac{t^n}{n!} A^n + \cdots$$

이 정해진다. 한편, t를 고정해서, 함수 $f_t(z) = e^{tz}$를 z의 함수로 보면

$$\begin{aligned} f_t(z) &= \sum_{k=0}^{\infty} \frac{f_t^{(k)}(0)}{k!} z^k \\ &= 1 + tz + \frac{t^2}{2!} z^2 + \cdots + \frac{t^n}{n!} z^n + \cdots \end{aligned} \tag{1.84}$$

를 얻는다. 따라서 $\exp(tA) = f_t(A)$가 성립한다. $f_t^{(j)}(z) = \frac{\partial^j}{\partial z^j} f_t(z) = t^j e^{tz}$이므로 $f_t(A)$에 대하여 정리 1.7.4를 적용하면, 다음 결과를 얻는다.

정리 1.8.1. A를 정방행렬, $P_\lambda, \lambda \in \sigma(A)$는 A에 따르는 E의 분해사영족이라고 하면 e^{tA}는

$$e^{tA} = \sum_{\lambda \in \sigma(A)} e^{\lambda t} \sum_{j=0}^{h_\lambda - 1} \frac{t^j}{j!} (A - \lambda E)^j P_\lambda \quad (t \in \mathbb{R}) \tag{1.85}$$

로 표현된다. 특히 A가 반단순이면,

$$e^{tA} = \sum_{\lambda \in \sigma(A)} e^{\lambda t} P_\lambda \quad (t \in \mathbb{R}). \tag{1.86}$$

위 정리를 e^{tA}의 스펙트럼 분해정리라고 부른다.

다음으로 행렬 A가 실행렬이고 복소고유값을 가지는 경우를 고찰하자.

도움정리 1.8.1. A를 실행렬, μ를 복소고유값 $\mu = \alpha + i\beta \subset \sigma(A), \beta \neq 0$이라고 하자. 그러면

$$e^{\mu t} (A - \mu E)^j P_\mu = e^{\alpha t} (\cos \beta t M_j(\mu) - \sin \beta t N_j(\mu)) P_\mu, \tag{1.87}$$

$$e^{\overline{\mu} t} (A - \overline{\mu} E)^j P_{\overline{\mu}} = e^{\alpha t} (\cos \beta t M_j(\mu) - \sin \beta t N_j(\mu)) P_{\overline{\mu}}. \tag{1.88}$$

특히, $j = 0$이면,

$$e^{\mu t} P_\mu = e^{\alpha t} (\cos \beta t E - 2 \sin \beta t R_\mu) P_\mu, \tag{1.89}$$

$$e^{\overline{\mu} t} P_{\overline{\mu}} = e^{\alpha t} (\cos \beta t E - 2 \sin \beta t R_\mu) P_{\overline{\mu}}. \tag{1.90}$$

증명 $e^{\mu t} = e^{\alpha t}(\cos\beta t + i\sin\beta t)$이므로 도움정리 1.5.5에 의해

$$\begin{aligned} e^{\mu t}(A-\mu E)^j P_\mu &= e^{\alpha t}(\cos\beta t(A-\mu E)^j P_\mu + i\sin\beta t(A-\mu E)^j P_\mu) \\ &= e^{\alpha t}(\cos\beta t M_j(\mu)P_\mu + i(\sin\beta t)iN_j(\mu)P_\mu) \\ &= e^{\alpha t}(\cos\beta t M_j(\mu) - \sin\beta t N_j(\mu))P_\mu. \end{aligned}$$

$j=0$이면, $(A-\mu E)^0 = E, M_0(\mu) = E, N_0(\mu) = 2I_\mu$이므로 (1.89)가 성립한다. 나머지는 도움정리 1.6.1의 증명방법과 비슷하다. □

$e^{tA}P_\mu$의 표현을 얻기 전에 $\Im\mu \neq 0$인 $\mu \in \sigma(A)$에 대하여 다항식 $C_\mu(t)$와 $S_\mu(t)$를

$$C_\mu(t) = \sum_{j=0}^{h_\mu(A)-1} \frac{t^j}{j!}M_j(\mu), \quad S_\mu(t) = \sum_{j=0}^{h_\mu(A)-1} \frac{t^j}{j!}N_j(\mu)$$

와 같이 정의한다. 그러면 도움정리 1.5.4에 의해

$$C_{\overline{\mu}}(t) = C_\mu(t), \quad S_{\overline{\mu}}(t) = -S_\mu(t) \tag{1.91}$$

를 얻는다.

정리 1.8.2. A를 실행렬, μ를 복소고유값 $\mu = \alpha + i\beta \in \sigma(A), \beta \neq 0$이라고 하자. 그러면

$$e^{tA}P_\mu = e^{\alpha t}\left(\cos\beta t C_\mu(t) - \sin\beta t S_\mu(t)\right)P_\mu, \quad (t \in \mathbb{R}), \tag{1.92}$$

$$e^{tA}2R_\mu = e^{\alpha t}\left(\cos\beta t C_\mu(t) - \sin\beta t S_\mu(t)\right)2R_\mu, \quad (t \in \mathbb{R}). \tag{1.93}$$

증명 도움정리 1.8.1을 쓰면,

$$\begin{aligned} e^{tA}P_\mu &= \sum_{j=0}^{h_\mu(A)-1} \frac{t^j}{j!}e^{\mu t}(A-\mu E)^j P_\mu \\ &= e^{\alpha t}\sum_{j=0}^{h_\mu(A)-1} \frac{t^j}{j!}(\cos\beta t M_j(\mu) - \sin\beta t N_j(\mu))P_\mu \\ &= e^{\alpha t}\left(\cos\beta t C_\mu(t) - \sin\beta t S_\mu(t)\right)P_\mu \end{aligned}$$

를 얻는다. 따라서 등식 (1.92)가 성립한다. 등식 (2.43)은 분명하다. □

A의 고유다항식이 (1.39)로 주어졌을때 행렬 A에 따르는 단위행렬 E의 분해사영족을 쓰면

$$E = \sum_{j=1}^{p} P_{\lambda_j} + \sum_{k=1}^{q} 2R_{\mu_k}$$

이므로 e^{tA}의 스펙트럼 분해는 다음과 같이 주어진다.

정리 1.8.3. A가 실행렬이고 A의 고유다항식이 (1.39)로 주어졌을 때 e^{tA}의 스펙트럼 분해는 다음과 같다.

$$e^{tA} = \sum_{j=1}^{p} e^{\lambda_j t} \sum_{i=0}^{h_{\lambda_j}(A)-1} \frac{t^i}{i!}(A-\lambda_j E)^i P_{\lambda_j}$$
$$+ \sum_{k=1}^{q} e^{\alpha_k t} \left(\cos \beta_k t C_{\mu_k}(t) - \sin \beta_k t S_{\mu_k}(t)\right) 2R_{\mu_k}.$$

행렬의 지수함수의 기본적인 성질은 다음과 같다.

정리 1.8.4.

1) A와 B가 교환 가능하면,

$$e^A e^B = e^{A+B}.$$

2) e^A는 정칙행렬이고, $(e^A)^{-1} = e^{-A}$.

3) 임의의 정칙행렬 P에 대하여

$$P^{-1} e^A P = e^{P^{-1}AP}.$$

증명 1) 먼저

$$(E + \frac{A}{1!} + \frac{A^2}{2!} + \cdots)(E + \frac{B}{1!} + \frac{B^2}{2!} + \cdots)$$

를 계산하자. A와 B가 교환 가능이고

$$\sum_{p+q=k} \frac{A^p}{p!}\frac{B^q}{q!} = \frac{(A+B)^k}{k!}$$

이므로 정리 1.2.3의 4)에 의해 결과를 얻는다.

2) 1)에 의해 $e^A e^{-A} = E$이므로 2)는 쉽게 얻어진다.

3) 정의로부터 분명하다. □

몇 가지 보기를 다루기로 하자.

보기 1.8.1.

1) $A = \mathrm{diag}(\lambda_1, \lambda_2, \cdots, \lambda_n)$이면,

$$e^{tA} = \mathrm{diag}(e^{\lambda_1 t}, e^{\lambda_2 t}, \cdots, e^{\lambda_n t}).$$

2) $A = \lambda E + J_n$이면,

$$e^{tA} = e^{\lambda t} \begin{pmatrix} 1 & \frac{t}{1!} & \cdots & \cdots & \frac{t^{n-1}}{(n-1)!} \\ & 1 & \cdots & \cdots & \frac{t^{n-2}}{(n-2)!} \\ & & \ddots & & \vdots \\ & 0 & & \ddots & \frac{t}{1!} \\ & & & & 1 \end{pmatrix}.$$

1)은 분명하다. 2)는 따름정리 1.7.4의 직접적인 결과이다.

보기 1.8.2.

$$A = \begin{pmatrix} \alpha & \beta \\ -\beta & \alpha \end{pmatrix} \text{일 때 } e^{tA} = e^{\alpha t} \begin{pmatrix} \cos\beta t & \sin\beta t \\ -\sin\beta t & \cos\beta t \end{pmatrix}.$$

보기 1.4.2로부터 A의 고유값은 단순해 $\lambda_1 = \alpha + i\beta$, $\lambda_2 = \alpha - i\beta$이고

$$P_1 := Q_{\lambda_1}(A) = \frac{-i}{2} \begin{pmatrix} i & 1 \\ -1 & i \end{pmatrix}, \quad P_2 := Q_{\lambda_2}(A) = \frac{i}{2} \begin{pmatrix} -i & 1 \\ -1 & -i \end{pmatrix}$$

이므로

$$\begin{aligned} e^{tA} &= e^{(\alpha+i\beta)t} P_1 + e^{(\alpha-i\beta)t} P_2 \\ &= e^{\alpha t} \left(\frac{-ie^{i\beta t}}{2} \begin{pmatrix} i & 1 \\ -1 & i \end{pmatrix} + \frac{ie^{-i\beta t}}{2} \begin{pmatrix} -i & 1 \\ -1 & -i \end{pmatrix} \right) \\ &= e^{\alpha t} \begin{pmatrix} \frac{e^{i\beta t}+e^{-i\beta t}}{2} & \frac{e^{i\beta t}-e^{-i\beta t}}{2i} \\ -\frac{e^{i\beta t}-e^{-i\beta t}}{2i} & \frac{e^{i\beta t}+e^{-i\beta t}}{2} \end{pmatrix} \\ &= e^{\alpha t} \begin{pmatrix} \cos\beta t & \sin\beta t \\ -\sin\beta t & \cos\beta t \end{pmatrix}. \end{aligned}$$

위와 달리, 정리 1.8.3을 이용해 보기로 하자. $\mu = \alpha + i\beta$라고 놓는다. 그러면 $R_\mu = \frac{1}{2}E_2$, $I_\mu = \frac{1}{2}\begin{pmatrix} 0 & -1 \\ 1 & 0 \end{pmatrix}$이고

$$A - \mu E_2 = \beta \begin{pmatrix} -i & 1 \\ -1 & -i \end{pmatrix} = \beta \begin{pmatrix} 0 & 1 \\ -1 & 0 \end{pmatrix} + i\beta \begin{pmatrix} -1 & 0 \\ 0 & -1 \end{pmatrix}$$

이다. 따라서

$$M_0(\mu) = \begin{pmatrix} 1 & 0 \\ 0 & 1 \end{pmatrix}, \quad N_0(\mu) = \begin{pmatrix} 0 & -1 \\ 1 & 0 \end{pmatrix}.$$

그러므로

$$\begin{aligned} e^{tA} &= e^{tA} 2R_\mu \\ &= e^{\alpha t} (\cos\beta t \begin{pmatrix} 1 & 0 \\ 0 & 1 \end{pmatrix} - \sin\beta t \begin{pmatrix} 0 & -1 \\ 1 & 0 \end{pmatrix} \end{aligned}$$

$$= e^{\alpha t}\begin{pmatrix} \cos\beta t & \sin\beta t \\ -\sin\beta t & \cos\beta t \end{pmatrix}.$$

보기 1.8.3.

$$A = \begin{pmatrix} \alpha & \beta \\ \beta & \alpha \end{pmatrix} \text{일 때 } \exp(At) = e^{\alpha t}\begin{pmatrix} \cosh\beta t & \sinh\beta t \\ \sinh\beta t & \cosh\beta t \end{pmatrix}.$$

보기 1.8.4. A가 보기 1.4.4에서 주어진 행렬일 때 $\exp(tA)$를 구하여 보자.

$$\begin{aligned}
e^{tA} &= e^{it}\left\{E + \frac{t}{1!}(A - iE)\right\}P_i + e^{-it}\left\{E + \frac{t}{1!}(A + iE)\right\}P_{-i} \\
&= e^{it}\left\{\begin{pmatrix} 1 & 0 & 0 & 0 \\ 0 & 1 & 0 & 0 \\ 0 & 0 & 1 & 0 \\ 0 & 0 & 0 & 1 \end{pmatrix} + t\begin{pmatrix} -1-i & 2 & -1 & 2 \\ -1 & 1-i & -1 & 3 \\ 0 & 0 & -1-i & 2 \\ 0 & 0 & -1 & 1-i \end{pmatrix}\right\} \\
&\quad \times \frac{i}{2}\begin{pmatrix} 1-i & -2 & 2 & -2 \\ 1 & -1-i & 1 & -2 \\ 0 & 0 & 1-i & -2 \\ 0 & 0 & 1 & -1-i \end{pmatrix} \\
&\quad + e^{-it}\left\{\begin{pmatrix} 1 & 0 & 0 & 0 \\ 0 & 1 & 0 & 0 \\ 0 & 0 & 1 & 0 \\ 0 & 0 & 0 & 1 \end{pmatrix} + t\begin{pmatrix} -1+i & 2 & -1 & 2 \\ -1 & 1+i & -1 & 3 \\ 0 & 0 & -1+i & 2 \\ 0 & 0 & -1 & 1+i \end{pmatrix}\right\} \\
&\quad \times \frac{i}{2}\begin{pmatrix} -1-i & 2 & -2 & 2 \\ -1 & 1-i & -1 & 2 \\ 0 & 0 & -1-i & 2 \\ 0 & 0 & -1 & 1-i \end{pmatrix} \\
&= \begin{pmatrix} \cos t - \sin t & 2\sin t & -2\sin t & 2\sin t \\ -\sin t & \cos t + \sin t & -\sin t & 2\sin t \\ 0 & 0 & \cos t - \sin t & 2\sin t \\ 0 & 0 & -\sin t & \cos t + \sin t \end{pmatrix} \\
&\quad + t\begin{pmatrix} 0 & 0 & \cos t - \sin t & 2\sin t \\ 0 & 0 & -\sin t & \sin t + \cos t \\ 0 & 0 & 0 & 0 \\ 0 & 0 & 0 & 0 \end{pmatrix}.
\end{aligned}$$

정리 1.8.3을 이용해 보기로 하자. $P_i = R_i + iI_i$ 이므로

$$R_i = \frac{1}{2}E_4, \quad I_i = \frac{1}{2}\begin{pmatrix} 1 & -2 & 2 & -2 \\ 1 & -1 & 1 & -2 \\ 0 & 0 & 1 & -2 \\ 0 & 0 & 1 & -1 \end{pmatrix}$$

이고, $\Re(A - iE_4) = A$, $\Im(A - iE_4) = -E_4$이다. $h_i(A) = 2$이므로 $M_0(i) = E_4$, $M_1(i) = A + 2I_i$이고 $N_0(i) = 2I_i$, $N_1(i) = 2AI_i - E_4$이다. 따라서

$$M_1(i) = \begin{pmatrix} 0 & 0 & 1 & 0 \\ 0 & 0 & 0 & 1 \\ 0 & 0 & 0 & 0 \\ 0 & 0 & 0 & 0 \end{pmatrix}, \quad N_1(i) = \begin{pmatrix} 0 & 0 & 1 & -2 \\ 0 & 0 & 1 & -1 \\ 0 & 0 & 0 & 0 \\ 0 & 0 & 0 & 0 \end{pmatrix}.$$

이로부터

$$\begin{aligned} e^{tA}2R_i &= (\cos t C_i(t) - \sin t S_i(t))2R_i \\ &= (\cos t(M_0(i) + tM_1(i)) - \sin t(N_0(i) + tN_1(i)))E_4 \\ &= (\cos t M_0(i) - \sin t N_0(i)) + t(\cos t M_1(i) - \sin t N_1(i)) \end{aligned}$$

을 얻는다. 따라서

$$\begin{aligned} &\cos t M_0(i) - \sin t N_0(i) \\ &= \cos t \begin{pmatrix} 1 & 0 & 0 & 0 \\ 0 & 1 & 0 & 0 \\ 0 & 0 & 1 & 0 \\ 0 & 0 & 0 & 1 \end{pmatrix} - \sin t \begin{pmatrix} 1 & -2 & 2 & -2 \\ 1 & -1 & 1 & -2 \\ 0 & 0 & 1 & -2 \\ 0 & 0 & 1 & -1 \end{pmatrix} \\ &= \begin{pmatrix} \cos t - \sin t & 2\sin t & -2\sin t & 2\sin t \\ -\sin t & \cos t + \sin t & -\sin t & 2\sin t \\ 0 & 0 & \cos t - \sin t & 2\sin t \\ 0 & 0 & -\sin t & \cos t + \sin t \end{pmatrix}. \end{aligned}$$

그리고

$$\begin{aligned} &\cos t M_1(i) - \sin t N_1(i) \\ &= \cos t \begin{pmatrix} 0 & 0 & 1 & 0 \\ 0 & 0 & 0 & 1 \\ 0 & 0 & 0 & 0 \\ 0 & 0 & 0 & 0 \end{pmatrix} - \sin t \begin{pmatrix} 0 & 0 & 1 & -2 \\ 0 & 0 & 1 & -1 \\ 0 & 0 & 0 & 0 \\ 0 & 0 & 0 & 0 \end{pmatrix} \\ &= \begin{pmatrix} 0 & 0 & \cos t - \sin t & 2\sin t \\ 0 & 0 & -\sin t & \cos t + \sin t \\ 0 & 0 & 0 & 0 \\ 0 & 0 & 0 & 0 \end{pmatrix}. \end{aligned}$$

그러므로

$$e^{tA} = \begin{pmatrix} \cos t - \sin t & 2\sin t & -2\sin t & 2\sin t \\ -\sin t & \cos t + \sin t & -\sin t & 2\sin t \\ 0 & 0 & \cos t - \sin t & 2\sin t \\ 0 & 0 & -\sin t & \cos t + \sin t \end{pmatrix}$$

$$+t\begin{pmatrix} 0 & 0 & \cos t - \sin t & 2\sin t \\ 0 & 0 & -\sin t & \sin t + \cos t \\ 0 & 0 & 0 & 0 \\ 0 & 0 & 0 & 0 \end{pmatrix}.$$

마지막으로 정리 1.7.5에 의해 행렬의 지수함수의 스펙트럼 사상정리를 준다.

정리 1.8.5. A를 정방행렬이라고 하자.

1) **(스펙트럼 사상정리)**

$$\sigma(e^{tA}) = e^{\sigma(tA)} = e^{t\sigma(A)}.$$

2) $\mu \in \sigma(e^{tA})$일 때,

$$Q_\mu(e^{tA}) = \sum_{\lambda \in \sigma_\mu(A)} P_\lambda,$$

$$G_\mu(e^{tA}) = \bigoplus_{\lambda \in \sigma_\mu(A)} G_\lambda(A).$$

여기서 $\sigma_\mu(A) := \sigma_\mu(A; e^{tA}) = \{\lambda \in \sigma(A) \ : \ \mu = e^{t\lambda}\}$.

3) $\lambda \in \sigma_\mu(A)$이면,

$$\mathcal{N}((A-\lambda E)^j) \subset \mathcal{N}((e^{tA}-\mu E)^j), \ j = 1, 2, \cdots,$$

$$W_\mu(e^{tA}) = \bigoplus_{\lambda \in \sigma_\mu(A)} W_\lambda(A).$$

4) $\mu \in \sigma(e^{tA})$에 대하여

$$h_\mu(e^{tA}) = h_{\lambda_\mu}(A).$$

주 1.8.1. 정리 1.8.5의 3)은

$$\mathcal{N}((e^{tA}-\mu E)^j) = \bigoplus_{\lambda \in \sigma_\mu(A)} \mathcal{N}((A-\lambda E)^j), \ (j = 1, 2, \cdots)$$

와 같이 정밀하게 된다(정리 6.4.6 참조).

8.2 행렬의 로그

다음으로 지수함수의 역함수인 로그함수를 행렬의 경우에 확장한다. 정방행렬 A에 대하여 $e^B = A$와 같은 행렬 B가 존재할 때, $B = \log A$라고 쓰고 B를 **A의 로그(logarithm of matrix** A)라고 부른다. 이러한 행렬 B가 존재한다면, 정리 1.8.4에 의해 A는 정칙행렬이다. 또 스칼라의 경우와 마찬가지로 $\log A$는 다가함수이다.

A가 정칙행렬인 경우, $e^B = A$인 B를 아래와 같이 단계적으로 구성할 수 있다.

$\log z$는 $z = 0$만이 특이점이므로 $\log(1+z)$는 $|z| < 1$에서 정칙이고, 그 테일러 합열

$$\varphi(z) = \sum_{k=1}^{\infty} (-1)^{k-1} \frac{z^k}{k} = z - \frac{z^2}{2} + \frac{z^3}{3} - \cdots$$

의 수렴반경 ρ는 1이다. 이 멱합열에 대응하여 행렬의 멱합열

$$\varphi(X) = \sum_{k=1}^{\infty} (-1)^{k-1} \frac{X^k}{k} = X - \frac{X^2}{2} + \frac{X^3}{3} - \cdots \tag{1.94}$$

이 잘 정의된다. $r_\sigma(X) < 1$이면, 정리 1.7.4에 의해 (1.94)는 절대수렴한다.

$|z| < 1$이면, $1 + z = \exp(\varphi(z))$이므로

$$1 + z = 1 + \frac{1}{1!}\left(\sum_{k=1}^{\infty} (-1)^{k-1} \frac{z^k}{k}\right) + \frac{1}{2!}\left(\sum_{k=1}^{\infty} (-1)^{k-1} \frac{z^k}{k}\right)^2 + \cdots$$

가 성립하고, 양변은 $|z| < 1$에서 정칙함수이다. 따라서 $r_\sigma(X) < 1$ 이면

$$E + X = E + \frac{1}{1!}\left(\sum_{k=1}^{\infty} (-1)^{k-1} \frac{X^k}{k}\right) + \frac{1}{2!}\left(\sum_{k=1}^{\infty} (-1)^{k-1} \frac{X^k}{k}\right)^2 + \cdots \tag{1.95}$$

가 성립한다.

도움정리 1.8.2. N을 영화지수 $m \geq 1$인 멱영행렬이라고 하면

$$\varphi(N) = N - \frac{N^2}{2} + \frac{N^3}{3} - \cdots + (-1)^m \frac{N^{m-1}}{m-1} \tag{1.96}$$

이고,

$$E + N = \exp(\varphi(N)) \tag{1.97}$$

이 성립한다. 즉,

$$\varphi(N) = \log(E + N).$$

증명 가정 $N^m = O$에 의해 (1.96)을 얻는다. $r_\sigma(N) = 0$이므로 (1.95) 로부터 $E + N = \exp(\varphi(N))$을 얻는다. □

도움정리 1.8.3. A는 정칙인 반단순행렬, $P_\lambda, \lambda \in \sigma(A)$는 A에 따르는 E의 분해사영족이라고 하자. 그러면 A의 로그 B는

$$B = \sum_{\lambda \in \sigma(A)} (\log \lambda) P_\lambda$$

와 같이 표현된다.

증명 정리 1.6.2에 의해 $\sigma(B) = \{\log\lambda \ : \ \lambda \in \sigma(A)\}$이고, B는 반단순이다. 따라서 정리 1.8.1에 의해

$$e^B = \sum_{\lambda\in\sigma(A)} e^{\log\lambda} P_\lambda = \sum_{\lambda\in\sigma(A)} \lambda P_\lambda = A.$$

직접 계산하면, $e^B = \prod_{\lambda\in\sigma(A)} \exp((\log\lambda)P_\lambda)$를 얻는다. $\log\lambda = \mu$라고 놓으면

$$\exp((\log\lambda)P_\lambda) = \sum_{n=0}^{\infty} \frac{\mu^n}{n!} P_\lambda^n = E + \sum_{n=1}^{\infty} \frac{\mu^n}{n!} P_\lambda = E + (\lambda - 1)P_\lambda$$

이므로

$$e^B = \prod_{\lambda\in\sigma(A)} (E + (\lambda-1)P_\lambda) = E + \sum_{\lambda\in\sigma(A)} (\lambda-1)P_\lambda = \sum_{\lambda\in\sigma(A)} \lambda P_\lambda = A$$

를 얻는다. □

끝으로 $\log A$의 스펙트럼 분해정리를 구하여 보자.

정리 1.8.6. 임의의 정칙행렬 $A \in M_m(\mathbb{C})$에 대하여

$$A = e^B$$

인 $B \in M_m(\mathbb{C})$가 존재하며 A의 로그 B는

$$B = \sum_{\lambda\in\sigma(A)} \left((\log\lambda)P_\lambda - \sum_{n=1}^{h_\lambda - 1} n^{-1}\lambda^{-n}(\lambda E - A)^n P_\lambda \right) \tag{1.98}$$

로 표현된다.

증명 A에 따르는 E의 분해사영족 $P_\lambda, \lambda \in \sigma(A)$를 쓰면, A의 스펙트럼 분해는

$$A = S + N, \ \ S = \sum_{\lambda\in\sigma(A)} \lambda P_\lambda$$

가 된다. 여기서 N은 멱영행렬이고, N의 영화지수를 m이라고 하자. A가 정칙행렬이므로 $\lambda \neq 0$, $\lambda \in \sigma(A)$이다. 따라서 S^{-1}이 존재하므로, A는 $A = S(E + S^{-1}N)$이라고 표현된다. $SN = NS$이므로 $S^{-1}N = NS^{-1}$이고, $(S^{-1}N)^i = (S^{-1})^i N^i$이다. 따라서 $S^{-1}N$은 멱영행렬이고, $r_\sigma(S^{-1}N) = 0$이다. 그러므로 $\log(E + S^{-1}N)$은 (1.96)에 의해 정의된다.

한편 $S = \sum_{\lambda\in\sigma(A)} \lambda P_\lambda$에 대하여

$$T = \sum_{\lambda\in\sigma(A)} (\log\lambda)P_\lambda$$

라고 놓으면, 도움정리 1.8.3에 의해 $\exp T = S$ 가 된다. T과 $\log(E + S^{-1}N)$는 가환이므로 정리 1.8.4의 1)과 도움정리 1.8.2에 의해 다음 식을 얻는다.

$$\begin{aligned}\exp(T + \log(E + S^{-1}N)) &= \exp T \exp(\log(E + S^{-1}N)) \\ &= S(E + S^{-1}N) \\ &= S + N = A.\end{aligned}$$

$S^{-1} = \sum_{\lambda\in\sigma(A)} \lambda^{-1} P_\lambda$ 에 주의하면

$$\begin{aligned}S^{-1}N &= \left(\sum_{\lambda\in\sigma(A)} \lambda^{-1} P_\lambda\right)\left(\sum_{\lambda\in\sigma(A)} (A - \lambda E)P_\lambda\right) \\ &= \sum_{\lambda\in\sigma(A)} \lambda^{-1}(A - \lambda E)P_\lambda\end{aligned}$$

이므로

$$\begin{aligned}(S^{-1}N)^k &= \left(\sum_{\lambda\in\sigma(A)} \lambda^{-1}(A - \lambda E)P_\lambda\right)^k \\ &= \sum_{\lambda\in\sigma(A)} \lambda^{-k}(A - \lambda E)^k P_\lambda.\end{aligned}$$

따라서

$$\begin{aligned}\log(E + S^{-1}N) &= \sum_{n=1}^{m-1} \frac{(-1)^{n-1}}{n}(S^{-1}N)^n \\ &= \sum_{n=1}^{h_\lambda - 1} \sum_{\lambda\in\sigma(A)} \frac{(-1)^{n-1}}{n}\lambda^{-n}(A - \lambda E)^n P_\lambda \\ &= -\sum_{\lambda\in\sigma(A)} \sum_{n=1}^{h_\lambda - 1} n^{-1}\lambda^{-n}(\lambda E - A)^n P_\lambda\end{aligned}$$

를 얻는다. □

주 1.8.2. $\exp X = A$인 X는 유일하지 않다. 예컨대, $X + 2k\pi iE$ $(k \in \mathbb{Z})$에 대하여

$$\exp(X + 2k\pi iE) = \exp X \cdot \exp 2k\pi iE = \exp X$$

를 얻는다. 이로부터 $\exp X = A$를 만족하는 X를 모두 결정하는 문제가 생긴다. 이 문제에 대해서는 참고문헌 [11]을 참조하기 바란다.

행렬에 관한 다음 결과는 잘 알려져 있다(예컨대, 문헌 [12] 참조).

따름정리 1.8.1. 임의의 정칙인 실행렬 $B \in M_m(\mathbb{R})$에 대하여

$$B^2 = e^C$$

인 $C \in M_m(\mathbb{R})$가 존재한다.

보기 1.8.5.

$$A = \begin{pmatrix} 0 & 1 & -1 \\ 0 & 1 & 0 \\ 1 & 0 & -1 \end{pmatrix}$$

에 대하여 $\exp B = A$인 B를 하나 구하여 보자.

고유다항식은

$$\Phi(\lambda) = (\lambda - 1)^2(\lambda + 1)$$

이다. 그러면 $\sigma(A) = \{1, -1\}$이고

$$\text{rank}\,(A - E) = 2$$

이므로 고유다항식은 최소다항식과 일치한다.

$$\frac{1}{\Phi(\lambda)} = \frac{-\frac{1}{4}\lambda + \frac{3}{4}}{(\lambda - 1)^2} + \frac{\frac{1}{4}}{(\lambda + 1)}$$

이므로

$$1 = -\frac{1}{4}(\lambda - 3)(\lambda + 1) + \frac{1}{4}(\lambda - 1)^2.$$

따라서 사영

$$P_1 = -\frac{1}{4}\begin{pmatrix} -4 & 0 & 2 \\ 0 & -4 & 0 \\ 0 & 0 & 0 \end{pmatrix}, \quad P_{-1} = \frac{1}{4}\begin{pmatrix} 0 & 0 & 2 \\ 0 & 0 & 0 \\ 0 & 0 & 4 \end{pmatrix}$$

를 얻는다. (1.98)에 의해

$$\begin{aligned} B &= \log(-1)P_{-1} - (A - E)P_1 \\ &= \pi i P_{-1} - (A - E)P_1 \\ &= \begin{pmatrix} 0 & 1 & \frac{\pi i}{2} \\ 0 & 0 & 0 \\ 0 & 0 & \pi i \end{pmatrix} \end{aligned}$$

는 $\exp B = A$를 만족한다.

2

선형미분방정식계의 일반론

제 1 절 선형미분방정식계의 기초정리

이 절에서는 선형미분방정식계의 해의 대역적 존재와 유일성을 다루며, 해의 평가식을 준다.

1.1 초기값 문제

여기서는 선형미분방정식계의 초기값 문제를 다루기로 한다. 먼저 벡터값 함수의 미분과 적분을 정의하자. 구간 I에서 정의된 벡터값 함수 $f: I \to \mathbb{K}^m$에 대하여, $f(t)$의 제i성분을 $f_i(t)$라고 놓으면 $f(t)$의 연속성, 미분가능성, 적분가능성은, 모든 $i = 1, 2, \cdots, m$에 대하여 성분 $f_i(t)$의 연속성, 미분가능성, 적분가능성으로 정의한다. 즉, $f(t)$의 연속, 미분, 적분은 각각

$$\lim_{t\to t_0} f(t) = \begin{pmatrix} \lim\limits_{t\to t_0} f_1(t) \\ \lim\limits_{t\to t_0} f_2(t) \\ \vdots \\ \lim\limits_{t\to t_0} f_m(t) \end{pmatrix}, \quad \frac{d}{dt}f(t) = \begin{pmatrix} \frac{d}{dt}f_1(t) \\ \frac{d}{dt}f_2(t) \\ \vdots \\ \frac{d}{dt}f_m(t) \end{pmatrix}, \quad \int f(t)dt = \begin{pmatrix} \int f_1(t)dt \\ \int f_2(t)dt \\ \vdots \\ \int f_m(t)dt \end{pmatrix}.$$

와 같이 정의한다. 또 $M_{mn}(\mathbb{K})$에 값을 가지는 사상 $I \to M_{mn}(\mathbb{K})$도 벡터공간에 값을 가지는 함수의 일종이므로 연속성, 미분가능성, 적분가능성도 위와 비슷하게 취급할 수 있다. 먼저 노음함수 $\|f(t)\|$의 연속성과 관련된 결과를 언급하기로 하자. 미분가능성과 적분가능성에 대해서는 부록을 참조하기 바란다.

도움정리 2.1.1. 벡터값 함수 $f: I \to \mathbb{C}^m$이 연속이면 $\|f(t)\|$도 I에서 연속이다.

증명 노음의 삼각부등식으로부터

$$|\|f(t+h)\| - \|f(t)\|| \leq \|f(t+h) - f(t)\|$$

를 얻는다. □

다음으로 선형미분방정식계를 행렬로 나타내자.

연립미분방정식

$$\begin{cases} \dfrac{dx_1}{dt} &= a_{11}(t)x_1 + a_{12}(t)x_2 + \cdots + a_{1m}(t)x_m + f_1(t) \\ \dfrac{dx_2}{dt} &= a_{21}(t)x_1 + a_{22}(t)x_2 + \cdots + a_{2m}(t)x_m + f_2(t) \\ \vdots & \vdots \qquad\qquad\qquad \vdots \\ \dfrac{dx_m}{dt} &= a_{m1}(t)x_1 + a_{m2}(t)x_2 + \cdots + a_{mm}(t)x_m + f_m(t) \end{cases}$$

를 **선형미분방정식계(linear differential equations)**라고 부른다. 이는 m차 행렬값 함수 $A(t) = (a_{ij}(t))$, $a_{ij}(t) \in \mathbb{C}$와 벡터값 함수 $x(t) = {}^t(x_1(t), x_2(t), \cdots, x_m(t))$, $f(t) = {}^t(f_1(t), \cdots, f_m(t)) \in \mathbb{C}^m$을 쓰면

$$\frac{dx}{dt} = A(t)x + f(t) \tag{2.1}$$

와 같이 표현된다.

앞으로 $A(t)$와 $f(t)$는 구간 I에서 정의되고 연속이라고 가정한다. 여기서 I는 유한구간, 무한구간의 어느 것이나 허용한다.

방정식 (2.1)을 **비제차(nonhomogeneous) 선형미분방정식계**라 부르고, $f = 0$일 때 방정식 (2.1)을 **제차(homogeneous) 선형미분방정식계**라고 부른다. 방정식 (2.1)에서 $A(t) = A, t \in \mathbb{R}$일 때 **상수계수(constant coefficients) 선형미분방정식계**, $A(t+\tau) = A(t), f(t+\tau) = f(t), t \in \mathbb{R}, \tau > 0$일 때 **주기계수(periodic coefficients) 선형미분방정식계**라고 부른다. 앞으로 특별한 경우가 아닌 이상, 행렬의 노음으로 작용소 노음을 택한다. 그리고 방정식계를 줄여서 방정식이라고도 쓴다.

벡터값 함수 $\varphi = {}^t(\varphi_1, \cdots, \varphi_m) : J \subset I \to \mathbb{C}^m$이 연속미분가능하고 항등식

$$\frac{d}{dt}\varphi(t) \equiv A(t)\varphi(t) + f(t) \quad (t \in J)$$

를 만족하면, 선형미분방정식 (2.1)의 **해**라고 부른다.

초기조건 $\varphi(\sigma_0) = w_0$, $\sigma_0 \in I$를 만족하는 (또는 초기점 (σ_0, w_0)를 지나는) 방정식 (2.1)의 해를 구하는 문제를 **초기값 문제(initial value problem)**라고 부른다. 이 때 해를 $\varphi(t; \sigma_0, w_0, f)$라고 쓰고 $f = 0$일 때는 $\varphi(t; \sigma_0, w_0)$라고 쓴다.

1.2 적분부등식

방정식 (2.1)의 해의 존재와 유일성을 보이기 위해 먼저 그론월–벨만(Gronwall–Bellmann)의 적분부등식에 관한 도움정리를 준비한다.

도움정리 2.1.2. **(그론월–벨만)** I는 구간, $\tau \in I$는 고정된 점이라고 하자. 연속인 실수값 함수 $a, b, u : I \to [0, \infty)$가 부등식

$$u(t) \leq a(t) + \left| \int_\tau^t b(s)u(s)ds \right| \quad (t \in I) \tag{2.2}$$

를 만족하면,

$$u(t) \leq a(t) + \left| \int_\tau^t a(s)b(s)e^{\left|\int_s^t b(r)dr\right|} ds \right| \quad (t \in I). \tag{2.3}$$

증명 먼저 $\tau \leq t$일 때만 증명하자. $R(t) = \displaystyle\int_\tau^t b(s)u(s)ds$라고 놓으면

$$u(t) \leq a(t) + R(t), \quad \tau \leq t.$$

위 식과 $R(t)$의 미분으로부터

$$R'(t) = b(t)u(t) \leq b(t)a(t) + b(t)R(t),$$

즉,

$$R'(t) - b(t)R(t) \leq b(t)a(t)$$

를 얻는다.

$$\beta(t) = \int_\tau^t b(r)dr$$

이라고 두고, 양변에 $e^{-\beta(t)}$를 곱하면

$$R'(t)e^{-\beta(t)} - b(t)R(t)e^{-\beta(t)} \leq b(t)a(t)e^{-\beta(t)}$$

이므로

$$\frac{d}{dt}\left(R(t)e^{-\beta(t)}\right) \leq b(t)a(t)e^{-\beta(t)}$$

를 얻는다. τ부터 t까지 적분하면, $R(\tau) = 0$이므로

$$R(t)e^{-\beta(t)} \leq \int_\tau^t b(s)a(s)e^{-\beta(s)}ds.$$

따라서

$$R(t) \leq \int_\tau^t b(s)a(s)e^{\int_s^t b(r)dr}ds.$$

그러므로

$$u(t) \leq a(t) + \int_\tau^t b(s)a(s)e^{\int_s^t b(r)dr}ds.$$

$t \leq \tau$인 경우도 증명은 위와 비슷하다. □

따름정리 2.1.1. I는 구간, $\tau \in I$는 고정된 점, $\gamma \geq 0$은 상수라고 하자. 연속인 실수값 함수 $b, u : I \to [0, \infty)$가 부등식

$$u(t) \leq \gamma + \left| \int_{\tau}^{t} b(s)u(s)ds \right| \quad (t \in I) \tag{2.4}$$

를 만족하면,

$$u(t) \leq \gamma e^{\left|\int_{\tau}^{t} b(r)dr\right|} \quad (t \in I). \tag{2.5}$$

증명 $\tau \leq t$인 경우만 증명하자. 도움정리 2.1.2를 적용하면,

$$\begin{aligned} u(t) &\leq \gamma + \gamma \int_{\tau}^{t} b(s) e^{\int_{s}^{t} b(r)dr} ds \\ &= \gamma - \gamma \int_{\tau}^{t} \frac{d}{ds} e^{\int_{s}^{t} b(r)dr} ds \\ &= \gamma - \gamma \left(1 - e^{\int_{\tau}^{t} b(r)dr}\right) \\ &= \gamma e^{\int_{\tau}^{t} b(r)dr} \end{aligned}$$

을 얻는다. □

따름정리 2.1.2. I는 구간이고, 두 함수 $a, w : I \to [0, \infty)$가 연속이라고 하자. 만일

$$w(t) \leq a(t) \left| \int_{\tau}^{t} w(s)ds \right| \quad (\tau, t \in I) \tag{2.6}$$

이면 구간 I 위에서 $w(t) \equiv 0$.

증명 증명은 따름정리 2.1.1로부터 분명하나 여기서는 다른 증명법을 쓰기로 한다.

$\tau \leq t$인 경우를 보이기로 하자. 이 때 적분부등식 (2.6)은

$$w(t) \leq a(t) \int_{\tau}^{t} w(s)ds$$

가 된다. $\alpha(t) = \sup_{s \in [\tau, t]} a(s)$라고 놓으면 $\alpha(t)(t_i - t_{i-1}) < 1,\ i = 1, 2, \cdots, m$을 만족하는 $[\tau, t]$의 분할

$$\tau = t_0 < t_1 < \cdots < t_m = t$$

가 존재한다. $\tau = t_0 \leq s \leq t_1$이면,

$$w(s) \leq a(s) \int_{t_0}^{s} w(r)dr \leq \alpha(t) \int_{t_0}^{t_1} w(r)dr \leq \alpha(t)(t_1 - t_0) \sup_{t_0 \leq r \leq t_1} w(r).$$

따라서

$$\sup_{t_0 \leq s \leq t_1} w(s) \leq \alpha(t)(t_1 - t_0) \sup_{t_0 \leq s \leq t_1} w(s).$$

$\alpha(t)(t_1 - t_0) < 1$이므로 $\sup_{t_0 \le s \le t_1} w(s) = 0$. 그러므로 $[t_0, t_1]$ 위에서 $w(s) \equiv 0$이 성립한다. 마찬가지로 $[t_{k-1}, t_k]$, $k = 2, 3, \cdots, m$, 위에서도 $w(s) \equiv 0$, 즉 $[\tau, t]$ 위에서 $w(s) \equiv 0$이 성립한다.

$t \le \tau$인 경우도 위와 비슷하게 증명할 수 있다. □

1.3 해의 존재와 유일성

도움정리 2.1.3. 구간 I에서 정의된 $x(t)$가 초기점 $(\sigma, w) \in I \times \mathbb{C}^m$을 지나는 방정식 (2.1)의 해인 것과 $x(t)$가 적분방정식

$$x(t) = w + \int_\sigma^t (A(s)x(s) + f(s))\,ds, \quad t \in I \tag{2.7}$$

를 만족하는 연속해인 것은 동치이다.

초기점 $(\sigma, w) \in I \times \mathbb{C}^m$을 지나는 방정식 (2.1)의 해의 존재와 유일성을 얻기 위해 적분방정식 (2.7)의 연속해를 피카르(Picard)의 축차근사법을 이용하여 구하기로 하자.

정리 2.1.1. 방정식 (2.1)은 초기점 $(\sigma, w) \in I \times \mathbb{C}^m$을 지나고 구간 I 위에서 유일한 해를 가진다.

증명 1) [**존재성**]. 도움정리 2.1.3에 의해 방정식 (2.7)의 해의 존재와 유일성을 증명하면 된다. 이를 위해 방정식 (2.7)의 해의 축차근사열 $\{x_n(t)\}$를 다음과 같이 구성한다. $t \in I$에 대하여

$$\begin{cases} x_0(t) = w, \\ x_n(t) = w + \displaystyle\int_\sigma^t (A(s)x_{n-1}(s) + f(s))\,ds, \quad (n = 1, 2, \cdots). \end{cases} \tag{2.8}$$

그러면 함수열 $\{x_n(t)\}$는 연속인 벡터값 함수열이다. 증명은 먼저 함수열 $\{x_n(t)\}$가 I의 각 유계닫힌구간 J에서 고르게 수렴한다는 것을 보인 다음, 그 극한이 방정식 (2.7)의 해라는 것을 보이면 된다. 이를 위하여

$$L = \sup_{s \in J} \|A(s)\|, \; M = \sup_{s \in J} \|f(s)\|, \; H = L\|w\| + M$$

이라고 놓는다.

먼저 수학적 귀납법에 의해 다음 부등식이 성립하는 것을 보이기로 하자.

$$\|x_k(t) - x_{k-1}(t)\| \le \frac{HL^{k-1}}{k!}|t - \sigma|^k \quad (t \in J). \tag{2.9}$$

$k = 1$이면, 부록 정리 A.1.3에 의해,

$$\begin{aligned} \|x_1(t) - w\| &= \left\| \int_\sigma^t (A(s)x_0(s) + f(s))ds \right\| \\ &\le \left| \int_\sigma^t (\|A(s)\| \|x_0(s)\| + \|f(s)\|)ds \right| \end{aligned}$$

$$\leq (L\|w\| + M)|t - \sigma|$$
$$= H|t - \sigma|.$$

$k-1$일 때 부등식

$$\|x_{k-1}(t) - x_{k-2}(t)\| \leq \frac{HL^{k-2}}{(k-1)!}|t-\sigma|^{k-1}$$

이 성립한다고 가정하자. 그러면 k일 때

$$\begin{aligned}\|x_k(t) - x_{k-1}(t)\| &\leq \left|\int_\sigma^t \|A(s)x_{k-1}(s) - A(s)x_{k-2}(s)\|ds\right| \\ &\leq \left|\int_\sigma^t L\|x_{k-1}(s) - x_{k-2}(s)\|ds\right| \\ &\leq \frac{HL^{k-1}}{(k-1)!}\left|\int_\sigma^t |s-\sigma|^{k-1}ds\right| \\ &\leq \frac{HL^{k-1}}{k!}|t-\sigma|^k,\end{aligned}$$

즉 부등식 (2.9)를 얻는다.

다음으로 함수열 $\{x_n(t)\}$가 J에서 고르게 수렴한다는 것을 보이자.

$$x_n(t) = w + \sum_{k=1}^{n}(x_k(t) - x_{k-1}(t)), \quad t \in J$$

이므로 (2.9)를 쓰면

$$\begin{aligned}\|x_n(t)\| \leq \|w\| + \sum_{k=1}^{n}\|x_k(t) - x_{k-1}(t)\| &\leq \|w\| + \frac{H}{L}\sum_{k=1}^{n}\frac{(L|J|)^k}{k!} \\ &< \|w\| + \frac{H}{L}\left(e^{L|J|} - 1\right)\end{aligned}$$

을 얻는다. 여기서 $|J|$는 구간 J의 길이이다. 따라서 바이어슈트라스 판정법에 의해 함수열 $\{x_n(t)\}$는 J에서 고르게 수렴한다. 이 때 극한함수를 $x^*(t)$라고 나타내면 $x^*(t)$는 J에서 연속이다.

끝으로, $x^*(t)$가 방정식 (2.7)의 해임을 보이자. (2.8)과 고른 수렴에 관한 기본정리로부터

$$\begin{aligned}x^*(t) = \lim_{n\to\infty} x_n(t) &= w + \lim_{n\to\infty}\int_\sigma^t (A(s)x_n(s) + f(s))ds \\ &= w + \int_\sigma^t (A(s)\lim_{n\to\infty} x_n(s) + f(s))ds \\ &= w + \int_\sigma^t (A(s)x^*(s) + f(s))ds.\end{aligned}$$

이는 J에서 정의된 $x^*(t)$가 초기점 (σ, w)를 지나는 방정식 (2.1)의 해임을 보여주고 있다. $J \subset I$가 임의의 구간이므로 해 $x^*(t)$는 I에서 정의된다.

2) [**유일성**]. 초기조건 $x_*(\sigma) = w$를 만족하는 방정식 (2.1)의 다른 해를 $x_*(t),\ t \in I$라고 쓰자. 그러면 $u(t) = \|x^*(t) - x_*(t)\|,\ t \in I$. 이 때

$$\alpha(t) = \begin{cases} \sup_{s\in[\sigma,t]} \|A(s)\| & (\sigma \le t) \\ \sup_{s\in[t,\sigma]} \|A(s)\| & (t \le \sigma) \end{cases}$$

라고 놓으면, 정리 A.1.3에 의해

$$\begin{aligned} u(t) &= \left\| \int_\sigma^t A(s)(x^*(s) - x_*(s))ds \right\| \\ &\le \left| \int_\sigma^t \|A(s)\| \|x^*(s) - x_*(s)\| ds \right| \\ &\le \alpha(t) \left| \int_\sigma^t \|x^*(s) - x_*(s)\| ds \right| \\ &\le \alpha(t) \left| \int_\sigma^t u(s) ds \right|. \end{aligned}$$

따름정리 2.1.2로부터 $u(t) \equiv 0, t \in I$를 얻는다. 그러므로 $x^*(t) = x_*(t),\ t \in I$이다. □

주 2.1.1. 방정식 (2.1)의 해를 $\mathbb{R}_+$ 위에서 생각하는 경우가 많는데 이는 일반성을 잃는 것은 아니다. 사실, $\mathbb{R}_-$ 위의 해 $x(t)$는 $t = -s,\ s \in \mathbb{R}_+$라고 두고, $y(s) = x(-s)$라고 변환하면,

$$\frac{dy(s)}{ds} = -x'(-s) = -A(-s)x(-s) - f(-s)$$

이므로 방정식 (2.1)은

$$\frac{dy(t)}{dt} = -A(-t)y(t) - f(-t) \tag{2.10}$$

으로 변환된다. 따라서 방정식 (2.1)의 $\mathbb{R}_-$ 위의 해는 이 방정식 (2.10)의 $\mathbb{R}_+$ 위의 해로 표현되고, 역도 성립한다.

주 2.1.2. 방정식 (2.1)의 해 $\varphi(t; t_0, x_0)$는 초기점 (t_0, x_0)에 관하여 연속이다(부록 정리 C.1.2 참조).

1.4 해의 평가식

선형미분방정식 (2.1)의 해 $x(t)$의 평가식을 얻기 위해 비교정리에 대하여 간단히 언급한다.

먼저 스칼라 선형미분방정식

$$\frac{du}{dt} = a(t)u(t) + b(t) \tag{2.11}$$

를 고찰한다. 여기서 $a(t),\ b(t) : \mathbb{R} \to \mathbb{R}$은 연속함수이다.

비교정리 (comparison theorem)의 가장 간단한 경우는 다음과 같다.

함수 $u : I := [\sigma, \sigma + a]$, $a > 0$이 연속미분가능하다고 하자. 그러면

$$\frac{d}{dt}u(t) \le 0 \ (t \in I),\ u(\sigma) = 0 \Longrightarrow u(t) \le 0,\ t \in I$$

가 성립한다.

위 사실을 방정식 (2.11)에 일반화하면 다음 결과를 얻는다. 오른쪽 도함수, 왼쪽 도함수의 정의에 대해서는 부록 A를 참조하기 바란다.

정리 2.1.2. **(비교정리)** t_0가 임의의 점이고 $\varphi(t) : \mathbb{R} \to \mathbb{R}$이 초기조건 $\varphi(t_0) = x_0$를 만족하는 방정식 (2.11)의 해라고 하면, 다음 결과가 성립한다.

1) 연속함수 $v : [t_0, \infty) \to \mathbb{R}$이 각 점 $t \in [t_0, \infty)$에서 오른쪽 도함수를 가진다고 하자.

$$(D_+v)(t) \le a(t)v(t) + b(t),\ \ t \in [t_0, \infty),\ v(t_0) \le \varphi(t_0)$$

가 성립하면, $[t_0, \infty)$에서 $v(t) \le \varphi(t)$가 성립한다.

2) 연속함수 $v : (-\infty, t_0] \to \mathbb{R}$이 각 점 $t \in (-\infty, t_0]$에서 오른쪽 도함수를 가진다고 하자.

$$(D_+v)(t) \le a(t)v(t) + b(t),\ \ t \in (-\infty, t_0],\ v(t_0) \ge \varphi(t_0)$$

가 성립하면, $(-\infty, t_0]$에서 $v(t) \ge \varphi(t)$가 성립한다.

3) 연속함수 $v : [t_0, \infty) \to \mathbb{R}$이 각 점 $t \in [t_0, \infty)$에서 왼쪽 도함수를 가진다고 하자.

$$(D_-v)(t) \ge a(t)v(t) + b(t),\ \ t \in [t_0, \infty),\ v(t_0) \ge \varphi(t_0)$$

가 성립하면, $[t_0, \infty)$에서 $v(t) \ge \varphi(t)$가 성립한다.

4) 연속함수 $v : (-\infty, t_0] \to \mathbb{R}$이 각 점 $t \in (-\infty, t_0]$에서 왼쪽 도함수를 가진다고 하자.

$$(D_-v)(t) \ge a(t)v(t) + b(t),\ \ t \in (-\infty, t_0],\ v(t_0) \le \varphi(t_0)$$

가 성립하면, $(-\infty, t_0]$에서 $v(t) \le \varphi(t)$가 성립한다.

여기서

$$\varphi(t) = e^{\int_{t_0}^t a(r)dr}\varphi(t_0) + \int_{t_0}^t e^{\int_s^t a(r)dr}b(s)ds.$$

이 정리의 일반화와 그 증명은 부록 B를 참조하기 바란다.

주 2.1.3. 그론월–벨만의 적분부등식에 관한 도움정리는 비교정리로부터 쉽게 얻어진다.

이 비교정리를 써서 선형방정식 (2.1)의 해의 평가식을 얻는다.

정리 2.1.3. $x(t)$가 방정식 (2.1)의 해이면, $\sigma \le t$일 때

$$\begin{aligned}
&\left\{\|x(\sigma)\| \exp \int_\sigma^t -\|A(r)\|dr - \int_\sigma^t \|f(s)\| \left(\exp \int_s^t -\|A(r)\|dr\right) ds\right\} \\
&\le \|x(t)\| \\
&\le \left\{\|x(\sigma)\| \exp \int_\sigma^t \|A(r)\|dr + \int_\sigma^t \|f(s)\| \left(\exp \int_s^t \|A(r)\|dr\right) ds\right\}.
\end{aligned}$$

증명 정리 A.1.4에 의해 $\|x(t)\|$는 오른쪽 미분가능하며, $D_+\|x(t)\| \le \|x'(t)\|$가 성립한다. 따라서

$$D_+\|x(t)\| \le \|x'(t)\| \le \|A(t)\|\|x(t)\| + \|f(t)\|, \quad \sigma \le t.$$

비교정리 2.1.2에 의해

$$\|x(t)\| \le \|x(\sigma)\| \exp \int_\sigma^t \|A(r)\|dr + \int_\sigma^t \|f(s)\| \exp\left(\int_s^t \|A(r)\|dr\right) ds, \quad \sigma \le t.$$

다음으로 $y(t) = x(-t)$, $-t \ge \sigma$라고 놓으면 (2.10)에 의해

$$\frac{d}{dt}y(t) = -A(-t)x(-t) - f(-t).$$

따라서

$$D_+\|y(t)\| \le \|A(-t)\|\|x(-t)\| + \|f(-t)\|.$$

한편, $D_+\|y(t)\| = -(D_-\|x(-t)\|)$이므로

$$D_-\|x(-t)\| \ge -\|A(-t)\|\|x(-t)\| - \|f(-t)\|$$

를 얻는다. 즉,

$$D_-\|x(t)\| \ge -\|A(t)\|\|x(t)\| - \|f(t)\| \quad \sigma \le t.$$

역시 비교정리 2.1.2에 의해

$$\|x(\sigma)\| \exp \int_\sigma^t -\|A(r)\|dr - \int_\sigma^t \|f(s)\| \exp\left(\int_s^t -\|A(r)\|dr\right) ds \le \|x(t)\|$$

가 성립한다. □

주 2.1.4. 선형미분방정식 (2.1)에 대한 위의 해의 평가식은 행렬 A의 노음 $\|A\|$ 대신 양 $\mu(A)$를 쓰면 보다 정밀화된다. 여기서

$$\mu(A) := \lim_{h \to +0} \frac{\|E + hA\| - 1}{h}$$

이고 이는 **로진스키(Lozinski) 로그 노음**이라고 불린다 (문헌 [41, 4] 참조). $\varphi(t) = \|E + tA\|$는 볼록함수이므로 오른쪽 및 왼쪽 미분가능하다(부록 A 참조). 따라서 $\mu(A)$가 정의되며, $|\mu(A)| \le \|A\|$가 성립하고 다음 평가식을 얻는다(문헌 [4, 14] 참조).
$x(t)$가 방정식 (2.1)의 해이면, $\sigma \le t$일 때

$$\begin{aligned}&\left\{\|x(\sigma)\| \exp \int_\sigma^t -\mu(-A(r))dr - \int_\sigma^t \|f(s)\| \left(\exp \int_s^t -\mu(-A(r))dr\right) ds\right\}\\ &\le \|x(t)\|\\ &\le \left\{\|x(\sigma)\| \exp \int_\sigma^t \mu(A(r))dr + \int_\sigma^t \|f(s)\| \left(\exp \int_s^t \mu(A(r))dr\right) ds\right\}.\end{aligned}$$

제 2 절 선형미분방정식계의 해의 일반적 성질

이 절에서는 선형미분방정식의 해의 일반적 성질, 특히 선형미분방정식의 해공간의 구조, 상수변화법의 공식, 수반 선형미분방정식을 고찰한다.

앞으로 비제차 선형미분방정식 (2.1)과 이에 대응하는 제차 선형미분방정식계

$$\frac{dx}{dt} = A(t)x \tag{2.12}$$

를 고찰한다.

구간 I 로부터 $\mathbb{C}^m$ 으로 보내는 연속함수 전체의 집합을 $C(I, \mathbb{C}^m)$ 으로 나타내고, $C(I, \mathbb{C}^m)$ 의 부분집합인 해집합

$$S = \{x : I \to \mathbb{C}^m \ : \ x\text{는 제차 선형미분방정식(2.12)의 해}\}$$
$$S(f) = \{x : I \to \mathbb{C}^m \ : \ x\text{는 비제차 선형미분방정식 (2.1)의 해}\}$$

를 고찰한다.

2.1 해공간과 해작용소

1. 해공간

정리 2.1.1에 의해 S, $S(f)$ 는 공집합이 아니다. 이 때 다음 결과가 성립한다.

정리 2.2.1. S 는 $C(I, \mathbb{C}^m)$ 의 부분공간이다.

증명 $x,\ y \in S, \alpha,\ \beta \in \mathbb{C}$ 라고 하면

$$\frac{d}{dt}(\alpha x + \beta y) = \alpha x' + \beta y' = \alpha A(t)x + \beta A(t)y = A(t)(\alpha x + \beta y).$$

따라서 $\alpha x + \beta y \in S$. □

S 를 제차 선형미분방정식 (2.12)의 **해공간(solution space)**이라고 부른다. $0 \in S$ 는 방정식 (2.12)의 자명한 해이다.

정리 2.2.2. $z \in S(f)$ 이면,

$$S(f) = S + z := \{x + z \ : \ x \in S\}.$$

증명 $x \in S$ 일 때 $y = x + z$ 라고 놓으면,

$$y' = x' + z' = A(t)x + A(t)z + f = A(t)(x + z) + f = A(t)y + f.$$

따라서 $S + z \subset S(f)$.

거꾸로 $w \in S(f)$, $v = w - z$ 라고 놓으면,

$$v' = w' - z' = A(t)w + f - (A(t)z + f) = A(t)(w - z) = A(t)v.$$

따라서 $S(f) \subset S + z$. □

성질 2.2.1. (중첩원리(principle of superposition)) $\alpha,\ \beta \in \mathbb{C},\ a,\ b \in \mathbb{C}^m,\ f,\ g \in C(I, \mathbb{C}^m)$ 이라고 하자.

1) 제차 선형미분방정식 (2.12)에서, 해 $x(t; s, a)$는 a에 관해서 선형이다. 즉,

$$x(t; s, \alpha a + \beta b) = \alpha x(t; s, a) + \beta x(t; s, b).$$

2) 비제차 선형미분방정식 (2.1)에서, 해 $x(t; s, a, f)$는 (a, f)에 관해서 선형이다. 즉,

$$x(t; s, \alpha a + \beta b,\ \alpha f + \beta g) = \alpha x(t; s, a, f) + \beta x(t; s, b, g).$$

증명 2)만을 보이면 충분하다. $x(t) = x(t; s, a, f)$, $y(t) = x(t; s, b, g)$라고 놓자. 그러면

$$\begin{aligned}\frac{d}{dt}(\alpha x(t) + \beta y(t)) &= \alpha(A(t)x(t) + f(t)) + \beta(A(t)x(t) + g(t)) \\ &= A(t)(\alpha x(t) + \beta y(t)) + (\alpha f(t) + \beta g(t)).\end{aligned}$$

그리고

$$\alpha x(s) + \beta y(s) = \alpha a + \beta b$$

가 성립하므로 해의 유일 존재성에 관한 정리 2.1.1로부터 결론을 얻는다. □

이제 정리 2.2.1에 의해 S는 복소선형공간이지만, 보다 정확하게 m차원 복소선형공간임을 보이기로 하자.

정리 2.2.3. $\dim S = m$, 즉 제차 선형미분방정식 (2.12)의 해공간은 m차원이다. 그리고 고정점 $s \in I$에 대하여 $\{a_1, \cdots, a_m\}$이 $\mathbb{C}^m$의 기저이면, $\{x(\cdot; s, a_1), \cdots, x(\cdot; s, a_m)\}$은 S의 기저이다.

증명 해 $x \in S$를 $x(s) \in \mathbb{C}^m$으로 옮기는 사상을 T_s라고 하자. 정리 2.1.1과 정리 2.2.1에 의해 T_s는 선형공간 S에서 정의된 선형사상이다. 그리고 다시 정리 2.1.1에 의해, T_s는 전단사이다. 따라서 정리 1.2.1로부터 $\dim S = \dim \mathbb{C}^m = m$이다. 그리고 $\{a_1, \cdots, a_m\}$이 $\mathbb{C}^m$의 기저이면, $\{T_s^{-1}a_1, \cdots, T_s^{-1}a_m\}$은 S의 기저이다. $(T_s^{-1}a_i)(t) = x(t; s, a_i)$이므로 $\{x(\cdot; s, a_1), \cdots, x(\cdot; s, a_m)\}$은 S의 기저이다. □

정리 2.2.4. 방정식 (2.12)의 m개의 해 $x_1(t), \cdots, x_m(t)$를 차례로 나열한 다음 행렬을

$$X(t) = (x_1(t), \cdots, x_m(t)) \tag{2.13}$$

라고 놓자. 그러면 다음 명제는 동치이다.

1) $\{x_1, \cdots, x_m\}$은 S의 기저이다.

2) 모든 $t \in I$에 대하여 $x_1(t), \cdots, x_m(t)$는 $\mathbb{C}$ 위에서 일차독립이다.

3) $x_1(t_0), \cdots, x_m(t_0)$가 $\mathbb{C}$ 위에서 일차독립인 점 $t_0 \in I$가 존재한다.

증명 1) $\Longrightarrow$ 2) 정리 2.2.3의 증명에서 정의한 사상 T_s를 쓰면, $x_i(s) = T_s x_i$라고 표현된다. $\{x_1, \cdots, x_m\}$이 S의 기저이면, $\{x_1(t), \cdots, x_m(t)\}$는 $\mathbb{C}^m$의 기저이다.

2) $\Longrightarrow$ 3)은 분명하다.

3) $\Longrightarrow$ 1)은 정리 2.2.3으로부터 명백하다. □

$A(t)$가 실행렬인 경우 방정식 (2.12)의 해공간은 다음 성질을 가진다.

성질 2.2.2. 방정식 (2.12)에서 A를 실행렬이라고 하자. 그러면 복소값함수 $x(t) = u(t) + iv(t)$가 방정식 (2.12)의 해이면 실수값 함수 $u(t)$, $v(t)$도 역시 방정식 (2.12)의 해이고 역도 성립한다. 다시 말해서, 방정식 (2.12)의 실함수해 전체의 공간을 $S^{\mathbb{R}}$이라고 하면 복소함수해 전체의 공간 $S := S^{\mathbb{C}}$는 $S^{\mathbb{R}}$의 복소화이다. 즉

$$S^{\mathbb{C}} = S^{\mathbb{R}} + iS^{\mathbb{R}}, \quad \dim_{\mathbb{C}} S^{\mathbb{C}} = \dim_{\mathbb{R}} S^{\mathbb{R}}$$

이 성립한다.

2. 론스키 행렬식

선형미분방정식(2.12)의 m개의 해 $x_1(t), \cdots, x_m(t)$에 대하여 (2.13)에서 정의된 행렬값 함수 $X(t)$를 **론스키(Wronski) 행렬**, 그 행렬식 $\det X(t)$를 **론스키안(Wronskian)** 또는 **론스키 행렬식**이라고 부른다.

론스키 행렬 $X(t)$은 제차 선형미분방정식 (2.12)에 대응하는 행렬미분방정식

$$\frac{dX}{dt} = A(t)X, \quad X(t) \in M_m(\mathbb{C}) \tag{2.14}$$

의 해이다. 거꾸로 이 행렬미분방정식의 (행렬)해는 론스키 행렬임을 쉽게 알 수 있다. 방정식 (2.14)의 해를 방정식 (2.12)의 **행렬해**라고도 말한다.

론스키 행렬식에 관해서는 리우빌(Liouville) 공식이 성립한다. 이 공식을 증명하기 위하여 다음 도움정리가 필요하다.

도움정리 2.2.1. m차정방 행렬값 함수 $X(t)$의 모든 성분이 미분가능하면, 이 행렬식의 미분은 다음과 같다.

$$\frac{d}{dt}\det X(t) =$$

$$\begin{vmatrix} x'_{11} & \cdots & x'_{1m} \\ x_{21} & \cdots & x_{2m} \\ \vdots & \vdots & \vdots \\ \vdots & \vdots & \vdots \\ x_{m1} & \cdots & x_{mm} \end{vmatrix} + \begin{vmatrix} x_{11} & \cdots & x_{1m} \\ x'_{21} & \cdots & x'_{2m} \\ x_{31} & \cdots & x_{3m} \\ \vdots & \vdots & \vdots \\ \cdots & \cdots & \cdots \\ x_{m1} & \cdots & x_{mm} \end{vmatrix} + \cdots + \begin{vmatrix} x_{11} & \cdots & x_{1m} \\ \vdots & \vdots & \vdots \\ \vdots & \vdots & \vdots \\ x_{m-11} & \cdots & x_{m-1m} \\ x'_{m1} & \cdots & x'_{mm} \end{vmatrix}.$$

그리고 행을 열로 바꿔도 마찬가지 미분공식이 성립한다.

정리 2.2.5. (리우빌 공식) 론스키안 $\det X(t)$에 대하여

$$\det X(t) = (\det X(t_0)) \exp\left\{\int_{t_0}^{t} \mathrm{tr}A(s)ds\right\}, \quad t_0 \in I$$

가 성립한다. 여기서 $\mathrm{tr}A(s) = \sum_{i=1}^{m} a_{ii}(s)$.

증명 $X(t)$의 제i행을 $\xi_i(t)$라고 놓는다. $X(t)$는 방정식 (2.14)를 만족하므로 그 양변의 제i행을 비교하여

$$\xi_i'(t) = a_{i1}(t)\xi_1(t) + a_{i2}(t)\xi_2(t) + \cdots + a_{im}(t)\xi_m(t)$$

를 얻는다. 따라서

$$\begin{vmatrix} x_{11}(t) & \cdots & x_{1m}(t) \\ \vdots & \vdots & \vdots \\ x_{i-11}(t) & \cdots & x_{i-1m}(t) \\ x'_{i1}(t) & \cdots & x'_{im}(t) \\ x_{i+11}(t) & \cdots & x_{i+1m}(t) \\ \vdots & \vdots & \vdots \\ x_{m1}(t) & \cdots & x_{mm}(t) \end{vmatrix} = \begin{vmatrix} \xi_1(t) \\ \vdots \\ \xi_{i-1}(t) \\ \sum_{k=1}^{m} a_{ik}(t)\xi_k(t) \\ \xi_{i+1}(t) \\ \vdots \\ \xi_m(t) \end{vmatrix} = \sum_{k=1}^{m} a_{ik}(t) \begin{vmatrix} \xi_1(t) \\ \vdots \\ \xi_{i-1}(t) \\ \xi_k(t) \\ \xi_{i+1}(t) \\ \vdots \\ \xi_m(t) \end{vmatrix}$$

$$= a_{ii}(t) \begin{vmatrix} \xi_1(t) \\ \vdots \\ \xi_{i-1}(t) \\ \xi_i(t) \\ \xi_{i+1}(t) \\ \vdots \\ \xi_m(t) \end{vmatrix} = a_{ii}(t) \det X(t)$$

가 된다. 도움정리 2.2.1에 의해

$$\frac{d}{dt} \det X(t) = \sum_{i=1}^{m} a_{ii}(t) \det X(t) = (\mathrm{tr}\ A(t)) \det X(t).$$

이 방정식을 변수분리법에 의해 풀면,

$$\det X(t) = \det X(t_0)\ \exp\left\{\int_{t_0}^{t} \mathrm{tr}\ A(s)ds\right\}, \quad t_0 \in I$$

가 된다. □

이 리우빌 공식을 쓰면, 정리 2.2.4의 명제 2)와 3)이 동치임을 쉽게 알 수 있다.

3. 해의 기본행렬과 해작용소

다음으로 제차 선형미분방정식 (2.12)의 해의 기본행렬 및 해작용소에 대하여 언급한다.

정의 2.2.1. 제차 선형미분방정식 (2.12)의 m개의 일차독립인 해 $x_1, \cdots, x_m : I \to \mathbb{C}^m$, 즉 S의 기저를 방정식 (2.12) 의 **기본해(fundamental set of solutions)** 또는 **기본계**라고 말하고,

$$X(t) = (x_1(t), \cdots, x_m(t)), \quad t \in I$$

를 방정식 (2.12)의 (해의) **기본행렬(fundamental matrix)**이라고 말한다.

방정식 (2.12)의 해의 기본행렬의 성질은 다음 정리에 의해 주어진다.

정리 2.2.6. $X(t)$는 행렬미분방정식 (2.14)의 해라고 하자. 그러면

1) $X(t)$가 방정식 (2.12)의 기본행렬 $\Longleftrightarrow$ $\det X(t) \neq 0$.

2) $X(t)$가 방정식 (2.12)의 기본행렬이고 P가 임의의 정칙인 상수행렬이면, $X(t)P$도 방정식 (2.12)의 기본행렬이다.

3) $X(t), Y(t)$가 방정식 (2.12)의 기본행렬이면, $Y(t) = X(t)P$를 만족하는 정칙인 상수행렬 P가 존재한다.

증명 정리 2.2.4로부터 1)은 분명하다. 일반적으로 유한차원선형공간의 기저들은 정칙행렬에 의해 서로 변환되므로 남은 부분도 쉽게 증명된다. □

방정식(2.12)의 해의 표현은 해의 기본행렬과 정리 2.2.3에 의해 주어진다. 즉, 다음 정리가 성립한다.

정리 2.2.7. $X(t)$가 방정식 (2.12)의 기본행렬이라고 하자. 그러면 방정식 (2.12)의 임의의 해 $x(t)$는

$$x(t) = X(t)c, \quad c \in \mathbb{C}^m \tag{2.15}$$

으로 표현된다.

$x(t)$가 초기점 (t_0, x_0)를 지나는 방정식 (2.12)의 해, 즉 $x(t) = x(t; t_0, x_0)$이면, 정리 2.2.7에 의해 $x(t_0) = X(t_0)c$가 성립한다. 따라서 $c = X(t_0)^{-1}x_0$이므로

$$x(t; t_0, x_0) = X(t)X^{-1}(t_0)x_0 \tag{2.16}$$

로 표현된다.

다음으로 제차 선형미분방정식 (2.12)의 해의 기본행렬과 밀접한 관계가 있는 해작용소에 대하여 언급한다. 초기점 (s, x_0)를 지나는 방정식 (2.12)의 해 $x(t; s, x_0)$는 유일하므로 사상 $U(t, s) : x_0 \to x(t; s, x_0)$가 정의된다. 중첩원리에 의해 이 사상은 $\mathbb{C}^m$에서의 선형사상이다. 따라서 적당한 m차 정방행렬 $U(t, s)$에 의해,

$$x(t; s, x_0) = U(t, s)x_0$$

라고 쓸 수 있다. 이 작용소 $U(t, s)$를 **해작용소(solution operator)**라고 부른다.

해작용소 $U(t, s)$의 성질을 보기로 하자.

정리 2.2.8. $X(t)$을 방정식 (2.12)의 기본행렬이라고 하면,

$$U(t,s) = X(t)X^{-1}(s) \tag{2.17}$$

가 성립한다.

증명 (2.17)로부터 $x(t;s,x_0) = X(t)X^{-1}(s)x_0$ 이므로 해의 유일성에 의해 $U(t,s) = X(t)X^{-1}(s)$ 가 성립한다. □

성질 2.2.3. 해작용소 $U(t,s)$는 다음 성질을 가진다.

1) $U(s,s) = E$

2) $U(t,\tau)U(\tau,s) = U(t,s)$

3) $U^{-1}(t,s) = U(s,t)$

4) $\frac{\partial}{\partial t}U(t,s) = A(t)U(t,s)$, $\frac{\partial}{\partial s}U(t,s) = -U(t,s)A(s)$

5) 각 $(t,s,x) \in I \times I \times \mathbb{C}^m$ 에 대하여 사상 $(t,s,x) \mapsto U(t,s)x$는 연속이다.

증명 1) 분명하다.

2) 해의 유일성에 관한 정리로부터 $x(t;\tau,x(\tau;s,x_0)) = x(t;s,x_0), x_0 \in \mathbb{C}^m$ 이 성립한다. 이를 해작용소를 써서 나타내면,

$$U(t,\tau)U(\tau,s)x_0 = U(t,s)x_0.$$

따라서 2)가 성립한다.

3) 1), 2)를 이용하면, $U(t,s)U(s,t) = U(t,t) = E$ 이므로 $U(t,s)^{-1} = U(s,t)$.

4) $X(t)$를 방정식 (2.12)의 기본행렬이라고 하면, (2.17)에 의해 $U(t,s) = X(t)X^{-1}(s)$가 성립한다. 따라서 첫째 관계식은

$$\frac{\partial}{\partial t}U(t,s) = \left(\frac{d}{dt}X(t)\right)X^{-1}(s) = A(t)X(t)X^{-1}(s) = A(t)U(t,s).$$

둘째 관계식은 정리 A.1.2에 의해

$$\begin{aligned}\frac{\partial}{\partial s}U(t,s) &= \frac{\partial}{\partial s}U(s,t)^{-1} \\ &= -U(s,t)^{-1}\frac{\partial}{\partial s}U(s,t)U(s,t)^{-1} \\ &= -U(t,s)A(s)U(s,t)U(t,s) \\ &= -U(t,s)A(s).\end{aligned}$$

5) $U(t,s) = X(t)X^{-1}(s)$ 에서 $X(t)$는 연속이고 $X(s)^{-1}$도 정리 1.2.4에 의해 연속이다. 따라서 임의의 $(t_0,s_0,x_0) \in I \times I \times \mathbb{C}^m$ 에 대하여

$$\begin{aligned}&\|U(t,s)x - U(t_0,s_0)x_0\| \\ &\le \|U(t,s)x - U(t,s)x_0\| + \|U(t,s)x_0 - U(t,s_0)x_0\| + \|U(t,s_0)x_0 - U(t_0,s_0)x_0\|\end{aligned}$$

$$\leq \|U(t,s)\|\|x - x_0\| + \|X(t)\|\|X(s)^{-1}x_0 - X(s_0)^{-1}x_0\|$$
$$+ \|X(t) - X(t_0)\|\|X(s_0)^{-1}x_0\| \to 0 \ \ ((t,s,x) \to (t_0, s_0, x_0)).$$

나머지는 초기값에 관한 연속성(부록 C 참조)으로부터 분명하다. □

명제 2.2.1. 방정식 (2.12)의 해작용소 $U(t,s)$에 대하여 다음 부등식이 성립한다.

$$\exp\left(-\left|\int_s^t \|A(r)\|dr\right|\right) \leq \|U(t,s)\| \leq \exp\left|\int_s^t \|A(r)\|dr\right|,$$

$$\exp\left(-\left|\int_s^t \|A(r)\|dr\right|\right) \leq \|U(t,s)^{-1}\| \leq \exp\left|\int_s^t \|A(r)\|dr\right|,$$

$$\|U(t,s) - E\| \leq \exp\left|\int_s^t \|A(r)\|dr\right| - 1.$$

2.2 해작용소의 구성 : 특수한 경우

방정식 (2.12)의 해의 기본행렬, 해작용소를 구하는 것은 매우 어렵다. 일반적으로 방정식 (2.12)의 해작용소는 다음과 같이 얻을 수 있다. I를 구간이라고 하자. 정리 2.1.1의 증명법에서와 마찬가지로 임의의 $(t,s) \in I \times I$에 대하여

$$L_0(t,s) = E, \ \ L_k(t,s) = E + \int_s^t A(r)L_{k-1}(r,s)dr, \ (k = 1, 2, \cdots)$$

이라고 정의한다. 그러면 $L_k(t,s)$는 t의 함수로서 I의 각 유계닫힌구간에서 고르게 수렴하며 $L_k(t,s)$의 극한은 방정식 (2.12)의 해작용소 $U(t,s)$가 된다.

그러므로 해작용소 $U(t,s)$는

$$U(t,s) = E + \int_s^t A(r_1)dr_1 + \int_s^t A(r_1)\int_s^{r_1} A(r_2)dr_2dr_1 + \cdots \tag{2.18}$$

으로 표현된다. 이와 같이 얻은 방정식 (2.12)의 해작용소는 급수의 형태이므로 취급하기 어렵다. 이제 특수한 경우에 대하여 방정식 (2.12)의 해작용소 $U(t,s)$를 구해보기로 한다. 이를 위해 다음 정의를 준비하자.

정의 2.2.2. 행렬값 함수 $A(\cdot)$에 대하여 조건

$$\frac{d}{dt}B(t) = A(t), \ \ A(t)B(t) - B(t)A(t) = O, \ \ t \in I$$

를 만족하는 C^1급 행렬값 함수 $B(t)$가 존재할 때 $B(t)$를 $A(t)$의 **가환부정적분(commuting antiderivative)**이라고 부른다.

물론 $B_0(t)$가 $A(t)$의 하나의 가환부정적분이면 일반형 $B(t)$는

$$B(t) = B_0(t) + C, \ \ t \in I$$

라고 쓸 수 있다. 여기서 행렬 C는 $A(t)C - CA(t) = O$을 만족한다.

명제 2.2.2. 행렬 $A(t)$가 I에서 가환부정적분을 가지기 위한 필요충분조건은 임의로 고정된 $a \in I$에 대하여

$$B_0A(t) - A(t)B_0 = A(t)\int_a^t A(r)dr - \int_a^t A(r)dr \cdot A(t),\ (t \in I) \tag{2.19}$$

를 만족하는 행렬 B_0가 존재하는 것이다.

증명 임의로 고정된 $a \in I$에 대하여 (2.19)를 만족하는 행렬 B_0가 존재한다고 하자.

$$B(t) = B_0 + \int_a^t A(r)dr,\ t \in I \tag{2.20}$$

라고 정의하면 $B(t)$는 $A(t)$의 가환부정적분이 된다. 거꾸로 $B(t)$가 I에서 $A(t)$의 가환부정적분일 때 $B_0 = B(a)$라고 놓으면 $B(t)$는 (2.20)의 형태이다. 따라서 (2.19)가 직접 유도된다. □

행렬값 함수 $B(\cdot) : I \to M_m(\mathbb{C})$에 대하여 급수

$$\sum_{k=0}^{\infty} \frac{B^k(t)}{k!} \tag{2.21}$$

가 각 유계닫힌구간 $(\subset I)$에서 고르게 수렴할 때 이 급수의 극한을 $B(\cdot)$의 지수함수라 부르고, $e^{B(t)}$라고 쓴다.

정리 2.2.9. 방정식 (2.12)에서 $B(t)$를 $A(t)$의 가환부정적분이라고 하자. 그러면 기본행렬 $X(t)$와 해작용소 $U(t,s)$는 각각

$$X(t) = e^{B(t)},\ \ t \in I, \tag{2.22}$$

$$U(t,s) = e^{B(t)}e^{-B(s)},\ \ (t,s) \in I \times I \tag{2.23}$$

로 주어진다.

증명 먼저 $k = 1, 2, \cdots$ 에 대하여

$$\frac{d}{dt}B^k(t) = kA(t)B^{k-1}(t),\ \ t \in I \tag{2.24}$$

가 성립한다는 것을 귀납법으로 증명하자.

$k = 1$이면, 분명히 (2.24)가 성립한다.

$k = n$일 때 (2.24)가 성립한다고 가정하자. 그러면 $k = n + 1$일 때,

$$\frac{d}{dt}B^{n+1}(t) = A(t)B^n(t) + B(t)\frac{d}{dt}B^n(t)$$

$$= A(t)B^n(t) + B(t)nA(t)B^{n-1}(t)$$
$$= (n+1)A(t)B^n(t).$$

따라서 $k = 1, 2, \cdots$ 에 대하여 (2.24)가 성립한다.

다음으로 $X(t) = e^{B(t)}$가 방정식 (2.12)의 기본행렬임을 보이자. 이를 위해 멱급수 (2.21)이 항별미분 가능함을 보이기로 하자. 도움정리 2.1.1에 의해 구간 I의 각 유계닫힌구간 $J \subset I$에서 $\|B'(t)\| \le M,\ (t \in J)$인 정수 $M > 0$이 존재한다. 따라서 충분히 큰 자연수 $p, q(q > p)$에 대하여

$$\left\|\sum_{k=0}^{q} \frac{B^k(t)}{k!} - \sum_{k=0}^{p} \frac{B^k(t)}{k!}\right\| = \left\|\sum_{k=p+1}^{q} \frac{B^k(t)}{k!}\right\|$$
$$\le \sum_{k=p+1}^{q} \frac{1}{k!}\|B(t)\|^k \le \sum_{k=p+1}^{q} \frac{1}{k!}M^k,\ \ (t \in J)$$

가 성립한다. 따라서 멱급수 (2.21)는 I의 각 유계닫힌구간에서 고르게 수렴한다. 항별미분한 멱급수는 $\sum_{k=0}^{\infty} \frac{B^k(t)}{k!} \frac{d}{dt}B(t)$이므로 역시 I의 각 유계닫힌구간에서 고르게 수렴한다. 이로부터 멱급수 (2.21)는 항별미분 가능하다. 따라서

$$\frac{d}{dt}e^{B(t)} = \frac{d}{dt}\sum_{k=0}^{\infty} \frac{B^k(t)}{k!} = \sum_{k=1}^{\infty} \frac{kA(t)B^{k-1}(t)}{k!}$$
$$= A(t)\sum_{k=1}^{\infty} \frac{B^{k-1}(t)}{(k-1)!} = A(t)e^{B(t)}$$

가 성립한다. 분명히 $e^{B(t)}$는 방정식 (2.12)의 기본행렬이다. 물론, (2.23)은

$$\frac{\partial}{\partial t}U(t,s) = A(t)U(t,s),\ U(s,s) = E$$

를 만족하므로 $U(t,s)$는 해작용소이다. □

해작용소 (2.23) 에서

$$e^{B(t)}e^{-B(s)} = e^{B(t)-B(s)},\ \ (t,s) \in I \times I$$

이기 위한 조건을 구하여 보자.

명제 2.2.3. 다음 두 명제는 동치이다.

1) 모든 $t, s \in I$에 대하여 $A(t)A(s) = A(s)A(t)$가 성립한다.

2) 모든 $t, s \in I$에 대하여

$$A(t)\int_s^t A(r)dr = \int_s^t A(r)dr A(t)$$

가 성립한다.

위 명제 중 하나를 만족하면 $A(t)$는 I에서 가환부정적분이 존재하고 방정식 (2.12)의 해작용소 $U(t,s)$는

$$U(t,s) = \exp\left(\int_s^t A(r)dr\right) \tag{2.25}$$

로 표현된다.

증명 1)로부터 2)는 분명하다. 따라서 2)로부터 1)을 유도하자. 2)의 양변은 s에 관하여 미분가능하므로 쉽게 1)이 유도된다. 2)를 가정하자. 명제 2.2.2에서 임의의 $s \in I$에 대하여 $B_0 = O$이라고 놓으면 $A(t)$는 I에서 가환부정적분이 존재한다. 따라서 가환부정적분을

$$B(t) = \int_a^t A(r)dr$$

이라고 놓으면

$$\begin{aligned} \frac{d}{dt}B(t)B(s) &= A(t)B(s) = B(s)A(t) \\ &= B(s)\frac{d}{dt}B(t) = \frac{d}{dt}B(s)B(t). \end{aligned}$$

따라서 $\frac{d}{dt}[B(t)B(s) - B(s)B(t)] = 0$이 되어 $B(t)B(s) - B(s)B(t) = C$. 여기서 $t = s$라고 두면, $C = 0$, 즉 $B(t)B(s) = B(s)B(t)$를 얻는다. 이로부터 해작용소 $U(t,s)$는 정리 2.2.9에 의해

$$U(t,s) = e^{B(t)}e^{-B(s)} = e^{B(t)-B(s)} = \exp\left(\int_s^t A(r)dr\right)$$

로 주어진다. □

위 정리의 다른 증명은

$$B(t,s) = \int_s^t A(r)dr$$

이라고 놓고 (2.18) 로부터

$$U(t,s) = \sum_{k=0}^{\infty} \frac{1}{k!}B(t,s)^k = \exp B(t,s)$$

임을 보이거나 또는 $\exp B(t,s)$가 방정식 (2.12)의 해작용소임을 직접 확인하여도 된다.

마지막으로 간단한 보기를 들자.

보기 2.2.1. 2차원 제차 선형미분방정식계

$$\frac{d}{dt}x(t) = A(t)x(t) \tag{2.26}$$

를 생각하자. 여기서

$$A(t) = \begin{pmatrix} \cos t & \sin t \\ -\sin t & \cos t \end{pmatrix}. \tag{2.27}$$

$A(t)A(s) = A(s)A(t)$ 이고

$$\int_s^t A(r)dr = \begin{pmatrix} \sin t - \sin s & -\cos t + \cos s \\ \cos t - \cos s & \sin t - \sin s \end{pmatrix}$$

이므로 명제 2.2.3에 의해 방정식 (2.26)의 해작용소 $U(t,s)$는

$$U(t,s) = \exp\begin{pmatrix} \sin t - \sin s & -\cos t + \cos s \\ \cos t - \cos s & \sin t - \sin s \end{pmatrix}$$

가 된다. 이를 구체적으로 계산하자. $a = \sin t - \sin s, b = \cos t - \cos s$라고 놓으면

$$\begin{aligned} \exp\begin{pmatrix} a & -b \\ b & a \end{pmatrix} &= \exp\left\{a\begin{pmatrix} 1 & 0 \\ 0 & 1 \end{pmatrix} + b\begin{pmatrix} 0 & -1 \\ 1 & 0 \end{pmatrix}\right\} \\ &= \exp a\begin{pmatrix} 1 & 0 \\ 0 & 1 \end{pmatrix} \exp b\begin{pmatrix} 0 & -1 \\ 1 & 0 \end{pmatrix} \\ &= e^a \sum_{k=0}^{\infty} \frac{1}{k!} b^k \begin{pmatrix} 0 & -1 \\ 1 & 0 \end{pmatrix}^k. \end{aligned}$$

한편,

$$\begin{pmatrix} 0 & -1 \\ 1 & 0 \end{pmatrix}^k = \begin{cases} (-1)^{m-1}\begin{pmatrix} 0 & -1 \\ 1 & 0 \end{pmatrix} & (k = 2m-1) \\ (-1)^m \begin{pmatrix} 1 & 0 \\ 0 & 1 \end{pmatrix} & (k = 2m) \end{cases}$$

이므로

$$\begin{aligned} \exp\begin{pmatrix} a & -b \\ b & a \end{pmatrix} &= e^a \sum_{k=0}^{\infty} \frac{1}{k!} b^k \begin{pmatrix} 0 & -1 \\ 1 & 0 \end{pmatrix}^k \\ &= e^a \begin{pmatrix} 1 - \frac{1}{2!}b^2 + \frac{1}{4!}b^4 - \cdots & -b + \frac{1}{3!}b^3 - \frac{1}{5!}b^5 + \cdots \\ b - \frac{1}{3!}b^3 + \frac{1}{5!}b^5 - \cdots & 1 - \frac{1}{2!}b^2 + \frac{1}{4!}b^4 - \cdots \end{pmatrix} \\ &= e^a \begin{pmatrix} \cos b & -\sin b \\ \sin b & \cos b \end{pmatrix}. \end{aligned}$$

따라서 방정식 (2.26)의 해작용소 $U(t,s)$는

$$U(t,s) = e^{\sin t - \sin s}\begin{pmatrix} \cos(\cos t - \cos s) & -\sin(\cos t - \cos s) \\ \sin(\cos t - \cos s) & \cos(\cos t - \cos s) \end{pmatrix}$$

와 같이 표현된다.

2.3 수반 선형미분방정식계

주어진 제차 선형미분방정식 (2.12)에 대응하는 선형미분방정식

$$\frac{dy}{dt} = -A^*(t)y \tag{2.28}$$

를 **수반(공액)선형미분방정식**라고 부른다. 여기서 $A^*(t)$는 $A(t)$의 수반행렬이다.

앞으로, 행렬값 함수 $U(t)$의 수반행렬을 $U^*(t)$ 또는 $U(t)^*$로 나타낸다. 역행렬도 마찬가지로 $U^{-1}(t)$ 또는 $U(t)^{-1}$로 나타낸다. 먼저 방정식 (2.12)의 해와 방정식 (2.28)의 해들 사이의 관계를 밝힌다.

정리 2.2.10. 벡터값 함수 $y(t)$가 방정식 (2.28)의 해이기 위한 필요충분조건은 방정식 (2.12)의 임의의 해 $x(t)$에 대하여 내적 $\langle x(t), y(t)\rangle$가 상수인 것이다.

증명 도움정리 1.2.2에 의해 임의의 x, $y \in \mathbb{C}^m$과 m차 정방행렬 A에 대하여 $\langle Ax, y\rangle = \langle x, A^*y\rangle$가 성립한다. $x(t)$가 방정식 (2.12)의 해이고, $y(t)$가 C^1급 함수이면

$$\begin{aligned}\frac{d}{dt}\langle x(t), y(t)\rangle &= \langle x'(t), y(t)\rangle + \langle x(t), y'(t)\rangle \\ &= \langle A(t)x(t), y(t)\rangle + \langle x(t), y'(t)\rangle \\ &= \langle x(t), A^*(t)y(t) + y'(t)\rangle. \end{aligned} \tag{2.29}$$

$y(t)$가 방정식 (2.28)의 해이면, $y(t)$는 C^1급 함수이므로 위 식으로부터 $\frac{d}{dt}\langle x(t), y(t)\rangle \equiv 0$이 얻어진다. 즉, $\langle x(t), y(t)\rangle$는 상수이다.

거꾸로 방정식 (2.12)의 임의의 해 $x(t)$에 대하여, $\langle x(t), y(t)\rangle$가 상수라고 하자. $X(t)$를 방정식 (2.12)의 기본행렬, 제i열을 $x_i(t)$라고 두면 가정에 의해 $\langle x_i(t), y(t)\rangle = c_i$ (상수)가 된다. 따라서 ${}^tX(t)\overline{y(t)} = c$. 여기서 c는 c_i를 제i성분으로 하는 벡터이다. $y(t) = (X(t)^{-1})^*\overline{c}$이므로 정리 A.1.2에 의해 C^1급 함수이다. 따라서 (2.29)로부터 $\langle x_i(t), A^*(t)y(t) + y'(t)\rangle = 0$, $(i = 1, 2, \cdots, m)$을 얻는다. $x_1(t), \cdots, x_m(t)$는 일차독립이므로

$$A^*(t)y(t) + y'(t) = 0$$

이 성립한다. □

주 2.2.1. 정리 2.2.10의 증명의 뒤 부분에서 $y(t) = (X(t)^{-1})^*a$, $a \in \mathbb{C}^m$이 방정식 (2.28)의 해라는 것은 정리 A.1.2로부터 직접 유도된다. 사실,

$$y'(t) = (-X(t)^{-1}X'(t)X(t)^{-1})^*a = (-X(t)^{-1}A(t))^*a = -A^*(t)y(t).$$

다음 따름정리는 정리 2.2.10의 증명으로부터 분명하다.

따름정리 2.2.1. $x(t)$가 방정식 (2.12)의 해이기 위한 필요충분조건은 방정식 (2.28)의 임의의 해 $y(t)$에 대하여 내적 $\langle x(t), y(t)\rangle$가 상수인 것이다.

다음으로 기본행렬들 사이의 관계를 보이자.

정리 2.2.11. $X(t)$가 방정식 (2.12)의 기본행렬이라고 하자. 그러면 행렬값 함수 $Y(t)$가 방정식 (2.28)의 기본행렬이기 위한 필요충분조건은 $X^*(t)Y(t) \equiv Q$가 성립하는 것이다. 여기서 Q는 정칙인 상수행렬이다.

증명 조건 $X^*(t)Y(t) \equiv Q$는, 모든 $a \in \mathbb{C}^m$과 $b \in \mathbb{C}^m$에 대하여

$$\langle X(t)a, Y(t)b\rangle \equiv \langle a, Qb\rangle \tag{2.30}$$

가 성립하는 것과 동치이다. $Y(t)$ 가 방정식 (2.28)의 기본행렬이면, $Y(t)b$ 는 방정식 (2.28)의 해이므로 조건 (2.30)이 성립한다.

거꾸로 적당한 행렬값 함수 $Y(t)$에 대하여 조건 (2.30)이 성립한다고 하자. 정리 2.2.10에 의해 임의의 $b \in \mathbb{C}^m$에 대하여 $Y(t)b$는 방정식 (2.28)의 해이다. 그리고 $X^*(t)Y(t) \equiv Q$이므로 $Y(t) = (X(t)^{-1})^*Q$는 정칙이다. 따라서 $Y(t)$의 각 열 $y_1(t), \cdots, y_m(t)$은 방정식 (2.28)의 해이고, 일차독립이다. 따라서 $Y(t)$는 방정식 (2.28)의 기본행렬이다. □

따름정리 2.2.2. $X(t)$가 방정식 (2.12)의 기본행렬이면, $(X^{-1}(t))^*$는 방정식 (2.28)의 기본행렬이다. 그리고 $Y(t)$가 방정식 (2.28)의 기본행렬이면, $(Y^{-1}(t))^*$ 는 방정식 (2.12)의 기본행렬이다.

따름정리 2.2.3. $U(t,s)$가 방정식 (2.12)의 해작용소이면, $V(t,s) = (U(t,s)^{-1})^*$는 방정식 (2.28)의 해작용소이고, $V(t,s)$가 방정식 (2.28)의 해작용소이면, $U(t,s) = (V(t,s)^{-1})^*$는 방정식 (2.12)의 해작용소이다. 그리고 $U(t,s)$가 방정식 (2.12)의 해작용소이고, $V(t,s)$가 방정식 (2.28)의 해작용소이면, $V(t,s)U(t,s)^* = E$가 성립한다.

2.4 상수변화법의 공식

비제차 선형미분방정식 (2.1)의 임의의 해는 정리 2.2.2와 정리 2.2.7에 의해

$$x(t) = X(t)c + z(t), \quad c \in \mathbb{C}^m, z \in S(f) \tag{2.31}$$

로 표현된다. 여기서 $X(t)$는 방정식 (2.1)에 대응하는 제차 선형미분방정식의 기본행렬이다. 방정식 (2.1)의 해를 상수변화법으로 구하여 보자.

정리 2.2.12. $X(t)$를 제차 선형미분방정식 (2.12)의 해의 기본행렬이라 하자.

1) 비제차 선형미분방정식 (2.1)의 임의의 해 $x(t)$는

$$x(t) = X(t)c + \int^t X(t)X^{-1}(s)f(s)ds \tag{2.32}$$

로 표현된다.

2) 초기점 (t_0, x_0)을 지나는 비제차 선형미분방정식 (2.1)의 해 $x(t; t_0, x_0)$는

$$x(t; t_0, x_0) = U(t, t_0)x_0 + \int_{t_0}^t U(t,s)f(s)ds$$

로 표현된다. 여기서 $U(t,s) = X(t)X^{-1}(s)$.

증명 1) 제차 선형미분방정식 (2.12)의 해 $x(t)$는 정리 2.2.7에 의해

$$x(t) = X(t)c$$

로 나타낼 수 있다. 상수벡터 $c \in \mathbb{C}^m$를 벡터값 함수 $u(t)$로 바꾸고, $x(t) = X(t)u(t)$가 비제차 선형미분방정식 (2.1)의 해가 되도록 $u(t)$를 결정한다. 이 방법을 **상수변화(variation of constants) 법**이라고 말한다. $x(t) = X(t)u(t)$라고 놓으면,

$$\begin{aligned} x'(t) &= X'(t)u(t) + X(t)u'(t) \\ &= A(t)X(t)u(t) + X(t)u'(t). \end{aligned}$$

이를 비제차 선형미분방정식 (2.1)에 대입하면,

$$A(t)X(t)u(t) + X(t)u'(t) = A(t)X(t)u(t) + f(t)$$

가 되고,

$$X(t)u'(t) = f(t) \tag{2.33}$$

를 얻는다. 따라서

$$u(t) = \int X^{-1}(t)f(t)dt + c.$$

그러므로 $x(t)$는 (2.32)와 같이 표현된다.

2) 1)에서 고정점 t_0를 택하면, 방정식 (2.12)의 해는

$$x(t) = X(t)c + \int_{t_0}^{t} X(t)X^{-1}(s)f(s)ds$$

로 주어진다. 해 $x(t)$가 초기조건 $x(t_0) = x_0$를 만족할 때, $c = X(t_0)^{-1}x_0$이므로

$$\begin{aligned} x(t; t_0, x_0) &= X(t)X^{-1}(t_0)x_0 + \int_{t_0}^{t} X(t)X^{-1}(s)f(s)ds \\ &= U(t,t_0)x_0 + \int_{t_0}^{t} U(t,s)f(s)ds \end{aligned}$$

를 얻는다. □

성질 2.2.4. $A(t)$를 실행렬값 함수라고 가정하자. 그리고 초기조건 $x(a) = w$를 만족하는 비제차 선형미분방정식 (2.12)의 해를 $x(t; a, w, f)$라고 쓰자. 그러면

$$\Re x(t; a, w, f) = x(t; a, \Re w, \Re f), \quad \Im x(t; a, w, f) = x(t; a, \Im w, \Im f)$$

가 성립한다.

증명 $U(t,s)$를 제차 선형미분방정식 (2.12)의 해작용소라고 하자. 먼저, $A(t)$가 실행렬값 함수이므로 $U(t,a) = \overline{U(t,a)}$임을 보이자. 임의의 w에 대하여 $x(t;a,w) = U(t,a)w$는 제차 선형미분방정식 (2.12)의 해이므로 $\frac{d}{dt}\overline{x(t;a,w)} = A(t)\overline{x(t;a,w)}$가 성립한다. 따라서 $\overline{x(t;a,w)} = \overline{U(t,a)w} = \overline{U(t,a)}\,\overline{w}$이고 해가 유일하므로

$$\overline{U(t,a)}\,\overline{w} = U(t,a)\overline{w}.$$

이로부터 $U(t,a) = \overline{U(t,a)}$가 증명된다. 즉, $U(t,a)$는 실행렬값 함수이다.

다음으로

$$x(t;a,w,f) = U(t,a)w + \int_a^t U(t,s)f(s)ds$$

이고 $U(t,s)$는 실행렬값 함수이므로

$$\begin{aligned}
x(t;a,w,f) &= U(t,a)(\Re w + i\Im w) + \int_a^t U(t,s)(\Re f(s) + i\Im f(s))ds \\
&= U(t,a)\Re w + \int_a^t U(t,s)\Re f(s)ds \\
&\qquad\qquad + U(t,a)i\Im w + \int_a^t U(t,s)i\Im f(s)ds \\
&= x(t;a,\Re w,\Re f) + ix(t;a,\Im w,\Im f).
\end{aligned}$$

한편, $x(t;a,w,f) = \Re x(t;a,w,f) + i\Im x(t;a,w,f)$이므로

$$\Re x(t;a,w,f) = x(t;a,\Re w,\Re f), \quad \Im x(t;a,w,f) = x(t;a,\Im w,\Im f)$$

를 얻는다. □

제 3 절 상수계수 선형미분방정식계

이 절에서는 상수 행렬 $A = (a_{ij}) \in M_m(\mathbb{C})$를 계수로 하는 제차 상수계수 선형미분방정식계

$$\frac{dx}{dt} = Ax \tag{2.34}$$

의 기본행렬과 해의 표현, 해의 행태 그리고 극한 공식 등을 다룬다.

3.1 기본행렬과 해의 표현

여기에서는 제차 상수계수 선형미분방정식계 (2.34)의 기본행렬의 성질을 서술한다.

먼저 방정식 (2.34)의 우변의 계수는 상수행렬이므로 우변은 모든 $(t,x) \in \mathbb{R} \times \mathbb{C}^m$에 관하여 연속이다. 따라서 방정식 (2.34)의 해는 $\mathbb{R}$ 전체에서 정의되며 기본행렬도 $\mathbb{R}$ 전체에서 정의된다. 다음으로 방정식 (2.34)의 기본행렬 $X(t)$는 $X(0) = E$를 만족한다고 가정해도 무방하다. 왜냐하면 임의의 기본행렬 $X(t)$에 대하여 $V(0) = E$를 만족하는 기본행렬 $V(t)$은 정리 2.2.6에 의해 $V(t) = X(t)X(0)^{-1}$으로 주어지기 때문이다.

도움정리 2.3.1. 행렬값 함수 $X(t)$가 $X(0) = E$를 만족하는 방정식 (2.34)의 기본행렬이면,

$$X(t+s) = X(t)X(s), \quad t \in \mathbb{R}, s \in \mathbb{R}, \tag{2.35}$$

$$A = \frac{d}{dt}X(0)$$

를 만족한다.

증명 $s \in \mathbb{R}$을 고정하면,

$$\frac{\partial}{\partial t}X(t+s) = AX(t+s)$$

이므로 $X(t+s)$도 기본행렬이다. 따라서 정리 2.2.6에 의해 $X(t+s) = X(t)P(s)$인 정칙행렬 $P(s)$가 존재한다. $t = 0$이라고 놓으면, $X(s) = X(0)P(s) = EP(s) = P(s)$이므로 $X(t+s) = X(t)X(s)$가 성립한다. 더욱이 $X'(t) = AX(t)$이므로 $A = X'(0)$는 분명하다. □

일반적으로 행렬값 함수 $X(t)$가 $[0, \infty)$에서 연속이고 $X(t+s) = X(t)X(s)$, $X(0) = E$를 만족하면, $A := D_+X(0)$가 존재하고 $X'(t) = AX(t), t > 0$이 성립한다. 증명은 함수해석학의 반군이론을 참조하기 바란다.

따름정리 2.3.1. 방정식 (2.34)의 기본행렬 $X(t)$가 $X(0) = E$를 만족하면, 방정식 (2.34)의 해작용소 $U(t, s)$는

$$U(t, s) = X(t - s)$$

로 주어진다.

증명 $X(s)X(-s) = X(s - s) = X(0) = E$이므로 $X(s)^{-1} = X(-s)$이다. 그러므로 정리 2.2.8에 의해

$$U(t, s) = X(t)X(s)^{-1} = X(t)X(-s) = X(t - s)$$

가 성립한다. □

구체적으로 방정식 (2.34)의 기본행렬 $X(t)$를 구하여 보자. 먼저 다음 정리를 언급한다.

정리 2.3.1.

$$\frac{d}{dt}e^{tA} = Ae^{tA}, \quad t \in \mathbb{R}. \tag{2.36}$$

증명

$$\frac{d}{dt}t^m e^{t\lambda} = mt^{m-1}e^{t\lambda} + \lambda t^m e^{t\lambda}, \quad m \in \mathbb{N}$$

이므로 (1.85)를 이용하면

$$\frac{d}{dt}e^{tA} = \frac{d}{dt}\sum_{\lambda \in \sigma(A)} e^{t\lambda}\sum_{j=1}^{h_\lambda - 1}\frac{t^j}{j!}(A - \lambda E)^j P_\lambda + \sum_{\lambda \in \sigma(A)} \lambda e^{t\lambda} P_\lambda$$

$$= \sum_{\lambda\in\sigma(A)} e^{t\lambda} \sum_{j=1}^{h_\lambda-1} \frac{t^{j-1}}{(j-1)!}(A-\lambda E)^j P_\lambda + \sum_{\lambda\in\sigma(A)} \lambda e^{t\lambda} \sum_{j=0}^{h_\lambda-1} \frac{t^j}{j!}(A-\lambda E)^j P_\lambda.$$

우변의 첫째 항은

$$\sum_{\lambda\in\sigma(A)} e^{t\lambda} \sum_{j=1}^{h_\lambda-1} \frac{t^{j-1}}{(j-1)!}(A-\lambda E)^j P_\lambda = \sum_{\lambda\in\sigma(A)} e^{t\lambda}(A-\lambda E) \sum_{j=0}^{h_\lambda-1} \frac{t^j}{j!}(A-\lambda E)^j P_\lambda$$
$$= Ae^{tA} - \sum_{\lambda\in\sigma(A)} \lambda e^{t\lambda} \sum_{j=0}^{h_\lambda-1} \frac{t^j}{j!}(A-\lambda E)^j P_\lambda$$

이므로 원하는 결과를 얻는다. □

정리 2.3.2. 제차 상수계수 선형미분방정식 (2.34)의 기본행렬 $X(t)$가 $X(0)=E$를 만족하면

$$X(t) = e^{tA}, \quad t\in\mathbb{R}$$

이고, 해작용소 $U(t,s)$는

$$U(t,s) = e^{(t-s)A}$$

이다.

증명 정리 2.3.1에 의해

$$\frac{d}{dt}e^{tA} = Ae^{tA}$$

이다. 그리고 $e^{0A}=E$이므로 $X(t)=e^{tA}$. 남은 부분은 분명하다. □

따름정리 2.3.2. 1) 방정식 (2.34)의 임의의 해는 $x(t)=e^{tA}c,\ c\in\mathbb{C}^m$으로 표현된다.
2) 초기점 (t_0,x_0)를 지나는 방정식 (2.34)의 해는 $x(t;t_0,x_0)=e^{(t-t_0)A}x_0$로 표현된다.

e^{tA}의 계산법은 제1장 8절에서 주어졌다.

따름정리 2.3.3. 복소행렬 A의 고유다항식을

$$\Phi_A(\lambda) = \prod_{i=1}^{r}(\lambda-\lambda_i)^{m_i}$$

라고 하자. 여기서 $\lambda_1,\lambda_2,\cdots,\lambda_r$은 서로 다른 A의 고유값이다. 일반화된 고유공간 $G_{\lambda_i}(A)$의 기저를 $u_{i,1},\ u_{i,2},\ \cdots,\ u_{i,m_i}$라고 하면,

$$\phi_{i,j}(t) = e^{\lambda_i t} \sum_{k=0}^{h_{\lambda_i}(A)-1} \frac{t^k}{k!}(A-\lambda_i E)^k u_{i,j}$$

로부터 이루어지는 m개의 벡터값 함수

$$\phi_{1,1},\ \phi_{1,2},\ \cdots,\ \phi_{1,m_1},\ \phi_{2,1},\ \phi_{2,2},\ \cdots,\ \phi_{2,m_2},\ \cdots,\ \phi_{r,1},\ \phi_{r,2},\ \cdots,\ \phi_{r,m_r}$$

은 방정식 (2.34)의 기본해이다.

증명 $U_i = (u_{i,1}, u_{i,2}, \cdots, u_{i,m_i})$라고 놓으면, $U = (U_1, U_2, \cdots, U_r)$은 m차 정칙행렬이다. e^{tA}가 방정식 (2.34)의 기본행렬이므로 정리 2.2.6에 의해 $e^{tA}U$도 기본행렬이다. 사영 $P_i : \mathbb{C}^m \to G_{\lambda_i}(A)$를 쓰면 $P_i u_{i,j} = u_{i,j}$이므로 $P_i e^{tA} u_{i,j} = \phi_{i,j}$를 얻는다. □

제차 상수계수 선형미분방정식 (2.34)의 해는 다음의 중요한 성질을 갖는다.

정리 2.3.3. $P^{-1}AP = B$ (P는 정칙), 즉 A와 B를 닮은 행렬이라 하자. $X(t)$가 방정식 (2.34)의 기본행렬이면, $P^{-1}X(t)$와 $P^{-1}X(t)P$는

$$z'(t) = Bz(t) \tag{2.37}$$

의 기본행렬이다.

거꾸로 $Y(t)$가 방정식 (2.37)의 기본행렬이면, $PY(t)$와 $PY(t)P^{-1}$는 방정식(2.34)의 기본행렬이다.

증명 $X(t)$가 방정식 (2.34)의 기본행렬이면, $X(t)$ 는 정칙이고, $X'(t) = AX(t)$이다. $Y(t) = P^{-1}X(t)$라고 놓으면, P가 정칙이므로 $Y(t)$도 정칙이고

$$Y'(t) = P^{-1}X'(t) = P^{-1}AX(t) = P^{-1}APY(t) = BY(t).$$

따라서 $Y(t)$는 방정식 (2.37)의 기본행렬이다. P가 정칙이므로 $Z(t) = Y(t)P = P^{-1}X(t)P$도 방정식 (2.37)의 기본행렬이다.

역도 마찬가지로 증명된다. □

이제 다음 선형미분방정식계 (2.34)의 섭동계

$$\frac{d}{dt}u(t) = (A + B(t))u(t) \tag{2.38}$$

를 다루기로 하자. 여기서 $B(t)$는 $\mathbb{R}$에서 정의된 연속인 행렬값 함수이다. 방정식

$$\frac{d}{dt}y(t) = B(t)y(t) \tag{2.39}$$

의 해작용소를 $V(t,s)$라고 나타낸다. A와 $B(t)$가 가환일 때 섭동계 (2.38)의 해작용소를 구성하자. 먼저 A와 $B(t)$의 가환성에 관한 결과를 서술하자.

도움정리 2.3.2. 다음 명제는 동치이다.

1) $AB(t) = B(t)A,\ t \in \mathbb{R}$.
2) $AV(t,s) = V(t,s)A,\ \ t,s \in \mathbb{R}$.
3) $e^{tA}V(t,s) = V(t,s)e^{tA},\ t,s \in \mathbb{R}$.
4) $AV(t,0) = V(t,0)A,\ \ t \in \mathbb{R}$.
5) $A\Phi(t) = \Phi(t)A,\ t \in \mathbb{R}$를 만족하는 방정식 (2.39)의 기본행렬 $\Phi(t)$가 존재한다.

증명 $AB(t) = B(t)A,\ t \in \mathbb{R}$이 성립한다고 가정하자. 행렬 $AV(t,s)$를 t로 미분하면

$$\frac{\partial}{\partial t}AV(t,s) = A\frac{\partial}{\partial t}V(t,s) = AB(t)V(t,s) = B(t)AV(t,s).$$

이 관계식은 $AV(t,s)$가 $AV(s,s) = A$를 만족하는 방정식 (2.39)의 행렬해라는 뜻이다. 마찬가지 방법으로 $V(t,s)A$도 역시 $V(s,s)A = A$를 만족하는 방정식 (2.39) 의 행렬해이다. 방정식 (2.39)에 관한 해의 유일성에 의해 관계식 $AV(t,s) = V(t,s)A$가 성립한다. 따라서 2) 가 성립한다.

1)과 3)의 동치성을 증명하자. 2)로부터 3)은 분명하므로 1)로부터 3)이 나온다. 3)으로부터 1)을 유도하자. 3)의 양변을 s로 미분하면,

$$-e^{tA}V(t,s)B(s) = -V(t,s)B(s)e^{tA},$$

이므로 3)에 의해

$$V(t,s)e^{tA}B(s) = V(t,s)B(s)e^{tA}$$

를 얻는다. $V(t,s)$는 정칙이므로 $e^{tA}B(s) = B(s)e^{tA}$를 얻는다. 양변을 t로 미분하면, $Ae^{tA}B(s) = B(s)Ae^{tA}$. 따라서 $t = 0$이라고 놓으면, $AB(s) = B(s)A$, 즉 1)이 성립한다.

2)로부터 4)는 분명하다.

$V(t,0)$가 방정식 (2.39)의 기본해이므로 4)로부터 5)는 분명하다.

이제 5) 를 가정하자. 관계식 $A\Phi(t) = \Phi(t)A$의 양변을 t로 미분하면 $A\Phi'(t) = \Phi'(t)A$이 되며, 그 결과

$$AB(t)\Phi(t) = B(t)\Phi(t)A = B(t)A\Phi(t)$$

를 얻는다. $\Phi(t)$는 정칙이므로 $AB(t) = B(t)A$, 즉 1)을 얻는다. □

주 2.3.1. 방정식 (2.38)에서 $AB(t) = B(t)A,\ t \in \mathbb{R}$을 가정하면, 다음 등식이 성립한다.

1) $e^{(t-s)A}B(t) = B(t)e^{(t-s)A},\ t,\ s \in \mathbb{R}$.

2) $e^{(t-s)A}V(t,s) = V(t,s)e^{(t-s)A},\ t,\ s \in \mathbb{R}$.

정리 2.3.4. 가환성 $AB(t) = B(t)A,\ t \in \mathbb{R}$을 가정하면, 방정식 (2.38)의 해작용소 $U(t,s)$는

$$U(t,s) = e^{(t-s)A}V(t,s) \tag{2.40}$$

로 주어진다.

증명 (2.40)의 양변을 t로 미분하면

$$\begin{aligned}\frac{\partial}{\partial t}U(t,s) &= Ae^{(t-s)A}V(t,s) + e^{(t-s)A}\frac{\partial}{\partial t}V(t,s)\\ &= Ae^{(t-s)A}V(t,s) + e^{(t-s)A}B(t)V(t,s)\end{aligned}$$

주 2.3.1에 의해 $e^{(t-s)A}B(t)V(t,s) = B(t)e^{(t-s)A}V(t,s)$를 얻는다. 따라서 $U(t,s)$는 방정식 (2.38)의 해작용소이다. □

명제 2.3.1. 제차 선형미분방정식 (2.12)에서 $A(t) \in M_m(\mathbb{C})$가 연속미분가능하다고 하자. 적당한 변환 $x = e^{St}y$에 의해 방정식 (2.12)가 제차 상수계수 선형미분방정식

$$\frac{dy}{dt} = By$$

로 변환되기 위한 필요충분조건은 S와 B가 다음 조건을 만족하는 것이다.

(1) $\frac{d}{dt}A(t) = SA(t) - A(t)S$

(2) $A(0) = S + B$.

여기서 B, S는 m차 상수행렬이다.

마지막으로, 비제차 선형미분방정식

$$\frac{d}{dt}x(t) = Ax + f(t) \tag{2.41}$$

의 해표현을 주기로 하자.

따름정리 2.3.4. 방정식 (2.41)에서 벡터값 함수 $f(t) \in \mathbb{C}^m$이 구간 I에서 연속이라고 하자. 그러면 방정식 (2.41)의 임의의 해는

$$x(t) = e^{tA}c + \int e^{(t-s)A}f(s)ds$$

로 표현된다. 그리고 초기점 (t_0, x_0)를 지나는 방정식 (2.41)의 해는

$$x(t; t_0, x_0) = e^{(t-t_0)A}x_0 + \int_{t_0}^{t} e^{(t-s)A}f(s)ds$$

가 된다.

증명 정리 2.2.12와 따름정리 2.3.2로부터 명백하다.

여기서는 다른 방법으로 증명하자. $x(t)$가 방정식 (2.41)의 해이면,

$$\frac{d}{dt}\left(e^{-tA}x(t)\right) = e^{-tA}\left(\frac{d}{dt}x(t) - Ax(t)\right) = e^{-tA}f(t).$$

양변을 t_0부터 t까지 적분하면

$$e^{-tA}x(t) - e^{-t_0A}x(t_0) = \int_{t_0}^{t} e^{-sA}f(s)ds.$$

즉

$$x(t; t_0, x_0) = e^{(t-t_0)A}x_0 + \int_{t_0}^{t} e^{(t-s)A}f(s)ds.$$

□

3.2 해의 표현 : 실행렬인 경우

여기서는 방정식 (2.34)에서 A가 실행렬인 경우를 다루기로 하며 제1장 5절의 기호를 그대로 쓰기로 한다.

다음 정리는 정리 1.8.2의 직접적인 결과이다.

정리 2.3.5. A는 실행렬이고 μ는 복소고유값 $\mu = \alpha + i\beta \in \sigma(A), \beta \neq 0$이라고 하자. 그러면 초기조건 $x(0) = w \in \mathbb{C}^m$을 만족하는 방정식 (2.34)의 해 $x(t) = e^{tA}w$는 다음과 같이 주어진다.

(1) $w \in G_\mu(A)$이면,

$$e^{tA}w = e^{tA}P_\mu w = e^{\alpha t}\left(\cos\beta t\, C_\mu(t) - \sin\beta t\, S_\mu(t)\right)w, \quad (t \in \mathbb{R}). \tag{2.42}$$

(2) $w \in G_\mu(A) \oplus G_{\overline{\mu}}(A)$이면,

$$e^{tA}w = e^{tA}2R_\mu w = e^{\alpha t}\left(\cos\beta t\, C_\mu(t) - \sin\beta t\, S_\mu(t)\right)w, \quad (t \in \mathbb{R}). \tag{2.43}$$

명제 2.3.2. A는 실행렬이고 A의 고유다항식이 (1.39), 즉

$$\Phi_A(\mu) = \prod_{j=1}^{p}(\mu - \lambda_j)^{m_j}\prod_{k=1}^{q}((\mu - \alpha_k)^2 + \beta_k^2)^{n_k}$$

로 주어졌다고 하자. 여기서 λ_j는 A의 실고유값, $\mu_k := \alpha_k + i\beta_k\,(i = \sqrt{-1},\ \beta_k \neq 0)$는 A의 복소고유값이다. 그러면 초기조건 $x(0) = w \in \mathbb{R}^m$을 만족하는 방정식 (2.34)의 해 $x(t)$는 다음과 같이 주어진다.

$$\begin{aligned} x(t) = e^{tA}w &= \sum_{j=1}^{p} e^{\lambda_j t}\sum_{i=0}^{h_{\lambda_j}(A)-1}\frac{t^i}{i!}(A - \lambda_j E)^i P_{\lambda_j} w \\ &+ \sum_{k=1}^{q} e^{\alpha_k t}\left(\cos\beta_k t C_{\mu_k}(t) - \sin\beta_k t S_{\mu_k}(t)\right)2R_{\mu_k}w, \end{aligned}$$

여기서 $P_{\lambda_j}w \in G_{\lambda_j}(A) \cap \mathbb{R}^m,\ \ 2R_{\mu_k}w \in \Re G_{\mu_k}(A)$.

증명 정리 1.8.3으로부터 쉽게 증명된다. □

$w \in G_\mu(A)$일 때 $(A - \mu E)^{\eta-1}w \neq 0$, $(A - \mu E)^\eta w = 0$을 만족하는 $\eta \leq h_\mu(A)$가 유일하게 존재한다. 이 η를 w의 **상승수(rising number)**라고 부른다.

명제 2.3.3. $\mu = \alpha + i\beta, \beta \neq 0$이 실행렬 $A \in M_m(\mathbb{R})$의 복소고유값이고 k를 $w \in G_\mu(A)$의 상승수라고 하자. 그러면

$$e^{tA}w = e^{\alpha t}\left(\cos\beta t\sum_{j=0}^{k-1}\frac{t^j}{j!}M_j(\mu) - \sin\beta t\sum_{j=0}^{k-1}\frac{t^j}{j!}N_j(\mu)\right)\omega \tag{2.44}$$

이고

$$M_j(\mu)w = (A-\mu E)^j w \neq 0,\ \ N_j(\mu)w = -i(A-\mu E)^j w \neq 0,\ \ j = 0,\dots,k-1.$$

증명 $P_\mu w = w$이므로 등식 (1.92)는

$$e^{tA}w = e^{\alpha t}\left(\cos\beta t \sum_{j=0}^{h_\mu(A)-1} \frac{t^j}{j!} M_j(\mu) - \sin\beta t \sum_{j=0}^{h_\mu(A)-1} \frac{t^j}{j!} N_j(\mu)\right) w$$

를 의미한다. $h_\mu(A)$를 k로 바꿀 수 있는 것은 도움정리 1.5.5의 등식 (1.47)과 k의 정의로부터 쉽게 알 수 있다. □

정리 2.3.6. A가 실행렬이고 A의 고유다항식이 (1.39)로 주어졌다고 하자.

실고유값 λ_j에 대하여 $G_{\lambda_j}(A)$의 실기저 $U_j = \{u_{j1},\ u_{j2},\ \cdots,\ u_{jm_j}\}$를 택하고

$$\phi_{ji}(t) = e^{\lambda_j t} \sum_{k=0}^{h_{\lambda_j}(A)-1} \frac{t^k}{k!}(A-\lambda_j E)^k u_{ji},$$

$$\Phi_j = \{\phi_{j1},\ \phi_{j2},\ \cdots,\ \phi_{jm_j}\}$$

라고 놓는다. 여기서 $j = 1,\ 2,\ \cdots,\ p,\ i = 1,\ 2,\ \cdots,\ m_j$.

복소고유값 μ_k에 대하여 $G_{\mu_k}(A)$의 기저 $V_k = \{v_{k1},\ v_{k2},\ \cdots,\ v_{kn_k}\}$를 택하고

$$\psi_{ki}(t) = e^{\mu_k t} \sum_{j=0}^{h_{\mu_k}(A)-1} \frac{t^j}{j!}(A-\mu_k E)^k u_{ki},$$

$$\Psi_k = \{\psi_{k1},\ \psi_{k2},\ \cdots,\ \psi_{kn_k}\}$$

라고 놓는다. 여기서 $k = 1,\ 2,\ \cdots,\ q,\ i = 1,\ 2,\ \cdots,\ n_k$.

더욱이,

$$\Re\Psi_k = \{\Re\psi_{k1},\ \Re\psi_{k2},\ \cdots,\ \Re\psi_{kn_k}\},\ \ \Im\Psi_k = \{\Im\psi_{k1},\ \Im\psi_{k2},\ \cdots,\ \Im\psi_{kn_k}\}$$

라고 놓으면

$$\{\Phi_1,\ \Phi_2,\ \cdots,\ \Phi_p,\ \Re\Psi_1,\ \Im\Psi_1,\ \Re\Psi_2,\ \Im\Psi_2,\ \cdots,\ \Re\Psi_q,\ \Im\Psi_q\} \tag{2.45}$$

는 방정식 (2.34)의 실기본해이다.

증명

$$\Re V_k = \{\Re v_{k1},\ \Re v_{k2},\ \cdots,\ \Re v_{kn_k}\},\ \ \Im V_k = \{\Im v_{k1},\ \Im v_{k2},\ \cdots,\ \Im v_{kn_k}\}$$

라고 놓으면, 명제 1.5.4에 의해 $\{\Re V_k,\ \Im V_k\}$는 $G_\mu(A) \oplus G_{\overline{\mu}}(A)$의 실기저이다. 따라서

$$\{U_1,\ U_2,\ \cdots,\ U_p,\ \Re V_1,\ \Im V_1,\ \Re V_2,\ \Im V_2,\ \cdots,\ \Re V_q,\ \Im V_q\}$$

는 $\mathbb{R}^m$ 의 실기저이다. 이 벡터들을 $t=0$ 에서의 초기점으로 하는 m 개의 해는 방정식 (2.34)의 실기본해가 된다. u_{ji} 를 초기점으로 하는 해는 $\phi_{ji}(t)$ 이다. 한편, v_{ki} 를 초기점으로 하는 해는

$$\psi_{ki}(t) = e^{tA}v_{ki} = e^{tA}(\Re v_{ki} + \sqrt{-1}\Im v_{ki})$$

이다. A 가 실행렬이므로

$$\Re\psi_{ki}(t) = e^{tA}\Re v_{ki}, \quad \Im\psi_{ki}(t) = e^{tA}\Im v_{ki}$$

가 된다. □

(2.45)로부터 생성되는 공간은 복소함수해 전체의 공간 S 의 실수화 $S^{\mathbb{R}}$ 의 구조를 보여주고 있다.

3.3 극한공식

여기서는 방정식 (2.34)의 기본행렬 e^{tA} 의 행태를 보자. $\mathbb{C}^m$ 으로부터 $\lambda \in \sigma(A)$ 에 대응하는 일반화된 고유공간 $G_\lambda(A)$ 로의 사영을 P_λ 라고 하자. 그리고 W_λ 를 $\lambda \in \sigma(A)$ 에 대응하는 A 의 고유공간이라 하고

$$\Re_m(A) = \min\{\Re\lambda : \lambda \in \sigma(A)\}, \ \Re_M(A) = \max\{\Re\lambda : \lambda \in \sigma(A)\}$$

라고 놓는다.

정리 2.3.7. 정방행렬 A 에 대하여 다음 부등식이 성립한다.

1) $\lambda \in \sigma(A)$, $\alpha < \Re\lambda < \omega$ 라고 하면, 다음과 같은 양의 상수 L_ω, K_α 가 존재한다.

$$e^{t\Re\lambda} \le \|e^{tA}P_\lambda\| \le L_\omega e^{t\omega}, \quad t \ge 0 \tag{2.46}$$

$$e^{s\Re\lambda} \le \|e^{sA}P_\lambda\| \le K_\alpha e^{s\alpha}, \quad s \le 0. \tag{2.47}$$

2) $\alpha < \Re_m(A)$, $\omega > \Re_M(A)$ 라고 하면, 다음과 같은 양의 상수 M_α, N_ω 가 존재한다.

$$e^{t\Re_M(A)} \le \|e^{tA}\| \le N_\omega e^{\omega t}, \quad t \ge 0 \tag{2.48}$$

$$e^{s\Re_m(A)} \le \|e^{sA}\| \le M_\alpha e^{\alpha s}, \quad s \le 0. \tag{2.49}$$

증명 1) $W_\lambda \subset \mathcal{R}(P_\lambda)$ 이므로 $Ax = \lambda x$, $x \ne 0$, $x \in \mathcal{R}(P_\lambda)$ 인 벡터 x 가 존재한다. 따라서 e^{tA} 의 스펙트럼 분해정리에 의해

$$e^{tA}P_\lambda x = e^{tA}x = e^{\lambda t}x$$

이므로

$$e^{t\Re\lambda}\|x\| = \|e^{\lambda t}x\| = \|e^{tA}P_\lambda x\| \le \|e^{tA}P_\lambda\|\|x\|.$$

마지막 부등식에서는 행렬의 작용소 노음의 성질을 썼다. 따라서 $e^{t\Re\lambda} \le \|e^{tA}P_\lambda\| (t \in \mathbb{R})$을 얻는다. 다음으로 e^{tA}의 스펙트럼 분해정리

$$e^{tA}P_\lambda = e^{t\lambda} \sum_{j=0}^{h_\lambda - 1} \frac{t^j}{j!}(A - \lambda E)^j P_\lambda$$

에 의해 $\omega > \Re\lambda$, $t \ge 0$일 때

$$\|e^{-t\omega}e^{tA}P_\lambda\| \le e^{-t(\omega - \Re\lambda)} \sum_{j=0}^{h_\lambda - 1} \frac{t^j}{j!}\|(A - \lambda E)^j P_\lambda\|.$$

$t > 0$, $a > 0$일 때, 테일러 전개에 의해

$$e^{-at} = \frac{1}{e^{at}} < \frac{1}{(at)^j/j!} = \frac{j!}{a^j t^j}$$

이 성립한다. $t^j e^{-at}/j! < 1/a^j$, $t \ge 0$이므로

$$\|e^{-t\omega}e^{tA}P_\lambda\| \le \sum_{j=0}^{h_\lambda - 1} \frac{\|(A - \lambda E)^j P_\lambda\|}{(\omega - \Re\lambda)^j}.$$

우변의 값을 L_ω라고 놓으면 (2.46)이 성립된다.

$\alpha < \Re\lambda, s < 0$일 때 $s = -t$라고 놓으면

$$e^{-s\alpha}e^{sA}P_\lambda = e^{t(\alpha - \lambda)} \sum_{j=0}^{h_\lambda - 1} \frac{(-t)^j}{j!}(A - \lambda E)^j P_\lambda$$

이므로

$$\|e^{-s\alpha}e^{sA}P_\lambda\| \le \sum_{j=0}^{h_\lambda - 1} \frac{\|(A - \lambda E)^j P_\lambda\|}{(\Re\lambda - \alpha)^j}.$$

우변의 값을 K_α라고 놓으면 (2.47)이 성립된다.

2) $\lambda \in \sigma(A)$에 대응하는 A의 고유벡터 x, $x \ne 0$을 택하면 $\|e^{tA}x\| = \|e^{t\lambda}x\| = e^{t\Re\lambda}\|x\|$이므로 $\|e^{tA}\| \ge e^{t\Re\lambda}$를 얻는다. 따라서 (2.48)과 (2.49)의 첫째 부등식이 성립한다.

다음으로

$$e^{tA} = \sum_{\lambda \in \sigma(A)} e^{t\Re\lambda} \sum_{j=0}^{h_\lambda - 1} \frac{t^j}{j!}(A - \lambda E)^j P_\lambda$$

이므로

$$M_\alpha = \sum_{\lambda \in \sigma(A)} \sum_{j=0}^{h_\lambda - 1} \frac{\|(A - \lambda E)^j P_\lambda\|}{(\Re\lambda - \alpha)^j}, \quad N_\omega = \sum_{\lambda \in \sigma(A)} \sum_{j=0}^{h_\lambda - 1} \frac{\|(A - \lambda E)^j P_\lambda\|}{(\omega - \Re\lambda)^j}$$

라고 놓으면 (2.48)과 (2.49)의 둘째 부등식이 성립한다. □

따름정리 2.3.5. $\sigma(A) = \{\lambda_1, \lambda_2, \cdots, \lambda_p\}$, 즉 A의 p개의 고유값 모두가 서로 다르면, 정리 2.3.7의 (2.48)과 (2.49)는 다음과 같이 정밀화된다. 상수 $M \geq 1$이 존재하여

$$e^{t\Re_M(A)} \leq \|e^{tA}\| \leq Me^{t\Re_M(A)}, \quad t \geq 0 \tag{2.50}$$

$$e^{s\Re_m(A)} \leq \|e^{sA}\| \leq Me^{s\Re_m(A)}, \quad s \leq 0 \tag{2.51}$$

이 성립한다.

증명 가정에 의해 A는 반단순이므로 e^{tA}의 스펙트럼 분해정리에 의해

$$e^{tA} = \sum_{\lambda \in \sigma(A)} e^{\lambda t} P_\lambda$$

이다. $M = \sum_{\lambda \in \sigma(A)} \|P_\lambda\|$라고 놓으면, 분명히 $M = \sum_{\lambda \in \sigma(A)} \|P_\lambda\| \geq \|E\| = 1$이다. $t \geq 0$에 대하여

$$\begin{aligned}\|e^{tA}\| &\leq e^{t\Re_M(A)} \sum_{\lambda \in \sigma(A)} e^{t(\Re\lambda - \Re_M(A))} \|P_\lambda\| \\ &\leq e^{t\Re_M(A)} \sum_{\lambda \in \sigma(A)} \|P_\lambda\|.\end{aligned}$$

마찬가지로, $s \leq 0$에 대하여

$$\|e^{sA}\| \leq e^{s\Re_m(A)} \sum_{\lambda \in \sigma(A)} \|P_\lambda\|.$$

따라서 정리 2.3.7과 합치면 결론을 얻는다. □

위 사실에 의하여 다음의 **극한정리 (limit theorem)**를 보일 수 있다.

정리 2.3.8. 정방행렬 A에 대하여 다음과 같은 극한 공식이 성립한다.

1) $\lim_{t\to+\infty} \frac{\log\|e^{tA}P_\lambda\|}{t} = \lim_{s\to-\infty} \frac{\log\|e^{sA}P_\lambda\|}{s} = \Re\lambda.$

2) $\lim_{t\to+\infty} \frac{\log\|e^{tA}\|}{t} = \Re_M(A), \quad \lim_{s\to-\infty} \frac{\log\|e^{sA}\|}{s} = \Re_m(A).$

증명 1) $\Re\lambda < \omega$일 때 (2.46)으로부터

$$\Re\lambda \leq \liminf_{t\to\infty} \frac{\log\|e^{tA}P_\lambda\|}{t} \leq \limsup_{t\to\infty} \frac{\log\|e^{tA}P_\lambda\|}{t} \leq \omega$$

를 얻는다. ω는 $\Re\lambda$보다 얼마든지 작게 취할 수 있으므로

$$\lim_{t\to\infty} \frac{\log\|e^{tA}P_\lambda\|}{t} = \Re\lambda$$

가 성립한다. 같은 방법으로 (2.47)에 의해 다음 부등식을 얻는다.

$$\lim_{s\to-\infty}\frac{\log\|e^{sA}P_\lambda\|}{s}=\Re\lambda.$$

2) (2.48)과 (2.49)로부터 1)과 같은 방법으로 증명된다. □

$f(t)=\log\|e^{tA}\|$ 또는 $f(t)=\log\|e^{tA}P_\lambda\|$ 라고 놓으면,

$$f(t+s)\le f(t)+f(s)\quad (t,\ s\ge 0) \tag{2.52}$$

이 성립한다. (2.52)를 만족하는 함수 $f:[0,\infty)\to\mathbb{R}$를 **열가법적(subadditive)**이라고 말한다. 이 함수는 다음 성질을 가진다.

도움정리 2.3.3. $f:[0,\infty)\to\mathbb{R}$가 열가법적이고, 임의의 유계구간 위에서 유계이면,

$$\gamma_0=\inf_{t>0}\frac{f(t)}{t}$$

는 유한 또는 $-\infty$이고, 동시에

$$\gamma_0=\lim_{t\to\infty}\frac{f(t)}{t} \tag{2.53}$$

가 성립한다.

증명 $\inf_{t>0}f(t)/t\le f(1)/1=f(1)$이므로 γ_0는 유한 또는 $-\infty$이다. 임의의 $\gamma>\gamma_0$에 대하여 $f(t_\gamma)/t_\gamma<\gamma$인 $t_\gamma>0$이 존재한다. 따라서 임의의 $t>0$은 $t=n(t)t_\gamma+s, n(t)\in\mathbb{N}, 0\le s<t_\gamma$로 표현된다. $f(t)$의 열가법성에 의해

$$f(t)=f(n(t)t_\gamma+s)\le f(n(t)t_\gamma)+f(s)\le n(t)f(t_\gamma)+f(s).$$

$f(s)\le M_\gamma$ $(0\le s\le t_\gamma)$인 M_γ가 존재하므로 위 식은 다음과 같이 변형된다.

$$\frac{f(t)}{t}\le\frac{n(t)f(t_\gamma)+f(s)}{t}\le\frac{f(t_\gamma)}{t_\gamma+s/n(t)}+\frac{M_\gamma}{t}.$$

$t\to\infty$일 때 $s/n(t)\to 0$이므로

$$\limsup_{t\to\infty}\frac{f(t)}{t}\le\frac{f(t_\gamma)}{t_\gamma}<\gamma.$$

$\gamma>\gamma_0$의 임의성에 의해 $\limsup\limits_{t\to\infty}f(t)/t\le\gamma_0$. 한편, $\gamma_0\le\liminf\limits_{t\to\infty}f(t)/t$이므로 (2.53)이 성립한다. □

정리 2.3.8와 도움정리 2.3.3에 의해 다음 결과를 얻는다.

따름정리 2.3.6. 정방행렬 A에 대하여 다음 극한공식이 성립한다.

1)

$$\lim_{t\to+\infty}\frac{\log\|e^{tA}P_\lambda\|}{t}=\inf_{t>0}\frac{\log\|e^{tA}P_\lambda\|}{t}=\Re\lambda$$
$$\lim_{s\to-\infty}\frac{\log\|e^{sA}P_\lambda\|}{s}=\sup_{s<0}\frac{\log\|e^{sA}P_\lambda\|}{s}=\Re\lambda.$$

2)

$$\lim_{t\to+\infty}\frac{\log\|e^{tA}\|}{t}=\inf_{t>0}\frac{\log\|e^{tA}\|}{t}=\Re_M(A)$$
$$\lim_{s\to-\infty}\frac{\log\|e^{sA}\|}{s}=\sup_{s<0}\frac{\log\|e^{sA}\|}{s}=\Re_m(A).$$

3.4 해의 유계성

비제차 상수계수 선형미분방정식 (2.41)의 **유계해(bounded solution)**의 존재성에 대하여 서술하자. $\sigma(A)$가 다음과 같이 분리되어 있다고 하자.

$$\sigma(A)=\sigma_1(A)\cup\sigma_2(A),\quad \sigma_1(A)\cap\sigma_2(A)=\emptyset.$$

여기서 $\sigma_1(A),\sigma_2(A)$의 어느 한쪽이 공집합이라고 해도 무방하다.

$$\mathbb{C}_1^m=\bigoplus_{\lambda\in\sigma_1(A)}G_\lambda(h_\lambda),\ \ \mathbb{C}_2^m=\bigoplus_{\lambda\in\sigma_2(A)}G_\lambda(h_\lambda)$$

라고 놓으면, (1.30)에 의해 $\mathbb{C}^m$은

$$\mathbb{C}^m=\mathbb{C}_1^m\oplus\mathbb{C}_2^m$$

과 같이 직합분해된다. 대응하는 사영을 P_1,P_2라고 나타내면 분명히

$$P_1\mathbb{C}^m=\mathbb{C}_1^m,\ \ P_2\mathbb{C}^m=\mathbb{C}_2^m,\ \ E=P_1+P_2.$$

일반적으로 $g:\mathbb{R}\to\mathbb{C}^m$이 연속미분가능하고 $h:\mathbb{R}\to\mathbb{C}^m$이 연속이면

$$P_k\frac{d}{dt}g(t)=\frac{d}{dt}P_kg(t),\ \ P_k\int_0^t h(s)ds=\int_0^t P_kh(s)ds,\ \ k=1,2$$

가 성립한다. $x(t)$가 방정식 (2.41)의 해이면, 임의의 $t\in\mathbb{R}$에 대하여 $P_kx(t)\in\mathbb{C}_k^m$이다. 따라서 방정식 (2.41)의 양변에 P_k를 작용하면,

$$\frac{d}{dt}P_kx(t)=AP_kx(t)+P_kf(t)$$

가 된다. 즉, $P_kx(t)$는 방정식

$$\frac{d}{dt}y(t)=Ay(t)+P_kf(t),\ \ \text{그리고}\ \ \frac{d}{dt}y(t)=AP_ky(t)+P_kf(t)\tag{2.54}$$

의 해이다. 그러므로 $x(t)=P_1x(t)+P_2x(t)$이다.

일반적으로 $\mathbb{C}_k^m$ 에 값을 가지는 함수 $y(t)$ 가 방정식 (2.54)를 만족하면, $y(t)$ 를 방정식 (2.41)의 $\mathbb{C}_k^m$ 위의 해라고 말한다.

도움정리 2.3.4. $y(t)$ 가 방정식 (2.41)의 $\mathbb{C}_k^m$ 위의 해이기 위한 필요충분조건은 $y(t)$ 가 방정식 (2.54)의 해이고 $y(0) \in \mathbb{C}_k^m$ 을 만족하는 것이다.

증명 $y(t)$ 가 방정식 (2.54)의 해이고 $y(0) \in \mathbb{C}_k^m$ 이라고 하자. 그러면 $P_k y(0) = y(0)$ 이므로

$$\begin{aligned} y(t) &= e^{tA} y(0) + \int_0^t e^{(t-s)A} P_k f(s) ds \\ &= e^{tA} P_k y(0) + \int_0^t e^{(t-s)A} P_k f(s) ds \\ &= P_k \left(e^{tA} y(0) + \int_0^t e^{(t-s)A} f(s) ds \right) \end{aligned}$$

를 얻는다. 즉, $y(t) \in \mathbb{C}_k^m$ 을 의미한다. 역도 분명하다. □

다음 도움정리는 도움정리 2.3.4와 (2.54)로부터 분명하다.

도움정리 2.3.5. 방정식 (2.41)의 해 $x(t)$ 는 $x(t) = P_1 x(t) + P_2 x(t)$ 와 같이 분해되고, 그 성분 $P_k x(t) (k = 1, 2)$ 는 방정식 (2.41)의 $\mathbb{C}_k^m$ 위의 해이다. 거꾸로 $y(t), z(t)$ 가 각각 방정식 (2.41)의 $\mathbb{C}_1^m$, $\mathbb{C}_2^m$ 위의 해이면, 그 합 $x(t) := y(t) + z(t)$ 도 방정식 (2.41)의 해이다.

방정식 (2.41)에 대한 **그린(Green) 함수** $G_A(t)$ 를

$$G_A(t) = \begin{cases} e^{At} P_1, & t > 0 \\ -e^{At} P_2, & t < 0 \end{cases}$$

이라고 정의한다.

성질 2.3.1. 그린 함수 $G_A(t)$ 는 다음 성질을 가진다.

1) $G_A(t)$ 는 $t \neq 0$ 에서 연속미분가능하고,

$$\frac{d}{dt} G_A(t) = A G_A(t)$$

를 만족한다.

2) $G_A(+0) - G_A(-0) = E$ 가 성립한다. 여기서 $G_A(\pm 0) = \lim_{t \to \pm 0} G_A(t)$ (부호동순).

3) 함수

$$x(t) = \int_a^b G_A(t-s) f(s) ds \ (-\infty < a \le t \le b < +\infty)$$

는 방정식 (2.41)의 해이다.

증명 1) $G_A(t)$ 의 정의로부터 명백하다.

2) $G_A(+0) = P_1$, $G_A(-0) = -P_2$ 이므로 $G_A(+0) - G_A(-0) = P_1 + P_2 = E$ 가 성립한다.

3) $G_A(t)$의 정의에 의해

$$x(t) = \int_a^t e^{(t-s)A} P_1 f(s)ds - \int_t^b e^{(t-s)A} P_2 f(s)ds$$
$$= \int_a^t e^{(t-s)A} P_1 f(s)ds + \int_b^t e^{(t-s)A} P_2 f(s)ds.$$

양변을 t로 미분하면,

$$\frac{d}{dt}x(t) = Ax(t) + P_1 f(t) + P_2 f(t)$$
$$= Ax(t) + f(t)$$

가 된다. □

적분

$$\int_t^\infty G_A(t-s)f(s)ds, \quad \int_{-\infty}^t G_A(t-s)f(s)ds$$

가 존재한다면, $a = -\infty, b = \infty$라고 해도 무방하다.

특별한 경우로서 A가 순허수의 고유값을 가지지 않는 경우를 고찰하자.

$$\sigma_-(A) = \{\lambda \in \sigma(A) \ : \ \Re\lambda < 0\}$$
$$\sigma_+(A) = \{\lambda \in \sigma(A) \ : \ \Re\lambda > 0\}$$

이라고 놓으면, $\sigma(A) = \sigma_-(A) \cup \sigma_+(A)$이다. $\mathbb{C}_1^m$, $\mathbb{C}_2^m$, P_1, P_2와 마찬가지로 $\mathbb{C}_-^m$, $\mathbb{C}_+^m$, P_-, P_+를 정의한다. 그러면 그린 함수 $G_A(t)$는

$$G_A(t) = \begin{cases} e^{At}P_-, & t > 0 \\ -e^{At}P_+, & t < 0 \end{cases} \tag{2.55}$$

라고 정의된다. $\sigma_-(A)$, $\sigma_+(A)$의 어느 한쪽이 공집합이라도 좋다는 것에 주의하자. 예컨대 $\sigma_-(A) = \emptyset$이면, (2.55)에서 $P_- = O, P_+ = E$라고 해도 무방하다.

이 그린 함수에 대하여 다음 평가식이 성립한다. 적당한 양수 $\nu > 0$과 $N > 0$이 존재하여

$$\|G_A(t)\| \le Ne^{-\nu|t|}, \quad t \in \mathbb{R} \tag{2.56}$$

이 성립한다. 증명은 정리 2.3.7로부터 분명하다.

더욱이 $x(t)$가 방정식 (2.41)의 해이면, 성분 $P_-x(t)$, $P_+x(t)$는 각각 방정식

$$\frac{d}{dt}y(t) = Ay(t) + P_-f(t), \ \text{또는} \ \frac{d}{dt}y(t) = AP_-y(t) + P_-f(t), \tag{2.57}$$

$$\frac{d}{dt}z(t) = Az(t) + P_+f(t), \ \text{또는} \ \frac{d}{dt}z(t) = AP_+z(t) + P_+f(t) \tag{2.58}$$

의 해이다.

도움정리 2.3.6. $\sigma(A) = \sigma_-(A) \cup \sigma_+(A)$ 라 하고, $x(t)$를 방정식 (2.34)의 해라고 하자.

1) $x(t)$가 반구간 $[t_0, \infty)$ 위에서 유계이면, 적당한 $w_- \in \mathbb{C}^m_-$를 써서

$$x(t) = e^{(t-t_0)A} w_-$$

로 표현되며, 또한 역도 성립한다.

2) $x(t)$가 반구간 $(-\infty, t_0]$ 위에서 유계이면, 적당한 $w_+ \in \mathbb{C}^m_+$를 써서

$$x(t) = e^{(t-t_0)A} w_+$$

로 표현되며, 또 역도 성립한다. 뿐만 아니라 $\mathbb{R}$ 위의 유계해 $x(t)$는 자명한 해 0뿐이다.

증명 $x(t_0) = w$라고 놓으면, 해는 $x(t) = e^{(t-t_0)A} w$로 표현되며,

$$x(t) = e^{(t-t_0)AP_-} P_- w + e^{(t-t_0)AP_+} P_+ w$$

와 같이 분해된다. $P_+ w = 0$이면, $x(t)$는 $[t_0, \infty)$에서 유계이다. 거꾸로 $x(t)$가 $[t_0, \infty)$ 위에서 유계해이면, $P_+ w = 0$임을 보이자. $x(t)$가 $[t_0, \infty)$ 위에서 유계이면, $P_+ x(t)$도 $[t_0, \infty)$ 위에서 유계이다.

$$P_+ x(t) = e^{(t-t_0)AP_+} P_+ w$$

이므로 $\|e^{(t-t_0)AP_+} P_+ w\|$도 $t > t_0$에서 유계, 즉 $t - t_0 = s$라고 놓으면, $\|e^{sAP_+} P_+ w\| \le c\ (s > 0)$를 만족하는 양수 $c > 0$이 존재한다. 그러면 적당한 양수 $\nu > 0$과 $N > 0$이 존재하여

$$\|P_+ w\| = \|e^{-sAP_+} \left(e^{sAP_+} P_+ w\right)\| \le N e^{-\nu s} c \ \ (s > 0)$$

가 성립한다. $s \to +\infty$이면, $P_+ w = 0$임을 곧 알 수 있다. 나머지도 마찬가지로 증명된다. □

다음 정리는 방정식 (2.41)의 $\mathbb{R}$ 위에서의 유계해의 유일 존재성과 A의 고유값과의 관계를 보여주고 있다.

정리 2.3.9. 영이 아닌 모든 유계연속함수 $f : \mathbb{R} \to \mathbb{C}^m$에 대하여 방정식 (2.41)의 $\mathbb{R}$ 위에서의 유계해가 유일하게 존재하기 위한 필요충분조건은 허수축 위에 A의 고유값이 존재하지 않는 것이다. 그러면 유계해는

$$x(t) = \int_{-\infty}^{\infty} G_A(t-s) f(s) ds \tag{2.59}$$

로 표현된다. 여기서 $G_A(t)$는 (2.55)에서 정의된 그린 함수이다.

증명 영이 아닌 모든 유계연속함수 f에 대하여 방정식 (2.41)의 $\mathbb{R}$ 위에서의 유계해가 유일하게 존재한다고 가정하자. $f(t)$로 상수벡터 $b \neq 0$을 택하자. 그러면 방정식

$$\frac{d}{dt} x(t) = Ax + b$$

는 가정에 의해 $\mathbb{R}$ 위에서 유계해 $x(t)$가 유일하게 존재한다. 이 방정식은 자율계이므로 부록의 성질 B.4.1에 의해 임의의 τ에 대하여 $x(t+\tau)$도 이 방정식의 해이다. 유계해의 유일성에 의해 $x(t+\tau) = x(t), t \in \mathbb{R}$이다. 따라서 해는 상수해 $x(t) = c$이고 $Ac = -b$를 만족한다. 즉, 임의의 $b \neq 0$에 대하여 $Ax = -b$의 해가 유일하게 존재한다. 따라서 A는 정칙행렬이다. 그러므로 0은 A의 고유값이 아니다.

A가 순허수의 고유값 $i\omega, \omega \neq 0$을 가지고, $i\omega$에 대응하는 A의 고유벡터를 u라고 하면, $x(t) = -A^{-1}b + e^{i\omega t}u$도 $x' = Ax + b$의 유계해이다. 이것은 유계해의 유일성에 어긋나므로, A는 순허수의 고유값을 가지지 않는다.

다음으로 허수축 위에 A의 고유값이 존재하지 않다고 가정하자. 그린 함수 $G_A(t)$의 평가식 (2.56)을 써서 함수(2.59)는

$$\|x(t)\| \leq N \int_{-\infty}^{\infty} e^{-\nu|t-s|}\|f(s)\|ds \leq \frac{2N}{\nu} \sup_{t\in\mathbb{R}} \|f(t)\|$$

와 같이 평가된다. 그린 함수의 성질로부터 함수 (2.59)는 방정식 (2.41)의 $\mathbb{R}$ 위에서의 유계해이다. 유일성은 도움정리 2.3.6에 의해 얻어진다. □

다음 정리는 방정식 (2.41)의 반무한구간 $[t_0, \infty)$ 위에서의 유계해의 존재성을 보여주고 있다.

정리 2.3.10. $\sigma(A) = \sigma_-(A) \cup \sigma_+(A)$ 라고 하자. 방정식 (2.41)에 있어서 $f(t)$가 반무한구간 $[t_0, \infty)$에서 유계라고 가정하자. 그러면 방정식 (2.41)의 $[t_0, \infty)$ 위에서의 유계해 $x(t)$는 적당한 $w_- \in \mathbb{C}^m_-$를 써서

$$x(t) = e^{(t-t_0)A}w_- + \int_{t_0}^{\infty} G_A(t-s)f(s)ds \tag{2.60}$$

와 같이 표현되며, 또한 역도 성립한다.

증명 방정식 (2.41)의 $[t_0, \infty)$에서의 유계해 전체를 X라고 나타내자.

$$\varphi(t) := \int_{t_0}^{\infty} G_A(t-s)f(s)ds$$

라고 놓으면, 정리 2.3.9의 증명과 마찬가지로 $\varphi \in X$ 임을 확인할 수 있다. $x \in X$일 때 $y := x - \varphi$는 $[t_0, \infty)$ 위에서 유계이고, 제차 선형방정식 $x' = Ax$의 해이다. $\sigma(A) = \sigma_-(A) \cup \sigma_+(A)$이므로 제차 선형방정식의 $[t_0, \infty)$에서의 유계해 y는 $y(t) = e^{(t-t_0)A}w_-, w_- \in \mathbb{C}^m_-$와 같이 표현된다. 따라서 $x(t)$는 (2.60)과 같이 표현된다. 역도 평가식 (2.56)에 의하여 분명하다. □

제 4 절 주기계수 선형미분방정식계

이 절에서는 제차 주기계수 선형미분방정식계

$$\frac{dx}{dt} = A(t)x \tag{2.61}$$

를 고찰한다. 여기서 $A(t)$는 연속인 m차 행렬값 함수이고 주기 $\tau > 0$을 갖는다고 하자. 즉 $A(t+\tau) = A(t)$, $t \in \mathbb{R}$. 특히 제차 주기계수 선형미분방정식계 (2.61)의 해작용소의 성질, 해의 표현으로서 플로케(Floquet) 정리, 특성지수, 특성승수의 개념과 그 성질을 다루며, 비제차 주기계수 선형미분방정식계의 주기해의 존재성에 대하여 고찰한다.

4.1 플로케 정리

먼저 방정식 (2.61)의 해작용소의 성질을 서술하자.

성질 2.4.1. $x(t)$가 제차 주기계수 선형미분방정식 (2.61)의 해이면, $x(t+\tau)$도 제차 주기계수 선형미분방정식 (2.61)의 해이다. $X(t)$가 제차 주기계수 선형미분방정식 (2.61)의 기본행렬이면, $X(t+\tau)$도 제차 주기계수 선형미분방정식 (2.61)의 기본행렬이다.

증명 $x(t)$가 방정식 (2.61)의 해이므로

$$\frac{d}{dt}x(t+\tau) = A(t+\tau)x(t+\tau) = A(t)x(t+\tau)$$

를 얻는다. 따라서 $x(t+\tau)$도 해이다. 마찬가지로 $X(t+\tau)$ 도 방정식 (2.61)의 행렬해이다. 한편, 모든 t에 대하여 $\det X(t) \neq 0$이므로 $\det X(t+\tau) \neq 0$이다. 따라서 $X(t+\tau)$는 방정식 (2.61)의 기본행렬이다. □

성질 2.4.2. 제차 주기계수 선형미분방정식계 (2.61)의 해작용소 $U(t,s)$는 다음 성질을 가진다. $k \in \mathbb{Z}$라고 하자.

1) $U(t \pm \tau, s \pm \tau) = U(t,s)$ (부호동순). 특히 $U(t+\tau, \tau) = U(t,0)$이다.
2) $U(s+k\tau, s) = U^k(s+\tau, s)$.
3) $U(t+k\tau, s) = U(t,0)U^k(\tau,0)U(0,s)$.

증명 1) 임의의 $x_0 \in \mathbb{C}^m$에 대하여 $y(t) := U(t+\tau, s+\tau)x_0$는 $y(t) = x(t+\tau; s+\tau, x_0)$라고 표현된다. 따라서 $y(s) = x_0$이고, 성질 2.4.1에 의해 $y(t)$는 방정식 (2.61)의 해이다. 한편, 해작용소 $U(t,s)$의 정의로부터 $y(t) = U(t,s)x_0$이므로 $U(t+\tau, s+\tau) = U(t,s)$를 얻는다. 그러므로 $U(t,s) = U(t-\tau+\tau, s-\tau+\tau) = U(t-\tau, s-\tau))$가 성립한다.

2) $k=0$인 경우는 분명하다. 해작용소의 성질 2.2.3으로부터

$$U(s+k\tau, s) = U(s+k\tau, s+(k-1)\tau)U(s+(k-1)\tau, s)$$

가 성립한다. 이것과 1)을 이용하면 $k \in \mathbb{N}$에 대하여

$$U(s+k\tau, s+(k-1)\tau) = U(s+(k-1)\tau, s+(k-2)\tau) = \cdots = U(s+\tau, s)$$

이므로 $U(s+k\tau, s) = U(s+\tau, s)U(s+(k-1)\tau, s)$를 얻는다. 이 과정을 되풀이하면 $k \in \mathbb{N}_0$에 대하여 2)가 성립한다. 또 $k \in \mathbb{N}$이라고 하면 해작용소의 성질 2.2.3과 1)에 의해

$$\begin{aligned} U^{-k}(s+\tau, s) &= U^k(s, s+\tau) = U^{k-1}(s, s+\tau)U(s, s+\tau) \\ &= U^{k-2}(s, s+\tau)U(s, s+2\tau). \end{aligned}$$

그러므로 $U^{-k}(s+\tau, s) = U(s, s+k\tau) = U(s-k\tau, s)$를 얻는다. 따라서 모든 $k \in \mathbb{Z}$에 대하여 2)가 성립한다.

3) 2)에 의해 $k \in \mathbb{Z}$에 대하여 $U(k\tau, 0) = U^k(\tau, 0)$가 성립하므로

$$\begin{aligned} U(t+k\tau, s) &= U(t+k\tau, k\tau)U(k\tau, 0)U(0, s) \\ &= U(t, 0)U^k(\tau, 0)U(0, s) \end{aligned}$$

를 얻는다. □

다음으로 주기계수 선형미분방정식계 (2.61)의 기본행렬의 모양을 결정하는 문제, 즉 플로케 정리를 고찰하자.

정리 2.4.1. (플로케 정리) $X(t)$를 주기계수 선형미분방정식계 (2.61)의 기본행렬이라고 하자. $A(t)$의 최소주기가 $\tau > 0$이면, 최소주기 τ를 가진 정칙인 행렬값 C^1급 함수 $P(t)$와 상수행렬 R이 존재하여, $X(t)$는 다음과 같이 표현된다.

$$X(t) = P(t)e^{tR}.$$

증명 $X(t)$가 방정식 (2.61)의 기본행렬이면, 성질 2.4.1에 의해 $X(t+\tau)$도 기본행렬이므로 $X(t+\tau) = X(t)C$인 정칙인 상수행렬 C가 존재한다. C가 정칙이므로 정리 1.8.6에 의해 $C = e^{\tau R}$인 행렬 R이 존재한다. 따라서 $X(t+\tau) = X(t)e^{\tau R}$.

$$P(t) = X(t)e^{-tR}$$

이라고 놓으면, 임의의 $t \in \mathbb{R}$에 대하여

$$P(t+\tau) = X(t+\tau)e^{-(t+\tau)R} = X(t)e^{\tau R}e^{-\tau R}e^{-tR} = X(t)e^{-tR} = P(t).$$

다음으로 $P(t)$의 최소주기가 τ임을 밝히자. 이제, $0 < \sigma < \tau$를 만족하는 주기 σ가 있다고 가정하면,

$$\begin{aligned} P(t+\sigma) &= X(t+\sigma)e^{-(t+\sigma)R} \\ &= X(t+\sigma)e^{-\sigma R}e^{-tR} \end{aligned}$$

이 성립한다. 그리고 $P(t+\sigma) = P(t)$ 이므로

$$X(t)e^{-tR} = X(t+\sigma)e^{-\sigma R}e^{-tR}.$$

따라서

$$X(t) = X(t+\sigma)e^{-\sigma R}.$$

위 식의 양변을 t에 관하여 미분하면,

$$A(t)X(t) = A(t+\sigma)X(t+\sigma)e^{-\sigma R} = A(t+\sigma)X(t)$$

가 되며

$$A(t) = A(t+\sigma)$$

를 얻는다. 이것은 τ의 정의와 모순이다. □

따름정리 2.4.1. $A(t)$는 실행렬값 함수이고 $X(t)$를 주기계수 선형미분방정식계 (2.61)의 실기본행렬이라고 하자. $A(t)$의 최소주기가 $\tau > 0$이면, 주기 2τ를 가진 정칙인 실행렬값 C^1 급 함수 $Q(t)$와 실상수행렬 R이 존재하여, $X(t)$는 다음과 같이 표현된다.

$$X(t) = Q(t)e^{tR}.$$

증명 $X(t)$가 방정식 (2.61)의 기본행렬이면, 정리 2.4.1의 증명에 의해 $X(t+\tau) = X(t)C$인 정칙인 실상수행렬 C가 존재한다. 따름정리 1.8.1에 의하여

$$X(t+2\tau) = X(t+\tau)C = X(t)C^2 = X(t)e^{2\tau R}$$

이고 실행렬 R이 존재한다. $Q(t) = X(t)e^{-tR}$이라고 놓으면

$$\begin{aligned} Q(t+2\tau) &= X(t+2\tau)e^{-(t+2\tau)R} = X(t)e^{2\tau R}e^{-(t+2\tau)R} \\ &= X(t)e^{-tR} = Q(t) \end{aligned}$$

가 성립한다. 나머지는 정리 2.4.1의 증명과 마찬가지이다. □

주 2.4.1. 위 정리에서 $X(t)$가 정칙이므로 $P(t)$도 정칙이고 $P^{-1}(t) = e^{tR}X^{-1}(t)$가 성립한다.

주 2.4.2. 위 정리에서 $X(t+\tau) = X(t)C$이고, 다른 기본행렬 $Y(t)$에 대하여 $Y(t+\tau) = Y(t)C'$이라고 놓으면, C와 C'은 닮은 행렬이다. 사실, $X(t) = Y(t)S$인 정칙인 상수행렬 S가 존재하므로

$$Y(t+\tau)S = X(t+\tau) = X(t)C = Y(t)SC$$

가 성립한다. 따라서 $Y(t+\tau) = Y(t)SCS^{-1}$, 즉 C와 C'은 닮은 행렬이다.

더욱이 $C = e^{\tau R}$, $C' = e^{\tau R'}$ 라고 놓으면 $SCS^{-1} = Se^{\tau R}S^{-1} = e^{\tau SRS^{-1}}$이므로 $e^{\tau R'} = e^{\tau SRS^{-1}}$이 성립한다.

정리 2.4.2. 정리 2.4.1에서 $P(t)$, R을 써서 변환 $x = P(t)y$를 사용하면 주기계수 선형미분방정식계 (2.61)은

$$\frac{dy}{dt} = Ry \tag{2.62}$$

로 귀착된다.

증명 방정식계 (2.61)의 해 $x(t)$는 $x(t) = P(t)e^{tR}c$, $c \in \mathbb{C}^m$과 같이 표현된다. 따라서 $x(t) = P(t)y(t)$로 변환하면 $P(t)$는 정칙이므로 $y(t) = e^{tR}c$가 성립한다. 그러므로 $y'(t) = Re^{tR}c = Ry(t)$이다. □

방정식계 (2.61)이 상수계수 선형미분방정식계인 경우, 모든 $\tau > 0$이 주기이다. 해의 기본행렬로 $X(t) = e^{tA}$를 택하면, 플로케 정리에서 상수행렬R는 $R = A$가 되고, $P(t)$는 $P(t) = X(t)e^{-tR} = e^{tA}e^{-tA} = E$가 된다. 따라서 방정식 (2.62)는 본래 방정식과 같아진다.

4.2 특성승수와 특성지수

먼저, 방정식 (2.61)의 특성승수와 특성지수에 대하여 설명하자. $U(t, s)$가 방정식 (2.61)의 해작용소일 때, $U(\tau, 0)$를 방정식 (2.61)의 **주기작용소(periodic operator)**(또는 모노드로미(monodromy) 작용소, 푸앵카레(Poincaré) 사상)라고 말하고 그 고유값 μ를 방정식 (2.61)의 **특성승수(characteristic multiplier)**라고 말한다.

방정식 (2.61)의 기본행렬 $X(t)$에 대하여 $X(t+\tau)$도 기본행렬이므로 $X(t+\tau) = X(t)C$가 되는 정칙행렬 C가 존재하고 C를 기본행렬 $X(t)$에 따르는 주기작용소라고 말한다. 분명히,

$$C = X^{-1}(0)X(\tau). \tag{2.63}$$

해작용소 $U(t, s)$는 $U(t, s) = X(t)X^{-1}(s)$로 주어지므로,

$$U(\tau, 0) = X(\tau)X^{-1}(0) = X(0)CX^{-1}(0).$$

따라서 $U(\tau, 0)$와 C는 닮은 행렬이므로 $U(\tau, 0)$과 C의 고유값은 일치한다. C는 정칙이므로 C의 고유값은 영이 아니다. 그러므로 방정식 (2.61)의 특성승수는 영이 아니다.

다른 한편, $U(\tau, 0)$는 정칙이므로 $U(\tau, 0) = e^{\tau R}$을 만족하는 행렬 R이 존재한다. R의 고유값의 집합을 $\sigma(R) = \{\lambda_1, \cdots, \lambda_s\}$라고 하면, 스펙트럼 사상정리 1.8.5, 즉 $\sigma(e^{\tau R}) = e^{\tau\sigma(R)}$에 의해 $\mu_i := e^{\tau\lambda_i}$는 $U(\tau, 0)$의 고유값이므로 방정식 (2.61)의 특성승수이다. 여기서 R의 고유값을 방정식의 (2.61)의 **특성지수(characteristic exponent)**라고 부른다. $\mu_i := e^{\tau\lambda_i}$일 때 임의의 $k = \pm 1, \pm 2, \cdots$ 에 대하여, $\lambda_{i,k} = \lambda_i + k(2\pi/\tau)\sqrt{-1}$이라고 놓으면, $e^{\tau\lambda_{i,k}} = \mu_i$이다. $R' = R + k(2\pi/\tau)\sqrt{-1}E$ 라고 놓으면, $e^{\tau R'} = e^{\tau R} = U(\tau, 0)$과 $\sigma(R') = \sigma(R) + k(2\pi/\tau)\sqrt{-1}$이 성립한다. 따라서 λ_i가 특성지수(R의 고유값)이면, $\lambda_{i,k}$도 특성지수 (R'의 고유값)이다. 이 사실로부터, 특성지수라는 것은 $\mu_i = e^{\tau\lambda}$를 만족하는 λ라고 말할 수 있다.

명제 2.4.1. $\mu_1, \mu_2, \cdots, \mu_n$ 을 방정식 (2.61)의 특성승수라고 하면,

$$\mu_1\mu_2\cdots\mu_n = \exp\left(\int_0^\tau trA(s)ds\right)$$

가 성립한다.

도움정리 2.4.1. μ가 방정식 (2.61)의 특성승수이면,

$$\varphi(t+\tau) = \mu\varphi(t) \quad (t \in \mathbb{R}) \tag{2.64}$$

을 만족하는 영이 아닌 해 $\varphi(t)$가 존재하며, 또한 역도 성립한다.

증명 μ가 특성승수이면, $U(\tau, 0)v = \mu v$를 만족하는 영이 아닌 벡터 $v \in \mathbb{C}^m$이 존재한다. 그러면 $\varphi(t) = U(t, 0)v$는 영이 아닌 해이며,

$$\begin{aligned}\varphi(t+\tau) &= U(t+\tau, 0)v = U(t+\tau, \tau)U(\tau, 0)v \\ &= U(t, 0)\mu v = \mu U(t, 0)v \\ &= \mu\varphi(t).\end{aligned}$$

거꾸로 영이 아닌 해 $\varphi(t)$가 (2.64)를 만족한다고 하자. 이 때 $t = 0$이라고 놓으면, $\varphi(\tau) = \mu\varphi(0)$이다. 한편 $\varphi(t) = U(t, 0)\varphi(0)$로 주어지므로 $\varphi(t+\tau) = U(t+\tau, 0)\varphi(0)$를 얻는다. $t = 0$이라고 놓으면, $\varphi(\tau) = U(\tau, 0)\varphi(0)$이므로 $\mu\varphi(0) = U(\tau, 0)\varphi(0)$를 얻는다. $\varphi(0) \neq 0$이므로 μ는 특성승수이다. □

도움정리 2.4.2. λ가 방정식 (2.61)의 특성지수이기 위한 필요충분조건은 방정식 (2.61)이

$$e^{t\lambda}q(t) \tag{2.65}$$

꼴의 영이 아닌 해를 갖는 것이다. 여기서 $q(t+\tau) = q(t)$, $t \in \mathbb{R}$.

증명 λ가 특성지수라는 것은 $\mu = e^{\tau\lambda}$ 가 특성승수라는 것이다. 따라서 도움정리 2.4.1에 의해 이 조건은

$$\varphi(t+\tau) = e^{\tau\lambda}\varphi(t) \tag{2.66}$$

를 만족하는 영이 아닌 해 $\varphi(t)$가 존재하는 것과 동치이다. 이 때 $q(t) = e^{-t\lambda}\varphi(t)$라고 놓으면, $\varphi(t) = e^{t\lambda}q(t)$이며,

$$q(t+\tau) = e^{-(t+\tau)\lambda}\varphi(t+\tau) = e^{-t\lambda}e^{-\tau\lambda}e^{\tau\lambda}\varphi(t) = q(t).$$

거꾸로 τ-주기해 $q(t)$를 이용하면 (3.45)와 같이 표현되는 해 $\varphi(t)$는 (2.66)을 만족한다. □

도움정리 2.4.3. $\mu \in \sigma(U(\tau, 0))$이고 $x(t)$는 초기점 $(0, x_0) \in \mathbb{R}\times\mathbb{C}^m$을 지나는 방정식 (2.61)의 해라고 하자. 그러면 다음 명제들은 동치이다.

1) $x(t+\tau) = \mu x(t) \;\; t \in \mathbb{R}$.
2) $x(\tau) = \mu x(0)$.

3) $x_0 \in W_\mu(U(\tau,0))$.

증명 $x_0 = 0 \in \mathbb{C}^m$ 일 때 증명은 분명하다. $x_0 \neq 0$ 이라고 하자. 먼저 3)은 2)로부터 유도되는 것을 보이자. $x(\tau) = U(\tau,0)x(0)$ 이고 $x(0) = x_0 \neq 0$ 이므로, $(U(\tau,0) - \mu E)x_0 = 0$ 을 얻는다. 이것은 $x_0 \in W_\mu(U(\tau,0))$ 를 의미한다. 다음으로 1)을 3)으로부터 유도하자. $t = 0$ 에서 $x_0 \in W_\mu(U(\tau,0))$ 를 지나는 방정식 (2.61)의 해 $x(t) = U(t,0)x_0$ 에 대하여 도움정리 2.4.1의 증명을 되풀이하면

$$x(t+\tau) = U(t+\tau,0)x_0 = \mu x(t)$$

를 얻는다. 남은 부분은 분명하다. □

다음 결과는 방정식 (2.61)의 해의 행태와 관계된다.

정리 2.4.3. 다음 명제가 성립한다.

1) 제차 주기계수 선형미분방정식계 (2.61)의 모든 해가 $t \to +\infty$ 일 때 0에 수렴하기 위한 필요충분조건은 $r_\sigma(U(\tau,0)) < 1$ 이 성립하는 것이다.

2) 제차 주기계수 선형미분방정식계 (2.61)의 모든 해가 $t \to +\infty$ 일 때 존재하기 위한 필요충분조건은 $r_\sigma(U(\tau,0)) \le 1$ 그리고 $\{\mu : |\mu| = 1, \mu \in \sigma(U(\tau,0))\} = \{1\}$ 이고 표수 $h_1(U(\tau,0)) = 1$ 이 성립하는 것이다.

증명 지금 $x(t)$ 를 방정식 (2.61)의 임의의 해라고 하자. 임의의 $t \in [0,\infty)$ 에 대하여 $k\tau \le t < (k+1)\tau$ 인 $k \in \mathbb{N}_0$ 가 존재한다. 따라서 해 $x(t)$ 는

$$x(t) = U(t,0)x(0) = U(t-k\tau,0)U^k(\tau,0)x(0)$$

와 같이 표현된다. $\|U(s,0)\|$ 는 $[0,\tau]$ 에서 유계임을 주의하자. 한편, 따름정리 1.7.2과 따름정리 1.7.3에 의해 다음 사실을 얻는다.

1) $\lim_{n\to\infty} U^n(\tau,0) = O \iff r_\sigma(U(\tau,0)) < 1$.

2) $\lim_{n\to\infty} U^n(\tau,0)$ 가 존재한다.

$\iff r_\sigma(U(\tau,0)) \le 1$ 또는 $\{\mu : |\mu| = 1, \mu \in \sigma(U(\tau,0))\} = \{1\}$ 이고 $h_1(U(\tau,0)) = 1$.

그러므로 이 사실을 쓰면 결과를 얻는다. □

마지막으로 $A(t)$ 의 가환부정적분이 존재하는 경우를 고찰하자.

정리 2.4.4. 제차 주기계수 선형미분방정식계 (2.61)에서 $A(t)$ 의 가환부정적분이 존재한다고 하자. $B(t)$ 가 $A(t)$ 의 가환부정적분이라고 하면, 방정식 (2.61)의 특성승수는 행렬

$$M = e^{B(\tau)}e^{-B(0)}$$

의 고유값이다.

특히, $B(t)$ 가 조건

$$B(\tau)B(0) - B(0)B(\tau) = O \tag{2.67}$$

을 만족하면,

$$M = e^{B(\tau)-B(0)} = e^{\tau C} \tag{2.68}$$

이다. 여기서

$$C = \frac{1}{\tau}\int_0^\tau A(r)dr. \tag{2.69}$$

증명 정리 2.2.9로부터 방정식 (2.61)의 해작용소 $U(t,s)$는 $U(t,s) = e^{B(t)}e^{-B(s)}$로 표현된다. 그리고 (2.67)이 성립하면, (2.68)의 첫째 등식은 분명하다. 둘째 등식은 $\frac{d}{dt}B(t) = A(t)$이므로

$$B(\tau) - B(0) = \int_0^\tau A(r)dr$$

이 된다. 이로부터 둘째 등식이 나온다. □

따름정리 2.4.2. 제차 주기계수 선형미분방정식계 (2.61) 에서 $A(t)A(s) = A(s)A(t), t, s \in \mathbb{R}$ 이라고 가정하자. 그러면 방정식 (2.61)의 특성승수는 행렬

$$M = \exp \int_0^\tau A(r)dr$$

의 고유값이다.

증명 명제 2.2.3으로부터 분명하다. □

명제 2.4.2. 정리 2.4.4의 가정과 조건 (2.67)을 가정하자. 그러면 방정식 (2.61)의 기본행렬 $X(t) = e^{B(t)}$는 플로케꼴

$$e^{B(t)} = e^{B_\tau(t)}e^{tC}$$

로 나타낼 수 있다. 여기서 C는 (2.69)에서 주어진 상수이며, $B_\tau(t)$는

$$B_\tau(t) = B(t) - tC$$

로 주어진 τ-주기 행렬값 함수이다.

증명 $B(t)$가 $A(t)$의 가환부정적분이고 $A(t)$의 주기성으로부터

$$\frac{d}{dt}[B(t+\tau) - B(t)] = A(t+\tau) - A(t) = O$$

을 얻는다. 즉

$$C = \tau^{-1}[B(\tau) - B(0)] = \tau^{-1}[B(t+\tau) - B(t)] \tag{2.70}$$

이다. 더욱이

$$\begin{aligned} &A(t)C - CA(t) \\ &= \tau^{-1}[A(t)B(t+\tau) - A(t)B(t)] - \tau^{-1}[B(t+\tau)A(t) - B(t)A(t)] \end{aligned}$$

$$= \tau^{-1}[A(t+\tau)B(t+\tau) - A(t+\tau)B(t+\tau)] - \tau^{-1}[A(t)B(t) - B(t)A(t)]$$
$$= O.$$

따라서

$$\frac{d}{dt}[B(t)C - CB(t)] = A(t)C - CA(t) = O$$

을 얻는다. 다시 말해서 $B(t)C - CB(t)$가 t와 무관계함을 보여주고 있다. 따라서 조건 (2.67)을 써서

$$\begin{aligned} B(t)C - CB(t) &= B(\tau)C - CB(\tau) \\ &= B(\tau)[\tau^{-1}(B(\tau) - B(0))] - [\tau^{-1}(B(\tau) - B(0))]B(\tau) \\ &= -\tau^{-1}[B(\tau)B(0) - B(0)B(\tau)] = O \end{aligned}$$

을 얻는다. 이 가환성에 의해

$$e^{B(t)} = e^{B(t)-tC+tC} = e^{B(t)-tC}e^{tC} = e^{B_\tau(t)}e^{tC}.$$

끝으로 $B_\tau(t)$의 τ-주기성을 보이기로 하자. (2.70)으로부터

$$B(t+\tau) = B(t) + \tau C$$

이므로

$$\begin{aligned} B_\tau(t+\tau) &= B(t+\tau) - (t+\tau)C \\ &= B(t) + \tau C - (t+\tau)C \\ &= B(t) - tC = B_\tau(t) \end{aligned}$$

가 된다. □

보기 2.4.1. 3차원 주기선형미분방정식 (2.61)을 고찰하자. 여기서

$$A(t) = \begin{pmatrix} 0 & \sin t & 1 \\ \sin t & 1 & \sin t \\ 1 & \sin t & 0 \end{pmatrix}$$

는 $A(t)A(s) = A(s)A(t)$이고 2π 주기 행렬값 함수이다. 가환부정적분의 하나인

$$B(t) = \begin{pmatrix} 0 & -\cos t & t \\ -\cos t & t & -\cos t \\ t & -\cos t & 0 \end{pmatrix}$$

는 주기를 갖지 않지만 조건 (2.67)을 만족한다. 이 때

$$C = (1/2\pi)[B(2\pi) - B(0)] = \begin{pmatrix} 0 & 0 & 1 \\ 0 & 1 & 0 \\ 1 & 0 & 0 \end{pmatrix},$$

$$B_{2\pi}(t) = \begin{pmatrix} 0 & -\cos t & 0 \\ -\cos t & 0 & -\cos t \\ 0 & -\cos t & 0 \end{pmatrix}.$$

분명히 $B_{2\pi}(t)$는 2π 주기이고, 기본행렬 $e^{B(t)}$는 다음과 같이 주어진다.

$$e^{B(t)} = e^{B_{2\pi}(t)} e^{tC}.$$

4.3 주기해의 존재성과 마세라 정리

여기서는 제차 주기계수 선형미분방정식 (2.61)에서 비제차항 $f(t)$가 들어 있는 비제차 주기계수 선형미분방정식계

$$\frac{dx}{dt} = A(t)x + f(t) \tag{2.71}$$

의 주기해의 존재성과 마세라 정리, 즉 유계해와 주기해의 관계에 대하여 주로 서술한다. 여기서 $f(t)$는 주기 τ를 가진 연속인 m차 벡터값 함수라고 가정하자.

1. 제차 주기계수 선형미분방정식계의 주기해

먼저, 제차 주기계수 선형미분방정식계 (2.61)의 주기를 가진 해, 즉 **주기해**의 존재에 대하여 언급하자. 주기 τ인 주기해의 집합을 SP_τ^0라고 놓으면, 분명히 선형공간이다.

정리 2.4.5.

1) 방정식 (2.61)에 대하여 주기 τ이고 영이 아닌 주기해가 존재하기 위한 필요충분조건은 1이 방정식 (2.61)의 특성승수인 것이다. 또, 이 조건이 만족되면, 해 $x(t)$가 주기 τ인 주기해 (상수해 제외) 라는 것과, 그 초기값 $x(0)$이 주기작용소 $U(\tau, 0)$의 고유값 1에 대응하는 고유벡터라는 것은 동치이다.

2) 1이 방정식 (2.61)의 특성승수라고 하자. 그러면 방정식 (2.61)의 주기 τ인 주기해 전체의 선형공간의 차원은 특성승수 1에 대응하는 주기작용소의 고유공간의 차원과 일치한다. 즉,

$$\dim SP_\tau^0 = \dim W_1(U(\tau, 0)).$$

증명 1)은 도움정리 2.4.1로부터 분명하다. 그리고 $a_1, \cdots, a_m$이 특성승수 1에 대응하는 주기작용소의 고유공간의 일차독립인 벡터이면, $U(t,0)a_1, \cdots, U(t,0)a_m$도 일차독립인 주기 τ인 주기해이고, 2)가 성립한다. □

주 2.4.3. 방정식 (2.61)이 주기해를 가질 때, 그 주기는 일반적으로 방정식의 주기 τ와는 다르다. 예컨대 $\mu^m = 1$을 만족하는 특성승수 μ가 있다고 하자. 그러면 도움정리 2.4.1에 의해 $x(t+\tau) = \mu x(t)$인 해 $x(t)$가 존재한다. 따라서

$$x(t + m\tau) = \mu^m x(t) = x(t)$$

를 얻는다. 즉, 해 $x(t)$는 주기 $m\tau$를 가진 주기해이다. 이것은 방정식 (2.61)의 해로서 주기가 τ와 다른 주기를 가진 주기해가 존재한다는 뜻이다.

이 주와 관련하여 다음 결과를 얻는다.

정리 2.4.6. 방정식 (2.61)에서 임의의 $\sigma \in (0, \tau)$에 대하여 $A(\sigma) - A(0)$이 정칙행렬이라고 가정하자. 그러면 방정식 (2.61) 이 -1을 특성승수로 가지기 위한 필요충분조건은 최소주기가 2τ이고 영이 아닌 주기해가 존재하는 것이다.

증명 $X(t)$를 방정식 (2.61)의 기본행렬이라고 하면, $X(t+\tau) = X(t)C$인 행렬 C가 존재한다. $-1 \in \sigma(C)$라고 하면, 도움정리 2.4.1에 의해 $\psi(t+\tau) = -\psi(t)$ 인 영이 아닌 해 $\psi(t)$가 존재한다. τ를 $\psi(t)$의 주기라고 하면, $\psi(t) = -\psi(t)$이므로 $\psi(t) = 0$이 되어, 모순이 생긴다. 그리고 $\psi(t+2\tau) = -\psi(t+\tau) = \psi(t)$이므로 2τ는 $\psi(t)$의 주기이다.

이제 $\sigma(0 < \sigma < 2\tau)$를 $\psi(t)$의 최소주기라고 가정하자. 그러면 $2\tau = m\sigma$인 $m \in \mathbb{N}, m \geq 3$이 존재한다. 따라서 $\sigma < \tau$. $\psi(t+\sigma) = \psi(t)$이므로 양변을 t로 미분하면 $A(t+\sigma)\psi(t) = A(t)\psi(t)$가 성립한다. 따라서 $A(\sigma)\psi(0) = A(0)\psi(0)$, $\psi(0) \neq 0$이므로 이것은 가정에 어긋난다. 그러므로 2τ는 $\psi(t)$의 최소주기이다.

거꾸로 최소주기가 2τ이고 영이 아닌 주기해 $\psi(t)$가 존재한다고 하자. 그러면 $\psi(t) = X(t)u$, $u \neq 0$으로 표현된다. 조건 $\psi(t+2\tau) = \psi(t)$에 의해 $X(t)C^2u = X(t)u$이므로 $C^2u = u$를 얻는다. 따라서 따름정리 1.7.6에 의해 $u \in G_1(C) \oplus G_{-1}(C)$. $-1 \notin \sigma(C)$라고 하면, $u \in G_1(C)$, 즉 $(C-E)^m u = 0$인 $m \geq 1$이 존재한다. $C^2u = u$이므로

$$(C-E)^2u = C^2u - 2Cu + u = u - 2Cu + u = (-2)(Cu - u).$$

$k \geq 1$에 대하여 $(C-u)^k u = (-2)^{k-1}(Cu - u)$라고 하자. 그러면

$$\begin{aligned}(C-E)^{k+1}u &= (C-E)(C-E)^k u = (C-E)(-2)^{k-1}(C-E)u \\ &= (-2)^{k-1}(-2)(C-E)u = (-2)^k(C-E)u.\end{aligned}$$

따라서 $(-2)^{m-1}(Cu - u) = 0$이므로 $Cu = u$를 얻는다. 한편, $\psi(t)$는 주기 τ를 가지며, 이것은 2τ의 최소성에 어긋나게 된다. 그러므로 $-1 \in \sigma(C)$를 얻는다. □

정리 2.4.6에서 조건 "**임의의** $\sigma \in (0, \tau)$**에 대하여** $A(\sigma) - A(0)$**은 정칙행렬이다**"가 조건 "$A(t)$**는 최소주기** τ**를 가진다**"보다 강한 조건이라는 것을 주목하자.

비제차 주기계수 선형미분방정식계 (2.71)에 대응하는 제차 주기계수 선형미분방정식계

$$\frac{dz}{dt} = A(t)z \tag{2.72}$$

와 방정식 (2.72)의 수반(공액)선형미분방정식

$$\frac{dy}{dt} = -A^*(t)y \tag{2.73}$$

를 써서 다음 해집합을 정의하자.

$$SP_\tau^f = \{\varphi : \mathbb{R} \to \mathbb{C}^m \ : \ \varphi \text{ 는 방정식 (2.71) 의 } \tau\text{-주기해}\}, \tag{2.74}$$

$$SP_\tau^0 = \{\varphi : \mathbb{R} \to \mathbb{C}^m \ : \ \varphi \text{ 는 방정식 (2.72) 의 } \tau\text{-주기해}\}, \tag{2.75}$$

$$SP_\tau^* = \{\varphi : \mathbb{R} \to \mathbb{C}^m \ : \ \varphi \text{ 는 방정식 (2.73) 의 } \tau\text{-주기해}\}. \tag{2.76}$$

정리 2.4.7. $\dim SP_\tau^0 = \dim SP_\tau^*$ 가 성립한다.

증명 $U(t,s)$ 를 (2.72) 의 해작용소, $V(t,s)$ 를 (2.73) 의 해작용소라고 하자. 그러면 따름정리 2.2.3에 의해 $V(t,s) = U^*(t,s)^{-1}$ 을 얻는다. 그리고 정리 2.4.5에 의해,

$$\dim SP_\tau^0 = \dim W_1(U(\tau,0)), \quad \dim SP_\tau^* = \dim W_1(V(\tau,0)).$$

그리고

$$\begin{aligned}
(V(\tau,0) - E)x = 0 \quad &\Longleftrightarrow \quad (U^*(\tau,0)^{-1} - E)x = 0 \\
&\Longleftrightarrow \quad (E - U^*(\tau,0))x = 0 \\
&\Longleftrightarrow \quad (U(\tau,0) - E)^* x = 0.
\end{aligned} \tag{2.77}$$

일반적으로 rank (A^*) = rank (A) 이므로 $\dim W_1(V(\tau,0)) = \dim W_1(U(\tau,0))$. 따라서 $\dim SP_\tau^0 = \dim SP_\tau^*$. □

2. 비제차 주기계수 선형미분방정식계의 주기해의 존재성과 마세라 정리

여기서는 비제차 주기계수 선형미분방정식계 (2.71) 의 주기해의 존재성과 유계해와 주기해의 관계에 대하여 서술한다.

$U(t,s)$ 를 방정식 (2.72) 의 해작용소라고 하고,

$$b_f = \int_0^\tau U(\tau,s)f(s)ds$$

라고 놓는다. $X(t)$ 를 방정식 (2.72) 의 기본행렬이라고 하면

$$b_f = \int_0^\tau X(\tau)X^{-1}(s)f(s)ds$$

로 표현된다.

앞으로 $P_\tau(\mathbb{C}^m)$ 을 τ-주기 연속함수 $f : \mathbb{R} \to \mathbb{C}^m$ 전체의 집합이라고 한다.

도움정리 2.4.4. $f \in P_\tau(\mathbb{C}^m)$ 을 $b_f \in \mathbb{C}^m$ 으로 옮기는 사상 $F : P_\tau(\mathbb{C}^m) \to \mathbb{C}^m$ 은 전사이다.

증명 $\frac{2}{n} \le \tau$ 를 만족하는 자연수 n 에 대하여 τ-주기 연속함수 $\varphi_n(s)$ 를 다음과 같이 구성한다. $[0,\tau]$ 위에서

$$\varphi_n(s)|_{[0,\tau]} = \begin{cases} n^2 s, & 0 \le s \le 1/n \\ -n^2(s - 2/n), & 1/n \le s \le 2/n \\ 0, & 2/n \le s \le \tau \end{cases}$$

라고 놓고, 연속인 τ-주기함수가 되도록 $\varphi_n(s)$를 $\mathbb{R}$ 전체에 확장한다. 분명히,

$$\int_0^\tau \varphi_n(s)ds = 1.$$

따라서

$$\begin{aligned}\int_0^\tau U(\tau,s)\varphi_n(s)ds &= \int_0^\tau (U(\tau,s)-U(\tau,0))\,\varphi_n(s)ds + U(\tau,0)\int_0^\tau \varphi_n(s)ds\\ &= \int_0^\tau (U(\tau,s)-U(\tau,0))\,\varphi_n(s)ds + U(\tau,0)\end{aligned}$$

와 같이 변형된다. 임의의 $\varepsilon > 0$에 대하여 $n \in \mathbb{N}$을 충분이 크게 택하면, $0 \le s \le \frac{2}{n}$일 때 $\|U(\tau,s)-U(\tau,0)\| \le \varepsilon$이라고 할 수 있다. $[\frac{2}{n},\tau]$에서 $\varphi_n(s)=0$이므로,

$$\begin{aligned}\left\|\int_0^\tau U(\tau,s)\varphi_n(s)ds - U(\tau,0)\right\| &\le \int_0^{2/n} \|U(\tau,s)-U(\tau,0)\||\varphi_n(s)|ds\\ &\le \varepsilon\int_0^{2/n}\varphi_n(s)ds = \varepsilon.\end{aligned}$$

즉,

$$\lim_{n\to\infty}\int_0^\tau U(\tau,s)\varphi_n(s)ds = U(\tau,0).$$

$U(\tau,0)$는 정칙이므로 n_0가 충분히 크면, 정리 1.2.4에 의해 $G := \int_0^\tau U(\tau,s)\varphi_{n_0}(s)ds$는 정칙행렬이 된다.

임의의 $c \in \mathbb{C}^m$에 대하여 $f_c(s) = \varphi_{n_0}(s)c$라고 놓으면, $f_c \in P_\tau(\mathbb{C}^m)$이고 $b_{f_c} = Gc$이다. G가 정칙행렬이므로 $\{b_{f_c} : c \in \mathbb{C}^m\} = \mathbb{C}^m$, 즉

$$\{b_f : f \in P_\tau(\mathbb{C}^m)\} = \mathbb{C}^m$$

이 성립한다. □

그러면 방정식 (2.71)의 주기해의 초기값이 만족하는 조건은 다음과 같이 된다.

도움정리 2.4.5. φ를 방정식 (2.71)의 해라고 하면, 다음 명제는 동치이다.

1) $\varphi \in SP_\tau^f$

2) $\varphi(\tau) = \varphi(0)$

3) $\varphi(0)$는 ξ에 관한 다음 방정식의 해이다.

$$(E - U(\tau,0))\xi = b_f.$$

4) $\varphi(0)$는 ξ에 관한 다음 방정식의 해이다.

$$(X(\tau)^{-1} - E)\xi = \int_0^\tau X(s)^{-1}f(s)ds.$$

여기서 $X(t)$는 방정식 (2.71)에 대응하는 제차 선형미분방정식의 기본행렬이고, $X(0) = E$를 만족한다.

증명 1) $\Longleftrightarrow$ 2) $\varphi(t)$가 주기 τ인 해이면, 분명히 $\varphi(\tau) = \varphi(0)$이다. 거꾸로 $\varphi(\tau) = \varphi(0)$이라고 하자. $\psi(t) = \varphi(t + \tau)$라고 놓으면, $\psi(t)$는 방정식 (2.71)의 해이고 $\psi(0) = \varphi(\tau) = \varphi(0)$를 만족한다. 해의 유일성에 관한 정리 2.1.1로부터

$$\varphi(t) \equiv \psi(t) = \varphi(t + \tau).$$

2) $\Longleftrightarrow$ 3)

$$\varphi(\tau) = U(\tau, 0)\varphi(0) + \int_0^\tau U(\tau, s)f(s)ds$$

이므로 조건 $\varphi(\tau) = \varphi(0)$은 $(E - U(\tau, 0))\varphi(0) = b_f$ 라고 바꾸어 쓸 수 있다.

3) $\Longleftrightarrow$ 4) $U(t, s) = X(t)X(s)^{-1}$, $U(\tau, 0) = X(\tau)$이므로 분명하다. □

따름정리 2.4.3. $b_f = 0$이면, $SP_\tau^f \neq \emptyset$.

도움정리 2.4.5의 조건 3)을 자세히 분석하여, 방정식 (2.71)이 τ-주기해를 가지기 위한 필요충분조건을 얻을 수 있다. 이를 위해 다음 도움정리를 준비한다.

도움정리 2.4.6. $B \in M_n(\mathbb{C})$, $b \in \mathbb{C}^m$이라고 가정하면, $x_0 = w$를 만족하는 이산적인 선형차분방정식

$$x_{n+1} = Bx_n + b$$

의 해 $x_n := x_n(w, b)$는 유일하게 존재하고,

$$x_n = B^n w + \sum_{k=0}^{n-1} B^k b \tag{2.78}$$

로 표현된다.

증명 $\{x_n\}$는 $x_n = Bx_{n-1} + b$를 만족하므로

$$\begin{aligned} x_n &= Bx_{n-1} + b \\ &= B(Bx_{n-2} + b) + b \\ &= B^2 x_{n-2} + Bb + b \\ &= B^3 x_{n-3} + B^2 b + Bb + b \\ &\cdots \\ &= B^n x_0 + B^{n-1}b + B^{n-2}b + \cdots + Bb + b \end{aligned}$$

를 얻는다. 따라서 (2.78)이 성립한다. □

이 도움정리를 이용하면 다음 결과를 얻는다.

도움정리 2.4.7. 방정식 (2.71)의 해

$$x(t) = U(t,0)x(0) + \int_0^t U(t,s)f(s)ds$$

의 $t = n\tau,\ n \in \mathbb{N}$에서의 값 $x_n := x(n\tau)$는

$$x_{n+1} = U(\tau,0)x_n + b_f,\ x_0 = x(0) \tag{2.79}$$

를 만족하며, 해 x_n은

$$x_n = U(\tau,0)^n x(0) + \sum_{k=0}^{n-1} U(\tau,0)^k b_f \tag{2.80}$$

로 표현된다.

증명 상수변화법의 공식에 의해

$$x((n+1)\tau) = U((n+1)\tau, n\tau)x(n\tau) + \int_{n\tau}^{(n+1)\tau} U((n+1)\tau, s)f(s)ds.$$

그리고 해작용소의 주기성으로부터 $U((n+1)\tau, n\tau) = U(\tau, 0)$를 얻는다. 또 적분 변수의 변환 $s = r + n\tau$과 $f(t)$가 τ 주기라는 사실을 쓰면

$$\int_{n\tau}^{(n+1)\tau} U((n+1)\tau, s)f(s)ds = \int_0^\tau U(\tau,r)f(r)dr.$$

따라서 이산적인 차분방정식 (2.79)를 얻는다. 도움정리 2.4.6에 의해 해는 (2.80)과 같이 표현된다. □

도움정리 2.4.8. 방정식 (2.71)에서의 비제차항 f와 $\psi \in SP_\tau^*$에 대하여

$$\langle b_f, \psi(0)\rangle = \int_0^\tau \langle f(s), \psi(s)\rangle ds.$$

증명 b_f의 정의부터, $y \in \mathbb{C}^m$에 대하여

$$\langle b_f, y\rangle = \left\langle \int_0^\tau U(\tau,s)f(s)ds, y \right\rangle = \int_0^\tau \langle U(\tau,s)f(s), y\rangle ds. \tag{2.81}$$

$U(s,\tau)U(\tau,s) = U(s,s) = E$이므로 $U^*(\tau,s) = U^*(s,\tau)^{-1}$이다. 그리고 $U^*(s,t)$의 τ 주기성을 이용하면

$$\langle U(\tau,s)f(s), y\rangle = \langle f(s), U^*(s,\tau)^{-1}y\rangle = \langle f(s), U^*(s-\tau,0)^{-1}y\rangle \tag{2.82}$$

이므로

$$\langle b_f, y\rangle = \int_0^\tau \langle f(s), U^*(s-\tau,0)^{-1}y\rangle ds.$$

$y = \psi(0)$, $\psi \in SP_\tau^*$ 라고 놓으면, $U^*(t,0)^{-1}y = \psi(t)$ 이 성립한다. $\psi(t)$는 τ-주기함수이므로 $U^*(s-\tau,0)^{-1}\psi(0) = U^*(s,0)^{-1}\psi(0) = \psi(s)$ 이다. 따라서 임의의 $\psi \in SP_\tau^*$ 에 대하여

$$\langle b_f, \psi(0)\rangle = \int_0^\tau \langle f(s), \psi(s)\rangle ds$$

를 얻는다. □

위의 준비에 기초하여, τ-주기해의 존재성에 관한 동치 명제를 서술한다.

정리 2.4.8. 다음 명제는 동등하다.

1) $SP_\tau^f \neq \emptyset$

2) 방정식 (2.71)은 $\mathbb{R}_+$ 위에서 유계인 해를 가진다.

3) $b_f \in \mathcal{N}(U^*(\tau,0)-E)^\perp$.

4) 임의의 $\psi \in SP_\tau^*$ 에 대하여

$$\langle b_f, \psi(0)\rangle = 0.$$

5) $f \in SP_\tau^{*\perp}$, 즉 임의의 $\psi \in SP_\tau^*$ 에 대하여

$$\int_0^\tau \langle f(s), \psi(s)\rangle ds = 0.$$

증명 1) $\Longrightarrow$ 2)는 분명하다.

2) $\Longrightarrow$ 3) $y \in \mathcal{N}(U^*(\tau,0)-E))$ 라고 하자, 즉 $(U^*(\tau,0)-E)y = 0$ 이라고 하면 $x \in \mathbb{C}^m$ 에 대하여,

$$\langle U^i(\tau,0)x, y\rangle = \langle U^{i-1}(\tau,0)x, U(\tau,0)^*y\rangle = \langle U^{i-1}(\tau,0)x, y\rangle$$

이므로 $\langle U^i(\tau,0)x, y\rangle = \langle x, y\rangle$ 이다. 도움정리 2.4.7에 의해 방정식 (2.71)의 해 $x(t)$ 에 대하여 $t = n\tau$, $n \in \mathbb{N}_0$ 에서의 값은 (2.80) 으로 주어지므로

$$\langle x(n\tau), y\rangle = \langle x(0), y\rangle + n\langle b_f, y\rangle$$

가 된다. 따라서 $x(t)$ 가 유계해이면 $\langle b_f, y\rangle = 0$.

그리고 (2.77) 에 의해 $(U^*(\tau,0)-E)y = 0$ 인 것과, 적당한 $\psi \in PS_\tau^*$ 에 의해 $y = \psi(0)$ 으로 표현되는 것은 동치이다.

3) $\Longrightarrow$ 1) 3)이 성립하면, 정리 1.3.6의 4) 에 의해 $b_f \in \mathcal{R}(U(\tau,0)-E)$ 이다. 따라서 도움정리 2.4.5에 의해 방정식 (2.71)은 주기 τ 인 주기해를 가진다.

3) $\Longleftrightarrow$ 4)는 분명하다.

4) $\Longleftrightarrow$ 5) 도움정리 2.4.8로부터 분명하다. □

위의 명제 1)과 2)의 동치성은 **마세라(Massera) 정리**라고 불린다.

정리 2.4.8의 명제 2)와 관련하여 유계해의 일반적 성질은 다음과 같다.

정리 2.4.9. 방정식 (2.71)이 $\mathbb{R}_+$에서 유계인 해를 가지면, $\mathbb{R}$ 전체에서 유계인 해를 가진다.

증명 $x(t)$는 방정식 (2.71)의 해이고, 적당한 $M \geq 0$에 대하여 $\|x(t)\| \leq M(t \geq 0)$이라고 하자.

$$x_n(t) := x(n\tau + t), n \in \mathbb{N}$$

이라고 놓으면, $x_n(t)$는 방정식 (2.71) 의 해이며, 다음 부등식을 만족한다.

$$\|x_n(t)\| \leq M \quad (t \geq -n\tau). \tag{2.83}$$

점렬 $z_n := x_n(0) = x(n\tau)$, $n \in \mathbb{N}$은 유계이므로 수렴하는 부분열이 존재한다. 즉 $\lim_{k\to\infty} z_{n_k} = z \in \mathbb{C}^m$. $t = 0$에서 $x(0) = z$를 만족하는 방정식 (2.71)의 해 $x(t; 0, z, f)$를 택하면, $x(t; 0, z, f) - x_{n_k}(t) = U(t, 0)(z - z_{n_k})$이므로

$$\lim_{k\to\infty}(x(t; 0, z, f) - x_{n_k}(t)) = U(t, 0)\lim_{k\to\infty}(z - z_{n_k}) = 0.$$

따라서 $x(t; 0, z, f) = \lim_{k\to\infty} x_{n_k}(t)$이고,

$$\|x(t; 0, z, f)\| = \lim_{k\to\infty}\|x_{n_k}(t)\| \leq M$$

이 성립한다. □

3. 비제차 주기계수 선형미분방정식계의 주기해의 유일적 존재성

여기서는 방정식 (2.71)이 유일한 τ-주기해를 가지기 위한 필요충분조건을 고찰하기로 한다.

정리 2.4.10. 다음 명제는 동치이다.

1) $SP_\tau^0 = \{0\}$
2) $SP_\tau^* = \{0\}$
3) 모든 $f \in P_\tau(\mathbb{C}^m)$에 대하여 방정식 $(E - U(\tau, 0))w = b_f$는 해를 가진다.
4) $1 \notin \sigma(U(\tau, 0))$, 즉 $E - U(\tau, 0)$는 정칙이다.
5) $\mathcal{N}(U^*(\tau, 0) - E)^\perp = \mathbb{C}^m$.
6) 모든 $f \in P_\tau(\mathbb{C}^m)$에 대하여 방정식 (2.71)은 τ-주기해를 가진다.
7) 모든 $f \in P_\tau(\mathbb{C}^m)$에 대하여 방정식 (2.71) 은 유일한 τ-주기해를 가진다.
8) 방정식 (2.71) 이 유일한 τ-주기해를 가지는 $f \in P_\tau(\mathbb{C}^m)$이 존재한다.

그리고 위의 명제 중 하나가 성립한다면, 방정식 (2.71)의 τ-주기해 $x(t)$는 유일하고

$$x(t) = X(t)(E - X(\tau))^{-1}\int_t^{t+\tau} X(\tau)X(s)^{-1}f(s)ds \tag{2.84}$$

와 같이 표현된다. 여기서 $X(t)$는 $X(0) = E$를 만족하는 방정식 (2.71)의 기본행렬이다.

증명 정리 2.4.7로부터 명제 1)과 2)는 동치이다. 명제 1)과 4)의 동치성도 분명하다.

4) $\Longrightarrow$ 3) $E - U(0)$의 역행렬은 존재하므로, $w = (E - U(\tau, 0))^{-1}b_f$는 (유일한) 해이다.

3) $\Longrightarrow$ 4) 명제 3)은 $b_f \in \mathcal{R}(E - U(\tau, 0))$ 임을 의미한다 따라서 도움정리 2.4.4에 의해 $\{b_f : f \in P_\tau(\mathbb{C}^m)\} = \mathbb{C}^m$ 이므로, $\mathcal{R}(E - U(\tau, 0)) = \mathbb{C}^m$, 즉, $\mathcal{N}(E - U(\tau, 0)) = \{0\}$. 이는 명제 4)를 의미한다.

명제 4)와 5)의 동치성은 정리 1.3.6으로부터 쉽게 증명된다.

6) $\Longrightarrow$ 7) 도움정리 2.4.4에 의해 $\mathcal{R}(E - U(\tau, 0)) = \mathbb{C}^m$ 이 성립한다. 이로부터 명제 7)이 증명된다. 남은 동치 명제는 쉽게 증명된다.

그리고 위 명제 중 하나가 성립하면

$$(E - X(\tau))\xi = \int_0^\tau X(\tau)X(s)^{-1}f(s)ds$$

을 만족하는 해 x_0는

$$x_0 = (E - X(\tau))^{-1}\int_0^\tau X(\tau)X(s)^{-1}f(s)ds$$

이므로 방정식 (2.71)의 τ-주기해 $x(t)$는

$$\begin{aligned}
x(t) &= X(t)(E - X(\tau))^{-1}\int_0^\tau X(\tau)X(s)^{-1}f(s)ds + \int_0^t X(t)X(s)^{-1}f(s)ds \\
&= X(t)(E - X(\tau))^{-1}\left(\int_0^\tau X(\tau)X(s)^{-1}f(s)ds\right. \\
&\qquad\qquad \left. +(E - X(\tau))\int_0^t X(s)^{-1}f(s)ds\right) \\
&= X(t)(E - X(\tau))^{-1}\left(\int_t^\tau X(\tau)X(s)^{-1}f(s)ds + \int_0^t X(s)^{-1}f(s)ds\right)
\end{aligned}$$

로 주어진다. 위 식의 마지막 적분항은 다음과 같이 된다. $X(t)X(\tau) = X(t+\tau)$로부터 $X(r-\tau)X(\tau) = X(r)$, $X(r-\tau) = X(r)X(\tau)^{-1}$이다. 또 $f(r-\tau) = f(r)$이므로 변수 변환 $s = r - \tau$를 하면

$$\begin{aligned}
\int_0^t X(s)^{-1}f(s)ds &= \int_\tau^{t+\tau} X(r-\tau)^{-1}f(r-\tau)dr \\
&= \int_\tau^{t+\tau} X(\tau)X(r)^{-1}f(r)dr.
\end{aligned}$$

따라서 (2.84)를 얻는다. □

특별한 경우로서 방정식 (2.71)에서 $A(t) = A$인 경우, 즉

$$x'(t) = Ax(t) + f(t) \tag{2.85}$$

의 주기해의 유일 존재성을 고찰하자.

다음 결과는 정리 2.4.10의 직접적인 결과이다.

정리 2.4.11. 방정식 (2.85)에 대하여 다음 명제는 동치이다.

1) 모든 $f \in P_\tau(\mathbb{C}^m)$ 에 대하여 방정식 (2.85)는 유일한 τ-주기해를 가진다.
2) 모든 $f \in P_\tau(\mathbb{C}^m)$ 에 대하여 방정식 $(E - e^{\tau A})w = a_f$ 의 해 w가 유일하게 존재한다.
3) $E - e^{\tau A}$는 정칙행렬이다.
4) $\sigma(A) \cap i\omega\mathbb{Z} = \emptyset$이 성립한다.
5) 모든 $\lambda \in \sigma(A)$가 $e^{\tau\lambda} \neq 1$을 만족한다.

그러면 방정식 (2.85)의 τ-주기해 $x(t)$는

$$x(t) = e^{tA}(E - e^{\tau A})^{-1} \int_t^{t+\tau} e^{(\tau-s)A} f(s)ds \tag{2.86}$$

와 같이 표현된다.

따름정리 2.4.4. 정리 2.4.11에서 $\sigma(A) = \sigma_+(A) \cup \sigma_-(A)$ 일 때, 방정식 (2.85)의 τ-주기해 (2.86)은

$$\varphi(t) = \int_{-\infty}^{\infty} G_A(t-s)f(s)ds \tag{2.87}$$

와 같이 표현된다. 여기서 $G_A(t)$는 (2.55)로 정의된 그린 함수이다.

증명 정리 2.3.9에 의해 $\mathbb{R}$ 위에서의 유계해 (2.87)이 실은 τ-주기해라는 것을 보이면 된다. 사실, (2.87)로부터

$$\begin{aligned}\varphi(t+\tau) &= \int_{-\infty}^{\infty} G_A(t+\tau-s)f(s)ds \\ &= \int_{-\infty}^{\infty} G_A(t+\tau-(r+\tau))f(r+\tau)dr \\ &= \int_{-\infty}^{\infty} G_A(t-r)f(r)dr \\ &= \varphi(t).\end{aligned}$$

따라서 $\varphi(t)$는 τ-주기해이다. □

따름정리 2.4.5. 임의의 영이 아닌 τ-주기 연속함수 $f : \mathbb{R} \to \mathbb{C}^m$에 대하여 방정식 (2.85)의 $\mathbb{R}$ 위에서의 유계해가 유일하게 존재하기 위한 필요충분조건은 허수축 위에 A의 고유값이 존재하지 않는 것이다. 그 유계해는 τ-주기해이다.

증명 첫 부분은 정리 2.3.9의 직접적인 결과이다. 그 유계해는 (2.59)에서 주어져 있으므로 정리 2.4.11의 후반의 증명으로부터 그 유계해는 τ-주기해이다. □

정리 2.4.8에서 1)과 2)의 동치성은 '도입'에서 언급한 마세라 정리이다. 그러나 이 정리에서는 비제차 주기계수 선형미분방정식계의 $\mathbb{R}_+$ 위에서 유계해가 되는 초기값의 계산법은 알 수 없다. 뿐만 아니라, 해의 점근적 행태도 부분적으로밖에 해명되지 않고 있다. 그리고 따름정리 2.4.5에서 A의 고유값이 허수축 위에 존재할 때, 해의 행태가 어떻게 되는가 하는 문제도 생긴다. 이 책의 중요 목표는 해의 점근적 행태를 초기값에 의해 완전하게 분류하는 것이다. 이 문제는 비제차 주기계수 선형미분방정식계에 대응하는 이산적인 차분방정식의 해를 새롭게 표현함으로써 해결된다.

3

이산적인 선형차분방정식계의 일반론

제 1 절 선형차분방정식계의 기초 정리

이 절에서는 선형미분방정식계의 연구에서 (이산적인) 선형차분방정식계의 필요성에 관하여 설명하고 선형차분방정식계의 보기와 그 해법을 간단히 언급한다. 그리고 선형차분방정식계의 해의 존재성과 유일성을 고찰한다.

1.1 왜 차분방정식을 고찰하는가

비제차항이 τ-주기함수 $f(t)$ 인 선형미분방정식계

$$\frac{d}{dt}x(t) = Ax + f(t)$$

의 해를 고찰하자. 여기서 $A \in M_m(\mathbb{C})$, 그리고 $f : \mathbb{R} \to \mathbb{C}^m$ 은 연속인 τ-주기함수이다. 이 방정식의 해와 이와 관련된 차분방정식의 해와의 관계를 간단히 서술하자. 위 방정식의 해 $x(t)$ 는

$$x(t) = e^{(t-s)A}x(s) + \int_s^t e^{(t-r)A}f(r)dr$$

으로 주어진다. 도움정리 2.4.7의 증명에서와 같이 이산점 $t = n\tau$ 에서의 $x(t)$ 의 값을 $x_n := x(n\tau)$ 라고 놓으면,

$$\begin{aligned}
x_{n+1} &= e^{\tau A}x_n + \int_{n\tau}^{(n+1)\tau} e^{((n+1)\tau-r)A}f(r)dr \\
&= e^{\tau A}x_n + \int_0^{\tau} e^{((n+1)\tau-(s+n\tau))A}f(s+n\tau)ds \\
&= e^{\tau A}x_n + \int_0^{\tau} e^{(\tau-s)A}f(s)ds
\end{aligned}$$

가 성립한다. 여기서

$$a_f = \int_0^\tau e^{(\tau-s)A} f(s)ds$$

라고 놓으면, 위 관계식은

$$x_{n+1} = e^{\tau A} x_n + a_f$$

가 된다. 즉 미분방정식의 해 $x(t)$의 이산점 $t = n\tau$에서의 값 $x(n\tau)$는 위 차분방정식의 해로 된다.

일반적인 비제차 선형차분방정식계 $x_{n+1} = e^{\tau A} x_n + b$의 해를 구하는 것은 $b = a_g$인 $g \in P_\tau(\mathbb{C}^m)$(도움정리 2.4.4에 의해 그 존재성은 보장됨)을 비제차항으로 하는 선형미분방정식 $x'(t) = Ax + g(t)$의 해 $x(t)$의 이산점 $t = n\tau,\ n \in \mathbb{Z}$ 에서의 값을 구하는 것과 동치라고 할 수 있다.

주 3.1.1. 도움정리 2.4.4에서 정해진 선형사상 F는 전사이지만 단사는 아니다. 사실 단사라고 하면, $\dim P_\tau(\mathbb{C}^m) = \dim \mathbb{C}^m = m$이 되어 모순이 생긴다. 따라서 $f \neq g$이고 $a_f = a_g$인 경우, 비제차항이 f와 g인 선형미분방정식으로부터 유도되는 차분방정식은 같다.

1.2 간단한 보기

잘 알려져 있는 **피보나치(Fibonacci) 수열**(제3항 이후의 각 항은 그 이전의 2개 항의 합이다.)

$$1, 1, 2, 3, 5, 8, 13, 21, 34, 55, \cdots$$

는 차분방정식

$$u_{n+2} = u_{n+1} + u_n,\ u_0 = u_1 = 1 \tag{3.1}$$

에 의해 정해진 수열이다. 이 수열을 구하는 것을 이 차분방정식을 푼다고 말한다. 보통, 조건 $u_0 = u_1 = 1$을 초기조건, 구해진 수열 $\{u_n\}$ 또는 일반항 u_n을 차분방정식의 해라고 말한다. $v_n = u_{n+1}$ 이라고 놓으면, (3.1)은 $v_{n+1} = v_n + u_n,\ u_0 = v_0 = 1$이 된다. 즉, 차분방정식계

$$\begin{cases} u_{n+1} = v_n, \\ v_{n+1} = u_n + v_n \end{cases}$$

과 초기조건 $u_0 = u_1 = 1$에 의해 표현된다. $x_n = {}^t(u_n, v_n), x_0 = {}^t(u_0, v_0)$라고 놓으면, 위 방정식은

$$x_{n+1} = \begin{pmatrix} 0 & 1 \\ 1 & 1 \end{pmatrix} x_n,\quad x_0 = \begin{pmatrix} 1 \\ 1 \end{pmatrix} \tag{3.2}$$

과 같이 표현된다. 여기에서 나타난 계수행렬을 A라고 하면,

$$x_n = Ax_{n-1} = A^2 x_{n-2} = \cdots = A^n x_0$$

를 얻으며, 이것이 (3.2)의 해이다. A^n을 스펙트럼 분해정리를 써서 계산해 보자. A의 고유방정식 $|\lambda E - A| = \lambda^2 - \lambda - 1 = 0$으로부터 $\sigma(A) = \{\lambda_1 = \frac{1+\sqrt{5}}{2}, \lambda_2 = \frac{1-\sqrt{5}}{2}\}$를 얻는다. 이

표수들은 1이므로 고유값 λ_1와 λ_2에 대응하는 고유공간에로의 각 사영은

$$P_1 = \frac{1}{\sqrt{5}}\begin{pmatrix} -\frac{1-\sqrt{5}}{2} & 1 \\ 1 & \frac{1+\sqrt{5}}{2} \end{pmatrix}, \quad P_2 = \frac{1}{\sqrt{5}}\begin{pmatrix} \frac{1+\sqrt{5}}{2} & -1 \\ -1 & -\frac{1-\sqrt{5}}{2} \end{pmatrix}$$

로 주어지며, 이로부터 $A^n = \lambda_1^n P_1 + \lambda_2^n P_2$를 얻는다.

따라서

$$P_1 x_0 = \frac{1}{\sqrt{5}}\begin{pmatrix} \frac{1+\sqrt{5}}{2} \\ \left(\frac{1+\sqrt{5}}{2}\right)^2 \end{pmatrix}, \quad P_2 x_0 = \frac{1}{\sqrt{5}}\begin{pmatrix} -\frac{1-\sqrt{5}}{2} \\ -\left(\frac{1-\sqrt{5}}{2}\right)^2 \end{pmatrix}$$

이므로 방정식 (3.2)의 해는

$$x_n = A^n x_0 = \lambda_1^n P_1 x_0 + \lambda_2^n P_2 x_0 = \frac{1}{\sqrt{5}}\begin{pmatrix} \left(\frac{1+\sqrt{5}}{2}\right)^{n+1} - \left(\frac{1-\sqrt{5}}{2}\right)^{n+1} \\ \left(\frac{1+\sqrt{5}}{2}\right)^{n+2} - \left(\frac{1-\sqrt{5}}{2}\right)^{n+2} \end{pmatrix}$$

와 같이 표현된다.

방정식 (3.1)의 해는 x_n의 제1성분 u_n이므로 u_n은

$$u_n = \frac{1}{\sqrt{5}}\left[\left(\frac{1+\sqrt{5}}{2}\right)^{n+1} - \left(\frac{1-\sqrt{5}}{2}\right)^{n+1}\right]$$

로 주어진다.

1.3 해의 존재성과 유일성

(이산적인) 선형차분방정식계의 해의 존재와 유일성에 대하여 언급하기로 하자. 주어진 $p \in \mathbb{Z}$에 대하여 집합 $\mathbb{Z}_p$를

$$\mathbb{Z}_p = \{p, p+1, p+2, \cdots\}$$

라고 하자.

앞으로, D는 $\mathbb{Z}_p$ 또는 $\mathbb{Z}$를 나타내며, **선형차분(difference)방정식계**

$$x_{n+1} = B(n)x_n + b(n) \tag{3.3}$$

을 고찰한다. 여기서

$$B(n) = (b_{ij}(n)) \in M_m(\mathbb{C}), \;\; b(n) \in \mathbb{C}^m, \;\; n \in D$$

의 값은 이미 알고 있다고 가정한다. 방정식 (3.3)을 **비제차 선형차분방정식계**라고 말한다. 특히 모든 $n \in D$에 대하여 $b(n) = 0$일 때, 즉 선형차분방정식계

$$x_{n+1} = B(n)x_n \tag{3.4}$$

를 **제차 선형차분방정식계**라고 말한다. 방정식 (3.3)에서 $B(n) = B,\ b(n) = b, n \in \mathbb{Z}$일 때 **상수계수 선형차분방정식계**, $B(n+\tau) = B(n),\ b(n+\tau) = b(n), n \in \mathbb{Z}$일 때 **주기계수 선형차분방정식계**라고 부른다.

벡터열 $\{x_n\} := \{x_n\}_{n\in D}$이 방정식 (3.3)을 만족할 때 사상 $x : n \in D \to x_n$을 **차분방정식 (3.3)의 해**라고 부른다 (일반항 $x(n) := x_n$ 또는 벡터열 $\{x_n\}$을 해라고 불러도 무방하다).

벡터열 $\{x_n\}$이 $n \geq p$에서 방정식 (3.3)을 만족할 때 **전진해(forward solution)**라고 부른다. 또 $D = \mathbb{Z}$인 경우, $n \leq p$에서 방정식 (3.3)을 만족할 때, $\{x_n\}$을 **후퇴해(backward solution)**라고 부른다.

전진해나 후퇴해를 정하기 위해서는 부가조건이 필요하다. 주어진 $w \in \mathbb{C}^m$에 대하여 $n = p$에서 조건 $x_p = w$를 초기조건이라고 부르며, 이는 부가조건의 하나이다. 초기조건 $x_p = w$을 만족하는 선형차분방정식계 (3.3)의 해를 구하는 문제를 **초기값 문제**라고 말하고, 그 해를 $x(\cdot; p, w, b(\cdot))$ 또는 $x_n(p, w, b(\cdot))$라고 나타낸다. $b(n) = 0$이면, $x(\cdot; p, w)$ 또는 $x_n(p, w)$라고 표기한다. 앞으로, 해는 많은 경우 전진해를 뜻한다.

초기조건 $x_p = w$를 만족하는 선형차분방정식계 (3.3)의 해의 유일 존재성을 고찰하자. 이를 위해 다음 기호를 이용한다. $k,\ r \in \mathbb{Z}$에 대하여

$$\prod_{i=k}^{r} B(i) = \begin{cases} B(r)B(r-1)\cdots B(k) & (r \geq k) \\ E & (r = k-1). \end{cases}$$

$\prod_{i=r}^{r-1} B(i) = E$임을 강조해 둔다.

앞으로 임의의 $f(i) \in \mathbb{C}^m,\ i \in \mathbb{Z}$에 대하여 편의상,

$$\sum_{i=r}^{r-1} f(i) = 0, \ \ r \in \mathbb{Z}$$

라고 약속한다.

정리 3.1.1. 초기조건 $x_p = w$를 만족하는 선형차분방정식계 (3.3)의 전진해 $x_n(p, w, b(\cdot))$는 유일하게 존재하고

$$x_n(p, w, b(\cdot)) = \left(\prod_{i=p}^{n-1} B(i)\right) w + \sum_{k=p}^{n-1} \left(\prod_{i=k+1}^{n-1} B(i)\right) b(k) \ \ (n \geq p) \tag{3.5}$$

와 같이 표현된다.

증명 수학적 귀납법을 쓴다. $x_n = x_n(p, w, b(\cdot))$라고 놓는다. $n = p$일 때는 좌변도 우변도 w이므로 (3.5)가 성립한다.

지금, (3.5)가 n일 때 성립한다고 가정하자. $\prod_{i=n+1}^{n} B(i) = E$를 고려하면,

$$x_{n+1} = B(n)x_n + b(n)$$

$$= B(n)\left(\prod_{i=p}^{n-1} B(i)\right) w + B(n)\sum_{k=p}^{n-1}\left(\prod_{i=k+1}^{n-1} B(i)\right) b(k) + b(n)$$

$$= \left(\prod_{i=p}^{n} B(i)\right) w + \sum_{k=p}^{n-1}\left(\prod_{i=k+1}^{n} B(i)\right) b(k) + \prod_{i=n+1}^{n} B(i)b(n)$$

$$= \left(\prod_{i=p}^{n} B(i)\right) w + \sum_{k=p}^{n}\left(\prod_{i=k+1}^{n} B(i)\right) b(k).$$

따라서 $n \in \mathbb{Z}_p$에 대하여 (3.5)가 성립한다. □

선형차분방정식계 (3.3) 및 (3.4)에서 다음 가정을 자주 이용한다.

가정 A: 각 $B(n), n \in D$는 정칙행렬이다.

정리 3.1.2. $D = \mathbb{Z}$에서 가정 **A**가 만족된다고 가정하자. 그러면 초기조건 $x_p = w$를 만족하는 선형차분방정식계 (3.3)의 후퇴해 $x_n(p, w, b(\cdot))$는 유일하게 존재하고, 다음과 같이 주어진다.

$$\begin{aligned} x_n(p,w,b(\cdot)) &= \left(\prod_{i=n}^{p-1} B(i)\right)^{-1} w - \sum_{k=n}^{p-1}\left(\prod_{i=n}^{k} B(i)\right)^{-1} b(k) \ \ (n < p) \\ &= B(n)^{-1}B(n+1)^{-1}\cdots B(p-2)^{-1}B(p-1)^{-1}w \\ &\quad - \sum_{k=n}^{p-1} B(n)^{-1}B(n+1)^{-1}\cdots B(k)^{-1}b(k) \ \ (n < p). \end{aligned} \tag{3.6}$$

증명 $n < p$라고 하자. 선형차분방정식계 (3.3)의 해 $x_n = x_n(p, w, b(\cdot))$의 존재는 해의 공식 (3.5)로부터

$$x_p = \left(\prod_{i=n}^{p-1} B(i)\right) x_n + \sum_{k=n}^{p-1}\left(\prod_{i=k+1}^{p-1} B(i)\right) b(k) \tag{3.7}$$

를 만족하는 x_n의 존재와 동치이다. 이 식을 만족하는 x_n은 다음과 같이 구체적으로 구할 수 있다. 가정 **A**에 의해 우변의 계수행렬 $\prod_{i=n}^{p-1} B(i)$는 정칙이므로 x_n에 관하여 풀면

$$\begin{aligned} x_n &= \left(\prod_{i=n}^{p-1} B(i)\right)^{-1}\left(x_p - \sum_{k=n}^{p-1}\left(\prod_{i=k+1}^{p-1} B(i)\right) b(k)\right) \\ &= B(n)^{-1}B(n+1)^{-1}\cdots B(p-2)^{-1}B(p-1)^{-1} \\ &\quad \times \left(w - \sum_{k=n}^{p-1}\left(\prod_{i=k+1}^{p-1} B(i)\right) b(k)\right) \end{aligned}$$

가 얻어진다. 이 식을 고쳐 쓰면 (3.6)을 얻는다. □

따름정리 3.1.1. $x_p = w$를 만족하는 제차 선형차분방정식계 (3.4)의 전진해는 유일하게 존재하고

$$x_n(p, w) = \left(\prod_{i=p}^{n-1} B(i) \right) w \tag{3.8}$$

와 같이 표현된다.

더욱이 $D = \mathbb{Z}$에서 가정 **A**를 만족한다면, $x_p = w$를 만족하는 선형차분방정식계 (3.4)의 후퇴해는 유일하게 존재하고

$$x_n(p, w) = B(n)^{-1}B(n+1)^{-1} \cdots B(p-2)^{-1}B(p-1)^{-1}w$$

와 같이 표현된다.

제 2 절 선형차분방정식계의 해의 일반적 성질

이 절에서는 선형미분방정식계의 경우와 마찬가지로 일반적인 선형차분방정식계의 해의 일반적 성질과 해집합의 구조를 고찰한다. 제차 선형차분방정식계의 경우 제차 선형미분방정식계와 같이 해 집합은 유한차원 복소벡터공간임을 보이고, 비제차 선형차분방정식계의 경우 상수변화법으로 해의 표현을 제시한다.

2.1 해의 일반적 성질

D 위에서 정의된 제차 선형차분방정식계 (3.4)의 해집합 전체를 S, 비제차 선형차분방정식계 (3.3)의 해집합 전체를 $S(b(\cdot))$라고 표기한다.

S에서 원소의 등식 $y = z$는 모든 $n \in D$에 대하여 $y_n = z_n$인 것을 뜻한다. 그리고 $y,\ z \in S$와 $c \in \mathbb{C}$에 대하여 원소의 합 $y + z$ 및 원소와 스칼라 곱 cy를 모든 $n \in D$에 대하여 $(y+z)_n = y_n + z_n$, $(cy)_n = cy_n$ 이라고 정한다.

정리 3.2.1.

1) S는 $\mathbb{C}$ 위에서 벡터공간이다.

2) $u \in S(b(\cdot))$일 때 $S(b(\cdot)) = S + u$.

증명 1) $y, z \in S$, $c_1, c_2 \in \mathbb{C}$라고 하자. $y_{n+1} = B(n)y_n$, $z_{n+1} = B(n)z_n$이므로

$$\begin{aligned}(c_1y + c_2z)_{n+1} &= (c_1y)_{n+1} + (c_2z)_{n+1} = c_1y_{n+1} + c_2z_{n+1} \\ &= c_1B(n)y_n + c_2B(n)z_n = B(n)(c_1y_n + c_2z_n) \\ &= B(n)(c_1y + c_2z)_n\end{aligned}$$

이 성립한다. 이것은 $c_1y + c_2z \in S$라는 뜻이다.

2) $y \in S$일 때 $x = y + u$라고 놓으면,

$$y_{n+1} + u_{n+1} = B(n)(y_n + u_n) + b(n).$$

즉, $x_{n+1} = B(n)x_n + b(n)$. 이것은 $S + u \subset S(b(\cdot))$ 임을 보여주고 있다.

거꾸로 $x \in S(b(\cdot))$ 일 때 $y = x - u$ 라고 놓으면,

$$x_{n+1} - u_{n+1} = B(n)(x_n - u_n).$$

즉, $y_{n+1} = B(n)y_n$. 이것은 $S(b(\cdot)) \subset S + u$ 라는 뜻이다. □

성질 3.2.1. **(중첩원리)** $D = \mathbb{Z}$ 일 때, 가정 **A** 가 만족된다고 하자.

1) $\alpha, \beta \in \mathbb{C}, u, v \in \mathbb{C}^m, x(\cdot; p, u), x(\cdot; p, v) \in S$ 라고 하자. 그러면

$$x(\cdot; p, \alpha u + \beta v) = \alpha x(\cdot; p, u) + \beta x(\cdot; p, v)$$

가 성립한다.

2) $x(\cdot; p, w, b(\cdot)) \in S(b(\cdot))$ 는 $(w, b(\cdot))$ 에 관하여 선형이다. 즉

$$x(\cdot; p, \alpha u + \beta v, \alpha b(\cdot) + \beta c(\cdot)) = \alpha x(\cdot; p, u, b(\cdot)) + \beta x(\cdot; p, v, c(\cdot))$$

가 성립한다.

증명 1) S 는 벡터공간이고 초기조건에 대하여 해는 유일하므로 1)이 성립한다.

2) $x_n = x_n(p, u, b(\cdot)), y_n = x_n(p, v, c(\cdot))$ 라고 놓으면

$$\begin{aligned}\alpha x_{n+1} + \beta y_{n+1} &= \alpha(B(n)x_n + b(n)) + \beta(B(n)y_n + c(n)) \\ &= B(n)(\alpha x_n + \beta y_n) + (\alpha b(n) + \beta c(n))\end{aligned}$$

일 뿐만 아니라 $\alpha x_p + \beta y_p = \alpha u + \beta v$ 이다. 초기조건에 관하여 해가 유일하므로 결론이 나온다. □

선형차분방정식계 (3.3)의 해의 유일성에 의해 다음 성질이 성립한다.

성질 3.2.2. 선형차분방정식계 (3.3)의 해에 대하여

1) $D = \mathbb{Z}_p$ 이면,

$$x_n(p, w, b(\cdot)) = x_n(k, x_k(p, w, b(\cdot)), b(\cdot)) \ \ (n \geq k \geq p)$$

가 성립한다.

2) $D = \mathbb{Z}$ 이면, 가정 **A** 아래

$$x_n(p, w, b(\cdot)) = x_n(k, x_k(p, w, b(\cdot)), b(\cdot)) \ \ (n,\ k,\ p \in \mathbb{Z})$$

가 성립한다.

성질 3.2.3. B 는 실행렬, 초기조건 $x_p = w$ 를 만족하는 비제차 선형차분방정식 (3.3)의 해를 $x_n(p, w, b(\cdot)),\ n \in \mathbb{N}_0$ 라고 나타내자. 그러면

$$\Re x_n(p, w, b(\cdot)) = x_n(p, \Re w, \Re b(\cdot)),\ \ \Im x_n(p, w, b(\cdot)) = x_n(p, \Im w, \Im b(\cdot))$$

가 성립한다.

증명 정리 3.1.1로부터

$$x_n(p, w, b(\cdot)) = \left(\prod_{j=p}^{n-1} B(j)\right) w + \sum_{k=p}^{n-1} \left(\prod_{j=k+1}^{n-1} B(j)\right) b(k) \quad (n \geq p)$$

가 된다. 각 j에 대하여 $B(j)$는 실행렬이므로

$$\begin{aligned} x_n(p, w, b(\cdot)) &= \left(\prod_{j=p}^{n-1} B(j)\right) (\Re w + i\Im w) + \sum_{k=p}^{n-1} \left(\prod_{j=k+1}^{n-1} B(j)\right) (\Re b(k) + i\Im b(k)) \\ &= \left(\prod_{j=p}^{n-1} B(j)\right) \Re w + \sum_{k=p}^{n-1} \left(\prod_{j=k+1}^{n-1} B(j)\right) \Re b(k) \\ &\quad + j \left[\left(\prod_{j=p}^{n-1} B(j)\right) \Im w + \sum_{k=p}^{n-1} \left(\prod_{j=k+1}^{n-1} B(j)\right) \Im b(k)\right] \\ &= x_n(p, \Re w, \Re b(k)) + i x_n(p, \Im w, \Im b(k)). \end{aligned}$$

한편, $x_n(p, w, b(\cdot)) = \Re x_n(p, w, b(\cdot)) + i\Im x_n(p, w, b(\cdot))$이므로

$$\Re x_n(p, w, b(\cdot)) = x_n(p, \Re w, \Re b(\cdot)), \quad \Im x_n(p, w, b(\cdot)) = x_n(p, \Im w, \Im b(\cdot))$$

를 얻는다. □

2.2 해공간과 해작용소

여기서는 제차 선형차분방정식계 (3.4)의 해집합 S의 구조를 조사한다. 자세하게는 S가 m 차원 복소벡터공간임을 보이기로 하자.

정의 3.2.1. x^i $(i = 1, 2, \cdots, k)$가 제차 선형차분방정식계 (3.4)의 해, 즉 $x^i \in S$라고 하자. 그러면

$$c_1 x^1 + c_2 x^2 + \cdots + c_k x^k = 0 \quad (c_i \in \mathbb{C},\ i = 1, 2, \cdots, k) \tag{3.9}$$

을 만족하는 $c_1, c_2, \cdots, c_k$가 $c_1 = c_2 = \cdots = c_k = 0$뿐일 때, $x^1, x^2, \cdots, x^k$는 ($\mathbb{C}$ 위에서) **일차독립**, 그렇지 않으면 ($\mathbb{C}$ 위에서) **일차종속**이라고 말한다.

S에서 일차독립성의 판정법을 주기로 하자.

정리 3.2.2.

1) $D = \mathbb{Z}_p$인 경우: S에서 $x(\cdot; p, a_1), x(\cdot; p, a_2), \cdots, x(\cdot; p, a_k)$가 일차독립이기 위한 필요충분조건은 $a_1, a_2, \cdots, a_k \in \mathbb{C}^m$이 일차독립인 것이다.

2) $D = \mathbb{Z}$인 경우: 가정 **A** 아래 다음 명제는 동치이다.

(1) S에서 $x^1, x^2, \cdots, x^k$가 일차독립이다.

(2) 임의의 p에 대하여 $x_p^1, x_p^2, \cdots, x_p^k$가 일차독립이다.

(3) 적당한 p에 대하여 $x_p^1, x_p^2, \cdots, x_p^k$가 일차독립이다.

증명 1) 초기값 $a \in \mathbb{C}^m$을 방정식(3.4)의 해 $x(\cdot, p, a)$로 옮기는 사상을 $T : \mathbb{C}^m \to S$라고 하자. 그러면 해의 유일성에 위해 T가 잘 정의되며, 성질 3.2.1로부터 T는 선형사상이다. $Ta = 0 \in S$이면, $(Ta)_p = 0 \in \mathbb{C}^m$이므로 $a = (Ta)_p = 0$. 따라서 T는 단사이다. 한편, 임의의 $x \in S$에 대하여 해의 유일성으로부터 $x = Tx_p$이다. 따라서 T는 전단사이므로 $a_1, \cdots, a_k \in \mathbb{C}^m$의 일차독립성과 $x(\cdot; p, a_1), \cdots, x(\cdot; p, a_k) \in S$의 일차독립성은 동치이다.

2) $p \in \mathbb{Z}$를 하나 고르면 가정 **A**에 의해 해는 전진해 그리고 후퇴해도 유일하므로 1)과 마찬가지로 사상 $T : \mathbb{C}^m \to S$가 정의되며, 역시 전단사가 된다. 따라서 2)가 성립한다.

3) 분명하다. □

정리 3.2.3. $D = \mathbb{Z}$일 때, 가정 **A**가 만족된다고 하자. 그러면 $\dim S = m$, 즉 제차 선형차분방정식계 (3.4)의 해공간 S는 m차 복소벡터공간이다. 그리고 $a_1, \cdots, a_m$이 $\mathbb{C}^m$의 기저이면, 제차 선형차분방정식계 (3.4)의 해 $x(\cdot; p, a_1)$, $x(\cdot; p, a_2)$, $\cdots$, $x(\cdot; p, a_m)$은 S의 기저이다. 역도 역시 성립한다.

증명 사상 T를 정리 3.2.2의 증명에서 정의된 것이라고 하자. 그러면 T가 전단사이므로 정리 1.2.1에 의해 $\dim S = \dim \mathbb{C}^m = m$. 나머지는 정리 3.2.2로부터 분명하다. □

정의 3.2.2. 제차 선형차분방정식계 (3.4)의 해 $x^1, x^2, \cdots, x^m$이 S의 기저일 때, 이를 제차 선형차분방정식계 (3.4)의 **기본해**라고 부른다.

$x_p = w$를 만족하는 제차 선형차분방정식계 (3.4)의 초기값 문제에 대하여 정리 3.1.1 또는 정리 3.1.2에 의해 해가 유일하게 존재한다. 따라서 w를 $x_n(p, w)$로 보내는 사상 $U(n, p)$: $\mathbb{C}^m \to \mathbb{C}^m$이 잘 정의된다. 즉, $x_n(p, w) = U(n, p)w$이다. 이 사상을 선형차분방정식계 (3.4)의 **해작용소**라고 말한다.

성질 3.2.4. 해작용소 $U(n, k)$는 다음과 같은 성질을 가진다.

1) $U(n+1, k) = B(n)U(n, k) \ \ (n \geq k)$

2) $U(k, k) = E$

3) $U(n, k) = U(n, r)U(r, k) \ \ (n \geq r \geq k)$

4) $U(n, k) = \prod_{i=k}^{n-1} B(i) \ \ (n \geq k)$

5) $U(n, p) = \prod_{i=k}^{n-1} B(i)U(k, p) \ \ (n \geq k > p)$

특히, $D = \mathbb{Z}$에서 가정 **A** 가 만족되면, 다음 성질을 가진다.

6) $U(n, k) = U(n, r)U(r, k) \ \ (n, r, k \in \mathbb{Z})$

7) $U^{-1}(n, k) = U(k, n) \ \ (n, k \in \mathbb{Z})$

8) $U(k, n) = U(n, k)^{-1} = B(k)^{-1}B(k+1)^{-1} \cdots B(n-1)^{-1} \ \ (n > k)$

증명 1) $x_{n+1}(k,w) = B(n)x_n(k,w)$ 이므로 $U(n+1,k) = B(n)U(n,k)$.

2) 분명하다.

3), 6)은 성질 3.2.2로부터 분명하다.

4) 1)과 2)로부터

$$U(n,k) = B(n-1)U(n-1,k) = \prod_{i=k}^{n-1} B(i)U(k,k) = \prod_{i=k}^{n-1} B(i)\ (n \geq k).$$

5) 3)과 4)를 사용하면 7), 8)은 가정 **A**와 정리 3.1.2의 증명으로부터 분명하다. □

이제, $\mathbb{C}^m$ 의 m개의 원소 $a_1, \cdots, a_m$을 잡자. 초기점 $x_p = a_k\ (k = 1, 2, \cdots, m)$를 만족하는 제차 선형차분방정식계 (3.4)의 해 $x(\cdot; p, a_k)$로부터 만들어지는 행렬

$$X(n) = (x_n(p,a_1), x_n(p,a_2), \cdots, x_n(p,a_m))$$

을 선형차분방정식계 (3.4)의 **카소라티 (Casorati) 행렬**이라고 말한다. 이 행렬은 선형미분방정식계에서의 론스키 행렬에 대응한다. 분명히,

$$X(n+1) = B(n)X(n),$$
$$X(n) = U(n,p)X(p),\ \ X(p) = (a_1, a_2, \cdots, a_m)$$

이 된다. 특히 $a_1, \cdots, a_m$을 $\mathbb{C}^m$ 의 기저라고 하면, $X(p)$는 정칙행렬이 되고, 따라서

$$U(n,p) = X(n)X^{-1}(p) \tag{3.10}$$

가 성립한다. 특히 각 $n \in D$에 대하여 $X(n)$이 정칙행렬이면 카소라티 행렬 $X(n)$을 제차 선형차분방정식계 (3.4)의 **기본행렬**이라고 부른다.

D에서 가정 **A**가 늘 만족된다고 하면 선형차분방정식계 (3.4)의 해작용소 $U(n,k)$는 정칙행렬이고

$$U(n,k) = X(n)X^{-1}(k)\ \ (n,k \in \mathbb{Z}) \tag{3.11}$$

와 같이 표현된다. $X(n) = U(n,p)X(p)$ 이므로 성질 3.2.4에 의해

$$\det X(n) = \left(\prod_{i=p}^{n-1} \det B(i)\right) \det X(p) \tag{3.12}$$

가 성립한다. 그러므로

$$\det X(n) \neq 0\ (\forall n \in D) \Longleftrightarrow \det X(p) \neq 0$$

이 얻어진다. 특히, $B(n) = B$이면,

$$X(n) = B^{n-k}X(k),\ \ \det X(n) = (\det B)^{n-k} \det X(k)$$

가 성립한다.

위의 결과를 종합하면 다음 결과를 얻는다.

정리 3.2.4.
$$X(n) = (x_n(p, a_1), x_n(p, a_2), \cdots, x_n(p, a_m))$$
을 제차 선형차분방정식계 (3.4)의 카소라티 행렬이라고 하면 가정 **A** 아래, 다음 명제는 동치이다.

1) $\{a_1, a_2, \cdots, a_m\}$은 $\mathbb{C}^m$의 기저이다.

2) $x(\cdot; p, a_1), x(\cdot; p, a_2), \cdots, x(\cdot; p, a_m)$ 은 제차 선형차분방정식계 (3.4)의 기본해이다.

3) 모든 $n \in D$에 대하여 $X(n)$은 기본행렬이다. 즉 모든 $n \in D$에 대하여 $\det X(n) \neq 0$.

4) $x_k(p, a_1), x_k(p, a_2), \cdots, x_k(p, a_m)$가 $\mathbb{C}^m$의 기저로 되는 $k \in D$가 존재한다. 즉, $\det X(k) \neq 0$이 성립하는 $k \in D$가 존재한다.

그러나 선형차분방정식계 (3.4)가 가정 **A**를 만족하지 않으면, $x(\cdot; p, a_1)$, $\cdots$, $x(\cdot; p, a_m)$이 기본해라고 해도 $X(n)$이 기본행렬이라고 말할 수 없다. 이 점은 선형미분방정식계와의 현저한 차이의 하나이다. 다음 보기는 이 차이를 잘 보여주고 있다.

보기 3.2.1. 방정식
$$y_{n+1} = \begin{pmatrix} 1 & 1 \\ 0 & 0 \end{pmatrix} y_n \tag{3.13}$$
은 가정 **A**를 만족하지 않는다. $n = 0$에서의 초기값을 $a_1 = {}^t(1, 0), a_2 = {}^t(0, 1)$이라고 하자. 그러면 이에 대응하는 해 $y(\cdot; 0, a_1)$, $y(\cdot; 0, a_2)$는 기본해이다. 그러나
$$y_0(0, a_1) = {}^t(1, 0),\ y_1(0, a_1) = {}^t(1, 0),\ y_2(0, a_1) = {}^t(1, 0),\ \cdots,$$
$$y_0(0, a_2) = {}^t(0, 1),\ y_1(0, a_2) = {}^t(1, 0),\ y_2(0, a_2) = {}^t(1, 0),\ \cdots$$
이므로 $\det X(0) = 1, \det X(1) = 0$. 이와 같이 카소라티 행렬 $X(n)$은 기본행렬이 아니다.

더욱이 이 보기는 다음 사실도 보여주고 있다. 초기값 $y_1 = {}^t(1, 0)$을 지나는 선형차분방정식계의 후퇴해는 존재하지만 유일하지 않다. 그리고 초기값 $y_1 = {}^t(0, 1)$을 지나는 선형차분방정식계의 후퇴해는 존재하지 않는다.

앞으로 특별히 명기하지 않는 한 $D = \mathbb{Z}$**라 하고 가정 A는 항상 만족된다**고 가정하자.

방정식 (3.4)의 기본행렬의 성질은 다음 정리에 의해 주어진다. 증명은 정리 2.2.6의 증명과 마찬가지이므로 생략한다.

정리 3.2.5. $X(n)$을 선형차분방정식계 (3.4)의 카소라티 행렬이라고 하자.

1) $X(n)$이 선형차분방정식계 (3.4)의 기본행렬이고 P가 임의의 정칙인 상수행렬이면, $X(n)P$도 선형차분방정식계 (3.4)의 기본행렬이다.

2) $X(n), Y(n)$이 선형차분방정식계 (3.4)의 기본행렬이면, $Y(n) = X(n)P$가 성립하는 정칙인 상수행렬 P가 존재한다.

다음으로 방정식 (3.4)의 해를 표현하자.

정리 3.2.6. $X(n) = (x_n(p, a_1), x_n(p, a_2), \cdots, x_n(p, a_m))$이 제차 선형차분방정식계 (3.4)의 기본행렬이라고 하면 방정식 (3.4)의 해집합 S의 원소 x는

$$x_n = X(n)c \tag{3.14}$$

로 표현된다. 여기서 $c \in \mathbb{C}^m$. 특히 초기조건 $x_p = w$를 만족하는 방정식 (3.4)의 해는

$$x_n(p, w) = U(n, p)w = X(n)X^{-1}(p)w \tag{3.15}$$

로 표현된다.

증명 정리 3.2.3과 (3.10)에 의하여 분명하다. □

마지막으로, 제차 선형차분방정식계 (3.4)에 대응하는 수반 선형차분방정식계에 대하여 간단히 언급하자. 가정 **A**가 만족될 때,

$$x_{n+1} = B^*(n)^{-1}x_n \tag{3.16}$$

을 제차 선형차분방정식계 (3.4)의 **수반 선형차분방정식계**라고 부른다.

정리 3.2.7. $U(n, k)$는 방정식 (3.4)의 해작용소이고 $V(n, k)$는 방정식 (3.16)의 해작용소이다. 그러므로

$$V(n, k)^*U(n, k) = E \quad (n \geq k) \tag{3.17}$$

가 성립한다.

증명 일반적으로 A, B에 관하여 관계식 $(AB)^* = B^*A^*$가 성립한다. $U(n, k)$ 및 $V(n, k)$에 성질 3.2.4의 4) 를 적용하면

$$\begin{aligned} V(n, k)^*U(n, k) &= \left(\prod_{i=k}^{n-1}(B^*(i))^{-1}\right)^* \prod_{j=k}^{n-1} B(j) \\ &= B(k)^{-1}B(k+1)^{-1} \cdots B(n-1)^{-1} \prod_{j=k}^{n-1} B(j) = E. \end{aligned}$$

이것은 (3.17)을 뜻한다. □

2.3 상수변화법의 공식

여기서는 비제차 선형차분방정식계 (3.3)의 해의 표현을 제시한다. 이는 선형미분방정식계에서의 상수변화법의 공식(정리 2.2.12)에 대응하고 있다.

비제차 선형차분방정식계 (3.3)의 특수해를 u라고 하면 비제차 선형차분방정식계 (3.3)의 해는

$$x_n = X(n)c + u_n, \quad c \in \mathbb{C}^m \tag{3.18}$$

과 같이 표현된다. 여기서 $X(n)$은 제차 선형차분방정식계 (3.4)의 기본행렬이다.

비제차 선형차분방정식계(3.3)의 해 $x \in S(b(\cdot))$를

$$x_n = X(n)c(n) \tag{3.19}$$

의 모양으로 구하여 보자. 방정식 (3.3)을 $x_n = B(n-1)x_{n-1} + b(n-1)$이라고 바꾸어 쓰면

$$\begin{aligned} X(n)c(n) &= B(n-1)x_{n-1} + b(n-1) \\ &= B(n-1)X(n-1)c(n-1) + b(n-1) \end{aligned}$$

이 된다. $B(n-1)X(n-1) = X(n)$이므로 $X(n)c(n) = X(n)c(n-1) + b(n-1)$. 따라서 $c(n) = c(n-1) + X(n)^{-1}b(n-1)$을 얻는다. $n \geq p$라고 하자. 이로부터

$$c(n) = c(p) + \sum_{k=p}^{n-1} X(k+1)^{-1}b(k).$$

그리고 $c(p) = X(p)^{-1}x_p$이므로

$$\begin{aligned} x_n &= X(n)c(n) \\ &= X(n)c(p) + X(n)\sum_{k=p}^{n-1} X(k+1)^{-1}b(k) \\ &= X(n)X(p)^{-1}x_p + \sum_{k=p}^{n-1} X(n)X(k+1)^{-1}b(k) \\ &= U(n,p)x_p + \sum_{k=p}^{n-1} U(n,k+1)b(k). \end{aligned}$$

이 식을 x_p에 관하여 풀면

$$\begin{aligned} x_p &= U(n,p)^{-1}x_n - \sum_{k=p}^{n-1} U(n,p)^{-1}U(n,k+1)b(k) \\ &= U(p,n)x_n - \sum_{k=p}^{n-1} U(p,n)U(n,k+1)b(k) \\ &= U(p,n)x_n - \sum_{k=p}^{n-1} U(p,k+1)b(k). \end{aligned}$$

위의 결과를 정리의 형태로 묶으면 다음과 같이 된다.

정리 3.2.8. $x_p = w$를 만족하는 비제차 선형차분방정식계 (3.3)의 해 $x(\cdot; p, w, b(\cdot))$는

$$x_n(p, w, b(\cdot)) = \begin{cases} U(n,p)w + \sum_{k=p}^{n-1} U(n,k+1)b(k) & (n \geq p) \\ U(n,p)w - \sum_{k=n}^{p-1} U(n,k+1)b(k) & (n < p) \end{cases} \tag{3.20}$$

와 같이 표현된다.

주 3.2.1. (3.20)은 다음과 같이 변형된다.

$$x_n(p, w, b(\cdot)) = \begin{cases} U(n,p)w + \sum_{k=p+1}^{n} U(n,k)b(k-1) & (n \geq p) \\ U(n,p)w - \sum_{k=n+1}^{p} U(n,k)b(k-1) & (n < p). \end{cases} \tag{3.21}$$

그리고 표현 (3.20)은 (3.5)와 (3.6)으로부터 직접 이끌어낼 수 있다.

제 3 절 상수계수 선형차분방정식계

이 절에서는 선형차분방정식계 (3.3)에서 $B(n) = B$인 경우, 즉 **상수계수 선형차분방정식계**

$$x_{n+1} = Bx_n + b(n), \ \ n \in \mathbb{Z} \tag{3.22}$$

를 고찰하자. 특히 $b(n) = b$인 경우, 즉

$$x_{n+1} = Bx_n + b, \ \ x_0 = w \tag{3.23}$$

와 $B = e^{\tau A}$인 경우, 즉

$$x_{n+1} = e^{\tau A}x_n + b, \ \ x_0 = w \tag{3.24}$$

를 주로 취급한다. 이 때 해의 표현이 보다 구체화된다. B가 정칙행렬이면 가정 **A**가 만족된다는 것은 분명하다.

도움정리 3.3.1.

1) B가 정칙행렬이면, (3.23)에 대응하는 제차방정식의 해작용소는

$$U(n,k) = B^{n-k} \ (n, k \in \mathbb{Z}).$$

2) (3.24)에 대응하는 제차방정식의 해작용소는

$$U(n,k) = e^{(n-k)\tau A} \ (n, k \in \mathbb{Z}).$$

3.1 해의 표현

먼저, (3.23)과 (3.24)에 대응하는 제차 상수계수 선형차분방정식

$$x_{n+1} = Bx_n, \ \ x_0 = w, \tag{3.25}$$

$$x_{n+1} = e^{\tau A}x_n, \ \ x_0 = w \tag{3.26}$$

의 해의 일반화된 고유공간 성분의 표현(간단히 성분표현 또는 사영성분이라고 말한다)을 생각하자. 그러면 방정식 (3.25)와 (3.26)의 해는 각각

$$x_n(0,w) = B^n w \ \ (n \in \mathbb{Z}), \tag{3.27}$$

$$x_n(0,w) = e^{n\tau A}w \ \ (n \in \mathbb{Z}) \tag{3.28}$$

와 같이 표현된다.

방정식 (3.25)에서

$$\Phi_B(\mu) := \det(\mu E - B) = 0$$

을 방정식 (3.25)에 대한 **고유방정식**이라고 말하고, 그 해를 **고유값**이라고 말한다.

방정식 (3.25)에서 행렬 B의 고유값을 문자 μ로 표시하고, $\mu \in \sigma(B)$에 대하여 그 표수를 $h_\mu(B)$, 사영을 $Q_\mu := Q_\mu(B)$라고 나타낸다. 방정식 (3.26)에서, 행렬 A의 고유값을 문자 λ로 나타내고, $\lambda \in \sigma(A)$에 대하여 그 표수를 $h_\lambda(A)$, 사영을 $P_\lambda := Q_\lambda(A)$라고 놓는다. 정리 1.6.5와 정리 1.8.1에 의해 해 (3.27)과 (3.28)의 전진해의 성분표현은 다음과 같이 주어진다.

정리 3.3.1.

1) $\mu \in \sigma(B)$라고 하자. 그러면 $x_0 = w$를 만족하는 제차 상수계수 선형차분방정식 (3.25)의 해 $x_n := x_n(0,w)$의 성분 $Q_\mu x_n$은 $Q_\mu x_n = B^n Q_\mu w$로 주어진다.

(1) $\mu \neq 0$이면,

$$Q_\mu x_n = \sum_{j=0}^{h_\mu(B)-1} \frac{(n)_j}{j!}\mu^{n-j}(B-\mu E)^j Q_\mu w \ \ (n > 0). \tag{3.29}$$

(2) $\mu = 0$이면,

$$Q_0 x_n = B^n Q_0 w = \begin{cases} 0 & (n \geq h_0) \\ B^n Q_0 w & (0 < n < h_0). \end{cases}$$

2) $\lambda \in \sigma(A)$라고 하자. 그러면 $x_0 = w$를 만족하는 제차 상수계수 선형차분방정식 (3.26)의 해 $x_n := x_n(0,w)$의 성분 $P_\lambda x_n$은

$$P_\lambda x_n = e^{n\tau A}P_\lambda w = e^{n\tau\lambda}\sum_{k=0}^{h_\lambda(A)-1} \frac{(n\tau)^k}{k!}(A-\lambda E)^k P_\lambda w \tag{3.30}$$

로 표현된다.

다음으로 B가 실행렬이고 그 고유값이 복소수인 경우를 고찰하자. 다음 정리와 따름정리는 정리 1.6.6의 직접적인 결과이다.

정리 3.3.2. B가 실행렬이고 $\mu = re^{i\theta} \in \sigma(B), \Im\mu \neq 0$이라고 하자. 그러면 초기조건 $x_0 = w \in \mathbb{C}^m$을 만족하는 방정식 (3.25)의 해 $x_n := x_n(0, w)$의 성분 $Q_\mu(B)x_n$과 $Q_{\overline{\mu}}(B)x_n$은 각각 다음과 같이 주어진다.

$$\begin{aligned} Q_\mu(B)x_n &= B^n Q_\mu(B)w \\ &= \sum_{j=0}^{h_\mu(B)-1} \frac{(n)_j}{j!} r^{n-j} \left(\cos((n-j)\theta)M_j(\mu) - \sin((n-j)\theta)N_j(\mu)\right) Q_\mu(B)w, \end{aligned} \tag{3.31}$$

$$\begin{aligned} Q_{\overline{\mu}}(B)x_n &= B^n Q_{\overline{\mu}}(B)w \\ &= \sum_{j=0}^{h_\mu(B)-1} \frac{(n)_j}{j!} r^{n-j} \left(\cos((n-j)\theta)M_j(\mu) - \sin((n-j)\theta)N_j(\mu)\right) Q_{\overline{\mu}}(B)w. \end{aligned} \tag{3.32}$$

따름정리 3.3.1. $R_\mu = \Re Q_\mu(B)$라고 놓자. 그러면 정리 3.3.2에서 해의 성분 $2R_\mu x_n$은 다음과 같이 주어진다.

$$\begin{aligned} 2R_\mu x_n &= B^n 2R_\mu w \\ &= \sum_{j=0}^{h_\mu(B)-1} \frac{(n)_j}{j!} r^{n-j} \left(\cos((n-j)\theta)M_j(\mu) - \sin((n-j)\theta)N_j(\mu)\right) 2R_\mu w. \end{aligned} \tag{3.33}$$

따름정리 3.3.2. $B \in M_m(\mathbb{R})$의 고유방정식 $\Phi_B(\mu) = 0$이 (1.39) (A를 B로 바꿈)로 주어졌다고 하자. 그러면 초기조건 $x_0 = w \in \mathbb{C}^m$을 만족하는 방정식 (3.25)의 해 x_n은 다음과 같이 주어진다.

$$\begin{aligned} x_n &= B^n w \\ &= \sum_{j=1}^{p} \sum_{i=0}^{h_{\lambda_j}(B)-1} \frac{(n)_i}{i!} \lambda_j^{n-i} (B - \lambda_j E)^i Q_{\lambda_j}(B)w \\ &\quad + \sum_{k=1}^{q} \sum_{j=0}^{h_{\mu_k}(B)-1} \frac{(n)_j}{j!} r_k^{n-j} \left(\cos((n-j)\theta_k)M_j(\mu_k) - \sin((n-j)\theta_k)N_j(\mu_k)\right) 2R_{\mu_k} w. \end{aligned}$$

여기서 $\mu_k = r_k e^{\theta_k}, R_{\mu_k} = \Re Q_{\mu_k}(B)$.

마지막으로 비제차 상수계수 선형차분 방정식 (3.23)과 (3.24)의 해의 (성분)표현을 고찰하자. 다음 결과들은 정리 3.1.2, 성질 3.2.4, 도움정리 3.3.1로부터 증명된다.

따름정리 3.3.3. B가 m차 정칙행렬이면, $x_0 = w$를 만족하는 비제차 상수계수 선형차분방정식 (3.22)의 해 $x_n(0, w, b(\cdot)))$는 유일하게 존재하고,

$$x_n(0, w, b(\cdot)) = \begin{cases} B^n w + \sum_{k=0}^{n-1} B^{n-1-k} b(k) & (n \geq 0) \\ B^n w - \sum_{k=n}^{-1} B^{n-1-k} b(k) & (n < 0) \end{cases} \tag{3.34}$$

로 표현된다.

분명히, (3.34)에서 다음 관계식이 성립한다.

$$\sum_{k=0}^{n-1} B^{n-1-k} b(k) = \sum_{k=0}^{n-1} B^k b(n-1-k).$$

따름정리 3.3.4. B가 m차 정칙행렬이면, $x_0 = w$를 만족하는 비제차 상수계수 선형차분방정식 (3.23)의 해 $x_n(0, w, b)$는 유일하게 존재하고,

$$x_n(0, w, b) = \begin{cases} B^n w + \sum_{k=0}^{n-1} B^k b & (n \geq 0) \\ B^n w - \sum_{k=n}^{-1} B^k b & (n < 0) \end{cases} \tag{3.35}$$

와 같이 표현된다. 특히 $B = e^{\tau A}$이면, (3.35)는

$$x_n(0, w, b) = \begin{cases} e^{n\tau A} w + \sum_{k=0}^{n-1} e^{k\tau A} b & (n \geq 0) \\ e^{n\tau A} w - \sum_{k=n}^{-1} e^{k\tau A} b & (n < 0) \end{cases} \tag{3.36}$$

가 된다.

(3.35)와 (3.36)의 성분 표시 $Q_\mu x_n(0, w, b)$, $P_\lambda x_n(0, w, b)$, $n > 0$은 다음과 같이 표현된다.

정리 3.3.3.

1) $\mu \in \sigma(B)$라고 하자. 그러면 $x_0 = w$를 만족하는 상수계수 선형차분방정식 (3.23)의 해 $x_n := x_n(0, w, b)$의 성분 $Q_\mu x_n$은

$$Q_\mu x_n = B^n Q_\mu w + \sum_{k=0}^{n-1} B^k Q_\mu b.$$

(1) $\mu \neq 0$인 경우.

$$Q_\mu x_n = \sum_{j=0}^{h_\mu(B)-1} \frac{(n)_j}{j!}\mu^{n-j}(B-\mu E)^j Q_\mu w + \sum_{k=0}^{n-1}\sum_{j=0}^{h_\mu(B)-1} \frac{(k)_j}{j!}\mu^{k-j}(B-\mu E)^j Q_\mu b.$$

(2) $\mu = 0$인 경우.

$$Q_0 x_n = \begin{cases} \displaystyle\sum_{k=0}^{h_0(B)-1} B^k Q_0 b & (n \geq h_0(B)) \\ \displaystyle B^n Q_0 w + \sum_{k=0}^{n-1} B^k Q_0 b & (n < h_0(B)). \end{cases}$$

2) $B = e^{\tau A}$ 및 $\lambda \in \sigma(A)$라고 하자. 그러면 $x_0 = w$를 만족하는 상수계수 선형차분방정식 (3.24)의 해 $x_n := x_n(0, w, b)$의 성분 $P_\lambda x_n$은

$$\begin{aligned} P_\lambda x_n &= e^{n\tau A}P_\lambda w + \sum_{k=0}^{n-1} e^{k\tau A}P_\lambda b \\ &= e^{n\tau\lambda}\sum_{k=0}^{h_\lambda(A)-1}\frac{(n\tau)^k}{k!}(A-\lambda E)^k P_\lambda w + \sum_{k=0}^{n-1} e^{k\tau\lambda}\sum_{j=0}^{h_\lambda(A)-1}\frac{(k\tau)^j}{j!}(A-\lambda E)^j P_\lambda b. \end{aligned}$$

정리 3.3.3에 의한 선형차분방정식의 해의 성분 표시는 상수변화법의 공식이 대응하고 있다. 그러나 이것만으로는 해의 행태를 완전히 해명할 수 없다. 이 문제는 다음 장에서 고찰한다.

끝으로, 제차 상수계수선형차분방정식의 해의 극한정리를 서술하자.

정리 3.3.4. 제차 상수계수 선형차분방정식의 해에 관한 다음 극한정리가 성립한다.

1)

$$\lim_{n\to+\infty}\frac{\log\|e^{n\tau A}P_\lambda\|}{n} = \inf_{n>0}\frac{\log\|e^{n\tau A}P_\lambda\|}{n} = \tau\Re\lambda,$$

$$\lim_{n\to-\infty}\frac{\log\|e^{n\tau A}P_\lambda\|}{n} = \inf_{n<0}\frac{\log\|e^{n\tau A}P_\lambda\|}{n} = \tau\Re\lambda.$$

2)

$$\lim_{n\to+\infty}\frac{\log\|e^{n\tau A}\|}{n} = \inf_{n>0}\frac{\log\|e^{n\tau A}\|}{n} = \tau\max\{\Re\lambda \;:\; \lambda\in\sigma(A)\},$$

$$\lim_{n\to-\infty}\frac{\log\|e^{n\tau A}\|}{n} = \inf_{n<0}\frac{\log\|e^{n\tau A}\|}{n} = \tau\min\{\Re\lambda \;:\; \lambda\in\sigma(A)\}.$$

3)

$$\lim_{n\to+\infty}\frac{\log\|B^nQ_\mu\|}{n} = \inf_{n>0}\frac{\log\|B^nQ_\mu\|}{n} = \log r_\sigma(BQ_\mu) = \log|\mu|.$$

4)

$$\lim_{n\to+\infty}\frac{\log\|B^n\|}{n}=\inf_{n>0}\frac{\log\|B^n\|}{n}=\log r_\sigma(B).$$

여기서 $r_\sigma(B)$는 행렬 B의 스펙트럼 반경이다.

이 정리의 1)과 2)는 정리 2.3.8과 따름정리 2.3.6에 대응하고 있다. 3)과 4)는 스펙트럼 반경에 관한 정리 1.7.2로부터 나온다.

3.2 보기

보기 3.3.1. 상수계수 선형차분방정식

$$x_{n+1}=Bx_n+b,\ \ x(0)=w\in\mathbb{C}^3\ \ (n\in\mathbb{N}_0) \tag{3.37}$$

의 해를 표현하자. 여기서

$$B=\begin{pmatrix}-1&-2&0\\0&-1&0\\0&-2&1\end{pmatrix},\ \ b=\begin{pmatrix}b_1\\b_2\\b_3\end{pmatrix},\ \ w=\begin{pmatrix}w_1\\w_2\\w_3\end{pmatrix}.$$

B의 고유방정식은

$$\Phi_B(\mu)=|\mu E-B|=(\mu+1)^2(\mu-1),$$

이므로 $\sigma(B)=\{-1,1\}$. 그리고 $2=\mathrm{rank}(B+E)>\mathrm{rank}(B+E)^2=1$이므로 $h_{-1}(B)=2$, $h_1(B)=1$이다. B에 따르는 단위행렬의 분해사영족 Q_{-1},Q_1은

$$\frac{1}{\Phi_B(\mu)}=\frac{-\frac{1}{4}\mu-\frac{3}{4}}{(\mu+1)^2}+\frac{\frac{1}{4}}{\mu-1}$$

이므로

$$Q_{-1}=\left(-\frac{1}{4}B-\frac{3}{4}E\right)(B-E)=\begin{pmatrix}1&0&0\\0&1&0\\0&1&0\end{pmatrix},\ \ Q_1=\begin{pmatrix}0&0&0\\0&0&0\\0&-1&1\end{pmatrix}$$

로 주어진다.

다음으로 정리 3.3.3에 의해

$$Q_1x_n(0,w,b)=\begin{pmatrix}0&0&0\\0&0&0\\0&-1&1\end{pmatrix}w+\sum_{k=0}^{n-1}\begin{pmatrix}0&0&0\\0&0&0\\0&-1&1\end{pmatrix}b,$$

$$Q_{-1}x_n(0,w,b)=(-1)^n\begin{pmatrix}1&0&0\\0&1&0\\0&1&0\end{pmatrix}w+(-1)^{n-1}n\begin{pmatrix}0&-2&0\\0&0&0\\0&0&0\end{pmatrix}w$$

$$+\sum_{k=0}^{n-1}(-1)^k\begin{pmatrix}1&0&0\\0&1&0\\0&1&0\end{pmatrix}b+\sum_{k=0}^{n-1}(-1)^{k-1}k\begin{pmatrix}0&-2&0\\0&0&0\\0&0&0\end{pmatrix}b.$$

따라서 상수계수 선형차분방정식 (3.37)의 해는

$$x_n(0,w,b) = \begin{pmatrix} (-1)^n & 2(-1)^n n & 0 \\ 0 & (-1)^n & 0 \\ 0 & (-1)^n - 1 & 1 \end{pmatrix} w + \sum_{k=0}^{n-1} \begin{pmatrix} (-1)^k & 2(-1)^k k & 0 \\ 0 & (-1)^k & 0 \\ 0 & (-1)^k - 1 & 1 \end{pmatrix} b$$

로 주어진다.

제 4 절 주기계수 선형차분방정식계

이 절에서는 주기계수 선형차분방정식계

$$x_{n+1} = B(n)x_n + b(n) \tag{3.38}$$

$$x_{n+1} = B(n)x_n \tag{3.39}$$

을 고찰한다. 여기서 $B(n), b(n)$은 (최소)주기 $\tau \in \mathbb{N}$을 가진다. 즉

$$B(n+\tau) = B(n),\ b(n+\tau) = b(n),\ n \in \mathbb{Z}.$$

특히, 위의 주기계수 선형차분방정식계의 해의 일반적 성질과 주기해의 존재성를 다룬다.

4.1 기본행렬의 표현, 특성승수와 특성지수

앞으로 $B(n), n \in \mathbb{Z}$는 정칙행렬이라고 가정한다.

먼저 벡터열의 주기를 정의하자. 벡터열 $\{u_n\}_{n\in\mathbb{Z}}$이 $u_{n+\tau} = u_n$ $(n \in \mathbb{Z})$과 같은 $\tau \in \mathbb{N}$를 가질 때, τ-주기의 주기벡터열이라고 말한다. 주기벡터열 $\{u_n\}_{n\in\mathbb{Z}}$은 양의 최소주기 τ를 가지며, 주기 τ는 τ의 정수배이다.

도움정리 3.4.1. 주기계수 선형차분방정식계 (3.39)에서 다음 명제가 성립한다.

1) $X(n)$이 방정식 (3.39)의 기본행렬이면, $X(n+\tau)$도 기본행렬이다.

2) 방정식 (3.39)의 기본행렬 $X(n)$에 대하여 $X(n+\tau) = X(n)C$ $(n \in \mathbb{Z})$를 만족하는 정칙행렬 C가 존재한다.

도움정리 3.4.1의 2)에서 C를 기본행렬 $X(n)$의 **전이 (translation) 행렬**이라고 부른다. 이 행렬은

$$C = X(0)^{-1}X(\tau)$$

로 주어진다. 주기계수 선형차분방정식계(3.39)의 해작용소 $U(n,r) = X(n)X^{-1}(r)$에 대하여 $U(\tau,0)$를 **주기작용소**라고 부른다. 그러면 임의의 전이행렬 C는 주기작용소 $U(\tau,0)$와 닮은 행렬이다. 사실, $X(n+\tau) = X(n)C$인 기본행렬을 $X(n)$이라고 하면

$$U(\tau,0) = X(\tau)X(0)^{-1} = X(0)CX(0)^{-1}.$$

이는 C와 $U(\tau,0)$가 닮았다는 것을 보여주고 있다.

주기계수 선형차분방정식계 (3.39)의 해작용소 $U(n,r) = X(n)X^{-1}(r)$는 다음 성질을 가진다.

성질 3.4.1. $k, r \in \mathbb{Z}$라고 하자. 그러면

1) $U(n \pm \tau, q \pm \tau) = U(n,q)$ (부호동순)
2) $U(n + k\tau, n) = U^k(n+\tau, n)$
3) $U(n + k\tau, r) = U(n,0)U^k(\tau,0)U(0,r)$

다음 정리는 주기계수 선형미분방정식계에서의 플로케 정리에 대응하고 있다.

정리 3.4.1. $X(n)$을 방정식 (3.39)의 기본행렬이라고 하면 다음 관계식을 만족하는 정칙행렬 H와 주기 τ인 정칙행렬 $P(n)$이 존재한다.

$$X(n) = P(n)H^n. \tag{3.40}$$

증명 도움정리 3.4.1의 2)의 정칙행렬 C에 대하여 $H^\tau = C$인 정칙행렬 H가 존재한다. 사실, 정리 1.8.6로부터 $e^B = C$인 B가 존재한다. 따라서 $H = e^{\frac{1}{\tau}B}$라고 놓으면, H는 관계식 $H^\tau = C$을 만족하는 정칙행렬이다.

먼저, $P(n) = X(n)H^{-n}$이라고 놓자. 그러면

$$\begin{aligned} P(n+\tau) &= X(n+\tau)H^{-\tau}H^{-n} = X(n)CH^{-\tau}H^{-n} \\ &= X(n)H^{-n} = P(n). \end{aligned}$$

다음으로 $P(n)$의 최소주기가 τ 임을 보이자. $\tau \neq 1$이라고 하자. $0 < \sigma < \tau$인 주기 σ가 있다고 하면,

$$P(n+\sigma) = P(n), \quad P(n+\sigma) = X(n+\sigma)H^{-\sigma}H^{-n}$$

이므로 $X(n) = X(n+\sigma)H^{-\sigma}$을 얻는다. 따라서 $X(n+1) = X(n+\sigma+1)H^{-\sigma}$. 한편, $X(n+1) = B(n)X(n)$이므로

$$B(n)X(n) = X(n+\sigma+1)H^{-\sigma} = B(n+\sigma)X(n+\sigma)H^{-\sigma} = B(n+\sigma)X(n).$$

따라서 $B(n) = B(n+\sigma)$을 얻는다. 이것은 τ가 $B(n)$의 최소주기라는 것과 어긋난다. 그러므로 정리의 결과를 얻는다. □

$P(n)$은 τ-주기이므로 $P^{-1}(n)$도 역시 τ-주기이다. 분명히, $P(\tau) = P(0) = E$, $P^{-1}(\tau) = P^{-1}(0) = E$ 그리고 $X(\tau) = H^\tau$가 성립한다.

따름정리 3.4.1. $P(n)$와 H를 정리 3.4.1에서 주어진 행렬이라고 하자. 그러면 변환 $x_n = P(n)z_n$에 의하여 방정식 (3.39)은 상수계수 선형차분방정식계

$$z_{n+1} = Hz_n$$

으로 귀착된다.

주기작용소 $U(\tau,0)$는 정리 3.1.1에 의해

$$U(\tau,0)=\prod_{i=0}^{\tau-1}B(i)$$

로 표현된다. 주기작용소의 고유값을 방정식 (3.39)의 **특성승수**라고 부른다.

$$U(n+\tau,n)=U(n+\tau,\tau)U(\tau,0)U(0,n)=U(n,0)U(\tau,0)U(n,0)^{-1} \tag{3.41}$$

이므로 특성승수를 $U(n+\tau,n)$의 고유값이라고 말해도 무방하다. 한편, $U(\tau,0)$와 C가 닮은 행렬이므로 특성승수는 전이행렬 C의 고유값이라고 말해도 무방하다.

$U(n,0)$도 기본행렬이므로 정리 3.4.1에 의해 최소주기가 τ인 행렬값 함수 $P(n)$과 정칙행렬 H가 존재하고 $U(n,0)=P(n)H^n$이 성립한다. 이 경우 $P(\tau)=P(0)=E$이므로

$$U(\tau,0)=H^\tau \tag{3.42}$$

가 된다. 따라서

$$\prod_{i=0}^{\tau-1}B(i)=H^\tau.$$

$\lambda^\tau\in\sigma(U(\tau,0))$인 λ를 방정식 (3.39)의 **특성지수**라고 부른다. (3.42)와 따름정리 1.7.6에 의해 $\sigma(U(\tau,0))=\sigma(H^\tau)=\{\lambda^\tau:\lambda\in\sigma(H)\}$이므로 H의 고유값은 방정식 (3.39)의 특성지수이다. $k=\pm1,\pm2,\cdots$에 대하여 $\lambda_k=e^{\sqrt{-1}k(2\pi/\tau)}\lambda$라고 놓으면, $\lambda_k^\tau=\lambda^\tau$로부터 λ_k도 특성지수이다. $H_k=e^{\sqrt{-1}k(2\pi/\tau)}H$라고 놓으면 $(H_k)^\tau=H^\tau=U(\tau,0)$, $\lambda_k\in\sigma(H_k)$이 성립한다.

도움정리 3.4.2. $\mu_1,\cdots,\mu_m$이 방정식 (3.39)의 모든 특성승수이면

$$\mu_1\cdots\mu_m=\prod_{i=0}^{\tau-1}\det B(i) \tag{3.43}$$

가 성립한다.

방정식 (3.39)의 특성승수와 특성지수의 성질을 열거하자.

도움정리 3.4.3. μ가 방정식 (3.39)의 특성승수이면,

$$x_{n+\tau}=\mu x_n,\ \ n\in\mathbb{Z} \tag{3.44}$$

를 만족하는 방정식 (3.39)의 영이 아닌 해 x_n이 존재하고, 역도 성립한다.

증명 μ가 특성승수이면, $U(\tau,0)v=\mu v$인 영이 아닌 벡터 $v\in\mathbb{C}^m$이 존재한다. 따라서 $x_n(v):=U(n,0)v$는 영이 아닌 해이고,

$$\begin{aligned}x_{n+\tau}(v)&=U(n+\tau,0)v=U(n+\tau,\tau)U(\tau,0)v\\&=U(n,0)\mu v=\mu U(n,0)v\end{aligned}$$

$$= \mu x_n(v).$$

거꾸로 영이 아닌 해 x_n이 (3.44)를 만족한다고 하자. 이 때 $n = 0$이면, $x_\tau = \mu x_0$이다. 한편, $x_\tau = U(\tau, 0)x_0$이므로 $U(\tau, 0)x_0 = \mu x_0$가 얻어진다. 그리고 $x_0 \neq 0$이므로 μ는 $U(\tau, 0)$의 고유값, 즉, 특성승수이다. □

도움정리 3.4.4. λ가 방정식 (3.39)의 특성지수이면,

$$x_n = \lambda^n q(n), \quad q(n+\tau) = q(n), \quad n \in \mathbb{Z} \tag{3.45}$$

의 형태인 방정식 (3.39)의 영이 아닌 해가 존재한다.

거꾸로 (3.45) 형태의 방정식 (3.39)의 영이 아닌 해가 존재하면, λ는 방정식 (3.39)의 특성지수이다.

증명 λ가 방정식 (3.39)의 특성지수라고 가정하자. 그러면 $Hv = \lambda v, v \neq 0$인 벡터 v가 존재한다. 따라서 $H^n v = \lambda^n v$ $(n \in \mathbb{Z})$가 성립한다. 한편 정리 3.4.1에 의해

$$x_n(v) = U(n, 0)v = P(n)H^n v = \lambda^n P(n)v$$

를 얻는다. 따라서 $q(n) = P(n)v$라고 놓으면 된다.

거꾸로 $q(n)$는 τ-주기이고, $\lambda^n q(n)$이 방정식 (3.39)의 영이 아닌 해라고 하자. $q(0) = v$라고 놓으면 $v \neq 0$이고, $\lambda^n q(n) = U(n, 0)v$ 로 표현된다. $n = \tau$라고 놓으면 $\lambda^\tau q(\tau) = U(\tau, 0)v$이고 $q(n)$은 τ-주기이므로 $q(\tau) = q(0) = v$이다. 결국,

$$\lambda^\tau v = U(\tau, 0)v$$

를 얻는다. 한편, $v \neq 0$이므로 λ^τ는 $U(\tau, 0)$의 고유값이다. 따라서 λ는 특성지수이다. □

다음 정리는 정리 2.4.3에 대응하고 있다. 증명도 거의 비슷하므로 생략한다.

정리 3.4.2.

1) 제차 주기계수 선형차분방정식계 (3.39)의 모든 해가 $t \to +\infty$일 때 0에 수렴하기 위한 필요충분조건은 $r_\sigma(U(\tau, 0)) < 1$가 성립하는 것이다.

2) 제차 주기계수 선형차분방정식계 (3.39)의 모든 해가 $t \to +\infty$일 때 존재하기 위한 필요충분조건은 $r_\sigma(U(\tau, 0)) \leq 1$ 및 $\{\mu : |\mu| = 1, \mu \in \sigma(U(\tau, 0))\} = \{1\}$이고, 표수 $h_1(U(\tau, 0)) = 1$이 성립하는 것이다.

4.2 주기해의 존재성

먼저, 제차 주기계수 선형차분방정식계 (3.39)의 주기해의 존재를 고찰한다.

정리 3.4.3. 다음 명제가 성립한다.

1) 방정식 (3.39)가 주기 τ의 영이 아닌 주기해를 가지기 위한 필요충분조건은 방정식 (3.39)가 1을 특성승수로 갖는 것이다.

2) 방정식 (3.39)가 특성승수로서 -1을 가지기 위한 필요충분조건은 τ는 주기가 아니지만, 2τ가 주기이고 영이 아닌 주기해가 존재하는 것이다.

증명 1)은 도움정리 3.4.3으로부터 분명하다.

2) $X(n)$을 방정식 (3.39)의 기본행렬이라고 하면 $X(n+\tau) = X(n)C$인 정칙행렬 C가 존재한다. $-1 \in \sigma(C)$이면, 도움정리 3.4.3에 의해 $x_{n+\tau} = -x_n$인 영이 아닌 해 x_n이 존재한다. τ를 x_n의 주기라고 하면 $x_n = -x_n$이다. 따라서 $x_n = 0$이므로 모순이다. 그리고 $x_{n+2\tau} = -x_{n+\tau} = x_n$이므로 2τ는 x_n의 주기이다.

거꾸로 정리에서 언급한 주기해 x_n이 있다고 가정하자. 그러면 $x_n = X(n)u$, $u \neq 0$이다. 조건 $x_{n+2\tau} = x_n$에 의해 $X(n)C^2u = X(n)u$이므로 $C^2u = u$을 얻는다. 따름정리 1.7.6에 의해 $u \in G_1(C) \oplus G_{-1}(C)$이다. 이제 $-1 \notin \sigma(C)$라고 하면, $u \in G_1(C)$, 즉 $(C-E)^k u = 0$인 $k \geq 1$이 존재한다. 정리 2.4.6의 증명과 마찬가지로 $(-2)^{k-1}(Cu-u) = 0$을 얻는다. 따라서 $Cu = u$이므로 x_n은 주기 τ를 가지며, 가정과 어긋난다. 그러므로 $-1 \in \sigma(C)$이다. □

다음 세 가지 집합을 정의하자.

$$SP_\tau^b = \{\varphi : \mathbb{Z} \to \mathbb{C}^m \ : \ \varphi \text{는 방정식 (3.38)의 } \tau\text{−주기해}\},$$

$$SP_\tau^0 = \{\varphi : \mathbb{Z} \to \mathbb{C}^m \ : \ \varphi \text{는 방정식 (3.39)의 } \tau\text{−주기해}\},$$

$$SP_\tau^* = \{\varphi : \mathbb{Z} \to \mathbb{C}^m \ : \ \varphi \text{는 방정식 } x_{n+1} = B^*(n)^{-1}x_n \text{ 의 } \tau\text{−주기해}\}.$$

SP_τ^0와 SP_τ^*는 분명히 벡터공간이다. 다음 두 정리는 선형미분방정식계에 관한 정리 4.5.1와 정리 4.5.5의 증명으로부터 명백하다.

정리 3.4.4. 방정식 (3.39)의 특성승수가 1이라고 하자. 그러면 방정식 (3.39)의 주기 τ의 주기해 전체의 선형공간의 차원은 특성승수 1에 대응하는 주기작용소의 고유공간의 차원과 같다, 즉

$$\dim SP_\tau^0 = \dim W_1(U(\tau, 0)).$$

정리 3.4.5. $\dim SP_\tau^0 = \dim SP_\tau^*$ 가 성립한다.

다음으로, 비제차 주기계수 선형차분방정식계 (3.38)의 주기해의 존재를 고찰한다.

$$f_b = \sum_{i=0}^{\tau-1} U(\tau, i+1)b(i)$$

라고 놓자. 그러면 방정식 (3.38)의 해는

$$x_n = U(n,0)x_0 + \sum_{i=0}^{n-1} U(n, i+1)b(i)$$

로 표현되므로

$$x_\tau = x_0 \Longleftrightarrow (E - U(\tau, 0))x_0 = f_b.$$

따라서 방정식 (3.38) 이 τ-주기해를 갖는 것과 방정식

$$(E - U(\tau, 0))x = f_b \tag{3.46}$$

가 해를 갖는 것은 동치이다.

위 결과를 종합하면 다음 도움정리를 얻는다.

도움정리 3.4.5. $\{x_n\}$을 비제차 방정식 (3.38)의 해라고 하자. 그러면 다음 동치 명제가 성립한다.

1) $SP_\tau^b \neq \emptyset$.

2) $x_\tau = x_0$.

3) $(E - U(\tau, 0))x_0 = f_b$.

방정식 (3.38) 의 주기해의 존재성에 관한 다음 결과는 정리 2.4.8에 대응하고 있다.

정리 3.4.6. 다음 명제는 동등하다.

1) $SP_\tau^b \neq \emptyset$.

2) 비제차 방정식 (3.38)은 $\mathbb{N}_0$ 위에서 유계인 해를 가진다.

3) $f_b \in \mathcal{N}(U^*(\tau, 0) - E)^\perp$.

4) 임의의 $\psi \in SP_\tau^*$ 에 대하여

$$\langle f_b, \psi(0)\rangle = 0.$$

5) 임의의 $\psi \in SP_\tau^*$ 에 대하여

$$\sum_{i=0}^{\tau-1}\langle b(i), \psi(i+1)\rangle = 0.$$

증명 1) $\Longrightarrow$ 2)는 분명하다.

2) $\Longrightarrow$ 3) $(U^*(\tau, 0) - E)y = 0$이라고 하자. 그러면 $x \in \mathbb{C}^m$과 $i \in \mathbb{N}$에 대하여

$$\langle U^i(\tau, 0)x, y\rangle = \langle U^{i-1}(\tau, 0)x, U^*(\tau, 0)y\rangle = \langle U^{i-1}(\tau, 0)x, y\rangle$$

이므로 $\langle U^i(\tau, 0)x, y\rangle = \langle x, y\rangle$이다. 방정식 (3.38)의 해 x_n은 성질 3.2.2에 의해

$$x_{n\tau}(0, x_0, b(\cdot)) = x_{n\tau}((n-1)\tau, x_{(n-1)\tau}(0, x_0, b(\cdot)), b(\cdot)).$$

그리고 (3.48) 도 성립한다. 따라서 $b(i)$의 주기성과 해작용소의 주기성에 의해

$$\begin{aligned} x_{n\tau} &= U(n\tau, (n-1)\tau)x_{(n-1)\tau} + \sum_{i=(n-1)\tau}^{n\tau-1} U(n\tau, i+1)b(i) \\ &= U(\tau, 0)x_{(n-1)\tau} + \sum_{j=0}^{\tau-1} U(n\tau, j+1+(n-1)\tau)b(j+(n-1)\tau) \\ &= U(\tau, 0)x_{(n-1)\tau} + \sum_{j=0}^{\tau-1} U(\tau, j+1)b(j) \end{aligned}$$

$$= U(\tau, 0)x_{(n-1)\tau} + f_b$$

를 얻는다. $(U^*(\tau, 0) - E)y = 0$을 만족하는 y에 대하여

$$\langle x_{n\tau}, y\rangle = \langle U(\tau, 0)x_{(n-1)\tau}, y\rangle + \langle f_b, y\rangle = \langle x_{(n-1)\tau}, y\rangle + \langle f_b, y\rangle.$$

그러므로 $\langle x_{n\tau}, y\rangle = \langle x_0, y\rangle + n\langle f_b, y\rangle$을 얻는다. 따라서 유계인 해 x_n이 존재한다면, $\langle f_b, y\rangle = 0$이 얻어진다.

이제, $V(n, p)$를 수반방정식의 해작용소라고 하자. 그러면 정리 3.2.7에 의해

$$\begin{aligned}(U^*(\tau, 0) - E)y = 0 &\iff (V(\tau, 0) - E)y = 0\\ &\iff y \text{ 는 방정식 } x_{n+1} = B^*(n)^{-1}x_n \text{ 의 주기 } \tau\text{인 해,}\\ &\quad\ \text{즉 } \tau-\text{주기해의 초기값.}\end{aligned}$$

따라서 $(U^*(\tau, 0) - E)y = 0$인 것과 적당한 $\psi \in PS_\tau^*$에 의해 $y = \psi(0)$으로 표시되는 것은 동치이다.

3) $\iff$ 4)는 분명하다.

3) $\Longrightarrow$ 1) 정리 1.3.6의 4)에 의해

$$f_b \in \mathcal{N}(U^*(\tau, 0) - E)^\perp \iff f_b \in \mathcal{R}(U(\tau, 0) - E).$$

따라서 3)이 성립하면 방정식 (3.38)은 주기 τ의 주기해이다.

4) $\iff$ 5) f_b의 정의에 의해 임의의 $\psi \in SP_\tau^*$에 대하여

$$\begin{aligned}\langle f_b, \psi(0)\rangle &= \left\langle \sum_{i=0}^{\tau-1} U(\tau, i+1)b(i), \psi(0) \right\rangle = \sum_{i=0}^{\tau-1}\langle U(\tau, i+1)b(i), \psi(0)\rangle\\ &= \sum_{i=0}^{\tau-1}\langle b(i), U^*(\tau, i+1)\psi(0)\rangle.\end{aligned}$$

$V^*(n, k)U(n, k) = E$로부터 $U^*(\tau, i+1) = V(\tau, i+1)^{-1} = V(i+1, \tau)$ 이다. 그리고 $\psi(0) = \psi(\tau)$이므로 $U^*(\tau, i+1)\psi(0) = V(i+1, \tau)\psi(\tau) = \psi(i+1)$을 얻는다. 따라서 $\langle f_b, \psi(0)\rangle = \sum_{i=0}^{\tau-1}\langle b(i), \psi(i+1)\rangle$. 이로부터 4) $\iff$ 5)의 증명이 끝난다. □

정리 3.4.6의 명제 2)와 관련하여 방정식 (3.38)의 유계해의 성질을 보이자.

정리 3.4.7. 방정식 (3.38)이 $\mathbb{N}_0$에서 유계해를 가진다면, 방정식 (3.38)은 $\mathbb{Z}$에서 유계해를 가진다.

증명 x_n은 방정식 (3.38)의 해이고 $\|x_n\| \le M (n \in \mathbb{N}_0)$인 $M \ge 0$이 존재한다고 하자.

$$y_n(k) := x_{k\tau+n},\ k \in \mathbb{N}$$

이라고 놓으면, $y_n(k)$는 방정식 (3.38)의 해이고 부등식

$$\|y_n(k)\| \le M \ \ (n \ge -k\tau, n \in \mathbb{Z})$$

을 만족한다. 열 $\{w_k\}, w_k := x_{k\tau}, k \in \mathbb{N}$이 유계이므로, $\lim_{m\to\infty} w_{k_m} = w \in \mathbb{C}^m$ 인 부분열 $\{w_{k_m}\} \subset \{w_k\}$가 존재한다. $x_n(0, w, b)$를 점 $(0, w)$를 지나는 방정식 (3.38)의 해라고 하자.

$$y_n(k_m) = x_{k_m\tau+n} = U(k_m\tau + n, k_m\tau)x_{k_m\tau} = U(n, 0)w_{k_m}$$

이므로 $x_n(0, w, b) - y_n(k_m) = U(n, 0)(w - w_{k_m})$이다. 따라서

$$\lim_{m\to\infty}(x_n(0, w, b) - y_n(k_m)) = U(n, 0) \lim_{m\to\infty}(w - w_{k_m}) = 0.$$

그러므로 $x_n(0, w, b) = \lim_{m\to\infty} y_n(k_m)$이고

$$\|x_n(0, w, b)\| = \lim_{m\to\infty} \|y_n(k_m)\| \le M$$

이다. □

마지막으로 비제차 주기계수 선형차분방정식계 (3.38)의 τ-주기해의 유일존재성을 보이기로 하자.

정리 3.4.8. 다음 명제는 동치이다.

1) $SP_\tau^0 = \{0\}$

2) 임의의 τ-주기 벡터열 $b(n)$에 대하여 방정식 (3.38)은 τ-주기해를 가진다.

그리고 위 명제 중 어느 하나가 만족되면 방정식 (3.38)의 τ-주기해는 유일하며 그 해 x_n은 다음과 같이 표현된다.

$$x_n = U(n, 0)(E - U(\tau, 0))^{-1} \sum_{i=n}^{n+\tau-1} U(\tau, i + 1)^{-1}b(i). \tag{3.47}$$

증명 1)은 $(E - U(\tau, 0))x = 0$의 해가 $x = 0$뿐이라는 것과 동치이다. 2)는 임의의 τ-주기 벡터열 $b(n)$에 대하여 방정식 (3.46)이 해 x를 가지는 것과 동치이다. 한편, $y \in \mathbb{C}^m$을 임의로 택하고, $b(n)$을

$$b(0) = b(1) = \cdots = b(\tau - 2) = 0,\ b(\tau - 1) = y$$

와 같이 정의된 τ-주기 벡터열이라고 하면

$$f_b = \sum_{i=0}^{\tau-1} U(\tau, i + 1)b(i) = U(\tau, \tau)y = y.$$

2)가 성립하면, $(E - U(\tau, 0))x = y$가 해 x를 가진다. 즉, 2)는 $(E - U(\tau, 0))\mathbb{C}^m = \mathbb{C}^m$과 동치이다. 따라서 1), 2)는 어느 것이나 행렬 $E - U(\tau, 0)$가 정칙조건인 것과 동치이다.

다음으로 1) 또는 2)가 성립한다고 가정하고 x_n을 방정식 (3.38)의 τ-주기해라고 하자. 그러면 방정식 (3.38)의 임의의 해에 대하여

$$x_n = U(n, p)x_p + \sum_{i=p}^{n-1} U(n, i + 1)b(i) \quad (n \ge p,\ n, p \in \mathbb{Z}) \tag{3.48}$$

가 성립하므로

$$x_{n+\tau} = U(n+\tau, n)x_n + \sum_{i=n}^{n+\tau-1} U(n+\tau, i+1)b(i) \quad (n \in \mathbb{Z})$$

를 얻는다. x_n가 τ-주기이면 $x_{n+\tau} = x_n$이고, (3.41)으로부터

$$U(n+\tau, n) = U(n,0)U(\tau,0)U(n,0)^{-1}.$$

그러므로 $E - U(\tau, 0)$이 정칙이면 $E - U(n+\tau, n)$도 정칙이다. 따라서

$$x_n = U(n,0)(E - U(\tau,0))^{-1}U(n,0)^{-1} \sum_{i=n}^{n+\tau-1} U(n+\tau, i+1)b(i).$$

그런데 우변의 행렬 $U(n+\tau, i+1)$은

$$U(n+\tau, i+1) = U(n+\tau, \tau)U(\tau, i+1) = U(n,0)U(\tau, i+1)$$

이라고 나타낼 수 있으므로

$$x_n = U(n,0)(E - U(\tau,0))^{-1} \sum_{i=n}^{n+\tau-1} U(\tau, i+1)b(i).$$

따라서 τ-주기해의 유일성도 증명되었다. □

제 II 편

주기선형계 I : 이산계

4

베르누이 수와 스털링 수

제 1 절 차분과 화분

연속량에서 미분과 적분은 이산량에서 각각 차분과 화분에 대응한다. 이 절에서는 차분과 화분에 대하여 간단히 다룬다. 이들은 앞으로 다룰 차분방정식과 미분방정식의 해를 표현할 때 기초가 된다.

1.1 차분

먼저 차분에 대하여 설명하기로 하자. 수열 $\{y_n\}, y_n \in \mathbb{C}, n \in \mathbb{N}$ (또는 $\mathbb{Z}$)에 대하여 y_n의 **차분 (difference)** Δy_n을 $\Delta y_n := y_{n+1} - y_n$ 이라고 정의한다. 함수 $f : \mathbb{R} \to \mathbb{R}$에 대하여 차분을

$$\Delta f(x) := f(x+1) - f(x) \tag{4.1}$$

와 같이 정의한다. 함수 f는 연속이건 불연속이건 관계하지 않는다. Δ는 $f(x)$로부터 $f(x+1) - f(x)$로의 사상이며 이를 **차분작용소(difference operator)**라고 부른다. 다변수함수 $f(x,t)$의 경우, $\Delta f(x,t) = f(x+1,t) - f(x,t)$를 x**에 관한 차분**이라고 부른다. 차분작용소 Δ는 미분작용소 $D = \frac{d}{dx}$에 대응하고 있다. 보통, 함수 f의 x에 관한 미분 $\frac{d}{dx}f(x)$의 근사는

$$\frac{f(x+h) - f(x)}{h} \tag{4.2}$$

이다. 그러므로 (4.2)는 (4.1)의 모양에 귀착할 수 있다. 사실, $x = h\hat{x}$, $\hat{f}(\eta) = \frac{1}{h}f(h\eta)$라고 놓으면

$$\begin{aligned}\frac{f(x+h) - f(x)}{h} &= \frac{f(h\hat{x}+h) - f(h\hat{x})}{h} \\ &= \hat{f}(\hat{x}+1) - \hat{f}(\hat{x}) = \Delta\hat{f}(\hat{x}).\end{aligned}$$

양수 h와 함수 $f: \mathbb{R} \to \mathbb{R}$에 대하여, 차분작용소 Δ_h를

$$\Delta_h f(x) = f(x+h) - f(x) \tag{4.3}$$

라고 정의한다.[1]

$x = h\hat{x}, f(x) = f(h\hat{x}) = \tilde{f}(\hat{x})$라고 두면,

$$\Delta_h f(x) = \Delta \tilde{f}(\hat{x})$$

가 성립한다. 이와 같이 (4.2), (4.3) 은 (4.1)에 귀착된다.

미분에 관한 많은 성질은 차분에 대응시킬 수 있다.

1) $\Delta c(x) = 0$이면, $c(x)$는 주기 1인 주기함수이다. 역도 성립한다.

2) $c_1(x), c_2(x)$가 주기 1인 주기함수이면

$$\Delta(c_1(x)f(x) + c_2(x)g(x)) = c_1(x)\Delta f(x) + c_2(x)\Delta g(x).$$

3) $\Delta[f(x)g(x)] = (\Delta f(x))g(x+1) + f(x)\Delta g(x)$.

4) $\Delta \dfrac{f(x)}{g(x)} = \dfrac{(\Delta f(x))g(x) - f(x)\Delta g(x)}{g(x)g(x+1)} \quad (g(x)g(x+1) \neq 0)$.

차분작용소 Δ에서 주기 1인 주기함수가 미분적분학에서 적분상수의 역할을 하고 있다. 따라서 주기 1인 주기함수를 **주기상수(periodic constant)**라고 부른다.

다항식 x^n에 대하여 미분작용소 D를 이용하면

$$Dx^n = nx^{n-1}$$

이 되고, 차분작용소 Δ를 이용하면 이항정리에 의해

$$\Delta x^n = \sum_{k=0}^{n-1} \binom{n}{k} x^k$$

가 된다. 그러나 이들을 비교하는 것은 힘들다. 대신 차분작용소에 이용되는 것은 $x \in \mathbb{R}$의 n **계승함수(factorial function)** $(x)_n, n \in \mathbb{Z}$이다. 이 정의는 n이 음이 아닌 정수일 때

$$(x)_0 = 1, \ \ (x)_n = x(x-1)\cdots(x-n+1), \ (n = 1, 2, \cdots). \tag{4.4}$$

예컨대, $(x)_1 = x, \ \ (x)_2 = x(x-1), \ \cdots$. x의 n 계승함수는 n차의 다항식이므로 n차의 계승다항식이라고도 부른다.

다음으로 $-n$이 음의 정수일 때, $x \neq -1, -2, \cdots, -n, \cdots$ 이면,

$$(x)_{-n} = \frac{1}{(x+1)(x+2)\cdots(x+n)} \ \ (n = 1, 2, \cdots)$$

---

[1]차분작용소 Δ_h를

$$\Delta_h f(x) = \frac{f(x+h) - f(x)}{h}$$

라고 정의하는 경우도 있기는 하나 이 책에서는 이를 따르지 않는다.

이라고 정의한다.[2] 그러면 조합의 총수 (1.1)의 일반화를 얻는다. 즉, $x \in \mathbb{R}$에 대하여

$$\binom{x}{k} = \frac{(x)_k}{k!} \quad (k = 0, 1, 2, \cdots) \tag{4.5}$$

라고 정의한다.

n 계승함수 $(x)_n$와 n차 다항식 사이에는 밀접한 관계가 있다. 이들을 연결하는 수로 스털링 수가 나타난다. 이에 관해서는 제3절에서 다루기로 한다.

보기 4.1.1.

$$\Delta(x)_n = n(x)_{n-1} \quad (n = 0, \pm 1, \pm 2, \cdots), \tag{4.6}$$

$$\Delta\binom{x}{n} = \binom{x}{n-1} \quad (n = 1, 2, \cdots), \quad \Delta\binom{x}{0} = 0$$

이 성립한다.

사실, $n \in \mathbb{N}$일 때,

$$\Delta(x)_n = (x+1)_n - (x)_n = (x)_{n-1}(x+1) - (x)_{n-1}(x-n+1) = n(x)_{n-1}$$

이 된다. $n = 0$일 때는 분명하다. n이 음의 정수, 즉 $n = -k$, $k \in \mathbb{N}$일 때

$$\begin{aligned}\Delta(x)_n = \Delta(x)_{-k} &= \frac{1}{(x+2)(x+3)\cdots(x+k+1)} \\ &= (x)_{-k}\left(\frac{x+1}{x+k+1} - 1\right) = (x)_{-k}\frac{-k}{x+k+1} = n(x)_{n-1}\end{aligned}$$

을 얻는다. 다음으로

$$\Delta\binom{x}{n} = \frac{\Delta(x)_n}{n!} = \frac{n(x)_{n-1}}{n!} = \frac{(x)_{n-1}}{(n-1)!} = \binom{x}{n-1},$$

$$\Delta\binom{x}{0} = \frac{\Delta(x)_0}{0!} = \Delta 1 = 0.$$

간단한 응용으로서 다음 결과를 얻는다.

명제 4.1.1.

$$\sum_{m=1}^{n}(m)_k = \frac{(n+1)_{k+1}}{k+1} = \binom{n+1}{k+1}, \quad k = 1, 2, \cdots.$$

---

[2] 임의의 $n, m \in \mathbb{N}_0$에 대하여 $(x)_n(x-n)_m = (x)_{n+m}$이 성립한다. 이 관계식이 음의 정수 $-n$에 대하여 성립하면, $(x)_{-n}(x+n)_n = (x)_0 = 1$이 성립한다. 이로부터

$$(x)_{-n} = \frac{1}{(x+n)_n} = \frac{1}{(x+1)(x+2)\cdots(x+n)}$$

이 얻어진다.

증명 $\Delta(x)_{k+1} = (k+1)(x)_k$ 이므로

$$\sum_{m=1}^{n}(m)_k = \frac{1}{k+1}\sum_{m=1}^{n}\Delta(m)_{k+1} = \frac{1}{k+1}\sum_{m=1}^{n}[(m+1)_{k+1} - (m)_{k+1}] = \frac{(n+1)_{k+1}}{k+1}$$

을 얻는다. □

n 계승함수 $(x)_n$ 은 이항정리와 유사한 성질을 가진다. 즉 다음 결과를 얻는다.

정리 4.1.1. $x, y \in \mathbb{R}$에 대하여 다음 등식이 성립한다.

$$(x+y)_n = \sum_{k=0}^{n}\binom{n}{k}(x)_k(y)_{n-k} = \sum_{k=0}^{n}\binom{n}{k}(x)_{n-k}(y)_k, \quad n = 0, 1, 2, \cdots. \tag{4.7}$$

특히, m이 양의 정수, n이 음이 아닌 정수이면,

$$(x+m)_n = \sum_{k=0}^{n}\binom{n}{k}(m)_k(x)_{n-k} = \sum_{k=0}^{m}\binom{m}{k}(n)_k(x)_{n-k}. \tag{4.8}$$

증명 방데르몽드 항등식(정리 1.1.1)

$$\binom{r+s}{n} = \sum_{k=0}^{n}\binom{r}{k}\binom{s}{n-k}$$

의 양변에 $n!$을 곱하면

$$(r+s)_n = \sum_{k=0}^{n}\binom{n}{k}(r)_k(s)_{n-k}.$$

양변은 r, s의 다항식이고, 모든 자연수에 대하여 위 등식이 성립하므로 모든 실수에 대하여 (4.7)이 성립한다.

(4.8)의 첫째 등식은 관계식 (4.7)의 직접적인 결과이다.

둘째 등식을 증명하자. 정의식 (4.5)로부터

$$\binom{n}{k}(m)_k = \frac{(n)_k}{k!}(m)_k = (n)_k\frac{(m)_k}{k!} = (n)_k\binom{m}{k}$$

이므로

$$\sum_{k=0}^{n}\binom{n}{k}(m)_k(x)_{n-k} = \sum_{k=0}^{n}\binom{m}{k}(n)_k(x)_{n-k}$$

가 성립한다. $m \le n$인 경우는 $k > m$이면 $\binom{m}{k} = 0$이고 $n < m$인 경우는 $k > n$이면 $(n)_k = 0$이다. 따라서

$$\sum_{k=0}^{n}\binom{m}{k}(n)_k(x)_{n-k} = \sum_{k=0}^{m}\binom{m}{k}(n)_k(x)_{n-k}$$

가 성립한다. □

기본적인 함수의 차분공식을 열거한다.

1) $\Delta a^x = (a-1)a^x$

2) $\Delta 2^x = 2^x$

3) $\Delta \log_a x = \log_a \left(1 + \frac{1}{x}\right)$

4) $\Delta \sin(ax+b) = 2\sin\frac{a}{2}\cos(ax+b+\frac{a}{2})$

5) $\Delta \cos(ax+b) = -2\sin\frac{a}{2}\sin(ax+b+\frac{a}{2})$

차분 $\Delta f(x)$를 일반화하여 **제n차분(nth difference)**을

$$\Delta^n f(x) = \Delta(\Delta^{n-1} f(x))$$

라고 정의한다. 여기서 $\Delta^0 f(x) = f(x)$, $\Delta^1 f(x) = \Delta f(x)$. 편의상 이동작용소 E와 항등작용소 I를 각각

$$Ef(x) = f(x+1),\ \ If(x) = f(x)$$

라고 정의하면 $\Delta f(x) = Ef(x) - If(x) = (E-I)f(x)$, $E^k f(x) = f(x+k)$가 된다. 그러므로

$$\begin{aligned}\Delta^2 f(x) &= \Delta(\Delta f(x)) = \Delta f(x+1) - \Delta f(x)\\ &= [f(x+2) - f(x+1)] - [f(x+1) - f(x)]\\ &= f(x+2) - 2f(x+1) + f(x).\end{aligned}$$

이동작용소와 항등작용소를 쓰면,

$$\begin{aligned}\Delta^2 f(x) &= (E-I)^2 f(x) = (E-I)[(E-I)f(x)]\\ &= (E-I)[f(x+1) - f(x)] = (E-I)f(x+1) - (E-I)f(x)\\ &= [f(x+2) - f(x+1)] - [f(x+1) - f(x)]\\ &= f(x+2) - 2f(x+1) + f(x)\end{aligned}$$

가 된다. 일반적으로

$$\Delta^n f(x) = (E-I)^n f(x) = \sum_{k=0}^{n} (-1)^{n-k} \binom{n}{k} f(x+k),\ \ n \in \mathbb{N}_0. \tag{4.9}$$

계승함수에 관한 차분 (4.6)으로부터

$$\Delta^k (x)_n = (n)_k (x)_{n-k}\ \ (0 \le k \le n),\ \ \Delta^n (x)_n = n! \tag{4.10}$$

이 성립한다.

다음으로 뉴턴 공식을 설명하자. 미분의 경우, n차 다항식 $f(x)$를 $x=0$에서 테일러 전개하면

$$f(x) = f(0) + \frac{f'(0)}{1!}x + \frac{f''(0)}{2!}x^2 + \cdots + \frac{f^{(n)}(0)}{n!}x^n$$

가 된다. 차분의 경우, $f(x)$가 n계승함수 $f(x) = a_0 + a_1(x)_1 + \cdots + a_n(x)_n$이면, 관계식 (4.10)에 의해 $\Delta^k f(0) = k!a_k$이므로

$$f(x) = \sum_{k=0}^{n} \frac{\Delta^k f(0)}{k!}(x)_k \left(:= \sum_{k=0}^{n} \left[\frac{\Delta^k f(x)}{k!} \right]_{x=0} (x)_k \right)$$

를 얻는다. (4.5)를 고려하면

$$f(x) = \sum_{k=0}^{n} \binom{x}{k} \Delta^k f(0) \tag{4.11}$$

이 성립한다. 이 공식을 **뉴턴 공식(Newton's formula)**이라고 부른다. n계승함수는 n차 다항식으로 표시(도움정리 4.3.1 참조)되므로 이 공식은 $f(x)$가 n차 다항식이라도 성립한다. 뉴턴 공식은 보간법에서 중요한 역할을 한다.

마지막으로, 계승함수의 일반화를 주기로 하자. 임의의 함수 $f(x)$에 대하여

$$\text{이면} f(x)_0 = 1, f(x)_n = f(x)f(x-1)f(x-2)\cdots f(x-n+1), \ (n = 1, 2, \cdots),$$

$$f(x)_{-n} = \frac{1}{f(x+1)f(x+2)\cdots f(x+n)}, \ (n = 1, 2, \cdots),$$

이라고 정의한다. $f(x) = x$이면, $(x)_n$의 정의와 일치한다. $f(x) = (a+bx)_n$이면

$$\Delta(a+bx)_n = nb(a+bx)_{n-1} \ \ (n \in \mathbb{Z})$$

이 성립한다.

1.2 화분

다음으로 화분에 대하여 다루기로 하자. 두 함수 $F(x), f(x)$ $(x \in \mathbb{R}$ 또는 $x \in [a, \infty))$ 사이에

$$\Delta F(x) = f(x) \tag{4.12}$$

의 관계식이 성립할 때, $F(x)$를 $f(x)$의 **화분(부정화분, indefinite sum)**이라고 말하고 $F(x)$를 방정식 (4.12)의 해라고도 말한다. 주어진 함수 $F(x)$로부터 $f(x)$를 구하는 것이 차분법이며, 거꾸로 주어진 함수 $f(x)$로부터 $F(x)$를 구하는 것이 화분법이다. 이 때 화분 $F(x)$를

$$F(x) = \Delta^{-1} f(x)$$

라고 표시하고 기호 Δ^{-1}을 **화분작용소(indefinite sum operator)**라고 부른다. 차분작용소 Δ_h에 대하여 화분작용소를 Δ_h^{-1}라고 표시한다. $f(x)$의 화분이 존재할 때 유일하다고 말할 수는 없지만 부정적분에서의 적분상수에 해당하는 주기상수가 생긴다. 사실, $F(x)$가 $f(x)$의 하나의 화분이면,

$$\Delta^{-1} f(x) = F(x) + c(x) \tag{4.13}$$

로 표시된다. 여기서 $c(x)$는 임의의 주기상수이다. 즉, $c(x)$는

$$\Delta[F(x) + c(x)] = f(x)$$

이므로 $F(x)+c(x)$도 $f(x)$의 화분이다. $G(x)$를 $f(x)$의 다른 화분이라고 하면

$$\Delta[G(x)-F(x)] = \Delta G(x) - \Delta F(x) = 0$$

이다. 따라서 $G(x+1)-F(x+1) = G(x)-F(x)$가 성립한다. $d(x) = G(x)-F(x)$라고 두면, $d(x)$는 임의의 주기상수이고 $G(x)$는

$$G(x) = F(x) + d(x)$$

로 표시된다. 그러므로 화분의 일반식 (4.13) 이 성립한다.

두 함수 $f,\ g : \mathbb{R} \to \mathbb{R}$의 화분이 같다;

$$\Delta^{-1}f(x) = \Delta^{-1}g(x)$$

라는 것은 집합의 의미로서 같다는 뜻이다. 즉,

$$\{F(x)\ :\ \Delta F(x) = f(x)\} = \{G(x)\ :\ \Delta G(x) = g(x)\}$$

라는 뜻이다.

주어진 함수 $f(x)$의 화분 $F(x) = \Delta^{-1}f(x)$의 존재에 관한 결과를 언급하자. 먼저. $F(x)$가 존재할 때, 다음 사실이 성립한다.

정리 4.1.2. 함수 $f : \mathbb{R} \to \mathbb{C}$의 화분 $F(x) := \Delta^{-1}f(x)$가 주어졌을 때 $F(x)$는 관계식

$$F(x+n) = F(x) + \sum_{k=0}^{n-1} f(x+k)\ \ (x \in \mathbb{R},\ n \in \mathbb{N}) \tag{4.14}$$

를 만족한다.

증명 임의의 $x \in \mathbb{R}$에 대하여

$$F(x+k) - F(x+(k-1)) = f(x+(k-1))\ \ (k = 1, 2, \cdots, n)$$

이 성립한다. 이 관계식의 양변을 각각 합하면 (4.14)가 얻어진다. □

정리 4.1.3. 함수 $f : \mathbb{R} \to \mathbb{C}$의 화분 $F(x)$는 항상 존재한다. 보다 자세히, 구간 $a \le x < a+1$에서 정의되는 임의의 함수 $\varphi(x)$에 대하여

$$F(x) = \varphi(x),\ a \le x < a+1 \tag{4.15}$$

을 만족하는 $\Delta F(x) = f(x)$의 해 $F(x)$는 유일하게 존재하고 다음 식으로 주어진다.
임의의 $x \in \mathbb{R}$에 대하여 $x = s+n$인 $s \in [a, a+1)$과 $n \in \mathbb{Z}$가 존재하고 화분 $F(s+n)$는

$$F(s+n) = \begin{cases} \varphi(s) + \displaystyle\sum_{k=0}^{n-1} f(s+k) & (n \ge 1) \\ \varphi(s) & (n = 0) \\ \varphi(s) - \displaystyle\sum_{k=1}^{-n} f(s-k) & (n \le -1) \end{cases} \tag{4.16}$$

와 같이 표시된다.

증명 $\Delta F(x) = f(x)$를 만족하는 함수 $F(x)$를 구하기로 하자. 임의의 $x \in \mathbb{R}$에 대하여 $x = s + n$인 $s \in [a, a+1)$과 $n \in \mathbb{Z}$가 존재한다. 따라서 임의의 정수 k에 대하여

$$F(s+k) = F(s+(k-1)) + f(s+(k-1))$$

이 성립한다. 따라서 정수 $i, j\ (i < j)$에 대하여

$$F(s+j) = F(s+i) + \sum_{k=i}^{j-1} f(s+k) \tag{4.17}$$

를 얻는다. $n \geq 1$인 경우, $j = n,\ i = 0$이라고 하고 (4.17)을 쓰면

$$F(s+n) = F(s) + \sum_{k=0}^{n-1} f(s+k) = \varphi(s) + \sum_{k=0}^{n-1} f(s+k)$$

가 된다. $n \leq -1$일 때, $i = n,\ j = 0$이라고 하면, (4.17)은

$$F(s) = F(s+n) + \sum_{k=n}^{-1} f(s+k) = F(s+n) + \sum_{k=1}^{-n} f(s-k)$$

이므로

$$F(s+n) = \varphi(s) - \sum_{k=1}^{-n} f(s-k)$$

와 같이 표시된다. 따라서 정리의 표현식 (4.16)을 얻는다.

거꾸로 함수 $F(x)$를 (4.16)이라고 정의하면 $F(x)$는 관계식 $\Delta F(x) = f(x)$와 조건 (4.15)를 만족함을 쉽게 확인할 수 있다. □

주 4.1.1. 구간 $a \leq x < a + \tau$에서 정의되는 임의의 함수 $\varphi(x)$에 대하여

$$F(x) = \varphi(x),\ a \leq x < a + \tau \tag{4.18}$$

를 만족하는 $\Delta_\tau F(x) = f(x)$의 해 $F(x)$는 유일하게 존재하고,

$$F(s+n\tau) = \begin{cases} \varphi(s) + \sum_{k=0}^{n-1} f(s+k\tau) & (n \geq 1) \\ \varphi(s) & (n = 0) \\ \varphi(s) - \sum_{k=1}^{-n} f(s-k\tau) & (n \leq -1) \end{cases} \tag{4.19}$$

와 같이 표현된다.

화분 $\Delta^{-1} f(x)$가 연속함수일 때 **연속인 화분**이라고 말하고, 그 존재는 다음 정리에 의해 주어진다.

정리 4.1.4. 연속함수 $f : \mathbb{R} \to \mathbb{C}$가 주어졌을 때 f의 연속인 화분이 존재한다. 특히 임의로 주어진 $a \in \mathbb{R}$와 조건

$$\varphi(a+1) = \varphi(a) + f(a) \tag{4.20}$$

를 만족하는 연속함수 $\varphi : [a, a+1] \to \mathbb{R}$이 주어졌을 때,

$$F(x) = \varphi(x), \ a \le x < a+1 \tag{4.21}$$

을 만족하는 $f(x)$의 연속인 화분 $F(x)$가 $\mathbb{R}$ 위에서 유일하게 존재한다.

증명 $\varphi(x) : [a, a+1] \to \mathbb{R}$은 연속이고 (4.20)을 만족한다고 하자. 정리 4.1.3에 의해, 조건 (4.21)을 만족하는 화분 $F(x)$는 유일하게 존재하며 (4.16)과 같이 표현된다. 따라서 $F(x)$가 $\mathbb{R}$ 위에서 연속이라는 것을 밝히면 된다. $\varphi(x)$는 $[a, a+1)$ 위에서 연속이므로 같은 구간 $[a, a+1)$에서 $F(x)$도 연속이다. (4.14)에 의해

$$F(x+1) = F(x) + f(x)$$

가 성립하므로 $F(x)$는 구간 $[a+1, a+2)$에서 연속이다. 따라서 점 $x = a+1$에서의 $F(x)$의 연속성만을 밝히면 된다.

$$\begin{aligned}\lim_{x \to 0+} F(a+1+x) &= F(a+1) = F(a) + f(a)\\ &= \varphi(a) + f(a) = \varphi(a+1)\\ &= \lim_{x \to 0-} \varphi(a+1+x)\\ &= \lim_{x \to 0-} F(a+1+x)\end{aligned}$$

이므로 $F(x)$는 $x = a+1$에서 연속이다. 따라서 $F(x)$는 구간 $[a, a+2)$에서 연속이다. 같은 방법으로 $F(x)$는 구간 $[a, a+n), n = 3, 4, \cdots$ 에서 연속이다. 그리고 $F(x) = F(x+1) - f(x)$가 성립하므로 $F(x)$는 구간 $(a-m, a+1]$, $m = 1, 2, \cdots$ 에서 연속이다. 위 결과로부터 $F(x)$는 $\mathbb{R}$ 위에서 연속이다. □

주 4.1.2. 주어진 함수 $f : \mathbb{R} \to \mathbb{C}$가 연속이라고 하자. 그러면 $f(x)$의 화분 $F(x)$의 구간 $[a, a+1]$에서의 제한 $\varphi := F|_{[a,a+1]}$이 연속이면 화분 $F(x)$도 연속이다. 사실, φ는 조건 (4.20)을 만족하므로 정리 4.1.4가 적용된다.

앞으로, 특별한 경우를 제외하고 주기상수는 생략한다. 다음 화분공식은 적분의 공식과 유사하다.

1) $c(x)$가 주기 1인 주기함수이면, $\Delta^{-1}(c(x)f(x)) = c(x)\Delta^{-1}f(x)$

2) $\Delta^{-1}[f(x) \pm g(x)] = \Delta^{-1}f(x) \pm \Delta^{-1}g(x)$ (복부호동순)

3) $\Delta^{-1}[f(x)\Delta g(x)] = f(x)g(x) - \Delta^{-1}[g(x+1)\Delta f(x)]$

보기 4.1.2. $a, b \in \mathbb{C}$라고 하면

$$z(t) := \Delta_\tau^{-1}(be^{at}), \ \ t \in \mathbb{R} \tag{4.22}$$

은 다음과 같다. $\omega = \frac{2\pi}{\tau}, i = \sqrt{-1}$ 이라고 놓자.

1) $a \notin i\omega\mathbb{Z}$ 인 경우,

$$z(t) = b\frac{e^{at}}{e^{a\tau} - 1} + c(t).$$

2) $a \in i\omega\mathbb{Z}$ 인 경우,

$$z(t) = b\frac{e^{at}}{\tau}t + d(t).$$

여기서 $c(t), d(t)$ 는 임의의 주기상수이다.

해법 I

1) $a \notin i\omega\mathbb{Z}$ 인 경우.

$\Delta_\tau e^{at} = e^{a(t+\tau)} - e^{at} = e^{at}(e^{a\tau} - 1)$ 이므로

$$\Delta_\tau^{-1} e^{at} = \frac{e^{at}}{e^{a\tau} - 1}.$$

따라서

$$z(t) = \Delta_\tau^{-1}(be^{at}) = b\frac{e^{at}}{e^{a\tau} - 1} + c(t).$$

2) $a \in i\omega\mathbb{Z}$ 인 경우.

$\Delta_\tau w(t) = e^{at}$ 의 해 $w(t)$ 에 대하여 $w(t) = u(t)e^{at}$ 라고 두면 곱의 차분법 공식으로부터

$$(\Delta_\tau u(t))e^{a(t+\tau)} + u(t)\Delta_\tau e^{at} = e^{at}.$$

$e^{a\tau} = 1$ 이므로 $e^{a(t+\tau)} = e^{at}$ 가 성립하며 $\Delta_\tau e^{at} = 0$ 을 얻는다. 이를 이용하면 위의 관계식은 $(\Delta_\tau u(t))e^{at} = e^{at}$ 가 된다. 즉, $\Delta_\tau u(t) = 1$ 이다. 이 해는 $u(t) = \frac{t}{\tau}$ 에 의해 주어진다. 따라서

$$z(t) = \Delta_\tau^{-1}(be^{at}) = b\frac{e^{at}t}{\tau} + d(t).$$

해법 II 정리 4.1.3에 의해 함수 be^{at} 의 화분은 존재하고 이를 $z(t)$ 라고 놓자. 그러면 정리 4.1.2에 의해 임의의 $t \in \mathbb{R}$ 에 대하여

$$z(t + n\tau) = z(t) + e^{at}\left(\sum_{k=0}^{n-1} be^{ak\tau}\right) \quad (n = 1, 2, \cdots) \tag{4.23}$$

로 표현되고

$$\sum_{k=0}^{n-1} be^{ak\tau} = b\frac{1 - e^{an\tau}}{1 - e^{a\tau}} \quad (a \notin i\omega\mathbb{Z}), \quad \sum_{k=0}^{n-1} be^{ak\tau} = nb \quad (a \in i\omega\mathbb{Z}).$$

1) $a \notin i\omega\mathbb{Z}$ 인 경우.

$$z(t + n\tau) = z(t) + be^{at}\frac{1 - e^{an\tau}}{1 - e^{a\tau}}$$

$$= z(t) + b\frac{e^{at}}{1-e^{a\tau}} - b\frac{e^{at+an\tau}}{1-e^{a\tau}}b$$

이므로

$$z(t+n\tau) + b\frac{e^{at+an\tau}}{1-e^{a\tau}} = z(t) + b\frac{e^{at}}{1-e^{a\tau}}$$

를 얻는다. 따라서

$$c(t) := z(t) + b\frac{e^{at}}{1-e^{a\tau}}$$

는 τ-주기함수이다. 즉

$$z(t) = b\frac{e^{at}}{e^{a\tau}-1} + c(t), \quad t \in \mathbb{R}$$

를 얻는다. 여기서 $c(t)$는 주기상수이다.

2) $a \in i\omega\mathbb{Z}$인 경우.

$$\begin{aligned} z(t+n\tau) &= z(t) + nbe^{at} \\ &= z(t) + b\left(\frac{t+n\tau}{\tau} - \frac{t}{\tau}\right)e^{at} \\ &= z(t) - b\frac{t}{\tau}e^{at} + b\frac{t+n\tau}{\tau}e^{at+n\tau} \end{aligned}$$

가 된다. 마찬가지로

$$z(t+n\tau) - b\frac{t+n\tau}{\tau}e^{at+n\tau} = z(t) - b\frac{t}{\tau}e^{at}$$

가 성립한다. 따라서

$$z(t) = b\frac{e^{at}t}{\tau} + d(t)$$

를 얻는다. 여기서 $d(t)$는 주기상수이다.

보기 4.1.3. $(x)_n$의 화분은 (4.6)에 의해

$$\Delta^{-1}(x)_n = \frac{(x)_{n+1}}{n+1} \quad (n \neq -1).$$

기본적인 함수의 화분공식은 다음과 같다.

1) $\Delta^{-1}0 = c(x)$ ($c(x)$ 는 주기상수), $\Delta^{-1}c = cx$ $(c \neq 0)$

2) $\Delta^{-1}a^x = \frac{a^x}{a-1}$ $(a > 0,\ a \neq 1)$

3) $\Delta^{-1}2^x = 2^x$

4) $\Delta^{-1}(ax+b)_n = \frac{(ax+b)_{n+1}}{a(n+1)}$ $(n \neq -1, a \neq 0)$

5) $\Delta^{-1}\sin(ax+b) = -\frac{\cos(ax+b-\frac{a}{2})}{2\sin\frac{a}{2}}$ $(a \neq 2n\pi)$

6) $\Delta^{-1}\cos(ax+b) = \frac{\sin(ax+b-\frac{a}{2})}{2\sin\frac{a}{2}}$ $(a \neq 2n\pi)$

이제 가장 기본적인 함수인 다항식 x^n의 화분

$$\Delta^{-1}x^n$$

을 구하기로 하자. 결론을 먼저 쓰면,

$$\Delta^{-1}x^n = \frac{B_{n+1}(x)}{n+1} \quad (n = 0, 1, \cdots).$$

여기서 나타난 $B_n(x)$를 **베르누이(Bernoulli) 다항식**, $x = 0$을 대입한 $B_n(0)$를 **베르누이 수**라고 말한다. 베르누이 다항식에 대해서는 모함수의 생각에 기초하여 다음 절에서 새로 고찰한다.

마지막으로, 정화분에 대하여 언급하자. $\Delta^{-1}f(x) = F(x)$라 하고 (4.14)에서 $x = a$라고 놓으면

$$F(a+n) - F(a) = \sum_{k=0}^{n-1} f(a+k)$$

를 얻는다. 이 값 $F(a+n) - F(a)$을 $f(x)$의 $x = a$로부터 $x = a+n$까지의 **정화분(definite sum)**이라 부르고

$$\Delta^{-1}f(x)\Big|_{x=a}^{a+n}, \quad \Big[F(x)\Big]_a^{a+n}$$

으로 나타낸다. $\displaystyle\sum_{k=0}^{n-1} f(a+k) = \sum_{x=a}^{a+n-1} f(x)$이므로 $\Delta^{-1}f(x) = F(x)$일 때,

$$\Delta^{-1}f(x)\Big|_{x=a}^{a+n} = \sum_{x=a}^{a+n-1} f(x) = \sum_{k=0}^{n-1} f(a+k) = F(a+n) - F(a) \tag{4.24}$$

가 성립한다.

보기 4.1.4. 합 $1\cdot2\cdot3 + 2\cdot3\cdot4 + \cdots + 10\cdot11\cdot12$를 구하여 보자.

$$\begin{aligned} S &= 1\cdot2\cdot3 + 2\cdot3\cdot4 + \cdots + 10\cdot11\cdot12 = \sum_{x=3}^{12} x(x-1)(x-2) \\ &= \sum_{x=3}^{12} (x)_3 = \Delta^{-1}(x)_3\Big|_3^{13} = \left[\frac{(x)_4}{4}\right]_3^{13} \\ &= \frac{13\cdot12\cdot11\cdot10 - 3\cdot2\cdot1\cdot0}{4} = 4290. \end{aligned}$$

함수의 차분, 부정화분, 정화분으로부터 벡터값 함수의 차분, 부정화분, 정화분이 정의된다. 예컨대 $f(x) := {}^t(f_1(x), f_2(x), \cdots, f_m(x))$의 차분, 부정화분을 각각

$$\Delta f(x) = {}^t(\Delta f_1(x), \Delta f_2(x), \cdots, \Delta f_m(x)),$$

$$\Delta^{-1}f(x) = {}^t(\Delta^{-1}f_1(x), \Delta^{-1}f_2(x), \cdots, \Delta^{-1}f_m(x))$$

라고 정의하면 된다.

1.3 화분과 선형차분방정식의 해와의 관계

여기서는 화분과 선형차분방정식의 해와의 관계를 주기로 한다. $\tau > 0$이라고 하고, 함수 $h : \mathbb{R} \to \mathbb{C}^m$이 연속이라고 한다. 다음 선형차분방정식

$$z(t+\tau) - z(t) = h(t), \quad t \in \mathbb{R} \tag{4.25}$$

의 해, 즉 화분 $z(t) = \Delta_\tau^{-1}h(t)$를 구하는 문제는 앞 절에서 해결되었다. 이제 특별한 경우로서 $h(t) = B(t)b$인 경우, 즉 방정식

$$z(t+\tau) - z(t) = B(t)b, \quad t \in \mathbb{R}, \ b \in \mathbb{C}^m \tag{4.26}$$

을 고찰한다. 여기서 행렬값 함수 $B(\cdot) : \mathbb{R} \to M_m(\mathbb{C})$는 연속이고, 조건

$$B(t+\tau) = B(t)B(\tau) = B(\tau)B(t) \ \ (t \in \mathbb{R}) \tag{4.27}$$

를 만족한다고 하자. 분명히

$$B(t+\tau) - B(t) = B(t)(B(\tau) - E) \ \ (t \in \mathbb{R}) \tag{4.28}$$

(E는 단위행렬), 그리고

$$B(t+k\tau) = B(t)B^k(\tau) \ \ (t \in \mathbb{R}, k \in \mathbb{N}) \tag{4.29}$$

가 성립한다. 이 때 정리 4.1.3을 이용하면, 다음 정리를 얻는다. 이 정리는 화분과 상수계수 선형차분방정식의 해의 관계를 보여주고 있다.

정리 4.1.5. 방정식 (4.26)의 $\mathbb{R}$ 위에서의 해를 $z(t)$, 차분방정식

$$x_{n+1} = B(\tau)x_n + b, \quad x_0 = 0$$

의 해를 $x_n(0,0,b)$라고 하면 다음 명제가 성립한다.

1) 조건 (4.27) 아래에서 해 $z(t)$는 관계식

$$z(t+n\tau) = z(t) + B(t)x_n(0,0,b) \ \ (t \in \mathbb{R}, \ n \in \mathbb{N}_0) \tag{4.30}$$

를 만족한다.

2) $0 \le t < \tau$에서 $z(t)$의 값을 임의로 주면 방정식 (4.26)의 해 $z(t)$는 (4.30)으로부터 유일하게 정해진다.

증명 정리 4.1.3에 의해 방정식 (4.26)의 해 $z(t)$는 $\mathbb{R}$ 위에서 존재한다. 뿐만 아니라 정리 4.1.2와 관계식 (4.29)를 사용하면 $z(t)$는 임의의 $t \in \mathbb{R}, n \in \mathbb{N}_0$에 대하여

$$z(t+n\tau) = z(t) + \sum_{k=0}^{n-1} B(t+k\tau)b$$

$$= z(t) + B(t)\sum_{k=0}^{n-1} B^k(\tau)b$$

가 된다. $x_n(0,0,b) = \sum_{k=0}^{n-1} B^k(\tau)b$이므로 (4.30)을 얻는다. 나머지는 분명하다. □

보기 4.1.5. 보기 4.1.2를 다시 생각하자. (4.26)에서 $B(t) = e^{at}$이므로 조건 (4.27)을 만족한다. 한편, 차분방정식

$$x_{n+1} = e^{a\tau}x_n + b, \quad x_0 = 0$$

의 해 $x_n(0,0,b)$는

$$x_n(0,0,b) = \sum_{k=0}^{n-1} be^{ak\tau}$$

로 주어진다. 따라서 (4.30)으로부터 (4.23)을 얻을 수 있다.

정리 4.1.6. $z(t)$를 차분방정식 (4.26)의 해라고 하면 모든 $t \in \mathbb{R}$에 대하여 다음 관계식이 성립한다.

$$(B(\tau) - E)z(t) = B(t)b + c(t). \tag{4.31}$$

여기서 $c(t)$는 τ-주기함수이다.

증명 $z(t)$를 차분방정식 (4.26)의 해라고 하자. 이 때 $u(t) = (B(\tau) - E)z(t)$라고 두면 $\Delta_\tau u(t) = (B(\tau) - E)B(t)b$(4.31)가 성립한다. (4.28)로부터 $v(t) = B(t)b$라고 두면

$\Delta_\tau v(t) = B(t)(B(\tau) - E)b = (B(\tau) - E)B(t)b$ 도 성립한다. 따라서 $\Delta_\tau(u(t) - v(t)) = 0$이 된다. 여기서 $u(t) - v(t) = c(t)$라고 두면 $c(t)$는 τ-주기함수이다. □

따름정리 4.1.1. $1 \notin \sigma(B(\tau))$이면, 방정식 (4.26)의 $\mathbb{R}$ 위에서의 해 $z(t)$는

$$z(t) = B(t)(B(\tau) - E)^{-1}b + c(t) \;\; (t \in \mathbb{R})$$

라고 표현된다. 여기서 $c(t)$는 주기상수이다.

증명 가정 $1 \notin \sigma(B(\tau))$에 의해 $B(\tau) - E$는 정칙행렬이므로 관계식 (4.31)에서 c(t)를 e(t)라고 쓰면

$$z(t) = B(t)(B(\tau) - E)^{-1}b + (B(\tau) - E)^{-1}e(t) \;\; (t \in \mathbb{R})$$

와 같이 변형된다. $c(t) = (B(\tau) - E)^{-1}e(t)$는 τ-주기함수이다. □

정리 4.1.5에서 조건 $B(t+\tau) = B(t)B(\tau) = B(\tau)B(t)$, $t \in \mathbb{R}$을 만족하는 행렬값 함수 $B(t), t \in \mathbb{R}$의 예로는 $e^{tA}, A \in M_m(\mathbb{C})$ 그리고 주기계수 선형미분방정식 (2.61)의 해작용소 $U(t,0)$가 있다. 따라서 차분방정식 (4.26)은 비제차 주기계수 선형미분방정식의 해의 표현과 밀접하게 관계된다. 보다 자세하게는 제7장 및 제8장을 참조하기 바란다.

제 2 절 베르누이 수와 그 성질

베르누이 수는 원래 m 승의 합

$$1^m + 2^m + \cdots + n^m$$

을 구할 때 생겼으며, 한편 베르누이 다항식은 x^m 의 화분 $\Delta^{-1}x^m$ 을 구할 때 생겼다.

이 절에서는 모함수의 개념에 의거하여 베르누이 다항식과 베르누이 수를 정의하고, 간단한 성질을 다룬다. 베르누이 수는 정수론에서는 물론이지만 앞으로 언급되는 스털링 수와 함께 이 책에서 중요한 역할을 한다.

2.1 베르누이 다항식과 베르누이 수

먼저 모함수를 정의하자.

정의 4.2.1.

1) 수열 $\{a_n\}$ 에 대하여

$$Y(x) = a_0 + a_1x + \cdots + a_nx^n + \cdots$$

인 함수 $Y(x)$ 를 **수열 $\{a_n\}$ 의 모함수(generating function)**라고 말한다.

2) 함수열 $\{f_n(x)\}$ 에 대하여

$$Y(x,t) = f_0(x) + f_1(x)t + \cdots + f_n(x)t^n + \cdots$$

인 함수 $Y(x,t)$ 를 **함수열 $\{f_n(x)\}$ 의 모함수**라고 말한다.

$x \in \mathbb{C}, t \in \mathbb{R}$ 이라고 하자. 그러면

$$e^{xt} = \sum_{n=0}^{\infty} \frac{x^n}{n!}t^n$$

이므로 e^{xt} 는 함수열 $\{\frac{x^n}{n!}\}_{n=0}^{\infty}$ 의 모함수이다.

이 함수를 x 에 관하여 차분을 취하면

$$\Delta e^{xt} = e^{(x+1)t} - e^{xt} = e^{xt}(e^t - 1)$$

이므로 등식

$$\Delta\left(\frac{e^{xt}}{e^t - 1}\right) = e^{xt} \tag{4.32}$$

를 얻는다. 함수 $\dfrac{e^{xt}}{e^t - 1}$ 는 t 의 함수로서 $t = 0$ 에서 1 차의 극을 가진다. 이 함수 대신에

$$g(x,t) = \frac{te^{xt}}{e^t - 1}$$

를 택하면, $t = 0$은 $g(x,t)$의 제거 가능한 특이점이다. $\lim_{t\to 0} g(x,t) = 1$이므로 $g(x,0) = 1$이라고 정의한다. 즉

$$g(x,t) = \begin{cases} \dfrac{te^{xt}}{e^t - 1} & (t \neq 0) \\ 1 & (t = 0). \end{cases} \tag{4.33}$$

그러면 분모가 영으로 되는 점은 $t = 2n\pi i,\ i = \sqrt{-1},\ n = \pm 1, \pm 2, \cdots$ 이므로 $g(x,t)$는 t의 함수로서 $|t| < 2\pi$에서 정칙이다. 따라서

$$g(x,t) = \sum_{n=0}^{\infty} \frac{B_n(x)}{n!} t^n \quad (|t| < 2\pi, x \in \mathbb{R}) \tag{4.34}$$

과 같이 전개할 수 있다. 그러면 $B_n(x)$는 앞으로 언급되는 정리 4.2.2에 의해 n차 다항식이고

$$B_0(x) = g(x,0) = 1,$$

$$B_n(x) = \left[\frac{\partial^n}{\partial t^n} g(x,t)\right]_{t=0}$$

이 된다.

정의 4.2.2. 전개식 (4.34)의 계수로 정의되는 $B_n(x), n = 0, 1, 2, \cdots$ 를 **베르누이 다항식**이라고 부른다. 그리고 $B_n := B_n(0)$로 정의되는 수 $B_n,\ n = 0,\ 1,\ 2,\ \cdots$ 를 **베르누이 수**라고 부른다.

(4.34)로부터 베르누이 수 B_n을 써서 다음 테일러 전개를 얻는다.

$$g(0,t) = \sum_{n=0}^{\infty} \frac{B_n}{n!} t^n \quad (|t| < 2\pi).$$

베르누이 다항식을 쓰면 다항식 x^n의 화분 $\Delta^{-1} x^n$은 다음과 같이 주어진다.

정리 4.2.1. 베르누이 다항식 $B_n(x)$는 다음 관계식을 만족한다.

$$\Delta B_0(x) = 0,\ \Delta B_n(x) = nx^{n-1};\ \text{또는}\ \Delta^{-1} x^{n-1} = \frac{B_n(x)}{n} \quad (n \in \mathbb{N}).$$

증명 $g(x,t)$에 x에 관한 차분을 택하면 (4.32)와 마찬가지로 $\Delta g(x,t) = te^{xt}$ 를 얻는다. 이것과 (4.34)로부터 관계식

$$\sum_{n=0}^{\infty} \frac{\Delta B_n(x)}{n!} t^n = t \sum_{n=0}^{\infty} \frac{x^n}{n!} t^n = \sum_{n=1}^{\infty} \frac{x^{n-1}}{(n-1)!} t^n$$

이 성립한다. 따라서 계수를 비교하여

$$\Delta B_0(x) = 0,\quad \Delta B_n(x) = nx^{n-1},\quad n \in \mathbb{N}$$

을 얻는다. □

정리 4.2.1의 직접적인 응용으로서 k의 m 승의 합 $\sum_{k=0}^{n} k^m$은 다음과 같이 주어진다.

따름정리 4.2.1. 양의 정수 m, n에 대하여, 관계식

$$\sum_{k=0}^{n} k^m = 1^m + 2^m + \cdots + n^m = \frac{1}{m+1}[B_{m+1}(n+1) - B_{m+1}]$$

이 성립한다.

증명 정리 4.2.1과 정화분의 정의에 의해

$$\sum_{k=0}^{n} k^m = \sum_{x=0}^{n} x^m = \Delta^{-1} x^m \Big|_{x=0}^{n+1} = \frac{B_{m+1}(x)}{m+1}\Big|_{x=0}^{n+1}$$
$$= \frac{1}{m+1}[B_{m+1}(n+1) - B_{m+1}]$$

을 얻는다. □

2.2 베르누이 다항식과 베르누이 수의 성질

여기서는 베르누이 다항식과 베르누이 수의 성질을 간단히 언급한다.

정리 4.2.2. 베르누이 다항식 $B_n(x)$은 n차 다항식이다. 즉 $B_n(x)$는 $1, x, x^2, \cdots, x^n$의 일차결합으로서 다음과 같이 표현된다.

$$B_n(x) = \sum_{i=0}^{n} \binom{n}{i} B_i x^{n-i} = \sum_{j=0}^{n} \binom{n}{j} B_{n-j} x^j. \tag{4.35}$$

거꾸로 x^n은 $B_0(x)$, $B_1(x)$, $\cdots$, $B_n(x)$의 일차결합으로 다음과 같이 표현된다.

$$x^n = \frac{1}{n+1} \sum_{k=0}^{n} \binom{n+1}{k} B_k(x). \tag{4.36}$$

증명 $g(0,t) = \sum_{n=0}^{\infty} \frac{B_n}{n!} t^n$ 이므로 $g(x,t) = g(0,t)e^{xt}$는 (4.34)에 의해

$$\sum_{n=0}^{\infty} \frac{B_n(x)}{n!} t^n = \sum_{i=0}^{\infty} \frac{B_i}{i!} t^i \sum_{j=0}^{\infty} \frac{x^j}{j!} t^j$$

와 같이 바꾸어 쓸 수 있다. 우변을 전개하여 계수를 비교하면

$$\frac{B_n(x)}{n!} = \sum_{i+j=n} \frac{1}{i!j!} B_i x^j$$

를 얻는다. 따라서

$$B_n(x) = \sum_{i+j=n} \frac{n!}{i!j!} B_i x^j = \sum_{i=0}^{n} \binom{n}{i} B_i x^{n-i}$$

가 성립한다. 즉 (4.35)를 얻는다. $B_0 = g(0,0) = 1$이므로 $B_n(x)$는 n차 다항식이다. $t \neq 0$이라고 하자. $g(x,t) = \frac{t}{e^t-1}e^{xt}$ 이므로

$$g(x,t)\frac{e^t-1}{t} = e^{xt}$$

이다. 양변을 t에 관하여 전개하면

$$\sum_{k=0}^{\infty}\frac{B_k(x)}{k!}t^k\sum_{j=0}^{\infty}\frac{t^j}{(j+1)!} = \sum_{n=0}^{\infty}\frac{x^n}{n!}t^n$$

을 얻는다. 양변의 t^n의 계수를 비교하면

$$\begin{aligned} x^n &= \sum_{k+j=n}\frac{n!}{k!(j+1)!}B_k(x) = \sum_{k=0}^{n}\frac{n!}{k!(n+1-k)!}B_k(x) \\ &= \frac{1}{n+1}\sum_{k=0}^{n}\frac{(n+1)!}{k!(n+1-k)!}B_k(x). \end{aligned}$$

따라서 (4.36)이 성립한다. □

n차 이하의 다항식 전체의 선형공간을 $P_n(x)$라고 표시하자. $1,\ x,\ x^2,\ \cdots,\ x^n$은 $P_n(x)$의 기저이므로 위 정리에 의해, $B_0(x),\ B_1(x),\ \cdots,\ B_n(x)$ 도 같은 선형공간 $P_n(x)$의 기저이다.

특별한 경우로서 (4.36)에서 $x = 0$을 대입하면 다음 따름정리를 얻는다.

따름정리 4.2.2. 다음 관계식이 성립한다.

$$1)\ \sum_{k=0}^{n}\binom{n+1}{k}B_k = 0\ \ (n \geq 1),\ \ \text{또는}\ \ \sum_{k=0}^{n-1}\binom{n}{k}B_k = 0\ \ (n \geq 2),$$

$$2)\ \sum_{k=0}^{n}\binom{n}{k}B_k = B_n\ \ (n \geq 2).$$

이 따름정리의 2)의 등식은 1)의 등식으로부터 얻어지며 이는 자명한 등식 $B_n = B_n$에 지나지 않다. 마찬가지로 (4.36)으로부터 다음과 같은 $B_n(x)$, B_n의 점화식을 얻는다.

따름정리 4.2.3.

$$1)\ B_0(x) = 1,\ \ B_n(x) = x^n - \frac{1}{n+1}\sum_{k=0}^{n-1}\binom{n+1}{k}B_k(x),\quad n = 1, 2, \cdots,$$

$$2)\ B_0 = 1,\ \ B_n = -\frac{1}{n+1}\sum_{k=0}^{n-1}\binom{n+1}{k}B_k,\quad n = 1, 2, \cdots.$$

따름정리 4.2.3을 써서 $B_n(x), B_n$ 을 계산하면 다음과 같다.

$$\begin{aligned} B_0(x) &= 1, \\ B_1(x) &= x - \frac{1}{2}B_0(x) = x - \frac{1}{2}, \\ B_2(x) &= x^2 - \frac{1}{3}(3B_1(x) + B_0(x)) \\ &= x^2 - \frac{1}{3}(3(x - \frac{1}{2}) + 1) = x^2 - x + \frac{1}{6}, \\ B_3(x) &= x^3 - \frac{1}{4}(6B_2(x) + 4B_1(x) + B_0(x)) \\ &= x^3 - \frac{1}{4}(6(x^2 - x + \frac{1}{6}) + 4(x - \frac{1}{2}) + 1) = x^3 - \frac{3}{2}x^2 + \frac{1}{2}x. \end{aligned}$$

마찬가지 계산을 되풀이하면,

$$\begin{aligned} B_4(x) &= x^4 - 2x^3 + x^2 - \frac{1}{30}, \\ B_5(x) &= x^5 - \frac{5}{2}x^4 + \frac{5}{3}x^3 - \frac{1}{6}x, \\ B_6(x) &= x^6 - 3x^5 + \frac{5}{2}x^4 - \frac{1}{2}x^2 + \frac{1}{42}, \\ B_7(x) &= x^7 - \frac{7}{2}x^6 + \frac{7}{2}x^5 - \frac{7}{6}x^3 + \frac{1}{6}x, \\ B_8(x) &= x^8 - 4x^7 + \frac{14}{3}x^6 - \frac{7}{3}x^4 + \frac{2}{3}x^2 - \frac{1}{30}, \\ &= \quad \cdots\cdots\cdots\cdots . \end{aligned}$$

$B_n(x)$ 의 상수항 $B_n(0)$, 즉 베르누이 수 B_n 는 다음 표로 주어진다.

n	0	1	2	3	4	5	6	7	8	9	10	11	12
B_n	1	$-\frac{1}{2}$	$\frac{1}{6}$	0	$-\frac{1}{30}$	0	$\frac{1}{42}$	0	$-\frac{1}{30}$	0	$\frac{5}{66}$	0	$-\frac{691}{2730}$

베르누이 수 B_n 의 표

정리 4.2.3.

$$B_n(1-x) = (-1)^n B_n(x), \quad n = 0, 1, 2, \cdots, \tag{4.37}$$

$$B_1(1) = 1 + B_1, \quad B_n(1) = B_n, \ n \neq 1, \tag{4.38}$$

$$B_1 = -\frac{1}{2}, \ B_{2k+1} = 0, \ k = 1, 2, 3, \cdots . \tag{4.39}$$

증명

$$g(x, -t) = \frac{(-t)e^{-tx}}{e^{-t} - 1} = \frac{te^{t(1-x)}}{e^t - 1} = g(1-x, t)$$

이므로 양변을 t에 관한 테일러 전개의 계수를 비교하면 관계식 (4.37)을 얻는다. 한편

$$g(1,t) = \frac{te^t}{e^t-1} = \frac{t(e^t-1)}{e^t-1} + \frac{t}{e^t-1} = t + g(0,t)$$

이므로

$$\sum_{n=0}^{\infty} \frac{B_n(1)}{n!} t^n = t + \sum_{n=0}^{\infty} \frac{B_n}{n!} t^n.$$

따라서 (4.38)을 얻는다. (4.37)과 (4.38)로부터 관계식 (4.39)을 쉽게 얻는다. □

주 4.2.1. 베르누이 수의 정의로 $B_n(0)$가 아니고 $B_n(1)$을 사용하는 경우도 있다(문헌 [7] 참조). 정리 4.2.3에 의해 $B_n(1) = (-1)^n B_n(0)$ $(n \in \mathbb{N}_0)$가 성립한다. 따라서 n이 짝수이면 $(-1)^n = 1$이므로 두 정의는 일치한다. 또 n이 3 이상의 홀수이면 $B_n(0) = 0$이므로 역시 두 정의는 일치한다. 그러나 $n = 1$인 경우에서만, $B_1(0) = -\frac{1}{2}$이므로 $B_1(1) = -B_1(0) = \frac{1}{2}$이 되어 다르다는 것을 알 수 있다. 즉, 두 정의는 $n = 1$일 때만 다르며 다른 모든 n에 대해서 같다. 위와 같이 베르누이 수를 정의하는 방법이 두 가지가 있으며, 두 정의는 서로 다르지만 두 수는 관계식 $B_n(1) = (-1)^n B_n(0)$에 의해 서로 구할 수 있다.

따름정리 4.2.4.

1) $$\frac{1}{n+1}\sum_{k=0}^{n}(-1)^k\binom{n+1}{k}B_k(x) = (1-x)^n, \quad n = 0,1,2,\cdots,$$

2) $$\frac{1}{n+1}\sum_{k=0}^{n}(-1)^k\binom{n+1}{k}B_k = 1, \quad n = 0,1,2,\cdots.$$

증명 (4.36)과 정리 4.2.3으로부터 분명하다. □

다음 따름정리는 따름정리 4.2.1의 확장이다.

따름정리 4.2.5. 음이 아닌 정수 $m, n \geq 0$에 대하여 관계식

$$\sum_{k=0}^{n} k^m = \frac{1}{m+1}[B_{m+1}(n+1) - B_{m+1}]$$

이 성립한다. 여기서 $k^0 = 1$이다.

증명 $m, n \geq 1$인 경우는 따름정리 4.2.1에 의해 밝혀져 있다. $m = 0$, $n \geq 0$인 경우, 좌변은 $n+1$이고, $n \neq 0$이면, 따름정리 4.2.3에 의해 우변은

$$B_1(n+1) - B_1(0) = n + 1 - \frac{1}{2} - \left(-\frac{1}{2}\right) = n + 1$$

이 되어 같게 된다. $n=0$인 경우, 우변은 $B_1(1)-B_1(0)=-2B_1(0)=1$이 되어 같게 된다. $m\geq 1$, $n=0$인 경우, 좌변은 0이다. 정리 4.2.3에 의해 $B_{m+1}(1)=B_{m+1}(0)$이므로 우변은 0이 되어 같게 된다. □

정리 4.2.4. 음이 아닌 정수 n, $m\geq 0$에 대하여

$$\sum_{k=0}^{n} k^m = \frac{1}{m+1}\sum_{i=0}^{m}\binom{m+1}{i}(n+1)^{m+1-i}B_i$$
$$= \frac{1}{m+1}\sum_{j=1}^{m+1}\binom{m+1}{j}(n+1)^{j}B_{m+1-j}. \tag{4.40}$$

증명 따름정리 4.2.5와 (4.35)에 의해

$$\begin{aligned}\sum_{k=0}^{n} k^m &= \frac{B_{m+1}(n+1)-B_{m+1}}{m+1}\\ &= \frac{1}{m+1}\left(\sum_{i=0}^{m+1}\binom{m+1}{i}(n+1)^{m+1-i}B_i - B_{m+1}\right)\\ &= \frac{1}{m+1}\sum_{i=0}^{m}\binom{m+1}{i}(n+1)^{m+1-i}B_i.\end{aligned}$$

나머지는 분명하다. □

보기 4.2.1. 정리 4.2.4에 의해

$$\begin{aligned}\sum_{k=1}^{n} k^5 &= \frac{1}{6}\sum_{i=1}^{6}(n+1)^i\binom{6}{i}B_{6-i}\\ &= \frac{1}{6}\left((n+1)^6-3(n+1)^5+\frac{5}{2}(n+1)^4-\frac{1}{2}(n+1)^2\right)\end{aligned}$$

이므로

$$1^5+2^5+3^5+\cdots+n^5=\frac{n^2(n+1)^2(2n^2+2n-1)}{12}.$$

정리 4.2.5. (x에 관한) 미분작용소를 D라고 쓰면

$$DB_n(x)=nB_{n-1}(x)\ \ (n\in\mathbb{N}),\ \ DB_0(x)=0.$$

증명 $B_0(x)=1$이므로 $DB_0(x)=0$. 그리고 $B_1(x)=x-1/2$이므로 $DB_1(x)$는 $DB_1(x)=1=1\times B_0(x)$. 이제 $n\geq 2$라고 하자. 따름정리 4.2.3에 의하면,

$$B_n(x)=x^n-\frac{1}{n+1}\sum_{k=0}^{n-1}\binom{n+1}{k}B_k(x)$$

이다. $DB_0(x) = 0$ 이므로

$$DB_n(x) = nx^{n-1} - \frac{1}{n+1}\sum_{k=1}^{n-1}\binom{n+1}{k}DB_k(x).$$

$DB_k(x) = kB_{k-1}(x), k = 1, 2, \cdots, n-1$ 임을 가정하면

$$DB_n(x) = nx^{n-1} - \frac{1}{n+1}\sum_{k=1}^{n-1}\binom{n+1}{k}kB_{k-1}(x).$$

한편,

$$\frac{k}{n+1}\binom{n+1}{k} = \binom{n}{k-1}$$

이므로

$$DB_n(x) = n\left[x^{n-1} - \frac{1}{n}\sum_{k=0}^{n-2}\binom{n}{k}B_k(x)\right] = nB_{n-1}(x).$$

따라서 수학적 귀납법에 의해 증명이 끝난다. □

정리 4.2.5는

$$\sum_{n=0}^{\infty}\frac{B_n(x)}{n!}t^n = \frac{te^{xt}}{e^t - 1}$$

의 양변을 x로 편미분함으로써 직접 증명할 수도 있다.

따름정리 4.2.6.

$$\int_0^1 B_n(x)dx = 0 \ \ (n \in \mathbb{N}).$$

증명 정리 4.2.5와 정리 4.2.3에 의해

$$\begin{aligned}\int_0^1 B_n(x)dx &= \frac{1}{n+1}\int_0^1 DB_{n+1}(x)dx = \frac{B_{n+1}(x)}{n+1}\Big|_0^1 \\ &= \frac{B_{n+1}(1) - B_{n+1}(0)}{n+1} = \frac{B_{n+1} - B_{n+1}}{n+1} = 0\end{aligned}$$

을 얻는다. □

주 4.2.2. 따름정리 4.2.3, 정리 4.2.5, 그리고 따름정리 4.2.6에 의해

$$B_0(x) = 1, \ \ DB_n(x) = nB_{n-1}(x), \ \ \int_0^1 B_n(x)dx = 0 \ \ (n \in \mathbb{N})$$

을 얻는다. 이 관계식을 써서 베르누이 다항식을 정의할 수도 있으며 따라서 베르누이 수도 정의할 수 있다.

제 3 절 스털링 수와 그 성질

이 절에서는 이항계수와 밀접한 관계가 있는 스털링 수를 다룬다. 스털링 수에는 제1종의 스털링 수와 제2종의 스털링 수가 있다. 이들을 n 계승함수 $(x)_n$ 과 n차 다항식과의 관계에서 정의하고 그 성질을 서술한다. 특히 제2종의 스털링 수의 합의 표현식을 준다.

3.1 스털링 수

먼저 x의 n차 계승다항식 $(x)_n$ $(n = 0, 1, 2, \cdots)$과 x의 n차 다항식 x^n과의 관계를 준다.

도움정리 4.3.1. $n \in \mathbb{N}_0$ 라고 하면 $(x)_n$은 x의 n차 다항식이다. 즉 $(x)_n$은 1, x, x^2, $\cdots$, x^n의 일차결합이다. 거꾸로 x^n은 $1, x, (x)_2, \cdots , (x)_n$의 일차결합이다.

증명 전반은 분명하므로 후반을 수학적 귀납법으로 증명하자. $n-1$일 때 성립한다고 하자.

$$\begin{aligned}(x)_k x &= x(x-1)(x-2)\cdots(x-k+1)x \\ &= x(x-1)(x-2)\cdots(x-k+1)(x-k+k) \\ &= (x)_{k+1} + k(x)_k\end{aligned}$$

와 같이 변형되므로, x^{n-1}이 1, $(x)_1$, $(x)_2$, $\cdots$, $(x)_{n-1}$의 일차결합이면, x^n은 1, $(x)_1$, $(x)_2$, $\cdots$, $(x)_{n-1}$, $(x)_n$의 일차결합이다. □

1, x, x^2, $\cdots$, x^n은 $P_n(x)$의 기저이다. 이 도움정리로부터 1, $(x)_1$, $(x)_2$, $\cdots$, $(x)_n$도 $P_n(x)$의 기저이며, x^n과 $(x)_n$은 다음과 같이 표현된다.

$$(x)_n = \sum_{k=0}^{n} s(n,k)x^k, \quad x^n = \sum_{k=0}^{n} S(n,k)(x)_k \quad (n \in \mathbb{N}_0). \tag{4.41}$$

그러면 계수는 유일하게 정해진다. 계수 $s(n,k)$ 를 **제1종의 스털링 수**, 계수 $S(n,k)$를 **제2종의 스털링 수**, 제2종의 스털링 수를 보통 **스털링(Stirling) 수**라고 부른다.

예컨대 제1종의 스털링 수는

$$(x)_0 = x^0, \quad (x)_1 = x, \quad (x)_2 = x(x-1) = x^2 - x,$$

$$(x)_3 = x(x-1)(x-2) = x^3 - 3x^2 + 2x$$

이므로

$$s(0,0) = 1, \ s(1,0) = 0, \ s(1,1) = 1, \ s(2,0) = 0, \ s(2,1) = -1, \ s(2,2) = 1,$$
$$s(3,0) = 0, \ s(3,1) = 2, \ s(3,2) = -3, \ s(3,3) = 1.$$

분명히

$$s(n,n) = 1 \ (n \geq 0), \ s(n,0) = 0 \ (n \geq 1).$$

이제, $s(n,k)=0\ (k>n\geq 0)$이라고 정하면, 모든 $n,\ k\in\mathbb{N}_0$에 대하여 $s(n,k)$가 정의된다. 그러면 (4.41)의 제1식은

$$(x)_n=\sum_{k=0}^{\infty}s(n,k)x^k \tag{4.42}$$

라고 바꾸어 쓸 수 있다. 그리고 제2종의 스털링 수는

$$\begin{aligned}x^0&=(x)_0,\ x^1=(x)_1,\ x^2=x(x-1)+x=(x)_2+(x)_1,\\ x^3&=x^2x=((x)_2+(x)_1)x\\ &=(x)_2(x-2)+2(x)_2+x(x-1)+x\\ &=(x)_3+3(x)_2+(x)_1.\end{aligned}$$

따라서

$$S(0,0)=1,\ \ S(1,0)=0,\ \ S(1,1)=1,\ \ S(2,0)=0,\ \ S(2,1)=1,\ \ S(2,2)=1,$$
$$S(3,0)=0,\ \ S(3,1)=1,\ \ S(3,2)=3,\ \ S(3,3)=1.$$

분명히

$$S(n,n)=1\ \ (n\geq 0),\ \ S(n,0)=0\ \ (n\geq 1)\ \ S(n,1)=1.$$

이제 $S(n,k)=0\ (k>n\geq 0)$이라고 정하면, 모든 $n,\ k\in\mathbb{N}_0$에 대하여 $S(n,k)$가 정의된다. 그러면 (4.41)의 제2식은

$$x^n=\sum_{k=0}^{\infty}S(n,k)(x)_k \tag{4.43}$$

로 바꾸어 쓸 수 있다.

3.2 제1종의 스털링 수의 성질

먼저, 제1종의 스털링 수를 다룬다. 앞으로, $s(n,k)$를

$$\begin{bmatrix} n \\ k \end{bmatrix}$$

라고 표기한다. 이 기호를 쓰면, (4.42)는

$$(x)_n=\sum_{k=0}^{\infty}\begin{bmatrix} n \\ k \end{bmatrix}x^k$$

가 된다. 일반적으로 제1종의 스털링 수의 값은 다음 점화식에 의해 결정된다.

정리 4.3.1. $n\in\mathbb{N}_0, k\in\mathbb{N}$에 대하여 다음 점화식이 성립한다.

$$\begin{bmatrix} n+1 \\ k \end{bmatrix}=\begin{bmatrix} n \\ k-1 \end{bmatrix}-n\begin{bmatrix} n \\ k \end{bmatrix}. \tag{4.44}$$

증명 수학적 귀납법으로 증명하자. $n = 0$이라고 하자. 그러면 $k = 1$이면 (4.44)의 좌변은 1, 우변은 1이며, 따라서 등식이 성립한다. $k > 1$이면 좌변은 0, 우변은 0이며, 따라서 등식이 성립한다. 다음에 $n \geq 1$, $k = 1, 2, \cdots, n+1$이라고 하면, $(x)_{n+1} = (x)_n(x-n)$이다. 따라서

$$(x)_{n+1} = \sum_{k=1}^{n+1} \left[\begin{array}{c} n+1 \\ k \end{array} \right] x^k$$

이므로 $s(n,k) = 0$ $(k > n \geq 0)$에 주의하면

$$\begin{aligned} \sum_{k=1}^{n+1} \left[\begin{array}{c} n+1 \\ k \end{array} \right] x^k &= (x-n) \sum_{k=1}^{n} \left[\begin{array}{c} n \\ k \end{array} \right] x^k \\ &= -n \left[\begin{array}{c} n \\ 1 \end{array} \right] x + \sum_{k=2}^{n} \left(\left[\begin{array}{c} n \\ k-1 \end{array} \right] - n \left[\begin{array}{c} n \\ k \end{array} \right] \right) x^k + \left[\begin{array}{c} n \\ n \end{array} \right] x^{n+1} \\ &= \sum_{k=1}^{n+1} \left(\left[\begin{array}{c} n \\ k-1 \end{array} \right] - n \left[\begin{array}{c} n \\ k \end{array} \right] \right) x^k \end{aligned}$$

가 얻어진다. 따라서 양변의 계수를 비교하면 정리의 결과를 얻는다. □

제1종의 스털링 수의 정의와 정리 4.3.1로부터 다음 관계식을 얻는다.

정리 4.3.2.

1) $\displaystyle\sum_{k=1}^{n} \left[\begin{array}{c} n \\ k \end{array} \right] = 0 \ (n > 1)$

2) $\displaystyle\sum_{k=1}^{n} (-1)^k \left[\begin{array}{c} n \\ k \end{array} \right] = \left[\begin{array}{c} n+1 \\ 1 \end{array} \right] = (-1)^n n!$

증명 1) (4.41)의 처음 식에 $x = 1$을 대입하면 된다. 그리고
2) $x = -1$을 대입하면, 제1식은 $(-1)^n n!$이 된다. 제2식은 점화식 (4.44)를 되풀이 사용하면 $(-1)^n n!$이 얻어진다. □

제1종의 스털링 수의 구체적 값을 표로 주면 다음과 같다.

$k \setminus n$	0	1	2	3	4	5	6	7	8
0	1	0	0	0	0	0	0	0	0
1		1	−1	2	−6	24	−120	720	−5040
2			1	−3	11	−50	274	−1764	13068
3				1	−6	35	−225	1624	−13132
4					1	−10	85	−735	6769
5						1	−15	175	−1960
6							1	−21	322
7								1	−28
8									1

$\begin{bmatrix} n \\ k \end{bmatrix}$ **의 표**

$\begin{bmatrix} n \\ k \end{bmatrix}$를 (k,n) 성분으로 하는 무한차원행렬은 위의 삼각행렬이고 대각선 성분은 모두 1이다. 그리고 제1행($k=0$인 경우)의 제1성분은 1이고 나머지 성분은 모두 0이다. 대각선 위쪽의 다른 성분은 점화식 (4.3.1)에 의해 정해진다. 표는 8차 다항식의 집합 $P_8(x)$의 기저의 변환행렬 P, 즉

$$((x)_0, (x)_1, \cdots, (x)_8) = (x^0, x^1, \cdots, x^8)P$$

를 만족하는 행렬 P에 대응하고 있다.

함수 $f(x)$가 n차 다항식이면 테일러 공식에 의해

$$f(x) = f(0) + Df(0)x + \frac{D^2 f(0)}{2!}x^2 + \cdots + \frac{D^n f(0)}{n!}x^n$$

으로 표현된다. 여기서 D는 (x에 관한) 미분작용소이고 D^k는 k차의 미분작용소이다. 특히 $f(x)$로서 $(x)_n$을 택하면 제1종의 스털링 수는

$$\begin{bmatrix} n \\ k \end{bmatrix} = \frac{1}{k!}D^k(x)_n\bigg|_{x=0} \tag{4.45}$$

으로 표현된다.

주 4.3.1. 제1종의 스털링 수는 추상적으로 다음과 같이 정해진다. 초기조건

$$\begin{bmatrix} 0 \\ 0 \end{bmatrix} = 1, \quad \begin{bmatrix} n \\ 0 \end{bmatrix} = \begin{bmatrix} 0 \\ n \end{bmatrix} = 0, \quad n \in \mathbb{N} \tag{4.46}$$

과 점화식 (4.44)를 확장한 식

$$\begin{bmatrix} n+1 \\ m \end{bmatrix} = \begin{bmatrix} n \\ m-1 \end{bmatrix} - n\begin{bmatrix} n \\ m \end{bmatrix} \quad (n, m \in \mathbb{Z})$$

으로부터 수

$$\begin{bmatrix} n \\ k \end{bmatrix} \quad (n, k \in \mathbb{Z})$$

가 유일하게 결정된다. 이와 같이 n, $k \in \mathbb{Z}$에 대하여 결정되는 위의 수를 **일반적인 제1종의 스털링 수**라고 말한다.[3] n, $k \in \mathbb{N}_0$인 경우 일반적인 제1종 스털링 수는 제1종 스털링 수와 일치한다.

---

[3]조합론적 관점에서

$$\begin{bmatrix} n+1 \\ m \end{bmatrix} = \begin{bmatrix} n \\ m-1 \end{bmatrix} + n\begin{bmatrix} n \\ m \end{bmatrix} \quad (n,\ m \in \mathbb{Z})$$

이라고 정의하는 경우도 있다 ([19]). 이에 따르면 (4.41)의 제1식에 대응하는 식은

명제 4.3.1. 제1종 스털링 수는 다음과 같이 표현된다.

$$\begin{aligned}\begin{bmatrix} n \\ k \end{bmatrix} &= (-1)^{n-k} \sum_{{}_{n-1}C_{n-k}} j_1 j_2 \cdots j_{n-k} \\ &= (-1)^{n-k}(n-1)! \sum_{{}_{n-1}C_{k-1}} \frac{1}{i_1 i_2 \cdots i_{k-1}}.\end{aligned}$$

여기서 $j_k \in \{1,\ 2,\ \cdots,\ n-1\}$이고, $\{i_1, i_2, \cdots, i_{k-1}\} = \{1, 2, \cdots, n-1\} \setminus \{j_1, j_2, \cdots, j_{n-k}\}$이다.

증명 $1, 2, \cdots, n-1$ 중에서 임의로 p개 택하여 만든 곱하기의 합을 $\sum_{{}_{n-1}C_p} j_1 j_2 \cdots j_p$로 표시한다. 여기서 합 $\sum_{{}_{n-1}C_p}$은 ${}_{n-1}C_p := \frac{(n-1)!}{p!(n-p-1)!}$ 개의 합이다. 그러면

$$\begin{aligned}(x)_n &= x(x-1)(x-2)\cdots(x-n+1) \\ &= x^n - x^{n-1} \sum_{{}_{n-1}C_1} j_1 + x^{n-2} \sum_{{}_{n-1}C_2} j_1 j_2 - \cdots \\ &\quad + (-1)^{n-k} x^k \sum_{{}_{n-1}C_{n-k}} j_1 j_2 \cdots j_{n-k} + \cdots + (-1)^{n-1} x \sum_{{}_{n-1}C_{n-1}} j_1 j_2 \cdots j_{n-1}\end{aligned}$$

이므로 $\begin{bmatrix} n \\ k \end{bmatrix} = (-1)^{n-k} \sum_{{}_{n-1}C_{n-k}} j_1 j_2 \cdots j_{n-k}$ 이다.

$$\{i_1, i_2, \cdots, i_{k-1}\} = \{1, 2, \cdots, n-1\} \setminus \{j_1, j_2, \cdots, j_{n-k}\}$$

라고 두면, $(n-1)! = i_1 i_2 \cdots i_{k-1} j_1 j_2 \cdots j_{n-k}$ 이므로 $j_1 j_2 \cdots j_{n-k} = \frac{(n-1)!}{i_1 i_2 \cdots i_{k-1}}$. 따라서

$$\sum_{{}_{n-1}C_{n-k}} j_1 j_2 \cdots j_{n-k} = \sum_{{}_{n-1}C_{k-1}} \frac{(n-1)!}{i_1 i_2 \cdots i_{k-1}}$$

을 얻는다. □

계승함수 $(x)_n$ 대신

$$(x)_{\overline{n}} = x(x+1)(x+2)\cdots(x+n-1)$$

을 **위로의 계승함수**라고 부른다. 이 역시 n차 다항식이므로

$$(x)_{\overline{n}} = \sum_{i=0}^{n} S_i^n x^i,\ (x)_{\overline{0}} := 1$$

$$(x)_n = \sum_{k=0}^{n} (-1)^{n-k} \begin{bmatrix} n \\ k \end{bmatrix} x^k \ (n \in \mathbb{N}_0)$$

가 된다.

과 같이 표현된다. 따라서

$$\begin{aligned}(x)_n &= (-1)^n(-x)(-x+1)(-x+2)\cdots(-x+n-1)\\ &= (-1)^n(-x)_{\overline{n}} = (-1)^n\sum_{i=0}^{n} S_i^n(-x)^i\\ &= \sum_{i=0}^{n}(-1)^{n-i}S_i^n x^i\end{aligned}$$

를 얻는다. 한편, 제1종의 스털링 수의 정의에 의하여

$$\sum_{i=0}^{n}\left[\begin{array}{c} n \\ i \end{array}\right] x^i = \sum_{i=0}^{n}(-1)^{n-i}S_i^n x^i$$

이므로 관계식

$$\left[\begin{array}{c} n \\ i \end{array}\right] = (-1)^{n-i}S_i^n \text{ 또는 } S_i^n = (-1)^{n-i}\left[\begin{array}{c} n \\ i \end{array}\right]$$

를 얻는다. 이로부터 S_k^n은 관계식

$$S_k^{n+1} = S_{k-1}^n + nS_k^n$$

를 만족한다(따라서 S_k^n을 제1종의 스털링 수라고도 부른다). 사실,

$$\begin{aligned}S_k^{n+1} &= (-1)^{n+1-k}\left[\begin{array}{c} n+1 \\ k \end{array}\right]\\ &= (-1)^{n+1-k}\left(\left[\begin{array}{c} n \\ k-1 \end{array}\right] - n\left[\begin{array}{c} n \\ k \end{array}\right]\right)\\ &= (-1)^{n-(k-1)}\left[\begin{array}{c} n \\ k-1 \end{array}\right] + (-1)^{n-k}n\left[\begin{array}{c} n \\ k \end{array}\right]\\ &= S_{k-1}^n + nS_k^n.\end{aligned}$$

위 식의 조합론적 뜻에 대해서는 책 [19]를 참조하기 바란다.

3.3 제2종의 스털링 수의 성질

다음으로 제2종의 스털링 수의 기본성질에 대하여 언급한다. 앞으로 $S(n,k)$를

$$\left\{\begin{array}{c} n \\ k \end{array}\right\}$$

라고 표기한다. 이 기호를 쓰면 (4.43)은

$$x^n = \sum_{k=0}^{\infty}\left\{\begin{array}{c} n \\ k \end{array}\right\}(x)_k \tag{4.47}$$

이 된다. 제2종의 스털링 수의 값은 다음 점화식에 의해 결정된다.

정리 4.3.3. $n \in \mathbb{N}_0,\ k \in \mathbb{N}$에 대하여 다음 점화식이 성립한다.

$$\left\{ {n+1 \atop k} \right\} = \left\{ {n \atop k-1} \right\} + k \left\{ {n \atop k} \right\}. \tag{4.48}$$

증명 $n = 0$인 경우, (4.48)이 성립한다. $n \geq 1$이라고 하자. (4.47)의 양변을 x배 하면

$$(x)_k x = (x)_k(x-k) + k(x)_k = (x)_{k+1} + k(x)_k$$

이다. $S(n,0) = 0,\ S(n,n+1) = 0$이므로

$$\begin{aligned} x^{n+1} &= \sum_{k=1}^{n} \left\{ {n \atop k} \right\} ((x)_{k+1} + k(x)_k) \\ &= \sum_{k=2}^{n+1} \left\{ {n \atop k-1} \right\} (x)_k + \sum_{k=1}^{n} k \left\{ {n \atop k} \right\} (x)_k \\ &= \sum_{k=1}^{n+1} \left(\left\{ {n \atop k-1} \right\} + k \left\{ {n \atop k} \right\} \right) (x)_k \end{aligned}$$

를 얻는다. 따라서 전개의 유일성(도움정리 4.3.1)에 의해 (4.48)을 얻는다. □

제2종의 스털링 수의 구체적인 값을 표로 나타내자.

$k \setminus n$	0	1	2	3	4	5	6	7	8	9
0	1	0	0	0	0	0	0	0	0	0
1		1	1	1	1	1	1	1	1	1
2			1	3	7	15	31	63	127	255
3				1	6	25	90	301	966	3025
4					1	10	65	350	1701	7770
5						1	15	140	1050	6951
6							1	21	266	2646
7								1	28	462
8									1	36
9										1

$\left\{ {n \atop k} \right\}$**의 표**

$\left\{ {n \atop k} \right\}$를 (k,n)성분으로 하는 무한차원행렬은 위의 삼각행렬이고, 대각성분은 모두 1이다. 대각선 위의 다른 성분은, 점화식 (4.48)에 의해 결정되며 모두 양수이다. 표는 다항식의 집합 $P_9(x)$의 기저의 변환행렬 Q, 즉

$$(x^0, x^1, \cdots, x^9) = ((x)_0, (x)_1, \cdots, (x)_9)Q$$

를 만족하는 행렬 Q에 대응하고 있다.

관계식 (4.47)에 $x = m \in \mathbb{N}$을 대입하면,

$$m^n = \sum_{k=0}^{n} \left\{ \begin{matrix} n \\ k \end{matrix} \right\} (m)_k = \sum_{k=0}^{n} \left\{ \begin{matrix} n \\ k \end{matrix} \right\} k! \binom{m}{k} \tag{4.49}$$

가 된다.

관계식 (4.47)로부터 다음 관계식을 얻는다.

정리 4.3.4.

1) $\displaystyle\sum_{m=1}^{n} (-1)^{m-1}(m-1)! \left\{ \begin{matrix} n \\ m \end{matrix} \right\} = 0 \ \ (n > 1)$

2) $\displaystyle\sum_{k=0}^{n} (-1)^k k! \left\{ \begin{matrix} n \\ k \end{matrix} \right\} = (-1)^n$

증명 1) 관계식 (4.47)을 x로 나눈 다음에 $x = 0$을 대입하면 된다.

2) 관계식 (4.47)에 $x = -1$을 대입하면 된다. □

관계식 (4.49)로부터 다음 정리를 얻는다.

정리 4.3.5. 각 $m \in \mathbb{N}_0$, $n \in \mathbb{N}_0$에 대하여

$$\begin{aligned}\sum_{k=0}^{n} k^m &= \sum_{i=1}^{m} \frac{1}{i+1} \left\{ \begin{matrix} m \\ i \end{matrix} \right\} (n+1)_{i+1} \\ &= \sum_{k=1}^{m+1} \left(\sum_{i=k-1}^{m} \frac{1}{i+1} \left\{ \begin{matrix} m \\ i \end{matrix} \right\} \left[\begin{matrix} i+1 \\ k \end{matrix} \right] \right) (n+1)^k\end{aligned}$$

가 성립한다.

증명 관계식 (1.6)에 의해

$$\sum_{k=i}^{n} \binom{k}{i} = \binom{n+1}{i+1} \tag{4.50}$$

이 성립한다. 위 식과 관계식 (4.49)를 쓰면,

$$\begin{aligned}\sum_{k=0}^{n} k^m &= \sum_{k=0}^{n} \sum_{i=0}^{m} \left\{ \begin{matrix} m \\ i \end{matrix} \right\} i! \binom{k}{i} = \sum_{i=0}^{m} i! \left\{ \begin{matrix} m \\ i \end{matrix} \right\} \left(\sum_{k=0}^{n} \binom{k}{i} \right) \\ &= \sum_{i=0}^{m} i! \left\{ \begin{matrix} m \\ i \end{matrix} \right\} \left(\sum_{k=i}^{n} \binom{k}{i} \right) = \sum_{i=0}^{m} i! \left\{ \begin{matrix} m \\ i \end{matrix} \right\} \binom{n+1}{i+1} \\ &= \sum_{i=0}^{m} \frac{1}{i+1} \left\{ \begin{matrix} m \\ i \end{matrix} \right\} (n+1)_{i+1}\end{aligned}$$

을 얻는다.

한편 $(n+1)_{i+1} = \sum_{k=0}^{i+1} \left[\begin{matrix} i+1 \\ k \end{matrix} \right] (n+1)^k$ 이므로

$$\begin{aligned}
\sum_{k=0}^{n} k^m &= \sum_{i=0}^{m} \frac{1}{i+1} \left\{ \begin{matrix} m \\ i \end{matrix} \right\} (n+1)_{i+1} \\
&= \sum_{i=0}^{m} \frac{1}{i+1} \left\{ \begin{matrix} m \\ i \end{matrix} \right\} \sum_{k=0}^{i+1} \left[\begin{matrix} i+1 \\ k \end{matrix} \right] (n+1)^k \\
&= \sum_{k=1}^{m+1} \left(\sum_{i=k-1}^{m} \frac{1}{i+1} \left\{ \begin{matrix} m \\ i \end{matrix} \right\} \left[\begin{matrix} i+1 \\ k \end{matrix} \right] \right) (n+1)^k \\
&\quad + \sum_{i=0}^{m} \frac{1}{i+1} \left\{ \begin{matrix} m \\ i \end{matrix} \right\} \left[\begin{matrix} i+1 \\ 0 \end{matrix} \right] (n+1)^0.
\end{aligned}$$

따라서 $\left[\begin{matrix} i+1 \\ 0 \end{matrix} \right] = 0$ 이므로 정리의 결과를 얻는다. □

k의 m제곱의 합 $\sum_{k=0}^{n} k^m$ 은 앞으로 자주 나오므로 이와 관련된 여러 표현을 열거해 놓자.

따름정리 4.3.1. 음이 아닌 정수 $m,\ n \geq 0$ 이면

$$\begin{aligned}
\sum_{k=0}^{n} k^m &= \frac{B_{m+1}(n+1) - B_{m+1}}{m+1} && \text{(따름정리 4.2.5)} \\
&= \frac{1}{m+1} \sum_{i=0}^{m} \binom{m+1}{i} (n+1)^{m+1-i} B_i && \text{(정리 4.2.4)} \\
&= \frac{1}{m+1} \sum_{i=1}^{m+1} \binom{m+1}{i} (n+1)^i B_{m+1-i} && \text{(정리 4.2.4)} \\
&= \sum_{i=0}^{m} \frac{1}{i+1} \left\{ \begin{matrix} m \\ i \end{matrix} \right\} (n+1)_{i+1} && \text{(정리 4.3.5)} \\
&= \sum_{k=1}^{m+1} \left(\sum_{i=k-1}^{m} \frac{1}{i+1} \left\{ \begin{matrix} m \\ i \end{matrix} \right\} \left[\begin{matrix} i+1 \\ k \end{matrix} \right] \right) (n+1)^k && \text{(정리 4.3.5).}
\end{aligned}$$

제2종의 스털링 수는 차분을 써서 다음과 같이 표현된다. 이것은 제1종의 스털링 수의 표현 (4.45)에 대응하고 있다.

정리 4.3.6.

$$\left\{ \begin{matrix} n \\ m \end{matrix} \right\} = \left[\frac{1}{m!} \Delta^m x^n \right]_{x=0} = \frac{(-1)^m}{m!} \sum_{k=0}^{m} (-1)^k \binom{m}{k} k^n \quad (n, m \in \mathbb{N}_0).$$

증명 뉴턴 공식에 의해

$$x^n = \sum_{m=0}^{n} \left[\frac{\Delta^m x^n}{m!}\right]_{x=0} (x)_m$$

이므로 전개의 유일성에 의해 첫 등식을 얻는다. 그리고 관계식 (4.9)를 써서

$$\begin{aligned}\left[\frac{\Delta^m x^n}{m!}\right]_{x=0} &= \left[\frac{1}{m!}\sum_{k=0}^{m}(-1)^{m-k}\binom{m}{k}(x+k)^n\right]_{x=0} \\ &= \frac{1}{m!}\sum_{k=0}^{m}(-1)^{m-k}\binom{m}{k}k^n \\ &= \frac{(-1)^m}{m!}\sum_{k=0}^{m}(-1)^k\binom{m}{k}k^n\end{aligned}$$

을 얻는다. □

다음 정리는 제1종의 스털링 수와 제2종의 스털링 수의 관계를 보여주고 있다. 이 정리는 **반전공식**이라고 불린다.

정리 4.3.7. 다음 반전공식이 성립한다.

1) $\displaystyle\sum_{i=k}^{n} \left[\begin{matrix} n \\ i \end{matrix}\right] \left\{\begin{matrix} i \\ k \end{matrix}\right\} = \left\{\begin{matrix} 0 & (k \neq n) \\ 1 & (k = n) \end{matrix}\right.$.

2) $\displaystyle\sum_{i=k}^{n} \left[\begin{matrix} i \\ k \end{matrix}\right] \left\{\begin{matrix} n \\ i \end{matrix}\right\} = \left\{\begin{matrix} 0 & (k \neq n) \\ 1 & (k = n) \end{matrix}\right.$.

증명 1) $x^n = \sum_{k=1}^{n} \left\{\begin{matrix} n \\ k \end{matrix}\right\} (x)_k$, $(x)_k = \sum_{j=1}^{k} \left[\begin{matrix} k \\ j \end{matrix}\right] x^j$ 이므로 다음 식이 성립한다.

$$x^n = \sum_{k=1}^{n} \left\{\begin{matrix} n \\ k \end{matrix}\right\} \sum_{j=1}^{k} \left[\begin{matrix} k \\ j \end{matrix}\right] x^j = \sum_{j=1}^{n} \left(\sum_{k=i}^{n} \left[\begin{matrix} n \\ i \end{matrix}\right] \left\{\begin{matrix} i \\ k \end{matrix}\right\} \right) x^j.$$

따라서 이들의 계수를 비교함으로써 1)이 증명된다.

2) 1)과 증명이 비슷하다. □

주 4.3.2. 스털링 수는 추상적으로 다음과 같이 정해진다. 초기조건

$$\left\{\begin{matrix} 0 \\ 0 \end{matrix}\right\} = 1, \quad \left\{\begin{matrix} n \\ 0 \end{matrix}\right\} = \left\{\begin{matrix} 0 \\ n \end{matrix}\right\} = 0 \ (n \in \mathbb{N}) \tag{4.51}$$

과 점화식 (4.48)을 확장한 식,

$$\left\{\begin{matrix} n+1 \\ m \end{matrix}\right\} = \left\{\begin{matrix} n \\ m-1 \end{matrix}\right\} + m\left\{\begin{matrix} n \\ m \end{matrix}\right\} \quad (n, m \in \mathbb{Z})$$

으로부터 유일하게 수

$$\left\{ \begin{matrix} n \\ k \end{matrix} \right\} \quad (n, k \in \mathbb{Z})$$

가 결정된다. 이와 같이 n, $k \in \mathbb{Z}$에 대하여 결정되는 수를 **일반적인 스털링 수**라고 부른다. n, $k \in \mathbb{N}_0$인 경우, 이것은 제2종의 스털링 수와 일치한다.

스털링 수, 베르누이 수 등 좀더 자세한 성질은 문헌 [6], [19]를 보면 알 수 있다.

제 4 절 스털링 수의 다른 표현식과 그 응용

이 절에서는 스털링 수의 다른 표현식을 주며, 이 표현식을 써서 행렬에 관한 뉴턴 다항공식을 얻는다. 이로부터 지수행렬의 고유공간과 관계되는 결과를 서술한다.

4.1 스털링 수의 다른 표현식

먼저, 스털링 수의 조합론적인 해석을 준다.

정리 4.4.1. $1 \leq m \leq n$일 때 스털링 수

$$\left\{ \begin{matrix} n \\ m \end{matrix} \right\}$$

은 n개의 원소로부터 이루어진 집합을 공집합이 아닌 m개의 부분집합으로 분할하는 방법의 수이다.

증명 정수 m, $n \geq 0$에 대하여 수 $D(n, m)$을 다음과 같이 정의한다. 먼저

$$D(0,0) = 1, \quad D(n,0) = 0\ (n \geq 1), \quad D(n,m) = 0\ (m > n \geq 0) \tag{4.52}$$

이라고 놓자. $1 \leq m \leq n$일 때, $D(n, m)$은 n개의 원소로부터 이루어진 집합을 공집합이 아닌 m개의 부분집합으로 분할하는 방법의 수라고 하자. 먼저 점화식

$$D(n+1, m) = D(n, m-1) + mD(n, m) \quad (n \geq 0, m \geq 1) \tag{4.53}$$

이 성립한다는 것을 보이기로 하자.

분명히, $D(1,1) = 1$이다. 정의에 의해 $D(0,0) = 1, D(0,1) = 0$이므로 $n = 0$, $m = 1$일 때 (4.53) 이 성립한다. $n = 0$, $m > 1$인 경우 (4.52)의 정의로부터 (4.53)이 성립한다. $n \geq 1$, $m = 1$인 경우 $D(n+1, 1) = D(n, 1) = 1$이고 $D(n, 0) = 0$이므로 (4.53)이 성립한다. $n \geq 1$, $m = n+1$인 경우, $D(n+1, n+1) = D(n, n) = 1$이고, 정의로부터 $D(n, n+1) = 0$이므로 (4.53) 이 성립한다. $n \geq 1$, $m > n+1$인 경우 (4.52)의 정의로부터 (4.53) 이 성립한다.

$2 \leq m \leq n$일 때, (4.53)은 이항계수의 관계식 (1.3) :

$$\binom{n+1}{m} = \binom{n}{m-1} + \binom{n}{m}$$

의 조합론적인 증명방법과 마찬가지로 증명된다. 즉, $n+1$개의 원소로부터 이루어진 집합을 m개로 분할할 때 하나의 원소를 정한다.

(1) 정한 원소 그 자신이 단독의 하나의 집합을 구성한 경우. 그러면 남은 n개의 원소로부터 이루어진 집합을 $m-1$개로 분할하는 방법은 $D(n, m-1)$개이다.

(2) 정한 원소가 다른 집합의 원소인 경우, 남은 n개의 원소를 m개로 분할하는 방법은 $D(n,m)$개이고, 넣을 수 있는 곳이 m개 있어서 합계 $mD(n,m)$개가 된다. 따라서 관계식 (4.53)이 얻어진다.

$D(n,m)$는 제2종의 스털링 수와 같은 점화식, 같은 초기조건을 만족하므로 주의 4.3.2에 의해

$$D(n,m) = \left\{ \begin{matrix} n \\ m \end{matrix} \right\}$$

을 얻는다. □

다음으로 스털링 수는 합의 표현식으로 주어진다는 것을 보이자. 조건

$$\alpha_1 + \alpha_2 + \cdots + \alpha_n = m, \ \ \alpha_1 + 2\alpha_2 + \cdots + n\alpha_n = k$$

을 만족하는 유한열 $\alpha := (\alpha_1, \alpha_2, \cdots, \alpha_n)$, $\alpha_i \in \mathbb{N}_0$ $(i = 1, 2, \cdots, n)$의 집합을 $p(n,m,k)$라고 쓴다.

정리 4.4.2. $1 \le m \le n$에 대하여

$$\begin{aligned} \left\{ \begin{matrix} n \\ m \end{matrix} \right\} &= \sum_{\alpha \in p(n,m,n)} \frac{n!}{\prod_{i=1}^{n} (\alpha_i)!(i!)^{\alpha_i}} \qquad (4.54) \\ &= \sum_{\alpha \in p(n,m,n)} \frac{n!}{\alpha_1!\alpha_2! \cdots \alpha_n!(1!)^{\alpha_1}(2!)^{\alpha_2} \cdots (n!)^{\alpha_n}}. \end{aligned}$$

증명 n개의 원소를 가진 집합을 $M_n = \{1, 2, \cdots, n\}$이라고 하자. M_n을 공집합이 아닌 m개의 부분집합으로 분할할 때, 1개의 원소로부터 이루어진 부분집합의 개수를 α_1, 2개의 원소로부터 이루어진 부분집합의 개수를 α_2, $\cdots$, n개의 원소로부터 이루어진 부분집합의 개수를 α_n이라고 한다. 물론, $\alpha_i = 0$인 경우도 있을 수 있다.

이제, 하나의 분할 $\alpha = (\alpha_1, \alpha_2, \cdots, \alpha_n)$을 주자. 그러면 부분집합의 총 개수와 M_n의 원소의 총 개수와의 관계로부터

$$\alpha_1 + \alpha_2 + \cdots + \alpha_n = m, \quad \alpha_1 + 2\alpha_2 + \cdots + n\alpha_n = n$$

이 성립한다. 분할 α를 이루는 부분집합의 원소가 다르면 서로 다른 분할이다. 그 분할을 α에 따른 분할이라 부르고 그 총수를 ρ_α라고 표시한다.

이제 ρ_α를 계산하자. 이를 위해 분할 α로부터 n개의 원소의 순열을 다음과 같이 만든다.

먼저, α에 따르는 분할을 이루는 부분집합을 원소의 수가 적은 것으로부터 한 줄로 나열한다. 나열하는 방법의 수는 다음과 같이 된다. 처음에 1개의 원소로부터 이루어지는 부분집합을

나열하는 방법은 $\alpha_1!$, 계속하여 2개의 원소로부터 이루어지는 부분집합을 나란히시키는 방법은 $\alpha_2!$이다. 이 작업을 계속하면 n개의 원소로부터 이루어진 부분집합을 나열하는 방법은 $\alpha_n!$이다. 따라서 분할 α에 따르는 부분집합을 나열하는 방법의 총수는 $\alpha_1!\alpha_2!\cdots\alpha_n!$이다.

다음으로 위 부분집합의 나열을 하나 고정해 놓고 각 부분집합에 속하는 원소를 나열한다. 1개의 원소로부터 이루어진 부분집합의 원소를 나열하는 방법은 한 가지뿐이다. 2개의 원소로부터 이루어진 부분집합의 원소를 나열하는 방법의 총수는 $(2!)^{\alpha_2}$, 3개의 원소로부터 이루어진 부분집합의 원소를 나열하는 방법의 총수는 $(3!)^{\alpha_3}$, $\cdots$, n개의 원소로부터 이루어진 부분집합의 원소를 나열하는 방법의 총수는 $(n!)^{\alpha_n}$ 이다. 결국 그 총수는 $(1!)^{\alpha_1}(2!)^{\alpha_2}\cdots(n!)^{\alpha_n}$이다. 이와 같이하여 α에 속하는 하나의 분할로부터

$$\nu_\alpha := \alpha_1!\alpha_2!\cdots\alpha_n!(1!)^{\alpha_1}(2!)^{\alpha_2}\cdots(n!)^{\alpha_n}$$

개의 n 순열이 생긴다.

분할α에 따르는 서로 다른 두 분할로부터 위 조작에서 생성되는 n 순열 속에서 같은 것이 있으면, 그 두 분할은 일치한다. 그리고 임의의 n 순열이 있을 때, 처음 α_1개의 원소로부터 원소의 개수가 1개의 부분집합을 α_1개 만들고, 다음 계속하여 $2\alpha_2$개의 원소로부터 원소의 개수가 2개의 부분집합을 α_2개 만들고, 이 조작을 계속하여, 마지막 $n\alpha_n$개의 원소로부터 원소의 개수가 n개의 부분집합을 α_n개 만들 수 있다. 즉, 임의의 n 순열은 α에 따르는 적당한 분할로부터 생성되는 순열과 일치하고 있다. 따라서 α에 따르는 분할에 의해 n 순열 전체가 동등류로 구별된다. 각 동등류에 속하는 순열의 총수는 ν_α이므로 α에 따르는 분할의 총수 ρ_α를 쓰면, $\rho_\alpha\nu_\alpha = n!$가 얻어진다. 따라서 $\rho_\alpha = n!/\nu_\alpha$를 얻는다.

그러므로 $p(n,m,n)$에 속하는 모든 α에 대하여 ρ_α의 총수는 M_n을 분할하는 방법의 개수이다. □

보기 4.4.1. 공식 (4.54)를 써서 $\left\{ \begin{matrix} 4 \\ 3 \end{matrix} \right\} = 6$을 보이자.

사실,

$$\begin{cases} \alpha_1 + \alpha_2 + \alpha_3 + \alpha_4 = 3 \\ \alpha_1 + 2\alpha_2 + 3\alpha_3 + 4\alpha_4 = 4 \end{cases}$$

를 풀면

$$\begin{pmatrix} \alpha_1 \\ \alpha_2 \\ \alpha_3 \\ \alpha_4 \end{pmatrix} = \alpha_3 \begin{pmatrix} 1 \\ -2 \\ 1 \\ 0 \end{pmatrix} + \alpha_4 \begin{pmatrix} 2 \\ -3 \\ 0 \\ 1 \end{pmatrix} + \begin{pmatrix} 2 \\ 1 \\ 0 \\ 0 \end{pmatrix}$$

이다. $\alpha_1, \alpha_2, \alpha_3, \alpha_4$가 음이 아닌 양수이므로 $\alpha_1 = 2, \alpha_2 = 1, \alpha_3 = 0, \alpha_4 = 0$, 즉 $p(4,3,4) = \{2,1,0,0\}$이다. 따라서 $\left\{ \begin{matrix} 4 \\ 3 \end{matrix} \right\} = \frac{4!}{1!2!(1!)^2(2!)^1} = 6$.

4.2 응용

정리 4.4.2의 응용으로 뉴턴 다항공식을 써서 특수한 행렬의 멱을 계산하자. 먼저 뉴턴 다항공식을 서술하기 위해 다음 기호를 도입한다.

$$q(n,m) = \{\alpha := (\alpha_1, \alpha_2, \cdots, \alpha_n) : \alpha_1 + \alpha_2 + \cdots + \alpha_n = m, \alpha_i \in \mathbb{N}_0 \ (i = 1, 2, \cdots, n)\}$$

라고 놓는다.

도움정리 4.4.1. (뉴턴 다항공식) $k,\ n \in \mathbb{N}$ 그리고 $x_1,\ x_2, \cdots, x_n \in \mathbb{C}$에 대하여

$$(x_1 + x_2 + \cdots + x_n)^k = \sum_{\alpha \in q(n,k)} \frac{k!}{\alpha_1! \alpha_2! \cdots \alpha_n!} x_1^{\alpha_1} x_2^{\alpha_2} \cdots x_n^{\alpha_n}. \tag{4.55}$$

증명 수학적 귀납법으로 증명한다. $n = 2$일 때는 이항정리이므로 (4.55)는 모든 $k \geq 1$에 대하여 성립한다. n일 때 모든 $k \geq 1$에 대하여 (4.55)가 성립한다고 가정하면

$$\begin{aligned}
&(x_1 + x_2 + \cdots + x_n + x_{n+1})^k \\
&= \sum_{j=0}^{k} \binom{k}{j} (x_1 + x_2 + \cdots + x_n)^j x_{n+1}^{k-j} \\
&= \sum_{j=0}^{k} \sum_{\alpha \in q(n,j)} \frac{j!}{\alpha_1! \alpha_2! \cdots \alpha_n!} x_1^{\alpha_1} x_2^{\alpha_2} \cdots x_n^{\alpha_n} \frac{k!}{(k-j)! j!} x_{n+1}^{k-j} \\
&= \sum_{j=0}^{k} \sum_{\alpha \in q(n,j)} \frac{k!}{\alpha_1! \alpha_2! \cdots \alpha_n! (k-j)!} x_1^{\alpha_1} x_2^{\alpha_2} \cdots x_n^{\alpha_n} x_{n+1}^{k-j} \\
&= \sum_{\alpha \in q(n+1,k)} \frac{k!}{\alpha_1! \alpha_2! \cdots \alpha_n! \alpha_{n+1}!} x_1^{\alpha_1} x_2^{\alpha_2} \cdots x_n^{\alpha_n} x_{n+1}^{\alpha_{n+1}}
\end{aligned}$$

이 성립한다. □

도움정리 4.4.2. k와 n은 양의 정수이고 $C_1,\ C_2,\ \cdots,\ C_n \in M_m(\mathbb{C})$는 서로 가환이라고 하자. 그러면 다음 관계식이 성립한다.

$$(C_1 + C_2 + \cdots + C_n)^k = \sum_{\alpha \in q(n,k)} \frac{k!}{\alpha_1! \alpha_2! \cdots \alpha_n!} C_1^{\alpha_1} C_2^{\alpha_2} \cdots C_n^{\alpha_n}.$$

이 도움정리로부터 스털링 수와 관계되는 다음 결과를 얻는다.

정리 4.4.3. $\tau > 0$이고 행렬 $A \in M_m(\mathbb{C})$의 영화지수를 $n + 1$이라고 하자. 그러면 다음 관계식

$$\left(\sum_{i=1}^{n} \frac{\tau^i}{i!} A^i \right)^k = k! \sum_{i=k}^{n} \left\{ \begin{matrix} i \\ k \end{matrix} \right\} \frac{\tau^i}{i!} A^i \ \ (0 \leq k \leq n)$$

이 성립한다.

증명 $A_i = \frac{\tau^i}{i!}A^i$ 라고 놓자. $k=0$ 일 때, 위 관계식의 양변은 E 이므로 성립한다. $1 \le k \le n$ 인 경우를 증명한다. 도움정리 4.4.2를 적용하면,

$$\begin{aligned}\left(\sum_{i=1}^{n} A_i\right)^k &= \sum_{j\in q(n,k)} \frac{k!}{j_1!j_2!\cdots j_n!} A_1^{j_1}A_2^{j_2}\cdots A_n^{j_n} \\ &= \sum_{j\in q(n,k)} \frac{k!}{j_1!j_2!\cdots j_n!}\left(\frac{\tau}{1!}\right)^{j_1}\left(\frac{\tau^2}{2!}\right)^{j_2}\cdots\left(\frac{\tau^n}{n!}\right)^{j_n} A^{j_1+2j_2+\cdots+nj_n} \\ &= \sum_{j\in q(n,k)} \frac{k!}{j_1!j_2!\cdots j_n!}\frac{\tau^{j_1+2j_2+\cdots+nj_n}}{(1!)^{j_1}(2!)^{j_2}\cdots(n!)^{j_n}} A^{j_1+2j_2+\cdots+nj_n} \qquad (4.56)\end{aligned}$$

이 된다. $j=(j_1, j_2, \cdots, j_n) \in q(n,k)$ 의 짝은 $i = j_1 + 2j_2 + \cdots + nj_n$ 의 값에 따라 분류된다. $i > n$ 이면 $A^i = 0$ 이므로 $k \le i \le n$ 인 i 의 값에 따라 합친다. $k \le i \le n$ 이면 $i = j_1 + 2j_2 + \cdots + nj_n = j_1 + 2j_2 + \cdots + ij_i$, 즉 $p(n,k,i) = p(i,k,i)$ 가 성립한다. 따라서 정리 4.4.2에 의해 다음과 같이 쓸 수 있다.

$$\begin{aligned}\left(\sum_{i=1}^{n} A_i\right)^k &= k!\sum_{i=k}^{n}\sum_{j\in p(n,k,i)} \frac{1}{j_1!j_2!\cdots j_n!(1!)^{j_1}(2!)^{j_2}\cdots(n!)^{j_n}}\tau^i A^i \\ &= k!\sum_{i=k}^{n}\sum_{j\in p(i,k,i)} \frac{i!}{j_1!(1!)^{j_1}j_2!(2!)^{j_2}\cdots j_i!(i!)^{j_i}}\frac{\tau^i}{i!}A^i \\ &= k!\sum_{i=k}^{n}\left\{ \begin{matrix} i \\ k \end{matrix} \right\} A_i.\end{aligned}$$

이로써 정리가 증명되었다. □

제 5 절 스털링 수, 베르누이 수, 이항계수 사이의 관계

이 절에서는 이항계수, 베르누이 수, 스털링 수 사이의 관계를 밝힌다.

5.1 스털링 수와 베르누이 수와의 관계

여기에서는 주로 스털링 수와 베르누이 수와의 관계를 서술한다. 이를 위해 다음 도움정리를 준비한다.

도움정리 4.5.1. 멱급수 $\sum_{n=0}^{\infty} a_n x^n, x \in \mathbb{R}$ 의 수렴반경 ρ 가 양수라고 하자. 그러면

$$\left(\sum_{n=1}^{\infty} a_n x^n\right)^m = \sum_{n=m}^{\infty}\left(\sum_{i\in p(n,m,n)} \frac{m!}{i_1!\cdots i_n!}a_1^{i_1}\cdots a_n^{i_n}\right)x^n$$

이 성립한다.

증명 $|x| < \rho$이면 주어진 멱급수는 절대수렴한다.

$$\left(\sum_{n=1}^{\infty} a_n x^n\right)^m = \sum_{n=m}^{\infty} c_n x^n$$

이라고 두고 $c_n, n \geq m$을 계산하자. 뉴턴 다항공식 (4.55)에 의하여

$$\begin{aligned}\left(\sum_{i=1}^{n} a_i x^i\right)^m &= \sum_{i \in q(n,m)} \frac{m!}{i_1! i_2! \cdots i_n!}(a_1 x)^{i_1}(a_2 x^2)^{i_2} \cdots (a_n x^n)^{i_n} \\ &= \sum_{i \in q(n,m)} \frac{m!}{i_1! i_2! \cdots i_n!} a_1^{i_1} a_2^{i_2} \cdots a_n^{i_n} x^{i_1 + 2i_2 + \cdots + n i_n}.\end{aligned}$$

따라서 $i_1 + 2i_2 + \cdots + n i_n = n$이며, x^n의 계수 c_n은

$$c_n = \sum_{i \in p(n,m,n)} \frac{m!}{i_1! \cdots i_n!} a_1^{i_1} \cdots a_n^{i_n}$$

이 된다. □

보기 4.5.1.

$$\left(\sum_{n=1}^{\infty} \frac{x^n}{(n+1)!}\right)^m = \sum_{n=m}^{\infty}\left(\sum_{i \in p(n,m,n)} \frac{m!}{i_1! \cdots i_n! (2!)^{i_1} \cdots ((n+1)!)^{i_n}}\right) x^n.$$

도움정리 4.5.2.

$$\frac{(e^x - 1)^k}{k!} = \sum_{n=k}^{\infty} \left\{ \begin{matrix} n \\ k \end{matrix} \right\} \frac{x^n}{n!}.$$

증명 도움정리 4.5.1에 의해

$$\begin{aligned}(e^x - 1)^k &= \left(\sum_{j=1}^{\infty} \frac{x^j}{j!}\right)^k \\ &= \sum_{n=1}^{\infty}\left(\sum_{j \in p(n,k,n)} \frac{k!}{j_1! j_2! \cdots j_n!} \frac{1}{(1!)^{j_1}(2!)^{j_2} \cdots (n!)^{j_n}}\right) x^n.\end{aligned}$$

여기서, $n < k$일 때는 $p(n,k,n)$의 정의에 의해 $p(n,k,n) = \emptyset$이므로 우변의 합은, 실은 $n \geq k$에 관한 합이다. 양변을 $k!$로 나누면

$$\begin{aligned}\frac{(e^x - 1)^k}{k!} &= \sum_{n=k}^{\infty} \sum_{j \in p(n,k,n)} \frac{1}{j_1! j_2! \cdots j_n! (1!)^{j_1}(2!)^{j_2} \cdots (n!)^{j_n}} x^n \\ &= \sum_{n=k}^{\infty} \sum_{j \in p(n,k,n)} \frac{n!}{j_1! j_2! \cdots j_n! (1!)^{j_1}(2!)^{j_2} \cdots (n!)^{j_n}} \frac{x^n}{n!}\end{aligned}$$

$$= \sum_{n=k}^{\infty} \left\{ \begin{matrix} n \\ k \end{matrix} \right\} \frac{x^n}{n!}$$

을 얻는다. 여기서 정리 4.4.2를 이용했다. □

다음 정리는 스털링 수와 베르누이 수와의 관계를 보여주고 있다.

정리 4.5.1.

$$B_n = \sum_{m=0}^{n} \left\{ \begin{matrix} n \\ m \end{matrix} \right\} \frac{(-1)^m m!}{m+1}. \tag{4.57}$$

증명 $\log(1+t), t \in \mathbb{R}$의 테일러 전개와 도움정리 4.5.2를 이용한다. 베르누이 수의 정의 4.2.2에 의해

$$\begin{aligned}
\sum_{n=0}^{\infty} B_n \frac{t^n}{n!} &= \frac{t}{e^t-1} = \frac{\log(1+(e^t-1))}{e^t-1} = \frac{1}{e^t-1} \sum_{m=1}^{\infty} (-1)^{m-1} \frac{(e^t-1)^m}{m} \\
&= \sum_{m=1}^{\infty} (-1)^{m-1} \frac{(e^t-1)^{m-1}}{m} = \sum_{m=0}^{\infty} (-1)^m \frac{(e^t-1)^m}{m+1} \\
&= \sum_{m=0}^{\infty} \frac{(-1)^m m!}{m+1} \frac{(e^t-1)^m}{m!} = \sum_{m=0}^{\infty} \frac{(-1)^m m!}{m+1} \sum_{n=m}^{\infty} \left\{ \begin{matrix} n \\ m \end{matrix} \right\} \frac{t^n}{n!} \\
&= \sum_{n=0}^{\infty} \frac{t^n}{n!} \sum_{m=0}^{n} \left\{ \begin{matrix} n \\ m \end{matrix} \right\} \frac{(-1)^m m!}{m+1}.
\end{aligned}$$

양변의 계수를 비교하면 등식 (4.57)을 얻는다. □

정리 4.5.1과 정리 4.3.6으로부터 다음 따름정리를 얻는다.

따름정리 4.5.1. $n \in \mathbb{N}_0$에 대하여

$$B_n = \sum_{m=0}^{n} \left\{ \begin{matrix} n \\ m \end{matrix} \right\} \frac{(-1)^m m!}{m+1} = \sum_{m=0}^{n} \frac{1}{m+1} \sum_{k=0}^{m} (-1)^k \binom{m}{k} k^n. \tag{4.58}$$

따름정리 4.5.2. 다음 관계식이 성립한다.

$$B_n = (-1)^n \sum_{m=0}^{n} \left\{ \begin{matrix} n+1 \\ m+1 \end{matrix} \right\} \frac{(-1)^m m!}{m+1} \quad (n \in \mathbb{N}_0).$$

증명 점화식 (4.48)에 의하여

$$\begin{aligned}
&(-1)^n \sum_{m=0}^{n} \left\{ \begin{matrix} n+1 \\ m+1 \end{matrix} \right\} \frac{(-1)^m m!}{m+1} \\
&= (-1)^n \sum_{m=0}^{n} \left(\left\{ \begin{matrix} n \\ m \end{matrix} \right\} + (m+1) \left\{ \begin{matrix} n \\ m+1 \end{matrix} \right\} \right) \frac{(-1)^m m!}{m+1}
\end{aligned}$$

$$= (-1)^n \sum_{m=0}^{n} \left\{ \begin{array}{c} n \\ m \end{array} \right\} \frac{(-1)^m m!}{m+1} + (-1)^n \sum_{m=0}^{n} \left\{ \begin{array}{c} n \\ m+1 \end{array} \right\} (-1)^m m!$$

과 같이 변형된다. 정리 4.3.2의 2)로부터 $\left[\begin{array}{c} n+1 \\ 1 \end{array} \right] = (-1)^n n!$이 성립한다. 따라서 정리 4.3.7 (반전공식)을 이용하면

$$\sum_{m=0}^{n} \left\{ \begin{array}{c} n \\ m+1 \end{array} \right\} (-1)^m m! = \sum_{m=0}^{n} \left[\begin{array}{c} m+1 \\ 1 \end{array} \right] \left\{ \begin{array}{c} n \\ m+1 \end{array} \right\} = \delta_{1n}$$

을 얻는다. 그러므로

$$\begin{aligned} (-1)^n \sum_{m=0}^{n} \left\{ \begin{array}{c} n+1 \\ m+1 \end{array} \right\} \frac{(-1)^m m!}{m+1} &= (-1)^n \sum_{m=0}^{n} \left\{ \begin{array}{c} n \\ m \end{array} \right\} \frac{(-1)^m m!}{m+1} + (-1)^n \delta_{1n} \\ &= (-1)^n B_n + (-1)^n \delta_{1n}. \end{aligned}$$

$n = 1$이면 $(-1)^n B_n + (-1)^n \delta_{1n} = -B_1 - 1 = \frac{1}{2} - 1 = -\frac{1}{2} = B_1$이다. 더욱이 n이 홀수이면 $B_n = 0$이므로 우변은 B_n이 된다. □

정리 4.5.2.

$$B_n = n! \sum_{m=1}^{\infty} \left(\sum_{i \in p(n,m,n)} \frac{(-1)^m m!}{i_1! \cdots i_n! (2!)^{i_1} \cdots ((n+1)!)^{i_n}} \right) \quad (n = 1, 2, \cdots).$$

증명

$$\gamma(t) = g(0,t) = \left\{ \begin{array}{ll} \frac{t}{e^t - 1} & t \neq 0 \\ 1 & t = 0 \end{array} \right.$$

이라고 놓자. 그러면 $\frac{1}{\gamma(t)}$의 $t = 0$에서의 테일러 전개는

$$\frac{1}{\gamma(t)} = \frac{e^t - 1}{t} = 1 + \sum_{n=1}^{\infty} \frac{t^n}{(n+1)!}$$

이 된다.

$$|t| < \alpha \Longrightarrow \left| \sum_{n=1}^{\infty} \frac{t^n}{(n+1)!} \right| = \frac{e^t - 1 - t}{|t|} < 1$$

을 만족하는 양수 $\alpha > 0$가 존재하므로 $|t| < \alpha$이면 보기 4.5.1에 의해

$$\begin{aligned} \gamma(t) &= \frac{1}{1 + \sum_{n=1}^{\infty} \frac{t^n}{(n+1)!}} = 1 + \sum_{m=1}^{\infty} (-1)^m \left(\sum_{n=1}^{\infty} \frac{t^n}{(n+1)!} \right)^m \\ &= 1 + \sum_{m=1}^{\infty} (-1)^m \sum_{n=1}^{\infty} \left(\sum_{i \in p(n,m,n)} \frac{m!}{i_1! \cdots i_n! (2!)^{i_1} \cdots ((n+1)!)^{i_n}} \right) t^n \end{aligned}$$

$$= 1 + \sum_{n=1}^{\infty}\sum_{m=1}^{\infty}\left(\sum_{i\in p(n,m,n)} \frac{(-1)^m m!}{i_1!\cdots i_n!(2!)^{i_1}\cdots((n+1)!)^{i_n}}\right) t^n.$$

한편,

$$\gamma(t) = 1 + \sum_{n=1}^{\infty}\frac{B_n}{n!}t^n$$

이다. 따라서 양변의 계수를 비교하면 정리의 결과를 얻는다. □

위의 결과를 종합하면 다음 명제가 성립한다.

명제 4.5.1. $n = 1, 2, \cdots$ 에 대하여 다음 관계식이 성립한다.

$$\begin{aligned} B_n &= \sum_{m=0}^{n}\left\{ \begin{matrix} n \\ m \end{matrix} \right\}\frac{(-1)^m m!}{m+1} \\ &= (-1)^n\sum_{m=0}^{n}\left\{ \begin{matrix} n+1 \\ m+1 \end{matrix} \right\}\frac{(-1)^m m!}{m+1} \\ &= \sum_{m=0}^{n}\frac{1}{m+1}\sum_{k=0}^{m}(-1)^k\binom{m}{k}k^n \\ &= n!\sum_{m=1}^{\infty}\left(\sum_{i\in p(n,m,n)}\frac{(-1)^m m!}{i_1!\cdots i_n!(2!)^{i_1}\cdots((n+1)!)^{i_n}}\right). \end{aligned}$$

따름정리 4.3.1을 써서 스털링 수, 베르누이 수 및 이항계수 사이의 관계식을 얻는다.

정리 4.5.3. m, j가 양의 정수이면,

$$\sum_{i=1}^{m}\frac{1}{i+1}\left\{ \begin{matrix} m \\ i \end{matrix} \right\}\left[\begin{matrix} i+1 \\ j \end{matrix} \right] = \frac{1}{m+1}\binom{m+1}{j}B_{m+1-j}.$$

증명 따름정리 4.3.1 ($n+1$를 n이라고 바꾸어 씀)과 (4.41)로부터

$$\begin{aligned} &\sum_{j=1}^{m+1}\frac{1}{m+1}\binom{m+1}{j}B_{m-j+1}n^j \\ &= \sum_{i=0}^{m}\frac{1}{i+1}\left\{ \begin{matrix} m \\ i \end{matrix} \right\}(n)_{i+1} = \sum_{i=1}^{m}\frac{1}{i+1}\left\{ \begin{matrix} m \\ i \end{matrix} \right\}\sum_{j=1}^{i+1}\left[\begin{matrix} i+1 \\ j \end{matrix} \right]n^j \\ &= \sum_{i=1}^{m}\frac{1}{i+1}\left\{ \begin{matrix} m \\ i \end{matrix} \right\}\sum_{j=1}^{m}\left[\begin{matrix} i+1 \\ j \end{matrix} \right]n^j = \sum_{j=1}^{m+1}\frac{1}{i+1}\left\{ \begin{matrix} m \\ i \end{matrix} \right\}\sum_{i=1}^{m}\left[\begin{matrix} i+1 \\ j \end{matrix} \right]n^j \end{aligned}$$

를 얻는다. 이들의 계수를 비교하면 정리의 관계식을 얻는다. □

마지막으로, 스털링 수와 베르누이 수와의 다른 관계식은 제6장의 변환공식의 응용으로서 얻어진다는 것을 주의하기 바란다 (정리 6.4.10 및 따름정리 6.4.5 참조).

5.2 스털링 수와 이항계수와의 관계

스털링 수와 이항계수와의 관계를 보이기로 하자.

정리 4.5.4.

$$\sum_{k=m}^{\ell} \begin{bmatrix} k \\ m \end{bmatrix} \begin{Bmatrix} \ell+1 \\ k+1 \end{Bmatrix} = \binom{\ell}{m} = \frac{(\ell)_m}{m!} \quad (0 \le m \le \ell). \tag{4.59}$$

증명 다항식 $(1+x)^{\ell+1}$은 스털링 수의 정의를 써서 다음과 같이 표현된다.

$$\begin{aligned}
(1+x)^{\ell+1} &= \sum_{j=0}^{\ell+1} \begin{Bmatrix} \ell+1 \\ j \end{Bmatrix} (1+x)_j = \sum_{j=1}^{\ell+1} \begin{Bmatrix} \ell+1 \\ j \end{Bmatrix} (1+x)_j \\
&= \sum_{k=0}^{\ell} \begin{Bmatrix} \ell+1 \\ k+1 \end{Bmatrix} (1+x)_{k+1} = \sum_{k=0}^{\ell} \begin{Bmatrix} \ell+1 \\ k+1 \end{Bmatrix} (1+x)(x)_k \\
&= (1+x) \sum_{k=0}^{\ell} \begin{Bmatrix} \ell+1 \\ k+1 \end{Bmatrix} \sum_{m=0}^{k} \begin{bmatrix} k \\ m \end{bmatrix} x^m.
\end{aligned}$$

따라서,

$$(1+x)^{\ell} = \sum_{k=0}^{\ell} \begin{Bmatrix} \ell+1 \\ k+1 \end{Bmatrix} \sum_{m=0}^{k} \begin{bmatrix} k \\ m \end{bmatrix} x^m = \sum_{m=0}^{\ell} \sum_{k=m}^{\ell} \begin{Bmatrix} \ell+1 \\ k+1 \end{Bmatrix} \begin{bmatrix} k \\ m \end{bmatrix} x^m.$$

한편

$$\sum_{m=0}^{\ell} \binom{\ell}{m} x^m = \sum_{m=0}^{\ell} \sum_{k=m}^{\ell} \begin{Bmatrix} \ell+1 \\ k+1 \end{Bmatrix} \begin{bmatrix} k \\ m \end{bmatrix} x^m.$$

이다. 그러므로 x^m의 계수를 비교하면, (4.59)을 얻는다. □

따름정리 4.5.3.

$$\begin{Bmatrix} \ell+1 \\ i+1 \end{Bmatrix} = \sum_{m=i}^{\ell} \binom{\ell}{m} \begin{Bmatrix} m \\ i \end{Bmatrix} \quad (0 \le i \le \ell). \tag{4.60}$$

증명 정리 4.5.4에 의해

$$\sum_{m=i}^{\ell} \begin{Bmatrix} m \\ i \end{Bmatrix} \binom{\ell}{m} = \sum_{m=i}^{\ell} \begin{Bmatrix} m \\ i \end{Bmatrix} \sum_{k=m}^{\ell} \begin{bmatrix} k \\ m \end{bmatrix} \begin{Bmatrix} \ell+1 \\ k+1 \end{Bmatrix}.$$

우변은

$$\begin{aligned}\sum_{m=i}^{\ell}\left\{{m \atop i}\right\}\sum_{k=m}^{\ell}\left[{k \atop m}\right]\left\{{\ell+1 \atop k+1}\right\} &= \sum_{k=i}^{\ell}\left(\sum_{m=i}^{k}\left[{k \atop m}\right]\left\{{m \atop i}\right\}\right)\left\{{\ell+1 \atop k+1}\right\} \\ &= \sum_{k=i}^{\ell}\delta_{ki}\left\{{\ell+1 \atop k+1}\right\} = \left\{{\ell+1 \atop i+1}\right\}\end{aligned}$$

이 된다. □

5

이산적인 주기계수 선형차분방정식계

제 1 절 상수계수 선형차분방정식의 해의 표현 (I)

제3장에서 언급한 바와 같이 비제차항이 τ-주기인 상수계수 선형미분방정식의 해의 이산점 $t = n\tau,\ n \in \mathbb{Z}$ 에서의 값은 대응하는 비제차 상수계수 선형차분방정식의 해로 표현된다. 이는 이산계의 해의 정보로부터 연속계의 해의 정보를 얻을 수 있다는 것을 보여주고 있다. 물론, 거꾸로의 경우도 마찬가지이다.

이 절에서는 비제차 상수계수 선형차분방정식의 두 가지 형태

$$x_{n+1} = e^{\tau A} x_n + b \tag{5.1}$$

$$x_{n+1} = B x_n + b \tag{5.2}$$

의 초기값 문제의 전진해의 새로운 표현과 이와 관련하여 도입된 특성량의 성질을 다룬다. 여기서 $A, B \in M_m(\mathbb{C}),\ b,\ w \in \mathbb{C}^m,\ \tau > 0$ 이다.

이 절에서는 방정식 (5.1)을 고찰하고 다음 절에서는 방정식 (5.2)를 고찰한다.

1.1 방정식 (5.1)의 해의 표현

여기서는 초기조건 $x_0 = w$ 를 만족하는 비제차 상수계수 선형차분방정식 (5.1), 즉

$$x_{n+1} = e^{\tau A} x_n + b$$

의 전진해 $x_n(w, b) := x_n(0, w, b)$ 의 새로운 표현을 준다.

방정식 (5.1)의 해는 상수변화법의 공식(따름정리 3.3.4)에 의해

$$x_n := x_n(w, b) = e^{n\tau A} w + \sum_{j=0}^{n-1} e^{j\tau A} b \tag{5.3}$$

로 주어진다. 여기서 행렬 $H \in M_m(\mathbb{C})$에 대하여 기호 $S_n(H)$를

$$S_n(H) = \sum_{j=0}^{n-1} H^j \quad (n \geq 1), \quad S_0(H) = O \text{ (영행렬)}$$

이라고 정의하자. 이 기호를 쓰면 (5.3)의 우변의 제2항은

$$\sum_{j=0}^{n-1} e^{j\tau A} b = S_n(e^{\tau A})b$$

와 같이 나타낼 수 있다. 그러면

$$(e^{\tau A} - E)S_n(e^{\tau A}) = (e^{\tau A} - E)\sum_{j=0}^{n-1} e^{j\tau A} = e^{n\tau A} - E \tag{5.4}$$

가 성립한다. $e^{\tau A} - E$가 정칙행렬이라면

$$S_n(e^{\tau A}) = (e^{\tau A} - E)^{-1}(e^{n\tau A} - E).$$

따라서 방정식 (5.1)의 해 x_n은 (5.3)에 의해

$$\begin{aligned} x_n &= e^{n\tau A}w + (e^{\tau A} - E)^{-1}(e^{n\tau A} - E)b \\ &= e^{n\tau A}(w + (e^{\tau A} - E)^{-1}b) - (e^{\tau A} - E)^{-1}b \end{aligned} \tag{5.5}$$

가 된다. 그러므로 $e^{\tau A} - E$가 정칙행렬이 아닐 때 해 x_n의 표현 문제가 제기된다. 이 문제에 대해서는 $e^{\tau A}$의 스펙트럼 분해정리에 기초하여 $S_n(e^{\tau A})$를 자세히 분석하여야 한다.

고유값 $\lambda \in \sigma(A)$에 대하여 혼란이 없는 한 그 표수 $h_\lambda(A)$를 h_λ, 사영 $Q_\lambda(A)$를 P_λ라고 표시한다.

(5.3)의 양변에 P_λ를 곱하면

$$P_\lambda x_n = e^{n\tau A}P_\lambda w + S_n(e^{\tau A})P_\lambda b \tag{5.6}$$

가 된다. 이 식의 우변이 n에 관하여 어떻게 의존되어 있는가를 자세히 알아 보자.

(5.6)의 우변의 첫째항은 정리 3.3.3의 2)에 의해, $n \geq 1$일 때

$$e^{n\tau A}P_\lambda w = e^{n\tau\lambda} \sum_{k=0}^{h(\lambda)\to h_\lambda} n^k \frac{\tau^k}{k!}(A - \lambda E)^k P_\lambda w. \tag{5.7}$$

(5.6)의 우변의 둘째항을 계산하자. 둘째항의 계산은 $e^{\tau\lambda} \neq 1$인 경우와 $e^{\tau\lambda} = 1$인 경우에 따라 달라진다. 함수

$$\varepsilon(z) := (e^z - 1)^{-1} \quad (e^z \neq 1) \tag{5.8}$$

을 도입하고, k차 도함수를 $\varepsilon^{(k)}(z)$라고 표시한다. 여기서 $\varepsilon^{(0)}(z) = \varepsilon(z)$이다. $\varepsilon^{(k)}(z)$의 $z = \tau\lambda$에서의 구체적인 값은 제6장 도움정리 6.2.2에서 주어진다.

주 5.1.1. $e^z \neq 1$이면

$$\varepsilon^{(k)}(z) = e^z \sum_{i=0}^{k} \binom{k}{i} \varepsilon^{(i)}(z), \quad k = 1, 2, \cdots, \quad \varepsilon^{(0)}(z) = e^z \varepsilon^{(0)}(z) - 1.$$

$S_n(e^{\tau A})P_\lambda$를 다음 정의된 양을 써서 계산한다.

정의 5.1.1. $\lambda \in \sigma(A)$에 대하여

$$X_\lambda(A) = \sum_{k=0}^{h_\lambda(A)-1} \varepsilon^{(k)}(\tau\lambda) \frac{\tau^k}{k!} (A - \lambda E)^k \quad (e^{\tau\lambda} \neq 1),$$

$$Y_\lambda(A) = \sum_{k=0}^{h_\lambda(A)-1} B_k \frac{\tau^k}{k!} (A - \lambda E)^k \quad (e^{\tau\lambda} = 1)$$

라고 놓는다. 여기서 B_k는 베르누이 수이다.

편의상

$$\omega = \frac{2\pi}{\tau}$$

라고 놓으면

$$e^{\tau\lambda} \neq 1 \Longleftrightarrow \lambda \notin i\omega\mathbb{Z},$$

$$e^{\tau\lambda} = 1 \Longleftrightarrow \lambda \in i\omega\mathbb{Z}$$

가 성립한다.

도움정리 5.1.1. $n \in \mathbb{N}$에 대하여

1) $\lambda \notin i\omega\mathbb{Z}$이면

$$S_n(e^{\tau A})P_\lambda = e^{n\tau\lambda} \sum_{j=0}^{h_\lambda(A)-1} n^j \frac{\tau^j}{j!} (A - \lambda E)^j X_\lambda(A) P_\lambda - X_\lambda(A) P_\lambda \tag{5.9}$$

$$= e^{n\tau A} X_\lambda(A) P_\lambda - X_\lambda(A) P_\lambda. \tag{5.10}$$

2) $\lambda \in i\omega\mathbb{Z}$이면

$$S_n(e^{\tau A})P_\lambda = \sum_{j=0}^{h_\lambda(A)-1} n^{j+1} \frac{\tau^j}{(j+1)!} (A - \lambda E)^j Y_\lambda(A) P_\lambda. \tag{5.11}$$

증명 $0^0 = 1$이라고 하고 기호 $A_\lambda = A - \lambda E$를 쓰면, 정리 3.3.3의 2)에 의하여

$$S_n(e^{\tau A})P_\lambda = \sum_{j=0}^{n-1} e^{j\tau\lambda} \sum_{k=0}^{h_\lambda - 1} j^k \frac{\tau^k}{k!} A_\lambda^k P_\lambda$$

$$= \sum_{k=0}^{h_\lambda-1} \left(\sum_{j=0}^{n-1} j^k e^{j\tau\lambda} \right) \frac{\tau^k}{k!} A_\lambda^k P_\lambda \tag{5.12}$$

와 같이 변형된다. $\sum_{j=0}^{n-1} j^k e^{jz}$의 계산은 두 가지 경우로 나누어진다.

1) $\lambda \notin i\omega\mathbb{Z}$인 경우 : $e^z \neq 1$이면

$$\begin{aligned} \sum_{j=0}^{n-1} j^k e^{jz} &= \sum_{j=0}^{n-1} \frac{d^k}{dz^k} e^{jz} = \frac{d^k}{dz^k} \sum_{j=0}^{n-1} (e^z)^j \\ &= \frac{d^k}{dz^k} \frac{e^{nz}-1}{e^z-1} = \frac{d^k}{dz^k} (e^{nz}\varepsilon(z)) - \varepsilon^{(k)}(z) \end{aligned}$$

이 된다. 마지막 식의 첫째항은 라이프니츠 공식에 의해

$$\frac{d^k}{dz^k} (e^{nz}\varepsilon(z)) = \sum_{i=0}^{k} \binom{k}{i} n^i e^{nz} \varepsilon^{(k-i)}(z).$$

따라서

$$\sum_{j=0}^{n-1} j^k e^{jz} = \sum_{i=0}^{k} \binom{k}{i} n^i e^{nz} \varepsilon^{(k-i)}(z) - \varepsilon^{(k)}(z) \tag{5.13}$$

가 성립한다. (5.12)에 (5.13)을 대입하면

$$\begin{aligned} S_n(e^{\tau A})P_\lambda &= \sum_{k=0}^{h_\lambda-1} \left(\sum_{i=0}^{k} \binom{k}{i} n^i e^{n\tau\lambda} \varepsilon^{(k-i)}(\tau\lambda) - \varepsilon^{(k)}(\tau\lambda) \right) \frac{\tau^k}{k!} A_\lambda^k P_\lambda \\ &= e^{n\tau\lambda} \sum_{i=0}^{h_\lambda-1} n^i \sum_{k=i}^{h_\lambda-1} \varepsilon^{(k-i)}(\tau\lambda) \binom{k}{i} \frac{\tau^k}{k!} A_\lambda^k P_\lambda - \sum_{k=0}^{h_\lambda-1} \varepsilon^{(k)}(\tau\lambda) \frac{\tau^k}{k!} A_\lambda^k P_\lambda \end{aligned}$$

이 된다. 그리고 변수 변환을 하면

$$\begin{aligned} \sum_{k=i}^{h_\lambda-1} \varepsilon^{(k-i)}(\tau\lambda) \binom{k}{i} \frac{\tau^k}{k!} A_\lambda^k P_\lambda &= \sum_{k=i}^{h_\lambda-1} \varepsilon^{(k-i)}(\tau\lambda) \frac{1}{i!(k-i)!} \tau^k A_\lambda^k P_\lambda \\ &= \sum_{j=0}^{h_\lambda-1-i} \varepsilon^{(j)}(\tau\lambda) \frac{1}{i!j!} \tau^{i+j} A_\lambda^{i+j} P_\lambda \\ &= \sum_{j=0}^{h_\lambda-1} \varepsilon^{(j)}(\tau\lambda) \frac{1}{i!j!} \tau^{i+j} A_\lambda^{i+j} P_\lambda \\ &= \frac{\tau^i}{i!} A_\lambda^i \sum_{j=0}^{h_\lambda-1} \varepsilon^{(j)}(\tau\lambda) \frac{\tau^j}{j!} A_\lambda^j P_\lambda. \end{aligned}$$

계산 과정에서 $i+j \geq h(\lambda)$일 때, $A_\lambda^{i+j}P_\lambda = O$임을 이용했다(정리 1.4.6 참조). 따라서 $X_\lambda(A)$의 정의에 의해

$$S_n(e^{\tau A})P_\lambda = e^{n\tau\lambda}\sum_{i=0}^{h_\lambda-1} n^i\frac{\tau^i}{i!}A_\lambda^i X_\lambda(A)P_\lambda - X_\lambda(A)P_\lambda.$$

즉, (5.9)를 얻는다. 우변 첫째항은 가환성 $X_\lambda(A)P_\lambda = P_\lambda X_\lambda(A)$에 의해

$$\begin{aligned} e^{n\tau\lambda}\sum_{i=0}^{h_\lambda-1} n^i\frac{\tau^i}{i!}A_\lambda^i X_\lambda(A)P_\lambda &= e^{n\tau\lambda}\sum_{i=0}^{h_\lambda-1} n^i\frac{\tau^i}{i!}A_\lambda^i P_\lambda X_\lambda(A) \\ &= e^{n\tau A}P_\lambda X_\lambda(A) = e^{n\tau A}X_\lambda(A)P_\lambda \end{aligned}$$

이므로 (5.10)을 얻는다.

2) $\lambda \in i\omega\mathbb{Z}$인 경우 : $e^z = 1$이면

$$\sum_{j=0}^{n-1} j^k e^{jz} = \sum_{j=0}^{n-1} j^k$$

이므로 정리 4.2.4에 의해

$$\sum_{j=0}^{n-1} j^k e^{jz} = \sum_{j=1}^{k+1}\binom{k+1}{j}\frac{B_{k+1-j}}{k+1}n^j = \sum_{j=0}^{k}\binom{k+1}{j+1}\frac{B_{k-j}}{k+1}n^{j+1}. \tag{5.14}$$

여기서 B_i는 베르누이 수이다. 위의 식을 (5.12)에 대입하면

$$\begin{aligned} S_n(e^{\tau A})P_\lambda &= \sum_{k=0}^{h_\lambda-1}\left(\sum_{j=0}^{k}\binom{k+1}{j+1}\frac{B_{k-j}}{k+1}n^{j+1}\right)\frac{\tau^k}{k!}A_\lambda^k P_\lambda \\ &= \sum_{k=0}^{h_\lambda-1}\sum_{j=0}^{k}\frac{n^{j+1}}{(j+1)!}\frac{k!}{(k-j)!}B_{k-j}\frac{\tau^k}{k!}A_\lambda^k P_\lambda \\ &= \sum_{j=0}^{h_\lambda-1}\frac{n^{j+1}}{(j+1)!}\sum_{k=j}^{h_\lambda-1}\frac{1}{(k-j)!}B_{k-j}\tau^k A_\lambda^k P_\lambda \\ &= \sum_{j=0}^{h_\lambda-1}\frac{n^{j+1}}{(j+1)!}\sum_{i=0}^{h_\lambda-1-j}\frac{1}{i!}B_i\tau^{i+j}A_\lambda^{i+j}P_\lambda \\ &= \sum_{j=0}^{h_\lambda-1} n^{j+1}\frac{\tau^j}{(j+1)!}\sum_{i=0}^{h_\lambda-1} B_i\frac{\tau^i}{i!}A_\lambda^{i+j}P_\lambda \\ &= \sum_{j=0}^{h_\lambda-1} n^{j+1}\frac{\tau^j}{(j+1)!}A_\lambda^j\sum_{i=0}^{h_\lambda-1} B_i\frac{\tau^i}{i!}A_\lambda^i P_\lambda \end{aligned}$$

$$= \sum_{j=0}^{h_\lambda-1} n^{j+1} \frac{\tau^j}{(j+1)!} A_\lambda^j Y_\lambda(A) P_\lambda.$$

계산 과정에서 $i+j \geq h_\lambda$ 일 때 $A_\lambda^{i+j} P_\lambda = O$ 임을 이용했다. 그러므로 (5.11)을 얻는다. □

다음으로 **해 표현의 특성량(characteristic quantity)** $\alpha_\lambda(w,b), \beta_\lambda(w,b)$를 다음과 같이 정의한다.

정의 5.1.2. $\lambda \in \sigma(A)$에 대하여 방정식 (5.1)의 해 표현의 특성량을

$$\alpha_\lambda(w,b) := \alpha_\lambda(w,b;A) = P_\lambda w + X_\lambda(A) P_\lambda b \quad (\lambda \notin i\omega\mathbb{Z}),$$
$$\beta_\lambda(w,b) := \beta_\lambda(w,b;A) = \tau(A-\lambda E) P_\lambda w + Y_\lambda(A) P_\lambda b \quad (\lambda \in i\omega\mathbb{Z})$$

라고 정의한다.

다음 정리는 **해의 표현정리**라고 부르며, 앞으로 중요한 역할을 한다.

정리 5.1.1. $\lambda \in \sigma(A)$라고 하자. 그러면 방정식 (5.1)의 해 $x_n(w,b)$의 성분 $P_\lambda x_n(w,b)$는 다음과 같이 표현된다.

1) $\lambda \notin i\omega\mathbb{Z}$일 때

$$P_\lambda x_n(w,b) = e^{n\tau A} \alpha_\lambda(w,b) - X_\lambda(A) P_\lambda b \tag{5.15}$$

$$= e^{n\tau\lambda} \sum_{j=0}^{h_\lambda(A)-1} n^j \frac{\tau^j}{j!} (A-\lambda E)^j \alpha_\lambda(w,b) - X_\lambda(A) P_\lambda b. \tag{5.16}$$

2) $\lambda \in i\omega\mathbb{Z}$일 때

$$P_\lambda x_n(w,b) = \sum_{j=0}^{h_\lambda(A)-1} n^{j+1} \frac{\tau^j}{(j+1)!} (A-\lambda E)^j \beta_\lambda(w,b) + P_\lambda w. \tag{5.17}$$

증명 $A_\lambda = A - \lambda E$라고 놓고 (5.6)에 (5.7)과 도움정리 5.1.1의 결과를 대입한다.

$\lambda \notin i\omega\mathbb{Z}$인 경우, (5.7)과 도움정리 5.1.1의 1)로부터 (5.16)이 쉽게 얻어진다.

$\lambda \in i\omega\mathbb{Z}$인 경우, 도움정리 5.1.1의 2)에 의해,

$$P_\lambda x_n(w,b) = \sum_{j=0}^{h_\lambda-1} n^j \frac{\tau^j}{j!} A_\lambda^j P_\lambda w + \sum_{j=0}^{h_\lambda-1} n^{j+1} \frac{\tau^j}{(j+1)!} A_\lambda^j Y_\lambda(A) P_\lambda b.$$

우변의 제1항은 다음과 같이 쓸 수 있다.

$$\sum_{j=0}^{h_\lambda-1} n^j \frac{\tau^j}{j!} A_\lambda^j P_\lambda w = P_\lambda w + \sum_{j=1}^{h_\lambda-1} n^j \frac{\tau^j}{j!} A_\lambda^j P_\lambda w = P_\lambda w + \sum_{j=1}^{h_\lambda} n^j \frac{\tau^j}{j!} A_\lambda^j P_\lambda w$$

$$= P_\lambda w + \sum_{j=0}^{h_\lambda-1} n^{j+1} \frac{\tau^{j+1}}{(j+1)!} A_\lambda^{j+1} P_\lambda w$$

$$= P_\lambda w + \sum_{j=0}^{h_\lambda - 1} n^{j+1} \frac{\tau^j}{(j+1)!} A_\lambda^j (\tau A_\lambda) P_\lambda w.$$

위 결과로부터

$$P_\lambda x_n(w,b) = P_\lambda w + \sum_{j=0}^{h_\lambda - 1} n^{j+1} \frac{\tau^j}{(j+1)!} A_\lambda^j (\tau A_\lambda P_\lambda w + Y_\lambda(A) P_\lambda b)$$

$$= P_\lambda w + \sum_{j=0}^{h_\lambda - 1} n^{j+1} \frac{\tau^j}{(j+1)!} A_\lambda^j \beta_\lambda(w,b).$$

따라서 (5.17)을 얻는다. □

따름정리 5.1.1. $\lambda \in \sigma(A)$에 대하여 $h_\lambda = 1$이라고 가정하자. 방정식 (5.1)의 해 $x_n(w,b)$의 성분 $P_\lambda x_n(w,b)$ 는 다음과 같이 표현된다.

1) $\lambda \notin i\omega\mathbb{Z}$일 때,

$$P_\lambda x_n(w,b) = e^{n\tau\lambda} \alpha_\lambda(w,b) - X_\lambda(A) P_\lambda b. \tag{5.18}$$

2) $\lambda \in i\omega\mathbb{Z}$일 때,

$$P_\lambda x_n(w,b) = n\beta_\lambda(w,b) + P_\lambda w. \tag{5.19}$$

방정식 (5.1)에 대하여 정리 3.3.3의 2)에서 준 해의 표현과 정리 5.1.1에서 준 해의 표현을 비교하면, 전자는 종래의 미분방정식의 상수변화법의 공식에 대응, 즉 제차 방정식의 해와 비제차 방정식의 합으로 표현되어 있다. 이 표현으로부터 해의 점근적 성질을 해명하는 것은 쉽지 않다. 그러나 후자는 해의 행태를 알 수 있는 것과 상수 벡터(비제차항 b가 상수벡터라는 것과 대응하고 있다)의 합으로 표현되어 있다. 따라서 그 해의 표현으로부터 해의 점근적 성질을 보이는 것은 쉽다.

1.2 방정식 (5.1)의 해 표현의 특성량의 성질

해 표현의 특성량 $\alpha_\lambda(w,b), \beta_\lambda(w,b)$는 해의 표현뿐만 아니라 해의 점근적 성질을 해명하는 데도 중요한 역할을 한다. 여기서는 방정식 (5.1)의 해 $x_n(w,b)$와 관련하여 $X_\lambda(A), Y_\lambda(A)$ 및 $\alpha_\lambda(w,b), \beta_\lambda(w,b)$의 성질을 다룬다. 이를 위하여 정리 5.1.1에서 주어진 해의 표현을 목적에 맞춰 고쳐 (5.5)와 비교한다. 먼저 다음 도움정리를 준비한다. 증명은 간단한 계산에 의해 쉽게 얻어진다.

도움정리 5.1.2. 방정식 (5.1)의 해 $x_n(w,b)$에 대하여 다음 관계식이 성립한다.

1) $(e^{\tau A} - E)x_n(w,b) = e^{n\tau A}((e^{\tau A} - E)w + b) - b.$ (5.20)

2) $i\omega\mathbb{Z} \cap \sigma(A) = \emptyset$이면

$$x_n(w,b) = e^{n\tau A}(w + (e^{\tau A} - E)^{-1} b) - (e^{\tau A} - E)^{-1} b.$$

위의 도움정리를 사용하면 $\lambda \in \sigma(A)$에 대하여

$$(e^{\tau A} - E)P_\lambda x_n(w,b) = e^{n\tau A}((e^{\tau A} - E)P_\lambda w + P_\lambda b) - P_\lambda b. \tag{5.21}$$

$\lambda \in \sigma(A) \setminus i\omega\mathbb{Z}$일 때, 정리 5.1.1로부터

$$(e^{\tau A} - E)P_\lambda x_n(w,b) = e^{n\tau A}(e^{\tau A} - E)\alpha_\lambda(w,b) - (e^{\tau A} - E)X_\lambda(A)P_\lambda b.$$

이를 (5.21)과 비교하면

$$(e^{\tau A} - E)X_\lambda(A)P_\lambda = P_\lambda, \tag{5.22}$$

$$(e^{\tau A} - E)\alpha_\lambda(w,b) = (e^{\tau A} - E)P_\lambda w + P_\lambda b \tag{5.23}$$

가 성립할 것이다.

$\lambda \in \sigma(A) \cap i\omega\mathbb{Z}$일 때, 정리 5.1.1에서 $P_\lambda x_n(w,b)$에 $e^{\tau A} - E$를 곱한 표현과 표현 (5.21)과는 어울리지 않는다. 그 사이를 메꾸기 위해서 정리 5.1.1에서의 $P_\lambda x_n(w,b)$의 표현을 다음과 같이 바꾼다. $A_\lambda = A - \lambda E$라고 두고 (5.7)을 쓰면

$$\begin{aligned}\tau A_\lambda P_\lambda x_n(w,b) &= \sum_{j=0}^{h_\lambda - 1} n^{j+1}\frac{\tau^{j+1}}{(j+1)!}A_\lambda^{j+1}\beta_\lambda(w,b) + \tau A_\lambda P_\lambda w \\ &= (e^{n\tau A} - E)\beta_\lambda(w,b) + \tau A_\lambda P_\lambda w\end{aligned}$$

와 같이 표현된다. 그러므로

$$\begin{aligned}(e^{\tau A} - E)\tau A_\lambda P_\lambda x_n(w,b) &= (e^{n\tau A} - E)(e^{\tau A} - E)\beta_\lambda(w,b) + (e^{\tau A} - E)\tau A_\lambda P_\lambda w \\ &= e^{n\tau A}(e^{\tau A} - E)\beta_\lambda(w,b) - (e^{\tau A} - E)(\beta_\lambda(w,b) - \tau A_\lambda P_\lambda w) \\ &= e^{n\tau A}(e^{\tau A} - E)\beta_\lambda(w,b) - (e^{\tau A} - E)Y_\lambda(A)P_\lambda b.\end{aligned}$$

한편, (5.21)에 τA_λ를 곱하면

$$\tau A_\lambda(e^{\tau A} - E)P_\lambda x_n(w,b) = e^{n\tau A}\tau A_\lambda((e^{\tau A} - E)P_\lambda w + P_\lambda b) - \tau A_\lambda P_\lambda b.$$

양자를 비교하여

$$(e^{\tau A} - E)Y_\lambda(A)P_\lambda b = \tau(A - \lambda E)P_\lambda b, \tag{5.24}$$

$$(e^{\tau A} - E)\beta_\lambda(w,b) = \tau(A - \lambda E)((e^{\tau A} - E)P_\lambda w + P_\lambda b) \tag{5.25}$$

를 얻는다. 따라서 다음 정리가 성립한다.

정리 5.1.2.

1) $\lambda \in \sigma(A) \setminus i\omega\mathbb{Z}$이면 (5.22), (5.23)이 성립한다.

2) $\lambda \in \sigma(A) \cap i\omega\mathbb{Z}$이면 (5.24), (5.25)가 성립한다.

증명 1) 도움정리 5.1.1의 1)에서 $n=1$이라고 하면,

$$S_1(e^{\tau A})P_\lambda = e^{\tau A}X_\lambda(A)P_\lambda - X_\lambda(A)P_\lambda.$$

$S_1(e^{\tau A}) = E$이므로 (5.22)를 얻는다.

$\alpha_\lambda(w,b) = P_\lambda w + X_\lambda(A)P_\lambda b$이므로

$$\begin{aligned}(e^{\tau A}-E)\alpha_\lambda(w,b) &= (e^{\tau A}-E)P_\lambda w + (e^{\tau A}-E)X_\lambda(A)P_\lambda b\\ &= (e^{\tau A}-E)P_\lambda w + P_\lambda b.\end{aligned}$$

따라서 (5.23) 이 증명되었다.

2) $P_\lambda = S_1(e^{\tau A})P_\lambda$ 이므로 도움정리 5.1.1의 2)에 $n=1$이라고 하면

$$P_\lambda = \sum_{j=0}^{h_\lambda-1} \frac{1}{j+1}\frac{\tau^j}{j!}(A-\lambda E)^j Y_\lambda(A)P_\lambda$$

가 얻어진다. 양변에 $\tau(A-\lambda E)$를 곱하면

$$\begin{aligned}\tau(A-\lambda E)P_\lambda &= \sum_{j=0}^{h_\lambda-1}\frac{\tau^{j+1}}{(j+1)!}(A-\lambda E)^{j+1}Y_\lambda(A)P_\lambda\\ &= \sum_{j=1}^{h_\lambda-1}\frac{\tau^j}{j!}(A-\lambda E)^j Y_\lambda(A)P_\lambda = (e^{\tau(A-\lambda E)}-E)Y_\lambda(A)P_\lambda\\ &= (e^{\tau A}-E)Y_\lambda(A)P_\lambda.\end{aligned}$$

따라서 (5.24)가 증명되었다. 이 결과와 $\beta_\lambda(w,b)$의 정의로부터

$$\begin{aligned}(e^{\tau A}-E)\beta_\lambda(w,b) &= \tau(e^{\tau A}-E)(A-\lambda E)P_\lambda w + (e^{\tau A}-E)Y_\lambda(A)P_\lambda b\\ &= \tau(e^{\tau A}-E)(A-\lambda E)P_\lambda w + \tau(A-\lambda E)P_\lambda b\\ &= \tau(A-\lambda E)((e^{\tau A}-E)P_\lambda w + P_\lambda b).\end{aligned}$$

즉, (5.25)를 얻는다. □

이 정리를 이용하면, 방정식 (5.1)의 해의 표현에 관한 다음 결과를 얻는다.

따름정리 5.1.2. 방정식 (5.1)의 해 $x_n(w,b)$에 대하여 $\lambda \in \sigma(A)$라고 하면 다음 관계식이 성립한다.

1) $\lambda \notin i\omega\mathbb{Z}$이면

$$(e^{\tau A}-E)P_\lambda x_n(w,b) = e^{n\tau A}(e^{\tau A}-E)\alpha_\lambda(w,b) - P_\lambda b.$$

2) $\lambda \in i\omega\mathbb{Z}$이면

$$\tau(e^{\tau A}-E)(A-\lambda E)P_\lambda x_n(w,b) = e^{n\tau A}(e^{\tau A}-E)\beta_\lambda(w,b) - \tau(A-\lambda E)P_\lambda b.$$

따름정리 5.1.3. $\sigma(A) \cap i\omega\mathbb{Z} = \emptyset$일 때

$$(e^{\tau A} - E)^{-1} = \sum_{\lambda \in \sigma(A)} X_\lambda(A) P_\lambda$$

가 성립한다.

증명 $\sigma(A) \cap i\omega\mathbb{Z} = \emptyset$이므로 $e^{\tau A} - E$는 정칙행렬이고 $E = \sum_{\lambda \in \sigma(A)} P_\lambda$가 성립한다. 따라서 정리 5.1.2로부터

$$\sum_{\lambda \in \sigma(A)} (e^{\tau A} - E) X_\lambda(A) P_\lambda b = \sum_{\lambda \in \sigma(A)} P_\lambda b$$

를 얻는다. 따라서

$$(e^{\tau A} - E) \sum_{\lambda \in \sigma(A)} X_\lambda(A) P_\lambda b = b.$$

그러므로 관계식 $(e^{\tau A} - E)^{-1} b = \sum_{\lambda \in \sigma(A)} X_\lambda(A) P_\lambda b$가 성립한다. b가 임의이므로 따름정리의 결과를 얻는다. □

$e^{\tau A} X_\lambda(A) P_\lambda$와 $e^{\tau A} Y_\lambda(A) P_\lambda$를 직접 계산해도 (5.22)와 (5.24)를 증명할 수 있다.
그리고 다음 명제도 성립한다.

명제 5.1.1. $\lambda \in \sigma(A) \setminus i\omega\mathbb{Z}$이면

$$(e^{\tau A} - E)\alpha_\lambda(w, b) = 0 \Longleftrightarrow \alpha_\lambda(w, b) = 0.$$

증명 $(e^{\tau A} - E)\alpha_\lambda(w, b) = 0$이라고 하자. 그러면 $\alpha_\lambda(w, b) \in G_1(e^{\tau A})$이다. 그리고 $\alpha_\lambda(w, b) = P_\lambda(w + X_\lambda(A) b)$이므로 $\alpha_\lambda(w, b) \in G_\lambda(A)$를 얻는다. 한편, 정리 1.8.5에 의해 $G_\lambda(A) \subset G_{e^{\tau\lambda}}(e^{\tau A})$이다. 따라서 $\alpha_\lambda(w, b) \in G_{e^{\tau\lambda}}(e^{\tau A})$를 얻는다. $\lambda \notin i\omega\mathbb{Z}$이므로 $G_{e^{\tau\lambda}}(e^{\tau A}) \cap G_1(e^{\tau A}) = \{0\}$을 얻는다. 따라서 $\alpha_\lambda(w, b) = 0$이 성립한다. 역은 분명하다. □

1.3 방정식 (5.1)의 실수해 : 실행렬인 경우

여기서는 A가 실행렬일 때 방정식 (5.1)의 해 표현의 실수화를 준다.
$\lambda \in \sigma(A)$가 복소고유값일 때 $X_\lambda(A)$에서

$$\varepsilon^{(k)}(\tau\overline{\lambda}) = \overline{\varepsilon^{(k)}(\tau\lambda)} \tag{5.26}$$

이므로 다음 도움정리는 분명하다.

도움정리 5.1.3. $\lambda \in \sigma(A)$를 복소고유값이라고 하자.
1) $\lambda \notin i\omega\mathbb{Z}$이면

$$\overline{X_\lambda(A)} = X_{\overline{\lambda}}(A), \quad \overline{\alpha_\lambda(w, b)} = \alpha_{\overline{\lambda}}(\overline{w}, \overline{b})$$

2) $\lambda \in i\omega\mathbb{Z}$이면

$$\overline{Y_\lambda(A)} = Y_{\overline{\lambda}}(A), \quad \overline{\beta_\lambda(w,b)} = \beta_{\overline{\lambda}}(\overline{w},\bar{b}).$$

$P_\lambda\alpha_\lambda(w,b) = \alpha_\lambda(w,b), P_\lambda\beta_\lambda(w,b) = \beta_\lambda(w,b)$이므로

$$\alpha_\lambda(w,b) \in G_\lambda(A), \quad \beta_\lambda(w,b) \in G_\lambda(A). \tag{5.27}$$

실행렬 $U_\lambda(A)$와 $V_\lambda(A)$를 다음과 같이 정의한다.

$$U_\lambda(A) = \sum_{k=0}^{h_\lambda(A)-1} \frac{\tau^k}{k!}[\Re\varepsilon^{(k)}(\tau\lambda)M_k(\lambda) - \Im\varepsilon^{(k)}(\tau\lambda)N_k(\lambda)] \ \ (\lambda \notin i\omega\mathbb{Z}),$$

$$V_\lambda(A) = \sum_{k=0}^{h_\lambda(A)-1} B_k\frac{\tau^k}{k!}M_k(\lambda), \ \ (\lambda \in i\omega\mathbb{Z}).$$

여기서 $M_k(\lambda)$와 $N_k(\lambda)$는 각각 (1.43)과 (1.44)에 의해 정의되고 B_k는 베르누이 수이다.

도움정리 5.1.4.

$$U_{\overline{\lambda}}(A) = U_\lambda(A), \quad V_{\overline{\lambda}}(A) = V_\lambda(A).$$

증명 도움정리 1.5.4와 관계식 (5.26), 그리고 성질 1.5.1로부터 다음 등식이 성립한다.

$$\begin{aligned}
U_{\overline{\lambda}}(A) &= \sum_{k=0}^{h_{\overline{\lambda}}(A)-1} \frac{\tau^k}{k!}[\Re\varepsilon^{(k)}(\tau\overline{\lambda})M_k(\overline{\lambda}) - \Im\varepsilon^{(k)}(\tau\overline{\lambda})N_k(\overline{\lambda})] \\
&= \sum_{k=0}^{h_\lambda(A)-1} \frac{\tau^k}{k!}[\Re\varepsilon^{(k)}(\tau\lambda)M_k(\lambda) - (-\Im\varepsilon^{(k)}(\tau\lambda))(-N_k(\lambda))] \\
&= U_\lambda(A).
\end{aligned}$$

마찬가지로,

$$\begin{aligned}
V_{\overline{\lambda}}(A) &= \sum_{k=0}^{h_{\overline{\lambda}}(A)-1} B_k\frac{\tau^k}{k!}M_k(\overline{\lambda}) \\
&= \sum_{k=0}^{h_\lambda(A)-1} B_k\frac{\tau^k}{k!}M_k(\lambda) = V_\lambda(A)
\end{aligned}$$

을 얻는다. □

$X_\lambda(A)P_\lambda$와 $Y_\lambda(A)P_\lambda$는 $U_\lambda(A)$와 $V_\lambda(A)$를 써서 다음과 같이 나타낼 수 있다.

도움정리 5.1.5.

$$X_\lambda(A)P_\lambda = U_\lambda(A)P_\lambda, \ \ (\lambda \notin i\omega\mathbb{Z})$$
$$Y_\lambda(A)P_\lambda = V_\lambda(A)P_\lambda, \ \ (\lambda \in i\omega\mathbb{Z}).$$

증명 $\lambda \notin i\omega\mathbb{Z}$이면 등식 (1.47) 과 $X_\lambda(A)$의 정의에 의하여

$$\begin{aligned} X_\lambda(A)P_\lambda &= \sum_{k=0}^{h_\lambda(A)-1} \frac{\tau^k}{k!}\varepsilon^{(k)}(\tau\lambda)(A-\lambda E)^k P_\lambda \\ &= \sum_{k=0}^{h_\lambda(A)-1} \frac{\tau^k}{k!}\Big((\Re\varepsilon^{(k)}(\tau\lambda))(A-\lambda E)^k P_\lambda + i(\Im\varepsilon^{(k)}(\tau\lambda))(A-\lambda E)^k P_\lambda\Big) \\ &= \sum_{k=0}^{h_\lambda(A)-1} \frac{\tau^k}{k!}\Big((\Re\varepsilon^{(k)}(\tau\lambda))M_k(\lambda)P_\lambda + i(\Im\varepsilon^{(k)}(\tau\lambda))iN_k(\lambda)P_\lambda\Big) \\ &= U_\lambda(A)P_\lambda. \end{aligned}$$

마찬가지로 $\lambda \in i\omega\mathbb{Z}$이면

$$\begin{aligned} Y_\lambda(A)P_\lambda &= \sum_{k=0}^{h_\lambda(A)-1} \frac{\tau^k}{k!}B_k(A-\lambda E)^k P_\lambda \\ &= \sum_{k=0}^{h_\lambda(A)-1} \frac{\tau^k}{k!}B_k M_k(\lambda)P_\lambda \\ &= V_\lambda(A)P_\lambda \end{aligned}$$

가 된다. □

위 결과로부터 특성량 $\alpha_\lambda(w,b)$와 $\beta_\lambda(w,b)$는 다음과 같이 표현된다.

따름정리 5.1.4.

$$\alpha_\lambda(w,b) = P_\lambda w + U_\lambda(A)P_\lambda b$$
$$\beta_\lambda(w,b) = \tau M_1(\lambda)P_\lambda w + V_\lambda(A)P_\lambda b$$

정리 5.1.3. $\lambda := \alpha + i\beta, \beta \neq 0$을 실행렬 A의 복소고유값이라고 하자. 방정식 (5.1)의 해 $x_n(w,b)$의 성분 $P_\lambda x_n(w,b)$는 다음과 같이 표현된다.

1) $\lambda \notin i\omega\mathbb{Z}$일 때

$$P_\lambda x_n(w,b) = e^{\alpha n\tau}(\cos\beta n\tau C_\lambda(n\tau) - \sin\beta n\tau S_\lambda(n\tau))\,\alpha_\lambda(w,b) - U_\lambda(A)P_\lambda b.$$

2) $\lambda \in i\omega\mathbb{Z}$일 때

$$P_\lambda x_n(w,b) = \sum_{j=0}^{h_\lambda(A)-1} n^{j+1}\frac{\tau^j}{(j+1)!}M_j(\lambda)\beta_\lambda(w,b) + P_\lambda w. \tag{5.28}$$

증명 1) $\lambda \notin i\omega\mathbb{Z}$라고 하자. (5.27) 과 같이 $\alpha_\lambda(w,a_f) \in G_\lambda(A)$이므로 정리 1.8.2에 의해

$$e^{n\tau A}\alpha_\lambda(w,b) = e^{\alpha n\tau}(\cos\beta n\tau C_\lambda(n\tau) - \sin\beta n\tau S_\lambda(n\tau))\,\alpha_\lambda(w,b).$$

$\lambda \notin i\omega\mathbb{Z}$이면 정리 5.1.1와 도움정리 5.1.5에 의해

$$P_\lambda x_n(w,b) = e^{\alpha n\tau}\left(\cos\beta n\tau C_\lambda(n\tau) - \sin\beta n\tau S_\lambda(n\tau)\right)\alpha_\lambda(w,b) - U_\lambda(A)P_\lambda b.$$

따라서 1) 에서의 표현을 얻는다.

2) 정리 5.1.1로부터 $\lambda = ik\omega, k \in \mathbb{Z}$에 대하여 $P_\lambda x_n(w,b)$는 다음과 같이 표현된다.

$$P_\lambda x_n(w,b) = \sum_{j=0}^{h_\lambda(A)-1} n^{j+1}\frac{\tau^j}{(j+1)!}(A-\lambda E)^j\beta_\lambda(w,b) + P_\lambda w. \tag{5.29}$$

도움정리 1.5.5로부터 해 표현 (5.29)의 우변의 첫째 항은

$$\sum_{j=0}^{h_\lambda(A)-1} n^{j+1}\frac{\tau^j}{(j+1)!}(A-\lambda E)^j\beta_\lambda(w,b) = \sum_{j=0}^{h_\lambda(A)-1} n^{j+1}\frac{\tau^j}{(j+1)!}M_j(\lambda)\beta_\lambda(w,b)$$

가 된다. 따라서 표현 (5.28)을 얻는다. □

$R_\lambda = \Re P_\lambda$라고 놓자. 이 때 방정식 (5.1)의 해 $x_n(w,b)$의 성분 $2R_\lambda x_n(w,b)$의 표현을 얻기 위해 다음 도움정리가 필요하다.

도움정리 5.1.6. $\lambda \in \sigma(A)$가 복소고유값이라고 하자. 그러면 다음 명제가 성립한다.

1) $\lambda \notin i\omega\mathbb{Z}$이면

$$U_\lambda(A)2R_\lambda = X_\lambda(A)P_\lambda + X_{\overline{\lambda}}(A)P_{\overline{\lambda}}.$$

2) $\lambda \in i\omega\mathbb{Z}$이면

$$V_\lambda(A)2R_\lambda = Y_\lambda(A)P_\lambda + Y_{\overline{\lambda}}(A)P_{\overline{\lambda}}.$$

증명 도움정리 5.1.4와 도움정리 5.1.5에 의해

$$\begin{aligned} X_\lambda(A)P_\lambda + X_{\overline{\lambda}}(A)P_{\overline{\lambda}} &= U_\lambda(A)P_\lambda + U_{\overline{\lambda}}(A)P_{\overline{\lambda}} \\ &= U_\lambda(A)P_\lambda + U_\lambda(A)P_{\overline{\lambda}} \\ &= U_\lambda(A)2R_\lambda, \end{aligned}$$

그리고

$$\begin{aligned} Y_\lambda(A)P_\lambda + Y_{\overline{\lambda}}(A)P_{\overline{\lambda}} &= V_\lambda(A)P_\lambda + V_{\overline{\lambda}}(A)P_{\overline{\lambda}} \\ &= V_\lambda(A)P_\lambda + V_\lambda(A)P_{\overline{\lambda}} \\ &= V_\lambda(A)2R_\lambda \end{aligned}$$

를 얻는다. □

복소고유값 $\lambda \in \sigma(A)$에 대하여 방정식 (5.1)과 관련된 해의 특성량을 다음과 같이 도입한다. $\lambda \notin i\omega\mathbb{Z}$이면

$$\eta_\lambda(w,b) = \eta_\lambda(w,b;A) = \alpha_\lambda(w,b) + \alpha_{\overline{\lambda}}(w,b),$$

$\lambda \in i\omega\mathbb{Z}$ 이면

$$\xi_\lambda(w,b) = \xi_\lambda(w,b;A) = \beta_\lambda(w,b) + \beta_{\overline{\lambda}}(w,b).$$

그러면 다음 결과가 성립한다.

도움정리 5.1.7.

$$\eta_\lambda(w,b) = 2R_\lambda w + U_\lambda(A)2R_\lambda b,$$

$$\xi_\lambda(w,b) = \tau M_1(\lambda)2R_\lambda w + V_\lambda(A)2R_\lambda b.$$

증명 따름정리 5.1.4에 의해

$$\begin{aligned}\eta_\lambda(w,b) &= \alpha_\lambda(w,b) + \alpha_{\overline{\lambda}}(w,b)\\ &= P_\lambda w + U_\lambda(A)P_\lambda b + P_{\overline{\lambda}}w + U_{\overline{\lambda}}(A)P_{\overline{\lambda}}b\\ &= (P_\lambda + P_{\overline{\lambda}})w + U_\lambda(A)(P_\lambda + P_{\overline{\lambda}})b\\ &= 2R_\lambda w + U_\lambda(A)(2R_\lambda b),\end{aligned}$$

$$\begin{aligned}\xi_\lambda(w,b) &= \beta_\lambda(w,b) + \beta_{\overline{\lambda}}(w,b)\\ &= \tau M_1(\lambda)P_\lambda w + V_\lambda(A)P_\lambda b + \tau M_1(\overline{\lambda})P_{\overline{\lambda}}w + V_{\overline{\lambda}}(A)P_{\overline{\lambda}}b\\ &= \tau M_1(\lambda)(P_\lambda + P_{\overline{\lambda}})w + V_\lambda(A)(P_\lambda + P_{\overline{\lambda}})b\\ &= \tau M_1(\lambda)(2R_\lambda w) + V_\lambda(A)(2R_\lambda b)\end{aligned}$$

가 성립한다. □

다음 결과는 정리 5.1.3으로부터 증명된다.

명제 5.1.2. $\lambda := \alpha + i\beta, \beta \neq 0$은 실행렬 A의 복소고유값이고 $x_n(w,b)$는 초기조건 $x_0 = w$를 만족하는 방정식 (5.1)의 해라고 하자.

1) $\lambda \notin i\omega\mathbb{Z}$ 이면

$$2R_\lambda x_n(w,b) = e^{\alpha n\tau}(\cos\beta n\tau C_\lambda(n\tau) - \sin\beta n\tau S_\lambda(n\tau))\eta_\lambda(w,b) - U_\lambda(A)(2R_\lambda b). \tag{5.30}$$

2) $\lambda \in i\omega\mathbb{Z}$ 이면

$$2R_\lambda x_n(w,b) = \sum_{j=0}^{h_\lambda(A)-1} n^{j+1}\frac{\tau^j}{(j+1)!}M_j(\lambda)\xi_\lambda(w,b) + 2R_\lambda w. \tag{5.31}$$

일반적으로 성질 3.2.3으로부터 초기조건 $x_0 = w$를 만족하는 방정식 (5.1)의 해 $x_n(w,b)$에 대하여

$$\Re x_n(w,b) = x_n(\Re w, \Re b), \quad \Im x_n(w,b) = x_n(\Im w, \Im b)$$

가 성립한다. 따라서 초기조건 $x(0) = w$를 만족하는 방정식 (5.1)의 해 $x_n(w,b)$의 성분 (5.30)의 실수부와 허수부는 명제 5.1.2로부터 다음과 같이 표현된다.

$$\Re(2R_\lambda x_n(w,b)) = e^{\alpha n\tau}(\cos\beta n\tau C_\lambda(n\tau) - \sin\beta n\tau S_\lambda(n\tau))\eta_\lambda(\Re w, \Re b)$$

$$- U_\lambda(A)(2R_\lambda \Re b),$$

$$\Im(2R_\lambda x_n(w,b)) = e^{\alpha n\tau}(\cos\beta n\tau C_\lambda(n\tau) - \sin\beta n\tau S_\lambda(n\tau))\eta_\lambda(\Im w, \Im b)$$
$$- U_\lambda(A)(2R_\lambda \Im b).$$

해 표현의 성분 (5.31)에 대해서도 위와 마찬가지로

$$\Re(2R_\lambda x_n(w,b)) = \sum_{j=0}^{h_\lambda(A)-1} n^{j+1}\frac{\tau^j}{(j+1)!}M_j(\lambda)\xi_\lambda(\Re w, \Re b) + 2R_\lambda \Re w,$$

$$\Im(2R_\lambda x_n(w,b)) = \sum_{j=0}^{h_\lambda(A)-1} n^{j+1}\frac{\tau^j}{(j+1)!}M_j(\lambda)\xi_\lambda(\Im w, \Im b) + 2R_\lambda \Im w$$

로 표현된다.

제 2 절 상수계수 선형차분방정식의 해의 표현 (II)

이 절에서는 비제차 상수계수 선형차분방정식 (5.2)의 초기값 문제의 해의 표현과 이와 관련하여 도입된 특성량의 성질을 다룬다.

2.1 방정식 (5.2)의 해의 표현

여기서는 위에서 언급한 착상에 기초하여 초기조건 $x_0 = w$를 만족하는 비제차 선형차분방정식 (5.2)

$$x_{n+1} = Bx_n + b$$

의 전진해 $x_n(w,b) := x_n(0,w,b)$의 새로운 해의 표현을 준다. 방정식 (5.2)는 비제차 주기 선형미분방정식 (2.71)을 이산화한 방정식에 대응하고 있으며, 행렬 B는 그 주기작용소에 대응하고 있다. 방정식 (5.2)의 해 $x_n := x_n(w,b)$는 따름정리 3.3.4에 의해

$$x_n = B^n w + S_n(B)b, \quad (n \geq 0)$$

로 주어진다. 여기서

$$S_n(B) = \sum_{k=0}^{n-1} B^k, \quad (n \geq 1), \quad S_0(B) = O.$$

위와 마찬가지 양변에 $B - E$를 곱하면

$$(B-E)S_n(B)b = (B^n - E)b \tag{5.32}$$

이므로

$$(B-E)x_n = B^n((B-E)w + b) - b \tag{5.33}$$

가 된다. $B-E$가 정칙행렬이면

$$x_n(w,b) = B^n(w + (B-E)^{-1}b) - (B-E)^{-1}b \tag{5.34}$$

를 얻는다. 그러므로 $B-E$가 정칙행렬이 아닐 때 문제가 된다.

행렬B의 일반화된 고유공간에 의한 $\mathbb{C}^m$의 직합분해에 따르는 사영을 $Q_\mu := Q_\mu(B)$, $\mu \in \sigma(B)$의 표수를 $h_\mu := h_\mu(B)$라고 하면,

$$(B-\mu E)^{h_\mu - 1}Q_\mu \neq O, \ \ (B-\mu E)^{h_\mu}Q_\mu = O.$$

방정식 (5.2)의 해 x_n의 성분 표시는

$$Q_\mu x_n = B^n Q_\mu w + S_n(B)Q_\mu b \tag{5.35}$$

이다. 이 식의 우변이 n에 관하여 어떻게 의존되어 있는지 자세히 알아보기로 하자. 우변의 제1항을 계산하자. 정리 3.3.3의 1)에 의해 $B^n Q_\mu$는

$\mu \neq 0$이면

$$B^n Q_\mu = \sum_{k=0}^{h_\mu - 1} (n)_k \mu^{n-k} \frac{1}{k!}(B-\mu E)^k Q_\mu \quad (n = 0, 1, 2, \cdots), \tag{5.36}$$

$\mu = 0$이면

$$B^n Q_0 = B^n Q_0 \, (n \leq h_0 - 1), \quad B^n Q_0 = O \, (n \geq h_0). \tag{5.37}$$

다음으로 제2항 $S_n(B)Q_\mu$를 계산하자. 이를 위해

$$a(z) = (z-1)^{-1} \ \ (z \neq 1)$$

이라고 놓자. 그러면 간단한 계산에 의해

$$a^{(k)}(z) = (-1)^k k!(z-1)^{-k-1} = -k!(1-z)^{-k-1}. \tag{5.38}$$

정의 5.2.1. $\mu \in \sigma(B)$ 하고 하자. $\mu \neq 1$이면

$$\begin{aligned} Z_\mu(B,m) &= \sum_{k=0}^{m} a^{(k)}(\mu)\frac{1}{k!}(B-\mu E)^k \\ &= -\sum_{k=0}^{m} \frac{1}{(1-\mu)^{k+1}}(B-\mu E)^k, \end{aligned}$$

$$Z_\mu(B) = Z_\mu(B, h_\mu - 1)$$

이라고 정의한다.

도움정리 5.2.1. $\mu \in \sigma(B)$라고 하자. 그러면

1) $\mu \neq 1$인 경우.

$$S_n(B)Q_\mu = B^n Z_\mu(B)Q_\mu - Z_\mu(B)Q_\mu.$$

(1) $\mu \neq 0$이면

$$S_n(B)Q_\mu = \mu^n \sum_{k=0}^{h_\mu(B)-1} (n)_k \frac{1}{k!\mu^k}(B-\mu E)^k Z_\mu(B)Q_\mu - Z_\mu(B)Q_\mu.$$

(2) $\mu = 0$이면

$$S_n(B)Q_0 = \begin{cases} -Z_0(B)Q_0 & (n \geq h_0) \\ B^n Z_0(B)Q_0 - Z_0(B)Q_0 & (n \leq h_0 - 1). \end{cases} \tag{5.39}$$

2) $\mu = 1$인 경우.

$$S_n(B)Q_1 = \sum_{k=0}^{h_1(B)-1} \binom{n}{k+1}(B-E)^k Q_1. \tag{5.40}$$

증명 $B_\mu = B - \mu E$라고 놓는다. 먼저, $\mu \neq 0$, $\mu \neq 1$이라고 하자. 그러면 (5.36)을 써서 합의 순서를 바꾸면, $S_n(B)Q_\mu$는 다음과 같이 된다.

$$\begin{aligned} S_n(B)Q_\mu &= \sum_{i=0}^{n-1}\sum_{k=0}^{h_\mu-1}(i)_k\mu^{i-k}\frac{1}{k!}B_\mu^k Q_\mu = \sum_{k=0}^{h_\mu-1}\left(\sum_{i=0}^{n-1}(i)_k\mu^{i-k}\right)\frac{1}{k!}B_\mu^k Q_\mu \\ &= \sum_{k=0}^{h_\mu-1}\left(\sum_{i=0}^{n-1}\left[\frac{d^k}{dz^k}z^i\right]_{z=\mu}\right)\frac{1}{k!}B_\mu^k Q_\mu \\ &= \sum_{k=0}^{h_\mu-1}\left[\frac{d^k}{dz^k}\frac{z^n-1}{z-1}\right]_{z=\mu}\frac{1}{k!}B_\mu^k Q_\mu. \end{aligned}$$

$z \neq 1$일 때, $\frac{z^n-1}{z-1} = z^n a(z) - a(z)$라고 쓰면,

$$\frac{d^k}{dz^k}\frac{z^n-1}{z-1} = \sum_{i=0}^{k}\binom{k}{i}(n)_i z^{n-i}a^{(k-i)}(z) - a^{(k)}(z)$$

가 된다. 따라서

$$\begin{aligned} S_n(B)Q_\mu &= \sum_{k=0}^{h_\mu-1}\left[\frac{d^k}{dz^k}\frac{z^n-1}{z-1}\right]_{z=\mu}\frac{1}{k!}B_\mu^k Q_\mu \\ &= \sum_{k=0}^{h_\mu-1}\left(\sum_{i=0}^{k}\binom{k}{i}(n)_i\mu^{n-i}a^{(k-i)}(\mu) - a^{(k)}(\mu)\right)\frac{1}{k!}B_\mu^k Q_\mu \\ &= \sum_{i=0}^{h_\mu-1}(n)_i\mu^{n-i}\sum_{k=i}^{h_\mu-1}a^{(k-i)}(\mu)\binom{k}{i}\frac{1}{k!}B_\mu^k Q_\mu - \sum_{k=0}^{h_\mu-1}a^{(k)}(\mu)\frac{1}{k!}B_\mu^k Q_\mu. \end{aligned}$$

$i+j \ge h_\mu$ 이면 $B_\mu^{i+j}Q_\mu = O$ 이므로

$$\sum_{k=i}^{h_\mu-1} a^{(k-i)}(\mu)\binom{k}{i}\frac{1}{k!}B_\mu^k Q_\mu = \sum_{j=0}^{h_\mu-1-i} a^{(j)}(\mu)\binom{i+j}{i}\frac{1}{(i+j)!}B_\mu^{i+j}Q_\mu$$
$$= \frac{1}{i!}B_\mu^i \sum_{j=0}^{h_\mu-1} a^{(j)}(\mu)\frac{1}{j!}B_\mu^j Q_\mu = \frac{1}{i!}B_\mu^i Z_\mu(B)Q_\mu$$

를 얻는다. 그리고 위 관계식과 가환성 $Z_\mu(B)Q_\mu = Q_\mu Z_\mu(B)$ 를 이용하면

$$\begin{aligned} S_n(B)Q_\mu &= \sum_{i=0}^{h_\mu-1}(n)_i\mu^{n-i}\frac{1}{i!}B_\mu^i Z_\mu(B)Q_\mu - Z_\mu(B)Q_\mu \\ &= \sum_{i=0}^{h_\mu-1}(n)_i\mu^{n-i}\frac{1}{i!}(B-\mu E)^i Q_\mu Z_\mu(B) - Z_\mu(B)Q_\mu \\ &= B^n Z_\mu(B)Q_\mu - Z_\mu(B)Q_\mu. \end{aligned}$$

$\mu = 0$ 이면 $Z_0(B) = -\sum_{k=0}^{h_0-1} B^k$ 이 된다. 따라서 $n \ge h(0)$ 일 때

$$B^n Z_0(B)Q_0 = O, \quad Z_0(B)Q_0 = -\sum_{k=0}^{h_0-1} B^k Q_0 = -\sum_{k=0}^{n-1} B^k Q_0$$

이므로 $B^n Z_0(B)Q_0 - Z_0(B)Q_0 = S_n(B)Q_0$ 이다. $n \le h_0 - 1$ 일 때

$$\begin{aligned} &B^n Z_0(B)Q_0 - Z_0(B)Q_0 \\ &= -\sum_{k=0}^{h_0-1} B^{k+n}Q_0 + \sum_{k=0}^{h_0-1} B^k Q_0 = -\sum_{k=n}^{h_0-1+n} B^k Q_0 + \sum_{k=0}^{h_0-1} B^k Q_0 \\ &= -\sum_{k=n}^{h_0-1} B^k Q_0 + \sum_{k=0}^{h_0-1} B^k Q_0 = \sum_{k=0}^{n-1} B^k Q_0 = S_n(B)Q_0. \end{aligned}$$

끝으로, $\mu = 1$ 이라고 하자. 그러면

$$S_n(B)Q_1 = \sum_{i=0}^{n-1}\sum_{k=0}^{h_1-1}(i)_k\frac{1}{k!}(B-E)^k Q_1 = \sum_{k=0}^{h_1-1}\sum_{i=0}^{n-1}(i)_k\frac{1}{k!}(B-E)^k Q_1.$$

$i < k$ 이면, $(i)_k = 0$ 이므로 (1.6) (또는 (4.50))에 의해

$$\sum_{i=0}^{n-1}\frac{(i)_k}{k!} = \sum_{i=k}^{n-1}\frac{(i)_k}{k!} = \sum_{i=k}^{n-1}\binom{i}{k} = \binom{n}{k+1}.$$

그러므로 (5.40)을 얻는다. □

방정식 (5.2)의 **해 표현의 특성량** $\gamma_\mu(w,b)$, $\delta(w,b)$ 를 다음과 같이 정의한다.

정의 5.2.2. $\mu \in \sigma(B)$에 대하여 $\gamma_\mu(w,b), \delta(w,b)$를

$$\gamma_\mu(w,b) := \gamma_\mu(w,b;B) = Q_\mu w + Z_\mu(B)Q_\mu b \ \ (\mu \neq 1),$$

$$\delta(w,b) := \delta(w,b;B) = (B-E)Q_1 w + Q_1 b \ \ (\mu = 1)$$

라고 정의한다.

위의 준비 아래 해의 표현에 관한 다음 정리를 얻는다. 이 정리도 방정식 (5.2)에 관한 **해의 표현정리**라고 부른다.

정리 5.2.1. $\mu \in \sigma(B)$라고 하자. 방정식 (5.2)의 해 $x_n(w,b)$의 성분 $Q_\mu x_n(w,b)$는 다음과 같이 표현된다.

1) $\mu \neq 1$일 때

$$Q_\mu x_n(w,b) = B^n \gamma_\mu(w,b) - Z_\mu(B)Q_\mu b. \tag{5.41}$$

(1) $\mu \neq 0$이면

$$Q_\mu x_n(w,b) = \mu^n \sum_{k=0}^{h_\mu(B)-1} (n)_k \frac{1}{k!\mu^k}(B-\mu E)^k \gamma_\mu(w,b) - Z_\mu(B)Q_\mu b.$$

(2) $\mu = 0$이면

$$Q_0 x_n(w,b) = \begin{cases} -Z_0(B)Q_0 b & (n \geq h_0) \\ B^n \gamma_0(w,b) - Z_0(B)Q_0 b & (n \leq h_0 - 1). \end{cases}$$

2) $\mu = 1$일 때

$$Q_1 x_n(w,b) = \sum_{k=0}^{h_1(B)-1} (n)_{k+1} \frac{1}{(k+1)!}(B-E)^k \delta(w,b) + Q_1 w. \tag{5.42}$$

증명 (5.35)에 (5.36)과 도움정리 5.2.1의 결과를 대입한다. $\mu = 0$인 경우와 $\mu = 1$인 경우만 증명한다. 다른 경우는 도움정리 5.2.1로부터 분명하다.

먼저, $\mu = 0$인 경우를 보자. (5.37)과 (5.39)를 이용하면

$n \geq h_0$일 때

$$Q_1 x_n(w,b) = -Z_0(B)Q_0 b$$

$n \leq h_0 - 1$일 때

$$Q_1 x_n(w,b) = B^n Q_0 w + B^n Z_0(B)Q_0 b - Z_0(B)Q_0 b = B^n \gamma_0(w,b) - Z_0(B)Q_0 b.$$

다음으로 $\mu = 1$인 경우를 보이기로 하자. 도움정리 5.2.1에 주의하면

$$Q_1 x_n(w,b) = \sum_{j=0}^{h_1-1} (n)_j \frac{1}{j!}(B-E)^j Q_1 w + \sum_{k=0}^{h_1-1} \binom{n}{k+1} (B-E)^k Q_1 b$$

$$
\begin{aligned}
&= Q_1 w + \sum_{j=1}^{h_1-1} (n)_j \frac{1}{j!}(B-E)^j Q_1 w \\
&\qquad\qquad + \sum_{k=0}^{h_1-1} \frac{(n)_{k+1}}{(k+1)!}(B-E)^k Q_1 b \\
&= Q_1 w + \sum_{k=0}^{h_1-1} (n)_{k+1} \frac{1}{(k+1)!}(B-E)^k (B-E) Q_1 w \\
&\qquad\qquad + \sum_{k=0}^{h_1-1} \frac{(n)_{k+1}}{(k+1)!}(B-E)^k Q_1 b \\
&= \sum_{k=0}^{h_1-1} \frac{(n)_{k+1}}{(k+1)!}(B-E)^k ((B-E)Q_1 w + Q_1 b) + Q_1 w \\
&= \left(\sum_{k=0}^{h_1-1} \frac{(n)_{k+1}}{(k+1)!}(B-E)^k \right) \delta(w,b) + Q_1 w.
\end{aligned}
$$

우변의 제2식에서 제3식으로 변형하기 위해 관계식 $(B-E)^{h_1} Q_1 = O$을 사용했다. □

따름정리 5.2.1. $\mu \in \sigma(B), h_\mu(B) = 1$이라고 가정하자. 그러면 방정식 (5.2)의 해 $x_n(w,b)$의 표현정리 5.2.1은 다음과 같이 된다.

1) $\mu \neq 1$일 때

$$Q_\mu x_n(w,b) = B^n \gamma_\mu(w,b) - Z_\mu(B) Q_\mu b.$$

(1) $\mu \neq 0$일 때

$$Q_\mu x_n(w,b) = \mu^n \gamma_\mu(w,b) - Z_\mu(B) Q_\mu b.$$

(2) $\mu = 0$일 때

$$Q_0 x_n(w,b) = \begin{cases} -Z_0(B) Q_0 b & (n \geq h_0) \\ B^n \gamma_0(w,b) - Z_0(B) Q_0 b & (n \leq h_0 - 1). \end{cases}$$

2) $\mu = 1$일 때

$$Q_1 x_n(w,b) = n Q_1 b + Q_1 w. \tag{5.43}$$

B가 정칙행렬일 때 그 고유값 μ는 $\mu \neq 0$이다. 따라서 정리 5.2.1은 다음과 같이 된다.

따름정리 5.2.2. B를 정칙행렬이라고 가정하자. 그러면 해의 표현 (5.41)과 (5.43)은 각각 다음과 같이 표현된다.

$$
\begin{aligned}
Q_\mu x_n(w,b) &= B^n \gamma_\mu(w,b) - Z_\mu(B) Q_\mu b \\
&= \mu^n \sum_{k=0}^{h_\mu(B)-1} (n)_k \frac{1}{k!\mu^k}(B-\mu E)^k \gamma_\mu(w,b) - Z_\mu(B) Q_\mu b,
\end{aligned}
$$

$$Q_1 x_n(w,b) = \sum_{k=0}^{h_1(B)-1} (n)_{k+1} \frac{1}{(k+1)!}(B-E)^k \delta(w,b) + Q_1 w.$$

B가 정칙행렬이면 $B = e^{\tau A}$인 행렬 A가 존재한다. 따라서 B에 의한 해의 표현 (따름정리 5.2.1)과 A에 의한 해의 표현 (정리 5.1.1)이 존재하며 그들은 서로 일치한다. 이로부터 다음 장에서 언급하는 변환공식이 유도된다.

주 5.2.1. 따름정리 5.2.1과 정리 5.1.1은 전진해의 표현이다. 후퇴해의 표현에 대해서는 제7장과 제8장에서 다룬다.

2.2 방정식 (5.2)의 해 표현의 특성량의 성질

여기서는 방정식 (5.2)의 해의 표현 $x_n(w,b)$와 관련하여 $Z_\mu(B)$ 그리고 해의 특성량 $\gamma_\mu(w,b)$, $\delta(w,b)$가 가지는 성질을 보이기로 한다. 이를 위해 정리 5.2.1에서 얻은 해의 표현에 $(B-E)$를 곱한 것과 (5.33)을 비교해 보자. 먼저 다음 도움정리를 준비하는데 증명은 분명하다.

도움정리 5.2.2. 방정식 (5.2)의 해 $x_n(w,b)$에 대하여 다음 관계식이 성립한다.

1) $(B-E)x_n(w,b) = B^n((B-E)w+b) - b.$ (5.44)

2) $1 \notin \sigma(B)$이면

$$x_n(w,b) = B^n(w+(B-E)^{-1}b) - (B-E)^{-1}b. \tag{5.45}$$

도움정리 5.2.2의 1)에 의하여 $\mu \in \sigma(B)$일 때

$$(B-E)Q_\mu x_n(w,b) = B^n((B-E)Q_\mu w + Q_\mu b) - Q_\mu b. \tag{5.46}$$

$\mu \neq 1,\ \mu \in \sigma(B)$일 때 정리 5.2.1에 의해

$$(B-E)Q_\mu x_n(w,b) = B^n(B-E)\gamma_\mu(w,b) - (B-E)Z_\mu(B)Q_\mu b.$$

그리고 (5.44)로부터

$$(B-E)Q_\mu x_n(w,b) = B^n((B-E)Q_\mu w + Q_\mu b) - Q_\mu b.$$

이들을 비교하면

$$(B-E)Z_\mu(B)Q_\mu = Q_\mu, \tag{5.47}$$

$$(B-E)\gamma_\mu(w,b) = (B-E)Q_\mu w + Q_\mu b \tag{5.48}$$

가 성립할 것이다.

$\mu = 1 \in \sigma(B)$일 때는 (5.36)을 이용하면,

$$\begin{aligned}(B-E)Q_1 x_n(w,b) &= B^n\delta(w,b) - \delta(w,b) + (B-E)Q_1 w \\ &= B^n\delta(w,b) - Q_1 b\end{aligned}$$

가 되고 (5.46)과 일치한다. 따라서 $\mu \neq 1$, $\mu \in \sigma(B)$인 경우가 중요하게 된다.

정리 5.2.2. $\mu \in \sigma(B), \mu \neq 1$이라고 하자. 그러면 (5.47), (5.48)이 성립한다.

증명 도움정리 5.2.1의 1)에서 $n = 1$이라고 하면

$$S_1(B)Q_\mu = BZ_\mu(B)Q_\mu - Z_\mu(B)Q_\mu = (B - E)Z_\mu(B)Q_\mu.$$

$S_1(B) = E$이므로 (5.47)을 얻는다. 따라서 $\gamma_\mu(w, b)$의 정의와 (5.47)을 이용하면

$$\begin{aligned}(B - E)\gamma_\mu(w, b) &= (B - E)Q_\mu w + (B - E)Z_\mu(B)Q_\mu b \\ &= (B - E)Q_\mu w + Q_\mu b\end{aligned}$$

즉, (5.48)이 성립한다. □

이 정리를 쓰면, 방정식 (5.2)의 해의 표현과 관련한 다음 결과를 얻는다.

따름정리 5.2.3. 방정식 (5.2)의 해를 $x_n(w, b)$라고 하자. 그러면 $\mu \in \sigma(B)$에 대하여

1) $\mu \neq 1$이면

$$(B - E)Q_\mu x_n(w, b) = B^n(B - E)\gamma_\mu(w, b) - Q_\mu b.$$

2) $\mu = 1$이면

$$(B - E)Q_1 x_n(w, b) = B^n\delta(w, b) - Q_1 b. \tag{5.49}$$

증명 도움정리 5.2.2와 정리 5.2.2로부터 쉽게 증명된다. □

따름정리 5.2.4. $1 \notin \sigma(B)$일 때

$$(B - E)^{-1} = \sum_{\mu \in \sigma(B)} Z_\mu(B)Q_\mu$$

가 성립한다.

증명 $1 \notin \sigma(B)$이므로 $B - E$는 정칙행렬이고 $E = \sum_{\mu \in \sigma(B)} Q_\mu$가 성립한다. 따라서 관계식 (5.47)로부터

$$\sum_{\mu \in \sigma(B)} (B - E)Z_\mu(B)Q_\mu b = \sum_{\mu \in \sigma(B)} Q_\mu b$$

를 얻는다. 따라서

$$(B - E) \sum_{\mu \in \sigma(B)} Z_\mu(B)Q_\mu b = b.$$

이로부터 관계식 $(B - E)^{-1}b = \sum_{\mu \in \sigma(B)} Z_\mu(B)Q_\mu b$가 성립한다. b가 임의이므로 증명이 끝난다. □

다음 명제도 성립한다.

명제 5.2.1. $\mu \neq 1,\ \mu \in \sigma(B)$이면

$$(B-E)\gamma_\mu(w,b) = 0 \Longleftrightarrow \gamma_\mu(w,b) = 0.$$

증명 $(B-E)\gamma_\mu(w,b) = 0$이라고 하면 $\gamma_\mu(w,b) \in G_1(B)$가 성립한다. 다른 한편 $\gamma_\mu(w,b) = Q_\mu(w + Z_\mu(B)b)$도 성립하므로 $\gamma_\mu(w,b) \in G_\mu(B)$를 얻는다. $\mu \neq 1$일 때 $G_1(B) \cap G_\mu(B) = \{0\}$이므로 $\gamma_\mu(w,b) = 0$이 성립한다. □

2.3 방정식 (5.2)의 실수해 : 실행렬인 경우

여기서는 B가 실행렬인 경우 방정식 (5.2)의 해 표현의 실수화를 준다. 분명히

$$\overline{Z_\mu(B)} = Z_{\overline{\mu}}(B). \tag{5.50}$$

도움정리 5.2.3. $z = \alpha + i\beta \neq 1$이면

$$\frac{1}{k!}\Re a^{(k)}(z) = \frac{-1}{\eta^{k+1}}\cos(k+1)\phi,\quad \frac{1}{k!}\Im a^{(k)}(z) = \frac{-1}{\eta^{k+1}}\sin(k+1)\phi.$$

여기서

$$\eta = |1-z| = \sqrt{(1-\alpha)^2+\beta^2},\quad \phi = \arg(1-\overline{z}). \tag{5.51}$$

증명 $a^{(k)}(z) = -k!(1-z)^{-k-1}$이므로 $(1-\alpha-i\beta)^{-k-1}$을 계산하자. 간단한 계산에 의해

$$\begin{aligned}\frac{1}{(1-\alpha-i\beta)^{k+1}} &= \frac{(1-\alpha+i\beta)^{k+1}}{((1-\alpha)^2+\beta^2)^{k+1}} \\ &= \frac{\eta^{k+1}e^{i(k+1)\phi}}{\eta^{2(k+1)}} = \frac{e^{i(k+1)\phi}}{\eta^{k+1}} \\ &= \frac{1}{\eta^{k+1}}(\cos(k+1)\phi + i\sin(k+1)\phi)\end{aligned}$$

를 얻는다. □

도움정리 5.2.4. $\mu \in \sigma(B)\setminus\{1\}, \Im\mu \neq 0$이면

$$Z_\mu(B)Q_\mu(B) = K_\mu(B)Q_\mu(B),\quad Z_{\overline{\mu}}(B)Q_{\overline{\mu}}(B) = K_\mu(B)Q_{\overline{\mu}}(B).$$

여기서 $K_\mu(B)$는

$$\begin{aligned}K_\mu(B) &= \sum_{k=0}^{h_\mu(B)-1}\frac{1}{k!}[(\Re a^{(k)}(\mu))M_k(\mu) - (\Im a^{(k)}(\mu))N_k(\mu)] \\ &= -\sum_{k=0}^{h_\mu(B)-1}\frac{(\cos((k+1)\phi)M_k(\mu) - \sin((k+1)\phi)N_k(\mu))}{\eta^{k+1}}\end{aligned}$$

이고 $\eta,\ \phi$는 (5.51)에서 주어졌다.

증명 도움정리 1.5.5에 의해

$$
\begin{aligned}
Z_\mu(B)Q_\mu(B) &= \sum_{k=0}^{h_\mu(B)-1} \frac{a^{(k)}(\mu)}{k!}(B-\mu E)^k Q_\mu(B) \\
&= \sum_{k=0}^{h_\mu(B)-1} \frac{1}{k!}[(\Re a^{(k)}(\mu))(B-\mu E)^k Q_\mu(B) + i(\Im a^{(k)}(\mu))(B-\mu E)^k Q_\mu(B)] \\
&= \sum_{k=0}^{h_\mu(B)-1} \frac{1}{k!}[(\Re a^{(k)}(\mu))M_k(\mu)Q_\mu(B) + i(\Im a^{(k)}(\mu))iN_k(\mu)Q_\mu(B)] \\
&= \sum_{k=0}^{h_\mu(B)-1} \frac{1}{k!}[(\Re a^{(k)}(\mu))M_k(\mu) - (\Im a^{(k)}(\mu))N_k(\mu)]Q_\mu(B)
\end{aligned}
$$

가 된다. 따라서 도움정리 5.2.3으로부터 증명이 끝난다. □

정리 5.2.3. $\mu = re^{i\theta} \in \sigma(B) \setminus \{1\}, \Im\mu \neq 0$ 이라고 하면 방정식 (5.2)의 해 $x_n(w,b)$의 성분 $Q_\mu(B)x_n(w,b)$는 다음과 같이 주어진다.

$$
\begin{aligned}
&Q_\mu(B)x_n(w,b) \\
&= \sum_{k=0}^{h_\mu(B)-1} \frac{(n)_k}{k!} r^{n-k}[\cos((n-k)\theta)M_k(\mu) - \sin((n-k)\theta)N_k(\mu)]\gamma_\mu(w,b) \\
&\qquad - K_\mu(B)Q_\mu(B)b. \qquad (5.52)
\end{aligned}
$$

증명 정리 5.2.1, 도움정리 5.2.4와 도움정리 1.6.1, 그리고 $\gamma_\mu(w,b) = Q_\mu(B)\gamma_\mu(w,b)$인 사실로부터

$$
\begin{aligned}
&Q_\mu(B)x_n(w,b) \\
&= \sum_{k=0}^{h_\mu(B)-1} \frac{(n)_k}{k!}\mu^{n-k}(B-\mu E)^k Q_\mu(B)\gamma_\mu(w,b) - Z_\mu(B)Q_\mu(B)b \\
&= \sum_{k=0}^{h_\mu(B)} \frac{(n)_k}{k!} r^{n-k}[\cos((n-k)\theta)M_k(\mu) - \sin((n-k)\theta)N_k(\mu)]Q_\mu(B)\gamma_\mu(w,b) \\
&\qquad - K_\mu(B)Q_\mu(B)b \\
&= \sum_{k=0}^{h_\mu(B)-1} \frac{(n)_k}{k!} r^{n-k}[\cos((n-k)\theta)M_k(\mu) - \sin((n-k)\theta)N_k(\mu)]\gamma_\mu(w,b) \\
&\qquad - K_\mu(B)Q_\mu(B)b
\end{aligned}
$$

를 얻는다. □

$\zeta_\mu(w,b)$를

$$\zeta_\mu(w,b) = \gamma_\mu(w,b) + \gamma_{\overline{\mu}}(w,b)$$

라고 정의하고 $R_\mu = \Re Q_\mu(B)$라고 놓자. 다음 도움정리는 도움정리 5.2.4로부터 쉽게 유도된다.

도움정리 5.2.5. $\mu \in \sigma(B) \setminus \{1\}, \Im\mu \neq 0$이면

$$K_{\overline{\mu}}(B) = K_\mu(B),$$

$$Z_\mu(B)Q_\mu(B) + Z_{\overline{\mu}}(B)Q_{\overline{\mu}}(B) = K_\mu(B)2R_\mu,$$

그리고

$$\zeta_\mu(w,b) = 2R_\mu w + K_\mu(B)2R_\mu b.$$

증명 $K_{\overline{\mu}}(B) = K_\mu(B)$와 $Z_{\overline{\mu}}(B) = \overline{Z_\mu(B)}$는 분명하므로 도움정리 5.2.4로부터

$$Z_\mu(B)Q_\mu(B) + Z_{\overline{\mu}}(B)Q_{\overline{\mu}}(B) = Z_\mu(B)Q_\mu(B) + \overline{Z_\mu(B)Q_\mu(B)} = K_\mu(B)2R_\mu$$

를 얻는다. 나머지는 분명하다. □

명제 5.2.2. $\mu \in \sigma(B) \setminus \{1\}, \Im\mu \neq 0$이면

$$2R_\mu x_n(w,b) = \sum_{k=0}^{h_\mu(B)-1} \frac{(n)_k}{k!} r^{n-k}[\cos((n-k)\theta)M_k(\mu) - \sin((n-k)\theta)N_k(\mu)]\zeta_\mu(w,b) - K_\mu(B)2R_\mu b. \tag{5.53}$$

성질 3.2.3을 고려하면, (5.53)에서 얻은 해 성분 $2R_\mu x_n(w,b)$의 실수부와 허수부는 각각 다음과 같이 주어진다.

$$\begin{aligned}&\Re(2R_\mu x_n(w,b))\\ &= \sum_{k=0}^{h_\mu(B)-1} \frac{(n)_k}{k!} r^{n-k}[\cos((n-k)\theta)M_k(\mu) - \sin((n-k)\theta)N_k(\mu)]\zeta_\mu(\Re w, \Re b)\\ &\qquad - K_\mu(A)2R_\mu \Re b,\end{aligned}$$

$$\begin{aligned}&\Im(2R_\mu x_n(w,b))\\ &= \sum_{k=0}^{h_\mu(B)-1} \frac{(n)_k}{k!} r^{n-k}[\cos((n-k)\theta)M_k(\mu) - \sin((n-k)\theta)N_k(\mu)]\zeta_\mu(\Im w, \Im b)\\ &\qquad - K_\mu(A)2R_\mu \Im b.\end{aligned}$$

제3절 상수계수 선형차분방정식의 해의 점근적 행태와 유계성

이 절에서는 새로 얻은 해의 표현 정리를 이용하여 방정식 (5.2)와 방정식 (5.1)의 해의 점근적 행태를 초기값에 의해 특징짓는다.

3.1 해의 점근적 행태

1. 방정식 (5.2) 의 해의 점근적 행태

방정식 (5.2) 의 해의 유계성을 보이기 위해 다음 도움정리를 준비한다.

도움정리 5.3.1. $a \in \mathbb{C}$, $a \neq 0$은 상수, $b_k \in \mathbb{C}^m, k = 0,\ 1,\ 2,\ \cdots,\ d$라고 하자. 이 때, n에 관한 함수 $g(n)$을 다음과 같이 정의한다.

$$g(n) = a^n \sum_{k=0}^{d} (n)_k b_k, \quad n = 0,\ 1,\ 2,\ \cdots.$$

1) $|a| < 1$인 경우 $\lim_{n\to\infty} g(n) = 0$이다.

2) $|a| \geq 1$인 경우 $g(n)$가 유계이라는 것과 다음 조건은 동치이다.

(1) $|a| > 1$이면 모든 $k \geq 0$에 대하여 $b_k = 0$.

(2) $|a| = 1$이면 모든 $k \geq 1$에 대하여 $b_k = 0$.

증명 1) $|a| < 1$이면, 각 $\alpha \in \mathbb{R}$에 대하여 $\lim_{n\to\infty} n^\alpha a^n = 0$이므로 $\lim_{n\to\infty} g(n) = 0$이다.

2) $p(n) = \sum_{k=0}^{d} (n)_k b_k$라고 놓으면 이 함수는 n에 관한 다항식이다. 먼저 $|a| > 1$인 경우를 생각하기로 하자. $b_d \neq 0$이면

$$\lim_{n\to\infty} \left\| \frac{p(n)}{(n)_d} \right\| = \|b_d\| \neq 0$$

이고, $\|g(n)\| = |a|^n (n)_d \left\| \frac{p(n)}{(n)_d} \right\| \to \infty \ (n \to \infty)$. 따라서 $g(n)$이 유계이면 $b_d = 0$이다. 이 방법을 되풀이하면 $b_d = b_{d-1} = b_{d-2} = \cdots = b_0 = 0$을 얻는다. 거꾸로 이 조건을 만족하면 $g(n)$은 유계이다. $|a| = 1$인 경우도 마찬가지 방법을 쓰면, $g(n)$이 유계인 것과 조건 $b_d = b_{d-1} = \cdots = b_1 = 0$을 만족하는 것은 동치이다. □

$g(n)$의 특별한 경우 ($b_k = c_k a^{-k} D^k b$) 로서

$$h(n) = \sum_{k=0}^{d} c_k a^{n-k} (n)_k D^k b, \quad n \in \mathbb{N}_0$$

를 고찰한다. 여기서 a, c_k ($k = 0,\ 1,\ 2,\ \cdots,\ d$)는 0이 아닌 상수, $b \in \mathbb{C}^m$ 및 D는 $m \times m$ 행렬이다.

따름정리 5.3.1.

1) $|a| < 1$인 경우 $\lim_{n\to\infty} h(n) = 0$이다.

2) $|a| \geq 1$인 경우 $h(n)$가 유계인 것과 다음 조건은 동치이다.

(1) $|a| > 1$이면 $b = 0$.

(2) $|a| = 1$이면 $Db = 0$.

그리고 다음 사실도 성립한다

따름정리 5.3.2. 다음 명제가 성립한다.

I $h(n)$에서 $D^{d+1}b = 0$이라고 가정하자. 그러면 $\{h(n)\}$ 이 일정하기 위한 필요충분조건은 다음 조건을 만족하는 것이다.

1) $a \neq 1$이면 $b = 0$.

2) $a = 1$이면 $Db = 0$.

그리고 $\lim_{n\to\infty} h(n) = 0 \iff |a| < 1$ 또는 $b = 0$.

II $c_k \neq 0\ (k = 0, 1, \cdots, d-1)$, $a\ (\neq 0) \in \mathbb{C}$, $b \in \mathbb{C}^m$, 그리고 D는 $D^d b = 0$을 만족하는 $m \times m$ 행렬이라고 하자.

$$h(n) = e^{na} \sum_{k=0}^{d-1} c_k n^k D^k b, \quad (n \in \mathbb{N},\ d \geq 2) \tag{5.54}$$

라고 놓으면 $\{h(n)\}$이 유계이기 위한 필요충분조건은 다음 조건을 만족하는 것이다.

1) $\Re a > 0$일 때 $b = 0$.

2) $\Re a = 0$일 때 $Db = 0$.

위의 준비 아래 방정식 (5.2)의 해의 행태를 다루기로 하자.

일반적으로 차분방정식의 해 또는 해의 성분 $\{z_n\}$에 대하여 적당한 상수 벡터 $c \in \mathbb{C}^m$이 존재하고 $z_n \to c\ (n \to \infty)$를 만족할 때 $\{z_n\}$은 **점근적 상수(asymptotically constant)**를 가진다고 말한다.

방정식 (5.2)의 해의 점근적 행태를 조사하기 위해 다음 개념을 도입한다.

정의 5.3.1. 방정식 (5.2)에서 $\sigma(B) = \{\mu_1, \mu_2, \cdots, \mu_r\}$이라고 하자. 초기값 w에 대하여 다음 조건을 만족하는 음이 아닌 정수의 짝

$$(d(\mu_1), d(\mu_2), \cdots, d(\mu_r))$$

을 **초기값 w의 계층**이라 부르고, 각 $d(\mu)$, $\mu \in \sigma(B)$를 **초기값 w의 계층의 μ 성분**이라고 부른다.

1) $\mu \neq 1$인 경우 : $\gamma_\mu(w, b) = 0$일 때는 $d(\mu) = 0$이라고 정의하며, $\gamma_\mu(w, b) \neq 0$일 때 $d(\mu)$는

$$(B - \mu E)^{d(\mu)-1} \gamma_\mu(w, b) \neq 0, \ \ (B - \mu E)^{d(\mu)} \gamma_\mu(w, b) = 0$$

을 만족하는 양의 정수이다.

2) $\mu = 1$인 경우 : $\delta(w, b) = 0$일 때는 $d(1) = 0$이라고 정의하며, $\delta(w, b) \neq 0$일 때 $d(1)$은

$$(B - E)^{d(1)-1} \delta(w, b) \neq 0, \ (B - E)^{d(1)} \delta(w, b) = 0$$

을 만족하는 양의 정수이다.

분명히 $d(\mu) \le h_\mu$ 이다.

이 개념을 이용하면 방정식 (5.2)의 **해의 점근적 행태(asymptotical behavior)**를 다음과 같이 줄 수 있다.

정리 5.3.1. $\mu \in \sigma(B)$, $Q_\mu x_n$ 을 방정식 (5.2)의 해 $x_n := x_n(w,b)$ 의 $G_B(\mu)$ 성분이라고 하자.

1) $|\mu| > 1$ 인 경우:

(1) $d(\mu) = 0$ 이면 $Q_\mu x_n$ 은 일정하다; $Q_\mu x_n = -Z_\mu(B)Q_\mu b$.

(2) $d(\mu) = 1$ 이면 $Q_\mu x_n$ 은 비유계이다;

$$Q_\mu x_n = \mu^n \gamma_\mu(w,b) - Z_\mu Q_\mu b \to \infty \ \ (n \to +\infty).$$

(3) $d(\mu) > 1$ 이면 $Q_\mu x_n$ 은 비유계이다;

$$Q_\mu x_n = \frac{n^{d(\mu)-1}\mu^n}{(d(\mu)-1)!\mu^{d(\mu)-1}}(B-\mu E)^{d(\mu)-1}\gamma_\mu(w,b) + o(n^{d(\mu)-1}\mu^n) \ \ (n \to +\infty).$$

2) $0 < |\mu| < 1$ 인 경우:

(1) $d(\mu) = 0$ 이면 $Q_\mu x_n$ 은 일정하다; $Q_\mu x_n = -Z_\mu(B)Q_\mu b$.

(2) $d(\mu) = 1$ 이면 $Q_\mu x_n$ 은 점근적 상수를 가진다;

$$Q_\mu x_n = \mu^n \gamma_\mu(w,b) - Z_\mu Q_\mu b \to -Z_\mu(B)Q_\mu b \ \ (n \to +\infty).$$

(3) $d(\mu) > 1$ 이면 $Q_\mu x_n$ 은 점근적 상수를 가진다;

$$Q_\mu x_n \to -Z_\mu(B)Q_\mu b \ \ (n \to +\infty).$$

3) $\mu = 0$ 인 경우:

(1) $d(\mu) = 0$ 이면 $Q_\mu x_n$ 은 일정하다; $Q_\mu x_n = -Z_\mu(B)Q_\mu b$.

(2) $d(\mu) \ge 1$ 이라고 하자; $n \ge d(\mu)$ 이면 $Q_\mu x_n = -Z_\mu(B)Q_\mu b$ 이다.

4) $|\mu| = 1$, $\mu \ne 1$ 인 경우:

(1) $d(\mu) = 0$ 이면 $Q_\mu x_n$ 은 일정하다; $Q_\mu x_n = -Z_\mu(B)Q_\mu b$.

(2) $d(\mu) = 1$ 이면 $Q_\mu x_n$ 은 유계이다;

$$Q_\mu x_n = \mu^n \gamma_\mu(w,b) - Z_\mu(B)Q_\mu b.$$

(3) $d(\mu) > 1$ 이면 $Q_\mu x_n$ 은 비유계이다;

$$Q_\mu x_n = \frac{n^{d(\mu)-1}\mu^n}{(d(\mu)-1)!\mu^{d(\mu)-1}}(B-\mu E)^{d(\mu)-1}\gamma_\mu(w,b) + o(n^{d(\mu)-1}) \ \ (n \to +\infty).$$

5) $\mu = 1$ 인 경우:

(1) $d(1) = 0$이면 Q_1x_n과 $(B-E)Q_1x_n$은 다 일정하다;

$$Q_1x_n = Q_1w \text{ 및 } (B-E)Q_1x_n = -Q_1b.$$

(2) $d(1) = 1$이면 Q_1x_n은 비유계이지만 $(B-E)Q_1x_n$은 일정하다;

$$Q_1x_n = n\delta(w,b) + Q_1w, \tag{5.55}$$

$$(B-E)Q_1x_n = (B-E)Q_1w. \tag{5.56}$$

(3) $d(1) > 1$이면 Q_1x_n와 $(B-E)Q_1x_n$은 비유계이다;

$$Q_1x_n = \frac{n^{d(1)}}{d(1)!}(B-E)^{d(1)-1}\delta(w,b) + o(n^{d(1)}) \ \ (n \to +\infty),$$

$$(B-E)Q_1x_n = \frac{n^{d(1)-1}}{(d(1)-1)!}(B-E)^{d(1)-1}\delta(w,b) + o(n^{d(1)-1}) \ \ (n \to +\infty).$$

증명 따름정리 5.3.1, 정리 5.2.1, 따름정리 5.2.1 및 (5.49)를 이용하면, 정리의 증명은 쉽다. 여기서 (5.56)의 증명은 (5.55)에 직접 $B-E$를 곱하면 얻어진다. 그리고 $d(1) = 1$이므로 따름정리 5.2.3과 (5.36)을 쓰면

$$(B-E)Q_1x_n = B^n\delta(w,b) - Q_1b = \delta(w,b) - Q_1b = (B-E)Q_1w$$

를 얻는다. 따라서 (5.56)을 얻는다. □

주 5.3.1. 정리 5.3.1에 의한 해의 행태의 분류는 $d(\mu) = 0$인 경우 겹치고 있다. 따라서 $d(\mu) = 0, d(\mu) \geq 1$로 나누는 것이 타당하다. 그러나 정리 5.3.1에 의한 분류는 이 사실을 이용할 때 편리하므로 이 분류를 썼다.

2. 방정식 (5.1)의 해의 점근적 행태

정의 5.3.1과 마찬가지로 다음 정의를 주자.

정의 5.3.2. 방정식 (5.1)에서 고유값을 $\lambda \in \sigma(A) := \{\lambda_1, \lambda_2, \cdots, \lambda_s\}$라고 하자. 초기값 w에 대하여 다음 조건을 만족하는 음이 아닌 정수의 짝

$$(d(\lambda_1), d(\lambda_2), \cdots, d(\lambda_s))$$

를 **초기값 w의 계층**이라 부르고 각 $d(\lambda)$, $\lambda \in \sigma(A)$를 **초기값 w의 계층의 λ성분**이라고 부른다.

1) $\lambda \notin i\omega\mathbb{Z}$인 경우:

$\alpha_\lambda(w,b) = 0$일 때 $d(\lambda) = 0$이라고 정하고, $\alpha_\lambda(w,b) \neq 0$일 때 $d(\lambda)$는

$$(A-\lambda E)^{d(\lambda)-1}\alpha_\lambda(w,b) \neq 0, \ (A-\lambda E)^{d(\lambda)}\alpha_\lambda(w,b) = 0$$

을 만족하는 양의 정수이다.

2) $\lambda \in i\omega\mathbb{Z}$인 경우:

$\beta_\lambda(w,b)=0$일 때 $d(\lambda)=0$이라고 정하고, $\beta_\lambda(w,b)\neq 0$일 때 $d(\lambda)$는

$$(A-\lambda E)^{d(\lambda)-1}\beta_\lambda(w,b)\neq 0,\ (A-\lambda E)^{d(\lambda)}\beta_\lambda(w,b)=0$$

을 만족하는 양의 정수이다.

이 개념을 이용하면 방정식 (5.1)의 해 $x_n(w,b)$의 행태를 기술할 수 있다.

정리 5.3.2. $\lambda\in\sigma(A)$이고 $P_\lambda x_n$을 방정식 (5.1)의 해 $x_n:=x_n(w,b)$의 $G_A(\lambda)$ 성분이라고 하자.

1) $\Re\lambda>0$인 경우:

(1) $d(\lambda)=0$이면 $P_\lambda x_n$은 일정하다; $P_\lambda x_n=-X_\lambda(A)P_\lambda b$.

(2) $d(\lambda)=1$이면 $P_\lambda x_n$은 비유계이다;

$$P_\lambda x_n=e^{n\tau\lambda}\alpha_\lambda(w,b)-X_\lambda(A)P_\lambda b\ \to\infty\ (n\to+\infty).$$

(3) $d(\lambda)>1$이면 $P_\lambda x_n$은 비유계이다;

$$P_\lambda x_n=e^{n\tau\lambda}\frac{(n\tau)^{d(\lambda)-1}}{(d(\lambda)-1)!}(A-\lambda E)^{d(\lambda)-1}\alpha_\lambda(w,b)+o(e^{n\tau\lambda}n^{d(\lambda)-1})\ (n\to+\infty).$$

2) $\Re\lambda<0$인 경우:

(1) $d(\lambda)=0$이면, $P_\lambda x_n$은 일정하다; $P_\lambda x_n=-X_\lambda(A)P_\lambda b$.

(2) $d(\lambda)=1$이면 $P_\lambda x_n$은 점근적 상수를 가진다;

$$P_\lambda x_n=e^{n\tau\lambda}\alpha_\lambda(w,b)-X_\lambda(A)P_\lambda b\ \to -X_\lambda(A)P_\lambda b\ (n\to+\infty).$$

(3) $d(\lambda)>1$이면 $P_\lambda x_n$은 점근적 상수를 가진다;

$$P_\lambda x_n\to -X_\lambda(A)P_\lambda b\ (n\to+\infty).$$

3) $\Re\lambda=0,\lambda\notin i\omega\mathbb{Z}$인 경우:

(1) $d(\lambda)=0$이면 $P_\lambda x_n$ 은 일정하다; $P_\lambda x_n=-X_\lambda(A)P_\lambda b$.

(2) $d(\lambda)=1$이면 $P_\lambda x_n$은 유계이다;

$$P_\lambda x_n=e^{n\tau\lambda}\alpha_\lambda(w,b)-X_\lambda(A)P_\lambda b.$$

(3) $d(\lambda)>1$이면 $P_\lambda x_n$은 비유계이다;

$$P_\lambda x_n=e^{n\tau\lambda}\frac{(n\tau)^{d(\lambda)-1}}{(d(\lambda)-1)!}(A-\lambda E)^{d(\lambda)-1}\alpha_\lambda(w,b)+o(n^{d(\lambda)-1})\ (n\to+\infty).$$

4) $\lambda\in i\omega\mathbb{Z}$인 경우:

(1) $d(\lambda)=0$이면 $P_\lambda x_n$은 일정하다; $P_\lambda x_n=P_\lambda w$.

(2) $d(\lambda)=1$이면 $P_\lambda x_n$은 비유계이다;

$$P_\lambda x_n=n\beta_\lambda(w,b)+P_\lambda w\ \to\infty\ (n\to+\infty).$$

(3) $d(\lambda) > 1$이면 $P_\lambda x_n$은 비유계이다;

$$P_\lambda x_n = \frac{(n\tau)^{d(\lambda)}}{d(\lambda)!}\frac{1}{\tau}(A-\lambda E)^{d(\lambda)-1}\beta_\lambda(w,b) + o(n^{d(\lambda)}) \ (n \to +\infty).$$

증명 정리 5.1.1로부터 쉽게 나온다. □

마지막으로, 앞으로 필요하게 될 초기값 w의 계층의 λ 성분 $d(\lambda)$가 0, 1인 경우에 대하여 언급하기로 하자.

주 5.3.2.

1) 조건 $\alpha_\lambda(w,b) = 0$은 다음 관계식과 동치이다. $P_\lambda w = -X_\lambda(A)P_\lambda b$, 즉

$$P_\lambda w = -\sum_{k=0}^{h_\lambda - 1} \varepsilon^{(k)}(\tau\lambda)\frac{\tau^k}{k!}(A-\lambda E)^k P_\lambda b. \tag{5.57}$$

따라서 각 b에 대하여 $\alpha_\lambda(w,b) = 0$을 만족하는 $P_\lambda w$는 유일하게 정해진다.

2) 조건 $\tau(A-\lambda E)\alpha_\lambda(w,b) = 0$, 즉 $\alpha_\lambda(w,b) \in W_\lambda(A) = \mathcal{N}(A-\lambda E)$는 다음 관계식과 동치이다.

$$\tau(A-\lambda E)P_\lambda w = -\sum_{k=1}^{h_\lambda} k\varepsilon^{(k-1)}(\tau\lambda)\frac{\tau^k}{k!}(A-\lambda E)^k P_\lambda b. \tag{5.58}$$

$h_\lambda = 1$일 때 $G_\lambda(A) = \mathcal{N}(A-\lambda E)$이고, $\alpha_\lambda(w,b) \in G_\lambda(A)$이므로 $\tau(A-\lambda E)\alpha_\lambda(w,b) = 0$은 모든 w, b에 대하여 성립한다.

$h_\lambda \geq 2$일 때 관계식 (5.58)은 $(A-\lambda E)^{h_\lambda}P_\lambda = O$을 고려하면

$$\tau(A-\lambda E)P_\lambda w = -\sum_{k=1}^{h_\lambda - 1} k\varepsilon^{(k-1)}(\tau\lambda)\frac{\tau^k}{k!}(A-\lambda E)^k P_\lambda b. \tag{5.59}$$

3) 조건 $\beta_\lambda(w,b) = 0$은 다음 관계식 $\tau(A-\lambda E)P_\lambda w = -Y_\lambda(A)P_\lambda b$, 즉

$$\tau(A-\lambda E)P_\lambda w = -\sum_{k=0}^{h_\lambda - 1} B_k \frac{\tau^k}{k!}(A-\lambda E)^k P_\lambda b \tag{5.60}$$

와 동치이다. $h_\lambda = 1$일 때 관계식 (5.60)은 $\tau(A-\lambda E)P_\lambda w = -P_\lambda b$. 한편, $(A-\lambda E)P_\lambda w = 0$이므로 조건 $\beta_\lambda(w,b) = 0$은 조건

$$P_\lambda b = 0 \tag{5.61}$$

과 동치이다.

$h_\lambda \geq 2$일 때 관계식 (5.60)은

$$\tau(A-\lambda E)P_\lambda w = -\sum_{k=0}^{h_\lambda - 2} B_k \frac{\tau^k}{k!}(A-\lambda E)^k P_\lambda b \tag{5.62}$$

와 동치이다. 사실, 관계식 (5.60)으로부터

$$\begin{aligned} P_\lambda b &= -\tau(A-\lambda E)P_\lambda w - \sum_{k=1}^{h_\lambda-1} B_k \frac{\tau^k}{k!}(A-\lambda E)^k P_\lambda b \\ &= -\tau(A-\lambda E)\left(P_\lambda w + \sum_{k=1}^{h_\lambda-1} \frac{1}{k} B_k \frac{\tau^{k-1}}{(k-1)!}(A-\lambda E)^{k-1} P_\lambda b\right) \end{aligned}$$

를 얻는다. 위 식은 $P_\lambda b \in \mathcal{R}(A-\lambda E)$를 뜻하므로 $(A-\lambda E)^{h_\lambda-1}P_\lambda b = 0$이 성립한다. 따라서 관계식 (5.60)은 관계식 (5.62)가 된다.

거꾸로 관계식 (5.62)가 성립한다고 가정하자. 그러면 $h_\lambda = 2$일 때 $-P_\lambda b = \tau(A-\lambda E)P_\lambda w$가 성립한다.

그리고 $h_\lambda > 2$일 때 (5.62)에 의해

$$P_\lambda b = -\tau(A-\lambda E)P_\lambda w - \sum_{k=1}^{h_\lambda-2} B_k \frac{\tau^k}{k!}(A-\lambda E)^k P_\lambda b$$

가 된다. 어느 경우나 $P_\lambda b \in \mathcal{R}(\tau(A-\lambda E))$이므로 $(A-\lambda E)^{h_\lambda-1}P_\lambda b = 0$을 얻는다. 따라서 관계식 (5.62)는 (5.60)이 된다.

3. 제차 상수계수 선형차분방정식의 해의 점근적 행태

마지막으로, 방정식 (5.2)와 방정식 (5.1)에 대응하는 제차 상수계수선형차분방정식을 고찰한다.

먼저, 제차 상수계수선형차분방정식 (3.25), 즉

$$x_{n+1} = Bx_n, \;\; x_0 = w$$

의 해의 사영성분의 점근적 행태를 생각하자. 그러면 초기값 w의 계층의 정의 5.3.1에서

$$\gamma_\mu(w,0) = Q_\mu w, \; \delta(w,0) = (B-E)Q_1 w$$

이므로 다음 결과를 얻는다.

정리 5.3.3. $\mu \in \sigma(B)$이고 $Q_\mu x_n(0,w)$는 초기조건 $x_0 = w$를 만족하는 방정식 (3.25)의 해 $x_n(0,w)$의 $G_B(\mu)$ 성분이라고 하자. $d(\mu) = 0$이면 $Q_\mu x_n(0,w) = 0$. $d(\mu) \ge 1$이면 $Q_\mu x_n(0,w)$의 행태는 다음과 같다.

1) $|\mu| > 1$인 경우 : $Q_\mu x_n(0,w)$는 $\mathbb{N}_0$ 위에서 비유계이다.

(1) $d(\mu) = 1$이면 $Q_\mu x_n(0,w) = \mu^n Q_\mu w$.

(2) $d(\mu) > 1$이면

$$\begin{aligned} Q_\mu x_n(0,w) &= \frac{n^{d(\mu)-1}}{(d(\mu)-1)!}\mu^{n-d(\mu)+1}(B-\mu E)^{d(\mu)-1}Q_\mu w \\ &\qquad + o(n^{d(\mu)-1}\mu^n) \;\; (n \to +\infty). \end{aligned}$$

2) $0 < |\mu| < 1$ 인 경우: $Q_\mu x_n(0,w)$ 는 $\mathbb{N}_0$ 위에서 유계이다;

$$\lim_{n\to+\infty} Q_\mu x_n(0,w) = 0.$$

3) $\mu = 0$ 인 경우: $n \geq d(0)$ 이면 $Q_\mu x_n(0,w) = 0$.

4) $|\mu| = 1,\ \mu \neq 1$ 인 경우:

(1) $d(\mu) = 1$ 이면 $Q_\mu x_n(0,w) = \mu^n Q_\mu w$.

(2) $d(\mu) > 1$ 이면 $Q_\mu x_n(0,w)$ 는 $\mathbb{N}_0$ 위에서 비유계이다;

$$\begin{aligned} Q_\mu x_n(0,w) \ =\ & \frac{n^{d(\mu)-1}}{(d(\mu)-1)!}\mu^{n-d(\mu)+1}(B-\mu E)^{d(\mu)-1}Q_\mu w \\ & + o(n^{d(\mu)-1}) \quad (n\to+\infty). \end{aligned}$$

5) $\mu = 1$ 인 경우:

(1) $d(1) = 1$ 이면 $Q_1 x_n(0,w) = Q_1 w$.

(2) $d(1) > 1$ 이면 $Q_1 x_n(0,w)$ 는 $\mathbb{N}_0$ 위에서 비유계이다;

$$Q_1 x_n(0,w) = \frac{n^{d(1)-1}}{(d(1)-1)!}(B-E)^{d(1)-1}Q_1 w + o(n^{d(1)-1}) \quad (n\to+\infty).$$

다음으로 제차 상수계수선형차분방정식 (3.26), 즉

$$x_{n+1} = e^{\tau A}x_n, \quad x_0 = w$$

의 해의 사영성분의 행태를 생각하자. 초기값 w 의 계층의 정의 5.3.2에서

$$\alpha_\lambda(w,0) = P_\lambda w,\ \beta(w,0) = \tau(A-\lambda E)P_\lambda w$$

이므로 다음 결과를 얻는다.

정리 5.3.4. $\lambda \in \sigma(A)$ 이고 $P_\lambda x_n(0,w)$ 는 초기조건 $x_0 = w$ 를 만족하는 제차 상수계수 선형차분방정식 (3.26)의 해 $x_n(0,w)$ 의 $G_\lambda(A)$ 성분이라고 하자. $d(\lambda) = 0$ 이면 $P_\lambda x_n(0,w) = 0$. 그리고 $d(\lambda) \geq 1$ 이면 $P_\lambda x_n(0,w)$ 의 행태는 다음과 같다.

1) $\Re\lambda > 0$ 인 경우:

(1) $d(\lambda) = 1$ 이면 $P_\lambda x_n(0,w)$ 는 $\mathbb{N}_0$ 위에서 비유계이다;

$$P_\lambda x_n(0,w) = e^{n\tau\lambda}P_\lambda w.$$

(2) $d(\lambda) > 1$ 이면 $P_\lambda x_n(0,w)$ 는 $\mathbb{N}_0$ 위에서 비유계이다;

$$\begin{aligned} P_\lambda x_n(0,w) \ =\ & e^{n\tau\lambda}\frac{(n\tau)^{d(\lambda)-1}}{(d(\lambda)-1)!}(A-\lambda E)^{d(\lambda)-1}P_\lambda w \\ & + o(e^{n\tau\lambda}n^{d(\lambda)-1}) \ (n\to+\infty). \end{aligned}$$

2) $\Re\lambda < 0$ 인 경우:

(1) $d(\lambda) = 1$이면 $P_\lambda x_n(0, w)$는 $n \to +\infty$일 때, 지수적으로 0에 수렴한다;

$$P_\lambda x_n(0, w) = e^{n\tau\lambda} P_\lambda w \to 0 \ \ (n \to +\infty).$$

(2) $d(\lambda) > 1$이면 $P_\lambda x_n(0, w)$는 $n \to +\infty$일 때 0에 수렴한다;

$$P_\lambda x_n(0, w) \ = \ o(n^{d(\lambda)-1}) \ \ (n \to +\infty).$$

3) $\Re\lambda = 0, \ \lambda \notin i\omega\mathbb{Z}$인 경우:

(1) $d(\lambda) = 1$이면 $P_\lambda x_n(0, w)$는 $\mathbb{N}_0$ 위에서 유계이다;

$$P_\lambda x_n(0, w) = e^{n\tau\lambda} P_\lambda w.$$

(2) $d(\lambda) > 1$이면 $P_\lambda x_n(0, w)$는 $\mathbb{N}_0$ 위에서 비유계이다;

$$P_\lambda x_n(0, w) \ = \ e^{n\tau\lambda} \frac{(n\tau)^{d(\lambda)-1}}{(d(\lambda)-1)!} (A - \lambda E)^{d(\lambda)-1} P_\lambda w + o(n^{d(\lambda)-1}) \ \ (n \to +\infty).$$

4) $\Re\lambda = 0, \lambda \in i\omega\mathbb{Z}$인 경우:

(1) $d(\lambda) = 1$이면 $P_\lambda x_n(0, w)$는 상수벡터이다;

$$P_\lambda x_n(0, w) = P_\lambda w.$$

(2) $d(\lambda) > 1$이면 $P_\lambda x_n(0, w)$는 $\mathbb{N}_0$ 위에서 비유계이다;

$$P_\lambda x_n(0, w) = \frac{(n\tau)^{d(\lambda)-1}}{(d(\lambda)-1)!} (A - \lambda E)^{d(\lambda)-1} P_\lambda w + o(n^{d(\lambda)-1}) \ \ (n \to +\infty).$$

3.2 해의 유계성

여기서는 방정식 (5.2)와 방정식 (5.1)의 유계해의 존재 조건을 주고, 그리고 해가 유계로 되는 초기값의 집합과 정상해가 되는 초기값의 집합을 결정한다.

1. 유계해

방정식 (5.2) (또는 방정식 (5.1))의 해가 일정하면 그 해를 **정상해(stationary solution)**라고 부른다.

방정식(5.2)의 해의 유계성에 관한 결과는 정리 5.3.1로부터 직접 유도할 수 있다.

정리 5.3.5.

I. 초기조건 $x_0 = w$를 만족하는 방정식 (5.2)의 해 $x_n(w, b)$가 유계라는 것과 다음 조건은 동치이다. 각 $\mu \in \sigma(B)$에 대하여,

1) $|\mu| > 1$이면 $d(\mu) = 0$, $\gamma_\mu(w, b) = 0$, 즉 $Q_\mu w = -Z_\mu(B) Q_\mu b$.

2) $\mu \neq 1$이고 $|\mu| = 1$이면 $d(\mu) \le 1$, $(B - \mu E)\gamma_\mu(w, b) = 0$, 즉

$$Q_\mu w \in -Z_\mu(B) Q_\mu b + \mathcal{N}(B - \mu E)\,.$$

3) $\mu = 1$이면 $d(1) = 0$, $\delta(w, b) = 0$, 즉 $(E - B)Q_1 w = Q_1 b$.

II. 다음 세 가지 명제는 동치이다.

1) 초기조건 $x_0 = w$를 만족하는 방정식 (5.2)의 해 $x_n(w, b)$는 정상해이다.

2) 각 $\mu \in \sigma(B)$에 대하여 $d(\mu) = 0$, 즉 다음 조건이 성립한다.

(1) $\mu \neq 1$이면 $\gamma_\mu(w, b) = 0$, 즉 $Q_\mu w = -Z_\mu(B)Q_\mu b$.

(2) $\mu = 1$이면 $\delta(w, b) = 0$, 즉 $(B - E)Q_1 w = -Q_1 b$.

3) $(E - B)w = b$.

증명 해의 유계성에 관한 동치성은 정리 5.3.1과 따름정리 5.3.1로부터 쉽게 유도된다. 정상해에 관해서는 1) 과 3)의 동치성은 분명하고, 2) $\Longrightarrow$ 1)는 정리 5.3.1에 의하여 얻어진다. 따라서 1) $\Longrightarrow$ 2)를 증명하는 것만 남아 있다. $x_n(w, b) = w$이므로 모든 $\mu \in \sigma(B)$에 대하여 $Q_\mu x_n(w, b) = Q_\mu w$이다. $\mu \neq 1$이면, 정리 5.2.1에서 $n = 1$일 때 $B\gamma_\mu(w, b) - Z_\mu(B)Q_\mu = Q_\mu w$, 즉 $(B - E)\gamma_\mu(w, b) = 0$이 된다. 따라서 명제 5.2.1에 의해 $\gamma_\mu(w, b) = 0$이 성립하며 그 결과 $d(\mu) = 0$을 얻는다. $\mu = 1$이면, 정리 5.2.1에서 $n = 1$일 때 $(n)_{k+1} = 0$ $(k \geq 1)$이므로 $\delta(w, b) = 0$이 얻어진다. 따라서 $d(\mu) = 0$을 얻는다. □

정리 5.3.1을 이용하면 역시 다음 결과를 얻는다.

정리 5.3.6. $\mu = 1 \in \sigma(B)$라고 하면 방정식 (5.2)의 해 $x_n(w, b)$에 대하여 다음 명제는 동치이다.

1) $(B - E)Q_1 x_n(w, b)$는 유계이다.

2) $(B - E)Q_1 x_n(w, b)$는 일정하다.

3) $d(1) \leq 1$, 즉

$$(B - E)\delta(w, b) = 0. \tag{5.63}$$

증명 정리 5.3.1에 의해 $d(1) \geq 2$이면 $(B - E)Q_1 x_n(w, b)$는 비유계이며, $d(1) \leq 1$이면 $(B - E)Q_1 x_n(w, b)$는 유계이다. 따라서 1)과 3)은 동치이다. 마찬가지로 정리 5.3.1에 의하여, $d(1) \leq 1$이면 $(B - E)Q_1 x_n(w, b)$는 일정하므로 1)과 2)는 동치이다. □

마찬가지로 방정식 (5.1)의 유계해에 관한 결과를 얻는다.

정리 5.3.7.

I. 초기조건 $x_0 = w$를 만족하는 방정식 (5.1)의 해 $x_n(w, b)$가 유계라는 것과 다음 조건은 동치이다. 각 $\lambda \in \sigma(A)$에 대하여

1) $\Re\lambda > 0$이면 $d(\lambda) = 0$, $\alpha_\lambda(w, b) = 0$, 즉

$$P_\lambda w = -X_\lambda(A)P_\lambda b\,,$$

2) $\Re\lambda = 0$, $\lambda \notin i\omega\mathbb{Z}$이면 $d(\lambda) \leq 1$, $(A - \lambda E)\alpha_\lambda(w, b) = 0$, 즉

$$P_\lambda w \in -X_\lambda(A)P_\lambda b + \mathcal{N}(A - \lambda E)\,,$$

3) $\lambda \in i\omega\mathbb{Z}$이면 $d(\lambda)=0$, $\beta_\lambda(w,b)=0$, 즉

$$\tau(A-\lambda E)P_\lambda w = -Y_\lambda(A)P_\lambda b.$$

II. 다음 세 가지 명제는 동치이다.

1) 초기조건 $x_0 = w$를 만족하는 방정식 (5.1)의 해 $x_n(w,b)$는 일정하다.

2) 각 $\lambda \in \sigma(A)$에 대하여 $d(\lambda)=0$, 즉 다음 조건이 성립한다.

(1) $\lambda \notin i\omega\mathbb{Z}$이면 $\alpha_\lambda(w,b)=0$, 즉

$$P_\lambda w = -X_\lambda(A)P_\lambda b.$$

(2) $\lambda \in i\omega\mathbb{Z}$이면 $\beta_\lambda(w,b)=0$, 즉

$$\tau(A-\lambda E)P_\lambda w = -Y_\lambda(A)P_\lambda b.$$

3) $(E-e^{\tau A})w = b$

증명 해의 유계성에 관한 동치성은 정리 5.3.2로부터 직접 유도된다. 정상해에 관해서는 1)과 3)의 동치성은 분명하고, 2) $\Longrightarrow$ 1)은 정리 5.3.2에 의해 얻어진다. 따라서 1) $\Longrightarrow$ 2)를 증명하는 것만 남아 있다. $x_n(w,b)=w$이므로 모든 $\lambda \in \sigma(A)$에 대하여 $P_\lambda x_n(w,b) = P_\lambda w$이다. $\lambda \notin i\omega\mathbb{Z}$이면, 정리 5.2.1에서 $n=1$일 때 $e^{\tau A}\alpha_\lambda(w,b) - X_\lambda(A)P_\lambda = P_\lambda w$, 즉 $(e^{\tau A}-E)\alpha_\lambda(w,b)=0$이 된다. 명제 5.1.1에 의해 $\alpha_\lambda(w,b)=0$이 성립한다. 따라서 $d(\lambda)=0$을 얻는다. $\lambda \in i\omega\mathbb{Z}$이면, 정리 5.2.1에서 $n=1$일 때 $\sum_{j=0}^{h_\lambda-1}\frac{\tau^j}{(j+1)!}(A-\lambda E)^j\beta_\lambda(w,b)=0$이 된다. $\beta_\lambda(w,b)\neq 0$이면, 도움정리 1.2.1에 의해 h_λ개의 벡터

$$\beta_\lambda(w,b),\ (A-\lambda E)\beta_\lambda(w,b), \cdots,\ (A-\lambda E)^{h_\lambda-1}\beta_\lambda(w,b)$$

는 일차독립이므로 모순이 생긴다. 따라서 $\beta_\lambda(w,b)=0$이다. 그러므로 $d(\lambda)=0$을 얻는다. □

정리 5.3.5와 정리 5.3.7은 방정식 (5.2) 또는 방정식 (5.1)의 해가 유계(또는 정상해)이기 위한 필요충분조건을 초기값에 의해 특징짓고 있다.

주 5.3.3. $B=e^{\tau A}$인 경우, 방정식 (5.2)의 해의 유계성에 관한 두 가지 정리, 즉 정리 5.3.5와 정리 5.3.7은 실은 동치이다. 이것은 다음 장에서 자세히 언급한다.

특별한 경우로서 다음 결과가 성립한다.

따름정리 5.3.3.

1) 방정식 (5.2)의 유계해 $x_n(w,b)$가 정상해이기 위한 필요충분조건은, 각 $\mu \in \sigma(B)$에 대하여 조건

$$\mu \neq 1, |\mu| \leq 1 \text{ 일때 } \gamma_\mu(w,b)=0 \tag{5.64}$$

이 성립하는 것이다.

2) 방정식 (5.1)의 유계해 $x_n(w,b)$가 정상해이기 위한 필요충분조건은, 각 $\lambda \in \sigma(A)$에 대하여 조건

$$\Re\lambda \leq 0,\ \lambda \notin i\omega\mathbb{Z} \text{ 일때 } \alpha_\lambda(w,b) = 0$$

이 성립하는 것이다.

증명 1) $x_n(w,b)$를 유계해라고 하자. 정리 5.3.5에 의해, $|\mu| > 1$ 또는 $\mu = 1$이면 $d(\mu) = 0$이다. $\mu \neq 1$, $|\mu| \leq 1$이라고 하자. $\mu \neq 1$, $|\mu| = 1$인 경우, $Q_\mu x_n(w,b)$가 유계이므로 정리 5.3.5에 의해 $(B - \mu E)\gamma_\mu(w,b) = 0$이다. 그러면 정리 5.2.1에 의해

$$Q_\mu x_n(w,b) = B^n\gamma_\mu(w,b) - Z_\mu(B)Q_\mu b = (\mu^n - 1)\gamma_\mu(w,b) + Q_\mu w$$

를 얻는다. $Q_\mu x_n(w,b)$가 일정, 즉

$$Q_\mu x_n(w,b) = Q_\mu x_0(w,b) = Q_\mu w,\ n = 0,\ 1,\ 2,\ \cdots \tag{5.65}$$

라고 하면 $Q_\mu x_1(w,b) = Q_\mu x_0(w,b)$ 이므로

$$Q_\mu w = (\mu - 1)\gamma_\mu(w,b) + Q_\mu w$$

를 얻는다. $\mu \neq 1$이므로 $\gamma_\mu(w,b) = 0$이다. $0 < |\mu| < 1$이면

$$\lim_{n\to\infty} Q_\mu x_n(w,b) = -Z_\mu(B)Q_\mu b$$

이므로 (5.65)에 의하여 $-Z_\mu(B)Q_\mu b = Q_\mu w$, 즉 $\gamma_\mu(w,b) = 0$이다. $\mu = 0$인 경우

$$Q_0 x_n(w,b) = B^n\gamma_0(w,b) - Z_0(B)Q_0 b$$

이다. (5.65)에 의하여 $n = 1$이라고 놓으면

$$B\gamma_0(w,b) - Z_0(B)Q_0 b = Q_0 w.$$

따라서 $B\gamma_0(w,b) = \gamma_0(w,b)$, 즉 $(B - E)\gamma_0(w,b) = 0$이다. 그리고 명제 5.2.1에 의해 $\gamma_0(w,b) = 0$을 얻는다. 위 결과를 종합하여 유계해 $x_n(w,b)$가 정상해이면 (5.64)가 성립한다.

거꾸로 $x_n(w,b)$가 유계해이며, (5.64)가 성립한다고 하자. 해의 유계성으로부터 정리 5.3.5에 의하여 $|\mu| > 1$ 또는 $\mu = 1$일 때 $d(\mu) = 0$이다. (5.64)와 합쳐 모든 $\mu \in \sigma(B)$에 대하여 $d(\mu) = 0$이므로 $x_n(w,b)$는 정상해이다.

2) 정리 5.3.7에 의해, 1)과 비슷하게 증명된다. □

2. 유계해의 존재

정리 5.3.5와 정리 5.3.7는 유계해의 존재를 뜻하는 것은 아니다. 사실, 정리 5.3.7의 조건 I, 3), 즉 $\beta_\lambda(w,b) = 0$에서 w의 존재성 또는 정리 5.3.5의 조건 I, 3), 즉 $\delta(w,b) = 0$에서 w의 존재성을 알아보아야 한다. 여기서 방정식 (5.2) 또는 방정식 (5.1) 의 유계해의 존재 조건을 조사한다. 이를 위해 다음 도움정리가 필요하다.

도움정리 5.3.2. $a \in \mathbb{C}^m, H \in M_m(\mathbb{C}), \lambda \in \sigma(H)$ 라고 하면 다음 명제는 동치이다.

1) $a \in \mathcal{R}(H - \lambda E)$
2) $Q_\lambda(H)a \in (H - \lambda E)G_\lambda(H)$
3) $Q_\lambda(H)a \in \mathcal{R}((H - \lambda E)Q_\lambda(H))$

증명 먼저 1) 과 2)의 동치성을 보이자. $a \in \mathcal{R}(H - \lambda E)$, 즉 적당한 $b \in \mathbb{C}^m$ 에 대하여 $a = (H - \lambda E)b$ 라고 하면

$$Q_\lambda(H)a = (H - \lambda E)Q_\lambda(H)b \in (H - \lambda E)G_\lambda(H).$$

거꾸로 $a \in \mathbb{C}^m$ 에 대하여 $Q_\lambda(H)a = (H - \lambda E)b_\lambda$ 인 $b_\lambda \in G_\lambda(H)$ 가 존재한다고 가정하자. 그러면 $a = (H - \lambda E)b$ 인 $b \in \mathbb{C}^m$ 을 구성할 수 있다. 먼저,

$$(H - \mu E)^{h_\mu(H)}(H - \lambda E) = (H - \lambda E)(H - \mu E)^{h_\mu(H)}$$

이므로 $G_\mu(H)$ 는 $H - \lambda E$ 의 불변집합이다.

다음으로 $\mu \neq \lambda$, $\mu \in \sigma(H)$ 라고 하자. $x \in G_\mu(H)$ 에 대하여 $(H - \lambda E)x = 0$ 을 가정하면, $x \in G_\lambda(H) \cap G_\mu(H)$ 이다. 이는 $x = 0$ 을 뜻한다. 따라서 $H - \lambda E$ 는 각 $G_\mu(H), \mu \neq \lambda$ 위에서 단사이다. 차원정리에 의해 $(H - \lambda E)G_\mu(H) = G_\mu(H)$ 이므로 $(H - \lambda E)b_\mu = Q_\mu(H)a$ 인 $b_\mu \in G_\mu(H)$ 가 존재한다. 위의 사실을 종합하여 $b = \sum_{\eta \in \sigma(H)} b_\eta$ 라고 놓으면,

$$(H - \lambda E)b = \sum_{\eta \in \sigma(H)} (H - \lambda E)b_\eta = \sum_{\eta \in \sigma(H)} Q_\eta(H)a = a$$

를 얻는다. 따라서 2) 와 3)의 동치성은 분명하다. □

도움정리 5.3.3. $\sigma(A) \cap i\omega\mathbb{Z} \neq \emptyset$ 이라고 하자. 방정식 (5.1)에 대하여 다음 명제는 동치이다.

1) 각 $\lambda \in \sigma(A) \cap i\omega\mathbb{Z}$ 에 대하여 $\beta_\lambda(w_\lambda, b) = 0$ 인 $w_\lambda \in G_\lambda(A)$ 가 존재한다.
2) 각 $\lambda \in \sigma(A) \cap i\omega\mathbb{Z}$ 에 대하여 $P_\lambda b \in (A - \lambda E)G_\lambda(A)$ 가 성립한다.
3) 각 $\lambda \in \sigma(A) \cap i\omega\mathbb{Z}$ 에 대하여 $b \in \mathcal{R}(A - \lambda E)$ 가 성립한다.
4) $(E - e^{\tau A})w = b$ 인 w 가 존재한다.

증명 먼저 1)과 2)의 동치성을 보이기로 하자. 1) 이 성립한다고 가정하면, 주의 5.3.2의 (5.61), (5.63) 에 의하여 2)가 성립한다.

거꾸로 2)가 성립한다고 가정하자. 그러면 각 $\lambda \in \sigma(A) \cap i\omega\mathbb{Z}$ 에 대하여 $P_\lambda b = \tau(A - \lambda E)c_\lambda$ 인 $c_\lambda \in G_\lambda(A)$ 가 존재한다. 그리고

$$w_\lambda = -\sum_{k=0}^{h_\lambda - 1} B_k \frac{\tau^k}{k!}(A - \lambda E)^k c_\lambda$$

라고 놓으면 $w_\lambda \in G_\lambda(A)$이므로 $P_\lambda w_\lambda = w_\lambda$. 따라서 위 식에 $\tau(A-\lambda E)$를 곱하면

$$\begin{aligned}\tau(A-\lambda E)P_\lambda w_\lambda &= -\sum_{k=0}^{h_\lambda-1} B_k\frac{\tau^k}{k!}(A-\lambda E)^k\tau(A-\lambda E)c_\lambda\\ &= -\sum_{k=0}^{h_\lambda-1} B_k\frac{\tau^k}{k!}(A-\lambda E)^k P_\lambda b.\end{aligned}$$

즉, $\beta_\lambda(w_\lambda, b) = 0$이 된다.

2)와 3)의 동치성은 도움정리 5.3.2로부터 분명하다.

4)와 1)의 동치성을 보이기로 하자. 4)로부터 1)은 정리 5.3.7로부터 유도된다. 1)로부터 4)를 증명하자. $\lambda \in \sigma(A)\setminus i\omega\mathbb{Z}$에 대하여 $w_\lambda = -X_\lambda(A)P_\lambda b$라고 놓으면, $\alpha_\lambda(w_\lambda, b) = 0$이다. $\lambda \in \sigma(A)\cap i\omega\mathbb{Z}$이면, 가정 1)로부터 $\beta_\lambda(w_\lambda, b) = 0$을 만족하는 $w_\lambda \in G_\lambda(A)$ 가 존재한다. $w = \sum_{\lambda\in\sigma(A)} w_\lambda$라고 놓으면, $P_\lambda w = w_\lambda$이므로 w에 대하여 정리 5.3.7의 II, 2)가 성립한다. 따라서 정리 5.3.7로부터 4)가 성립한다. □

따름정리 5.3.4. $\lambda \in \sigma(A)$이라고 하자. 그러면

$$(A-\lambda E)^k G_\lambda(A) \subset \mathcal{N}((A-\lambda E)^{h_\lambda-k}),\ \ k=1,\cdots,h_\lambda-1.$$

특히,

$$(A-\lambda E)G_\lambda(A) \neq \mathcal{N}((A-\lambda E)^{h_\lambda(A)-1})$$

이 성립한다.

방정식 (5.2)에 대하여 도움정리 5.3.3에 대응하는 결과도 얻어진다.

도움정리 5.3.4. $1 \in \sigma(B)$일 때 다음 명제는 동치이다.

1) $\delta(w, b) = 0$을 만족하는 $Q_1 w$가 존재한다.
2) $Q_1 b \in (B-E)G_1(B)$가 성립한다.
3) $b \in \mathcal{R}(B-E)$가 성립한다.

마지막으로, 다음 결과는 마세라 정리에 대응하고 있으나 약간 정밀화되었다. 증명은 정리 5.3.5, 정리 5.3.7 및 도움정리 5.3.3, 도움정리 5.3.4로부터 쉽게 유도된다.

정리 5.3.8.

1) 다음 명제는 동치이다.
   (1) 방정식 (5.2)가 유계해를 가진다.
   (2) $1 \notin \sigma(B)$이거나 $1 \in \sigma(B)$이고 $\delta(w, b) = 0$을 만족하는 $w_1 \in G_1(B)$가 존재한다. 즉

$$(E-B)w_1 = Q_1 b$$

의 해 $w_1 \in G_1(B)$가 존재한다.

(3) 방정식 (5.2)가 정상해를 가진다.

2) 다음 명제는 동치이다.

(1) 방정식 (5.1)이 유계해를 가진다.

(2) $\sigma(A) \cap i\omega\mathbb{Z} = \emptyset$이거나 $\lambda \in \sigma(A) \cap i\omega\mathbb{Z}$이면, 방정식

$$(A - \lambda E)v = b$$

의 해 $v = v_\lambda$가 존재한다.

(3) 방정식 (5.1)이 정상해를 가진다.

주 5.3.4. 2)의 (1)과 (2)의 동치성은 도움정리 5.3.3의 3)과 4)의 동치성에 의한 것이다.

먼저, 방정식 (5.1)이 유계해를 가지는 초기값 w를 결정하자.

$\lambda \in \sigma(A) \cap i\omega\mathbb{Z} \neq \emptyset$인 경우. $\lambda \in \sigma(A) \cap i\omega\mathbb{Z}$에 대하여 $\tau(A - \lambda E)v = b$ 의 해 $v = v_\lambda$를 택하면 $\tau(A - \lambda E)P_\lambda v_\lambda = P_\lambda b$ 가 된다.

$$w_\lambda = -Y_\lambda(A)P_\lambda v_\lambda = -\sum_{k=0}^{h_\lambda - 1} B_k \frac{\tau^k}{k!}(A - \lambda E)^k P_\lambda v_\lambda$$

라고 놓으면 $\beta_\lambda(w_\lambda, b) = 0$을 만족한다. 보다 엄격하게 말하면 집합

$$w_\lambda + \mathcal{N}(A - \lambda E) \tag{5.66}$$

는 $\beta_\lambda(w_\lambda, b) = 0$을 만족하는 모든 w_λ의 집합이다. 다른 경우, 정리 5.3.7에 의하여 $\Re\lambda = 0,\ \lambda \notin i\omega\mathbb{Z}$이면

$$w_\lambda = -X_\lambda(A)P_\lambda b + u_\lambda,\ \ u_\lambda \in \mathcal{N}(A - \lambda E)$$

를 택한다. $\Re\lambda > 0$이면 $w_\lambda = -X_\lambda(A)P_\lambda b$를 택하고, $\Re\lambda < 0$이면 $w_\lambda \in G_\lambda(A)$를 임의로 택한다.

위와 같이 모든 $\lambda \in \sigma(A)$에 대하여 $w_\lambda \in G_\lambda(A)$를 정하고, $w = \sum_{\lambda \in \sigma(A)} w_\lambda$라고 놓으면 $x_n(w, b)$는 방정식 (5.1)의 유계해가 된다.

다음으로, 방정식(5.2)가 유계해를 가지는 초기값 w를 결정하자.

$\mu \in \sigma(B)$라고 하자. $\mu \neq 1$이면, 정리 *5.3.5*에 의해

$$w_\mu = -Z_\mu(B)Q_\mu b$$

라고 정의한다; $\mu = 1$이면, 정리 *5.3.8*의 가정 *(2)* 로부터 방정식 $(B - E)w_1 = -Q_1 b$를 만족하는 w_1가 존재한다. 따라서 집합

$$w_1 + \mathcal{N}(B - E)$$

는 방정식 $\delta(w_1, b) = 0$을 만족하는 해 w_1 집합이다. 따라서

$$w = \sum_{\mu \in \sigma(B)} w_\mu$$

가 요구하는 초기값이다.

다음 결과는 정상해의 유일 존재에 관한 정리이다.

정리 5.3.9.

1) 방정식 (5.2)는 유일한 정상해를 가진다 $\iff 1 \notin \sigma(B)$.
그러면 정상해는

$$x_n(w,b) = -\sum_{\mu\in\sigma(B)} Z_\mu(B)Q_\mu b = (E-B)^{-1}b$$

로 표현된다.

2) 방정식 (5.1)은 유일한 정상해를 가진다 $\iff \sigma(A)\cap i\omega\mathbb{Z} = \emptyset$.
그러면 정상해는

$$x_n(w,b) = -\sum_{\lambda\in\sigma(A)} X_\lambda(A)P_\lambda b = (E-e^{\tau A})^{-1}b$$

로 표현된다.

증명 1) $1 \notin \sigma(B)$일 때 $B-E$가 정칙행렬이므로 $(E-B)w = b$의 해가 유일하게 존재한다. 따라서 방정식 (5.2)는 유일한 정상해를 가진다. 거꾸로 도움정리 5.2.2에 의해 $(E-B)^{-1}Q_\mu = -Z_\mu(B)Q_\mu$이므로 주어진 정상해를 얻는다.

2) $\sigma(A)\cap i\omega\mathbb{Z} = \emptyset$일 때 $e^{\tau A}-E$가 정칙행렬이므로 $(E-e^{\tau A})w = b$의 해가 유일하게 존재하고 방정식 (5.1)은 유일한 정상해를 가진다. 거꾸로 도움정리 5.1.2에 의해 $(E-e^{\tau A})^{-1}P_\lambda = -X_\lambda(A)P_\lambda$이므로 주어진 정상해를 얻는다. □

정리 5.3.9 는 정리 5.3.5와 정리 5.3.7을 합치면 쉽게 얻어진다는 것을 주의하자.

3.3 보기

여기서는 차분방정식의 유계해와 정상해에 관한 결과를 예를 통해서 보이기로 하자.

보기 5.3.1. 차분방정식 (3.37), 즉

$$x_{n+1} = Bx_n + b,\ \ x(0) = w \in \mathbb{C}^3\ \ (n\in\mathbb{N}_0) \tag{5.67}$$

의 유계해와 정상해에 대하여 고찰하자. 여기서

$$B = \begin{pmatrix} -1 & -2 & 0 \\ 0 & -1 & 0 \\ 0 & -2 & 1 \end{pmatrix},\ b = \begin{pmatrix} b_1 \\ b_2 \\ b_3 \end{pmatrix},\ w = \begin{pmatrix} w_1 \\ w_2 \\ w_3 \end{pmatrix}.$$

보기 3.3.1로부터 $\sigma(B) = \{-1,1\}$, $h_B(-1) = 2, h_B(1) = 1$이고 B에 따르는 단위행렬의 분해사영족 Q_{-1}, Q_1은

$$Q_{-1} = \begin{pmatrix} 1 & 0 & 0 \\ 0 & 1 & 0 \\ 0 & 1 & 0 \end{pmatrix},\ Q_1 = \begin{pmatrix} 0 & 0 & 0 \\ 0 & 0 & 0 \\ 0 & -1 & 1 \end{pmatrix}$$

과 같이 주어졌다.

다음으로 $\gamma_{-1}(w,b)$와 $\delta(w,b)$를 계산하자.

$$Z_{-1}(B) = -\frac{1}{2}E - \frac{1}{2^2}(B+E) = -\frac{1}{2}E - \frac{1}{4}\begin{pmatrix} 0 & -2 & 0 \\ 0 & 0 & 0 \\ 0 & -2 & 2 \end{pmatrix}$$
$$= -\frac{1}{2}\begin{pmatrix} 1 & -1 & 0 \\ 0 & 1 & 0 \\ 0 & -1 & 2 \end{pmatrix}$$

이므로

$$\gamma_{-1}(w,b) = Q_{-1}w + Z_{-1}(B)Q_{-1}b$$
$$= \begin{pmatrix} w_1 \\ w_2 \\ w_2 \end{pmatrix} - \frac{1}{2}\begin{pmatrix} 1 & -1 & 0 \\ 0 & 1 & 0 \\ 0 & -1 & 2 \end{pmatrix}\begin{pmatrix} b_1 \\ b_2 \\ b_2 \end{pmatrix}$$
$$= \begin{pmatrix} w_1 \\ w_2 \\ w_2 \end{pmatrix} - \frac{1}{2}\begin{pmatrix} b_1 - b_2 \\ b_2 \\ b_2 \end{pmatrix}$$

를 얻는다. 또 $h_1(B) = 1$이므로 $G_1(B) = \mathcal{N}(B-E)$이다. 따라서 $(B-E)Q_1 = O$으로부터

$$\delta(w,b) = (B-E)Q_1 w + Q_1 b = Q_1 b.$$

정리 5.3.8와 도움정리 5.3.4에 의해 유계해가 존재한다는 것과 정상해가 존재한다는 것은 동치이며 $1 \in \sigma(B)$이므로 그 존재조건은 $\delta(w,b) = 0$을 만족하는 $Q_1 w$의 존재조건과 동치이다. $\delta(w,b) = Q_1 b$이므로 결국 다음 결과를 얻는다.

명제 5.3.1. 방정식 (5.67)이 유계해를 가지기 위한 필요충분조건은 $b_2 = b_3$가 성립하는 것이다.

다음으로 $b_2 = b_3$라고 하자. 그러면 유계해의 초기값에 관한 조건은 정리 5.3.5의 조건 I, 2), 즉 $(B+E)\gamma_{-1}(w,b) = 0$이며, 정상해의 초기값에 관한 조건은 정리 5.3.5의 조건 II, (1), 즉 $\gamma_{-1}(w,b) = 0$이다. 두번째 조건은 다음과 같이 주어진다.

$$\gamma_{-1}(w,b) = 0 \Longleftrightarrow \begin{pmatrix} w_1 \\ w_2 \\ w_2 \end{pmatrix} = \frac{1}{2}\begin{pmatrix} b_1 - b_2 \\ b_2 \\ b_2 \end{pmatrix}.$$

첫번째 조건 $(B+E)\gamma_{-1}(w,b) = 0$은 다음과 같이 주어진다.

$$\begin{pmatrix} 0 & -2 & 0 \\ 0 & 0 & 0 \\ 0 & -2 & 2 \end{pmatrix}\begin{pmatrix} w_1 - \frac{b_1 - b_2}{2} \\ w_2 - \frac{b_2}{2} \\ w_2 - \frac{b_2}{2} \end{pmatrix} = \begin{pmatrix} 0 \\ 0 \\ 0 \end{pmatrix}.$$

즉,

$$\begin{pmatrix} w_2 - \frac{b_2}{2} \\ 0 \\ 0 \end{pmatrix} = \begin{pmatrix} 0 \\ 0 \\ 0 \end{pmatrix}.$$

따라서 $w_2 = \frac{b_2}{2}$ 이며, w_1, w_3 은 임의이다.

정리 5.3.5를 적용하면 다음 결과를 얻는다.

명제 5.3.2. $b_2 = b_3$ 를 가정하면 다음 명제가 성립한다.

1) 방정식 (5.67)의 해 $x(n; w, b)$ 는 유계이다 $\Longleftrightarrow$

$$w = \left[\begin{pmatrix} 1 \\ 0 \\ 0 \end{pmatrix}, \begin{pmatrix} 0 \\ 0 \\ 1 \end{pmatrix}\right] + \frac{1}{2}\begin{pmatrix} 0 \\ b_2 \\ 0 \end{pmatrix}.$$

2) 해 $x(n; w, b)$ 는 방정식 (5.67)의 정상해이다 $\Longleftrightarrow$

$$w = \left[\begin{pmatrix} 0 \\ 0 \\ 1 \end{pmatrix}\right] + \frac{1}{2}\begin{pmatrix} b_1 - b_2 \\ b_2 \\ 0 \end{pmatrix}.$$

따름정리 5.3.3에 의해 위 명제로부터 다음 결과를 얻는다.

따름정리 5.3.5. 방정식 (5.67)이 유계해를 가진다고 가정하자. 그러면 방정식 (5.67)의 유계해 $x(n; w, b)$ 가 정상해이기 위한 필요충분조건은 $w_1 = \frac{1}{2}(b_1 - b_2)$ 가 성립하는 것이다.

제4절 주기계수 선형차분방정식계

이 절에서는 다음 형태의 주기계수 선형차분방정식

$$x_{n+1} = B(n)x_n + b(n), \ \ x_0 = w \in \mathbb{C}^m, \ \ (n \in \mathbb{N}_0) \tag{5.68}$$

의 해의 표현과 해의 점근적 성질을 다룬다. 여기서 행렬 $B(n) \in M_m(\mathbb{C})$ 와 벡터 $b(n) \in \mathbb{C}^m$, $(n \in \mathbb{N}_0)$ 은 주기 $\tau(\tau \in \mathbb{N})$ 를 가진다. 즉, 조건

$$B(n) = B(n + \tau), \ b(n) = b(n + \tau)$$

를 만족한다고 가정한다.

물론 가정 **A**, 즉 각 $n \in \mathbb{N}_0$ 에 대하여 $B(n)$ 은 정칙행렬이라고 가정한다.

방정식 (5.68)의 해를 $x_n(w, b(\cdot))$ 라고 표시하고 $b(n) = 0$ 일 때 $x_n(w)$ 라고 표시한다.

4.1 해의 표현

방정식 (5.68)에 대응하는 제차방정식

$$x_{n+1} = B(n)x_n \tag{5.69}$$

의 기본행렬 $X(n)$ $(n \in \mathbb{N}_0)$ 과 해작용소 $U(n, m), n \geq m$ 은 제3장에 의해 각각 다음과 같이 주어진다

$$X(n) = \prod_{i=0}^{n-1} B(i), \tag{5.70}$$

$$U(n,m) = X(n)X^{-1}(m) = \prod_{i=m}^{n-1} B(i). \tag{5.71}$$

분명히 $U(n,0) = X(n)$이다. $n \le m$이면 $U(n,m)$은

$$U(n,m) = U^{-1}(m,n) = \left(\prod_{i=n}^{m-1} B(i)\right)^{-1}$$

과 같이 주어진다.

플로케 정리 3.4.1에 의해 기본행렬 $X(n)$은 적당한 τ-주기를 갖는 정칙행렬 $P(n)$과 상수행렬 M이 존재하고

$$X(n) = P(n)M^n \tag{5.72}$$

과 같이 표현된다.

$U(n) = U(n+\tau, n)$에 의해 일반주기작용소 $U(n)$ $(n \in \mathbb{N}_0)$을 정하자. 그러면 다음 성질을 얻는다, 즉,

$$U(n+\tau) = U(n),\ \ U(n)U(n,m) = U(n,m)U(m),$$

그리고

$$U(n) = P(n)U(0)P^{-1}(n),\ \ U(0) = M^\tau.$$

특히, $U(0)$는 방정식 (5.69)의 주기작용소라고 부른다. 분명히

$$U(m+k\tau, 0) = U^k(m)U(m,0) = U(m,0)U^k(0),\ \ (m,k \in \mathbb{N}_0). \tag{5.73}$$

$\nu \in \sigma(U(0))$일 때 $Q_\nu = Q_\nu(U(0))$, $Q_\nu(n) = Q_\nu(U(n))$, 그리고 $h_\nu = h_\nu(U(0))$라고 놓자. 그러면

$$Q_\nu(n+\tau) = Q_\nu(n),\ Q_\nu(n)U(n,m) = U(n,m)Q_\nu(m).$$

도움정리 5.4.1. $\nu \in \sigma(U(0))$라고 하면 일반주기작용소 $U(n)$, $n \in \mathbb{N}_0$는 다음 스펙트럼적인 성질을 가진다.

1) $\sigma(U(n)) = \sigma(U(0))$이고 $0 \notin \sigma(U(0))$.

2) $h_\nu(U(n)) = h_\nu(U(m))$이고

$$U(n,m)G_\nu(U(m)) = G_\nu(U(n)).$$

특히,

$$U(n,0)G_\nu(U(0)) = G_\nu(U(n)).$$

3) $\dim G_\nu(U(m)) = \dim G_\nu(U(n))$.

각 $n \in \mathbb{N}_0$는

$$n = k(n)\tau + r(n), k(n) = \left[\frac{n}{\tau}\right],\ 0 \le r(n) < \tau - 1$$

과 같이 표현된다.

이제 초기조건 $x_0 = w$를 만족하는 제차 주기계수 선형차분방정식 (5.69)의 해 $x_n(w)$의 표현을 구하여 보자. 관계식 (5.73)으로부터 방정식 (5.69)의 해작용소 $U(n,0)$는 $U(n,0) = U(r(n),0)U^{k(n)}(0)$ 로 주어진다. 따라서 초기조건 $Q_\nu x_0 = Q_\nu w, \nu \in \sigma(U(0))$를 만족하는 방정식 (5.69)의 해 $x_n(Q_\nu w)$는 다음과 같이 표현된다.

$$x_n(Q_\nu w) = U(n,0)Q_\nu w = U(r(n),0)U^{k(n)}(0)Q_\nu w.$$

분명히 $Q_\nu(n)x_n(w) = x_n(Q_\nu(w))$. (1.55)에 의해

$$Q_\nu(n)x_n(w) = U(r(n),0)\sum_{j=0}^{h_\nu-1}\frac{(k(n))_j}{j!}\nu^{k(n)-j}(U(0)-\nu E)^j Q_\nu w. \tag{5.74}$$

다음으로 비제차 주기계수 선형차분방정식 (5.68)의 해 $x_n(w,b(\cdot))$의 표현을 구하여 보자. 각 $k \in \mathbb{N}_0$와 $\nu \in \sigma(U(0))$에 대하여 $S_k(b(\cdot))$와 $S_{k,\nu}(b(\cdot))$를 각각

$$S_k(b(\cdot)) = \sum_{i=0}^{k-1}U(k,i+1)b(i), \quad (1 \le k \le \tau), \quad S_0(b(\cdot)) = 0$$

$$S_{k,\nu}(b(\cdot)) = Q_\nu S_k(b(\cdot))$$

라고 놓자. 그러면

$$S_{k,\nu}(b(\cdot)) = \sum_{i=0}^{k-1}U(k,i+1)Q_\nu(i+1)b(i), \quad (1 \le k \le \tau), \quad S_{0,\nu}(b(\cdot)) = 0.$$

도움정리 5.4.2. 방정식 (5.68)의 해 $x_n := x_n(w,b(\cdot))$는

$$x_n = U(n,0)w + U(r(n),0)S_{k(n)}(U(0))S_\tau(b(\cdot)) + S_{r(n)}(b(\cdot)) \tag{5.75}$$

와 같이 표현된다. 특히

$$x_{k(n)\tau} = U^{k(n)}(0)w + S_{k(n)}(U(0))S_\tau(b(\cdot)). \tag{5.76}$$

증명 정리 3.2.8에 의해

$$x_n = U(n,0)w + \sum_{i=0}^{n-1}U(n,i+1)b(i).$$

편의상, $k = k(n), r = r(n)$이라고 놓으면 간단한 계산에 의해

$$x_n = U(n,0)w + U(r(n),0)\sum_{j=1}^{k}\sum_{i=1}^{\tau}U^{k-j}(0)U(\tau,i)b(i-1) + \sum_{i=1}^{r}U(r,i)b(i-1).$$

한편

$$\sum_{j=1}^{k}\sum_{i=1}^{\tau}U^{k-j}(0)U(\tau,i)b(i-1) = \sum_{j=0}^{k-1}U^j(0)\sum_{i=0}^{\tau-1}U(\tau,i+1)b(i)$$

$$= S_k(U(0))S_\tau(b(\cdot))$$

이므로 (5.75)를 얻는다. (5.76) 은 분명하다. □

도움정리 5.4.2로부터 해 $x_n(w, b(\cdot))$의 성분 $Q_\nu(n)x_n(w, b(\cdot))$는

$$\begin{aligned} &Q_\nu(n)x_n(w, b(\cdot)) \\ &= U(n,0)Q_\nu w + U(r(n),0)S_{k(n)}(U(0))S_{\tau,\nu}(b(\cdot)) + S_{r(n),\nu}(b(\cdot)) \end{aligned} \tag{5.77}$$

와 같이 주어진다. 분명히, 방정식 (5.68)의 해 $x_n(w, b(\cdot))$는

$$x_n(w, b(\cdot)) = \sum_{\nu \in \sigma(U(0))} Q_\nu(n)x_n(w, b(\cdot))$$

로 주어진다.

각 $\nu \in \sigma(U(0))$에 대하여 $Z_\nu(b(\cdot))$, $\gamma_\nu(w, b(\cdot))$, 그리고 $\delta(w, b(\cdot))$를 다음과 같이 정한다.

$$Z_\nu(b(\cdot)) := Z_\nu(U(0), b(\cdot)) = Z_\nu(U(0))S_{\tau,\nu}(b(\cdot)), \quad (\nu \neq 1),$$

$$\gamma_\nu(w, b(\cdot)) := \gamma_\nu(w, b(\cdot); U(0)) = Q_\nu w + Z_\nu(U(0), b(\cdot)), \quad (\nu \neq 1),$$

$$\delta(w, b(\cdot)) := \delta(w, b(\cdot); U(0)) = (U(0) - E)Q_1 w + S_{\tau,1}(b(\cdot)), \quad (\nu = 1).$$

방정식 (5.68)의 해 $x_n(w, b(\cdot))$의 성분 $Q_\nu(n)x_n(w, b(\cdot))$의 표현을 특성승수를 써서 주자.

정리 5.4.1. $\nu \in \sigma(U(0))$라고 하자. 방정식 (5.68)의 해 $x_n(w, b(\cdot))$의 성분 $Q_\nu(n)x_n(w, b(\cdot))$는 다음과 같이 주어진다.

1) $\nu \neq 1$인 경우.

$$\begin{aligned} &Q_\nu(n)x_n(w, b(\cdot)) \\ &= U(n,0)\gamma_\nu(w, b(\cdot)) - U(r(n),0)Z_\nu(b(\cdot)) + S_{r(n),\nu}(b(\cdot)) \end{aligned} \tag{5.78}$$

$$\begin{aligned} &= U(r(n),0) \sum_{j=0}^{h_\nu(U(0))-1} \frac{(k(n))_j}{j!} \nu^{k(n)-j}(U(0) - \nu E)^j \gamma_\nu(w, b(\cdot)) \\ &\qquad - U(r(n),0)Z_\nu(b(\cdot)) + S_{r(n),\nu}(b(\cdot)). \end{aligned} \tag{5.79}$$

특히,

$$Q_\nu(k(n)\tau)x_{k(n)\tau}(w, b(\cdot)) = U^{k(n)}(0)\gamma_\nu(w, b(\cdot)) - Z_\nu(b(\cdot)). \tag{5.80}$$

2) $\nu = 1$인 경우.

$$\begin{aligned} Q_1(n)x_n(w, b(\cdot)) &= U(r(n),0) \sum_{j=0}^{h_1(U(0))-1} \frac{(k(n))_{j+1}}{(j+1)!}(U(0) - E)^j \delta(w, b(\cdot)) \\ &\qquad + U(r(n),0)Q_1 w + S_{r(n),1}(b(\cdot)). \end{aligned} \tag{5.81}$$

특히,

$$Q_1(k(n)\tau)x_{k(n)\tau}(w,b(\cdot)) = \sum_{j=0}^{h_1(U(0))-1} \frac{(k(n))_{j+1}}{(j+1)!}(U(0)-E)^j\delta(w,b(\cdot)) + Q_1 w.$$

증명 $N = U(0) - \nu E, k = k(n)$ 이라고 놓는다.

1) $\nu \neq 1$ 인 경우.

도움정리 5.2.1에 의하여

$$\begin{aligned} S_k(U(0))S_{\tau,\nu}(b(\cdot)) &= S_k(U(0))Q_\nu S_{\tau,\nu}(b(\cdot)) \\ &= U^k(0)Z_\nu(U(0))S_{\tau,\nu}(b(\cdot)) - Z_\nu(U(0))S_{\tau,\nu}(b(\cdot)). \end{aligned}$$

따라서

$$\begin{aligned} &U^k(0)Q_\nu w + S_k(U(0))S_{\tau,\nu}b(\cdot)) \\ &= U^k(0)\left(Q_\nu w + Z_\nu(U(0))S_{\tau,\nu}(b(\cdot))\right) - Z_\nu(U(0))S_{\tau,\nu}(b(\cdot)) \\ &= U^k(0)\gamma_\nu(w,b(\cdot)) - Z_\nu(b(\cdot)). \end{aligned}$$

위의 관계식으로부터

$$\begin{aligned} &U(n,0)w + U(r(n),0)S_k(U(0))S_{\tau,\nu}(b(\cdot)) \\ &= U(r(n),0)(U^k(0)Q_\nu w + S_k(U(0))S_{\tau,\nu}b(\cdot))) \\ &= U(r(n),0)U^k(0)\gamma_\nu(w,b(\cdot)) - U(r(n),0)Z_\nu(b(\cdot)) \\ &= U(n,0))\gamma_\nu(w,b(\cdot)) - U(r(n),0)Z_\nu(b(\cdot)) \end{aligned}$$

를 얻는다. 따라서 도움정리 5.4.2에 의하여 표현 (5.78)을 얻는다. $r(n) = 0, X(0) = E$ 이고 (5.74)에 의하여 표현 (5.79) 과 (5.80)가 쉽게 나온다.

2) $\nu = 1$ 인 경우.

도움정리 5.4.2와 도움정리 5.2.1을 이용하면

$$\begin{aligned} &U^k(0)Q_1 w + S_k(U(0))S_{\tau,1}(b(\cdot)) \\ &= \sum_{j=0}^{h_1-1}\binom{k}{j}N^jQ_1w + \sum_{j=0}^{h_1-1}\binom{k}{j+1}N^jS_{\tau,1}(b(\cdot)) \\ &= \sum_{j=0}^{h_1-1}\binom{k}{j+1}N^{j+1}Q_1w + \sum_{j=0}^{h_1-1}\binom{k}{j+1}N^jS_{\tau,1}(b(\cdot)) + Q_1w \\ &= \sum_{j=0}^{h_1-1}\binom{k}{j+1}N^j\left(NQ_1w + S_{\tau,1}(b(\cdot))\right) + Q_1w \\ &= \sum_{j=0}^{h_1-1}\binom{k}{j+1}N^j\delta(w,b(\cdot)) + Q_1w \end{aligned}$$

을 얻을 수 있다. 이로부터 표현 (5.81)을 얻는다. □

따름정리 5.4.1. 방정식 (5.68)에서 $b(n) = b$ 그리고 $\nu \in \sigma(U(0))$ 라고 하자. 이 때 방정식 (5.68)의 해 $x_n(w,b)$의 성분 $Q_\nu(n)x_n(w,b)$는 다음과 같이 표현된다.

1) $\nu \neq 1$ 인 경우

$$Q_\nu(n)x_n(w,b) = U(n,0)\gamma_\nu(w,b) - U(r(n),0)Z_\nu(b) + S_{r(n),\nu}(b).$$

2) $\nu = 1$ 인 경우

$$Q_1(n)x_n(w,b) = U(r(n),0)\sum_{j=0}^{h_1(U(0))-1}\frac{(k(n))_{j+1}}{(j+1)!}(U(0)-E)^j\delta(w,b)$$
$$+ U(r(n),0)Q_1 w + S_{r(n),1}(b).$$

4.2 해의 점근적 행태

여기서는 방정식 (5.68)의 해의 점근적 행태를 위에서 얻은 해의 표현을 써서 고찰한다.

$\sigma(U(0)) = \{\nu_1, \nu_2, \cdots, \nu_s\}$ 라고 하자. 위에서 언급한 바와 같이 초기값 w의 계층 $(d(\nu_1), d(\nu_2), \cdots, d(\nu_s))$를 다음과 같이 정의한다.

1) $\nu \neq 1$ 인 경우:

$\gamma_\nu(w,b(\cdot)) = 0$일 때 $d(\nu) = 0$이라고 정한다. $\gamma_\nu(w,b(\cdot)) \neq 0$일 때 $d(\nu)$는

$$(U(0)-\nu E)^{d(\nu)-1}\gamma_\nu(w,b(\cdot)) \neq 0,\ (U(0)-\nu E)^{d(\nu)}\gamma_\nu(w,b(\cdot)) = 0$$

을 만족하는 양의 정수이다.

2) $\nu = 1$ 인 경우:

$\delta(w,b(\cdot)) = 0$일 때 $d(\nu) = 0$이라고 정한다. $\delta(w,b(\cdot)) = 0$일 때 $d(\nu)$는

$$(U(0)-E)^{d(1)-1}\delta(w,b(\cdot)) \neq 0,\ (U(0)-E)^{d(1)}\delta(w,b(\cdot)) = 0$$

을 만족하는 양의 정수이다. 분명히, $d(1) \leq h_1$.

정리 5.4.1을 쓰면 다음 결과를 얻는다.

정리 5.4.2. $\nu \in \sigma(U(0))$가고, $Q_\nu(n)x_n$은 방정식 (5.68)의 해 $x_n := x_n(w,b(\cdot))$의 $G_\nu(U(n))$의 성분이라고 한다.

1) $|\nu| > 1$ 인 경우:

(1) $d(\nu) = 0$이면 $Q_\nu(n)x_n$은 τ-주기이다;

$$Q_\nu(k(n)\tau)x_{k(n)\tau} = -Z_\nu(U(0),b(\cdot)).$$

(2) $d(\nu) \geq 1$이면 $Q_\nu(n)x_n$은 비유계이다;

$$Q_\nu(n)x_n = \frac{([\frac{n}{\tau}])_{d(\nu)-1}\nu^{[\frac{n}{\tau}]}}{(d(\nu)-1)!\nu^{d(\nu)-1}}U(n-\left[\frac{n}{\tau}\right]\tau,0)(U(0)-\nu E)^{d(\nu)-1}\gamma_\nu(w,b(\cdot))$$

$$+ o\left(\left(\left[\frac{n}{\tau}\right]\right)_{d(\nu)-1}\nu^{[\frac{n}{\tau}]}\right) \quad (n \to \infty).$$

2) $|\nu| < 1$ 인 경우 : $Q_\nu(n)x_n$ 은 유계이다 ;

(1) $d(\nu) = 0$ 이면 $Q_\nu(n)x_n$ 은 τ-주기이다.

(2) $d(\nu) \geq 1$ 이면 $Q_\nu(n)x_n$ 은 유계이다.

3) $|\nu| = 1, \nu \neq 1$ 인 경우 :

(1) $d(\nu) = 0$ 이면 $Q_\nu(n)x_n$ 은 τ-주기이다.

(2) $d(\nu) = 1$ 이면 $Q_\nu(n)x_n$ 은 유계이다 ;

$$Q_\nu(n)x_n = \nu^{[\frac{n}{\tau}]}U(n - \left[\frac{n}{\tau}\right]\tau, 0)\gamma_\nu(w, b(\cdot)) - U(n - \left[\frac{n}{\tau}\right]\tau, 0)Z_\nu(U(0), b(\cdot)) + S_{n-[\frac{n}{\tau}]\tau,\nu}(b(\cdot)).$$

(3) $d(\nu) \geq 2$ 이면 $Q_\nu(n)x_n$ 은 비유계이다 ;

$$Q_\nu(n)x_n = \frac{([\frac{n}{\tau}])_{d(\nu)-1}\nu^{[\frac{n}{\tau}]}}{(d(\nu)-1)!\nu^{d(\nu)-1}}U(n - \left[\frac{n}{\tau}\right]\tau, 0)(U(0) - \nu E)^{d(\nu)-1}\gamma_\nu(w, b(\cdot)) + o\left(\left(\left[\frac{n}{\tau}\right]\right)_{d(\nu)-1}\right) \quad (n \to \infty).$$

4) $\nu = 1$ 인 경우 :

(1) $d(1) = 0$ 이면 $Q_1(n)x_n$ 은 τ-주기이다 ; $Q_1(k(n)\tau)x_{k(n)\tau} = Q_1 w$.

(2) $d(1) \geq 1$ 이면 $Q_1(n)x_n$ 은 비유계이다 ;

$$Q_1(n)x_n = \frac{\left([\frac{n}{\tau}]\right)_{d(1)}}{d(1)!}U(n - \left[\frac{n}{\tau}\right]\tau, 0)(U(0) - \nu E)^{d(1)-1}\delta(w, b(\cdot)) + o\left(\left(\left[\frac{n}{\tau}\right]\right)_{d(1)}\right) \quad (n \to \infty).$$

방정식 (5.68)의 해의 유계성과 τ-주기성에 관한 결과는 정리 5.3.1로부터 직접 유도된다.

정리 5.4.3. 방정식 (5.68)의 해 $x_n(w, b(\cdot))$가 유계이기 위한 필요충분조건은 다음 조건을 만족하는 것이다. 각 $\nu \in \sigma(U(0))$에 대하여

1) $|\nu| > 1$ 이면 $\gamma_\nu(w, b(\cdot)) = 0$,

2) $|\nu| = 1, \nu \neq 1$ 이면 $(U(0) - \nu E)\gamma_\nu(w, b(\cdot)) = 0$,

3) $\nu = 1$ 이면 $\delta(w, b(\cdot)) = 0$.

정리 5.4.4. 다음 명제는 동치이다.

1) 방정식 (5.68)의 해 $x_n(w, b(\cdot))$가 τ-주기이다.

2) 각 $\nu \in \sigma(U(0))$에 대하여

(1) $\gamma_\nu(w, b(\cdot)) = 0, \quad (\nu \neq 1)$,

(2) $\delta(w, b(\cdot)) = 0, \quad (\nu = 1)$.

3) $(E - U(0))w = S_\tau(b(\cdot))$.

증명 1)과 2)의 동치성은 정리 5.3.1로부터 쉽게 나온다. (5.76)을 이용하면, $x_\tau(w, b(\cdot)) = x_0(w, b(\cdot))$와 $(E - U(0))w = S_\tau(b(\cdot))$는 동치이다. 이것은 1)과 3)의 동치성을 뜻한다. □

특히, 방정식 (5.68)의 τ-주기해 $x_n(w, b(\cdot))$에 대하여

$$Q_\nu(k(n)\tau)x_{k(n)\tau}(w, b(\cdot)) = \begin{cases} -Z_\nu(b(\cdot)) & (\nu \neq 1) \\ Q_1 w & (\nu = 1) \end{cases}$$

임을 주의하자.

따름정리 5.4.2. 방정식 (5.68)의 유계해 $x_n(w, b(\cdot))$가 τ-주기해이기 위한 필요충분조건은 $|\nu| \leq 1, \nu \neq 1$인 모든 $\nu \in \sigma(U(0))$에 대하여 $\gamma_\nu(w, b(\cdot)) = 0$이 성립하는 것이다.

따름정리 5.4.3. $1 \notin \sigma(U(0))$이면, 방정식 (5.68)은 유일한 τ-주기해를 가진다.

도움정리 5.4.3. $1 \in \sigma(U(0))$일 때 다음 명제는 동치이다.

1) $\delta(w, b(\cdot)) = 0$인 $Q_1 w$가 존재한다.
2) $S_{\tau,1}(b(\cdot)) \in (U(0) - E)G_{U(0)}(1)$.
3) $S_\tau(b(\cdot)) \in \mathcal{R}(U(0) - E)$.
4) 방정식

$$(E - U(0))w = S_\tau(b(\cdot))$$

를 만족하는 w가 존재한다.

증명 2)와 3)의 동치성은 도움정리 5.3.2를 고려하면 쉽게 유도된다. 1)과 4)의 동치성은 정리 5.4.4로부터 나온다. 나머지는 분명하다. □

마지막으로, 마세라 형의 정리 (문헌[43] 참조) 는 초기값에 의해 특징지어진다는 것을 보이자. 증명은 정리 5.4.3, 정리 5.4.4, 도움정리 5.4.3에 의해 얻어진다.

정리 5.4.5. 다음 명제는 동치이다.

1) 방정식 (5.68)은 유계해를 가진다.
2) $1 \notin \sigma(U(0))$이거나 $1 \in \sigma(U(0))$이고, $\delta(w, b(\cdot)) = 0$인 $Q_1 w$가 존재한다.
3) 방정식 (5.68)은 τ-주기해를 가진다.

4.3 보기

여기서는 위에서 얻은 결과를 예를 통해 보이기로 한다. 다음 방정식

$$x_{n+1} = B(n)x_n + b(n), \quad x(0) = w \in \mathbb{C}^3, \quad (n \in \mathbb{N}_0), \tag{5.82}$$

을 고찰하자. 여기서

$$B(n) = \begin{pmatrix} (-1)^n & 1 & 0 \\ 0 & (-1)^{n+1} & 0 \\ 0 & (-1)^{n+1} & 1 \end{pmatrix}, \quad b(n) = \begin{pmatrix} (-1)^n a \\ 2b + (1-(-1)^n)a \\ (-1)^n c \end{pmatrix},$$

$$x_n = \begin{pmatrix} x_1(n) \\ x_2(n) \\ x_3(n) \end{pmatrix}, \quad w = \begin{pmatrix} w_1 \\ w_2 \\ w_3 \end{pmatrix}, \quad (a, b, c \in \mathbb{C}).$$

그러면 일반 주기작용소 $U(n)$, $n \in \mathbb{N}_0$는 다음과 같이 주어진다.

$$U(n) = U(n+2, n) = B(n+1)B(n) = \begin{pmatrix} -1 & 2(-1)^{n+1} & 0 \\ 0 & -1 & 0 \\ 0 & -1+(-1)^{n+1} & 1 \end{pmatrix}.$$

주기작용소는

$$U(0) = \begin{pmatrix} -1 & -2 & 0 \\ 0 & -1 & 0 \\ 0 & -2 & 1 \end{pmatrix}$$

이므로 주기작용소 $U(0)$의 고유방정식은 $\Phi_{U(0)}(\nu) = |\nu E - U(0)| = (\nu+1)^2(\nu-1)$이다. 즉 $\sigma(U(n)) = \sigma(U(0)) = \{-1, 1\}$이다. $2 = \text{rank}(U(0)+E) > \text{rank}(U(0)+E)^2 = 1$이므로 $h_{-1}(U(0)) = 2, h_1(U(0)) = 1$이다.

이제 $Q_{-1}(n)$과 $Q_1(n)$을 계산하자.

$$\frac{1}{\Phi_{U(0)}(\nu)} = \frac{-\frac{1}{4}\nu - \frac{3}{4}}{(\nu+1)^2} + \frac{\frac{1}{4}}{\nu - 1},$$

이므로

$$Q_{-1}(n) = \left(-\frac{1}{4}U(n) - \frac{3}{4}E\right)(U(n) - E) = \begin{pmatrix} 1 & 0 & 0 \\ 0 & 1 & 0 \\ 0 & \frac{1}{2}+\frac{1}{2}(-1)^n & 0, \end{pmatrix}$$

$$Q_1(n) = \frac{1}{4}(U(n)+E)^2 = \begin{pmatrix} 0 & 0 & 0 \\ 0 & 0 & 0 \\ 0 & -\frac{1}{2}+\frac{1}{2}(-1)^{n+1} & 1 \end{pmatrix}$$

을 얻는다. 특히 $n = 0$이면

$$Q_{-1} = \begin{pmatrix} 1 & 0 & 0 \\ 0 & 1 & 0 \\ 0 & 1 & 0 \end{pmatrix}, \quad Q_1 = \begin{pmatrix} 0 & 0 & 0 \\ 0 & 0 & 0 \\ 0 & -1 & 1 \end{pmatrix}.$$

다음으로 두 특성량 $\gamma_{-1}(w, b(\cdot))$와 $\delta(w, b(\cdot))$를 계산하자.

$$Z_{-1}(U(0)) = -\frac{1}{2}E - \frac{1}{2^2}(U(0)+E)$$

$$= -\frac{1}{2}E - \frac{1}{4}\begin{pmatrix} 0 & -2 & 0 \\ 0 & 0 & 0 \\ 0 & -2 & 2 \end{pmatrix}$$

$$= -\frac{1}{2}\begin{pmatrix} 1 & -1 & 0 \\ 0 & 1 & 0 \\ 0 & -1 & 2 \end{pmatrix}$$

이고

$$\begin{aligned} S_{2,-1}(b(\cdot)) &= U(2,1)Q_{-1}(1)b(0) + U(2,2)Q_{-1}(2)b(1) \\ &= \begin{pmatrix} -1 & 1 & 0 \\ 0 & 1 & 0 \\ 0 & 1 & 1 \end{pmatrix}\begin{pmatrix} 1 & 0 & 0 \\ 0 & 1 & 0 \\ 0 & 0 & 0 \end{pmatrix} b(0) + \begin{pmatrix} 1 & 0 & 0 \\ 0 & 1 & 0 \\ 0 & 1 & 0 \end{pmatrix} b(1) \\ &= \begin{pmatrix} -2a+2b \\ 2a+4b \\ 2a+4b \end{pmatrix} \end{aligned}$$

이므로

$$\begin{aligned} \gamma_{-1}(w, b(\cdot)) &= Q_{-1}w + Z_{-1}(U(0))S_{2,-1}(b(\cdot)) \\ &= Q_{-1}w - \frac{1}{2}\begin{pmatrix} 1 & -1 & 0 \\ 0 & 1 & 0 \\ 0 & -1 & 2 \end{pmatrix}\begin{pmatrix} -2a+2b \\ 2a+4b \\ 2a+4b \end{pmatrix} \\ &= Q_{-1}w - \begin{pmatrix} -2a-b \\ a+2b \\ a+2b \end{pmatrix}. \end{aligned}$$

더욱이

$$\begin{aligned} S_{2,1}(b(\cdot)) &= U(2,1)Q_1(1)b(0) + U(2,2)Q_1(2)b(1) \\ &= \begin{pmatrix} -1 & 1 & 0 \\ 0 & 1 & 0 \\ 0 & 1 & 1 \end{pmatrix}\begin{pmatrix} 0 & 0 & 0 \\ 0 & 0 & 0 \\ 0 & 0 & 1 \end{pmatrix} b(0) + \begin{pmatrix} 0 & 0 & 0 \\ 0 & 0 & 0 \\ 0 & -1 & 1 \end{pmatrix} b(1) \\ &= \begin{pmatrix} 0 \\ 0 \\ -2a-2b \end{pmatrix} \end{aligned}$$

이므로

$$\begin{aligned} \delta(w, b(\cdot)) &= (U(0) - E)Q_1 w + S_{2,1}(b(\cdot)) \\ &= -2\begin{pmatrix} 1 & 1 & 0 \\ 0 & 1 & 0 \\ 0 & 1 & 0 \end{pmatrix} Q_1 w + \begin{pmatrix} 0 \\ 0 \\ -2a-2b \end{pmatrix} \end{aligned}$$

를 얻는다.

마지막으로, 도움정리 5.4.3의 조건 2), 즉 $S_{2,1}(b(\cdot)) \in (U(0)-E)G_1(U(0))$를 검토해 보자. 방정식 $(U(0)-E)x=0$의 해공간 $G_1(U(0))$는

$$G_1(U(0)) = \left[\begin{pmatrix} 0 \\ 0 \\ 1 \end{pmatrix}\right]$$

과 같이 주어진다. 따라서

$$\begin{pmatrix} 0 \\ 0 \\ -2a-2b \end{pmatrix} \in (U(0)-E)G_1(U(0)) = \begin{pmatrix} 0 \\ 0 \\ 0 \end{pmatrix} \Longleftrightarrow a+b=0.$$

$a+b=0$이면

$$\delta(w,b(\cdot)) = 0 \Longleftrightarrow Q_1 w \in \left[\begin{pmatrix} 0 \\ 0 \\ 1 \end{pmatrix}\right].$$

그리고

$$\gamma_{-1}(w,b(\cdot)) = 0 \Longleftrightarrow Q_{-1}w = \begin{pmatrix} -2a-b \\ a+2b \\ a+2b \end{pmatrix}.$$

정리 5.4.4를 적용하여 다음 결과를 얻는다.

명제 5.4.1. $a+b=0$이면 다음 명제는 동치이다.

1) $x_n(w,b(\cdot))$는 방정식 (5.82)의 2-주기해이다.

2) $w \in \left[\begin{pmatrix} 0 \\ 0 \\ 1 \end{pmatrix}\right] + b\begin{pmatrix} 1 \\ 1 \\ 1 \end{pmatrix}$.

정리 5.4.3의 조건 2), 즉 $(U(0)+E)\gamma_{-1}(w,b(\cdot)) = 0$을 검토해 보자. 간단한 계산에 의해

$$\gamma_{-1}(w,b(\cdot)) = Q_{-1}w - \begin{pmatrix} -2a-b \\ a+2b \\ a+2b \end{pmatrix} \in \left[\begin{pmatrix} 1 \\ 0 \\ 0 \end{pmatrix}\right]$$

이므로

$$Q_{-1}w \in \left[\begin{pmatrix} 1 \\ 0 \\ 0 \end{pmatrix}\right] + \begin{pmatrix} -2a-b \\ a+2b \\ a+2b \end{pmatrix}$$

를 얻는다. 정리 5.4.3을 적용하여 다음 결과를 얻는다.

명제 5.4.2. $a+b=0$을 가정하자. 그러면 다음 명제는 동치이다.

1) $x_n(w,b(\cdot))$는 방정식 (5.82)의 유계해이다.

2) $w \in \left[\begin{pmatrix} 1 \\ 0 \\ 0 \end{pmatrix}, \begin{pmatrix} 0 \\ 0 \\ 1 \end{pmatrix} \right] + b \begin{pmatrix} 1 \\ 1 \\ 1 \end{pmatrix}.$

6

행렬에 관한 변환공식

제 1 절 행렬의 지수에 관한 변환공식

이 절에서는 A와 B가 m차 복소수행렬일 때 앞 장에서 두 종류의 선형차분방정식

$$x_{n+1} = Bx_n + b, \tag{6.1}$$

$$x_{n+1} = e^{\tau A}x_n + b \tag{6.2}$$

의 해를 각각 B와 A의 일반화된 고유공간성분으로 분해하고 그 표현을 얻었다. 그 표현은 서로 독립적으로 얻어졌으나, A와 B가

$$B = e^{\tau A}, \ \ \tau > 0$$

과 같은 관계로 맺어져 있는 경우 선형차분방정식 (6.1) 과 (6.2)는 동일한 방정식이다. 따라서 해도 같아진다. 다만 그 표현이 A에 기초하고 있는지, B에 기초하고 있는지만이 다를 뿐이다. 이 절에서는 두 표현을 비교분석함으로써 변환공식을 유도한다. 그 결과, 해의 두 표현이 이 변환공식에 의해 자유롭게 오갈 수 있게 된다.

정리 1.8.5, 즉 스펙트럼 사상정리 $\sigma(B) = e^{\tau\sigma(A)}$를 이용하면, 각 $\mu \in \sigma(B)$에 대하여

$$\sigma_\mu(A) := \{\lambda \in \sigma(A) \ : \ \mu = e^{\tau\lambda}\} \neq \emptyset$$

을 얻는다. 분명히, $\sigma(A) = \cup_{\mu\in\sigma(B)}\sigma_\mu(A)$이다. 정리 1.8.5에 의해 각 $\mu \in \sigma(B)$에 대하여

$$h_\mu(B) = \max\{h_\lambda(A) \ : \ \lambda \in \sigma_\mu(A)\}, \ \ G_\mu(B) = \bigoplus_{\lambda\in\sigma_\mu(A)} G_\lambda(A)$$

가 성립한다. 앞으로 사영 $P_\lambda := Q_\lambda(A)$, $Q_\mu := Q_\mu(B)$의 기호를 자주 쓰기로 한다. $AP_\lambda = P_\lambda A$이고 $B = e^{\tau A}$이므로 $BP_\lambda = P_\lambda B$가 성립한다. 관계식

$$Q_\mu = \sum_{\lambda\in\sigma_\mu(A)} P_\lambda, \ \ P_\lambda Q_\mu = P_\lambda \ \ (\lambda \in \sigma_\mu(A))$$

도 성립한다. 편의상,

$$A_{k,\lambda} := \frac{\tau^k}{k!}(A-\lambda E)^k, \quad B_{[k,\mu]} := \frac{1}{k!\mu^k}(B-\mu E)^k$$

라고 놓자. 그러면 제5장에서 정의한 $X_\lambda(A), Y_\lambda(A), Z_\mu(B)$는

$$X_\lambda(A) = \sum_{k=0}^{h_\lambda(A)-1} \varepsilon^{(k)}(\tau\lambda)A_{k,\lambda}, \quad Y_\lambda(A) = \sum_{k=0}^{h_\lambda(A)-1} B_k A_{k,\lambda},$$

$$Z_\mu(B) = \sum_{k=0}^{h_\mu(B)-1} a^{(k)}(\mu)\mu^k B_{[k,\mu]}$$

로 주어진다. 다음 도움정리는 정의로부터 쉽게 유도된다.

도움정리 6.1.1. 다음 관계식이 성립한다.

$$A_{j,\lambda}A_{k,\lambda} = \frac{(j+k)!}{j!k!}A_{j+k,\lambda} = \binom{j+k}{j}A_{j+k,\lambda} = \binom{j+k}{k}A_{j+k,\lambda}.$$

특히, $A_{1,\lambda}A_{k,\lambda} = (k+1)A_{k+1,\lambda}$가 성립한다.

$$B_{[j,\mu]}B_{[k,\mu]} = \frac{(j+k)!}{j!k!}B_{[j+k,\mu]} = \binom{j+k}{j}B_{[j+k,\mu]} = \binom{j+k}{k}B_{[j+k,\mu]}.$$

특히, $B_{[1,\mu]}B_{[k,\mu]} = (k+1)B_{[k+1,\mu]}$ 가 성립한다.

$B = e^{\tau A}$ 라고 가정하고 차분방정식 (6.1)의 B에 기초한 해의 표현(따름정리 5.2.2)과 A에 기초한 해의 표현(정리 5.1.1)을 비교하자.

선형차분방정식 (6.1)과 (6.2)의 각 해는 $\lambda \in \sigma_\mu(A)$에 대하여

$$P_\lambda x_n(w,b) = B^n P_\lambda w + S_n(B)P_\lambda b, \tag{6.3}$$

$$P_\lambda x_n(w,b) = e^{n\tau A}P_\lambda w + S_n(e^{\tau A})P_\lambda b \tag{6.4}$$

로 주어진다. 따라서 방정식 (6.1)의 B에 기초한 해의 표현 (6.3)은 따름정리 5.2.2에 의해 다음과 같이 쓸 수 있다.

정리 6.1.1. $B = e^{\tau A}$, $\lambda \in \sigma_\mu(A)$라고 하자. 그러면 차분방정식 (6.1)의 해 $x_n(w,b)$의 성분 $P_\lambda x_n(w,b)$는 다음과 같이 나타낼 수 있다.

1) $\mu = e^{\tau\lambda} \neq 1$이면

$$\begin{aligned} P_\lambda x_n(w,b) &= B^n P_\lambda \gamma_\mu(w,b) - Z_\mu(B)P_\lambda b \\ &= \mu^n \sum_{k=0}^{h_\mu(B)-1} (n)_k B_{[k,\mu]} P_\lambda \gamma_\mu(w,b) - Z_\mu(B)P_\lambda b. \end{aligned}$$

2) $\mu = e^{\tau\lambda} = 1$ 이면

$$P_\lambda x_n(w,b) = \sum_{k=0}^{h_\mu(B)-1} (n)_{k+1} \frac{1}{k+1} B_{[k,\mu]} P_\lambda \delta(w,b) + P_\lambda w.$$

증명 $\lambda \in \sigma_\mu(A)$ 일 때 $P_\lambda Q_\mu = P_\lambda$ 이므로 증명은 따름정리 5.2.2로부터 쉽게 유도된다. □

다른 한편, A에 기초한 해의 표현 (6.4)는 정리 5.1.1에 의해 다음과 같이 표현된다.

정리 6.1.2. $\lambda \in \sigma(A)$ 라고 하자. 방정식 (6.2)의 해 $x_n(w,b)$ 의 성분 $P_\lambda x_n(w,b)$ 는 다음과 같이 표현된다.

1) $\lambda \notin i\omega\mathbb{Z}$ 이면

$$\begin{aligned} P_\lambda x_n(w,b) &= e^{n\tau A}\alpha_\lambda(w,b) - X_\lambda(A)P_\lambda b \\ &= e^{n\tau\lambda} \sum_{k=0}^{h_\lambda(A)-1} n^k A_{k,\lambda}\alpha_\lambda(w,b) - X_\lambda(A)P_\lambda b. \end{aligned}$$

2) $\lambda \in i\omega\mathbb{Z}$ 이면

$$P_\lambda x_n(w,b) = \sum_{k=0}^{h_\lambda(A)-1} \frac{n^{k+1}}{k+1} A_{k,\lambda}\beta_\lambda(w,b) + P_\lambda w.$$

위 두 정리로부터 다음 관계식이 성립한다. $\mu \in \sigma(B)$, $\lambda \in \sigma_\mu(B)$ 라고 하자.

$\mu \neq 1$ 이면

$$B^n P_\lambda \gamma_\mu(w,b) - Z_\mu(B)P_\lambda b = e^{n\tau A}\alpha_\lambda(w,b) - X_\lambda(A)P_\lambda b, \tag{6.5}$$

즉,

$$\begin{aligned} &\mu^n \sum_{k=0}^{h_\mu(B)-1} (n)_k B_{[k,\mu]} P_\lambda \gamma_\mu(w,b) - Z_\mu(B)P_\lambda b \\ &= e^{n\tau\lambda} \sum_{k=0}^{h_\lambda(A)-1} n^k A_{k,\lambda}\alpha_\lambda(w,b) - X_\lambda(A)P_\lambda b. \end{aligned} \tag{6.6}$$

$\mu = 1$ 이면

$$\sum_{k=0}^{h_1(B)-1} \frac{1}{k+1}(n)_{k+1} B_{[k,1]} P_\lambda \delta(w,b) + P_\lambda w = \sum_{k=0}^{h_\lambda(A)-1} \frac{n^{k+1}}{k+1} A_{k,\lambda}\beta_\lambda(w,b) + P_\lambda w,$$

즉,

$$\sum_{k=0}^{h_1(B)-1} \frac{1}{k+1}(n)_{k+1} B_{[k,1]} P_\lambda \delta(w,b) = \sum_{k=0}^{h_\lambda(A)-1} \frac{n^{k+1}}{k+1} A_{k,\lambda}\beta_\lambda(w,b). \tag{6.7}$$

여기서 해 표현의 특성량은

$$\alpha_\lambda(w,b) = P_\lambda w + X_\lambda(A)P_\lambda b,\ \ \beta_\lambda(w,b) = \tau(A-\lambda E)P_\lambda w + Y_\lambda(A)P_\lambda b,$$
$$\gamma_\mu(w,b) = Q_\mu w + Z_\mu(B)Q_\mu b,\ \ \delta(w,b) = (B-E)Q_1 w + Q_1 b$$

로 주어졌다.

표수 $h_\lambda(A)$의 정의로부터

$$A_{k,\lambda}P_\lambda \neq O\,(0 \le k \le h_\lambda(A)-1),\ \ A_{k,\lambda}P_\lambda = O\,(k \ge h_\lambda(A))$$

임을 주의하자.

위의 주의와 $h_\mu(B) \ge h_\lambda(A)$를 고려하면, (6.5), (6.6)과 (6.7)로부터 아래의 사실을 얻는다.

A) 모든 $\mu \in \sigma(B)$, $\lambda \in \sigma_\mu(A)$에 대하여

$$\sum_{k=0}^{h_\mu(B)-1} (n)_k B_{[k,\mu]} P_\lambda = \sum_{k=0}^{h_\mu(B)-1} n^k A_{k,\lambda} P_\lambda\ \ (n \in \mathbb{N}_0). \tag{6.8}$$

사실, $\mu \neq 1$일 때 (6.6)에서 $b=0$이라고 놓으면, w는 임의로 택할 수 있으므로 (6.8)이 성립한다. $\mu = 1$일 때는 (6.7)에서 $b=0$이라고 두고 도움정리 6.1.1을 적용하면, (6.8)이 성립한다.

B) 모든 $\mu \in \sigma(B)$, $\lambda \in \sigma_\mu(A)$에 대하여

(1) $\mu \neq 1$이면

$$Z_\mu(B)P_\lambda = X_\lambda(A)P_\lambda. \tag{6.9}$$

(2) $\mu = 1$이면

$$\sum_{k=0}^{h_1(B)-1} (n)_{k+1}\frac{1}{k+1} B_{[k,1]} P_\lambda = \sum_{k=0}^{h_1(B)-1} n^{k+1}\frac{1}{k+1} A_{k,\lambda} Y_\lambda(A) P_\lambda. \tag{6.10}$$

이 사실을 보이기로 하자. $\mu \neq 1$인 경우 (6.5)에서 $w=0$이라고 놓으면

$$B^n P_\lambda(Z_\mu(B)P_\lambda b - X_\lambda(A)P_\lambda b) = Z_\mu(B)P_\lambda b - X_\lambda(A)P_\lambda b$$

를 얻는다. 그리고 $n=1$ 및 $v = Z_\mu(B)P_\lambda b - X_\lambda(A)P_\lambda b$라고 놓으면, $P_\lambda v = v$이므로 위 관계는 $Bv = v$가 된다. 즉, $v \in W_1(B)$이다. 한편, $v \in G_\mu(B)$이고 $\mu \neq 1$이다. $W_1(B) \cap G_\mu(B) = \{0\}$이므로 $v=0$을 얻는다. 이로부터 (6.9)를 얻는다. $\mu = 1$인 경우는 (6.7)에서 $w=0$이라고 놓으면, (6.10)을 얻는다.

위 사실 **A)**와 **B)**, 특히 관계식 (6.8)과 (6.10)은 n에 의존하고 있다. 그러므로 n에 무관한 관계식을 이끌어내야 한다.

(6.8)과 (6.10)은 $h_\mu(B)-1$차 다항식공간의 두 가지 기저

$$\{1, n, \cdots, n^{h_\mu(B)-1}\},\ \ \{(n)_0, (n)_1, \cdots, (n)_{h_\mu(B)-1}\}$$

에 의한 표현이라고 볼 수 있다. 이 기저의 변환계수는 스털링 수의 정의로부터

$$n^k = \sum_{j=0}^{k} \left\{ \begin{matrix} k \\ j \end{matrix} \right\} (n)_j, \quad k \in \mathbb{N}_0, \quad (n)_j = \sum_{k=0}^{j} \left[\begin{matrix} j \\ k \end{matrix} \right] n^k, \quad j \in \mathbb{N}_0$$

와 같이 주어졌다. 따라서 (6.8)과 (6.10)의 계수의 변환도 스털링 수로 주어진다. 예컨대 (6.8)은

$$\begin{aligned} \sum_{k=0}^{h_\mu(B)-1} (n)_k B_{[k,\mu]} P_\lambda &= \sum_{j=0}^{h_\mu(B)-1} \sum_{k=0}^{j} \left\{ \begin{matrix} j \\ k \end{matrix} \right\} (n)_k A_{j,\lambda} P_\lambda \\ &= \sum_{k=0}^{h_\mu(B)-1} (n)_k \sum_{j=k}^{h_\mu(B)-1} \left\{ \begin{matrix} j \\ k \end{matrix} \right\} A_{j,\lambda} P_\lambda \end{aligned}$$

라고 바꾸어 쓸 수 있다. 따라서 $0 \le k \le h_\mu(B) - 1$일 때

$$B_{[k,\mu]} P_\lambda = \sum_{j=k}^{h_\mu(B)-1} \left\{ \begin{matrix} j \\ k \end{matrix} \right\} A_{j,\lambda} P_\lambda \tag{6.11}$$

가 성립한다. 분명히 (6.8)이 성립하는 것과 (6.11)이 성립하는 것은 동치이다.

마찬가지로 (6.8) 이 성립하는 것은 $0 \le j \le h_\mu(B) - 1$일 때

$$A_{j,\lambda} P_\lambda = \sum_{k=j}^{h_\mu(B)-1} \left[\begin{matrix} k \\ j \end{matrix} \right] B_{[k,\mu]} P_\lambda \tag{6.12}$$

가 성립하는 것과 동치이다. 따라서 (6.11) 이 성립하는 것과 (6.12)가 성립하는 것은 동치이다.

(6.10) 은

$$\begin{aligned} &\sum_{k=0}^{h_1(B)-1} \frac{1}{k+1} (n)_{k+1} B_{[k,1]} P_\lambda \\ &= \sum_{j=0}^{h_1(B)-1} \frac{1}{j+1} \sum_{k=0}^{j+1} \left\{ \begin{matrix} j+1 \\ k \end{matrix} \right\} (n)_k A_{j,\lambda} Y_\lambda(A) P_\lambda \\ &= \sum_{j=0}^{h_1(B)-1} \frac{1}{j+1} \sum_{k=0}^{j} \left\{ \begin{matrix} j+1 \\ k+1 \end{matrix} \right\} (n)_{k+1} A_{j,\lambda} Y_\lambda(A) P_\lambda \\ &= \sum_{k=0}^{h_1(B)-1} (n)_{k+1} \sum_{j=k}^{h_1(B)-1} \left\{ \begin{matrix} j+1 \\ k+1 \end{matrix} \right\} \frac{1}{j+1} A_{j,\lambda} Y_\lambda(A) P_\lambda \end{aligned}$$

가 된다. 따라서 $0 \le k \le h_1(B) - 1$일 때

$$\frac{1}{k+1} B_{[k,1]} P_\lambda = \sum_{j=k}^{h_1(B)-1} \left\{ \begin{matrix} j+1 \\ k+1 \end{matrix} \right\} \frac{1}{j+1} A_{j,\lambda} Y_\lambda(A) P_\lambda \tag{6.13}$$

가 성립한다. 이로부터 (6.10)은 (6.13)과 동치이다. 그리고 (6.13)은 $0 \le j \le h_1(B)-1$일 때

$$\frac{1}{j+1}A_{j,\lambda}Y_\lambda(A)P_\lambda = \sum_{k=j}^{h_1(B)-1} \begin{bmatrix} k+1 \\ j+1 \end{bmatrix} \frac{1}{k+1}B_{[k,1]}P_\lambda \tag{6.14}$$

가 성립하는 것과 동치이다.

주 6.1.1. 관계식 (6.8) 과 (6.10)은 $n \in \mathbb{N}_0$ 에 대하여 성립하나, 양변은 n에 관한 다항식이므로 n을 실수 t로 바꾸어도 등식은 성립한다. 즉, 임의의 $t \in \mathbb{R}$에 대하여 관계식

$$\sum_{k=0}^{h_\mu(B)-1} (t)_k B_{[k,\mu]}P_\lambda = \sum_{k=0}^{h_\mu(B)-1} t^k A_{k,\lambda}P_\lambda \ \ (\lambda \in \sigma_\mu(A)), \tag{6.15}$$

및

$$\sum_{k=0}^{h_1(B)-1} (t)_{k+1}\frac{1}{k+1}B_{[k,1]}P_\lambda = \sum_{k=0}^{h_1(B)-1} t^{k+1}\frac{1}{k+1}A_{k,\lambda}Y_\lambda(A)P_\lambda \ (\lambda \in \sigma_1(A)) \tag{6.16}$$

가 성립한다.

위의 결과를 종합하면, 정리 6.1.1과 정리 6.1.2를 써서 B에 의한 해의 표현과 A에 의한 해의 표현을 비교함으로써 관계식 (6.9), (6.11), (6.12), (6.13), (6.14)를 얻었다. 이들은 A, B의 스펙트럼만으로 정해지며, n과는 무관하다. 이 관계식들을 **변환공식(translation formula)** 이라고 부른다. 즉, 다음 정리를 얻는다.

정리 6.1.3. $B = e^{\tau A}$, 그리고 $\lambda \in \sigma_\mu(A)$라고 하자.

1) **(변환공식 I)** $0 \le k \le h_\mu(B)-1$일 때

$$B_{[k,\mu]}P_\lambda = \sum_{j=k}^{h_\mu(B)-1} \begin{Bmatrix} j \\ k \end{Bmatrix} A_{j,\lambda}P_\lambda. \tag{6.17}$$

그리고, $0 \le j \le h_\mu(B)-1$일 때

$$A_{j,\lambda}P_\lambda = \sum_{k=j}^{h_\mu(B)-1} \begin{bmatrix} k \\ j \end{bmatrix} B_{[k,\mu]}P_\lambda. \tag{6.18}$$

2) **(변환공식 II)** $\mu \neq 1$일 때

$$Z_\mu(B)P_\lambda = X_\lambda(A)P_\lambda. \tag{6.19}$$

3) **(변환공식 III)** $\mu = 1$이라고 하자. $0 \le k \le h_1(B)-1$일 때

$$\frac{1}{k+1}B_{[k,1]}P_\lambda = \sum_{j=k}^{h_1(B)-1} \begin{Bmatrix} j+1 \\ k+1 \end{Bmatrix} \frac{1}{j+1}A_{j,\lambda}Y_\lambda(A)P_\lambda. \tag{6.20}$$

그리고, $0 \le j \le h_1(B)-1$일 때

$$\frac{1}{j+1}A_{j,\lambda}Y_\lambda(A)P_\lambda = \sum_{k=j}^{h_1(B)-1} \begin{bmatrix} k+1 \\ j+1 \end{bmatrix} \frac{1}{k+1}B_{[k,1]}P_\lambda. \tag{6.21}$$

주 6.1.2. 관계식 (6.17)과 (6.20)은 각각

$$B_{[k,\mu]}P_\lambda = \sum_{j=k}^{h_\lambda(A)-1} \begin{Bmatrix} j \\ k \end{Bmatrix} A_{j,\lambda}P_\lambda, \tag{6.22}$$

$$\frac{1}{k+1}B_{[k,1]}P_\lambda = \sum_{j=k}^{h_\lambda(A)-1} \begin{Bmatrix} j+1 \\ k+1 \end{Bmatrix} \frac{1}{j+1}A_{j,\lambda}Y_\lambda(A)P_\lambda \tag{6.23}$$

가 된다. 사실, $h_\mu(B) \ge h_\lambda(A)$이고 $(A-\lambda E)^{h_\lambda(A)}P_\lambda = O$이다. 그러므로 $k \ge h_\lambda(A)$일 때 $A_{k,\lambda}P_\lambda = O$, $B_{[k,\mu]}P_\lambda = O$이다.

제 2 절 행렬의 지수에 관한 변환공식의 증명

이 절에서 합성함수의 고계미분에 관한 브루노(Faà di Bruno) 공식을 써서 앞 절에서 얻은 변환공식을 증명한다.

2.1 합성함수의 고계미분

여기에서는 합성함수의 고계미분에 관한 브루노 공식과 그 구체적인 예를 준다.

1. 합성함수의 고계미분의 공식

브루노 공식을 주기 위해 앞 장에서 도입한 기호

$$q(n,m) = \{\alpha \,:\, \alpha_1+\alpha_2+\cdots+\alpha_n = m,\ \alpha_i \in \mathbb{N}_0\ (i=1,2,\cdots,n)\}$$
$$p(n,m,k) = \{\alpha \in q(n,m) \,:\, \alpha_1+2\alpha_2+\cdots+n\alpha_n = k\}$$

를 이용한다.

정리 6.2.1. **(브루노 공식)** $y=f(u)$, $u=g(x)$가 무한번 미분가능하며, $h(x)=f(g(x))$라고 놓자. 그러면

$$\frac{h^{(n)}(x)}{k!} = \sum_{k=1}^{n} f^{(k)}(g(x)) \sum_{K\in p(n,k,n)} \prod_{j=1}^{n} \frac{1}{(k_j!)}\left(\frac{g^{(j)}(x)}{j!}\right)^{k_j},$$

여기서 $K=(k_1,\ k_2,\ \cdots,\ k_n)$이다.

증명 먼저 수학적 귀납법에 의해

$$h^{(n)}(x)=\sum_{k=1}^{n}\sum_{K\in p(n,k,n)} C(n;K)f^{(k)}(g(x))g^{(1)}(x)^{k_1}g^{(2)}(x)^{k_2}\cdots g^{(n)}(x)^{k_n} \tag{6.24}$$

임을 보이기로 하자. $C(n;K)$는 함수 f, g에 의존하지 않는 상수이다.

사실, $h'(x)=f'(g(x))g'(x)$이므로 $n=1$일 때 $C(1;(1))=1$이라고 놓으면 위 관계식은 성립한다.

n일 때 (6.24)가 성립한다고 가정하고 나서, $n+1$일 때도 (6.24)가 성립한다는 것을 확인하자. 복잡성을 피하기 위해 $n=3$인 경우를 보이자. 이를 위해

$$h^{(3)}(x)=\sum_{k=1}^{3}\sum_{K\in p(3,k,3)} C(3;K)f^{(k)}(g(x))g'(x)^{k_1}g''(x)^{k_2}g'''(x)^{k_3}$$

이라고 하자. 그러면

$$h^{(4)}(x)=\sum_{k=1}^{3}\sum_{K\in p(3,k,3)} C(3;K)f^{(k+1)}(g(x))g'(x)^{k_1+1}g''(x)^{k_2}g'''(x)^{k_3}g''''(x)^{0} \tag{6.25}$$

$$+\sum_{k=1}^{3}\sum_{K\in p(3,k,3)} k_1C(3;K)f^{(k)}(g(x))g'(x)^{k_1-1}g''(x)^{k_2+1}g'''(x)^{k_3}g''''(x)^{0} \tag{6.26}$$

$$+\sum_{k=1}^{3}\sum_{K\in p(3,k,3)} k_2C(3;K)f^{(k)}(g(x))g'(x)^{k_1}g''(x)^{k_2-1}g'''(x)^{k_3+1}g''''(x)^{0} \tag{6.27}$$

$$+\sum_{k=1}^{3}\sum_{K\in p(3,k,3)} k_3C(3;K)f^{(k)}(g(x))g'(x)^{k_1}g''(x)^{k_2}g'''(x)^{k_3-1}g''''(x). \tag{6.28}$$

항 (6.25)의 $K\in p(3,k,3)$에 대하여 $M=(m_1,m_2,m_3,m_4)=(k_1+1,k_2,k_3,0)$이라고 놓으면

$$m_1+m_2+m_3+m_4=k+1,\ \ m_1+2m_2+3m_3+4m_4=4.$$

따라서 $M\in p(4,k+1,4)$이다.

항 (6.26)의 $K\in p(3,k,3)$에 대하여 $M=(m_1,m_2,m_3,m_4)=(k_1-1,k_2+1,k_3,0)$이라고 놓으면

$$m_1+m_2+m_3+m_4=k,\ \ m_1+2m_2+3m_3+4m_4=4. \tag{6.29}$$

따라서 $M\in p(4,k,4)$이다.

항 (6.27)의 $K\in p(3,k,3)$에 대하여 $M=(m_1,m_2,m_3,m_4)=(k_1,k_2-1,k_3+1,0)$이라고 놓으면, 역시 식 (6.29)를 만족하며, 따라서 $M\in p(4,k,4)$이다.

항 (6.28)의 $K\in p(3,k,3)$에 대하여 $M=(m_1,m_2,m_3,m_4)=(k_1,k_2,k_3-1,1)$이라고

놓으면, 역시 (6.29)를 만족한다. 따라서 $M \in p(4,k,4)$이다. 위로부터

$$h^{(4)}(x) = \sum_{k=1}^{4} \sum_{M \in p(4,k,4)} C(4;M) f^{(k)}(g(x)) g'(x)^{m_1} g''(x)^{m_2} g'''(x)^{m_3}(x) g''''(x)^{m_4}$$

의 형태로 표현된다.

$h^{(n)}(x)$가 형태 (6.24)로 표현되고, 계수 $C(n;K)$ 는 f, g의 선택에 의존하지 않기 때문에 적당한 f, g를 선택하고 (6.24)의 양변을 계산하면, 계수 $C(n;K)$를 결정할 수 있다. 이를 위해 k와 n을 고정하고

$$f(u) = u^k, \quad g(x) = a_1 x + a_2 x^2 + \cdots + a_n x^n$$

이라고 두고 식 (6.24)에 $x = 0$을 대입하자. $i \neq k$이면 $f^{(i)}(g(0)) = 0$이고, $f^{(k)}(g(0)) = k!$이므로

$$\begin{aligned} h^{(n)}(0) &= \sum_{K \in p(n,k,n)} C(n;K) k! (a_1)^{k_1} (2! a_2)^{k_2} \cdots (n! a_n)^{k_n} \\ &= \sum_{K \in p(n,k,n)} C(n;K) k! (1!)^{k_1} (2!)^{k_2} \cdots (n!)^{k_n} \prod_{i=1}^{n} a_i^{k_i}. \end{aligned} \tag{6.30}$$

한편, 뉴턴 다항공식에 의해

$$\begin{aligned} h(x) &= \sum \frac{k!}{k_1! k_2! \cdots k_n!} (a_1 x)^{k_1} (a_2 x^2)^{k_2} \cdots (a_n x^n)^{k_n} \\ &= \sum \frac{k!}{k_1! k_2! \cdots k_n!} \left(\prod_{i=1}^{n} a_i^{k_i} \right) x^{k_1 + 2k_2 + \cdots + nk_n} \end{aligned}$$

이다. 여기서 $\sum$는 $k_1 + k_2 + \cdots + k_n = k$인 음이 아닌 정수 $k_1, k_2, \cdots, k_n$ 전체에 관한 합이다. 따라서 $h^{(n)}(0)$는 x^n의 미분 항의 계수로부터

$$h^{(n)}(0) = \sum_{K \in p(n,k,n)} \frac{k!}{k_1! k_2! \cdots k_n!} \left(\prod_{i=1}^{n} a_i^{k_i} \right) n!. \tag{6.31}$$

(6.30), (6.31)로부터 관계식

$$\sum_{K \in p(n,k,n)} C(n;K) k! (1!)^{k_1} (2!)^{k_2} \cdots (n!)^{k_n} \prod_{i=1}^{n} a_i^{k_i} = \sum_{K \in p(n,k,n)} \frac{k!}{k_1! k_2! \cdots k_n!} \left(\prod_{i=1}^{n} a_i^{k_i} \right) n!$$

을 얻는다. 이는 임의의 a_1, a_2, $\cdots$, a_n에 대하여 성립한다. 따라서

$$C(n;K) = \frac{n!}{k_1! k_2! \cdots k_n! (1!)^{k_1} (2!)^{k_2} \cdots (n!)^{k_n}}.$$

이 값을 (6.24)에 대입하고 양변을 $n!$로 나누면, 결과를 얻는다. □

2. 보기

보기 6.2.1. 브루노 공식을

$$f(u) = -a(u) = (1-u)^{-1},\ \ g(x) = e^x,\ \ h(x) = f(g(x))$$

의 경우에 적용하기로 하자.

함수 f의 고계미분은

$$\begin{aligned} &f'(u) = (1-u)^{-2},\ f''(u) = 2(1-u)^{-3},\ \cdots, \\ &f^{(k)}(u) = k!(1-u)^{-(k+1)} = k! f^{k+1}(u) \end{aligned}$$

이므로

$$\begin{aligned} \frac{h^{(n)}(x)}{n!} &= \sum_{k=1}^{n} \sum_{\alpha\in p(n,k,n)} \frac{1}{\alpha_1!\alpha_2!\cdots\alpha_n!} k! f^{k+1}(e^x) \left(\frac{e^x}{1!}\right)^{\alpha_1} \left(\frac{e^x}{2!}\right)^{\alpha_2} \cdots \left(\frac{e^x}{n!}\right)^{\alpha_n} \\ &= \sum_{k=1}^{n} \sum_{\alpha\in p(n,k,n)} \frac{k!}{\alpha_1!\alpha_2!\cdots\alpha_n!(1!)^{\alpha_1}(2!)^{\alpha_2}\cdots(n!)^{\alpha_n}} e^{kx} f^{k+1}(e^x). \end{aligned}$$

$x = \tau\lambda$를 대입하고 $\mu = e^{\tau\lambda} \neq 1$이라고 놓으면

$$\begin{aligned} \frac{h^{(n)}(\tau\lambda)}{n!} &= \sum_{k=1}^{n} \sum_{\alpha\in p(n,k,n)} \frac{k!}{\alpha_1!\alpha_2!\cdots\alpha_n!(1!)^{\alpha_1}(2!)^{\alpha_2}\cdots(n!)^{\alpha_n}} e^{k\tau\lambda} f^{k+1}(e^{\tau\lambda}) \\ &= \sum_{k=1}^{n} \sum_{\alpha\in p(n,k,n)} \frac{k!}{\alpha_1!\alpha_2!\cdots\alpha_n!(1!)^{\alpha_1}(2!)^{\alpha_2}\cdots(n!)^{\alpha_n}} \frac{\mu^k}{(1-\mu)^{k+1}}. \end{aligned}$$

위 식에 제2종의 스털링 수를 사용하면 다음 결과를 얻는다.

따름정리 6.2.1. $e^{\tau\lambda} = \mu \neq 1$일 때 관계식

$$h^{(n)}(\tau\lambda) = \sum_{k=1}^{n} \left\{ \begin{matrix} n \\ k \end{matrix} \right\} \frac{k!\mu^k}{(1-\mu)^{k+1}} \quad (n \in \mathbb{N})$$

가 성립한다.

따라서 (5.8)에 의하여 정의된 함수 $\varepsilon(x) = -h(x)$에 대하여 다음 결과를 얻는다.

따름정리 6.2.2. $e^{\tau\lambda} = \nu \neq 1$일 때

$$\varepsilon^{(n)}(\tau\lambda) = \sum_{k=0}^{n} \left\{ \begin{matrix} n \\ k \end{matrix} \right\} \frac{(-1)^k k! \nu^k}{(\nu-1)^{k+1}} = \sum_{k=0}^{n} \left\{ \begin{matrix} n \\ k \end{matrix} \right\} \nu^k a^{(k)}(\nu), \quad n \in \mathbb{N}_0.$$

보기 6.2.2. 브루노 공식을

$$a(u) = \frac{1}{u-1} = (u-1)^{-1},\ \ g(x) = x^{\tau},\ \tau \in \mathbb{N},\ \ c(x) = a(g(x))$$

의 경우에 적용해 보기로 하자.

먼저 다음 수를 도입한다. $k,\ m,\ j \in \mathbb{N}$에 대하여

$$\left\{ \begin{array}{c} k \\ m \end{array} \right\}_j := k! \sum_{\alpha \in p(k,m,k)} \prod_{i=1}^{k} \frac{((j)_i)^{\alpha_i}}{(\alpha_i !)(i!)^{\alpha_i}},$$

$$\left\{ \begin{array}{c} k \\ 0 \end{array} \right\}_j = \left\{ \begin{array}{ll} 0 & (k \neq 0) \\ 1 & (k = 0), \end{array} \right. \qquad (j \geq 1). \tag{6.32}$$

즉, $(n)_k = 0,\ (k > n),\ 0^0 = 1$이므로 위의 수는

$$\left\{ \begin{array}{c} k \\ m \end{array} \right\}_j = \left\{ \begin{array}{ll} k! \displaystyle\sum_{\alpha \in p(k,m,k)} \prod_{i=1}^{k} \frac{((j)_i)^{\alpha_i}}{(\alpha_i !)(i!)^{\alpha_i}} & (1 \leq k \leq j) \\ k! \displaystyle\sum_{\alpha \in p(j,m,k)} \prod_{i=1}^{j} \frac{((j)_i)^{\alpha_i}}{(\alpha_i !)(i!)^{\alpha_i}} & (k \geq j) \end{array} \right.$$

와 같이 표현된다. $p(k,m,k) = \emptyset$이면

$$\left\{ \begin{array}{c} k \\ m \end{array} \right\}_j = 0$$

으로 볼 수 있다.

다음 성질은 위 정의로부터 쉽게 증명된다.

성질 6.2.1. $j \in \mathbb{N}$이면 다음이 성립한다.

1) $\left\{ \begin{array}{c} k \\ m \end{array} \right\}_j = 0\ (m > k),\ \left\{ \begin{array}{c} k \\ m \end{array} \right\}_1 = 0\ (k > m),\ \left\{ \begin{array}{c} k \\ k \end{array} \right\}_j = j^k.$

2) $\left\{ \begin{array}{c} k \\ k-1 \end{array} \right\}_j = \frac{k(k-1)}{2!} j^{k-2} (j)_2.$

3) $\left\{ \begin{array}{c} k \\ 1 \end{array} \right\}_j = (j)_k.$

먼저, $z \neq 0, z^\tau \neq 1$인 경우를 고찰하자.

1) $k \leq \tau$인 경우.

$\frac{d^k}{dz^k} z^\tau = (\tau)_k z^{\tau - k}$ 이므로

$$\begin{aligned} \frac{c^{(k)}(z)}{k!} &= \sum_{i=1}^{k} a^{(i)}(z^\tau) \sum_{\alpha \in p(k,i,k)} \prod_{j=1}^{k} \frac{1}{(\alpha_j !)} \left(\frac{(\tau)_j z^{\tau - j}}{j!} \right)^{\alpha_j} \\ &= \sum_{i=1}^{k} z^{i\tau - k} a^{(i)}(z^\tau) \sum_{\alpha \in p(k,i,k)} \prod_{j=1}^{k} \frac{((\tau)_j)^{\alpha_j}}{(\alpha_j !)(j!)^{\alpha_j}}. \end{aligned} \tag{6.33}$$

따라서

$$c^{(k)}(z) = \sum_{i=1}^{k} \left\{ \begin{matrix} k \\ i \end{matrix} \right\}_{\tau} z^{i\tau-k} a^{(i)}(z^{\tau}).$$

2) $k > \tau$인 경우.
$\frac{d^k}{dz^k} z^{\tau} = 0$ 이므로

$$\prod_{j=1}^{k} \frac{1}{(\alpha_j!)} \left(\frac{\frac{d^j}{dz^j} z^{\tau}}{j!} \right)^{\alpha_j} = \begin{cases} \prod_{j=1}^{\tau} \frac{1}{(\alpha_j!)} \left(\frac{(\tau)_j z^{\tau-j}}{j!} \right)^{\alpha_j} & (\alpha_{\tau+1} = \cdots = \alpha_k = 0) \\ 0 & (\text{그밖에경우}). \end{cases}$$

따라서

$$\begin{aligned} \frac{c^{(k)}(z)}{k!} &= \sum_{i=1}^{k} a^{(i)}(z^{\tau}) \sum_{\alpha \in p(\tau,i,k)} \prod_{j=1}^{\tau} \frac{1}{(\alpha_j!)} \left(\frac{(\tau)_j z^{\tau-j}}{j!} \right)^{\alpha_j} \\ &= \sum_{i=1}^{k} z^{i\tau-k} a^{(i)}(z^{\tau}) \sum_{\alpha \in p(\tau,i,k)} \prod_{j=1}^{\tau} \frac{((\tau)_j)^{\alpha_j}}{(\alpha_j!)(j!)^{\alpha_j}}. \end{aligned} \tag{6.34}$$

그 결과

$$c^{(k)}(z) = \sum_{i=1}^{k} \left\{ \begin{matrix} k \\ i \end{matrix} \right\}_{\tau} z^{i\tau-k} a^{(i)}(z^{\tau}).$$

다음으로 $z = 0$인 경우를 고찰하자.
다음 관계식

$$c^{(k)}(0) = \begin{cases} 0 & (k \neq m\tau,\ m \in \mathbb{N}) \\ -(m\tau)! & (k = m\tau,\ m \in \mathbb{N}) \end{cases} \tag{6.35}$$

이 성립하는 것을 증명하자. $1 \le k < \tau$, $k \in \mathbb{N}$이라고 하면

$$\prod_{j=1}^{k} \frac{1}{(\alpha_j!)} \left(\frac{(\tau)_j z^{\tau-j}}{j!} \right)^{\alpha_j} \Bigg|_{z=0} = \begin{cases} 1 & (\alpha_1 = \cdots = \alpha_k = 0) \\ 0 & (\text{그 밖의 경우}). \end{cases}$$

따라서 $\alpha = (0, 0, \cdots, 0) \notin p(k, i, k)$이다. 따라서 (6.33)으로부터 $c^{(k)}(0) = 0$이라는 것을 알 수 있다. $\tau \le k$라고 하면 $m\tau \le k < (m+1)\tau$를 만족하는 $m \in \mathbb{N}$이 존재한다. 분명히,

$$K(\alpha) := \prod_{j=1}^{\tau} \frac{1}{(\alpha_j!)} \left(\frac{(\tau)_j z^{\tau-j}}{j!} \right)^{\alpha_j} \Bigg|_{z=0} = \begin{cases} \frac{1}{\alpha_{\tau}!} & (\alpha_1 = \cdots = \alpha_{\tau-1} = 0) \\ 0 & (\text{그 밖의 경우}). \end{cases} \tag{6.36}$$

$p_0(\tau, i, k) = \{\alpha = (0, \cdots, 0, \alpha_{\tau}) \ :\ \alpha \in p(\tau, i, k)\}$라고 놓자. 그러면 $p_0(\tau, i, k) \neq \emptyset$과 $k = i\tau$는 동치이다. $m\tau \le k < (m+1)\tau$이므로 $p_0(\tau, i, k) \neq \emptyset$과 $i = m$, $k = m\tau$는 동치이다.

그러므로 $\alpha_\tau = m$; $p_0(\tau, m, m\tau) = \{(0, \cdots, 0, m)\}$; $p_0(\tau, i, k) = \emptyset$ (그 밖의 경우). 이 사실은

$$\sum_{\alpha \in p_0(\tau,m,m\tau)} K(\alpha) = \frac{1}{m!}, \qquad \sum_{\alpha \in p(\tau,m,m\tau)\setminus p_0(\tau,m,m\tau)} K(\alpha) = 0 \tag{6.37}$$

을 뜻한다. 따라서 (6.37)로부터 $k = m\tau$이면

$$\begin{aligned} c^{(m\tau)}(0) &= (m\tau)! \sum_{i=1}^{m\tau} (-1)^i i! (-1)^{-i-1} \sum_{\alpha \in p(\tau,i,m\tau)} K(\alpha) \\ &= (m\tau)!(-1)^{-m} m! (-1)^{-m-1} \sum_{\alpha \in p_0(\tau,m,m\tau)} K(\alpha) \\ &= -(m\tau)! m! \frac{1}{m!} \\ &= -(m\tau)! \end{aligned}$$

인 것을 알 수 있다. $k \neq m\tau$이면 $c^{(k)}(0) = 0$이다.

위의 결과를 종합하면 다음 결과를 얻는다.

도움정리 6.2.1. $\tau \in \mathbb{N}$이라고 하자. 그러면 $c(z)$의 $z = \mu$에서의 k차 미분은 다음과 같이 표현된다.

$$\mu^k c^{(k)}(\mu) = \sum_{i=0}^{k} \left\{ \begin{matrix} k \\ i \end{matrix} \right\}_\tau \mu^{i\tau} a^{(i)}(\mu^\tau) \quad (\mu \neq 0,\ \mu^\tau \neq 1).$$

그리고

$$c^{(k)}(\mu) = \left\{ \begin{array}{ll} 0 & (k \neq m\tau, m \in \mathbb{N}) \\ -(m\tau)! & (k = m\tau, m \in \mathbb{N}) \end{array} \right. \quad (\mu = 0).$$

특히 $\tau = 1$이면 $c^{(k)}(\mu) = \frac{(-1)^k k!}{(\mu-1)^{k+1}} = a^{(k)}(\mu) \quad (\mu \neq 1)$.

사실 $\tau = 1$이면 성질 6.2.1에 의해

$$\begin{aligned} \mu^k c^{(k)}(\mu) &= \sum_{i=0}^{k} \left\{ \begin{matrix} k \\ i \end{matrix} \right\}_1 \mu^i a^{(i)}(\mu) \quad (\mu \neq 0,\ \mu \neq 1) \\ &= \left\{ \begin{matrix} k \\ k \end{matrix} \right\}_1 \mu^k a^{(k)}(\mu) \\ &= \mu^k a^{(k)}(\mu). \end{aligned}$$

따라서 위 관계식이 성립한다. $\mu = 0$인 경우는 분명하다. 물론, $c(x) = a(x)$이므로 직접 계산해도 일치한다.

2.2 변환공식의 증명

이 절에서 변환공식을 직접 증명하지만, 변환공식 (6.17)과 (6.18)은 제1종, 제2종의 스털링 수 사이의 관계로부터 동치이므로 둘 중 하나를 증명하면 된다. 마찬가지로, 변환공식 (6.20)과 (6.21)도 둘 중 하나를 증명하면 된다. 따라서 여기서는 (6.17), (6.19), (6.21)의 직접적인 증명을 준다.

먼저, 변환공식 I을 증명하자.

[변환공식 I의 증명] $k=0$인 경우: (6.17)의 양변은 P_λ이다. 따라서 $1 \le k \le h_\lambda(A)-1$인 경우를 보이기로 하자. $e^{\tau A}$의 스펙트럼 분해를 이용하면,

$$e^{\tau A}P_\lambda = \mu \sum_{j=0}^{h_\lambda(A)-1} A_{j,\lambda}P_\lambda$$

가 된다. 이 관계식과 정리 4.4.3을 이용하면

$$\begin{aligned}(B-\mu E)^k P_\lambda &= (e^{\tau A} - e^{\tau\lambda}E)^k P_\lambda \\ &= \mu^k \left(\sum_{j=1}^{h_\lambda(A)-1} A_{j,\lambda}\right)^k P_\lambda \\ &= \mu^k k! \left(\sum_{j=k}^{h_\lambda(A)-1} \left\{ \begin{array}{c} j \\ k \end{array} \right\} A_{j,\lambda}\right) P_\lambda \\ &= \mu^k k! \left(\sum_{j=k}^{h_\mu(B)-1} \left\{ \begin{array}{c} j \\ k \end{array} \right\} A_{j,\lambda}\right) P_\lambda\end{aligned}$$

가 되고, (6.17)이 성립한다. 뿐만 아니라 스털링 수의 반전공식(정리 4.3.7)을 쓰면 (6.18)은 (6.17)로부터 유도된다. 사실,

$$\begin{aligned}\sum_{k=j}^{h_\mu(B)-1} \left[\begin{array}{c} k \\ j \end{array} \right] B_{[k,\mu]}P_\lambda &= \sum_{k=j}^{h_\mu(B)-1} \left[\begin{array}{c} k \\ j \end{array} \right] \sum_{i=k}^{h_\mu(B)-1} \left\{ \begin{array}{c} i \\ k \end{array} \right\} A_{i,\lambda}P_\lambda \\ &= \sum_{i=j}^{h_\mu(B)-1} \left(\sum_{k=0}^{i} \left[\begin{array}{c} k \\ j \end{array} \right] \left\{ \begin{array}{c} i \\ k \end{array} \right\}\right) A_{i,\lambda}P_\lambda \\ &= A_{j,\lambda}P_\lambda\end{aligned}$$

이다. □

다음으로 변환공식 II를 증명하자.

[변환공식 II의 증명] 변환공식 I, 따름정리 6.1.2, 그리고 도움정리 6.2.2에 의해

$$Z_\mu(B)P_\lambda = \sum_{k=0}^{h_\lambda(A)-1} \mu^k a^{(k)}(\mu) B_{[k,\mu]} P_\lambda$$

$$= \sum_{k=0}^{h_\lambda(A)-1} \mu^k a^{(k)}(\mu) \sum_{j=k}^{h_\lambda(A)-1} \left\{ \begin{matrix} j \\ k \end{matrix} \right\} A_{j,\lambda} P_\lambda$$

$$= \sum_{j=0}^{h_\lambda(A)-1} \left(\sum_{k=0}^{j} \left\{ \begin{matrix} j \\ k \end{matrix} \right\} \mu^k a^{(k)}(\mu) \right) A_{j,\lambda} P_\lambda$$

$$= \sum_{j=0}^{h_\lambda(A)-1} \varepsilon^{(j)}(\tau\lambda) A_{j,\lambda} P_\lambda$$

$$= X_\lambda(A) P_\lambda$$

를 얻는다. □

끝으로, 변환공식 III을 증명하자. 이를 위하여 다음 도움정리를 준비한다.

도움정리 6.2.2. $\lambda \in \sigma_1(A)$, $0 \le j \le h_1(B) - 1$이라고 하자. 그러면

$$A_{j,\lambda} Y_\lambda(A) P_\lambda = \sum_{i=j}^{h_1(B)-1} \binom{i}{j} B_{i-j} A_{i,\lambda} P_\lambda. \tag{6.38}$$

증명 $j = 0$인 경우는 분명하다. $1 \le j \le h_1(B) - 1$이라고 하면 $Y_\lambda(A)$의 정의와 도움정리 6.1.1에 의해

$$A_{j,\lambda} Y_\lambda(A) P_\lambda = A_{j,\lambda} \sum_{k=0}^{h_\lambda(A)-1} B_k A_{k,\lambda} P_\lambda = \sum_{k=0}^{h_1(B)-1} \binom{j+k}{j} B_k A_{j+k,\lambda} P_\lambda$$

$$= \sum_{i=j}^{h_1(B)-1} \binom{i}{j} B_{i-j} A_{i,\lambda} P_\lambda$$

를 얻는다. □

[변환공식 III의 증명] 변환공식 III의 (6.20)은 (6.21)로부터 스털링 수의 반전공식을 쓰면 얻어진다. 따라서 (6.21)을 보이자. 이를 위해 (6.21)의 우변에 변환공식 I을 다시 쓰면

$$\sum_{k=j}^{h_1(B)-1} \left[\begin{matrix} k+1 \\ j+1 \end{matrix} \right] \frac{1}{k+1} B_{[k,1]} P_\lambda = \sum_{k=j}^{h_1(B)-1} \left[\begin{matrix} k+1 \\ j+1 \end{matrix} \right] \frac{1}{k+1} \sum_{i=k}^{h_1(B)-1} \left\{ \begin{matrix} i \\ k \end{matrix} \right\} A_{i,\lambda} P_\lambda$$

$$= \sum_{i=j}^{h_1(B)-1} \sum_{k=j}^{i} \frac{1}{k+1} \left[\begin{matrix} k+1 \\ j+1 \end{matrix} \right] \left\{ \begin{matrix} i \\ k \end{matrix} \right\} A_{i,\lambda} P_\lambda.$$

$k < j$일 때 $\left[\begin{matrix} k \\ j \end{matrix} \right] = 0$이므로

$$\sum_{i=j}^{h_1(B)-1} \sum_{k=j}^{i} \frac{1}{k+1} \left[\begin{matrix} k+1 \\ j+1 \end{matrix} \right] \left\{ \begin{matrix} i \\ k \end{matrix} \right\} A_{i,\lambda} P_\lambda$$

$$= \sum_{i=j}^{h_1(B)-1} \sum_{k=1}^{i} \frac{1}{k+1} \begin{bmatrix} k+1 \\ j+1 \end{bmatrix} \begin{Bmatrix} i \\ k \end{Bmatrix} A_{i,\lambda} P_\lambda.$$

더욱이 제4장의 정리 4.5.3과 도움정리 6.2.2을 쓰면

$$\begin{aligned}
\sum_{i=j}^{h_1(B)-1} \sum_{k=1}^{i} \frac{1}{k+1} \begin{bmatrix} k+1 \\ j+1 \end{bmatrix} \begin{Bmatrix} i \\ k \end{Bmatrix} A_{i,\lambda} P_\lambda &= \sum_{i=j}^{h_1(B)-1} \frac{1}{i+1} \binom{i+1}{j+1} B_{i+1-(j+1)} A_{i,\lambda} P_\lambda \\
&= \sum_{i=j}^{h_1(B)-1} \frac{1}{i+1} \frac{(i+1)!}{(j+1)!(i-j)!} B_{i-j} A_{i,\lambda} P_\lambda \\
&= \frac{1}{j+1} \sum_{i=j}^{h_1(B)-1} \binom{i}{j} B_{i-j} A_{i,\lambda} P_\lambda \\
&= \frac{1}{j+1} A_{j,\lambda} Y_\lambda(A) P_\lambda.
\end{aligned}$$

그러므로 변환공식 III의 (6.21)이 성립한다. □

제 3 절 행렬의 멱에 관한 변환공식

앞 절에서는 행렬 A와 $B := e^{\tau A}$ 사이의 관계식, 즉 행렬의 지수에 관한 변환공식을 유도하고 증명하였다.

이 절에서는 행렬 B와 B^τ, $\tau \in \mathbb{N} \setminus \{1\}$ 사이의 변환공식을 준다. 이 변환공식은 비제차항이 주기인 상수계수차분방정식의 해의 표현에서 중요한 역할을 한다(다음 절의 변환공식의 응용 (III) 참조).

3.1 행렬 B와 B^τ 사이의 변환공식

$\tau \in \mathbb{N} \setminus \{1\}$이라고 하자. m차 행렬 B와 B^τ에 대하여

$$\sigma_\nu(B; B^\tau) = \{\mu \in \sigma(B) \ : \ \nu = \mu^\tau \in \sigma(B^\tau)\}.$$

B와 B^τ의 스펙트럼 사이의 관계식은 따름정리 1.7.6에 의해 주어졌다. 각 $\nu \in \sigma(B^\tau)$에 대하여 $h_{\mu_\nu}(B) = \max\{h_\mu(B) \ : \ \mu \in \sigma_\nu(B; B^\tau)\}$를 만족하는 $\mu_\nu \in \sigma(B)$가 존재한다. 앞으로 이러한 고유값을 μ_ν라고 표시하자. 그리고

$$B^\tau_{[k,\nu]} = \frac{1}{k!\nu^k}(B^\tau - \nu E)^k \quad (\nu \neq 0)$$

라고 놓는다.

행렬의 멱에 관한 아래의 두 가지 **변환공식**(정리 6.3.1, 정리 6.3.2)을 서술하자.

정리 6.3.1. $\mu \in \sigma_\nu(B; B^\tau), \mu \neq 0$이라고 하자. $0 \le k \le h_\mu(B) - 1$이면 관계식

$$B^\tau_{[k,\nu]} Q_\mu(B) = \sum_{i=k}^{h_\nu(B^\tau)-1} \left\{ \begin{matrix} i \\ k \end{matrix} \right\}_\tau B_{[i,\mu]} Q_\mu(B)$$

가 성립한다.

증명 $Q_\mu = Q_\mu(B)$라고 놓자. 정리 1.6.5를 이용하면

$$\begin{aligned}
(B^\tau - \nu E)^k Q_\mu &= \left(\sum_{j=0}^{h_\mu(B)-1} \frac{(\tau)_j \mu^\tau}{j! \mu^j} (B - \mu E)^j - \nu E \right)^k Q_\mu \\
&= \mu^{k\tau} \left(\sum_{j=1}^{h_\mu(B)-1} \frac{(\tau)_j}{j! \mu^j} (B - \mu E)^j \right)^k Q_\mu \\
&= \mu^{k\tau} \left(\sum_{j=1}^{h_\nu(B^\tau)-1} (\tau)_j B_{[j,\mu]} \right)^k Q_\mu
\end{aligned}$$

를 얻는다. 한편, 도움정리 4.4.2에 의해 m차 행렬들 $C_1, C_2, \cdots, C_n$이 서로 가환이면 관계식

$$\left(\sum_{j=1}^n C_j \right)^k = \sum_{\alpha \in q(n,k)} k! \prod_{j=1}^n \frac{1}{(\alpha_j!)} C_j^{\alpha_j}$$

가 성립한다. 편의상, $n = h_\mu(B) - 1$이라고 놓자. 그러면 위 관계식으로부터

$$\begin{aligned}
\left(\sum_{j=1}^n (\tau)_j B_{[j,\mu]} \right)^k &= k! \sum_{\alpha \in q(n,k)} \prod_{j=1}^n \frac{1}{(\alpha_j!)} ((\tau)_j B_{[j,\mu]})^{\alpha_j} \\
&= k! \sum_{\alpha \in q(n,k)} \left(\prod_{j=1}^n \frac{1}{(\alpha_j!)} \left(\frac{(\tau)_j}{j! \mu^j} \right)^{\alpha_j} \right) (B - \mu E)^{\sum_{j=1}^n j\alpha_j} \\
&= k! \sum_{\alpha \in q(n,k)} \left(\prod_{j=1}^n \frac{((\tau)_j)^{\alpha_j}}{(\alpha_j!)(j!)^{\alpha_j}} \right) \frac{1}{\mu^{\sum_{j=1}^n j\alpha_j}} (B - \mu E)^{\sum_{j=1}^n j\alpha_j}
\end{aligned}$$

를 얻는다. 여기서 $q(n,k)$는 $i = \alpha_1 + 2\alpha_2 + \cdots + n\alpha_n$의 값에 따라 분류된다. 사실, $i > n$이면, $(B - \mu E)^i = 0$이므로 이것은 $k \le i \le n$인 i의 합으로 분류된다. 분명히, $k \le i \le n$이고 $(\alpha_1, \alpha_2, \cdots, \alpha_n) \in p(n,k,i)$이면, $\alpha_{i+1} = \alpha_{i+2} = \cdots = \alpha_n = 0$, 즉 $(\alpha_1, \alpha_2, \cdots, \alpha_i) \in p(i,k,i)$이다. 따라서

$$\left(\sum_{j=1}^n (\tau)_j B_{[j,\mu]} \right)^k$$

$$= \ k!\sum_{i=k}^{n}\left(\sum_{\alpha\in p(n,k,i)}\prod_{j=1}^{n}\frac{((\tau)_j)^{\alpha_j}}{(\alpha_j!)(j!)^{\alpha_j}}\right)\frac{1}{\mu^i}(B-\mu E)^i$$

$$= \ k!\sum_{i=k}^{n}\left(\sum_{\alpha\in p(i,k,i)}\prod_{j=1}^{i}\frac{((\tau)_j)^{\alpha_j}}{(\alpha_j!)(j!)^{\alpha_j}}\right)\frac{i!}{i!\mu^i}(B-\mu E)^i$$

$$= \ k!\sum_{i=k}^{n}\left\{\begin{array}{c} i \\ k \end{array}\right\}_{\tau} B_{[i,\mu]}.$$

이는

$$(B^{\tau}-\nu E)^k Q_{\mu} = k!\nu^k \sum_{i=k}^{h_{\nu}(B^{\tau})-1}\left\{\begin{array}{c} i \\ k \end{array}\right\}_{\tau} B_{[i,\mu]}Q_{\mu}$$

임을 뜻하며, 그 결과 첫번째 주장이 증명되었다. 나머지는 쉽게 증명된다. □

$\mu\in\sigma(B)$에 대하여

$$Z_{\mu}^{0}(B) = \begin{cases} \displaystyle\sum_{i=0}^{h_{\mu}(B)-1}\frac{1}{i!}c^{(i)}(\mu)(B-\mu E)^i & (\mu\neq 0), \\ \displaystyle -\sum_{i=0}^{[\frac{h_{\mu}(B)-1}{\tau}]} B^{\tau i} & (\mu = 0) \end{cases} \tag{6.39}$$

이라고 놓는다.

정리 6.3.2. $\mu\in\sigma_{\nu}(B;B^{\tau})$ 그리고 $\nu=\mu^{\tau}\neq 1$이라고 하자. 그러면

$$Z_{\nu}(B^{\tau})Q_{\mu}(B) = Z_{\mu}^{0}(B)Q_{\mu}(B).$$

증명 $Q_{\mu}=Q_{\mu}(B)$라고 놓는다.

먼저 $\mu\neq 0$인 경우를 다루자. 이 때 $\nu\neq 0$이 된다. 그러므로 따름정리 1.7.6으로부터 $h_{\mu}(B)\leq h_{\mu_{\nu}}(B)=h_{\nu}(B^{\tau})$인 것을 알 수 있다. 도움정리 6.2.1와 성질 6.2.1을 쓰면

$$\begin{aligned} Z_{\nu}(B^{\tau})Q_{\mu} &= \sum_{k=0}^{h_{\nu}(B^{\tau})-1}\frac{a^{(k)}(\nu)}{k!}(B^{\tau}-\nu E)^k Q_{\mu} \\ &= \sum_{k=0}^{h_{\nu}(B^{\tau})-1} a^{(k)}(\nu)\nu^k B^{\tau}_{[k,\nu]}Q_{\mu} \\ &= \sum_{k=0}^{h_{\mu_{\nu}}(B)-1}\left(\sum_{i=k}^{h_{\mu}(B)-1}\left\{\begin{array}{c} i \\ k \end{array}\right\}_{\tau}\nu^k a^{(k)}(\nu)B_{[i,\mu]}\right)Q_{\mu} \\ &= \sum_{k=0}^{h_{\mu}(B)-1}\left(\sum_{i=k}^{h_{\mu}(B)-1}\left\{\begin{array}{c} i \\ k \end{array}\right\}_{\tau}\nu^k a^{(k)}(\nu)B_{[i,\mu]}\right)Q_{\mu} \end{aligned}$$

$$
\begin{aligned}
&+\sum_{k=h_\mu(B)}^{h_{\mu\nu}(B)-1}\left(\sum_{i=k}^{h_\mu(B)-1}\left\{\begin{matrix} i \\ k \end{matrix}\right\}_\tau \nu^k a^{(k)}(\nu)B_{[i,\mu]}\right)Q_\mu \\
&=\sum_{k=0}^{h_\mu(B)-1}\left(\sum_{i=k}^{h_\mu(B)-1}\left\{\begin{matrix} i \\ k \end{matrix}\right\}_\tau \nu^k a^{(k)}(\nu)B_{[i,\mu]}\right)Q_\mu \\
&=\sum_{i=0}^{h_\mu(B)-1}\left(\sum_{k=0}^{i}\left\{\begin{matrix} i \\ k \end{matrix}\right\}_\tau \mu^{\tau k} a^{(k)}(\mu^\tau)\right)B_{[i,\mu]}Q_\mu \\
&=\sum_{i=0}^{h_\mu(B)-1}\frac{1}{i!}c^{(i)}(\mu)(B-\mu E)^i Q_\mu \\
&=Z_\mu^0(B)Q_\mu
\end{aligned}
$$

를 얻을 수 있다.

다음으로 $\mu=0$인 경우를 다루자. 따름정리 1.7.6으로부터 $Q_\mu(B)=Q_\mu(B)Q_\nu(B^\tau)$, 그리고 $\nu=0$이므로 $h_\nu(B^\tau)\le h_\mu(B)$를 얻는다. 그러면

$$
\sum_{k=h_\nu(B^\tau)}^{h_\mu(B)-1}(B^\tau)^k Q_\mu(B)=Q_\mu(B)\sum_{k=h_\nu(B^\tau)}^{h_\mu(B)-1}(B^\tau)^k Q_\nu(B^\tau)=O
$$

이 성립한다. 따라서 (5.38)에서 $a^{(k)}(\nu)=-k!$이므로

$$
\begin{aligned}
Z_\nu(B^\tau)Q_\mu &= \sum_{k=0}^{h_\nu(B^\tau)-1}\frac{a^{(k)}(\nu)}{k!}B^{\tau k}Q_\mu = -\sum_{k=0}^{h_\nu(B^\tau)-1}B^{\tau k}Q_\mu \\
&= -\sum_{k=0}^{h_\nu(B^\tau)-1}B^{\tau k}Q_\mu - \sum_{k=h_\nu(B^\tau)}^{h_\mu(B)-1}B^{\tau k}Q_\mu = -\sum_{k=0}^{h_\mu(B)-1}B^{\tau k}Q_\mu \\
&= -\sum_{k=0}^{[\frac{h_\mu(B)-1}{\tau}]}B^{\tau k}Q_\mu = Z_\mu^0(B)Q_\mu
\end{aligned}
$$

를 얻는다. □

3.2 특수한 경우의 변환공식

여기서는 $B=e^{\tau A}$를 가정하고

$$
\overline{A}_{k,\lambda}=\frac{\tau^k}{k!}(A-\lambda E)^k,\quad (\lambda\in\sigma(A))
$$

라고 놓는다.

도움정리 6.3.1. 다음 관계식이 성립한다.

$$\overline{A}_{k,\lambda}\overline{A}_{j,\lambda} = \frac{(k+j)!}{k!j!}\overline{A}_{k+j,\lambda} = \binom{k+j}{k}\overline{A}_{k+j,\lambda} = \binom{k+j}{j}\overline{A}_{k+j,\lambda}.$$

특히,

$$\overline{A}_{1,\lambda}\overline{A}_{k,\lambda} = (k+1)\overline{A}_{k+1,\lambda},\ \ \overline{A}_{k,\lambda}^{m} = \frac{(mk)!}{(k!)^m}\overline{A}_{mk,\lambda}.$$

$\lambda \in \sigma(A)$에 대하여

$$\overline{X}_\lambda(A) = \sum_{k=0}^{h_\lambda(A)-1} \varepsilon^{(k)}(\tau\lambda)\overline{A}_{k,\lambda},\ \ (e^{\tau\lambda} \neq 1),$$

$$\overline{Y}_\lambda(A) = \sum_{k=0}^{h_\lambda(A)-1} B_k\overline{A}_{k,\lambda},\ \ (e^{\tau\lambda} = 1),$$

그리고

$$\overline{\sigma}_\nu(A) = \{\lambda \in \sigma(A)\ :\ \nu = e^{\tau\lambda} \in \sigma(e^{\tau A})\}$$

라고 놓자. 다음 명제는 행렬의 지수에 관한 변환공식의 약간의 일반화이다. 증명은 행렬의 지수에 관한 변환공식으로부터 유도된다.

명제 6.3.1. $B = e^{\tau A}$, 그리고 $\lambda \in \overline{\sigma}_\nu(A)$라고 하자. 그러면

1) $0 \leq k \leq h_\nu(B^\tau) - 1$일 때

$$B^\tau_{[k,\nu]}P_\lambda = \sum_{j=k}^{h_\nu(B^\tau)-1} \left\{ \begin{matrix} j \\ k \end{matrix} \right\} \overline{A}_{j,\lambda}P_\lambda.$$

2) $\nu \neq 1$일 때

$$Z_\nu(B^\tau)P_\lambda = \overline{X}_\lambda(A)P_\lambda.$$

3) $\nu = 1$이라고 하자. $0 \leq k \leq h_1(B^\tau) - 1$이면

$$\frac{1}{k+1}B^\tau_{[k,1]}P_\lambda = \sum_{j=k}^{h_1(B^\tau)-1} \left\{ \begin{matrix} j+1 \\ k+1 \end{matrix} \right\} \frac{1}{j+1}\overline{A}_{j,\lambda}\overline{Y}_\lambda(A)P_\lambda.$$

제 4 절 변환공식의 응용

이 절에서는 해 표현의 특성량 사이의 관계, 비제차항이 주기인 상수 계수 선형차분방정식의 해의 표현, 이항계수, 베르누이 수, 스털링 수 사이의 관계 등을 밝힌다.

4.1 변환공식의 응용 (I)

1. 해 표현의 특성량 사이의 관계

변환공식과 스털링 수의 성질을 이용하면 다음 결과를 얻는다.

도움정리 6.4.1. $\lambda \in \sigma_1(A)$ 일 때 다음 관계식이 성립한다.

1) $$\sum_{k=0}^{h_1(B)-1} \frac{(-1)^k}{k+1}(B-E)^k P_\lambda = Y_\lambda(A) P_\lambda.$$

2) $$\sum_{k=0}^{h_1(B)-1} \frac{(-1)^k}{k+1}(B-E)^{k+1} P_\lambda = A_{1,\lambda} P_\lambda.$$

증명 제1종의 스털링 수에 관한 정리 4.3.2에 의해 $\begin{bmatrix} k+1 \\ 1 \end{bmatrix} = (-1)^k k!$.

1) 변환공식 III의 (6.21)에서 좌변에 $j=0$이라고 놓으면,

$$Y_\lambda(A) P_\lambda = \sum_{k=0}^{h_1(B)-1} \begin{bmatrix} k+1 \\ 1 \end{bmatrix} \frac{1}{k+1} B_{[k,1]} P_\lambda = \sum_{k=0}^{h_1(B)-1} \frac{(-1)^k}{k+1}(B-E)^k P_\lambda$$

를 얻는다.

2) 변환공식 I 의 (6.18)에서

$$\begin{aligned} A_{1,\lambda} P_\lambda &= \sum_{k=1}^{h_1(B)-1} \begin{bmatrix} k \\ 1 \end{bmatrix} B_{[k,1]} P_\lambda = \sum_{k=0}^{h_1(B)-1} \begin{bmatrix} k+1 \\ 1 \end{bmatrix} B_{k+1,1} P_\lambda \\ &= \sum_{k=0}^{h_1(B)-1} (-1)^k k! B_{[k+1,1]} P_\lambda = \sum_{k=0}^{h_1(B)-1} \frac{(-1)^k}{k+1}(B-E)^{k+1} P_\lambda \end{aligned}$$

를 얻는다. 우변의 제1 행으로부터 제2행으로 변형하는데 주의 6.1.2를 이용했다. □

이 도움정리로부터 관계식

$$(B-E) Y_\lambda(A) P_\lambda = A_{1,\lambda} P_\lambda \tag{6.40}$$

를 얻는다. 이 관계식은 이미 정리 5.1.2에서 주어졌다. 그리고 주의 6.1.1에서 준 관계식도 변환공식으로부터 쉽게 유도된다.

따름정리 6.4.1. 임의의 $t \in \mathbb{R}$에 대하여 관계식 (6.15)와 (6.16)이 성립한다.

증명 변환공식 I에서 (6.17)의 양변에 $(t)_k$를 곱하고 합 $\sum_{k=0}^{h_\mu(B)-1}$ 을 취한 다음, 합의 순서를 바꾸면 (6.15)를 얻는다. 마찬가지 변환공식 III의 (6.20)으로부터 (6.16)을 얻는다. □

$\lambda \in \sigma_\mu(A)$에 대하여 특성량 $\alpha_\lambda(w,b)$, $\gamma_\mu(w,b)$, 그리고 $\lambda \in \sigma_1(A)$에 대하여 특성량 $\beta_\lambda(w,b)$과 $\delta(w,b)$의 관계가 변환공식으로부터 유도된다. 즉, 다음 정리를 얻는다(변환공식 II와 도움정리 6.4.1 참조).

정리 6.4.1. $\lambda \in \sigma_\mu(A)$라고 하자.

1) $\mu \neq 1$이면

$$P_\lambda \gamma_\mu(w,b) = \alpha_\lambda(w,b).$$

2) $\mu = 1$이면

$$\sum_{k=0}^{h_1(B)-1} \frac{(-1)^k}{k+1}(B-E)^k P_\lambda \delta(w,b) = \beta_\lambda(w,b).$$

정리 6.4.2. $\lambda \in \sigma_1(A)$라고 하자. 그러면 다음 관계식이 성립한다.

$$\sum_{k=0}^{h_1(B)-1} (t)_{k+1} \frac{1}{k+1} B_{[k,1]} P_\lambda \delta(w,b) = \sum_{k=0}^{h_\lambda(A)-1} t^{k+1} \frac{1}{k+1} A_{k,\lambda} \beta_\lambda(w,b). \tag{6.41}$$

증명 따름정리 6.4.1에 의해

$$\sum_{k=0}^{h_1(B)-1} (t)_{k+1} \frac{1}{k+1} B_{[k,1]} P_\lambda = \sum_{k=0}^{h_\lambda(A)-1} t^{k+1} \frac{1}{k+1} A_{k,\lambda} Y_\lambda(A) P_\lambda \tag{6.42}$$

를 얻는다. $P_\lambda Q_1 = P_\lambda$이므로

$$\sum_{k=0}^{h_1(B)-1} (t)_{k+1} \frac{1}{k+1} B_{[k,1]} P_\lambda Q_1 b = \sum_{k=0}^{h_\lambda(A)-1} t^{k+1} \frac{1}{k+1} A_{k,\lambda} Y_\lambda(A) P_\lambda b. \tag{6.43}$$

더욱이 관계식 (6.40)과 (6.42)에 의해

$$\begin{aligned}
\sum_{k=0}^{h_1(B)-1} (t)_{k+1} \frac{1}{k+1} B_{[k,1]} P_\lambda B_{[1,1]} w &= \sum_{k=0}^{h_\lambda(A)-1} t^{k+1} \frac{1}{k+1} A_{k,\lambda} Y_\lambda(A) P_\lambda B_{[1,1]} w \\
&= \sum_{k=0}^{h_\lambda(A)-1} t^{k+1} \frac{1}{k+1} A_{k,\lambda} B_{[1,1]} Y_\lambda(A) P_\lambda w \\
&= \sum_{k=0}^{h_\lambda(A)-1} t^{k+1} \frac{1}{k+1} A_{k,\lambda} A_{1,\lambda} P_\lambda w.
\end{aligned} \tag{6.44}$$

(6.43)과 (6.44)를 더하면 정리의 관계식을 얻는다. □

따름정리 6.4.2. $\lambda \in \sigma_1(A)$라고 하자. 그러면 $0 \le k \le h_1(B)-1$일 때

$$\frac{1}{k+1} A_{k,\lambda} \beta_\lambda(w,b) = \sum_{j=k}^{h_1(B)-1} \frac{1}{j+1} \begin{bmatrix} j+1 \\ k+1 \end{bmatrix} B_{[j,1]} P_\lambda \delta(w,b)$$

가 성립한다.

정리 6.4.3. $B = e^{\tau A}, \mu \in \sigma(B)$라고 하자.

1) $\mu \neq 1$일 때

$$\gamma_\mu(w,b) = 0 \iff \text{모든 } \lambda \in \sigma_\mu(A)\text{에 대하여 } \alpha_\lambda(w,b) = 0.$$

$$(B - \mu E)\gamma_\mu(w,b) = 0 \iff \text{모든 } \lambda \in \sigma_\mu(A)\text{에 대하여 } (A - \lambda E)\alpha_\lambda(w,b) = 0.$$

2) $\mu = 1$일 때

$$\delta(w,b) = 0 \iff \text{모든 } \lambda \in \sigma_1(A) \text{ 에 대하여 } \beta_\lambda(w,b) = 0.$$

증명 $\mu \in \sigma(B)$라고 하자. 그러면 $Q_\mu = \sum_{\lambda \in \sigma_\mu(A)} P_\lambda$이고 $Q_\mu w = 0$인 것과 모든 $\lambda \in \sigma_\mu(A)$에 대하여 $P_\lambda w = P_\lambda Q_\mu w = 0$이 성립하는 것은 동치이다.

1) 정리 6.4.1의 1)에 의해

$$\gamma_\mu(w,b) = \sum_{\lambda \in \sigma_\mu(A)} P_\lambda \gamma_\mu(w,b) = \sum_{\lambda \in \sigma_\mu(A)} \alpha_\lambda(w,b)$$

이므로 1)의 전반이 증명된다. 한편

$$\begin{aligned}(B - \mu E)\gamma_\mu(w,b) &= \sum_{\lambda \in \sigma_\mu(A)} (B - \mu E) P_\lambda \gamma_\mu(w,b) \\ &= \sum_{\lambda \in \sigma_\mu(A)} (B - \mu E) P_\lambda \alpha_\lambda(w,b)\end{aligned}$$

이므로

$$(B - \mu E)\gamma_\mu(w,b) = 0 \iff \text{모든 } \lambda \in \sigma_\mu(A)\text{에 대하여 } (B - \mu E)P_\lambda \alpha_\lambda(w,b) = 0.$$

한편, 변환공식 I 의 (6.17)로부터

$$\begin{aligned}(B - \mu E)P_\lambda \alpha_\lambda(w,b) &= \left(\sum_{k=1}^{h_\lambda(A)-1} \left\{ \begin{matrix} k \\ 1 \end{matrix} \right\} A_{k,\lambda} \right) \alpha_\lambda(w,b) \\ &= \sum_{k=1}^{h_\lambda(A)-1} \frac{\tau^k}{k!} (A - \lambda E)^k \alpha_\lambda(w,b).\end{aligned}$$

따라서 도움정리 1.2.1에 의해

$$(B - \mu E)P_\lambda \alpha_\lambda(w,b) = 0 \iff (A - \lambda E)\alpha_\lambda(w,b) = 0.$$

따라서 1)의 후반이 성립한다.

2) 정리 6.4.1에 의해,

$$\sum_{k=0}^{h_1(B)-1} \frac{(-1)^k}{k+1}(B - E)^k \delta(w,b) = \sum_{k=0}^{h_1(B)-1} \frac{(-1)^k}{k+1}(B - E)^k \sum_{\lambda \in \sigma_1(A)} P_\lambda \delta(w,b)$$

$$= \sum_{\lambda \in \sigma_1(A)} \beta_\lambda(w, b)$$

가 성립한다. 따라서 $\delta(w, b) = 0$이면, 모든 $\lambda \in \sigma_1(A)$에 대하여 $\beta_\lambda(w, b) = 0$이 성립한다. 역도 성립한다는 것도 역시 도움정리 1.2.1에 의해 증명된다. □

변환공식 (정리 6.1.3)으로부터 유도된 위 결과를 쓰면, $B = e^{\tau A}$일 때 방정식 (6.1)의 B에 기초한 해의 표현인 정리 6.1.1로부터 곧 A에 기초한 해의 표현인 정리 6.1.2가 유도된다. 물론 역도 유도된다.

2. 해의 유계성에 관한 동치성

먼저, $B = e^{\tau A}$일 때, 변환공식을 사용하면 따름정리 5.2.2로부터 정리 5.1.1이 직접 유도되며, 역도 직접 유도된다는 것을 주의하자.

다음으로 변환공식의 응용으로서 방정식 (5.2)의 유계해에 관한 정리 5.3.5와 정리 5.3.7의 동치성을 보이기로 한다.

다음 정리는 정리 6.4.3의 직접적인 결과이다.

정리 6.4.4. $B = e^{\tau A}, \mu \in \sigma(B)$라고 하자. 그러면 방정식 (5.2)의 해의 유계성에 관한 정리 5.3.5의 I 조건 1), 2), 3)과 정리 5.3.7의 I 조건 1), 2), 3)은 각각 동치이다.

따름정리 6.4.3. $B = e^{\tau A}$라고 하자. 방정식 (5.2)의 정상해에 관한 정리 5.3.5의 II 조건 2)과 정리 5.3.7의 II 조건 2)는 동치이다.

3. H^n의 스펙트럼 분해정리의 확장

다음 정리는 스펙트럼 분해정리 1.6.5의 확장이다.

정리 6.4.5. H는 m차 정칙행렬 그리고 $\mu \in \sigma(H)$라고 하자. 그러면 다음 관계식이 성립한다.

$$H^n Q_\mu(H) = \sum_{k=0}^{h_\mu(H)-1} \frac{(n)_k}{k!} \mu^{n-k} (H - \mu E)^k Q_\mu(H) \quad (n \in \mathbb{Z}). \tag{6.45}$$

증명 $n \geq 0$인 경우는 정리 1.6.5이다. 따라서 $n < 0$인 경우를 보이기로 하자. H는 정칙행렬이므로 $H = e^{\tau A}, \tau > 0$인 행렬 A가 존재한다. 그리고 임의의 $n \in \mathbb{N}$과 $\lambda \in \sigma_\mu(A)$에 대하여 정리 1.8.1에 의해 다음 관계식이 성립한다.

$$H^{-n} Q_\lambda(A) = e^{-n\tau A} Q_\lambda(A) = e^{-n\tau\lambda} \sum_{j=0}^{h_\lambda(A)-1} \frac{(-n\tau)^j}{j!} (A - \lambda E)^j Q_\lambda(A)$$

$$= e^{-n\tau\lambda} \sum_{j=0}^{h_\lambda(A)-1} (-n)^j A_{j,\lambda} Q_\lambda(A).$$

더욱이 제1종의 스털링 수에 관한 정리 4.3.2와 변환공식 I에 의해

$$\begin{aligned}\sum_{j=0}^{h_\lambda(A)-1}(-n)^j A_{j,\lambda}Q_\lambda(A) &= \sum_{j=0}^{h_\lambda(A)-1}(-n)^j\sum_{k=j}^{h_\mu(H)-1}\left[\begin{matrix}k\\j\end{matrix}\right]H_{[k,\mu]}Q_\lambda(A)\\ &= \sum_{k=0}^{h_\mu(H)-1}\left(\sum_{j=0}^{k}\left[\begin{matrix}k\\j\end{matrix}\right](-n)^j\right)H_{[k,\mu]}Q_A(\lambda)\\ &= \sum_{k=0}^{h_\mu(H)-1}(-n)_k H_{[k,\mu]}Q_\lambda(A)\end{aligned}$$

를 얻는다. $\mu = e^{\lambda\tau}$ 이고, $Q_\mu(H) = \sum_{\lambda\in\sigma_\mu(A)} Q_\lambda(A)$ 이므로

$$\begin{aligned}H^{-n}Q_\mu(H) = H^{-n}\sum_{\lambda\in\sigma_\mu(A)}Q_\lambda(A) &= \sum_{\lambda\in\sigma_\mu(A)}H^{-n}Q_\lambda(A)\\ &= \sum_{\lambda\in\sigma_\mu(A)}\left(e^{-n\tau\lambda}\sum_{j=0}^{h_\lambda(A)-1}(-n)^j A_{j,\lambda}Q_\lambda(A)\right)\\ &= \sum_{\lambda\in\sigma_\mu(A)}\mu^{-n}\sum_{k=0}^{h_\mu(H)-1}(-n)_k H_{[k,\mu]}Q_\lambda(A)\\ &= \sum_{k=0}^{h_\mu(H)-1}\mu^{-n}(-n)_k H_{[k,\mu]}\sum_{\lambda\in\sigma_\mu(A)}Q_\lambda(A)\\ &= \sum_{k=0}^{h_\mu(H)-1}\mu^{-n}(-n)_k H_{[k,\mu]}Q_\mu(H).\end{aligned}$$

따라서 $n < 0$ 인 경우에도 (6.45)가 성립한다. □

이 정리로부터 $\mathbb{N}_0$ 위의 해의 표현에 관한 따름정리 1.7.6은 $\mathbb{Z}$ 위에서도 성립한다.

4. $e^{\tau A}$ 와 B^{τ} 의 고유공간

$e^{\tau A}$ 의 고유공간은 다음과 같이 분해된다. 정리 1.8.5에 의해

$$\bigoplus_{\lambda \in \sigma_\mu(A)} \mathcal{N}((A-\lambda E)^k) \subset \mathcal{N}((e^{\tau A}-\mu E)^k)$$

를 얻었다. 역을 보이기로 하자.

정리 6.4.6. $\mu \in \sigma(e^{\tau A})$ 라고 하자. 그러면

$$\mathcal{N}((e^{\tau A}-\mu E)^k) = \bigoplus_{\lambda \in \sigma_\mu(A)} \mathcal{N}((A-\lambda E)^k), \ \ k = 1, 2, \cdots .$$

특히, $k = 1$ 이면

$$\mathcal{N}(e^{\tau A}-\mu E) = \bigoplus_{\lambda \in \sigma_\mu(A)} \mathcal{N}(A-\lambda E).$$

증명 포함관계

$$\mathcal{N}((e^{\tau A}-\mu E)^k) \subset \bigoplus_{\lambda \in \sigma_\mu(A)} \mathcal{N}((A-\lambda E)^k).$$

를 증명하면 된다. $x \in \mathcal{N}((e^{\tau A}-\mu E)^k)$, 즉 $(e^{\tau A}-\mu E)^k x = 0$ 이라고 하자. 정리 1.8.5에 의해 $h_\mu(e^{\tau A}) = h_{\lambda_\mu}(A)$ 이다. $h_\mu(e^{\tau A}) \leq k$ 인 경우는 $h_\lambda(A) \leq h_{\lambda_\mu}(A) \leq k$ 이므로 $(A-\lambda E)^k Q_\lambda(A)x = 0$ 이다. $k \leq h_\mu(e^{\tau A}) - 1$ 인 경우는 변환공식 I 에 의해

$$\begin{aligned} 0 &= (e^{\tau A}-\mu E)^k Q_\lambda(A)x \\ &= \mu^k k! \sum_{i=k}^{h_\mu(e^{\tau A})-1} \left\{ \begin{matrix} i \\ k \end{matrix} \right\} \frac{\tau^i}{i!}(A-\lambda E)^i Q_\lambda(A)x \\ &= \mu^k k! \sum_{i=k}^{h_\lambda(A)-1} \left\{ \begin{matrix} i \\ k \end{matrix} \right\} \frac{\tau^i}{i!}(A-\lambda E)^i Q_\lambda(A)x, \end{aligned}$$

즉,

$$\sum_{i=k}^{h_\lambda(A)-1} \left\{ \begin{matrix} i \\ k \end{matrix} \right\} \frac{\tau^i}{i!}(A-\lambda E)^i Q_\lambda(A)x = 0.$$

일차독립성으로부터 $(A-\lambda E)^k Q_\lambda(A)x = 0$ 을 얻는다. 즉, 모든 $k = 1, 2, \cdots$ 에 대하여 $Q_\lambda(A)x \in \mathcal{N}((A-\lambda E)^k)$ 가 성립한다. 그리고 $x \in \mathcal{N}((e^{\tau A}-\mu E)^k)$ 이므로 $x \in G_\mu(e^{\tau A})$ 이고 정리 1.8.5에 의해 $G_\mu(e^{\tau A}) = \bigoplus_{\lambda \in \sigma_\mu(A)} G_\lambda(A)$ 이므로

$$x = \sum_{\lambda \in \sigma_\mu(A)} Q_\lambda(A)x \in \bigoplus_{\lambda \in \sigma_\mu(A)} \mathcal{N}((A-\lambda E)^k)$$

를 얻는다. 따라서 요구되는 포함관계가 성립한다. □

위 증명에서 변환공식 I 대신에 정리 4.4.3을 써도 된다.

B^τ의 고유공간은 다음과 같이 분해된다.

정리 6.4.7. $\nu \in \sigma(B^\tau)$라고 하자. 그러면

$$\mathcal{N}((B^\tau - \nu E)^k) = \bigoplus_{\mu \in \sigma_\nu(B;B^\tau)} \mathcal{N}((B - \mu E)^k), \quad k = 1, 2, \cdots.$$

특히, $k = 1$이면

$$\mathcal{N}(B^\tau - \nu E) = \bigoplus_{\mu \in \sigma_\nu(B;B^\tau)} \mathcal{N}(B - \mu E).$$

증명 따름정리 1.7.6에 의해

$$\bigoplus_{\mu \in \sigma_\nu(B;B^\tau)} \mathcal{N}((B - \mu E)^k) \subset \mathcal{N}((B^\tau - \nu E)^k).$$

따라서 역의 포함관계를 증명하자. $x \in \mathcal{N}((B^\tau - \nu E)^k)$, 즉 $(B^\tau - \nu E)^k x = 0$이라고 하자. 변환공식 6.3.1에 의해

$$\begin{aligned} 0 &= (B^\tau - \nu E)^k Q_\mu(B)x \\ &= k!\mu^k \sum_{i=k}^{h_\nu(B^\tau)-1} \left\{ \begin{matrix} i \\ k \end{matrix} \right\}_\tau \frac{1}{i!\mu^i}(B - \mu E)^i Q_\mu(B)x \end{aligned}$$

이므로 위 정리의 증명과 비슷한 방법으로

$$(B - \mu E)^i Q_\mu(B)x = 0.$$

을 얻는다. 나머지는 따름정리 1.7.6을 쓰면 위 정리의 증명과 비슷하다. □

4.2 변환공식의 응용 (II)

여기서는 다음과 같은 상수계수 선형차분방정식

$$x_{n+1} = Bx_n + b(n), \quad x_0 = w \in \mathbb{C}^m, \tag{6.46}$$

을 고찰한다. 여기서 $n \in \mathbb{N}_0$, $B \in M_m(\mathbb{C})$, $b(n) \in \mathbb{C}^m$은 τ-주기, 즉 $b(n) = b(n+\tau)$, $\tau \in \mathbb{N}$. 특별한 경우로서 방정식 (6.46)에서 $B = e^{\tau A}$인 경우, 즉

$$x_{n+1} = e^{\tau A}x_n + b(n), \quad x(0) = w \in \mathbb{C}^m \tag{6.47}$$

도 고찰한다. 제5장에서 쓴 기호를 그대로 이용한다.

5. 방정식 (6.46)의 해의 표현

먼저 방정식 (6.46)을 고찰하자. 정리 5.4.1에서 $B(n) = B$인 경우를 구체적으로 알아보기로 하자. $V(n) = U(n+\tau, n)$이라고 놓으면 $V(0) = B^\tau$이고

$$S_n(B, b(\cdot)) := S_n(b(\cdot)) = \sum_{i=0}^{n-1} B^{n-i-1}b(i) = \sum_{i=0}^{n-1} B^i b(n-i-1), \quad (1 \le n \le \tau),$$

$$S_0(B, b(\cdot)) = 0.$$

$\mu \in \sigma_\nu(B; B^\tau)$라고 하자. 그러면 $Q_\nu(V(0)) = Q_\nu(V(n))$이고 $Q_\nu(V(0)) = Q_\nu(B^\tau)$이다. 따라서 $Q_\nu(B^\tau)Q_\mu(B) = Q_\mu(B)$이다. $S_{n,\mu}(B, b(\cdot)) = Q_\mu(B)S_n(B, b(\cdot))$라고 놓고 $Z_\mu(B, b(\cdot)), \gamma_\mu(w, b(\cdot); B)$, $\delta_\mu(w, b(\cdot); B)$를 다음과 같이 정의한다.

$$Z_\mu(B, b(\cdot)) = Z_\mu^0(B)S_{\tau,\mu}(B, b(\cdot)) \quad (\mu^\tau \ne 1),$$

$$\gamma_\mu(w, b(\cdot); B) = Q_\mu(B)w + Z_\mu(B, b(\cdot)) \quad (\mu^\tau \ne 1),$$

$$\delta_\mu(w, b(\cdot); B) = (B^\tau - E)Q_\mu(B)w + S_{\tau,\mu}(B, b(\cdot)) \quad (\mu^\tau = 1).$$

도움정리 6.4.2. $\mu \in \sigma_\nu(B; B^\tau)$일 때 다음 관계가 성립한다.

1) $\nu \ne 1$이면

$$Q_\mu(B)Z_\nu(V(0), b(\cdot)) = Z_\mu(B, b(\cdot)).$$

2) $\nu = 1$이면

(1)
$$Q_\mu(B)(B^\tau - E) = \sum_{i=1}^{h_\mu(B)-1} \left\{ \begin{matrix} i \\ 1 \end{matrix} \right\}_\tau B_{[i,\mu]}Q_\mu(B)$$
$$= \sum_{i=1}^{h_\mu(B)-1} (\tau)_i B_{[i,\mu]}Q_\mu(B).$$

(2)
$$\sum_{j=0}^{h_\mu(B)-1} \frac{(n)_{j+1}}{(j+1)!}(B^\tau - E)^j Q_\mu(B) = \sum_{i=0}^{h_\mu(B)-1} \left(\sum_{j=0}^{i} \frac{(n)_{j+1}}{j+1} \left\{ \begin{matrix} i \\ j \end{matrix} \right\}_\tau \right) B_{[i,\mu]}Q_\mu(B).$$

증명 $\nu \ne 1$이라고 하자. 행렬의 멱에 관한 변환공식 (정리 6.3.2)을 쓰면

$$\begin{aligned} Q_\mu(B)Z_\nu(V(0), b(\cdot)) &= Q_\mu(B)Z_\nu(V(0))S_{\tau,\nu}(b(\cdot)) \\ &= Z_\mu^0(B)Q_\mu(B)S_{\tau,\nu}(b(\cdot)) \\ &= Z_\mu^0(B)S_{\tau,\mu}(b(\cdot)) \\ &= Z_\mu(B, b(\cdot)). \end{aligned}$$

$\nu = 1$일 때는 행렬의 멱에 관한 변환공식 (정리 6.3.1)과 도움정리 6.2.1로부터 2)의 (1)을 얻는다. 정리 6.3.1에 의해

$$\sum_{j=0}^{h_\mu(B)-1} \frac{(n)_{j+1}}{(j+1)!}(B^\tau - E)^j Q_\mu(B) = \left(\sum_{j=0}^{h_\mu(B)-1} \frac{(n)_{j+1}}{j+1} \sum_{i=j}^{h_\mu(B)-1} \left\{ \begin{matrix} i \\ j \end{matrix} \right\}_\tau B_{[i,\mu]} \right) Q_\mu(B)$$
$$= \sum_{i=0}^{h_\mu(B)-1} \left(\sum_{j=0}^{i} \frac{(n)_{j+1}}{j+1} \left\{ \begin{matrix} i \\ j \end{matrix} \right\}_\tau \right) B_{[i,\mu]} Q_\mu(B).$$

따라서 2)의 (2)를 얻는다. □

$n \in \mathbb{N}_0$에 대하여 $n = k(n)\tau + r(n), k(n) = [\frac{n}{\tau}], 0 \le r(n) < \tau - 1$이라고 놓자(여기서 $\tau = 1$이면 $r(n) = 0$이다).

정리 6.4.8. $\mu \in \sigma(B)$라고 하자. 그러면 방정식 (6.46)의 해 $x_n := x_n(w, b(\cdot))$의 성분 $Q_\mu(B)x_n$은 다음과 같이 표현된다.

1) $\mu^\tau \ne 1$일 때

$$Q_\mu(B)x_n = B^n \gamma_\mu(w, b(\cdot); B) - B^{r(n)} Z_\mu(B, b(\cdot)) + S_{r(n),\mu}(B, b(\cdot)) \tag{6.48}$$

특히, $\mu^\tau \ne 1$, $\mu \ne 0$일 때

$$Q_\mu(B)x_n = \mu^n \sum_{j=0}^{h_\mu(B)-1} (n)_j B_{[j,\mu]} \gamma_\mu(w, b(\cdot); B) - B^{r(n)} Z_\mu(B, b(\cdot)) + S_{r(n),\mu}(B, b(\cdot)).$$

2) $\mu^\tau = 1$일 때

$$Q_\mu(B)x_n = \sum_{i=0}^{h_\mu(B)-1} \left(\sum_{j=0}^{i} \frac{([\frac{n}{\tau}])_{j+1}}{j+1} \left\{ \begin{matrix} i \\ j \end{matrix} \right\}_\tau \right) B_{[i,\mu]} B^{r(n)} \delta_\mu(w, b(\cdot); B)$$
$$+ B^{r(n)} Q_\mu(B) w + S_{r(n),\mu}(B, b(\cdot)). \tag{6.49}$$

증명 $\mu^\tau \ne 1$인 경우:

(5.78)에 $Q_\mu(B)$를 작용하면

$$Q_\mu(B)x_n = B^n Q_\mu(B)\gamma_\nu(w, b(\cdot); B) - B^{r(n)} Q_\mu(B) Z_\nu(V(0), b(\cdot))$$
$$+ Q_\mu(B) S_{r(n),\nu}(B, b(\cdot)).$$

도움정리 6.4.2에 의해 $Q_\mu(B)Z_\nu(V(0), b(\cdot)) = Z_\mu(B, b(\cdot))$, $Q_\mu(B)\gamma_\nu(w, b(\cdot); V(0)) = \gamma_\mu(w, b(\cdot); B)$이다. 그리고 $Q_\mu(B)S_{r(n),\nu}(B, b(\cdot)) = S_{r(n),\mu}(B, b(\cdot))$는 분명하다. 따라서 (6.48)을 얻을 수 있다.

$\mu^\tau = 1$인 경우:

(5.81)에 $Q_\mu(B)$를 작용하면

$$Q_\mu(B)x_n = B^{r(n)} \sum_{j=0}^{h_\mu(B)-1} \frac{(k(n))_{j+1}}{(j+1)!}(B^\tau - E)^j Q_\mu(B)\delta(w, b(\cdot); V(0))$$
$$+B^{r(n)}Q_\mu(B)w + Q_\mu(B)S_{r(n),\nu}(B, b(\cdot)).$$

도움정리 6.4.2에 의해 $Q_\mu(B)\delta(w, b(\cdot); V(0)) = \delta_\mu(w, b(\cdot); B)$를 얻는다. 표현 (6.49)는 역시 도움정리 6.4.2와 정리 6.3.1로부터 나온다. □

이 정리에서 $b(n) = b$이면 정리 5.2.1이 유도된다. 사실, 정리에서 $\tau = 1$, $r(n) = 0$이므로 $S_{r(n),\mu}(B, b(\cdot)) = 0$, $S_{\tau,\mu}(B, b(\cdot)) = Q_\mu(B)b$이다. 따라서
$\mu \neq 1$, $\mu \neq 0$이면

$$Z_\mu^0(B)Q_\mu(B) = Z_\mu(B)Q_\mu(B).$$

$\mu = 0$이면

$$Z_\mu^0(B)Q_\mu(B) = -\sum_{k=0}^{h_\mu-1} B^k Q_\mu(B)$$

이므로

$$\gamma_\mu(w, b(\cdot); B) = Q_\mu(B)w + Z_\mu(B)Q_\mu(B)b = \gamma_\mu(w, b).$$

$\mu = 1$이면 성질 6.2.1에 의해

$$\sum_{j=0}^{i} \frac{(n)_{j+1}}{j+1} \left\{ \begin{matrix} i \\ j \end{matrix} \right\}_1 = \frac{(n)_{i+1}}{i+1} \left\{ \begin{matrix} i \\ i \end{matrix} \right\}_1 = \frac{(n)_{i+1}}{i+1}$$

이므로 정리 6.4.8로부터 정리 5.2.1이 유도된다.

6. 방정식 (6.47)의 해의 표현

다음으로 방정식 (6.47)을 고찰하자.

각 $\lambda \in \sigma(A)$에 대하여 $X_\lambda(A, b(\cdot)), Y_\lambda(A, b(\cdot)), \alpha_\lambda(w, b(\cdot); A)$, $\beta_\lambda(w, b(\cdot); A)$를 다음과 같이 정의한다. $S_{\tau,\lambda}(e^{\tau A}, b(\cdot)) = S_\tau(e^{\tau A}, P_\lambda b(\cdot))$라고 놓으면

$$X_\lambda(A, b(\cdot)) = \overline{X}_\lambda(A)S_{\tau,\lambda}(e^{\tau A}, b(\cdot)),$$

$$Y_\lambda(A, b(\cdot)) = \overline{Y}_\lambda(A)S_{\tau,\lambda}(e^{\tau A}, b(\cdot)),$$

$$\alpha_\lambda(w, b(\cdot); A) = P_\lambda w + X_\lambda(A, b(\cdot)), \quad (e^{\tau\lambda} \neq 1),$$

$$\beta_\lambda(w, b(\cdot); A) = \overline{A}_{1,\lambda}P_\lambda w + Y_\lambda(A, b(\cdot)), \quad (e^{\tau\lambda} = 1).$$

명제 6.3.1의 3)과 따름정리 6.4.1의 증명법을 이용하면 다음 결과를 얻는다.

따름정리 6.4.4. $B = e^{\tau A}$, 그리고 $\lambda \in \overline{\sigma}_1(A)$ 라고 하자. 그러면

$$\sum_{k=0}^{h_1(B^\tau)-1} (n)_{k+1} \frac{1}{k+1} \overline{B}_{[k,1]} P_\lambda = \sum_{k=0}^{h_\lambda(A)-1} n^{k+1} \frac{1}{k+1} \overline{A}_{k,\lambda} \overline{Y}_\lambda(A) P_\lambda. \tag{6.50}$$

정리 6.4.9. $\lambda \in \sigma(A)$ 라고 하면 방정식 (6.47)의 해 $x_n := x_n(w, b(\cdot))$ 의 성분 $P_\lambda x_n$ 은 다음과 같이 표현된다.

1) $e^{\tau\lambda} \neq 1$ 이면

$$\begin{aligned} P_\lambda x_n &= e^{n\tau A} \alpha_\lambda(w, b(\cdot); A) - e^{r(n)\tau A} X_\lambda(A, b(\cdot)) + S_{r(n),\lambda}(e^{\tau A}, b(\cdot)) \\ &= e^{n\tau\lambda} \sum_{k=0}^{h_\lambda(A)-1} n^k A_{k,\lambda} \alpha_\lambda(w, b(\cdot); A) - e^{r(n)\tau A} X_\lambda(A, b(\cdot)) \\ &\qquad + S_{r(n),\lambda}(e^{\tau A}, b(\cdot)). \end{aligned}$$

2) $e^{\tau\lambda} = 1$ 이면

$$\begin{aligned} P_\lambda x_n = &\sum_{k=0}^{h_\lambda(A)-1} \frac{1}{k+1} \left([\frac{n}{\tau}] \right)^{k+1} \overline{A}_{k,\lambda} e^{r(n)\tau A} \beta_\lambda(w, b(\cdot); A) \\ &+ e^{r(n)\tau A} P_\lambda w + S_{r(n),\lambda}(e^{\tau A}, b(\cdot)). \end{aligned}$$

증명 $\lambda \in \sigma(A)$ 라고 하고 $\nu := e^{\tau\lambda} \in \sigma(e^{\tau A})$, $\mu := e^{\tau\lambda} \in \sigma(e^{\tau A})$ 라고 놓자. 그러면 분명히 $\lambda \in \overline{\sigma}_\nu(A)$ 이고

$$P_\lambda S_r(e^{\tau A}, Q_{e^{\tau\lambda}} b(\cdot)) = S_r(e^{\tau A}, P_\lambda b(\cdot)) = S_{r,\lambda}(e^{\tau A}, b(\cdot)) \ (0 \leq r \leq \tau)$$

임을 주의하자.

1) $\nu \neq 1$ 이면 변환공식 (정리 6.3.1) 과 정리 6.3.2에 의해 관계식

$$Z_\mu^0(e^{\tau A}) P_\lambda = Z_\nu(e^{\tau A}) P_\lambda = \overline{X}_\lambda(A) P_\lambda$$

를 얻는다. 이로부터

$$\begin{aligned} P_\lambda \gamma_\mu(w, b(\cdot)) &= P_\lambda w + P_\lambda Z_\mu(e^{\tau A}, b(\cdot)) \\ &= P_\lambda w + Z_\mu^0(e^{\tau A}) P_\lambda P_\lambda S_{\tau,\mu}(e^{\tau A}, b(\cdot)) \\ &= P_\lambda w + \overline{X}_\lambda(A) S_{\tau,\lambda}(e^{\tau A}, b(\cdot)) \\ &= P_\lambda w + X_\lambda(A, b(\cdot)) \\ &= \alpha_\lambda(w, b(\cdot)) \end{aligned}$$

가 증명된다.

2) $\nu = 1$이라고 하자. $h_1 = \max\{h_\lambda(A) : \lambda \in \overline{\sigma}_1(A)\}$이므로 $h_1 \geq h_\lambda(A)$를 얻는다. 따라서 변환공식 (정리 6.3.1)과 도움정리 6.4.4, 그리고 정리 6.4.2의 증명을 되풀이하면

$$\left(\sum_{j=0}^{h_1-1} \frac{(k)_{j+1}}{j+1}\overline{B}_{[j,1]}\right) P_\lambda \delta_\mu(w, b(\cdot); e^{\tau A}) = \sum_{j=0}^{h_\lambda(A)-1} \frac{1}{j+1} k^{j+1} \overline{A}_{j,\lambda} P_\lambda \beta_\lambda(w, b(\cdot))$$

를 얻는다. □

방정식 (6.47)에서 $b(n) = b$인 경우, 위 정리부터 정리 5.1.1을 얻을 수 있다.

4.3 변환공식의 응용 (III)

마지막으로, 이항계수, 베르누이 수, 스털링 수 사이의 관계를 변환공식을 써서 새롭게 밝힌다. 변환공식 I을 쓰면 제4장에서 언급한 바와 같이 잘 알려져 있는 결과, 예컨대 반전공식(정리 4.3.7) 및 따름정리 4.2.2 등도 얻어진다.

7. 이항계수, 베르누이 수, 스털링 수 사이의 관계

변환공식 I과 변환공식 III을 쓰면, 다음 결과를 얻는다.

정리 6.4.10. $k \geq j,\ k,\ j \in \mathbb{N}_0$라고 하자. 그러면 다음 관계식이 성립한다.

1) $$\frac{1}{j+1}\left\{ \begin{matrix} k \\ j \end{matrix} \right\} = \sum_{i=j}^{k} \binom{k}{i} \left\{ \begin{matrix} i+1 \\ j+1 \end{matrix} \right\} \frac{1}{i+1} B_{k-i}.$$

2) $$\frac{1}{k+1}\left[\begin{matrix} k+1 \\ j+1 \end{matrix} \right] = \frac{1}{j+1} \sum_{i=j}^{k} \binom{i}{j} \left[\begin{matrix} k \\ i \end{matrix} \right] B_{i-j}.$$

3) $$\frac{1}{k+1}\left[\begin{matrix} k+1 \\ j+1 \end{matrix} \right] = \frac{1}{j+1} \sum_{i=j}^{k} \binom{k}{i} \left[\begin{matrix} i \\ j \end{matrix} \right] \frac{(-1)^{(k-i)}(k-i)!}{k-i+1}.$$

증명 1) 변환공식 III의 (6.20), 즉

$$\frac{1}{j+1} B_{[j,1]} P_\lambda = \sum_{i=j}^{h_1(B)-1} \left\{ \begin{matrix} i+1 \\ j+1 \end{matrix} \right\} \frac{1}{i+1} A_{i,\lambda} Y_\lambda(A) P_\lambda \tag{6.51}$$

의 좌변에 변환공식 I의 (6.17)을 대입하면

$$\frac{1}{j+1} \sum_{k=j}^{h_1(B)-1} \left\{ \begin{matrix} k \\ j \end{matrix} \right\} A_{k,\lambda} P_\lambda = \sum_{i=j}^{h_1(B)-1} \left\{ \begin{matrix} i+1 \\ j+1 \end{matrix} \right\} \frac{1}{i+1} A_{i,\lambda} Y_\lambda(A) P_\lambda$$

가 된다.

한편, 도움정리 6.2.2에 의해

$$\begin{aligned}
&\sum_{i=j}^{h_1(B)-1} \left\{ \begin{matrix} i+1 \\ j+1 \end{matrix} \right\} \frac{1}{i+1} A_{i,\lambda} Y_\lambda(A) P_\lambda \\
&= \sum_{i=0}^{h_1(B)-1} \left\{ \begin{matrix} i+1 \\ j+1 \end{matrix} \right\} \frac{1}{i+1} \sum_{k=i}^{h_1(B)-1} \binom{k}{i} B_{k-i} A_{k,\lambda} P_\lambda \\
&= \sum_{k=0}^{h_1(B)-1} \left(\sum_{i=0}^{k} \left\{ \begin{matrix} i+1 \\ j+1 \end{matrix} \right\} \binom{k}{i} \frac{1}{i+1} B_{k-i} \right) A_{k,\lambda} P_\lambda \\
&= \sum_{k=j}^{h_1(B)-1} \left(\sum_{i=j}^{k} \left\{ \begin{matrix} i+1 \\ j+1 \end{matrix} \right\} \binom{k}{i} \frac{1}{i+1} B_{k-i} \right) A_{k,\lambda} P_\lambda .
\end{aligned}$$

따라서

$$\begin{aligned}
&\sum_{k=j}^{h_1(B)-1} \frac{1}{j+1} \left\{ \begin{matrix} k \\ j \end{matrix} \right\} A_{k,\lambda} P_\lambda \\
&= \sum_{k=j}^{h_1(B)-1} \left(\sum_{i=j}^{k} \left\{ \begin{matrix} i+1 \\ j+1 \end{matrix} \right\} \binom{k}{i} \frac{1}{i+1} B_{k-i} \right) A_{k,\lambda} P_\lambda .
\end{aligned}$$

도움정리 1.2.1에 의해 양변의 계수는 일치한다. 즉, 관계식 1)이 성립한다.

2) 변환공식 III의 (6.21)과 도움정리 6.2.2으로부터

$$\begin{aligned}
\sum_{k=j}^{h_1(B)-1} \left[\begin{matrix} k+1 \\ j+1 \end{matrix} \right] \frac{1}{k+1} B_{[k,1]} P_\lambda &= \frac{1}{j+1} A_{j,\lambda} Y_\lambda(A) P_\lambda \\
&= \frac{1}{j+1} \sum_{i=j}^{h_1(B)-1} \binom{i}{j} B_{i-j} A_{i,\lambda} P_\lambda
\end{aligned}$$

를 얻는다. 변환공식 I을 쓰면

$$\begin{aligned}
\sum_{i=j}^{h_1(B)-1} \binom{i}{j} B_{i-j} A_{i,\lambda} P_\lambda &= \sum_{i=j}^{h_1(B)-1} \binom{i}{j} B_{i-j} \sum_{k=i}^{h_1(B)-1} \left[\begin{matrix} k \\ i \end{matrix} \right] B_{[k,1]} P_\lambda \\
&= \sum_{k=0}^{h_1(B)-1} \left(\sum_{i=0}^{k} \binom{i}{j} \left[\begin{matrix} k \\ i \end{matrix} \right] B_{i-j} \right) B_{[k,1]} P_\lambda \\
&= \sum_{k=j}^{h_1(B)-1} \left(\sum_{i=j}^{k} \binom{i}{j} \left[\begin{matrix} k \\ i \end{matrix} \right] B_{i-j} \right) B_{[k,1]} P_\lambda .
\end{aligned}$$

따라서

$$\sum_{k=j}^{h_1(B)-1} \left[\begin{matrix} k+1 \\ j+1 \end{matrix} \right] \frac{1}{k+1} B_{[k,1]} P_\lambda = \frac{1}{j+1} \sum_{k=j}^{h_1(B)-1} \left(\sum_{i=j}^{k} \binom{i}{j} \left[\begin{matrix} k \\ i \end{matrix} \right] B_{i-j} \right) B_{[k,1]} P_\lambda$$

가 성립한다. 이 계수를 비교하여 관계식 2)를 얻는다.

3) 변환공식 I과 도움정리 6.4.1, 도움정리 6.1.1에 의해

$$\begin{aligned} A_{j,\lambda} Y_\lambda(A) P_\lambda &= \left(\sum_{i=j}^{h_1(B)-1} \left[\begin{matrix} i \\ j \end{matrix} \right] B_{[i,1]} \right) \left(\sum_{m=0}^{h_1(B)-1} \frac{(-1)^m m!}{m+1} B_{[m,1]} \right) P_\lambda \\ &= \sum_{i=j}^{h_1(B)-1} \sum_{m=0}^{h_1(B)-1} \left[\begin{matrix} i \\ j \end{matrix} \right] \binom{m+i}{i} \frac{(-1)^m m!}{m+1} B_{[m+i,1]} P_\lambda \\ &= \sum_{i=j}^{h_1(B)-1} \sum_{k=i}^{h_1(B)-1} \left[\begin{matrix} i \\ j \end{matrix} \right] \binom{k}{i} \frac{(-1)^{(k-i)} (k-i)!}{k-i+1} B_{[k,1]} P_\lambda \\ &= \sum_{k=j}^{h_1(B)-1} \sum_{i=j}^{k} \left[\begin{matrix} i \\ j \end{matrix} \right] \binom{k}{i} \frac{(-1)^{(k-i)} (k-i)!}{k-i+1} B_{[k,1]} P_\lambda. \end{aligned}$$

이상의 결과와 변환공식 III을 이용하면,

$$\begin{aligned} &\sum_{k=j}^{h_1(B)-1} \left[\begin{matrix} k+1 \\ j+1 \end{matrix} \right] \frac{1}{k+1} B_{[k,1]} P_\lambda \\ &= \sum_{k=j}^{h_1(B)-1} \frac{1}{j+1} \sum_{i=j}^{k} \left[\begin{matrix} i \\ j \end{matrix} \right] \binom{k}{i} \frac{(-1)^{(k-i)} (k-i)!}{k-i+1} B_{[k,1]} P_\lambda \end{aligned}$$

가 성립한다. 이 계수를 비교하여 관계식 3)을 얻는다. □

정리 6.4.10의 2)와 3)을 합쳐서 다음 관계식을 얻는다.

따름정리 6.4.5.

$$\sum_{i=j}^{k} \binom{i}{j} \left[\begin{matrix} k \\ i \end{matrix} \right] B_{i-j} = \sum_{i=j}^{k} \binom{k}{i} \left[\begin{matrix} i \\ j \end{matrix} \right] \frac{(-1)^{(k-i)} (k-i)!}{k-i+1}.$$

제 III 편

주기선형계 II : 연속계

7

비제차항이 주기함수인 상수계수 선형미분방정식계

제 1 절 해의 표현

이 절에서는 비제차항이 주기함수인 상수계수 선형미분방정식계

$$\frac{d}{dt}x(t) = Ax(t) + f(t) \tag{7.1}$$

의 해의 표현에 대하여 고찰한다. 여기서 $A \in M_m(\mathbb{C})$이고 $f : \mathbb{R} \to \mathbb{C}^m$은 연속이고 τ-주기함수이다. 이 장에서는 초기조건 $x(0) = w$를 만족하는 방정식의 해를 $x(t; w, f)$라고 표시한다.

해의 표현으로서 제2장에서 다룬 상수변화법에 의한 공식(정리 2.2.12, 따름정리 2.3.4) 이 존재하나, 그 표현은 적분형식이므로 해의 행태를 조사하기가 쉽지 않다. 뿐만 아니라 방정식 (7.1)의 비제차항 $f(t)$의 주기성이 반영되지 않고 있다. 이 절에서는 상수변화법에 의한 공식

$$x(t; w, f) = e^{tA}w + \int_0^t e^{(t-s)A}f(s)ds, \ \ t \in \mathbb{R} \tag{7.2}$$

을 변형하여 해를 주기함수와 행태를 알 수 있는 함수의 합의 형태로 표현한다. 이 표현의 최대의 이점은 해의 유계성, 주기성 및 해의 모든 행태를 쉽게 알 수 있으며 해의 행태가 초기값에 의해 완전히 분류된다는 점이다.

이 장에서는 고유값 $\lambda \in \sigma(A)$의 표수를 $h_\lambda := h_\lambda(A)$, $\mathbb{C}^m$에서 일반화된 고유공간 $G_\lambda := G_\lambda(A)$로의 사영 $Q_\lambda(A)$를 간단히 P_λ로 표시한다.

$\lambda \in \sigma(A)$라고 하자. $x(t)$가 방정식 (7.1)의 해일 때, 방정식 (7.1)의 양변 왼쪽에 사영 P_λ를 곱하면

$$\frac{d}{dt}P_\lambda x(t) = AP_\lambda x(t) + P_\lambda f(t)$$

가 된다. 즉 $y(t) := P_\lambda x(t)$는 방정식

$$\frac{d}{dt}y(t) = Ay(t) + P_\lambda f(t) \tag{7.3}$$

의 해이다.

일반적으로 G_λ에 값을 가지는 함수 $y(t)$가 방정식 (7.3)을 만족하면, $y(t)$를 방정식 (7.1)의 G_λ **위의 해**라고 부른다.

다음 도움정리는 도움정리 2.3.4의 증명과 비슷하게 증명된다.

도움정리 7.1.1. $y(t)$를 방정식 (7.3)의 해라고 하자. 그러면 $y(t)$가 방정식 (7.1)의 G_λ 위의 해이기 위한 필요충분조건은 $y(0) \in G_\lambda$가 성립하는 것이다.

앞으로, 이 장에서는

$$\omega = \frac{2\pi}{\tau}, \quad a_f = \int_0^\tau e^{(\tau-s)A} f(s)ds$$

라고 놓는다.

1.1 해의 표현 : 일반적인 경우

여기서는 이산계의 해의 표현으로부터 연속계의 해의 표현을 준다. 먼저 초기조건 $x(0) = w$를 만족하는 선형미분방정식 (7.1)의 해 $x(t; w, f)$의 표현을 대응하는 이산적인 선형 차분방정식

$$x_{n+1} = e^{\tau A}x_n + a_f, \;\; x_0 = w \tag{7.4}$$

의 해의 표현(정리 5.1.1)으로부터 유도한다. 방정식 (7.4)의 해를 $x_n(w, a_f)$라고 표시하자. 그러면 방정식 (7.4)의 해 $x_n(w, a_f)$와 방정식 (7.1)의 해 $x(t; w, f)$ 사이의 관계식은

$$x_n(w, a_f) = x(n\tau, w, f)$$

로 맺어진다. 다음 벡터량 $\alpha_\lambda(w, a_f)$와 $\beta_\lambda(w, a_f)$는 제5장에서 쓴 해 표현의 특성량이다.

$$\alpha_\lambda(w, a_f) = \alpha_\lambda(w, a_f; A) = P_\lambda w + X_\lambda(A)P_\lambda a_f \;\; (\lambda \notin i\omega\mathbb{Z}),$$

$$\beta_\lambda(w, a_f) = \beta_\lambda(w, a_f; A) = \tau(A - \lambda E)P_\lambda w + Y_\lambda(A)P_\lambda a_f \;\; (\lambda \in i\omega\mathbb{Z}).$$

정리 5.1.1에 의해 $\lambda \in \sigma(A)$라고 하면 방정식 (7.4)의 해 $x_n(w, a_f)$의 성분 $P_\lambda x_n(w, a_f)$는 다음과 같이 표현된다.

1) $\lambda \notin i\omega\mathbb{Z}$일 때

$$P_\lambda x_n(w, a_f) = e^{n\tau A}\alpha_\lambda(w, a_f) - X_\lambda(A)P_\lambda a_f. \tag{7.5}$$

2) $\lambda \in i\omega\mathbb{Z}$일 때

$$P_\lambda x_n(w, a_f) = \sum_{k=0}^{h_\lambda(A)-1} \frac{n^{k+1}}{k+1} A_{k,\lambda}\beta_\lambda(w, a_f) + P_\lambda w. \tag{7.6}$$

이 이산적인 결과로부터 다음의 연속적인 결과(**해의 표현정리**라고 부른다)를 얻을 수 있다.

정리 7.1.1. $\lambda \in \sigma(A)$이고 $x(t;w,f)$는 초기조건 $x(0)=w$를 만족하는 방정식 (7.1)의 $\mathbb{R}$ 위의 해라고 하자.

1) $\lambda \notin i\omega\mathbb{Z}$이면

$$P_\lambda x(t;w,f) = e^{tA}\alpha_\lambda(w,a_f) + u_\lambda(t,f) \tag{7.7}$$

$$= e^{\lambda t}\sum_{k=0}^{h_\lambda(A)-1}\frac{t^k}{k!}(A-\lambda E)^k\alpha_\lambda(w,a_f) + u_\lambda(t,f). \tag{7.8}$$

여기서

$$u_\lambda(t,f) = -e^{tA}X_\lambda(A)P_\lambda a_f + \int_0^t e^{(t-s)A}P_\lambda f(s)ds \tag{7.9}$$

는 방정식 (7.1)의 $G_\lambda(A)$ 위의 τ-주기해이다.

2) $\lambda \in i\omega\mathbb{Z}$이면

$$P_\lambda x(t;w,f) = \frac{e^{\lambda t}}{\tau}\sum_{k=0}^{h_\lambda(A)-1}\frac{t^{k+1}}{(k+1)!}(A-\lambda E)^k\beta_\lambda(w,a_f) + e^{\lambda t}P_\lambda w + u_\lambda(t,f). \tag{7.10}$$

여기서 $e^{\lambda t}P_\lambda w$ 및

$$u_\lambda(t,f) = -\frac{e^{\lambda t}}{\tau}\sum_{k=0}^{h_\lambda(A)-1}\frac{t^{k+1}}{(k+1)!}(A-\lambda E)^k Y_\lambda(A)P_\lambda a_f + \int_0^t e^{(t-s)A}P_\lambda f(s)ds \tag{7.11}$$

는 τ-주기함수이다.

증명 $x(t) = x(t;w,f)$라고 놓자. 음이 아닌 정수 n과 실수 $t \in \mathbb{R}$에 대하여 상수변화법의 공식 (7.2)를 사용하면

$$x(t) = e^{(t-n\tau)A}x(n\tau) + \int_{n\tau}^t e^{(t-s)A}f(s)ds.$$

양변에 P_λ를 곱하면

$$P_\lambda x(t) = e^{(t-n\tau)A}P_\lambda x(n\tau) + \int_{n\tau}^t e^{(t-s)A}P_\lambda f(s)ds.$$

$f(t)$는 τ-주기함수이므로 치환 $r = s - n\tau$를 실시하면

$$\int_{n\tau}^t e^{(t-s)A}P_\lambda f(s)ds = \int_0^{t-n\tau} e^{(t-(r+n\tau)A}P_\lambda f(r+n\tau)dr$$

$$= \int_0^{t-n\tau} e^{(t-n\tau-r)A}P_\lambda f(r)dr.$$

따라서

$$P_\lambda x(t) = e^{(t-n\tau)A} P_\lambda x(n\tau) + \int_0^{t-n\tau} e^{(t-n\tau-r)A} P_\lambda f(r)dr$$

을 얻는다.

1) $\lambda \notin i\omega\mathbb{Z}$ 라고 하자. 관계식 (7.5)에 의해

$$\begin{aligned} e^{(t-n\tau)A} P_\lambda x(n\tau) &= e^{(t-n\tau)A}(e^{n\tau A}\alpha_\lambda(w, a_f) - X_\lambda(A)P_\lambda a_f) \\ &= e^{tA}\alpha_\lambda(w, a_f) - e^{(t-n\tau)A} X_\lambda(A)P_\lambda a_f. \end{aligned}$$

따라서

$$P_\lambda x(t) - e^{tA}\alpha_\lambda(w, a_f) = -e^{(t-n\tau)A} X_\lambda(A)P_\lambda a_f + \int_0^{t-n\tau} e^{(t-n\tau-r)A} P_\lambda f(r)dr.$$

이 식의 우변을

$$v_\lambda(t, n) = -e^{(t-n\tau)A} X_\lambda(A)P_\lambda a_f + \int_0^{t-n\tau} e^{(t-n\tau-r)A} P_\lambda f(r)dr \tag{7.12}$$

이라고 놓으면 $P_\lambda x(t) - e^{tA}\alpha_\lambda(w, a_f) = v_\lambda(t, n)\ \ (n = 0, 1, 2, \cdots,)$. 좌변은 n에 의존하지 않으므로

$$v_\lambda(t, n) = v_\lambda(t, 0) = u_\lambda(t, f), \ \ n = 0, 1, 2, \cdots.$$

$v_\lambda(t, n)$의 정의식 (7.12)에 의하여 $v_\lambda(t-\tau, n) = v_\lambda(t, n+1)$이 성립한다. 따라서

$$v_\lambda(t-\tau, 0) = v_\lambda(t-\tau, n) = v_\lambda(t, n+1) = v_\lambda(t, 0)$$

이므로 $v_\lambda(t, 0)$은 τ-주기함수이다. $v_\lambda(t, 0) = u_\lambda(t, f)$이므로

$$P_\lambda x(t) - e^{tA}\alpha_\lambda(w, a_f) = u_\lambda(t, f).$$

즉, $P_\lambda x(t)$는 (7.7)과 같이 표현되며 $u_\lambda(t, f)$는 τ-주기함수이다. 또한 $u_\lambda(t, f)$가 방정식 (7.3)의 해임을 쉽게 알 수 있다.

2) $\lambda \in i\omega\mathbb{Z}$ 라고 하자. 관계식 (7.6)에 의해

$$e^{(t-n\tau)A} P_\lambda x(n\tau) = e^{tA} P_\lambda w + e^{(t-n\tau)A} \sum_{i=0}^{h_\lambda - 1} n^{i+1} \frac{\tau^i}{(i+1)!}(A-\lambda E)^i Y_\lambda(A)P_\lambda a_f.$$

우변의 제2항은

$$\begin{aligned} &e^{(t-n\tau)A} \sum_{i=0}^{h_\lambda - 1} n^{i+1} \frac{\tau^i}{(i+1)!}(A-\lambda E)^i Y_\lambda(A)P_\lambda a_f \\ &= e^{(t-n\tau)\lambda} \sum_{j=0}^{h_\lambda - 1} \frac{(t-n\tau)^j}{j!}(A-\lambda E)^j \sum_{i=0}^{h_\lambda - 1} n^{i+1} \frac{\tau^i}{(i+1)!}(A-\lambda E)^i Y_\lambda(A)P_\lambda a_f \end{aligned}$$

$$= e^{t\lambda}\sum_{j=0}^{h_\lambda-1}\sum_{i=0}^{h_\lambda-1}\frac{(t-n\tau)^j n^{i+1}\tau^i}{j!(i+1)!}(A-\lambda E)^{j+i}Y_\lambda(A)P_\lambda a_f$$

$$= \frac{e^{t\lambda}}{\tau}\sum_{j=0}^{h_\lambda-1}\sum_{i=0}^{h_\lambda-1}\frac{(t-n\tau)^j (n\tau)^{i+1}}{j!(i+1)!}(A-\lambda E)^{j+i}Y_\lambda(A)P_\lambda a_f.$$

$Y_\lambda(A)P_\lambda a_f = P_\lambda Y_\lambda(A)P_\lambda a_f$ 이고 $(A-\lambda E)^k P_\lambda = O, k \geq h(\lambda)$ 이므로

$$\frac{e^{t\lambda}}{\tau}\sum_{j=0}^{h_\lambda-1}\sum_{i=0}^{h_\lambda-1}\frac{(t-n\tau)^j (n\tau)^{i+1}}{j!(i+1)!}(A-\lambda E)^{j+i}Y_\lambda(A)P_\lambda a_f$$

$$= \frac{e^{t\lambda}}{\tau}\sum_{j=0}^{\infty}\sum_{i=0}^{\infty}\frac{(t-n\tau)^j (n\tau)^{i+1}}{j!(i+1)!}(A-\lambda E)^{j+i}Y_\lambda(A)P_\lambda a_f$$

와 같이 쓸 수 있다. $j+i=k$라고 놓으면

$$\frac{e^{t\lambda}}{\tau}\sum_{j=0}^{\infty}\sum_{i=0}^{\infty}\frac{(t-n\tau)^j (n\tau)^{i+1}}{j!(i+1)!}(A-\lambda E)^{j+i}Y_\lambda(A)P_\lambda a_f$$

$$= \frac{e^{t\lambda}}{\tau}\sum_{k=0}^{\infty}\sum_{i+j=k}^{\infty}\frac{(t-n\tau)^j (n\tau)^{i+1}}{j!(i+1)!}(A-\lambda E)^{j+i}Y_\lambda(A)P_\lambda a_f$$

$$= \frac{e^{t\lambda}}{\tau}\sum_{k=0}^{\infty}\sum_{j=0}^{k}\frac{(t-n\tau)^j (n\tau)^{k-j+1}}{j!(k-j+1)!}(A-\lambda E)^{k}Y_\lambda(A)P_\lambda a_f$$

$$= \frac{e^{t\lambda}}{\tau}\sum_{k=0}^{\infty}\sum_{j=0}^{k+1}\frac{(t-n\tau)^j (n\tau)^{k+1-j}}{j!(k+1-j)!}(A-\lambda E)^{k}Y_\lambda(A)P_\lambda a_f$$

$$- \frac{e^{t\lambda}}{\tau}\sum_{k=0}^{\infty}\frac{(t-n\tau)^{k+1}}{(k+1)!}(A-\lambda E)^{k}\beta_\lambda(w,a_f)$$

$$= \frac{e^{t\lambda}}{\tau}\sum_{k=0}^{\infty}\frac{(t-n\tau+n\tau)^{k+1}}{(k+1)!}(A-\lambda)^{k}Y_\lambda(A)P_\lambda a_f$$

$$- \frac{e^{t\lambda}}{\tau}\sum_{k=0}^{\infty}\frac{(t-n\tau)^{k+1}}{(k+1)!}(A-\lambda E)^{k}Y_\lambda(A)P_\lambda a_f$$

$$= \frac{e^{t\lambda}}{\tau}\sum_{k=0}^{\infty}\frac{t^{k+1}}{(k+1)!}(A-\lambda)^{k}Y_\lambda(A)P_\lambda a_f$$

$$- \frac{e^{t\lambda}}{\tau}\sum_{k=0}^{\infty}\frac{(t-n\tau)^{k+1}}{(k+1)!}(A-\lambda E)^{k}Y_\lambda(A)P_\lambda a_f$$

$$= \frac{e^{t\lambda}}{\tau}\sum_{k=0}^{h_\lambda-1}\frac{t^{k+1}}{(k+1)!}(A-\lambda E)^{k}Y_\lambda(A)P_\lambda a_f$$

$$-\frac{e^{t\lambda}}{\tau}\sum_{k=0}^{h_\lambda-1}\frac{(t-n\tau)^{k+1}}{(k+1)!}(A-\lambda E)^k Y_\lambda(A)P_\lambda a_f.$$

위의 결과를 종합하면

$$\begin{aligned}P_\lambda x(t) &= \frac{e^{t\lambda}}{\tau}\sum_{k=0}^{h_\lambda-1}\frac{t^{k+1}}{(k+1)!}(A-\lambda E)^k Y_\lambda(A)P_\lambda a_f\\ &-\frac{e^{t\lambda}}{\tau}\sum_{k=0}^{h_\lambda-1}\frac{(t-n\tau)^{k+1}}{(k+1)!}(A-\lambda E)^k Y_\lambda(A)P_\lambda a_f\\ &+e^{tA}P_\lambda w+\int_0^{t-n\tau}e^{(t-n\tau-r)A}P_\lambda f(r)dr.\end{aligned}$$

우변에서 n을 포함하는 항을

$$\begin{aligned}v_\lambda(t,n) = -\frac{e^{t\lambda}}{\tau}\sum_{k=0}^{h_\lambda-1}\frac{(t-n\tau)^{k+1}}{(k+1)!}(A-\lambda E)^k Y_\lambda(A)P_\lambda a_f\\ +\int_0^{t-n\tau}e^{(t-n\tau-r)A}P_\lambda f(r)dr\end{aligned} \tag{7.13}$$

이라고 놓으면

$$P_\lambda x(t)-\frac{e^{t\lambda}}{\tau}\sum_{k=0}^{h_\lambda-1}\frac{t^{k+1}}{(k+1)!}(A-\lambda E)^k Y_\lambda(A)P_\lambda a_f - e^{tA}P_\lambda w = v_\lambda(t,n).$$

$v_\lambda(t,n)$은 n과 독립적이므로

$$v_\lambda(t,n)=v_\lambda(t,0)=u_\lambda(t,f),\ \ n=0,1,2,\cdots.$$

한편,

$$v_\lambda(t-\tau,0)=v_\lambda(t-\tau,n)=v_\lambda(t,n+1)=v_\lambda(t,0)$$

이므로 $v_\lambda(t,0)$는 τ-주기함수이다. 따라서 $u_\lambda(t,f)$는 τ-주기함수이고

$$P_\lambda x(t)=\frac{e^{t\lambda}}{\tau}\sum_{k=0}^{h_\lambda-1}\frac{t^{k+1}}{(k+1)!}(A-\lambda E)^k Y_\lambda(A)P_\lambda a_f + e^{tA}P_\lambda w+u_\lambda(t,f)$$

와 같이 표현된다.

마지막으로 $e^{tA}P_\lambda w$에서 τ-주기인 항을 다음과 같이 식을 정리하여 골라낸다.

$$\begin{aligned}e^{tA}P_\lambda w &= e^{t\lambda}\sum_{j=0}^{h_\lambda-1}\frac{t^j}{j!}(A-\lambda E)^j P_\lambda w = e^{t\lambda}\sum_{j=0}^{h_\lambda}\frac{t^j}{j!}(A-\lambda E)^j P_\lambda w\\ &= e^{t\lambda}P_\lambda w + e^{t\lambda}\sum_{j=1}^{h_\lambda}\frac{t^j}{j!}(A-\lambda E)^j P_\lambda w\end{aligned}$$

$$= e^{t\lambda}P_\lambda w + e^{t\lambda}\sum_{k=0}^{h_\lambda-1}\frac{t^{k+1}}{(k+1)!}(A-\lambda E)^{k+1}P_\lambda w$$

$$= e^{t\lambda}P_\lambda w + \frac{e^{t\lambda}}{\tau}\sum_{k=0}^{h_\lambda-1}\frac{t^{k+1}}{(k+1)!}(A-\lambda E)^{k}(\tau(A-\lambda E)P_\lambda w).$$

분명히 $e^{t\lambda}P_\lambda w$는 τ-주기함수이므로

$$P_\lambda x(t) = \frac{e^{t\lambda}}{\tau}\sum_{k=0}^{h_\lambda-1}\frac{t^{k+1}}{(k+1)!}(A-\lambda E)^{k}(\tau(A-\lambda E)P_\lambda w + Y_\lambda(A)P_\lambda b_f)$$
$$+ e^{t\lambda}P_\lambda w + u_\lambda(t,f).$$

이 식은 해의 표현 (7.10)을 보여주고 있다. □

따름정리 7.1.1. 정리 7.1.1에서 $\lambda \in \sigma(A), h_\lambda(A) = 1$이라고 하자.

1) $\lambda \notin i\omega\mathbb{Z}$이면 (7.8)은

$$P_\lambda x(t) = e^{\lambda t}\alpha_\lambda(w,a_f) + u_\lambda(t,f).$$

2) $\lambda \in i\omega\mathbb{Z}$이면 (7.10)은

$$P_\lambda x(t) = \frac{te^{\lambda t}}{\tau}\beta_\lambda(w,a_f) + e^{\lambda t}P_\lambda w + u_\lambda(t,f).$$

주 7.1.1. 정리 7.1.1에서 $a_f = 0$인 경우를 보이자. 그러면 모든 $\lambda \in \sigma(A)$에 대하여

$$\alpha_\lambda(w,a_f) = P_\lambda w,\ \ \beta_\lambda(w,a_f) = \tau(A-\lambda E)P_\lambda w,\ \ u_\lambda(t,f) = \int_0^t e^{(t-s)A}P_\lambda f(s)ds$$

가 성립한다. 따라서 $\lambda \notin i\omega\mathbb{Z}$와 $\lambda \in i\omega\mathbb{Z}$ 둘 중 어느 것이나 모든 $\lambda \in \sigma(A)$에 대하여

$$P_\lambda x(t) = e^{tA}P_\lambda w + \int_0^t e^{(t-s)A}P_\lambda f(s)ds$$

가 성립하지만, 적분항은 $G_\lambda(A)$ 위의 τ-주기해가 된다. 즉, $a_f = 0$이면 정리 7.1.1에 의한 해의 표현은 상수변화법에 의한 해의 표현 그 자신이지만 적분항은 τ-주기함수이다.

정리 7.1.1을 적용하여 도입에서 얻은 결과를 유도하자.

보기 7.1.1. 다음 방정식

$$\frac{dx}{dt} = ax(t) + f(t),\ \ x(0) = w \in \mathbb{C} \tag{7.14}$$

의 해의 표현을 보자. 여기서 $a \in \mathbb{C}$이고 f는 연속인 τ-주기함수이다.

정리 7.1.1(또는 따름정리 7.1.1)을 적용한다. $A = a$이므로 A의 고유값은 $\lambda = a$, 표수는 $h_a(A) = 1$, 사영은 $P_a = 1$이다. 따라서

$a \notin i\omega\mathbb{Z}$일 때

$$X_a(A) = \sum_{k=0}^{h_a(A)-1} \varepsilon^{(k)}(a\tau)A_{k,a} = \varepsilon(a\tau)A_{0,a} = \frac{1}{e^{a\tau}-1}$$

이므로

$$\alpha_a(w, a_f) := \alpha_a(w, a_f; A) = w + X_a(A)a_f = w + \frac{1}{e^{a\tau}-1}a_f$$

를 얻는다.

$a \in i\omega\mathbb{Z}$일 때

$$Y_a(A) = \sum_{k=0}^{h_a(A)-1} B_k A_{k,a} = B_0 A_{0,a} = 1$$

이므로

$$\beta_a(w, a_f) := \beta_a(w, a_f; A) = Y_a(A)a_f = a_f.$$

여기서 베르누이 수 $B_0 = 1$을 사용했다. 정리 7.1.1에 의해 방정식 (7.14)의 해 $x(t; w, f)$는 다음과 같이 표현된다.

1) $a \notin i\omega\mathbb{Z}$이면

$$x(t; w, f) = e^{at}\left(w + \frac{1}{e^{a\tau}-1}a_f\right) + u(t, f)$$

가 된다. 여기서

$$u(t, f) = e^{at}\frac{1}{1-e^{a\tau}}a_f + \int_0^t e^{a(t-s)}f(s)ds = \frac{e^{at}}{1-e^{a\tau}}\int_t^{t+\tau} e^{a(\tau-s)}f(s)ds$$

는 방정식 (7.14)의 τ-주기해이다.

2) $a \in i\omega\mathbb{Z}$이면

$$x(t; w, f) = \frac{e^{at}}{\tau}ta_f + e^{at}w + u(t, f)$$

가 된다. 여기서

$$u(t, f) = -e^{at}\frac{t}{\tau}a_f + \int_0^t e^{a(t-s)}f(s)ds$$

는 τ-주기함수이다.

특히, $a_f = 0$이면

$$x(t; w, f) = e^{at}w + \int_0^t e^{a(t-s)}f(s)ds.$$

여기서 $\int_0^t e^{a(t-s)}f(s)ds$는 방정식 (7.14)의 τ-주기해이다.

1.2 해의 표현 : 특수한 경우

정리 7.1.1에서 $\Re\lambda \neq 0$인 경우를 보기로 하자. 그러면 $P_\lambda x(t)$의 표현 (7.7)은 다음과 같이 주어진다.

정리 7.1.2. $\lambda \in \sigma(A)$, $\Re\lambda \neq 0$이고 $x(t) = x(t; w, f)$는 방정식 (7.1)의 해라고 하자.

1) $\Re\lambda > 0$이면

$$X_\lambda(A)P_\lambda a_f = \int_0^\infty e^{-sA}P_\lambda f(s)ds, \tag{7.15}$$

$P_\lambda x(t)$의 표현 (7.7)은

$$P_\lambda x(t) = e^{tA}\alpha_\lambda(w, a_f) - \int_t^\infty e^{(t-s)A}P_\lambda f(s)ds. \tag{7.16}$$

2) $\Re\lambda < 0$이면

$$X_\lambda(A)P_\lambda a_f = -\int_{-\infty}^0 e^{-sA}P_\lambda f(s)ds, \tag{7.17}$$

$P_\lambda x(t)$의 표현 (7.7)은

$$P_\lambda x(t) = e^{tA}\alpha_\lambda(w, a_f) + \int_{-\infty}^t e^{(t-s)A}P_\lambda f(s)ds. \tag{7.18}$$

증명 1) $\Re\lambda > 0$이라고 하자. $k \in \mathbb{Z}$에 대하여

$$\begin{aligned}\int_{k\tau}^{(k+1)\tau} e^{-sA}f(s)ds &= \int_0^\tau e^{-(r+k\tau))A}f(r+k\tau)dr \\ &= e^{-(k+1)\tau A}\int_0^\tau e^{(\tau-s)A}f(s)ds \\ &= e^{-n\tau A}e^{(n-1-k)\tau A}a_f.\end{aligned}$$

그러므로

$$\int_0^{n\tau} e^{-sA}f(s)ds = e^{-n\tau A}\sum_{k=0}^{n-1} e^{(n-1-k)\tau A}a_f = e^{-n\tau A}S_n(e^{\tau A})a_f.$$

여기서 $S_n(e^{\tau A}) = \sum_{k=0}^{n-1} e^{k\tau A}$. 도움정리 5.1.1에 의하여

$$S_n(e^{\tau A})P_\lambda = (e^{n\tau A} - E)X_\lambda(A)P_\lambda, \quad n \geq 1. \tag{7.19}$$

그러므로

$$\begin{aligned}\int_0^{n\tau} e^{-sA}P_\lambda f(s)ds &= e^{-n\tau A}S_n(e^{\tau A})P_\lambda a_f \\ &= e^{-n\tau A}(e^{n\tau A} - E)X_\lambda(A)P_\lambda a_f\end{aligned}$$

$$= (E - e^{-n\tau A})X_\lambda(A)P_\lambda a_f.$$

한편 $\lim_{n\to\infty} e^{-n\tau A}P_\lambda = O$이므로

$$\int_0^\infty e^{-sA}P_\lambda f(s)ds = X_\lambda(A)P_\lambda a_f.$$

따라서

$$\begin{aligned}
P_\lambda x(t) &= e^{tA}\alpha_\lambda(w,f) + \int_0^t e^{(t-s)A}P_\lambda f(s)ds - e^{tA}X_\lambda(A)P_\lambda a_f \\
&= e^{tA}\alpha_\lambda(w,f) + \int_0^t e^{(t-s)A}P_\lambda f(s)ds - e^{tA}\int_0^\infty e^{-sA}P_\lambda f(s)ds \\
&= e^{tA}\alpha_\lambda(w,a_f) - \int_t^\infty e^{(t-s)A}P_\lambda f(s)ds,
\end{aligned}$$

즉 (7.16)을 얻는다.

2) $\Re\lambda < 0$이라고 하자. $k \in \mathbb{Z}$에 대하여

$$\begin{aligned}
\int_{-k\tau}^{-(k-1)\tau} e^{-sA}f(s)ds &= \int_0^\tau e^{-(s-k\tau)A}f(s)ds \\
&= e^{(k-1)\tau A}\int_0^\tau e^{(\tau-s)A}f(s)ds \\
&= e^{(k-1)\tau A}a_f.
\end{aligned}$$

그러므로

$$\int_{-n\tau}^0 e^{-sA}f(s)ds = \sum_{k=1}^n e^{(k-1)\tau A}a_f = S_n(e^{\tau A})a_f$$

가 된다. P_λ를 곱하면

$$\int_{-n\tau}^0 e^{-sA}P_\lambda f(s)ds = S_n(e^{\tau A})P_\lambda a_f.$$

(7.19)를 사용하면,

$$\int_{-n\tau}^0 e^{-sA}P_\lambda f(s)ds = (e^{n\tau A} - E)X_\lambda(A)P_\lambda a_f, \quad n \geq 1.$$

한편 $\lim_{n\to\infty} e^{n\tau A}P_\lambda = O$이므로

$$\int_{-\infty}^0 e^{-sA}P_\lambda f(s)ds = -X_\lambda(A)P_\lambda a_f.$$

이로부터 (7.17)을 얻는다. 따라서

$$P_\lambda x(t) = e^{tA}\alpha_\lambda(w,f) + \int_0^t e^{(t-s)A}P_\lambda f(s)ds - e^{tA}X_\lambda(A)P_\lambda a_f$$

$$= e^{tA}\alpha_\lambda(w,f) + \int_0^t e^{(t-s)A}P_\lambda f(s)ds + e^{tA}\int_{-\infty}^0 e^{-sA}P_\lambda f(s)ds$$
$$= e^{tA}\alpha_\lambda(w,a_f) + \int_{-\infty}^t e^{(t-s)A}P_\lambda f(s)ds$$

이므로 관계식 (7.18)을 얻는다. □

따름정리 7.1.2. $\lambda \in \sigma(A), \Re\lambda \neq 0$에 대하여 $x(t;w,f)$는 방정식 (7.1)의 해이고, 조건 $\alpha_\lambda(w,a_f) = 0$을 만족한다고 하자. 그러면

$$P_\lambda x(t;w,f) = \begin{cases} \int_{-\infty}^t e^{(t-s)A}P_\lambda f(s)ds & (\Re\lambda < 0) \\ -\int_t^\infty e^{(t-s)A}P_\lambda f(s)ds & (\Re\lambda > 0) \end{cases}$$

는 τ-주기해이다.

1.3 해의 표현 : 실행렬인 경우

여기서는 선형미분방정식 (7.1)에서 행렬 A가 실행렬인 경우, 해의 표현을 다룬다.

행렬 A가 실행렬, 초기값 w는 실벡터이고 함수 f가 실 τ-주기함수라도 정리 7.1.1에서 방정식 (7.1)의 해 $x(t)$의 성분 $P_\lambda x(t)$의 표현은 실함수해라고 말할 수 없다. $\lambda \in \mathbb{R}$이면 표현 (7.7)과 (7.8)은 그 자신이 실함수해이다. 그러나 λ가 복소고유값일 때는 실함수해가 아니므로 실수화 표현을 고찰해야 한다. 이를 위하여 다항식 $\widetilde{C}_\lambda(t)$와 $\widetilde{S}_\lambda(t)$를 다음과 같이 정의한다.

$$\widetilde{C}_\lambda(t) = \sum_{j=0}^{h_\lambda(A)-1} \frac{t^{j+1}}{(j+1)!}M_j(\lambda) \left(= \int_0^t C_\lambda(s)ds\right),$$
$$\widetilde{S}_\lambda(t) = \sum_{j=0}^{h_\lambda(A)-1} \frac{t^{j+1}}{(j+1)!}N_j(\lambda) \left(= \int_0^t S_\lambda(s)ds\right).$$

정리 7.1.1로부터 다음 결과를 얻는다.

정리 7.1.3. $\lambda := \alpha + i\beta \in \sigma(A), \beta \neq 0$은 실행렬 A의 복소고유값이고 $x(t)$는 초기조건 $x(0) = w$를 만족하는 방정식 (7.1)의 $\mathbb{R}$ 위의 해라고 하자.

1) $\lambda \notin i\omega\mathbb{Z}$이면

$$P_\lambda x(t) = e^{\alpha t}(\cos\beta t C_\lambda(t) - \sin\beta t S_\lambda(t))\alpha_\lambda(w,a_f) + u_\lambda(t,f).$$

여기서 $G_\lambda(A)$ 위에서의 방정식 (7.1)의 τ-주기해 $u_\lambda(t,f)$는

$$u_\lambda(t,f) = -e^{\alpha t}(\cos\beta t C_\lambda(t) - \sin\beta t S_\lambda(t))U_\lambda(A)P_\lambda a_f$$
$$+ \int_0^t e^{\alpha(t-s)}(\cos\beta(t-s)C_\lambda(t-s) - \sin\beta(t-s)S_\lambda(t-s))P_\lambda f(s)ds$$

로 주어진다.

2) $\lambda = ik\omega, k \in \mathbb{Z}$ 이면

$$P_\lambda x(t) = \frac{1}{\tau}\left(\cos k\omega t\widetilde{C}_\lambda(t) - \sin k\omega t\widetilde{S}_\lambda(t)\right)\beta_\lambda(w, a_f) + (\cos k\omega t - 2\sin k\omega t I_\lambda)P_\lambda w + v_\lambda(t, f). \tag{7.20}$$

여기서

$$v_\lambda(t, f) := -\frac{1}{\tau}\left(\cos k\omega t\widetilde{C}_\lambda(t) - \sin k\omega t\widetilde{S}_\lambda(t)\right)V_\lambda(A)P_\lambda a_f + \int_0^t (\cos k\omega(t-s)C_\lambda(t-s) - \sin k\omega(t-s)S_\lambda(t-s))\,P_\lambda f(s)ds$$

이고, 함수 $(\cos k\omega t - 2\sin k\omega t I_\lambda)P_\lambda w$ 와 $v_\lambda(t, f)$ 는 τ-주기함수이다.

증명 1) $\lambda \notin i\omega\mathbb{Z} \cup \mathbb{R}$ 이라고 가정하자. 그러면 (5.27)과 같이 $\alpha_\lambda(w, a_f) \in G_\lambda(A)$ 이므로 정리 1.8.2에 의해

$$e^{tA}\alpha_\lambda(w, a_f) = e^{\alpha t}(\cos\beta t C_\lambda(t) - \sin\beta t S_\lambda(t))\,\alpha_\lambda(w, a_f).$$

$\lambda \notin i\omega\mathbb{Z}$ 이면 정리 7.1.1에 의해

$$\begin{aligned}
P_\lambda x(t) &= e^{tA}P_\lambda\alpha_\lambda(w, a_f) + u_\lambda(t, f)\\
&= e^{tA}P_\lambda(\alpha_\lambda(w, a_f) - \alpha_\lambda(0, a_f)) + \int_0^t e^{(t-s)A}P_\lambda f(s)ds\\
&= e^{\alpha t}(\cos\beta t C_\lambda(t) - \sin\beta t S_\lambda(t))\,P_\lambda(\alpha_\lambda(w, a_f) - \alpha_\lambda(0, a_f))\\
&\quad + \int_0^t e^{\alpha(t-s)}(\cos\beta(t-s)C_\lambda(t-s) - \sin\beta(t-s)S_\lambda(t-s))P_\lambda f(s)ds.
\end{aligned}$$

도움정리 5.1.5에 의해 $\alpha_\lambda(0, a_f) = X_\lambda(A)P_\lambda a_f = U_\lambda(A)P_\lambda a_f$ 이므로 1)에서의 표현을 얻는다.

2) 표현 (7.10)으로부터 $P_\lambda x(t), \lambda = ik\omega, k \neq 0$ 은 다음과 같이 표현된다.

$$\begin{aligned}
P_\lambda x(t) &= \frac{1}{\tau}\sum_{j=0}^{h_\lambda(A)-1}\frac{t^{j+1}}{(j+1)!}e^{\lambda t}(A - \lambda E)^j\beta_\lambda(w, a_f) + e^{\lambda t}P_\lambda w\\
&\quad - \frac{1}{\tau}\sum_{j=0}^{h_\lambda(A)-1}\frac{t^{j+1}}{(j+1)!}e^{\lambda t}(A - \lambda E)^j\beta_\lambda(0, a_f) + \int_0^t e^{(t-s)A}P_\lambda f(s)ds.
\end{aligned} \tag{7.21}$$

도움정리 1.8.1과 $\widetilde{C}_\lambda(t)$ 과 $\widetilde{S}_\lambda(t)$ 의 정의로부터 해 표현 (7.21)의 우변의 첫째 항은

$$\frac{1}{\tau}\sum_{j=0}^{h_\lambda(A)-1}\frac{t^{j+1}}{(j+1)!}e^{\lambda t}(A - \lambda E)^j\beta_\lambda(w, a_f)$$

$$= \frac{1}{\tau} \sum_{j=0}^{h_\lambda(A)-1} \frac{t^{j+1}}{(j+1)!} e^{\alpha t} (\cos k\omega t M_j(\lambda) - \sin k\omega t N_j(\lambda)) \beta_\lambda(w, a_f)$$

$$= \frac{1}{\tau} \left(\cos k\omega t \widetilde{C}_\lambda(t) - \sin k\omega t \widetilde{S}_\lambda(t) \right) \beta_\lambda(w, a_f).$$

그리고 둘째 항과 넷째 항은

$$e^{\lambda t} P_\lambda w = (\cos k\omega t E - 2 \sin k\omega t I_\lambda) P_\lambda w,$$

$$\int_0^t e^{(t-s)A} P_\lambda f(s) ds = \int_0^t \cos k\omega (t-s) C_\lambda(t-s) - \sin k\omega (t-s) S_\lambda(t-s)) P_\lambda f(s) ds.$$

이들을 (7.21)에 대입하고 그리고 도움정리 5.1.5로부터 $\beta_\lambda(0, a_f) = Y_\lambda(A) P_\lambda a_f = V_\lambda(A) P_\lambda a_f$ 임을 고려하면 표현 (7.20)을 얻는다. □

다음 결과는 정리 7.1.3과 도움정리 5.1.7로부터 증명된다.

명제 7.1.1. $\lambda \in \sigma(A)$는 실행렬 A의 복소고유값이고 $x(t)$는 초기조건 $x(0) = w$를 만족하는 방정식 (7.1)의 $\mathbb{R}$ 위의 해라고 하자.

1) $\lambda = \alpha + i\beta \notin i\omega\mathbb{Z}$ 이면

$$\begin{aligned} 2R_\lambda x(t) &= e^{tA} \eta_\lambda(w, a_f) + \tilde{u}_\lambda(t, f) \\ &= e^{\alpha t} (\cos \beta t C_\lambda(t) - \sin \beta t S_\lambda(t)) \eta_\lambda(w, a_f) + \tilde{u}_\lambda(t, f). \end{aligned} \tag{7.22}$$

여기서

$$\begin{aligned} \tilde{u}_\lambda(t, f) &= -e^{\alpha t} (\cos \beta t C_\lambda(t) - \sin \beta t S_\lambda(t)) U_\lambda(A) 2R_\lambda a_f \\ &\quad + \int_0^t e^{\alpha(t-s)} (\cos \beta(t-s) C_\lambda(t-s) - \sin \beta(t-s) S_\lambda(t-s))\, 2R_\lambda f(s) ds \end{aligned}$$

는 방정식 (7.1)의 $\Re G_\lambda(A)$ 위의 τ-주기해이다.

2) $\lambda \in i\omega\mathbb{Z}, \lambda = i\omega k,\ k \neq 0$ 이면

$$2R_\lambda x(t) = \frac{1}{\tau} (\cos \omega k t \widetilde{C}_\lambda(t) - \sin \omega k t \widetilde{S}_\lambda(t)) \xi_\lambda(w, a_f) \tag{7.23}$$

$$+ (\cos \omega k t E - 2 \sin \omega k t I_\lambda) 2R_\lambda w + \tilde{v}_\lambda(t, f). \tag{7.24}$$

여기서 다음 두 함수

$$(\cos \omega k t E - 2 \sin \omega k t I_\lambda) 2R_\lambda w,$$

$$\begin{aligned} \tilde{v}_\lambda(t, f) &= -\frac{1}{\tau} (\cos \omega k t \widetilde{C}_\lambda(t) - \sin \omega k t \widetilde{S}_\lambda(t)) V_\lambda(A) 2R_\lambda a_f \\ &\quad + \int_0^t (\cos k\omega(t-s) C_\lambda(t-s) - \sin k\omega(t-s) S_\lambda(t-s))\, 2R_\lambda f(s) ds \end{aligned}$$

는 τ-주기함수이다.

일반적으로 성질 2.2.4로부터 초기조건 $x(0) = w$를 만족하는 방정식 (7.1)의 해 $x(t; w, f)$의 실수부와 허수부는 각각

$$\Re x(t; w, f) = x(t; \Re w, \Re f), \quad \Im x(t; w, f) = x(t; \Im w, \Im f)$$

로 표현된다. 따라서 초기조건 $x(0) = w$를 만족하는 방정식 (7.1)의 해 $x(t; w, f)$의 성분 (7.22)의 실수부와 허수부는 명제 7.1.1로부터 다음과 같이 표현된다.

$$\Re(2R_\lambda x(t; w, f)) = e^{\alpha t}(\cos\beta t C_\lambda(t) - \sin\beta t S_\lambda(t))\eta_\lambda(\Re w, a_{\Re f}) + \tilde{u}_\lambda(t; \Re w, \Re f),$$

$$\Im(2R_\lambda x(t; w, f)) = e^{\alpha t}(\cos\beta t C_\lambda(t) - \sin\beta t S_\lambda(t))\eta_\lambda(\Im w, a_{\Im f}) + \tilde{u}_\lambda(t; \Im w, \Im f).$$

성분 (7.23)에 대해서도 위와 마찬가지로

$$\begin{aligned}\Re(2R_\lambda x(t; w, f)) &= \frac{1}{\tau}(\cos\omega kt\widetilde{C}_\lambda(t) - \sin\omega kt\widetilde{S}_\lambda(t))\xi_\lambda(\Re w, a_{\Re f}) \\ &\quad + (\cos\omega ktE - 2\sin\omega ktR_\lambda)2R_\lambda\Re w + \tilde{v}_\lambda(t; \Re w, \Re f),\end{aligned}$$

$$\begin{aligned}\Im(2R_\lambda x(t; w, f)) &= \frac{1}{\tau}(\cos\omega kt\widetilde{C}_\lambda(t) - \sin\omega kt\widetilde{S}_\lambda(t))\xi_\lambda(\Im w, a_{\Im f}) + \tilde{v}_\lambda(t; \Im w, \Im f) \\ &\quad + (\cos\omega ktE - 2\sin\omega ktR_\lambda)2R_\lambda\Im w + \tilde{v}_\lambda(t; \Im w, \Im f).\end{aligned}$$

1.4 차분방정식의 후퇴해의 표현

차분방정식 (5.1) :

$$x_{n+1} = e^{\tau A}x_n + b \tag{7.25}$$

의 초기조건 $x_0 = w$를 만족하는 해는 모든 $n \in \mathbb{Z}$에 대하여 유일하게 결정된다. 정리 5.1.1에서 $n \geq 0$인 경우의 해 $x_n(w, b)$의 표현을 주었다. 정리 7.1.1의 하나의 응용으로서 $n < 0$인 경우의 해의 표현을 주자.

정리 7.1.4. 정리 5.1.1에서 준 방정식 (7.25)의 해 $x_n(w, b)$의 성분 $P_\lambda x_n(w, b), \lambda \in \sigma(A)$의 표현은

1) $\lambda \notin i\omega\mathbb{Z}$일 때

$$\begin{aligned}P_\lambda x_n(w, b) &= e^{n\tau A}\alpha_\lambda(w, b) - X_\lambda(A)P_\lambda b \\ &= e^{n\tau\lambda}\sum_{j=0}^{h_\lambda(A)-1} n^j\frac{\tau^j}{j!}(A - \lambda E)^j\alpha_\lambda(w, b) - X_\lambda(A)P_\lambda b, \quad n \in \mathbb{Z}.\end{aligned}$$

2) $\lambda \in i\omega\mathbb{Z}$일 때

$$P_\lambda x_n(w, b) = \sum_{j=0}^{h_\lambda(A)-1} n^{j+1}\frac{\tau^j}{(j+1)!}(A - \lambda E)^j\beta_\lambda(w, b) + P_\lambda w, \quad n \in \mathbb{Z}.$$

증명 도움정리 2.4.4에 의해 $b = a_f$가 되는 연속인 τ-주기함수 $f : \mathbb{R} \to \mathbb{C}^m$이 존재한다. 이 때 미분방정식 $x'(t) = Ax(t) + f(t), x(0) = w$의 해를 $x(t) := x(t; w, f)$라고 표시하자. $x_n = x(n\tau)$라고 놓으면 $x_0 = w$이고 모든 $n \in \mathbb{Z}$에 대하여 (7.25)가 성립한다. 초기값 문제의 해의 유일성에 의하여 $x_n(w, b) = x(n\tau)$가 성립한다. 따라서 $P_\lambda x_n(w, b) = P_\lambda x(n\tau), n \in \mathbb{Z}$이다. 정리 7.1.1에서

$$u_\lambda(n\tau, f) = u_\lambda(0, f) = \begin{cases} -X_\lambda(A)P_\lambda a_f = -X_\lambda(A)P_\lambda b & (\lambda \notin i\omega\mathbb{Z}) \\ 0 & (\lambda \in i\omega\mathbb{Z}) \end{cases}$$

이므로 $P_\lambda x_n(w, b) = P_\lambda x(n\tau)$는 정리와 같이 주어진다. □

마찬가지로 B가 정칙행렬인 경우, 차분방정식 (5.2)

$$x_{n+1} = Bx_n + b \tag{7.26}$$

의 해의 표현 (정리 5.1.1)을 $\mathbb{N}_0$로부터 $\mathbb{Z}$에 확장하자. 즉 차분방정식 (7.26)의 후퇴해의 표현을 주자.

정리 7.1.5. B는 정칙행렬이라고 가정하고 $\mu \in \sigma(B)$라고 하자. 그러면 방정식 (7.26)의 해 $x_n(w, b)$의 성분 $Q_\mu x_n(w, b), n \in \mathbb{Z}$는 다음과 같이 표현된다.

1) $\mu \neq 1$일 때

$$Q_\mu x_n(w, b) = B^n \gamma_\lambda(w, b) - Z_\mu(B)Q_\mu b, \ \ n \in \mathbb{Z}. \tag{7.27}$$

2) $\mu = 1$일 때

$$Q_1 x_n(w, b) = \sum_{k=0}^{h_1(B)-1} (n)_{k+1} \frac{1}{(k+1)!}(B - E)^k \delta(w, b) + Q_1 w, \ \ n \in \mathbb{Z}. \tag{7.28}$$

증명 B가 정칙이므로 $B = e^{\tau A}$인 행렬 A가 존재한다. 방정식 (7.26)은 (7.25)과 같이 쓸 수 있다. 정리 7.1.4의 1), 2)를 변환공식을 써서 바꾸면, 정리 7.1.5의 1), 2)를 얻을 수 있다. □

제 2 절 주기화함수

이 절에서는 정리 7.1.1을 재검토한다. 초기조건 $x(0) = w$를 만족하는 선형미분방정식 (7.1)의 해를 $x(t)$라고 하면 G_λ 위의 해 $P_\lambda x(t)$는 상수변화법의 공식으로부터

$$P_\lambda x(t) = e^{tA}P_\lambda w + \int_0^t e^{(t-s)A}P_\lambda f(s)ds \tag{7.29}$$

와 같이 표현된다. 이것과 정리 7.1.1의 결과를 비교하자.

1) $\lambda \notin i\omega\mathbb{Z}$인 경우 : $z_\lambda(t) = e^{tA}X_\lambda(A)P_\lambda a_f$라고 놓으면 정리 7.1.1의 결과는 (7.29)를

$$P_\lambda x(t) = \left(e^{tA}P_\lambda w + z_\lambda(t)\right) + \left(\int_0^t e^{(t-s)A}P_\lambda f(s)ds - z_\lambda(t)\right) \tag{7.30}$$

와 같이 변형한데 지나지 않는다. 여기서 $u_\lambda(t,f) := \int_0^t e^{(t-s)A}P_\lambda f(s)ds - z_\lambda(t)$는 방정식 (7.1)의 $G_\lambda(A)$ 위의 τ-주기해이다.

2) $\lambda \in i\omega\mathbb{Z}$인 경우 :

$$z_\lambda(t) = \frac{e^{\lambda t}}{\tau}\sum_{k=0}^{h_\lambda - 1}\frac{t^{k+1}}{(k+1)!}(A-\lambda E)^k Y_\lambda(A)P_\lambda a_f$$

라고 놓으면, 정리 7.1.1의 결과는 (7.29)를

$$P_\lambda x(t) = \left(e^{tA}P_\lambda w + z_\lambda(t)\right) + \left(\int_0^t e^{(t-s)A}P_\lambda f(s)ds - z_\lambda(t)\right) \tag{7.31}$$

와 같이 변형한데 지나지 않는다. 여기서 $u_\lambda(t,f) := \int_0^t e^{(t-s)A}P_\lambda f(s)ds - z_\lambda(t)$ 는 연속인 τ-주기함수이다.

이제 (7.30)과 (7.31)에서의 함수 $z_\lambda(t)$를 특징짓기로 하자. 이를 위해 (7.29)에서의 적분항

$$F(t) := \int_0^t e^{(t-s)A}f(s)ds \tag{7.32}$$

의 해석이 문제가 된다. $F(t)$는 방정식 (7.1)의 특수해이다. $f(t)$가 주기성을 가지고 있으므로 $F(t)$는 관계식

$$F(t+\tau) - F(t) = e^{tA}a_f$$

를 만족한다. 사실 간단한 계산에 의해

$$\begin{aligned}\int_0^{t+\tau} e^{(t+\tau-s)A}f(s)ds &= \int_0^{\tau} e^{(t+\tau-s)A}f(s)ds + \int_\tau^{t+\tau} e^{(t+\tau-s)A}f(s)ds \\ &= e^{tA}a_f + \int_0^t e^{(t-s)A}f(s)ds.\end{aligned}$$

따라서 적분항 $F(t)$는 다음 차분방정식

$$\Delta_\tau\eta(t) := \eta(t+\tau) - \eta(t) = e^{tA}a_f, \ \ t \in \mathbb{R} \tag{7.33}$$

의 해이다. 이 사실은 적분항 $F(t)$의 성질을 뚜렷하게 보여주고 있다.

일반적으로 방정식 (7.33)의 연속해(연속화분) $\Delta_\tau^{-1}(e^{tA}a_f)$를 선형미분방정식 (7.1)의 **주기화함수(periodicizing function)**라고 부른다. 특히 $P_\lambda\Delta_\tau^{-1}(e^{tA}a_f)$는 G_λ에 값을 가지므로 **주기화함수의 G_λ 성분**이라고 말한다. $P_\lambda\Delta_\tau^{-1}(e^{tA}a_f) = \Delta_\tau^{-1}(e^{tA}P_\lambda a_f)$ 임을 주의하자. 차분방정식 (7.33)의 임의의 연속해 $z(t)$에 대하여

$$h(t;f) := F(t) - z(t) := \Delta_\tau^{-1}(e^{tA}) - \Delta_\tau^{-1}(e^{tA}) \tag{7.34}$$

는 연속인 τ-주기함수이다. 거꾸로 $h(t,f)$가 연속인 τ-주기함수이면 $z(t)$는 차분방정식 (7.33)의 연속해이다. 따라서 초기조건 $x(0) = w$를 만족하는 선형미분방정식 (7.1)의 해는

$$x(t;w,f) = (e^{tA}w + z(t)) + h(t,f), \ \ t \in \mathbb{R} \tag{7.35}$$

과 같이 적당한 함수와 주기함수의 합으로 표시된다. 이 사실이 차분방정식 (7.33)의 임의의 연속해 $z(t)$를 선형미분방정식(7.1)의 주기화함수라고 부르는 이유이다. $z(t), F(t)$는 차분방정식 (7.33)을 만족하므로 특수한 경우로서 $z(t) = F(t)$를 택하면 분명히 $F(t)$는 주기화함수이고, $P_\lambda F(t)$는 주기화함수의 G_λ 성분이다. 이 경우 $h(t, f) = 0$이 되고 (7.35)는 상수변화법의 공식 그 자체이다. 따라서 방정식 (7.33)의 해인 주기화함수 $z(t) = \Delta_\tau^{-1}(e^{tA}a_f)$ 중 의미가 있는 것을 구해야 한다. 정리 7.1.1의 결과는 바로, 이러한 주기화함수를 주고 있다. 즉 (7.30)과 (7.31)에서 $z_\lambda(t)$는 방정식 (7.1)의 주기화함수의 G_λ 성분이다.

다음 명제는 방정식 (7.1)의 주기화함수의 G_λ 성분을 주고 있으며 증명은 정리 7.1.1로부터 직접 나온다.

명제 7.2.1. $\lambda \in \sigma(A)$라 하자.

1) $\lambda \notin i\omega\mathbb{Z}$이면

$$z_\lambda(t) = e^{tA}X_\lambda(A)P_\lambda a_f$$

는 방정식 (7.1)의 주기화함수의 G_λ 성분이다.

2) $\lambda \in i\omega\mathbb{Z}$이면

$$z_\lambda(t) = \frac{e^{\lambda t}}{\tau}\sum_{k=0}^{h_\lambda-1}\frac{t^{k+1}}{(k+1)!}(A-\lambda E)^k Y_\lambda(A)P_\lambda a_f$$

는 방정식 (7.1)의 주기화함수의 G_λ 성분이다.

이 명제를 달리 말하면,

$$\Delta_\tau^{-1}(e^{tA}P_\lambda a_f) = \begin{cases} e^{tA}X_\lambda(A)P_\lambda a_f & (\lambda \notin i\omega\mathbb{Z}) \\ \frac{e^{\lambda t}}{\tau}\sum_{k=0}^{h_\lambda-1}\frac{t^{k+1}}{(k+1)!}(A-\lambda E)^k Y_\lambda(A)P_\lambda a_f & (\lambda \in i\omega\mathbb{Z}) \end{cases} \tag{7.36}$$

라는 뜻이다. 여기서 주기상수는 생략하고 있다.

보기 7.1.1에서 주기화함수 $z(t)$는

$$z(t) := \Delta_\tau^{-1}(e^{at}a_f) = \begin{cases} \frac{e^{at}}{e^{a\tau}-1}a_f & (e^{a\tau} \neq 1) \\ \frac{e^{at}}{\tau}ta_f & (e^{a\tau} = 1). \end{cases} \tag{7.37}$$

(위 식은 보기 4.1.2로부터도 얻어진다는 것에 주의하자.)

정리 7.1.2로부터 다음 결과를 얻는다.

따름정리 7.2.1. $\lambda \in \sigma(A), \Re\lambda \neq 0$일 때

$$z_\lambda(t) = \begin{cases} -\int_{-\infty}^{0} e^{(t-s)A}P_\lambda f(s)ds & (\Re\lambda < 0) \\ \int_0^{\infty} e^{(t-s)A}P_\lambda f(s)ds & (\Re\lambda > 0). \end{cases}$$

특별한 경우로서, $\sigma(A) \cap i\omega\mathbb{Z} = \emptyset$ 인 경우를 생각한다. 먼저 방정식 (7.1)의 주기화함수 $z(t)$ 를 구하여 보자. $E = \sum_{\lambda \in \sigma(A)} P_\lambda$ 이므로

$$z(t) = \sum_{\lambda \in \sigma(A)} P_\lambda z(t).$$

여기서 $P_\lambda z(t) = e^{tA} X_\lambda(A) P_\lambda a_f$ 라고 놓으면

$$z(t) = \sum_{\lambda \in \sigma(A)} e^{tA} X_\lambda(A) P_\lambda a_f = e^{tA} \sum_{\lambda \in \sigma(A)} X_\lambda(A) P_\lambda a_f.$$

분명히 $z(t)$ 는 $\Delta_\tau z(t) = e^{tA} a_f$ 의 해이다. 한편, 따름정리 5.1.3에 의하여

$$(e^{\tau A} - E)^{-1} a_f = \sum_{\lambda \in \sigma(A)} X_\lambda(A) P_\lambda a_f$$

가 성립하므로 방정식 (7.1)의 주기화함수 $z(t)$ 는

$$z(t) = e^{tA}(e^{\tau A} - E)^{-1} a_f. \tag{7.38}$$

이는 따름정리 4.1.1로부터 직접 (7.38)을 얻을 수도 있다. 따라서 다음 결과를 얻는다.

따름정리 7.2.2. $\sigma(A) \cap i\omega\mathbb{Z} = \emptyset$ 이라고 하자. 그러면 (7.38)과 같이 정의되는 $z(t)$ 는 방정식 (7.1)의 주기화함수이고, 이 $z(t)$ 를 사용하면 방정식 (7.1)의 해는

$$x(t; w, f) = e^{tA}(w + (e^{\tau A} - E)^{-1} a_f) + h(t, f), \tag{7.39}$$

$$h(t, f) = e^{tA}(E - e^{\tau A})^{-1} \int_t^{t+\tau} e^{(\tau - s)A} f(s) ds \tag{7.40}$$

와 같이 표현된다. 그리고 $h(t, f)$ 는 방정식 (7.1)의 τ-주기해이다.

(7.40)의 증명은 정리 2.4.10으로부터 나온다. 다음 결과는 차분방정식 (5.1)의 해의 표현에 관한 도움정리 5.1.2에 대응하고 있다. 여기서는 조건 $\sigma(A) \cap i\omega\mathbb{Z} = \emptyset$ 을 가정하지 않는다.

정리 7.2.1. 초기값 $x(0) = w$ 를 만족하는 방정식 (7.1)의 해 $x(t)$ 에 대하여 다음 표현이 성립한다.

1) $(e^{\tau A} - E)x(t) = e^{tA}((e^{\tau A} - E)w + a_f) + v(t, f) \ \ (t \in \mathbb{R}).$ (7.41)

여기서

$$v(t, f) = \int_t^{t-\tau} e^{(t-s)A} f(s) ds$$

는 연속인 τ-주기함수이다.

2) $\lambda \in \sigma(A)$에 대하여

$$(e^{\tau A} - E)P_\lambda x(t) = e^{tA}[(e^{\tau A} - E)P_\lambda w + P_\lambda a_f] + v_\lambda(t, f) \ \ (t \in \mathbb{R}). \tag{7.42}$$

여기서

$$v_\lambda(t, f) = \int_t^{t-\tau} e^{(t-s)A} P_\lambda f(s) ds$$

는 연속인 τ-주기함수이다. 특히 $\lambda \notin i\omega\mathbb{Z}$이면

$$(e^{\tau A} - E)P_\lambda x(t) = e^{tA}(e^{\tau A} - E)\alpha_\lambda(w, a_f) + v_\lambda(t, f) \ \ (t \in \mathbb{R}). \tag{7.43}$$

증명 1) $z(t)$를 방정식 (7.1)의 주기화함수, 즉 $z(t+\tau) - z(t) = e^{tA}a_f$를 만족한다고 하자. 그러면 초기값 $x(0) = w$를 만족하는 방정식 (7.1)의 해 $x(t; w, f)$는(7.35), 즉

$$x(t; w, f) = (e^{tA}w + z(t)) + h(t, f), \ \ t \in \mathbb{R} \tag{7.44}$$

과 같이 표현된다. 양변에 $e^{\tau A} - E$를 곱하고 정리 4.1.6을 적용하면

$$(e^{\tau A} - E)z(t) = e^{tA}a_f + e(t)$$

가 성립한다. 그리고 (7.34)에 의하여 $h(t; f) := F(t) - z(t)$이므로

$$\begin{aligned}
v(t) &= (e^{\tau A} - E)h(t, f) \\
&= -e^{tA}a_f - e(t) + \int_0^t e^{(t-s)A}(e^{\tau A} - E)f(s)ds \\
&= -e^{tA}\int_0^\tau e^{(\tau-s)A}f(s)ds + \int_0^t e^{(t-s)A}(e^{\tau A} - E)f(s)ds - e(t) \\
&= \int_\tau^t e^{(t+\tau-s)A}f(s)ds - \int_0^t e^{(t-s)A}f(s)ds - e(t) \\
&= \int_0^{t-\tau} e^{(t-s)A}f(s)ds - \int_0^t e^{(t-s)A}f(s)ds - e(t) \\
&= \int_t^{t-\tau} e^{(t-s)A}f(s)ds - e(t).
\end{aligned}$$

따라서 주기상수가 $e(t)$가 상쇄된다는 것을 주의하면 1)이 얻어진다.

2) (7.42)는 분명하다. (5.23)에 의해

$$(e^{\tau A} - E)\alpha_\lambda(w, b) = (e^{\tau A} - E)P_\lambda w + P_\lambda b$$

가 성립하므로 (7.43)을 얻는다. □

제 3 절 해의 점근적 행태와 유계해

이 절에서는 정리 7.1.1에 기초하여 해의 점근적 행태를 조사한다.

3.1 해의 점근적 행태

정의 7.3.1. 연속함수 $F:\mathbb{R}\to\mathbb{C}^m$에 대하여 연속인 τ-주기함수 $f:\mathbb{R}\to\mathbb{C}^m$이 존재하고 $F(t)=f(t)+o(1)$ $(t\to+\infty$ 또는 $t\to-\infty)$, 즉

$$\lim_{t\to\infty}(F(t)-f(t))=0, \quad 혹은 \quad \lim_{t\to-\infty}(F(t)-f(t))=0$$

일 때, $F(t)$를 **점근적 τ-주기함수**라고 말한다.

다음 결과는 선형차분방정식에 관한 정리 5.3.2에 대응하고 있다. 증명은 정리 7.1.1과 정리 7.1.2로부터 직접 유도된다. 정의 5.3.2에서 $b=a_f$라고 놓으면 $d(\lambda),\lambda\in\sigma(A)$의 짝을 방정식 (7.1)에 대한 **초기값 w의 계층(index of growth order)**(각 $d(\lambda)$는 **초기값 w의 계층의 λ성분**)이라고 말한다.

정리 7.3.1. $x(t)$는 초기조건 $x(0)=w$를 만족하는 방정식 (7.1)의 해라고 하자.

1) $\Re\lambda>0$이라고 하자.

(1) $d(\lambda)=0$인 경우:

$P_\lambda x(t)$는 τ-주기함수이다;

$$P_\lambda x(t)=-\int_t^\infty e^{(t-s)A}P_\lambda f(s)ds. \tag{7.45}$$

(2) $d(\lambda)=1$인 경우:

$\mathbb{R}_+$ 위에서 $P_\lambda x(t)$는 비유계이다;

$$P_\lambda x(t)=e^{\lambda t}\alpha_\lambda(w,a_f)+u_\lambda(w,f)\to\infty \ (t\to+\infty)$$

$\mathbb{R}_-$ 위에서 $P_\lambda x(t)$는 점근적 τ-주기함수이다;

$$\begin{aligned}P_\lambda x(t)&=e^{\lambda t}\alpha_\lambda(w,a_f)+u_\lambda(w,f)\\&\to-\int_t^\infty e^{(t-s)A}P_\lambda f(s)ds \ (t\to-\infty).\end{aligned}$$

(3) $d(\lambda)>1$인 경우:

$\mathbb{R}_+$ 위에서 $P_\lambda x(t)$는 비유계이다;

$$\begin{aligned}P_\lambda x(t)&=e^{\lambda t}\frac{t^{d(\lambda)-1}}{(d(\lambda)-1)!}(A-\lambda E)^{d(\lambda)-1}\alpha_\lambda(w,a_f)\\&\quad+o(e^{\lambda t}t^{d(\lambda)-1}) \ (t\to+\infty).\end{aligned} \tag{7.46}$$

$\mathbb{R}_-$ 위에서 $P_\lambda x(t)$는 점근적 τ-주기함수이다;

$$P_\lambda x(t)=-\int_t^\infty e^{(t-s)A}P_\lambda f(s)ds+o(1) \ (t\to-\infty).$$

2) $\Re\lambda<0$이라고 하자.

(1) $d(\lambda)=0$인 경우 :

$P_\lambda x(t)$는 τ-주기함수이다 ;

$$P_\lambda x(t) = \int_{-\infty}^{t} e^{(t-s)A} P_\lambda f(s) ds.$$

(2) $d(\lambda)=1$인 경우 :

$\mathbb{R}_+$ 위에서 $P_\lambda x(t)$는 점근적 τ-주기함수이다 ;

$$\begin{aligned} P_\lambda x(t) &= e^{\lambda t}\alpha_\lambda(w, a_f) + u_\lambda(w, f) \\ &\to \int_{-\infty}^{t} e^{(t-s)A} P_\lambda f(s) ds \ \ (t \to -\infty). \end{aligned}$$

$\mathbb{R}_-$ 위에서 $P_\lambda x(t)$는 비유계이다 ;

$$P_\lambda x(t) = e^{\lambda t}\alpha_\lambda(w, a_f) + u_\lambda(w, f) \to \infty \ \ (t \to +\infty)$$

(3) $d(\lambda)>1$인 경우 :

$\mathbb{R}_+$ 위에서 $P_\lambda x(t)$는 점근적 τ-주기함수이다 ;

$$P_\lambda x(t) = \int_{-\infty}^{t} e^{(t-s)A} P_\lambda f(s) ds + o(1) \ \ (t \to +\infty). \tag{7.47}$$

$\mathbb{R}_-$ 위에서 $P_\lambda x(t)$는 비유계이다 ;

$$P_\lambda x(t) = e^{\lambda t}\frac{t^{d(\lambda)-1}}{(d(\lambda)-1)!}(A-\lambda E)^{d(\lambda)-1}\alpha_\lambda(w, a_f) + o(e^{\lambda t}t^{d(\lambda)-1}) \ \ (t \to -\infty).$$

3) $\Re\lambda = 0, \lambda \notin i\omega\mathbb{Z}$라고 하자.

(1) $d(\lambda)=0$인 경우 :

$P_\lambda x(t)$는 τ-주기함수이다 ;

$$P_\lambda x(t) = u_\lambda(t, f).$$

(2) $d(\lambda)=1$인 경우 :

$P_\lambda x(t)$는 $\mathbb{R}$ 위에서 유계이다 ;

$$P_\lambda x(t) = e^{\lambda t}\alpha_\lambda(w, a_f) + u_\lambda(t, f).$$

(3) $d(\lambda) \geq 2$인 경우 :

$P_\lambda x(t)$는 $\mathbb{R}_+, \mathbb{R}_-$ 위에서 비유계이다 ;

$$P_\lambda x(t) = e^{\lambda t}\frac{t^{d(\lambda)-1}}{(d(\lambda)-1)!}(A-\lambda E)^{d(\lambda)-1}\alpha_\lambda(w, a_f) + o(t^{d(\lambda)-1}) \ \ (|t| \to \infty).$$

4) $\lambda \in i\omega\mathbb{Z}$라고 하자.

(1) $d(\lambda)=0$인 경우 :

$P_\lambda x(t)$는 τ-주기함수이다;

$$P_\lambda x(t) = e^{\lambda t} P_\lambda w + u_\lambda(t, f).$$

(2) $d(\lambda) = 1$인 경우:

$P_\lambda x(t)$는 $\mathbb{R}_+, \mathbb{R}_-$ 위에서 비유계이다;

$$P_\lambda x(t) = \frac{te^{\lambda t}}{\tau}\beta_\lambda(w, a_f) + e^{\lambda t}P_\lambda w + u_\lambda(t, f) \to \infty \ \ (|t| \to \infty).$$

(3) $d(\lambda) > 1$인 경우:

$P_\lambda x(t)$는 $\mathbb{R}_+, \mathbb{R}_-$ 위에서 비유계이다;

$$P_\lambda x(t) \ = \ e^{\lambda t}\frac{t^{d(\lambda)}}{d(\lambda)!}\frac{1}{\tau}(A - \lambda E)^{d(\lambda)-1}\beta_\lambda(w, a_f) + o(t^{d(\lambda)}) \ \ (|t| \to \infty).$$

증명 1) $d(\lambda) = 0$이면 $\alpha_\lambda(w, a_f) = 0$이므로 따름정리 7.1.2에 의하여 $P_\lambda x(t)$는 τ-주기함수이고 (7.45)와 같이 표현된다. $d(\lambda) = 1$인 경우는 따름정리 7.1.1로부터 분명하다. $d(\lambda) > 1$이라고 하자. 정리 7.1.1의 1)과 따름정리 7.1.2에 의해

$$P_\lambda x(t) \ = \ e^{\lambda t}\frac{t^{d(\lambda)-1}}{(d(\lambda)-1)!}(A - \lambda E)^{d(\lambda)-1}\alpha_\lambda(w, a_f) + h(t).$$

여기서

$$h(t) = -\int_t^\infty e^{(t-s)A}P_\lambda f(s)ds + e^{\lambda t}\sum_{k=0}^{d(\lambda)-2}\frac{t^{k-1}}{(k-1)!}(A - \lambda E)^{k-1}\alpha_\lambda(w, a_f).$$

분명히

$$\lim_{t\to+\infty}\frac{h(t)}{e^{\lambda t}t^{d(\lambda)-1}} = 0$$

이므로 (7.46)이 증명되며, $P_\lambda x(t)$는 $\mathbb{R}_+$ 위에서 비유계이다.

$t \to -\infty$일 때는 $e^{(\Re\lambda)t} \to 0$이므로

$$\lim_{t\to-\infty}\left(P_\lambda x(t) + \int_t^\infty e^{(t-s)A}P_\lambda f(s)ds\right) = \lim_{t\to-\infty} e^{tA}\alpha_\lambda(w, a_f) = 0.$$

2) 1)과 마찬가지로 증명된다.

3) $d(\lambda) = 0$인 경우는 분명하다. $d(\lambda) = 1$일 때, 따름정리 7.1.1로부터

$$P_\lambda x(t) = e^{\lambda t}\alpha_\lambda(w, a_f) + u_\lambda(t, f)$$

를 얻는다. $d(\lambda) > 1$일 때도, $|e^{\lambda t}| = 1$이므로 분명하다.

4) $d(\lambda) = 0$일 때는 분명하다. $d(\lambda) = 1$일 때, 따름정리 7.1.1로부터 분명하다. $d(\lambda) > 1$이면 정리 7.1.1의 (7.10)으로부터

$$P_\lambda x(t) = \frac{e^{\lambda t}}{\tau}\frac{t^{d(\lambda)}}{d(\lambda)!}(A - \lambda E)^{d(\lambda)-1}\beta_\lambda(w, a_f) + h(t).$$

여기서

$$h(t) = \frac{e^{\lambda t}}{\tau} \sum_{k=0}^{d(\lambda)-2} \frac{t^{k+1}}{(k+1)!}(A-\lambda E)^k \beta_\lambda(w, a_f) + e^{\lambda t} P_\lambda w + u_\lambda(t, f).$$

$|e^{\lambda t}| = 1$ 이므로 $h(t) = o(t^{d(\lambda)})$ $(|t| \to \infty)$ 이다. □

방정식 (7.1)에서 $f(t) \equiv 0$ 인 경우, 즉 방정식

$$\frac{d}{dt}x(t) = Ax(t) \tag{7.48}$$

에서 $\lambda \in \sigma(A)$ 에 관하여 초기값 $w \in \mathbb{C}^m$ 의 계층의 λ 성분 $d(\lambda)$ 를 다음과 같이 정의한다.

$$P_\lambda w = 0$$

일 때 $d(\lambda) = 0$ 이라고 정의한다. 그렇지 않은 경우 $d(\lambda)$ 는

$$(A-\lambda E)^{d(\lambda)-1} P_\lambda w \neq 0, \ \ (A-\lambda E)^{d(\lambda)} P_\lambda w = 0$$

을 만족하는 양의 정수이다.

따름정리 7.3.1. $x(t)$ 를 초기조건 $x(0) = w$ 를 만족하는 제차 상수계수 선형미분방정식 (7.48)의 해라고 하자. $d(\lambda) = 0$ 이면 $P_\lambda x(t) = 0$ 이다. $d(\lambda) \neq 0$ 인 경우 다음 결과가 성립한다.

1) $\Re\lambda > 0$ 인 경우:

$d(\lambda) = 1$ 이면

$$P_\lambda x(t) = e^{\lambda t} P_\lambda w,$$

즉, $\mathbb{R}_+$ 위에서 비유계이다. $t \to -\infty$ 일 때 $P_\lambda x(t)$ 는 지수적으로 0에 수렴한다.

$d(\lambda) \geq 2$ 이면

$$P_\lambda x(t) = e^{\lambda t} \frac{t^{d(\lambda)-1}}{(d(\lambda)-1)!}(A-\lambda E)^{d(\lambda)-1} P_\lambda w + o(e^{\lambda t} t^{d(\lambda)-1}) \ \ (t \to +\infty),$$

즉, $\mathbb{R}_+$ 위에서 비유계이다. 그리고 $P_\lambda x(t) \to 0$ $(t \to -\infty)$.

2) $\Re\lambda < 0$ 인 경우:

$d(\lambda) = 1$ 이면

$$P_\lambda x(t) = e^{\lambda t} P_\lambda w,$$

즉, $t \to +\infty$ 일 때 $P_\lambda x(t)$ 는 지수적으로 0에 수렴한다 ; $\mathbb{R}_-$ 위에서 비유계이다.

$d(\lambda) \geq 2$ 이면

$$P_\lambda x(t) = o(t^{d(\lambda)-1}) \ \ (t \to +\infty).$$

그리고 $\mathbb{R}_-$ 위에서 비유계이다 ;

$$P_\lambda x(t) = e^{\lambda t} \frac{t^{d(\lambda)-1}}{(d(\lambda)-1)!}(A-\lambda E)^{d(\lambda)-1} P_\lambda w + o(e^{\lambda t} t^{d(\lambda)-1}) \ \ (t \to -\infty).$$

3) $\Re\lambda = 0$ 인 경우 :

$d(\lambda) = 1$ 이면

$$P_\lambda x(t) = e^{\lambda t} P_\lambda w$$

이고, 특히

(1) $\Im\lambda = 0$ 이면 $P_\lambda x(t) = P_\lambda w$,

(2) $\Im\lambda \neq 0$ 이면 $P_\lambda x(t)$ 는 $\frac{2\pi}{|\Im\lambda|}$ - 주기이다.

$d(\lambda) \geq 2$ 이면

$$P_\lambda x(t) = e^{\lambda t} \frac{t^{d(\lambda)-1}}{(d(\lambda)-1)!}(A - \lambda E)^{d(\lambda)-1} P_\lambda w + o(|t|^{d(\lambda)-1}) \ \ (|t| \to \infty)$$

이고, $\mathbb{R}_+$, $\mathbb{R}_-$ 위에서 비유계이다.

증명

$$P_\lambda x(t; 0, w) = P_\lambda \exp(tA) w = e^{\lambda t} \left(\sum_{j=0}^{h(\lambda)-1} \frac{t^j}{j!} (A - \lambda E)^j \right) P_\lambda w \tag{7.49}$$

이므로 증명은 분명하다. □

3.2 유계해

여기서는 정리 7.3.1을 적용하여 방정식 (7.1)의 해가

1) $\mathbb{R}_+$ 위에서 유계,

2) $\mathbb{R}$ 위에서 유계,

3) τ-주기해

이기 위한 필요충분조건을 각각 초기값 $x(0) = w$ 에 의해 특징짓는다.

먼저 방정식 (7.1)의 해가 $\mathbb{R}_+$ 위에서 유계이기 위한 필요충분조건을 서술하자.

정리 7.3.2. 초기값 $x(0) = w$ 를 만족하는 방정식 (7.1)의 해 $x(t)$ 가 $\mathbb{R}_+$ 위에서 유계이기 위한 필요충분조건은 다음 조건이 성립하는 것이다. 각 $\lambda \in \sigma(A)$ 에 대하여

1) $\Re\lambda > 0$ 이면 $d(\lambda) = 0$, 즉 $\alpha_\lambda(w, a_f) = 0$.

2) $\Re\lambda = 0$, $\lambda \notin i\omega\mathbb{Z}$ 이면 $d(\lambda) \leq 1$, 즉 $(A - \lambda E)\alpha_\lambda(w, a_f) = 0$.

3) $\lambda \in i\omega\mathbb{Z}$ 이면 $d(\lambda) = 0$, 즉 $\beta_\lambda(w, a_f) = 0$.

증명 τ-주기해, 점근적 τ-주기해는 유계이므로 정리 7.3.1로부터 쉽게 증명된다. □

도움정리 7.3.1. $\lim_{t\to+\infty} \|e^{tA}\| = \infty$ 인 것은 다음 두 조건 중 하나를 만족하는 $\lambda \in \sigma(A)$ 가 존재하는 것이다.

1) $\Re\lambda > 0$,

2) $\lambda \in \sigma(A) \cap i\mathbb{R}$ 이고, $h(\lambda) > 1$ 이다.

증명 1)을 만족하는 $\lambda \in \sigma(A)$가 존재할 때, $Ax = \lambda x$인 $x \neq 0$가 존재한다. 따라서 $e^{tA}x = e^{t\lambda}x$이므로 $\|e^{tA}\| \geq e^{t\Re\lambda}$가 성립한다.

2)를 만족하는 $\lambda \in \sigma(A)$가 존재할 때 $(A-\lambda E)x \neq 0, (A-\lambda E)^2 x = 0$인 x가 존재한다. 따라서 $e^{tA}x = e^{t\lambda}(x + t(A-\lambda E)x)$이므로 $\lim_{t\to\infty}\|e^{tA}\| = \infty$이다.

모든 $\lambda \in \sigma(A)$에 대하여 조건 1), 2) 중 어느 것도 성립하지 않다고 가정하자. 그러면

$$P_\lambda e^{tA} = e^{\lambda t}\sum_{k=0}^{h_\lambda - 1}\frac{t^k}{k!}(A-\lambda E)^k P_\lambda$$

에 의해 $\|e^{tA}\|$는 $\mathbb{R}_+$ 위에서 유계이다. □

따름정리 7.3.2. $\|e^{tA}\| \leq M,\ t \geq 0$을 만족하는 양수 $M > 0$이 존재한다고 가정하자. 그러면 방정식 (7.1)의 모든 해가 $\mathbb{R}_+$ 위에서 유계이기 위한 필요충분조건은 모든 $\lambda \in \sigma(A) \cap i\omega\mathbb{Z}$에 대하여 $P_\lambda a_f = 0$이 성립하는 것이다.

증명 $t \geq 0$에서 해 $x(t)$의 유계성은 모든 $\lambda \in \sigma(A)$에 대하여 $P_\lambda x(t)$가 유계라는 것과 동치이다. 가정 $\|e^{tA}\| \leq M,\ t \in \mathbb{R}_+$에 의해 $\lambda \in \sigma(A)$는 도움정리 7.3.1의 조건 1), 2) 모두 만족하지 않는다. 따라서

(1) $\Re\lambda < 0$

(2) $\Re\lambda = 0,\ \lambda \notin i\omega\mathbb{Z},\ h_\lambda = 1$

(3) $\lambda \in i\omega\mathbb{Z},\ h_\lambda = 1$

의 세 가지 경우에 $P_\lambda x(t)$의 유계성을 증명하면 된다. (1)인 경우는 정리 7.3.2으로부터 $P_\lambda x(t)$는 유계이다. (2)인 경우는 정리 7.1.1로부터 $P_\lambda x(t)$는 유계이다 (또는 정리 7.3.2의 조건 2)가 자동적으로 만족된다). (3)인 경우 $\beta_\lambda(w, a_f) = P_\lambda a_f$이다. 정리 7.3.2의 조건 3) 은 $P_\lambda a_f = 0$이 된다. 따라서 $P_\lambda x(t)$는 유계가 된다. □

다음으로 방정식 (7.1)의 해가 $\mathbb{R}$ 위에서 유계이기 위한 필요충분조건을 서술하자.

정리 7.3.3. 초기값 $x(0) = w$를 만족하는 방정식 (7.1)의 해 $x(t)$가 $\mathbb{R}$ 위에서 유계이기 위한 필요충분조건은 다음 조건이 성립하는 것이다. 각 $\lambda \in \sigma(A)$에 대하여

1) $\Re\lambda \neq 0$이면 $d(\lambda) = 0$, 즉 $\alpha_\lambda(w, a_f) = 0$.

2) $\Re\lambda = 0,\ \lambda \notin i\omega\mathbb{Z}$이면 $d(\lambda) \leq 1$, 즉 $(A-\lambda E)\alpha_\lambda(w, a_f) = 0$.

3) $\lambda \in i\omega\mathbb{Z}$이면 $d(\lambda) = 0$, 즉 $\beta_\lambda(w, a_f) = 0$.

다음으로 방정식 (7.1)의 해가 τ-주기해이기 위한 필요충분조건을 언급하자.

정리 7.3.4. 다음 세 가지 명제는 동치이다.

1) 초기값 $x(0) = w$를 만족하는 방정식 (7.1)의 해 $x(t)$는 τ-주기해이다.

2) 각 $\lambda \in \sigma(A)$에 대하여 $d(\lambda) = 0$이다. 즉 다음 조건을 만족한다.

(1) $\lambda \notin i\omega\mathbb{Z}$이면 $\alpha_\lambda(w, a_f) = 0$.

(2) $\lambda \in i\omega\mathbb{Z}$이면 $\beta_\lambda(w, a_f) = 0$.

3) $(E - e^{\tau A})w = a_f$. (7.50)

증명 정리 7.3.1과 도움정리 2.4.5로부터 분명하다. □

특수한 경우로서 $a_f = 0$인 경우를 보자.

따름정리 7.3.3. $a_f = 0$을 가정하자. 그리고 $x(t)$를 초기값 $x(0) = w$를 만족하는 방정식 (7.1)의 해라고 하자. 그러면 다음 명제가 성립한다.

I. $x(t)$가 $\mathbb{R}_+$ 위에서 유계이기 위한 필요충분조건은 다음 조건이 성립하는 것이다.

각 $\lambda \in \sigma(A)$에 대하여

1) $\Re\lambda > 0$이면 $P_\lambda w = 0$.

2) $\Re\lambda = 0$이면 $P_\lambda w \in \mathcal{N}(A - \lambda E)$.

II. $x(t)$가 $\mathbb{R}$ 위에서 유계이기 위한 필요충분조건은 다음의 조건이 성립하는 것이다.

각 $\lambda \in \sigma(A)$에 대하여

1) $\Re\lambda \neq 0$이면 $P_\lambda w = 0$.

2) $\Re\lambda = 0$이면 $P_\lambda w \in \mathcal{N}(A - \lambda E)$.

III. $x(t)$가 τ-주기해이기 위한 필요충분조건은 다음의 조건이 성립하는 것이다.

각 $\lambda \in \sigma(A)$에 대하여

1) $\lambda \notin i\omega\mathbb{Z}$이면 $P_\lambda w = 0$.

2) $\lambda \in i\omega\mathbb{Z}$이면 $P_\lambda w \in \mathcal{N}(A - \lambda E)$.

증명 정리 7.3.2, 정리 7.3.3과 정리 7.3.4로부터 쉽게 증명된다. □

방정식 (7.1)의 $\mathbb{R}_+$ 위에서 유계인 해가 τ-주기해이기 위한 조건을 구하여 보자.

따름정리 7.3.4. 방정식 (7.1)의 $\mathbb{R}_+$ 위의 유계해 $x(t; w, f)$가 τ-주기해이기 위한 필요충분조건은 방정식 (7.1)의 유계해 $x(t; w, f)$가

$$\Re\lambda \leq 0,\ \lambda \notin i\omega\mathbb{Z} \text{ 를 만족하는 모든 } \lambda \in \sigma(A) \text{ 에 대하여 } \alpha_\lambda(w, a_f) = 0$$

이 성립하는 것이다.

마지막으로 선형미분방정식 (7.1)의 해의 유계성과 제6장에서 언급한 바와 같이 대응하는 이산적인 선형차분방정식

$$x_{n+1} = e^{\tau A}x_n + a_f \tag{7.51}$$

의 해의 유계성과의 관계를 조사해 보자. 즉 다음 사실이 성립한다.

1) 초기값 $x(0) = w$를 만족하는 방정식 (7.1)의 해 $x(t; w, f)$가 $\mathbb{R}_+$ 위에서 유계이기 위한 필요충분조건은 $\{x(n\tau; w, f)\}$, 즉 방정식 (7.51)의 해 $\{x_n(w, a_f)\}_{n\in\mathbb{N}_0}$가 유계인 것이다.

2) 초기값 $x(0) = w$를 만족하는 방정식 (7.1)의 해 $x(t; w, f)$가 τ-주기이기 위한 필요충분조건은 $\{x(n\tau; w, f)\}$, 즉 방정식 (7.51)의 해 $\{x_n(w, a_f)\}_{n\in\mathbb{N}_0}$가 상수인 것이다.

제 4 절 유계해의 구조

이 절에서는 유계해의 존재성과 유계해의 구조를 초기값에 의해 특징 짓기로 한다 .

4.1 유계해의 존재성

방정식 (7.1)의 해가 유계, 또는 τ-주기이기 위한 필요충분조건을 초기값에 관한 조건으로 서술하였으나 존재를 뜻하는 것은 아니다. 사실, 정리 7.3.2의 조건 3), 즉 방정식 $\beta_\lambda(w, a_f) = 0$에서 해 w의 존재성은 일반적으로 보장할 수 없다. 따라서 그 존재성에 관하여 검토해야 한다. 방정식 (7.1)이 $\mathbb{R}_+$ 위에서 유계해를 가지기 위한 필요충분조건은 다음과 같이 된다.

정리 7.4.1. 초기값 $x(0) = w$를 만족하는 방정식 (7.1)이 $\mathbb{R}_+$ 위에서 유계해를 가지기 위한 필요충분조건은 다음의 조건이 성립하는 것이다.

$\sigma(A) \cap i\omega\mathbb{Z} = \emptyset$; 또는 $\lambda \in \sigma(A) \cap i\omega\mathbb{Z}$이면 방정식

$$\beta_\lambda(w, a_f) = 0$$

이 해 w를 가진다.

정리 2.4.9에 의해 방정식 (7.1)이 $\mathbb{R}_+$ 위에서 유계해를 가지는 것과 $\mathbb{R}$ 위에서 유계해를 가지는 것은 동치이다.

방정식 $\beta_\lambda(w, a_f) = 0$의 해의 존재는 푸리에 계수와 밀접히 관계된다. τ-주기함수 $f(x)$의 **푸리에 (Fourier) 계수**를 $\hat{f}(n), n \in \mathbb{Z}$라고 표시하고

$$\hat{f}(n) = \frac{1}{\tau}\int_0^\tau e^{-in\omega s} f(s)ds, \quad (\omega = 2\pi/\tau) \tag{7.52}$$

라고 정의하자. 그러면 $f(x)$는 형식적으로

$$f(x) = \sum_{n\in\mathbb{Z}} \hat{f}(n)e^{in\omega x}$$

라고 표현된다. 우변의 급수를 **푸리에 급수**라고 부른다.

방정식 (7.1)이 τ-주기해를 가지기 위한 필요충분조건은 다음과 같다.

정리 7.4.2. $\sigma(A) \cap i\omega\mathbb{Z} \neq \emptyset$라고 하자. 그러면 다음은 방정식 (7.1) 이 τ-주기해를 가지기 위한 동치 명제이다.

1) 각 $\lambda \in \sigma(A) \cap i\omega\mathbb{Z}$에 대하여 $\beta_\lambda(w, a_f) = 0$이 되는 $P_\lambda w \in G_\lambda$가 존재한다.
2) 각 $\lambda \in \sigma(A) \cap i\omega\mathbb{Z}$에 대하여 $P_\lambda a_f \in (A - \lambda E)G_\lambda$가 성립한다.
3) 각 $\lambda \in \sigma(A) \cap i\omega\mathbb{Z}$에 대하여 $a_f \in \mathcal{R}(A - \lambda E)$가 성립한다.
4) $(E - e^{\tau A})w = a_f$가 되는 w가 존재한다.

5) 각 $\lambda = in\omega \in \sigma(A), n \in \mathbb{Z}$ 에 대하여 $P_\lambda \hat{f}(n) \in (A - \lambda E)G_\lambda$ 가 성립한다.

6) 각 $\lambda = in\omega \in \sigma(A), n \in \mathbb{Z}$ 에 대하여 $\hat{f}(n) \in \mathcal{R}(A - \lambda E)$ 가 성립한다.

7) 각 $\lambda = in\omega \in \sigma(A), n \in \mathbb{Z}$ 에 대하여 $\hat{f}(n) \in (\mathcal{N}((A - \lambda E)^*))^\perp$, 즉 $(A - \lambda E)^* x = 0$ 을 만족하는 임의의 해 x 에 대하여 $\langle \hat{f}(n), x \rangle = 0$ 이 성립한다.

증명 1) 로부터 4) 까지의 동치성은 도움정리 5.3.3으로부터 나온다. 5) 와 6) 의 동치성은 도움정리 5.3.2로부터 알 수 있다.

2) 와 5) 의 동치성을 보자. 각 $\lambda = in\omega \in \sigma(A)$, $n \in \mathbb{Z}$ 에 대하여 $P_\lambda a_f$ 를 계산한다.

$$\begin{aligned} P_\lambda a_f &= \int_0^\tau e^{(\tau-s)A} P_\lambda f(s) ds \\ &= \int_0^\tau e^{(\tau-s)\lambda} \sum_{k=0}^{h_\lambda - 1} \frac{(\tau - s)^k}{k!} (A - \lambda E)^k P_\lambda f(s) ds \\ &= \int_0^\tau e^{-s\lambda} P_\lambda f(s) ds \\ &= +(A - \lambda E) P_\lambda \sum_{k=1}^{h_\lambda - 1} \int_0^\tau e^{-s\lambda} \frac{(\tau - s)^k}{k!} (A - \lambda E)^{k-1} f(s) ds \qquad . \end{aligned} \tag{7.53}$$

(7.53) 의 우변의 첫째 항은

$$\int_0^\tau e^{-s\lambda} P_\lambda f(s) ds = P_\lambda \int_0^\tau e^{-in\omega s} f(s) ds = \tau P_\lambda \hat{f}(n)$$

이 된다. (7.53) 의 우변의 둘째 항은 $(A - \lambda E)G_\lambda$ $(= (A - \lambda E)P_\lambda \mathbb{C}^m)$ 에 속한다. 따라서 $P_\lambda a_f \in (A - \lambda E)G_\lambda$ 이기 위한 필요충분조건은 첫째 항이 $(A - \lambda E)G_\lambda$ 에 속하는 것이다. 즉 $P_\lambda \hat{f}(n) \in (A - \lambda E)G_\lambda$ 인 것이다.

조건 6) 과 7) 은 정리 1.3.6에 의하여 동치이다. □

유계해와 τ-주기해는 밀접한 관계가 있다. 정리 7.4.1과 정리 7.4.2에 의해 다음의 정리가 직접 증명된다.

정리 7.4.3. 다음 명제는 동치이다.

1) 방정식 (7.1)은 $\mathbb{R}_+$ 위에서 유계인 해를 가진다.

2) $\sigma(A) \cap i\omega\mathbb{Z} = \emptyset$; 또는 각 $\lambda \in \sigma(A) \cap i\omega\mathbb{Z}$ 이면 방정식

$$(A - \lambda E)v = a_f \tag{7.54}$$

가 해를 가진다.

3) 방정식 (7.1)은 τ-주기해를 가진다.

뿐만 아니라, 정리 2.4.9에 의하여 방정식 (7.1) 이 $\mathbb{R}_+$ 위에서 유계인 해를 가지는 것과 $\mathbb{R}$ 위에서 유계인 해를 가지는 것은 동치이다. 따라서 정리 7.4.3을 고려하면 방정식 (7.1)이

$\mathbb{R}_+$ 위에서 유계인 해를 가지는 것, $\mathbb{R}$ 위에서 유계인 해를 가지는 것, τ-주기해를 가지는 것은 서로 동치이다. 그러므로 정리 7.4.2의 여러 조건은 $\mathbb{R}_+$ 위에서 유계해가 존재하기 위한 필요충분조건이다. 이 조건 아래에서, $\mathbb{R}_+$ 위에서 유계해, 또는 τ-주기해의 초기값 w를 정리 7.3.2과 정리 7.3.4에 의해 정확히 결정할 수 있다.

마지막으로 방정식 (7.1)의 τ-주기해와 f의 푸리에 계수와의 관계를 보이자.

정리 7.4.4.

1) 방정식 (7.1)이 τ-주기해를 가지기 위한 필요충분조건은 모든 $n \in \mathbb{Z}$에 대하여 방정식

$$(in\omega E - A)x = \hat{f}(n) \tag{7.55}$$

이 해를 가지는 것이다.

2) 방정식 (7.1)의 τ-주기해 $u(t)$의 푸리에 계수 $\hat{u}(n)$은 방정식 (7.55)의 해이다. 거꾸로 방정식 (7.55)가 해 x_n을 가질 때 푸리에 급수

$$\sum_{n\in\mathbb{Z}} x_n e^{in\omega t} \tag{7.56}$$

는 방정식 (7.1)의 τ-주기해 $x(t)$에 고르게 수렴한다.

증명 1) 정리 7.4.2로부터 분명하다

2) $u(t)$가 방정식 (7.1)의 τ-주기해이면 방정식 (7.1)에 $x = u(t)$를 대입한 후 $e^{-in\omega t}$를 곱하고, 그 다음에 $[0, \tau]$에서 적분하면

$$\int_0^\tau e^{-in\omega t}u'(t)dt = \int_0^\tau Au(t)e^{-in\omega t}dt + \int_0^\tau e^{-in\omega t}f(t)dt$$

이 된다. 좌변을 부분적분하면 $in\omega\hat{u}(n) = A\hat{x}(n) + \hat{f}(n)$을 얻는다. 즉

$$(in\omega E - A)\hat{u}(n) = \hat{f}(n).$$

따라서 $x = \hat{u}(n)$은 (7.55)의 해이다.

거꾸로 모든 $n \in \mathbb{Z}$에 대하여 (7.55)가 해 x_n을 가진다고 하자. 그러면 정리 7.4.2의 6)에 의해 방정식 (7.1)은 τ-주기해를 가진다. C^1급 함수 $u(t)$를 하나의 τ-주기해라고 하면, $\sum_{n\in\mathbb{Z}} \hat{u}(n)e^{in\omega t}$는 $u(t)$의 푸리에 급수이므로 잘 알려진 정리[1]에 의해 $u(t)$에 고르게 수렴한다. $v_n = x_n - \hat{u}(n)$이라고 놓자. 그러면 x_n과 $\hat{u}(n)$은 둘 다 (7.55)의 해이므로 $(in\omega E - A)v_n = 0$이 성립한다. $in\omega \notin \sigma(A)$이면 $v_n = 0$이므로

$$v(t) := \sum_{n\in\mathbb{Z}} v_n e^{in\omega t} = \sum_{in\omega\in\sigma(A)} v_n e^{in\omega t}$$

[1] τ-주기함수 $f : \mathbb{R} \to \mathbb{R}$가 C^1급 함수이면 그의 푸리에 급수는 f에 (절대) 고르게 수렴한다.

이고 $v(t)$는 유한 합이다. 따라서 푸리에 급수 (7.56)은 $u(t)+v(t)$에 고르게 수렴한다. $u(t)$는 C^1 급의 함수이고 $u'(t)=Au(t)+f(t)$가 성립한다. $v(t)$는 무한번 미분가능하므로

$$v'(t)=\sum_{in\omega\in\sigma(A)} in\omega v_n e^{in\omega t}=\sum_{in\omega\in\sigma(A)} Av_n e^{in\omega t}=Av(t)$$

를 얻는다. 따라서 $x(t)=u(t)+v(t)$는 C^1 급의 τ-주기함수이고 $x'(t)=Ax(t)+f(t)$가 성립한다. □

정리 7.4.2의 1), 2), 5)와 관련하여 다음 결과가 성립한다.

명제 7.4.1. $in\omega\in\sigma(A), n\in\mathbb{Z}$라고 하자. 그러면 다음 명제는 동치이다.

1) 방정식 $(in\omega E-A)x=P_{in\omega}a_f$는 해를 가진다.
2) 방정식 $\beta_{in\omega}(w,a_f;A)=0$은 해를 가진다.
3) 방정식 $(in\omega E-A)y=P_{in\omega}\hat{f}(n)$은 해를 가진다.

증명 관계식 (7.53)에 의해

$$P_{in\omega}a_f=\tau P_{in\omega}\hat{f}(n)+(A-in\omega E)P_{in\omega}z_0.$$

여기서

$$z_0=\sum_{k=1}^{h_{in\omega}-1}\int_0^\tau e^{-sin\omega}\frac{(\tau-s)^k}{k!}(A-in\omega E)^{k-1}f(s)ds.$$

따라서 명제 1)의 방정식은 $(in\omega E-A)x=\tau P_{in\omega}\hat{f}(n)+(A-in\omega E)P_{in\omega}z_0$이 된다. 중첩원리에 의해 명제 1)과 명제 3)은 동치이다. $\beta_{in\omega}(w,a_f;A)=0$의 정의로부터

$$\begin{aligned}\tau(in\omega E-A)P_{in\omega}w&=P_{in\omega}a_f+\sum_{k=1}^{h_{in\omega}-1}B_k\frac{\tau^k}{k!}(A-in\omega E)^kP_{in\omega}a_f\\&=P_{in\omega}a_f+(A-in\omega E)\sum_{k=1}^{h_{in\omega}-1}B_k\frac{\tau^k}{k!}(A-in\omega E)^{k-1}P_{in\omega}a_f.\end{aligned}$$

이것은 중첩원리에 의해 명제 1)과 명제 2)가 동치라는 것을 보여주고 있다. □

4.2 유계해의 구조

여기서는 방정식(7.1)의 $\mathbb{R}_+$ 위에서의 유계해, 또는 τ-주기해의 집합을 초기값의 집합에 의해 특징짓기로 하자.

$\sigma(A)$를 다음과 같이 분류한다.

$$\begin{aligned}\sigma_+(A)&=\{\lambda\in\sigma(A)\ :\ \Re\lambda>0\},\\\sigma_-(A)&=\{\lambda\in\sigma(A)\ :\ \Re\lambda<0\},\\\sigma_0(A)&=\{\lambda\in\sigma(A)\ :\ \Re\lambda=0\},\end{aligned}$$

그리고 $\sigma_0(A)$를 다시 다음과 같이 세분화한다.

$$\sigma_{00}(A) = \{\lambda \in \sigma_0(A) \ :\ \lambda \in i\omega\mathbb{Z}\}, \quad \sigma_{01}(A) = \sigma_0(A) \setminus \sigma_{00}(A).$$

다음으로

$$\mathbf{W}_{00} = \bigoplus_{\lambda \in \sigma_{00}(A)} W_\lambda(A), \quad \mathbf{W}_{01} = \bigoplus_{\lambda \in \sigma_{01}(A)} W_\lambda(A)$$

$$\mathbf{W}_0 = \mathbf{W}_{00} \oplus \mathbf{W}_{01}, \qquad \mathbf{G}_- = \bigoplus_{\lambda \in \sigma_-(A)} G_\lambda(A)$$

라고 놓는다.

방정식 (7.1)에서 $f = 0$인 경우, 즉 방정식 (7.48) 의 해 $x(t) = e^{tA}w$에 대하여 따름정리 7.3.3으로부터 다음 결과를 얻는다.

정리 7.4.5. 다음 명제가 성립한다.

1) $x(t) = e^{tA}w$가 $\mathbb{R}_+$ 위에서 유계이기 위한 필요충분조건은 $w \in \mathbf{W}_0 \oplus \mathbf{G}_-$가 성립하는 것이다. 즉 $\lambda \in \sigma(A)$에 대하여

(1) $\Re\lambda = 0$이면 $P_\lambda w \in W_\lambda(A)$.

(2) $\Re\lambda > 0$이면 $P_\lambda w = 0$.

2) $e^{tA}w$가 τ-주기 (τ는 최소주기)이기 위한 필요충분조건은 $w \in \mathbf{W}_{00}$가 성립하는 것이다. 즉, $\lambda \in \sigma(A)$에 대하여

(3) $\lambda \in \sigma_{00}(A)$이면 $P_\lambda w \in W_\lambda(A)$.

(4) $\lambda \notin \sigma_{00}(A)$이면 $P_\lambda w = 0$.

$\mathbb{R}_+$ 위에서 방정식 (7.1)의 모든 유계해의 초기값의 집합을 **IB**, 방정식(7.1)의 모든 τ-주기해의 초기값의 집합을 **IP**라고 표시한다. 이들의 집합 **IB**와 **IP**를 결정하자. 이를 위해 함수 f는 정리 7.4.2 의 조건 중 하나를 만족한다고 가정한다.

먼저, $\mathbb{R}_+$ 위에서 유계해의 초기값 w과 τ-주기해의 초기값 w를 하나 결정하자. 정리 7.4.3에 의해, $\mathbb{R}_+$ 위에서 유계해의 존재와 τ-주기해의 존재는 동치이므로 정리 7.4.3의 조건 2)를 가정하여 τ-주기해의 초기값을 우선 결정한다.

$\lambda \in \sigma(A) \setminus \sigma_{00}(A)$일 때

$$v_\lambda = -X_\lambda(A)P_\lambda a_f$$

라고 놓자. 그러면 $\alpha_\lambda(v_\lambda, a_f) = 0$이 성립한다.

$\lambda \in \sigma_{00}(A)$일 때, 정리 7.4.2의 조건 3)에 의해 방정식 $\tau(A - \lambda E)c = a_f$를 만족하는 해 c가 존재한다. 그리고 $c_\lambda = P_\lambda c$라고 놓으면 $\tau(A - \lambda E)c_\lambda = P_\lambda a_f$가 성립한다.

$$v_\lambda = -Y_\lambda(A)c_\lambda$$

라고 놓으면 $v_\lambda \in G(\lambda)$ 이며, 주의 5.3.4에 의하여 조건 $\beta_\lambda(v_\lambda, a_f) = 0$ 이 성립한다. 이 때 v 를

$$v = \sum_{\lambda\in\sigma(A)} v_\lambda = -\sum_{\lambda\in\sigma_{00}(A)} Y_\lambda(A)c_\lambda + \sum_{\lambda\in\sigma(A)\setminus\sigma_{00}(A)} v_\lambda \tag{7.57}$$

라고 하면 v 는 방정식 (7.1) 의 τ-주기해의 초기값이다.

위의 준비 아래, 집합 **IB** 와 **IP** 는 다음과 같이 결정된다.

정리 7.4.6. $\mathbb{R}_+$ 위에서 방정식 (7.1)의 유계해가 존재한다고 가정하자. $x_0(t)$ 를 방정식 (7.1) 의 τ-주기해라고 하면 다음 명제가 성립한다.

1) 방정식 (7.1)의 해 $x(t)$ 가 $\mathbb{R}_+$ 위에서 유계해이기 위한 필요충분조건은 $x(t) - x_0(t)$ 가 $\mathbb{R}_+$ 위에서 방정식 (7.48)의 유계해인 것이다.

2) 방정식 (7.1) 의 해 $x(t)$ 가 τ-주기해이기 위한 필요충분조건은, $x(t) - x_0(t)$ 가 방정식 (7.48)의 τ-주기해인 것이다.

3) w 를 방정식 (7.1)의 τ-주기해 의 초기값 (예컨대, (7.57)의 v)이라고 하면,

$$\mathbf{IB} = w + \mathbf{W}_0 \oplus \mathbf{G}_-, \quad \mathbf{IP} = w + \mathbf{W}_{00}.$$

증명 증명은 거의 분명하므로 생략한다. □

따름정리 7.4.1. $\mathbb{R}_+$ 위에서 방정식 (7.1)의 유계해가 존재한다고 가정하자. 함수 $u(t)$ 를 방정식 (7.1)의 τ-주기해라고 하면

$$\mathbf{IB} = \sum_{n=-\infty}^{\infty} \hat{u}(n) + \mathbf{W}_0 \oplus \mathbf{G}_-, \quad \mathbf{IP} = \sum_{n=-\infty}^{\infty} \hat{u}(n) + \mathbf{W}_{00}.$$

증명 C^1 급 함수 $u(t)$ 의 푸리에 급수 $\sum_{n=-\infty}^{\infty} \hat{u}(n)e^{in\omega t}$ 는 $\mathbb{R}$ 에서 $u(t)$ 에 고르게 수렴하므로 $u(0) = \sum_{n=-\infty}^{\infty} \hat{u}(n)$ 이다. 따라서 정리 7.4.6에 의해 따름정리가 성립한다. □

정리 7.4.7. $\mathbb{R}_+$ 위에서 방정식 (7.1) 의 유계해가 존재한다고 하자. 그리고 방정식 (7.1)의 τ-주기해 $u_0(t)$ 를 하나 골라내자. 그러면 다음 명제가 성립한다.

1) $\mathbb{R}_+$ 위에서 방정식 (7.1)의 각 유계해 $x(t)$ 는 다음과 같이 표현된다.

$$x(t) = u_0(t) + \sum_{\lambda\in\sigma_0(A)} e^{\lambda t}w_\lambda + e^{tA}y.$$

여기서 $w_\lambda \in W_\lambda(A)$, $\lambda \in \sigma_0(A)$, $y \in \mathbf{G}_-$.

2) 방정식(7.1)의 각 τ-주기해 $u(t)$ 는 다음과 같이 표현된다.

$$u(t) = u_0(t) + \sum_{\lambda\in\sigma_{00}(A)} e^{\lambda t}w_\lambda.$$

여기서 $w_\lambda \in W_\lambda(A)$, $\lambda \in \sigma_{00}(A)$.

증명 1) $x(t)$가 $\mathbb{R}_+$ 위에서 방정식 (7.1)의 유계해이기 위한 필요충분조건은 $x(t) - u_0(t)$가 $\mathbb{R}_+$ 위에서 방정식 (7.48)의 유계해인 것이며, 이는 $x(0) - u_0(0) \in \mathbf{W}_0 \oplus \mathbf{G}_-$ 인 것과 동치이다. 따라서

$$x(0) - u_0(0) = \sum_{\lambda \in \sigma_0(A)} w_\lambda + y$$

와 같이 표현된다. 여기서 $w_\lambda \in W_\lambda(A)$, $\lambda \in \sigma_0(A)$, $y \in \mathbf{G}_-$. 그러므로

$$x(t) - u_0(t) = \sum_{\lambda \in \sigma_0(A)} e^{tA} w_\lambda + e^{tA} y = \sum_{\lambda \in \sigma_0(A)} e^{\lambda t} w_\lambda + e^{tA} y.$$

2) 1)의 증명과 마찬가지이다. □

따름정리 7.4.2. $\sigma(A) \cap i\omega\mathbb{Z} = \emptyset$이라고 하자. 그러면 $\mathbb{R}_+$ 위에서 방정식 (7.1)의 유계해 $x(t)$는 다음과 같이 표현된다.

$$x(t) = u_0(t) + \sum_{\lambda \in \sigma_{01}(A)} e^{\lambda t} w_\lambda + e^{tA} y_0,$$

여기서 $u_0(t)$는 방정식 (7.1)의 유일한 τ-주기해 (정리 2.4.11에서 주어진 τ-주기해)이며, $w_\lambda \in W_\lambda(A)$, $\lambda \in \sigma_{01}(A)$, $y_0 \in \mathbf{G}_-$.

방정식 (7.1)의 모든 τ-주기해의 집합을 **SP**라고 표시한다. $\mathbf{SP} \neq \emptyset$일 때, 방정식 (7.1)의 하나의 τ-주기해 $u_0(t)$를 골라내면,

$$\mathbf{SP} = u_0 + \mathbf{SP}_0.$$

여기서 $\mathbf{SP}_0$는 방정식 (7.48)의 τ-주기해의 집합이다.

정리 7.4.8. $\mathbb{R}_+$ 위에서 방정식 (7.1)의 유계해가 존재한다고 하자. 그러면 다음 명제가 성립한다.

1) $\dim \mathbf{SP} := \dim \mathbf{SP}_0 = \sum_{\lambda \in \sigma_{00}(A)} \dim W_\lambda(A)$.

2) 방정식 (7.1)은 점근적 τ-주기해를 가진다.

3) $\sigma_{01}(A) \neq \emptyset$이면 $\mathbb{R}_+$ 위에서 방정식 (7.1)의 임의의 유계해 $x(t)$는 적당한 τ-주기해 $u(t)$가 존재하고

$$x(t) = u(t) + \sum_{\lambda \in \sigma_{01}(A)} e^{\lambda t} w_\lambda + o(1) \ \ (t \to +\infty)$$

와 같이 표현된다. 여기서 $w_\lambda \in W_\lambda(A), \lambda \in \sigma_{01}(A)$.

4) $\sigma_{01}(A) = \emptyset$이면 $\mathbb{R}_+$ 위에서 방정식 (7.1)의 임의의 유계해는 점근적 τ-주기해이다.

5) $\sigma_0(A) \neq \emptyset$, $\sigma_+(A) = \emptyset$이고, 각 $\lambda_0 \in \sigma_0(A)$ 대하여 $(A - \lambda E)^{-1}$가 $\lambda = \lambda_0$ 에서 *1*차의 극을 가지면 적당한 양수 $H > 0$이 존재하고, 방정식 (7.1)의 모든 τ-주기해는 $u_0(t)$와 다른 임의의 해 $u(t)$에 대하여

$$\|u(t) - u_0(t)\| \leq H\|u(0) - u_0(0)\|, \quad t \geq 0$$

이 성립한다.

증명 2) 정리의 가정에 의해 $\mathbb{R}_+$ 위에서 모든 유계해가 정리 7.4.7의 1)의 형태로 표시된다. 특히 $\lambda \in \sigma_{01}(A)$일 때, $w_\lambda = 0$이라고 놓으면

$$x(t) = u_0(t) + \sum_{\lambda \in \sigma_{00}(A)} e^{\lambda t} w_\lambda + e^{tA} y_0.$$

$u_0(t) + \sum_{\lambda \in \sigma_{00}(A)} e^{\lambda t} w_\lambda$는 방정식 (7.1)의 τ-주기해이며, $\lim_{t \to \infty} e^{\lambda t} y_0 = 0$이므로 2)가 성립한다.

3), 4)는 2)의 증명방법과 마찬가지이다.

5) 정리 1.6.4에 의하여 $\lambda_0 \in \sigma_0(A)$일 때 λ_0의 표수는 1이다. 따라서 $\mathbb{C}^m = \mathbf{W}_0 \oplus \mathbf{G}_-$. 그러면 $\|e^{tA}x\| \leq H\|x\|$, $t \geq 0, x \in \mathbb{C}^m$을 만족하는 양수 $H > 0$이 존재한다. $u_0(t)$를 방정식 (7.1)의 τ-주기해라고 하자. 그러면 방정식 (7.1)의 모든 해 $u(t)$에 대하여 $u(t) - u_0(t)$는 대응하는 제차방정식의 해이다. 즉,

$$u(t) - u_0(t) = e^{tA}(u(0) - u_0(0)).$$

따라서 $\|u(t) - u_0(t)\| \leq H\|u(0) - u_0(0)\|$, $t \geq 0$이 성립한다. 이로써 5)의 증명이 끝났다. 나머지는 정리 7.4.7로부터 분명하다. □

제5절 보기

이 절에서는 위에서 얻은 결과를 보기를 통해서 확인해 본다.

보기 7.5.1. 4차 정방행렬

$$A = \begin{pmatrix} -1 & 2 & -1 & 2 \\ -1 & 1 & -1 & 3 \\ 0 & 0 & -1 & 2 \\ 0 & 0 & -1 & 1 \end{pmatrix}$$

을 계수로 하는 미분방정식

$$\frac{d}{dt}x(t) = Ax(t) + f(t) \tag{7.58}$$

의 초기조건

$$x(0) = w \tag{7.59}$$

를 만족하는 해 $x(t;w,f)$ 의 점근적 행태를 조사한다. 여기서 $x, w, f(t)$는 4차 열벡터이고, $f(t)$는 2π 주기의 연속 벡터값 함수이다.

보기 1.4.4에 의해 고유방정식은

$$\Phi(\lambda) = \det(\lambda E - A) = (\lambda - i)^2(\lambda + i)^2$$

이고, 최소다항식과 일치한다. 즉, $h_i(A) = 2, h_{-i}(A) = 2$이다. 따라서 초기값 w의 계층 $(d(i), d(-i))$은 $0 \le d(i) \le 2, 0 \le d(-i) \le 2$이다. A에 따르는 단위행렬의 분해사영족 P_i, P_{-i}는

$$P_i = \frac{i}{2}\begin{pmatrix} 1-i & -2 & 2 & -2 \\ 1 & -1-i & 1 & -2 \\ 0 & 0 & 1-i & -2 \\ 0 & 0 & 1 & -1-i \end{pmatrix},$$

$$P_{-i} = \frac{i}{2}\begin{pmatrix} -1-i & 2 & -2 & 2 \\ -1 & 1-i & -1 & 2 \\ 0 & 0 & -1-i & 2 \\ 0 & 0 & -1 & 1-i \end{pmatrix}$$

와 같이 주어진다. 그러면 $P_{-i} = \overline{P_i}$. 그리고 $P_i + P_{-i} = E$가 성립한다.

a_f와 w를 다음과 같이 정하자.

$$a_f = \int_0^{2\pi} e^{(2\pi - s)A} f(s)ds = \begin{pmatrix} b_1 \\ b_2 \\ b_3 \\ b_4 \end{pmatrix}, \quad w = \begin{pmatrix} w_1 \\ w_2 \\ w_3 \\ w_4 \end{pmatrix}.$$

먼저 초기값 w의 계층의 i성분 $d(i)$를 생각한다.

$$\beta_i(w, a_f) = 2\pi(A - iE)P_i w + B_0 P_i a_f + 2\pi B_1(A - iE)P_i a_f$$

이고 $B_0 = 1, B_1 = -1/2$임을 주의하자.

조건 $\beta_i(w, a_f) = 0$은 (5.62)를 고려하면

$$2\pi(A - iE)P_i w + P_i a_f = 0 \tag{7.60}$$

과 동치이다. 방정식(7.60)이 해를 가지기 위한 필요충분조건은 $-P_i a_f \in \mathcal{R}((A - iE)P_i)$ 를 만족하는 것이다. 이 조건은 도움정리 5.3.2와 정리 1.3.6에 의해

$$-a_f \in \mathcal{R}((A - iE)) = (\mathcal{N}((A - iE)^*))^{\perp}$$

과 동치이다. $(A - iE)^* x = 0$의 해를 구하면

$$x = c\,{}^t(0, 0, 1, -1 + i), \quad c \in \mathbb{C}.$$

$v := {}^t(0, 0, 1, -1 + i)$라고 놓으면 조건 $-a_f \in (\mathcal{N}((A - iE)^*))^{\perp}$은 조건 $\langle -a_f, v\rangle = 0$과 동치이다. 따라서 방정식(7.60) 이 해 w를 가지는 조건으로서

$$b_3 - (1 + i)b_4 = 0 \tag{7.61}$$

을 얻는다.

조건 (7.61)이 성립한다고 하자. 방정식 (7.60)을 변형하면

$$(A - iE)\frac{2}{i}P_i w = -\frac{1}{2\pi}\frac{2}{i}P_i a_f$$

가 되고, 양변을 계산하면

$$\begin{pmatrix} 0 & 0 & 1-i & -2 \\ 0 & 0 & 1 & -1-i \\ 0 & 0 & 0 & 0 \\ 0 & 0 & 0 & 0 \end{pmatrix}\begin{pmatrix} w_1 \\ w_2 \\ w_3 \\ w_4 \end{pmatrix} = \frac{-1}{2\pi}\begin{pmatrix} (1-i)b_1 - 2b_2 + 2b_3 - 2b_4 \\ b_1 - (1+i)b_2 + b_3 - 2b_4 \\ (1-i)b_3 - 2b_4 \\ b_3 - (1+i)b_4 \end{pmatrix}.$$

조건 (7.61)을 가정하여 계산하면, 위 방정식은

$$(0, 0, 1, -1-i)w = \frac{1}{2\pi}(-b_1 + (1+i)b_2 - b_3 + 2b_4).$$

즉

$$w_3 - (1+i)w_4 = \frac{1}{2\pi}(-b_1 + (1+i)b_2 + (1-i)b_4)$$

에 귀착된다. 그 해집합 $M(i)$는

$$\left[\begin{pmatrix} 1 \\ 0 \\ 0 \\ 0 \end{pmatrix}, \begin{pmatrix} 0 \\ 1 \\ 0 \\ 0 \end{pmatrix}, \begin{pmatrix} 0 \\ 0 \\ 1+i \\ 1 \end{pmatrix}\right] + \frac{1}{2\pi}\begin{pmatrix} 0 \\ 0 \\ -b_1 + (1+i)b_2 + (1-i)b_4 \\ 0 \end{pmatrix}.$$

따라서 $b_3 - (1+i)b_4 = 0$일 때, $w \in M(i)$이면 w의 계층의 i 성분은 0이다. $w \notin M(i)$이면 w의 계층의 i 성분은 1 이상이다.

조건 $(A - iE)\beta_i(w, a_f) = 0$, 즉 $(A - iE)P_i a_f = 0$을 조사하자. 그러면

$$(0, 0, 1, -1-i)a_f = 0.$$

즉 $b_3 - (1+i)b_4 = 0$.

조건 $(A - iE)^2\beta_i(w, a_f) = 0$은 모든 w, f에 대하여 성립한다. 따라서

i) $b_3 \neq (1+i)b_4$이면 모든 w에 대하여 $d(i) = 2$.

ii) $b_3 = (1+i)b_4$일 때, $w \notin M(i)$이면 $d(i) = 1$, $w \in M(i)$이면 $d(i) = 0$이 된다.

위의 결과를 종합하면 다음과 같이 된다.

1) a_f가 $b_3 - (1+i)b_4 = 0$을 만족한다고 가정하자.

(1) $w \in M(i)$를 만족하는 해 $x(t; w, f)$의 성분 $P_i x(t; w, f)$는 2π 주기이다.

(2) $w \notin M(i)$를 만족하는 해 $x(t; w, f)$의 성분 $P_i x(t; w, f)$는 $\mathbb{R}_-, \mathbb{R}_+$ 위에서 비유계이다.

2) a_f가 $b_3 - (1+i)b_4 \neq 0$을 만족한다고 가정한다. 그러면 모든 초기값 w에 대하여 해 $x(t; w, f)$의 성분 $P_i x(t; w, f)$는 $\mathbb{R}_+, \mathbb{R}_-$ 위에서 비유계이다.

다음에, 초기값 w의 계층의 $-i$ 성분 $d(-i)$를 조사한다.

조건 $\beta_{-i}(w, a_f) = 0$은

$$2\pi(A + iE)P_{-i}w + P_{-i}a_f = 0$$

과 동치이다. 즉, (7.60)에 있어서 i를 $-i$로 바꾼 식이므로 이 방정식의 해가 존재하기 위한 필요충분조건은

$$b_3 - (1 - i)b_4 = 0$$

이며, 방정식은

$$(0, 0, 1, -1 + i)w = \frac{1}{2\pi}(-b_1 + (1 - i)b_2 - b_3 + 2b_4)$$

에 귀착된다. 그러면 해집합 $M(-i)$는

$$\left[\begin{pmatrix} 1 \\ 0 \\ 0 \\ 0 \end{pmatrix}, \begin{pmatrix} 0 \\ 1 \\ 0 \\ 0 \end{pmatrix}, \begin{pmatrix} 0 \\ 0 \\ 1 - i \\ 1 \end{pmatrix}\right] + \frac{1}{2\pi}\begin{pmatrix} 0 \\ 0 \\ -b_1 + (1 - i)b_2 + (1 + i)b_4 \\ 0 \end{pmatrix}.$$

조건 $(A + iE)\beta_{-i}(w, a_f) = 0$은 $(A + iE)P_{-i}a_f = 0$이 된다. 즉, $b_3 - (1 - i)b_4 = 0$.

조건 $(A + iE)^2\beta_{-i}(w, a_f) = 0$은 모든 w, f에 대하여 성립한다. 따라서

i) $b_3 \neq (1 - i)b_4$이면 모든 w에 대하여 $d(-i) = 2$.

ii) $b_3 = (1 - i)b_4$일 때 $w \notin M(-i)$이면 $d(-i) = 1$, $w \in M(-i)$이면 $d(-i) = 0$이다.

위의 결과를 종합하면

1) a_f가 $b_3 - (1 - i)b_4 = 0$을 만족한다고 가정한다.

(1) $w \in M(-i)$를 만족하는 해 $x(t; w, f)$의 성분 $P_{-i}x(t; w, f)$는 2π 주기이다.

(2) $w \notin M(-i)$를 만족하는 해 $x(t; w, f)$의 성분 $P_{-i}x(t; w, f)$는 $\mathbb{R}_+, \mathbb{R}_-$ 위에서 비유계이다.

2) a_f가 $b_3 - (1 - i)b_4 \neq 0$을 만족한다고 가정하자. 그러면 모든 w에 대하여 해 $x(t; w, f)$의 성분 $P_{-i}x(t; w, f)$는 $\mathbb{R}_+, \mathbb{R}_-$ 위에서 비유계이다.

위의 결과를 종합하여 방정식 (7.58)의 해 $x(t; w, f)$의 행태를 조사하자.

$$\beta_i(w, a_f) = 0, \quad \beta_{-i}(w, a_f) = 0$$

을 만족하는 w가 존재하기 위한 필요충분조건은

$$b_3 - (1 + i)b_4 = 0, \quad b_3 - (1 - i)b_4 = 0 \tag{7.62}$$

이 성립하는 것이다. 즉, $b_3 = b_4 = 0$이다. 따라서 조건 $w \in M(i) \cap M(-i)$으로서

$$\begin{pmatrix} w_1 \\ w_2 \\ w_3 \\ w_4 \end{pmatrix} \in \left[\begin{pmatrix} 1 \\ 0 \\ 0 \\ 0 \end{pmatrix}, \begin{pmatrix} 0 \\ 1 \\ 0 \\ 0 \end{pmatrix}\right] - \frac{1}{2\pi}\begin{pmatrix} 0 \\ 0 \\ b_1 \\ b_2 \end{pmatrix} \tag{7.63}$$

를 얻는다. 따라서 방정식 (7.58)의 해 $x(t; w, f)$의 행태는 다음과 같이 된다.

1) a_f가 $b_3 = b_4 = 0$을 만족하면, (7.63)을 만족하는 초기값 w를 가진 방정식 (7.58)의 해 $x(t; w, f)$는 2π 주기해이다.

2) 그밖의 경우, 방정식 (7.58)의 해 $x(t; w, f)$는 $\mathbb{R}_+, \mathbb{R}_-$ 위에서 비유계이다.

방정식 (7.58)의 해 $x(t; w, f)$가 $\mathbb{R}_+$ 위에서 유계가 되는 초기값의 집합 **IB**는 **IP**와 일치한다. 이 초기값의 집합은 (7.63)에 의해 결정되나 다음과 같이 결정할 수도 있다. 먼저 c_i와 c_{-i}는 각각 $2\pi(A - iE)c_i = -P_i a_f, 2\pi(A + iE)c_{-i} = -P_{-i}a_f$를 만족하는 값을 골라낸다. 분명히, $c_i \in G(i)$, $c_{-i} \in G(-i)$이다. 다음에 초기값 w를 $w = c_i + c_{-i}$라고 정하면 된다.

명제 7.5.1. 보기 7.5.1에서 다음 명제가 성립한다.

1) $v := {}^t(0, 0, 1, -1 + i), w = {}^t(0, 0, 1, -1 - i)$일 때, 다음 등식이 성립한다.

$$\langle -P_i a_f, v\rangle = \langle -P_i \hat{f}(1), v\rangle = 2\pi(\hat{f}_3(1) - (1 + i)\hat{f}_4(1)),$$

$$\langle -P_{-i} a_f, w\rangle = \langle -P_{-i} \hat{f}(-1), w\rangle = 2\pi(\hat{f}_3(-1) - (1 - i)\hat{f}_4(-1)).$$

따라서

$$\hat{f}_3(1) - (1 + i)\hat{f}_4(1) = 0, \quad \hat{f}_3(-1) - (1 - i)\hat{f}_4(-1) = 0$$

은 방정식 (7.58)가 2π 주기해를 가지기 위한 필요충분조건이다.

2) 방정식 (7.58)에서 다음 명제가 성립한다.

$$\hat{f}(1) \in \mathcal{R}(A - iE) \iff \hat{f}_3(1) - (1 + i)\hat{f}_4(1) = 0,$$

$$\hat{f}(-1) \in \mathcal{R}(A + iE) \iff \hat{f}_3(-1) - (1 - i)\hat{f}_4(-1) = 0.$$

증명 1) 먼저 제1식을 보이자. 보기 7.5.1로부터 $v = {}^t(0, 0, 1, -1 + i)$는 $(A - iE)^*x = 0$의 해이고

$$\begin{aligned} P_i a_f &= \int_0^{2\pi} e^{(2\pi - s)A} P_i f(s) ds = \int_0^{2\pi} e^{i(2\pi - s)}(P_i + (2\pi - s)(A - iE)P_i) f(s) ds \\ &= 2\pi P_i \hat{f}(1) + (A - iE)P_i \int_0^{2\pi} e^{i(2\pi - s)}(2\pi - s) f(s) ds. \end{aligned}$$

따라서 우변의 적분항을 g라고 놓으면, $\langle g, ((A - iE)P_i)^* v\rangle = 0$이므로

$$\begin{aligned} \langle -P_i a_f, v\rangle &= \langle -2\pi P_i \hat{f}(1), v\rangle + \langle -(A - iE)P_i g, v\rangle \\ &= \langle -2\pi \hat{f}(1), P_i^* v\rangle + \langle -g, ((A - iE)P_i)^* v\rangle \\ &= \langle -2\pi \hat{f}(1), P_i^* v\rangle = 2\pi \hat{f}_3(1) - (1 + i)2\pi \hat{f}_4(1). \end{aligned}$$

보기 7.5.1로부터 $w = {}^t(0, 0, 1, -1 - i)$는 $(A + iE)^*x = 0$의 해이므로 둘째식도 마찬가지로 보일 수 있다. 따라서 첫째식, 둘째식으로부터 후반 부분이 성립한다.

2) $\mathcal{R}(A-iE) = (\mathcal{N}((A-iE)^*))^{\perp}$ 이므로 $(A-iE)^*x = 0$ 의 해를 구하면, $x = c\,{}^t(0,0,1,-1+i)$, $c \in \mathbb{C}$. 이로부터 $v = {}^t(0,0,1,-1+i)$ 라고 놓으면

$$\hat{f}(1) \in \mathcal{R}(A-iE) \iff \langle \hat{f}(1), v \rangle = 0 \iff \hat{f}_3(1) - (1+i)\hat{f}_4(1) = 0.$$

$\mathcal{R}(A-(-i)E) = (\mathcal{N}((A-(-i)E)^*))^{\perp}$ 이므로 $(A-(-i)E)^*x = 0$ 의 해를 구하면, $x = c\,{}^t(0,0,1,-1-i)$, $c \in \mathbb{C}$. 이로부터 $w = {}^t(0,0,1,-1-i)$ 라고 놓으면

$$\hat{f}(-1) \in \mathcal{R}(A-(-i)E) \iff \langle \hat{f}(-1), w \rangle = 0 \iff \hat{f}_3(-1) - (1-i)\hat{f}_4(-1) = 0$$

이 된다. □

특히, $f(t) = {}^t(\sin t, \cos t, 1, 1)$ 일 때, **IB**는

$$b_f = \int_0^{2\pi} e^{(2\pi-s)A} f(s)ds = \begin{pmatrix} -\pi \\ 2\pi \\ 0 \\ 0 \end{pmatrix}$$

이므로 위의 결과로부터

$$\mathbf{IB} = \left[\begin{pmatrix} 1 \\ 0 \\ 0 \\ 0 \end{pmatrix}, \begin{pmatrix} 0 \\ 1 \\ 0 \\ 0 \end{pmatrix} \right] - \frac{1}{2} \begin{pmatrix} 0 \\ 0 \\ -1 \\ 2 \end{pmatrix}$$

를 얻는다.

8

비제차항이 주기함수인 주기계수 선형미분방정식계

제1절 주기작용소의 성질

이 절에서는 제차 주기계수 선형미분방정식

$$\frac{d}{dt}z(t) = A(t)z(t) \tag{8.1}$$

의 해작용소, 그리고 앞으로 언급되는 일반주기작용소의 성질을 다룬다. 여기서 $A(t)$는 $\mathbb{R}$ 위에서 (최소) τ-주기를 가진 연속인 m차 행렬값 함수이다.

1.1 일반주기작용소

위 방정식의 해작용소를 $U(t,s)$, 해의 기본행렬을 $X(t)$로 표시하면 $U(t,s) = X(t)X^{-1}(s)$가 된다. 편의상, 해작용소 $U(t,s)$의 기본적인 성질, 즉 성질 2.2.3과 성질 2.4.2 등을 다음 도움정리에서 열거한다.

도움정리 8.1.1. 해작용소 $U(t,s)$, $t,s \in \mathbb{R}$은 다음 성질을 가진다. $n \in \mathbb{Z}$라고 하자.

1) $U(t,t) = E$
2) $U(t,s)U(s,r) = U(t,r)$
3) $U(t,s)^{-1}$이 존재하고 $U(t,s)^{-1} = U(s,t)$가 성립한다.
4) $U(t \pm \tau, s \pm \tau) = U(t,s)$ (부호동순). 특히, $U(t+\tau,\tau) = U(t,0)$이다.
5) $U^n(s+\tau,s) = U(s+n\tau,s)$
6) $U(t+n\tau,s) = U^n(t+\tau,t)U(t,s) = U(t,s)U^n(s+\tau,s)$
7) $\frac{\partial}{\partial t}U(t,s) = A(t)U(t,s)$, $\frac{\partial}{\partial s}U(t,s) = -U(t,s)A(s)$
8) 사상 $(t,s,x) \mapsto U(t,s)x$는 연속이다.

제차 주기계수 선형미분방정식 (8.1)의 해작용소 $U(t,0)$도 기본행렬이므로 플로케 정리에 의해

$$U(t,0) = P(t)e^{tA} \tag{8.2}$$

와 같이 표시된다. 여기서 $P(t)$는 최소 τ-주기를 가진 연속이고 정칙인 m차 행렬값 함수, A는 $U(\tau,0) = e^{\tau A}$를 만족하는 m차 행렬이다. $U(0,0) = E$이므로 $P(\tau) = P(0) = E$가 된다. 도움정리 8.1.1에 의해 $U(t,0)$는 정칙이므로 $P(t)$도 정칙이고,

$$P^{-1}(t) = (U(t,0)e^{-tA})^{-1} = e^{tA}U(t,0)^{-1} = e^{tA}U(0,t).$$

$P(t)$가 τ-주기이므로 $P^{-1}(t)$도 τ-주기이다.

그리고 $U(t,s) = U(t,0)U(0,s)$이므로

$$U(t,s) = P(t)e^{(t-s)A}P^{-1}(s). \tag{8.3}$$

특성지수 $\lambda \in \sigma(A)$의 표수를 $h_\lambda(A)$ 또는 h_λ, 그리고 $\mathbb{C}^m$으로부터 일반화된 고유공간 $G_\lambda(A)$의 사영을 P_λ라고 나타낸다. 주기작용소 $U(\tau,0)$를 $U(0)$라고 표시하고, 특성승수 $\mu \in \sigma(U(0))$의 표수를 h_μ, 그리고 $\mathbb{C}^m$으로부터 일반화된 고유공간 $G_\mu(U(0))$의 사영을 $Q_\mu(0)$라고 표시한다.

앞으로, 제차 주기계수 선형미분방정식 (8.1)의 해작용소에서 $U(0)$를 일반화한 작용소

$$U(t) = U(t+\tau,t)(= U(t,t-\tau)), \quad t \in \mathbb{R}$$

을 방정식 (8.1)의 **일반주기작용소(general periodic operator)**라고 부르며, 특별히 혼란이 없는 경우 **주기작용소**라고 부른다. (8.3)으로부터

$$U(t) = P(t)e^{\tau A}P^{-1}(t) = P(t)U(0)P^{-1}(t). \tag{8.4}$$

$U(t)P(t) = P(t)U(0)$이므로 $U(t)$와 $U(0)$가 닮은 정칙행렬이다.

1.2 일반 주기작용소의 성질

먼저, 닮은 행렬의 스펙트럼의 일반적인 성질을 정리한다.

도움정리 8.1.2. C와 D가 닮은 행렬, 즉 $TC = DT$인 정칙행렬 T가 존재한다고 가정하자. 그러면

1) $\sigma(C) = \sigma(D)$

2) 관계식

$$TC^k = D^kT, \quad T(C-\mu E)^k = (D-\mu E)^kT \ \ (\mu \in \mathbb{C},\ k \in \mathbb{N})$$

가 성립한다.

3) 사상 $T : \mathcal{N}((C-\mu E)^k) \to \mathcal{N}((D-\mu E)^k)$는 전단사이다.

$$T\mathcal{N}((C-\mu E)^k) = \mathcal{N}((D-\mu E)^k) \ \ (\mu \in \mathbb{C}, k \in \mathbb{N}).$$

4) $\mu \in \sigma(C)$에 대하여 $h_\mu(C) = h_\mu(D)$이고 $TG_\mu(C) = G_\mu(D)$가 성립한다.

5) C, D에 따르는 E의 사영분해를 각각

$$E = \sum_{\mu \in \sigma(C)} P_\mu, \ \ E = \sum_{\mu \in \sigma(D)} Q_\mu$$

라고 하면, $\mu \in \sigma(C)$에 대하여 $TP_\mu = Q_\mu T$가 성립한다.

증명 1) 분명하다.

2) $TC = DT$이므로

$$TC^2 = (TC)C = (DT)C = D(TC) = D^2T.$$

귀납법에 의해 $TC^k = D^kT$가 성립한다. $TC = DT$로부터

$$T(C - \mu E) = (D - \mu E)T.$$

따라서 $T(C - \mu E)^k = (D - \mu E)^k T$도 성립한다.

3) 2)에 의하여

$$(C - \mu E)^k x = 0 \Longrightarrow (D - \mu E)^k Tx = T(C - \mu E)^k x = 0.$$

즉, $T\mathcal{N}((C - \mu E)^k) \subset \mathcal{N}((D - \mu E)^k)$가 성립한다. $T^{-1}D = CT^{-1}$이므로 마찬가지 방법으로 $T^{-1}\mathcal{N}((D - \mu E)^k \subset \mathcal{N}((C - \mu E)^k)$. 따라서 3) 이 유도된다.

4) 3)에 의해

$$\mathcal{N}((C - \mu E)^k) \subsetneq \mathcal{N}((C - \mu E)^{k+1}) \Longleftrightarrow \mathcal{N}((D - \mu E)^k) \subsetneq \mathcal{N}((D - \mu E)^{k+1})$$

이므로 $h_\mu(C) = h_\mu(D)$이다. $TG_\mu(C) = G_\mu(D)$도 분명하다.

5) $\sigma(C) = \{\mu_1, \mu_2, \cdots, \mu_s\}$라 하고 $x \in \mathbb{C}^m$에 대하여 $x_i = P_{\mu_i}x, i = 1, 2, \cdots, s$라고 놓자. 분명히, $x = x_1 + x_2 + \cdots + x_s$이므로

$$Tx = Tx_1 + Tx_2 + \cdots + Tx_s.$$

그리고 $x_i \in G_{\mu_i}(C)$이므로 4)에 의해 $Tx_i \in G_{\mu_i}(D), i = 1, 2, \cdots, s$. 따라서 $Q_{\mu_i}Tx = Tx_i$를 얻는다. 그러므로 $TP_{\mu_i}x = Tx_i = Q_{\mu_i}Tx$ 가 성립한다. □

다음으로 주기작용소 $U(t)$의 성질을 다루자.

도움정리 8.1.3. $\mu \in \mathbb{C}$라고 하면, 주기작용소 $U(t)$ $(t \in \mathbb{R})$는 다음 성질을 가진다.

1) $U(t), t \in \mathbb{R}$은 τ-주기, 즉 $U(t + \tau) = U(t)$를 만족한다.

2) 관계식

$$U(t)U(t, s) = U(t, s)U(s)$$

가 성립한다. 즉, $U(t)$와 $U(s)$가 닮은 행렬이다.

3) 관계식

$$U^k(t)U(t, s) = U(t, s)U^k(s) \ \ (k \in \mathbb{N}_0),$$

$$(U(t)-\mu E)^k U(t,s) = U(t,s)(U(s)-\mu E)^k \quad (k \in \mathbb{N}_0)$$

가 성립한다.

4) 사상 $U(t,s) : \mathcal{N}((U(s)-\mu E)^k) \to \mathcal{N}((U(t)-\mu E)^k)$는 전단사이고

$$U(t,s)\mathcal{N}((U(s)-\mu E)^k) = \mathcal{N}((U(t)-\mu E)^k), \quad k \in \mathbb{N}.$$

증명 1) 도움정리 8.1.1과 $U(t)$의 정의로부터

$$U(t+\tau) = U(t+2\tau, t+\tau) = U(t+\tau, t) = U(t).$$

2) 다시 도움정리 8.1.1에 의해

$$\begin{aligned} U(t,s)U(s) &= U(t,s)U(s+\tau,s) = U(t+\tau,s+\tau)U(s+\tau,s) \\ &= U(t+\tau,s) = U(t+\tau,t)U(t,s) \\ &= U(t)U(t,s). \end{aligned}$$

3)과 4)는 도움정리 8.1.2와 도움정리 8.1.1로부터 분명하다. □

위의 도움정리에 의해 일반주기작용소 $U(t)$의 스펙트럼의 성질을 이끌어낼 수 있다.

정리 8.1.1. $\mu \in \sigma(U(0))$라고 하면 일반주기작용소 $U(t), t \in \mathbb{R}$은 다음 성질을 가진다. $t, s \in \mathbb{R}$에 대하여

1) $\sigma(U(t)) = \sigma(U(s)) = \sigma(U(0)),\ 0 \notin \sigma(U(0))$.

2) $h_\mu(U(s)) = h_\mu(U(t))$이고 $U(t,s)G_\mu(U(s)) = G_\mu(U(t))$. 특히,

$$U(t,0)G_\mu(U(0)) = G_\mu(U(t)).$$

3) $\dim G_\mu(U(s)) = \dim G_\mu(U(t))$.

증명 $U(t)U(t,s) = U(t,s)U(s)$이므로 1)과 2)는 도움정리 8.1.3으로부터 분명하다. 또 $U(t,s)$는 정칙행렬이므로 2)로부터 3)이 유도된다. □

$\zeta \in \rho(U(0)) := \mathbb{C} \setminus \sigma(U(0))$에 대하여 정리 8.1.1로부터 $(\zeta E - U(t))^{-1}$이 존재한다.

따름정리 8.1.1. $\zeta \in \rho(U(0))$이면

$$(\zeta E - U(t))^{-1}U(t,s) = U(t,s)(\zeta E - U(s))^{-1}.$$

증명 도움정리 8.1.3을 사용하면 $\zeta \in \rho(U(0))$일 때

$$U(t,s)(\zeta E - U(s)) = (\zeta E - U(t))U(t,s)$$

이므로 따름정리가 성립한다. □

이 따름정리로부터 μ가 $(\zeta E - U(s))^{-1}$의 극이면 $(\zeta E - U(t))^{-1}$의 극이 되고, 그 역도 성립한다. 그리고 $\mu \in \sigma(U(t))$인 것은 $(\zeta E - U(t))^{-1}$가 $\zeta = \mu$에서 극을 가지는 것과 동치이다 (정리 1.6.4 참조).

마지막으로, 일반주기작용소 $U(t)$에 대응하는 사영작용소의 성질을 서술하기로 하자. $\mu \in \sigma(U(t))$에 대하여 $\mathbb{C}^m$으로부터 일반화된 고유공간 $G_\mu(U(t))$로의 사영을 $Q_\mu(t)$라고 나타내며, $U(t)$에 따르는 단위행렬의 사영분해는

$$E = \sum_{\mu \in \sigma(U(0))} Q_\mu(t)$$

가 된다.

정리 8.1.2. $\mu \in \sigma(U(0))$이면

$$Q_\mu(t)U(t,s) = U(t,s)Q_\mu(s).$$

증명 도움정리 8.1.2의 5)로부터 위 관계식이 성립한다. □

$\mu \in \sigma(U(0))$에 대하여

$$\sigma_\mu(A) = \{\lambda \in \sigma(A) \ : \ \mu = e^{\tau\lambda}\}$$

라고 놓는다. 정리 1.8.5에 의해, $G_\mu(U(0)) = \bigoplus_{\lambda \in \sigma_\mu(A)} G_\lambda(A)$ 가 성립한다.

정리 8.1.3. $\mu \in \sigma(U(0))$라고 하면 다음 관계식이 성립한다.

1) $Q_\mu(t) = P(t)Q_\mu(0)P^{-1}(t), \ \ Q_\mu(0) = \displaystyle\sum_{\lambda \in \sigma_\mu(A)} P_\lambda.$

2) $G_\mu(U(t)) = P(t)G_\mu(U(0)) = P(t)\left(\displaystyle\bigoplus_{\lambda \in \sigma_\mu(A)} G_\lambda(A)\right).$

증명 (8.4)에 의해 $U(t)P(t) = P(t)U(0)$이므로 도움정리 8.1.2의 4)와 5)에 의해

$$Q_\mu(t)P(t) = P(t)Q_\mu(0),$$

$G_\mu(U(0)) = P(t)G_\mu(U(0))$가 성립한다. 한편, $G_\mu(U(0)) = \displaystyle\bigoplus_{\lambda \in \sigma_\mu(A)} G_\lambda(A)$ 이므로 $Q_\mu(0) = \displaystyle\sum_{\lambda \in \sigma_\mu(A)} P_\lambda.$ □

따름정리 8.1.2. $\mu \in \sigma(U(0))$이면

$$U(t,s)Q_\mu(s) = U(t,0)Q_\mu(0)U^{-1}(s,0) = U(t,0)Q_\mu(0)U(0,s).$$

증명 (8.3)과 정리 8.1.3으로부터

$$U(t,s)Q_\mu(s) = P(t)e^{(t-s)A}P^{-1}(s)P(s)Q_\mu(0)P^{-1}(s)$$

$$= P(t)e^{(t-s)A}Q_\mu(0)P^{-1}(s)$$

를 얻는다. $Q_\mu(0) = \sum_{\lambda\in\sigma_\mu(A)} P_\lambda$ 이고 e^{tA} 와 P_λ 는 가환이므로 e^{tA} 와 $Q_\mu(0)$ 도 가환이다. 따라서

$$\begin{aligned} U(t,s)Q_\mu(s) &= P(t)e^{(t-s)A}Q_\mu(0)P^{-1}(s) = P(t)Q_\mu(0)e^{(t-s)A}P^{-1}(s) \\ &= P(t)e^{tA}Q_\mu(0)e^{-sA}P^{-1}(s) = U(t,0)Q_\mu(0)U^{-1}(s,0) \end{aligned}$$

이다. □

주 8.1.1. 정리 8.1.1의 2)와 정리 8.1.3의 2)로부터

$$G_\mu(U(t)) = U(t,0)G_\mu(U(0)) = P(t)G_\mu(U(0)) \ \ (t\in\mathbb{R})$$

를 얻는다. 일반적으로 $U(t) = P(t)U(0)P^{-1}(t), U(s) = P(s)U(0)P^{-1}(s)$ 이므로

$$U(t)P(t)P^{-1}(s) = P(t)P^{-1}(s)U(s).$$

따라서

$$G_\mu(U(t)) = U(t,s)G_\mu(U(s)) = P(t)P^{-1}(s)G_\mu(U(s)) \ \ (t,s\in\mathbb{R}),$$

$$Q_\mu(t)P(t)P^{-1}(s) = P(t)P^{-1}(s)Q_\mu(s) \ \ (t,s\in\mathbb{R}).$$

제 2 절 해의 표현

이 절에서는 비제차 주기계수 선형미분방정식

$$\frac{d}{dt}x(t) = A(t)x(t) + f(t) \tag{8.5}$$

를 고찰한다. 여기서 $A(t)$ 는 $\mathbb{R}$ 위의 (최소) τ-주기를 가진 연속인 m차 행렬값 함수, $f:\mathbb{R}\to\mathbb{C}^m$ 은 연속인 τ-주기함수이다. $U(t,s)$ 를 대응하는 방정식 (8.1)의 해작용소라고 하고, 앞으로 앞 절의 기호를 계속 쓰기로 한다. 초기값 $x(0)=w$ 를 만족하는 방정식 (8.5)의 해는 상수변화법의 공식에 의해

$$x(t;w,f) = U(t,0)w + \int_0^t U(t,s)f(s)ds \tag{8.6}$$

와 같이 주어진다. 이 절에서는 방정식 (8.5)의 해 $x(t;w,f)$ 를 제7장과 마찬가지로 상수변화법의 공식이 아니라 해를 주기함수와 행태를 알 수 있는 함수의 합으로 표현한다. 이 경우 특성지수를 사용하는 방법과 특성승수를 사용하는 방법이 있다.

특성지수를 사용하는 방법은 플로케 정리와 정리 7.1.1을 결합하는 방법이며, 특성승수를 사용하는 방법은 특성지수를 써서 얻은 해의 표현을 변환공식에 의해 변환하는 방법이다.

2.1 해의 표현

1. 특성지수를 사용하는 방법

먼저, 특성지수를 써서 초기값 $x(0) = w$를 만족하는 방정식 (8.5)의 해의 표현을 주자. $U(t, 0)$는 플로케 정리에 의해 $U(t, 0) = P(t)e^{tA}$를 고려하고, 변환 $x = P(t)y$를 사용하면 방정식 (8.5)는 다음 방정식

$$\frac{d}{dt}y(t) = Ay(t) + g(t) \tag{8.7}$$

에 귀착된다(정리 2.4.2 참조). 여기서

$$g(t) := P^{-1}(t)f(t) = e^{tA}U(t, 0)^{-1}f(t) = e^{tA}U(0, t)f(t).$$

$P^{-1}(t), f(t)$는 τ-주기함수이므로 $g(t)$도 τ-주기함수이다. 방정식 (8.7)과 방정식 (8.5)에 대하여 각각

$$a_g = \int_0^\tau e^{(\tau-s)A}g(s)ds, \quad b_f = \int_0^\tau U(\tau, s)f(s)ds$$

라고 놓는다.

도움정리 8.2.1. 등식 $a_g = b_f$가 성립한다.

증명 $b_f, a_g, g(t)$의 정의와 관계식 (8.3)으로부터 $P(\tau) = P(0) = E$에 주의하면

$$\begin{aligned} b_f &= \int_0^\tau U(\tau, s)f(s)ds = \int_0^\tau P(\tau)e^{(\tau-s)A}P^{-1}(s)f(s)ds \\ &= \int_0^\tau e^{(\tau-s)A}g(s)ds = a_g \end{aligned}$$

를 얻는다. □

A에 따르는 단위행렬의 사영분해를 $E = \sum_{\lambda\in\sigma(A)} P_\lambda$라고 하자. 방정식 (8.5)의 해 $x(t)$는 방정식 (8.7)의 해 $y(t)$를 써서

$$x(t) = P(t)y(t) = P(t)\sum_{\lambda\in\sigma(A)} P_\lambda y(t) \tag{8.8}$$

와 같이 표현된다. 분명히 $x(0) = y(0)$이다. 그리고

$$\begin{aligned} x_\lambda(t) &= P(t)P_\lambda y(t) = P(t)P_\lambda P^{-1}(t)x(t), \\ f_\lambda(t) &= P(t)P_\lambda g(t) = P(t)P_\lambda P^{-1}(t)f(t) \end{aligned}$$

라고 놓자. 정리 8.1.3의 1)에 의해, $Q_\mu(0) = \sum\limits_{\lambda \in \sigma_\mu(A)} P_\lambda$ 이고

$$Q_\mu(t) = P(t)Q_\mu(0)P^{-1}(t) = \sum_{\lambda \in \sigma_\mu(A)} P(t)P_\lambda P(t)^{-1}$$

이므로 다음 도움정리가 성립한다.

도움정리 8.2.2.

$$Q_\mu(t)x(t) = \sum_{\lambda \in \sigma_\mu(A)} x_\lambda(t),\ Q_\mu(0)w = \sum_{\lambda \in \sigma_\mu(A)} P_\lambda w,\ Q_\mu(t)f(t) = \sum_{\lambda \in \sigma_\mu(A)} f_\lambda(t).$$

$$x(t) = \sum_{\mu \in \sigma(U(0))} Q_\mu(t)x(t),\ w = \sum_{\mu \in \sigma(U(0))} Q_\mu(0)w,\ f(t) = \sum_{\mu \in \sigma(U(0))} Q_\mu(t)f(t).$$

$P_\lambda y(t)$에 정리 7.1.1을 적용하여 위의 결과를 사용하면, 다음 정리를 얻는다.

정리 8.2.1. 초기값 $x(0) = w$를 만족하는 방정식 (8.5)의 해 $x(t)$는 다음과 같이 표현된다.

1) $\lambda \notin i\omega\mathbb{Z}$이면

$$x_\lambda(t) = U(t,0)\alpha_\lambda(w, b_f) + r_\lambda(t,f) \tag{8.9}$$

$$= P(t)e^{\lambda t} \sum_{k=0}^{h_\lambda(A)-1} \frac{t^k}{k!}(A - \lambda E)^k \alpha_\lambda(w, b_f) + r_\lambda(t,f). \tag{8.10}$$

여기서

$$r_\lambda(t,f) = -U(t,0)X_\lambda(A)P_\lambda b_f + \int_0^t U(t,s)f_\lambda(s)ds$$

는 방정식 $\frac{d}{dx}x(t) = A(t)x(t) + f_\lambda(t)$ 의 τ-주기해이다.

2) $\lambda \in i\omega\mathbb{Z}$이면

$$x_\lambda(t) = P(t)\frac{e^{\lambda t}}{\tau} \sum_{k=0}^{h_\lambda(A)-1} \frac{t^{k+1}}{(k+1)!}(A - \lambda E)^k \beta_\lambda(w, b_f)$$
$$+ e^{\lambda t}P(t)P_\lambda w + r_\lambda(t,f). \tag{8.11}$$

여기서

$$r_\lambda(t,f) = -\frac{e^{\lambda t}}{\tau}P(t) \sum_{k=0}^{h_\lambda(A)-1} \frac{t^{k+1}}{(k+1)!}(A - \lambda E)^k Y_\lambda(A)P_\lambda b_f + \int_0^t U(t,s)f_\lambda(s)ds$$

는 τ-주기함수이다.

2. 특성승수를 사용하는 방법

다음으로 정리 8.2.1에서 준 초기값 $x(0) = w$를 만족하는 방정식 (8.5)의 해의 특성지수에 의한 표현을 특성승수를 사용한 표현으로 변환한다. 이를 위해 일반주기작용소 $U(t)$를 일반화된 고유공간성분으로 분해한다.

해 (8.6)의 양변에 $Q_\mu(t)$를 곱하면,

$$Q_\mu(t)x(t;w,f) = U(t,0)Q_\mu(0)w + \int_0^t U(t,s)Q_\mu(s)f(s)ds, \;\; \mu \in \sigma(U(0))$$

가 된다. 따름정리 8.1.2와 플로케 정리에 의해

$$U(t,s)Q_\mu(s) = P(t)e^{tA}Q_\mu(0)e^{-sA}P(s)^{-1}. \tag{8.12}$$

$Q_\mu(0)$의 분해 $Q_\mu(0) = \sum_{\lambda\in\sigma_\mu(A)} P_\lambda$를 쓰면 위 식은

$$\begin{aligned} U(t,s)Q_\mu(s) &= P(t)\sum_{\lambda\in\sigma_\mu(A)} e^{tA}P_\lambda e^{-sA}P(s)^{-1} \\ &= P(t)\sum_{\lambda\in\sigma_\mu(A)} e^{(t-s)A}P_\lambda P(s)^{-1}. \end{aligned} \tag{8.13}$$

여기서

$$\sum_{\lambda\in\sigma_\mu(A)} e^{(t-s)A}P_\lambda = \sum_{\lambda\in\sigma_\mu(A)} e^{(t-s)\lambda}e^{(t-s)(A-\lambda E)}P_\lambda \tag{8.14}$$

이다. 6장의 변환공식을 이용하여 위 식의 우변을 μ를 써서 나타낸다. $U(0) = e^{\tau A}$이므로 6장의 기호

$$A_{k,\lambda} = \frac{\tau^k}{k!}(A-\lambda E)^k, \;\; U(0)_{[k,\mu]} = \frac{1}{\mu^k k!}(U(0)-\mu E)^k, \;\; \lambda\in\sigma_\mu(A)$$

를 쓰면, 주의 6.1.1에서의 관계식 (6.15)와 6장의 변환공식 I은 각각

$$\sum_{k=0}^{h_\mu-1} t^k A_{k,\lambda}P_\lambda = \sum_{k=0}^{h_\mu-1} (t)_k U(0)_{[k,\mu]}P_\lambda \;\; (t\in\mathbb{R}), \tag{8.15}$$

$$A_{j,\lambda}P_\lambda = \sum_{k=j}^{h_\mu-1} \begin{bmatrix} k \\ j \end{bmatrix} U(0)_{[k,\mu]}P_\lambda \;\; (\lambda\in\sigma_\mu(A)) \tag{8.16}$$

가 된다. 여기서 $h_\mu := h_\mu(U(0))$.

$$W(\mu) = \sum_{k=1}^{h_\mu-1} \begin{bmatrix} k \\ 1 \end{bmatrix} U(0)_{[k,\mu]} = \sum_{k=1}^{h_\mu-1} \frac{(-1)^{k-1}}{\mu^k k!}(U(0)-\mu E)^k$$

라고 놓는다. 여기서 $h_\mu = 1$일 때는 $W(\mu)$는 영행렬이다. $j = 1$일 때 (8.16)은

$$A_{1,\lambda}P_\lambda = W(\mu)P_\lambda$$

라고 쓸 수 있다.

도움정리 8.2.3. $\lambda \in \sigma_\mu(A)$이라고 하면

$$e^{t(A-\lambda E)}P_\lambda = e^{\frac{t}{\tau}W(\mu)}P_\lambda = \sum_{k=0}^{h_\mu-1}\left(\frac{t}{\tau}\right)_k U(0)_{[k,\mu]}P_\lambda. \tag{8.17}$$

증명 $(A-\lambda E)P_\lambda = \frac{1}{\tau}A_{1,\lambda}P_\lambda = \frac{1}{\tau}W(\mu)P_\lambda$ 이므로

$$e^{t(A-\lambda E)P_\lambda} = e^{\frac{t}{\tau}W(\mu)P_\lambda}$$

가 성립한다. $(A-\lambda E), W(\mu)$는 둘 다 P_λ와 가환이므로 (8.17)의 첫째 등식이 성립한다.

다음으로 (8.15)를 써서

$$\begin{aligned} e^{t(A-\lambda E)}P_\lambda &= \sum_{k=0}^{h_\mu-1}\frac{1}{k!}t^k(A-\lambda E)^k P_\lambda \\ &= \sum_{k=0}^{h_\mu-1}\left(\frac{t}{\tau}\right)^k A_{k,\lambda}P_\lambda \\ &= \sum_{k=0}^{h_\mu-1}\left(\frac{t}{\tau}\right)_k U(0)_{[k,\mu]}P_\lambda. \end{aligned}$$

따라서 (8.17) 이 성립한다. □

나머지는 (8.14)에서 $e^{(t-s)\lambda}$와 관계되는 항의 처리이다. 이를 위해 다음 행렬 $S_\mu(t)$를 도입한다.

정의 8.2.1. 특성승수 $\mu \in \sigma(U(0))$에 대하여 $\mu = e^{\tau\rho}$인 특성지수 ρ $(-\pi < \Im(\tau\rho) \le \pi)$를 하나 고정하고, $\mu^t = e^{t\tau\rho}$에 의해 μ^t를 정의하자. 그리고

$$S_\mu(t) = \mu^{-\frac{t}{\tau}}\sum_{\lambda\in\sigma_\mu(A)} e^{t\lambda}P_\lambda$$

라고 정의한다.[1]

도움정리 8.2.4. $S_\mu(t)$는 다음 성질을 가진다.

1) $S_\mu(t) = S_\mu(t)Q_\mu(0)$.

2) $S_\mu(t)$는 τ-주기함수이며,

$$\sum_{\lambda\in\sigma_\mu(A)} e^{t\lambda}P_\lambda = \mu^{\frac{t}{\tau}}S_\mu(t)$$

---

[1] 보통, 복소함수론에서 복소수의 멱은 $z^c := e^{c\log z}, (z \ne 0, z, c \in \mathbb{C})$와 같이 정의된다. $\log z$를 그의 주요값 $\mathrm{Log}\, z$ $(-\pi < \mathrm{Log}\, z \le \pi)$로 옮긴 값은 z^c의 주요값이다. $z = \mu = e^{\tau\rho}, c = t \in \mathbb{R}$일 때, μ^t의 주요값이 $\mu^t = e^{t\tau\rho}$이다. 사실, $\mathrm{Log}\,\mu = \mathrm{Log}\, e^{\Re(\tau\rho)} + i\Im(\tau\rho) = \tau(\Re\rho + i\Im\rho) = \tau\rho$이므로 $\mu^t = e^{t\mathrm{Log}\,\mu} = e^{t\tau\rho}$이 된다.

와 같이 표현된다.

증명 1) $P_\lambda Q_\mu(0) = P_\lambda$ 이므로 1) 이 성립한다.

2) μ^t 의 정의에 의해 $\mu = e^{\tau\rho}$ 와 같은 특성지수 ρ $(-\pi < \Im(\tau\rho) \leq \pi)$ 를 택한다. 그러면 $\lambda \in \sigma_\mu(A)$ 에 대하여

$$e^{t\lambda} = e^{\frac{t}{\tau}\tau\lambda} = e^{\frac{t}{\tau}\tau\rho}e^{\frac{t}{\tau}(\tau\lambda-\tau\rho)} = \mu^{\frac{t}{\tau}}e^{\frac{t}{\tau}(\tau\lambda-\tau\rho)}.$$

이로부터

$$\begin{aligned}\sum_{\lambda\in\sigma_\mu(A)} e^{t\lambda}P_\lambda &= \sum_{\lambda\in\sigma_\mu(A)} \mu^{\frac{t}{\tau}}e^{\frac{t}{\tau}(\tau\lambda-\tau\rho)}P_\lambda \\ &= \mu^{\frac{t}{\tau}}\sum_{\lambda\in\sigma_\mu(A)} e^{\frac{t}{\tau}(\tau\lambda-\tau\rho)}P_\lambda\end{aligned}$$

이므로 $S_\mu(t) = \sum_{\lambda\in\sigma_\mu(A)} e^{\frac{t}{\tau}(\tau\lambda-\tau\rho)}P_\lambda$ 를 얻는다. $e^{\tau\lambda} = e^{\tau\rho} = \mu$ 로부터 $\tau\lambda - \tau\rho = 2n(\lambda)\pi i$ 와 같은 정수 $n(\lambda) \in \mathbb{Z}$ 가 존재한다. 따라서 $S_\mu(t)$ 는 τ-주기함수이다. □

$S_\mu(t)$ 를 써서 해작용소의 성분 $U(t,s)Q_\mu(s)$ 를 계산하자.

정리 8.2.2. $\mu \in \sigma(U(0))$ 라고 하자. 그러면

$$\begin{aligned}U(t,s)Q_\mu(s) &= P(t)S_\mu(t-s)\mu^{\frac{t-s}{\tau}}e^{\frac{t-s}{\tau}W(\mu)}P(s)^{-1} \\ &= P(t)S_\mu(t-s)\mu^{\frac{t-s}{\tau}}\sum_{k=0}^{h_\mu-1}\binom{\frac{t-s}{\tau}}{k}U(0)_{[k,\mu]}P^{-1}(s).\end{aligned}$$

증명 (8.13) 으로부터

$$U(t,s)Q_\mu(s) = P(t)\sum_{\lambda\in\sigma_\mu(A)} e^{(t-s)A}P_\lambda P(s)^{-1}$$

을 얻는다. 도움정리 8.2.3과 위 관계식을 쓰면

$$\begin{aligned}U(t,s)Q_\mu(s) &= P(t)\sum_{\lambda\in\sigma_\mu(A)} e^{(t-s)\lambda}P_\lambda e^{\frac{t-s}{\tau}W(\mu)}P(s)^{-1} \\ &= P(t)\sum_{\lambda\in\sigma_\mu(A)} e^{(t-s)\lambda}P_\lambda\sum_{k=0}^{h_\mu-1}\binom{\frac{t-s}{\tau}}{k}U(0)_{[k,\mu]}P^{-1}(s)\end{aligned}$$

와 같이 두 가지로 나타낼수 있다. 도움정리 8.2.4를 써서 $\sum_{\lambda\in\sigma_\mu(A)} e^{(t-s)\lambda}P_\lambda$ 를 바꾸어 쓰면 정리에서 준 관계식을 얻는다. □

지금

$$R_\mu(t) = P(t)S_\mu(t) \tag{8.18}$$

라고 놓으면 $R_\mu(t)$는 τ-주기함수이다. 도움정리 8.2.4에 의하여

$$\mu^{\frac{t}{\tau}} R_\mu(t) = P(t) \sum_{\lambda \in \sigma_\mu(A)} e^{t\lambda} P_\lambda.$$

다시 도움정리 8.2.4에 의해

$$R_\mu(t) = R_\mu(t) Q_\mu(0) \tag{8.19}$$

라고 바꾸어 쓸 수 있다.

정리 8.2.2에서 $s = 0$이라 하고 $P(0) = E$에 주의하면, 다음 플로케 꼴의 표현을 얻는다.

따름정리 8.2.1.

$$U(t,0)Q_\mu(0) = \mu^{\frac{t}{\tau}} R_\mu(t) e^{\frac{t}{\tau} W(\mu)} \tag{8.20}$$

$$= \mu^{\frac{t}{\tau}} R_\mu(t) \sum_{k=0}^{h_\mu - 1} \left(\frac{t}{\tau}\right)_k U(0)_{[k,\mu]}. \tag{8.21}$$

특히,

$$h_\mu(U(0)) = 1 \Longrightarrow U(t,0)Q_\mu(0) = \mu^{\frac{t}{\tau}} R_\mu(t) Q_\mu(0). \tag{8.22}$$

그리고

$$\mu = 1, h_1(U(0)) = 1 \Longrightarrow U(t,0)Q_1(0) = R_1(t)Q_1(0). \tag{8.23}$$

주 8.2.1. $Q_\mu(0)^2 = Q_\mu(0)$이므로 다음과 같이 표현해도 좋다.

$$U(t,0)Q_\mu(0) = \mu^{\frac{t}{\tau}} R_\mu(t) e^{\frac{t}{\tau} W(\mu)} Q_\mu(0)$$

$$= \mu^{\frac{t}{\tau}} R_\mu(t) \sum_{k=0}^{h_\mu - 1} \left(\frac{t}{\tau}\right)_k U(0)_{[k,\mu]} Q_\mu(0).$$

제차 주기계수 선형미분방정식 (8.1)인 경우 해의 표현은 따름정리 8.2.1에 의해 다음과 같이 주어진다.

정리 8.2.3. $\mu \in \sigma(U(0))$라고 하자. 그러면 초기값 $x(0) = w$를 만족하는 방정식 (8.1)의 해 $x(t)$의 성분 $Q_\mu(t)x(t)$에 대하여 다음 표현이 성립한다.

$$Q_\mu(t)x(t) = U(t,0)Q_\mu(0)w \quad (t \in \mathbb{R}) \tag{8.24}$$

$$= \mu^{\frac{t}{\tau}} R_\mu(t) e^{\frac{t}{\tau} W(\mu)} Q_\mu(0) w \tag{8.25}$$

$$= \mu^{\frac{t}{\tau}} R_\mu(t) \sum_{k=0}^{h_\mu - 1} \left(\frac{t}{\tau}\right)_k U(0)_{[k,\mu]} Q_\mu(0) w.$$

특히,

$$h_\mu(U(0)) = 1 \Longrightarrow Q_\mu(t)x(t) = U(t,0)Q_\mu(0)w = \mu^{\frac{t}{\tau}} R_\mu(t) Q_\mu(0) w,$$

$$\mu = 1, h_1(U(0)) = 1 \Longrightarrow Q_\mu(t)x(t) = U(t,0)Q_1(0)w = R_1(t)Q_1(0)w.$$

다음으로 비제차 주기 선형미분방정식을 다루자. 해 (8.6)의 양변에 왼쪽으로부터 $Q_\mu(t)$를 곱하면,

$$Q_\mu(t)x(t;w,f) = U(t,0)Q_\mu(0)w + \int_0^t U(t,s)Q_\mu(s)f(s)ds,\ \ \mu \in \sigma(U(0)).$$

이는 $Q_\mu(t)x(t;w,f)$가 방정식

$$\frac{d}{dt}y(t) = A(t)y(t) + Q_\mu(t)f(t) \tag{8.26}$$

의 해임을 보여주고있다.

일반적으로 방정식 (8.26)의 해 $y(t)$가 $y(t) \in G_\mu(U(t))$, $t \in \mathbb{R}$ 을 만족할 때 $y(t)$는 방정식 (8.5)의 $G_\mu(U(t))$ 위의 해라고 부른다. $x(t)$가 방정식 (8.5)의 해일 때 임의의 $t \in \mathbb{R}$에 대하여 $Q_\mu(t)x(t) \in G_\mu(U(t))$이다. 따라서 $Q_\mu(t)x(t)$는 $G_\mu(U(t))$ 위의 해이다. 다음 도움정리는 도움정리 7.1.1에 대응하고 있다.

도움정리 8.2.5. $y(t)$를 방정식 (8.26)의 해라고 하자. 그러면 $y(t)$가 방정식 (8.5)의 $G_\mu(U(t))$ 위의 해이기 위한 필요충분조건은 $y(0) \in G_\mu(U(0))$가 성립하는 것이다.

증명 $y(t)$가 방정식 (8.26)의 해이면

$$y(t) = U(t,0)y(0) + \int_0^t U(t,s)Q_\mu(s)f(s)ds.$$

$y(0) \in G_\mu(U(0))$라고 하자. $U(t,0)G_\mu(U(0)) = G_\mu(U(t))$ 이므로 $U(t,0)y(0) \in G_\mu(U(t))$이다. 그리고 $U(t,s)Q_\mu f(s) \in G_\mu(U(t))$도 성립한다. 따라서 $y(0) \in G_\mu(U(0))$이면 $y(t) \in G_\mu(U(t))$이다. 역은 분명하다. □

방정식 (8.5) 해의 표현을 얻기 위하여 벡터량 $\gamma_\mu(w,b_f)$와 $\delta(w,b_f)$는 제5장에서 쓴 **해의 표현의 특성량**을 이용한다.

$$\gamma_\mu(w,b_f) = \gamma_\mu(w,b_f;U(0)) = Q_\mu(U(0))w + Z_\mu(U(0))Q_\mu(U(0))b_f\ \ (\mu \neq 1),$$

$$\delta(w,b_f) = \delta(w,b_f;U(0)) = (U(0)-E)Q_1(U(0))w + Q_1(U(0))b_f\ \ (\mu = 1).$$

다음 정리는 방정식 (8.5) 해의 일반화된 고유공간의 성분을 주고 있다(간단히, **해의 표현 정리**라고 부른다).

정리 8.2.4. $\mu \in \sigma(U(0))$라고 하자. 초기값 $x(0) = w$를 만족하는 방정식 (8.5)의 해 $x(t)$의 성분 $Q_\mu(t)x(t)$에 대하여 다음 표현이 성립한다.

1) $\mu \neq 1$인 경우.

$$\begin{aligned} Q_\mu(t)x(t) &= U(t,0)\gamma_\mu(w,b_f) + h_\mu(t,f)\ \ (t \in \mathbb{R}) \\ &= \mu^{\frac{t}{\tau}}R_\mu(t)\sum_{k=0}^{h_\mu(U(0))-1}\left(\frac{t}{\tau}\right)_k \frac{1}{k!\mu^k}(U(0)-\mu E)^k\gamma_\mu(w,b_f) \end{aligned} \tag{8.27}$$

$$+h_\mu(t,f) \quad (t \in \mathbb{R}). \tag{8.28}$$

여기서

$$h_\mu(t,f) = -U(t,0)Z_\mu(U(0))Q_\mu(0)b_f + \int_0^t U(t,s)Q_\mu(s)f(s)ds \tag{8.29}$$

는 방정식 (8.5)의 $G_\mu(U(t))$ 위의 τ-주기해이다.

2) $\mu = 1$인 경우.

$$Q_1(t)x(t) = R_1(t)\sum_{k=0}^{h_1(U(0))-1}\left(\frac{t}{\tau}\right)_{k+1}\frac{1}{(k+1)!}(U(0)-E)^k\delta(w,b_f)$$

$$+R_1(t)Q_1(0)w + h_1(t,f) \quad (t \in \mathbb{R}). \tag{8.30}$$

여기서

$$h_1(t,f) = -R_1(t)\sum_{k=0}^{h_1(U(0))-1}\left(\frac{t}{\tau}\right)_{k+1}\frac{1}{(k+1)!}(U(0)-E)^k Q_1(0)b_f$$

$$+\int_0^t U(t,s)Q_1(s)f(s)ds \tag{8.31}$$

는 τ-주기함수이다.

증명 1) $\mu \neq 1$이고 $\lambda \in \sigma_\mu(A)$라고 하면 도움정리 8.2.2에 의해

$$Q_\mu(t)x(t) = \sum_{\lambda\in\sigma_\mu(A)} x_\lambda(t).$$

따라서 정리 8.2.1의 1)에서 해의 표현 (8.9)에 의해

$$Q_\mu(t)x(t) = U(t,0)\sum_{\lambda\in\sigma_\mu(A)}\alpha_\lambda(w,b_f) + \sum_{\lambda\in\sigma_\mu(A)} r_\lambda(t,f)$$

와 같이 표현된다. 정리 6.4.1에 의해

$$\sum_{\lambda\in\sigma_\mu(A)}\alpha_\lambda(w,b_f) = \sum_{\lambda\in\sigma_\mu(A)} P_\lambda\gamma_\mu(w,b_f) = Q_\mu(0)\gamma_\mu(w,b_f) = \gamma_\mu(w,b_f)$$

이므로 (8.27)의 제1항을 얻는다. 제1항은 (8.21)에 의해 (8.28)과 같이 표현된다.

다음으로 $\sum_{\lambda\in\sigma_\mu(A)} r_\lambda(t,f)$를 고찰하자.

$$\sum_{\lambda\in\sigma_\mu(A)} r_\lambda(t,f) = -U(t,0)\sum_{\lambda\in\sigma_\mu(A)} X_\lambda(A)P_\lambda b_f + \sum_{\lambda\in\sigma_\mu(A)}\int_0^t U(t,s)f_\lambda(s)ds$$

이고, 변환공식 II를 사용하면

$$\sum_{\lambda\in\sigma_\mu(A)} X_\lambda(A)P_\lambda = \sum_{\lambda\in\sigma_\mu(A)} Z_\mu(U(0))P_\lambda = Z_\mu(U(0))Q_\mu(0).$$

그리고 $\sum_{\lambda\in\sigma_\mu(A)} U(t,s)f_\lambda(s) = U(t,s)Q_\mu(s)f(s)$ 이므로

$$\sum_{\lambda\in\sigma_\mu(A)} \int_0^t U(t,s)f_\lambda(s)ds = \int_0^t U(t,s)Q_\mu(s)f(s)ds.$$

따라서

$$\begin{aligned}\sum_{\lambda\in\sigma_\mu(A)} r_\lambda(t,f) &= -U(t,0)Z_\mu(U(0))Q_\mu(0)b_f + \int_0^t U(t,s)Q_\mu(s)f(s)ds \\ &= h_\mu(t,f).\end{aligned}$$

또 $r_\lambda(t,f)$는 방정식 $\frac{d}{dx}x(t) = A(t)x(t)+f_\lambda(t)$의 τ-주기해이므로 $h_\mu(t,f)$는 방정식 $\frac{d}{dx}x(t) = A(t)x(t)+Q_\mu f(t)$의 τ-주기해이다. $-Z_\mu(U(0))Q_\mu(0)b_f \in G_\mu(U(0))$ 이므로 도움정리 8.2.5에 의해 $h_\mu(t,f)$는 방정식 (8.5)의 $G_\mu(U(t))$ 위의 τ-주기해이다. 위의 결과를 종합하여 (8.29)를 얻는다.

2) $U(0) = e^{\tau A}$ 이므로 정리 6.4.2를 적용하면

$$\begin{aligned}\frac{1}{\tau}\sum_{k=0}^{h_\lambda-1} \frac{t^{k+1}}{(k+1)!}(A-\lambda E)^k\beta_\lambda(w,b_f) &= \sum_{k=0}^{h_\lambda-1}\left(\frac{t}{\tau}\right)^{k+1}\frac{1}{k+1}\frac{\tau^k}{k!}(A-\lambda E)^k\beta_\lambda(w,b_f) \\ &= \sum_{k=0}^{h_1-1}\left(\frac{t}{\tau}\right)_{k+1}\frac{1}{(k+1)!}(U(0)-E)^kP_\lambda\delta(w,b_f).\end{aligned} \tag{8.32}$$

한편, $S_1(t), R_1(t)$의 정의에 의해

$$P(t)\sum_{\lambda\in\sigma_1(A)} e^{\lambda t}P_\lambda = P(t)S_1(t) = R_1(t). \tag{8.33}$$

위 관계식 (8.32), (8.33) 및 정리 8.2.1을 쓰면,

$$\begin{aligned}Q_1(t)x(t) &= \sum_{\lambda\in\sigma_1(A)} x_\lambda(t) \\ &= P(t)\sum_{\lambda\in\sigma_1(A)}\frac{e^{\lambda t}}{\tau}\sum_{k=0}^{h_\lambda-1}\frac{t^{k+1}}{(k+1)!}(A-\lambda E)^k\beta_\lambda(w,b_f) \\ &= +\sum_{\lambda\in\sigma_1(A)} e^{\lambda t}P(t)P_\lambda w + \sum_{\lambda\in\sigma_1(A)} r_\lambda(t,f) \qquad (8.34) \\ &= P(t)\sum_{\lambda\in\sigma_1(A)} e^{\lambda t}P_\lambda\sum_{k=0}^{h_1-1}\left(\frac{t}{\tau}\right)_{k+1}\frac{1}{(k+1)!}(U(0)-E)^k\delta(w,b_f) \\ &\qquad + R_1(t)Q_1(0)w + \sum_{\lambda\in\sigma_1(A)} r_\lambda(t,f)\end{aligned}$$

$$= R_1(t) \sum_{k=0}^{h_1-1} \left(\frac{t}{\tau}\right)_{k+1} \frac{1}{(k+1)!}(U(0)-E)^k \delta(w, b_f)$$

$$+ R_1(t)Q_1(0)w + \sum_{\lambda \in \sigma_1(A)} r_\lambda(t, f)$$

를 얻는다. 여기서 $U(0)$와 P_λ가 가환이라는 것과 (8.19)의 관계식 $R_1(t) = R_1(t)Q_1(0)$를 사용하였다. 그리고 (6.16)에 의해

$$\sum_{\lambda \in \sigma_1(A)} \frac{e^{\lambda t}}{\tau} P(t) \sum_{k=0}^{h_\lambda - 1} \frac{t^{k+1}}{(k+1)!}(A - \lambda E)^k Y_\lambda(A) P_\lambda b_f$$

$$= R_1(t) \sum_{k=0}^{h_1-1} \left(\frac{t}{\tau}\right)_{k+1} \frac{1}{(k+1)!}(U(0)-E)^k Q_1(0) b_f \tag{8.35}$$

이고

$$\sum_{\lambda \in \sigma_1(A)} \int_0^t U(t,s) f_\lambda(s) ds = \int_0^t U(t,s) Q_1(s) f(s) ds \tag{8.36}$$

에 주목하면,

$$\sum_{\lambda \in \sigma_1(A)} r_\lambda(t, f) = h_1(t, f).$$

뿐만 아니라 $h_1(t, f)$는 τ-주기함수이다. 따라서 증명이 끝난다. □

주의 7.1.1에서 언급한 바와 같이 $b_f = 0$이면 정리 8.2.4에 의한 해의 표현은 상수변화법에 의한 해의 표현 그 자신이지만 적분항은 $G_\mu(U(t))$ 위의 τ-주기해이다.

다음 결과는 정리 8.2.4와 따름정리 8.2.1에 의한 것이다.

따름정리 8.2.2. 정리 8.2.4에서 $h_\mu = 1$이라고 하면 초기값 $x(0) = w$를 만족하는 방정식 (8.5)의 해 $x(t)$의 성분 $Q_\mu(t)x(t)$는 다음과 같다.

1) $\mu \neq 1$이면

$$Q_\mu(t)x(t) = U(t,0)\gamma_\mu(w, b_f) + h_\mu(t, f) \tag{8.37}$$

$$= \mu^{\frac{t}{\tau}} R_\mu(t)\gamma_\mu(w, b_f) + h_\mu(t, f) \quad (t \in \mathbb{R}). \tag{8.38}$$

2) $\mu = 1$이면

$$Q_1(t)x(t) = \frac{t}{\tau} U(t,0)Q_1(0)b_f + U(t,0)Q_1(0)w + h_1(t, f) \tag{8.39}$$

$$= \frac{t}{\tau} R_1(t)Q_1(0)b_f + R_1(t)Q_1(0)w + h_1(t, f) \quad (t \in \mathbb{R}) \tag{8.40}$$

증명 1) (8.37), (8.38)은 정리 8.2.4로부터 직접 얻는다.

2) (8.30)으로부터

$$Q_1(t)x(t) = \frac{t}{\tau}R_1(t)\delta(w, b_f) + R_1(t)Q_1(0)w + h_1(t, f) \ \ (t \in \mathbb{R})$$

를 얻는다. $h_1 = 1$이므로 $U(0)Q_1(0) = Q_1(0)$가 성립한다. 따라서 $\delta(w, b_f) = Q_1(0)b_f$가 된다. 또 (8.23)에 의해 $U(t,0)Q_1(0) = R_1(t)Q_1(0)$가 성립한다. 그러므로 결과를 얻는다. □

2.2 해의 표현 : 특수한 경우

여기서는 방정식 (8.5)에서 $\mu \in \sigma(U(0)), |\mu| \neq 1$인 경우, 정리 8.2.4를 자세히 고찰한다.

도움정리 8.2.6. $\mu \in \sigma(U(0))$라고 하자.

1) $|\mu| > 1$이면 적당한 $M > 0$과 $\delta > 0$이 존재하여

$$\|U(t,s)Q_\mu(s)\| < Me^{-\delta(s-t)}, \ \ t \leq s$$

가 성립한다.

2) $|\mu| < 1$이면 적당한 $N > 0$과 $\varepsilon > 0$이 존재하여

$$\|U(t,s)Q_\mu(s)\| < Ne^{-\varepsilon(t-s)}, \ \ t \geq s$$

가 성립한다.

증명 따름정리 8.1.2를 사용하면 $\mu \in \sigma(U(0))$일 때

$$U(t,s)Q_\mu(s) = P(t)e^{(t-s)A}Q_\mu(0)P^{-1}(s)$$

가 성립한다. $P(t), P^{-1}(t)$는 주기함수이므로 $\|P(t)\|, \|P^{-1}(t)\| \leq H$인 $H > 0$을 택하면

$$\|U(t,s)Q_\mu(s)\| \leq H^2\|e^{(t-s)A}Q_\mu(0)\| = H^2\left\|\sum_{\lambda\in\sigma_\mu(A)} e^{(t-s)A}P_\lambda\right\|$$

$$\leq H^2 \sum_{\lambda\in\sigma_\mu(A)} \|e^{(t-s)A}P_\lambda\|$$

가 성립한다. $\sigma_\mu(A)$는 유한집합이므로 정리 2.3.7과 μ에 관한 가정에 의해 1), 2)의 평가식을 얻는다. □

정리 8.2.5. $\mu \in \sigma(U(0))$라고 하자.

1) $|\mu| > 1$이면

$$Z_\mu(U(0))Q_\mu(0)b_f = \int_0^\infty U(0,s)Q_\mu(s)f(s)ds$$

이며, (8.27)은

$$Q_\mu(t)x(t) = U(t,0)\gamma_\mu(w,b_f) - \int_t^\infty U(t,s)Q_\mu(s)f(s)ds.$$

2) $|\mu| < 1$이면

$$Z_\mu(U(0))Q_\mu(0)b_f = -\int_{-\infty}^0 U(0,s)Q_\mu(s)f(s)ds$$

이며, (8.27)은

$$Q_\mu(t)x(t) = U(t,0)\gamma_\mu(w,b_f) + \int_{-\infty}^t U(t,s)Q_\mu(s)f(s)ds.$$

증명 도움정리 8.2.6에 의해, 정리에 있는 적분항은 수렴한다.

1) $|\mu| > 1$이면

$$\begin{aligned}\int_{(k-1)\tau}^{k\tau} U(0,s)Q_\mu(s)f(s)ds &= \int_0^\tau U(0,(k-1)\tau+s)Q_\mu(s)f(s)ds\\ &= U(0,k\tau)\int_0^\tau U(k\tau,(k-1)\tau+s)Q_\mu(s)f(s)ds\\ &= U(0,k\tau)\int_0^\tau U(\tau,s)Q_\mu(s)f(s)ds\\ &= U(0,k\tau)Q_\mu(0)b_f.\end{aligned}$$

그리고 $U(0,k\tau) = U(0,n\tau)U(n\tau,k\tau) = U(0,n\tau)U(0)^{n-k}$ 이므로

$$\begin{aligned}\int_0^{n\tau} U(0,s)Q_\mu(s)f(s)ds &= \sum_{k=1}^n \int_{(k-1)\tau}^{k\tau} U(0,s)Q_\mu(s)f(s)ds\\ &= \sum_{k=1}^n U(0,k\tau)Q_\mu(0)b_f\\ &= U(0,n\tau)S_n(U(0))Q_\mu(0)b_f\end{aligned}$$

를 얻는다. 여기서 $S_n(U(0)) = \sum_{k=0}^{n-1} U^k(0)$. 그리고 $U(0,n\tau) = (U(0)^{-1})^n$ 이므로

$$\begin{aligned}&U(0,n\tau)S_n(U(0))Q_\mu(0)b_f\\ &= U(0,n\tau)[U^n(0)Z_\mu(U(0))Q_\mu(0)b_f - Z_\mu(U(0))Q_\mu(0)b_f]\\ &= Z_\mu(U(0))Q_\mu(0)b_f - U(0,n\tau)Z_\mu(U(0))Q_\mu(0)b_f.\end{aligned}$$

도움정리 8.2.6에 의해 $\lim_{n\to\infty} U(0,n\tau)Z_\mu(U(0))Q_\mu(0)b_f = 0$이므로

$$\int_0^\infty U(0,s)Q_\mu(s)f(s)ds = Z_\mu(U(0))Q_\mu(0)b_f.$$

따라서 정리 8.2.4에서의 $h_\mu(t,f)$는

$$\begin{aligned} h_\mu(t,f) &= -U(t,0)Z_\mu(U(0))Q_\mu(0)b_f + \int_0^t U(t,s)Q_\mu(s)f(s)ds \\ &= -U(t,0)\int_0^\infty U(0,s)Q_\mu(s)f(s)ds + \int_0^t U(t,s)Q_\mu(s)f(s)ds \\ &= -\int_t^\infty U(t,s)Q_\mu(s)f(s)ds \end{aligned}$$

와 같이 표현된다. 따라서 정리의 1)을 얻는다.

2) $|\mu| < 1$이라고 하자. 그러면

$$\begin{aligned} \int_{-k\tau}^{-(k-1)\tau} U(0,s)Q_\mu(s)f(s)ds &= U((k-1)\tau,0)Q_\mu(0)b_f \\ &= U(0)^{k-1}Q_\mu(0)b_f \end{aligned}$$

이므로 도움정리 5.2.1에 의해

$$\begin{aligned} \int_{-n\tau}^{0} U(0,s)Q_\mu(s)f(s)ds &= S_n(U(0))Q_\mu(0)b_f \\ &= U^n(0)Z_\mu(U(0))Q_\mu(0)b_f - Z_\mu(U(0))Q_\mu(0)b_f. \end{aligned}$$

도움정리 8.2.6에 의해 $\lim_{n\to\infty} U^n(0)Z_\mu(U(0))Q_\mu(0)b_f = 0$이므로

$$\int_{-\infty}^{0} U(0,s)Q_\mu(s)f(s)ds = -Z_\mu(U(0))Q_\mu(0)b_f.$$

따라서 정리 8.2.4에서의 $h_\mu(t,f)$는

$$\begin{aligned} h_\mu(t,f) &= -U(t,0)Z_\mu(U(0))Q_\mu(0)b_f + \int_0^t U(t,s)Q_\mu(s)f(s)ds \\ &= U(t,0)\int_{-\infty}^0 U(0,s)Q_\mu(s)f(s)ds + \int_0^t U(t,s)Q_\mu(s)f(s)ds \\ &= \int_{-\infty}^t U(t,s)Q_\mu(s)f(s)ds \end{aligned}$$

와 같이 표현된다. 따라서 정리의 2)를 얻는다. □

이 정리의 특별한 경우로서, 다음 결과를 얻는다.

따름정리 8.2.3. $\mu \in \sigma(U(0))$, $|\mu| \neq 1$이고 $x(t; w, f)$는 방정식 (8.5)의 해이고, 조건 $\gamma_\mu(w, b_f) = 0$을 만족한다고 하자. 그러면 $Q_\mu(t)x(t; w, f)$는 τ-주기함수이고,

$$Q_\mu(t)x(t; w, f) = \begin{cases} -\displaystyle\int_t^\infty U(t,s)Q_\mu(s)f(s)ds & (|\mu| > 1) \\ \displaystyle\int_{-\infty}^t U(t,s)Q_\mu(s)f(s)ds & (|\mu| < 1) \end{cases}$$

와 같이 표현된다.

2.3 주기화함수

방정식 (8.5)의 주기화함수에 대하여 간단히 서술한다.

$$F(t) := \int_0^t U(t,s)f(s)ds \tag{8.41}$$

라고 놓으면, 제7장 2절의 증명과 마찬가지로 $F(t+\tau) - F(t) = U(t,0)b_f$가 성립한다. 일반적으로

$$\Delta_\tau z(t) := z(t+\tau) - z(t) = U(t,0)b_f, \quad t \in \mathbb{R} \tag{8.42}$$

을 만족하는 연속화분 $z(t) = \Delta_\tau^{-1}(U(t,0)b_f)$를 방정식 (8.5)의 **주기화함수**라고 부른다. 분명히 $F(t)$는 주기화함수이다. (8.42)의 임의의 연속인 해 $z(t)$에 대하여 $h(t,f) = F(t) - z(t)$는 연속인 τ-주기함수이다. 그러면 초기값 $x(0) = w$를 만족하는 방정식 (8.5)의 해 $x(t)$는

$$x(t) = (U(t,0)w + z(t)) + h(t,f) \ \ (t \in \mathbb{R}) \tag{8.43}$$

와 같이 표현된다. 특히 $1 \notin \sigma(U(0))$이면 따름정리 4.1.1로부터

$$z(t) = U(t,0)(U(0) - E)^{-1}b_f \tag{8.44}$$

는 방정식 (8.5)의 주기화함수이다. 해 $x(t)$는 $h(t,f) = F(t) - z(t)$를 사용하면

$$x(t) = U(t,0)(w + (U(0) - E)^{-1}b_f) + h(t,f) \ \ (t \in \mathbb{R}) \tag{8.45}$$

라고 표시된다. 위의 첫째 항 $U(t,0)(w + (U(0) - E)^{-1}b_f)$는 제차 주기계수 선형미분방정식 (8.1)의 해이므로 $h(t,f)$는 비제차방정식 (8.5)의 τ-주기해이다. 그리고 $h(t,f)$는 다음과 같이 표현된다(따름정리 7.2.2 참조).

$$\begin{aligned} h(t,f) &= -U(t,0)(U(0) - E)^{-1}b_f + \int_0^t U(t,s)f(s)ds \\ &= U(t,0)(E - U(0))^{-1}\int_t^{t+\tau} U(\tau,s)f(s)ds. \end{aligned} \tag{8.46}$$

$1 \in \sigma(U(0))$인 경우 $z(t)$를 $U(t)$의 일반화된 고유공간성분으로 분해한다.

$\mu \in \sigma(U(0))$ 라고 하자. 주기화함수 $z(t) = \Delta_\tau^{-1}(U(t,0)b_f)$ 에 대하여 $z_\mu(t) = Q_\mu(t)z(t)$ 라고 놓으면 $z_\mu(t) \in G_\mu(U(t))$ 이다. 그리고

$$z_\mu(t+\tau) - z_\mu(t) = U(t,0)Q_\mu(t)b_f, \ \ t \in \mathbb{R}. \tag{8.47}$$

거꾸로 $z_\mu(t) = \Delta_\tau^{-1}(U(t,0)Q_\mu(t)b_f)$, $z_\mu(t) \in G_\mu(U(t))$ 일 때 $z(t) = \sum_{\mu\in\sigma(U(0))} z_\mu(t)$ 라고 놓자. 그러면 $z(t) = \Delta_\tau^{-1}(U(t,0)b_f), Q_\mu(t)z(t) = z_\mu(t)$ 이다. 그리고 $G_\mu(U(t))$ 의 값을 가지는 연속화분을 주기화함수의 $G_\mu(U(t))$ 성분이라고 부른다. 이 때

1) $\mu \neq 1$ 이면

$$z_\mu(t) = U(t,0)Z_\mu(U(0))Q_\mu(0)b_f \tag{8.48}$$

는 방정식 (8.5) 의 주기화함수의 $G_\mu(U(t))$ 성분이다.

2) $\mu = 1$ 이면

$$z_1(t) = R_1(t)\sum_{k=0}^{h_1-1}\binom{t}{\tau}_{k+1}\frac{1}{(k+1)!}(U(0)-E)^kQ_1(0)b_f \tag{8.49}$$

는 방정식 (8.5) 의 주기화함수의 $G_1(U(t))$ 성분이다.

위의 결과를 종합하면 다음 결과를 얻는다.

명제 8.2.1. 1) (8.41) 에서 주어진 $F(t)$ 는 (8.42) 를 만족하는 연속인 해이다.

2) $1 \notin \sigma(U(0))$ 일 때 초기값 $x(0) = w$ 를 만족하는 방정식 (8.5) 의 해 $x(t)$ 는 (8.45) 와 (8.46) 에 의해 표현된다.

3) 관계식

$$(U(t)-E)\Delta_\tau^{-1}(U(t,0)b_f) = U(t,0)b_f + e(t) \tag{8.50}$$

가 성립한다. 여기서 $e(t)$ 는 τ-주기함수이다.

4) $1 \notin \sigma(U(0))$ 이면 (8.44)는 방정식 (8.5) 의 주기화함수이다. $\mu \in \sigma(U(0))$ 일 때 (8.48) 과 (8.49) 는 방정식 (8.5) 의 **주기화함수**의 $G_\mu(U(t))$ 성분이다.

따름정리 8.2.4. (8.48) 에서 주어진 $z_\mu(t)$ 는

$$z_\mu(t) = \begin{cases} \displaystyle\int_0^\infty U(t,s)Q_\mu(s)f(s)ds & (|\mu|>1) \\ \displaystyle -\int_{-\infty}^0 U(t,s)Q_\mu(s)f(s)ds & (|\mu|<1) \end{cases}$$

와 같이 표현된다.

마지막으로, 정리 7.2.1에 대응하는 결과를 주자.

정리 8.2.6. 초기값 $x(0) = w$ 를 만족하는 방정식 (8.5) 의 해 $x(t)$ 에 대하여 다음 표현을 얻는다.

1) $z(t) = U(t)x(t)$는 $z'(t) = A(t)z(t) + U(t)f(t)$의 해이며, $y(t) = (U(t) - E)x(t)$ 는 방정식

$$y'(t) = A(t)y(t) + (U(t) - E)f(t) \tag{8.51}$$

의 해이다.

2) 해 $x(t)$에 대하여

$$(U(t) - E)x(t) = U(t,0)((U(0) - E)w + b_f) + v(t,f) \ \ (t \in \mathbb{R}). \tag{8.52}$$

여기서

$$v(t,f) = -U(t,0)b_f + \int_0^t U(t,s)(U(s) - E)f(s)ds \tag{8.53}$$

$$= = \int_t^{t-\tau} U(t,s)f(s)ds$$

는 (8.51)의 τ-주기해이다.

3) $\mu \in \sigma(U(0))$라고 하자. 그러면

$$(U(t) - E)Q_\mu(t)x(t) = U(t,0)[(U(0) - E)Q_\mu(0)w + Q_\mu(0)b_f] + v_\mu(t,f) \ \ (t \in \mathbb{R}). \tag{8.54}$$

여기서

$$v_\mu(t,f) = -U(t,0)Q_\mu(0)b_f + \int_0^t U(t,s)(U(s) - E)Q_\mu(s)f(s)ds$$

$$= \int_t^{t-\tau} U(t,s)f(s)ds$$

는 연속인 τ-주기함수이다. 특히,

(1) $\mu \neq 1$이면

$$(U(t) - E)Q_\mu(t)x(t) = U(t,0)(U(0) - E)\gamma_\mu(w,b_f) + v_\mu(t,f) \ (t \in \mathbb{R}), \tag{8.55}$$

$$v_\mu(t,f) = (U(t) - E)h_\mu(t,f).$$

(2) $\mu = 1$이면

$$(U(t) - E)Q_1(t)x(t) = U(t,0)\delta(w,b_f) + v_1(t,f) \ \ (t \in \mathbb{R}), \tag{8.56}$$

$$v_1(t,f) = (U(t) - E)h_1(t,f) - R_1(t)Q_1(0)b_f.$$

그리고 $h_1(U(0)) = 1$이면

$$(U(t) - E)Q_1(t)x(t) = R_1(t)\delta(w,b_f) + v_1(t,f) \ \ (t \in \mathbb{R}). \tag{8.57}$$

2.4 해 표현에 관한 보충

여기서는 정리 8.2.4의 2)에서 준 해의 표현(연속계)과 정리 7.1.5에서 준 해의 표현(이산계)과는 겉보기가 다른 표현을 준다.

정리 8.2.7. 방정식 (8.5)의 해의 표현정리 8.2.4의 2)는 다음과 같이 달리 표현된다.

$$Q_1(t)x(t) = -U(t,0)\sum_{k=0}^{h_1(U(0))-1}\left(-\frac{t}{\tau}\right)_{k+1}\frac{1}{(k+1)!}(U(0)-E)^k\delta(w,b_f)$$
$$+R_1(t)Q_1(0)w+\hat{h}_1(t,f)\ \ (t\in\mathbb{R}). \tag{8.58}$$

여기서

$$\hat{h}_1(t,f) = U(t,0)\sum_{k=0}^{h_1(U(0))-1}\left(-\frac{t}{\tau}\right)_{k+1}\frac{1}{k+1}U(0)_{[k,1]}Q_1(0)b_f$$
$$+\int_0^t U(t,s)Q_1(s)f(s)ds$$

는 τ-주기함수이다.

증명 정리 8.2.4의 증명과 마찬가지로 (8.34), 즉

$$Q_1(t)x(t) = P(t)\sum_{\lambda\in\sigma_1(A)}\frac{e^{\lambda t}}{\tau}\sum_{j=0}^{h_\lambda-1}\frac{t^{j+1}}{(j+1)!}(A-\lambda E)^j\beta_\lambda(w,b_f)$$
$$+\sum_{\lambda\in\sigma_1(A)}e^{\lambda t}P(t)P_\lambda w+\sum_{\lambda\in\sigma_1(A)}r_\lambda(t,f) \tag{8.59}$$

를 얻는다. 여기서

$$r_\lambda(t,f) = -\frac{e^{\lambda t}}{\tau}P(t)\sum_{k=0}^{h_\lambda-1}\frac{t^{k+1}}{(k+1)!}(A-\lambda E)^kY_\lambda(A)P_\lambda b_f+\int_0^t U(t,s)f_\lambda(s)ds$$

는 τ-주기함수이다(정리 8.2.1 참조).

먼저, (8.59)의 우변의 첫째항을 변형하자. 이를 위해 다음 관계식

$$P(t)\frac{e^{\lambda t}}{\tau}\sum_{j=0}^{h_\lambda-1}\frac{t^{j+1}}{(j+1)!}(A-\lambda E)^jP_\lambda = -U(t,0)\sum_{k=0}^{h_\lambda-1}\left(-\frac{t}{\tau}\right)^{k+1}\frac{1}{k+1}A_{k,\lambda}P_\lambda \tag{8.60}$$

를 보이자. 사실, 좌변을 변형하면

$$P(t)\frac{e^{\lambda t}}{\tau}\sum_{j=0}^{h_\lambda-1}\frac{t^{j+1}}{(j+1)!}(A-\lambda E)^jP_\lambda$$

$$
\begin{aligned}
&= U(t,0)\frac{1}{\tau}e^{-t(A-\lambda E)}\sum_{j=0}^{h_\lambda-1}\frac{t^{j+1}}{(j+1)!}(A-\lambda E)^j P_\lambda \\
&= U(t,0)\sum_{i=0}^{h_\lambda-1}\frac{(-t)^i}{\tau i!}(A-\lambda E)^i\sum_{j=0}^{h_\lambda-1}\frac{t^{j+1}}{(j+1)!}(A-\lambda E)^j P_\lambda \\
&= U(t,0)\sum_{i=0}^{h_\lambda-1}\sum_{j=0}^{h_\lambda-1}\frac{(-1)^i t^{i+j+1}}{\tau i!(j+1)!}(A-\lambda E)^{i+j} P_\lambda \\
&= U(t,0)\sum_{i=0}^{h_\lambda-1}\sum_{k=i}^{h_\lambda-1}\frac{(-1)^i t^{k+1}}{\tau i!(k-i+1)!}(A-\lambda E)^k P_\lambda \\
&= U(t,0)\sum_{k=0}^{h_\lambda-1}\left(\sum_{i=0}^{k}\frac{(-1)^i}{\tau i!(k-i+1)!}\right)t^{k+1}(A-\lambda E)^k P_\lambda \\
&= U(t,0)\sum_{k=0}^{h_\lambda-1}\frac{t^{k+1}}{\tau(k+1)!}\left(\sum_{i=0}^{k}(-1)^i\binom{k+1}{i}\right)(A-\lambda E)^k P_\lambda .
\end{aligned}
$$

이항정리에 의하여

$$
\sum_{i=0}^{k}(-1)^i\binom{k+1}{i} = \sum_{i=0}^{k+1}(-1)^i\binom{k+1}{i} - (-1)^{k+1}\binom{k+1}{k+1} = (-1)^k
$$

이므로 마지막 식은

$$
\begin{aligned}
&U(t,0)\sum_{k=0}^{h_\lambda-1}\frac{t^{k+1}}{\tau(k+1)!}\left(\sum_{i=0}^{k}(-1)^i\binom{k+1}{i}\right)(A-\lambda E)^k P_\lambda \\
&= U(t,0)\sum_{k=0}^{h_\lambda-1}\frac{(-1)^k t^{k+1}}{\tau(k+1)!}(A-\lambda E)^k P_\lambda
\end{aligned}
$$

가 된다. 간단한 계산에 의해

$$
\begin{aligned}
&U(t,0)\sum_{k=0}^{h_\lambda-1}\frac{(-1)^k}{\tau(k+1)!}t^{k+1}(A-\lambda E)^k P_\lambda \\
&= U(t,0)\sum_{k=0}^{h_\lambda-1}(-1)^k\left(\frac{t}{\tau}\right)^{k+1}\frac{1}{k+1}\frac{\tau^k}{k!}(A-\lambda E)^k P_\lambda \\
&= -U(t,0)\sum_{k=0}^{h_\lambda-1}\left(-\frac{t}{\tau}\right)^{k+1}\frac{1}{k+1}A_{k,\lambda}P_\lambda
\end{aligned}
$$

와 같이 변형된다. 따라서 위 관계식 (8.60)이 성립한다.

그리고 정리 6.4.2에 의해

$$
\begin{aligned}
&- U(t,0)\sum_{k=0}^{h_\lambda-1}\left(-\frac{t}{\tau}\right)^{k+1}\frac{1}{k+1}A_{k,\lambda}\beta_\lambda(w,b_f)\\
&= -U(t,0)\sum_{k=0}^{h_1-1}\left(-\frac{t}{\tau}\right)_{k+1}\frac{1}{k+1}U(0)_{[k,1]}P_\lambda\delta(w,b_f)
\end{aligned}
$$

를 얻는다. $Q_1(0)=\displaystyle\sum_{\lambda\in\sigma_1(A)}P_\lambda$ 이므로

$$
\begin{aligned}
&P(t)\sum_{\lambda\in\sigma_1(A)}\frac{e^{\lambda t}}{\tau}\sum_{j=0}^{h_\lambda-1}\frac{t^{j+1}}{(j+1)!}(A-\lambda E)^j\beta_\lambda(w,b_f)\\
&= -U(t,0)\sum_{j=0}^{h_1-1}\left(-\frac{t}{\tau}\right)_{j+1}\frac{1}{j+1}U(0)_{[j,1]}\sum_{\lambda\in\sigma_1(A)}P_\lambda\delta(w,b_f)\\
&= -U(t,0)\sum_{j=0}^{h_1-1}\left(-\frac{t}{\tau}\right)_{j+1}\frac{1}{(j+1)!}(U(0)-E)^j\delta(w,b_f)
\end{aligned}
$$

가 성립한다.

다음으로 (8.59)의 둘째항은 (8.33)과 (8.19)를 고려하면

$$
\sum_{\lambda\in\sigma_1(A)}e^{\lambda t}P(t)P_\lambda=P(t)S_1(t)=R_1(t)=R_1(t)Q_1(0).
$$

(8.59)의 마지막 항 $\displaystyle\sum_{\lambda\in\sigma_1(A)}r_\lambda(t,f)$를 계산한다. (8.60)과 (8.36)에 의해

$$
\begin{aligned}
\sum_{\lambda\in\sigma_1(A)}r_\lambda(t,f)=&-\sum_{\lambda\in\sigma_1(A)}\frac{e^{\lambda t}}{\tau}P(t)\sum_{k=0}^{h_\lambda-1}\frac{t^{k+1}}{(k+1)!}(A-\lambda E)^kP_\lambda Y_\lambda(A)b_f\\
&+\sum_{\lambda\in\sigma_1(A)}\int_0^t U(t,s)f_\lambda(s)ds\\
=&\,U(t,0)\sum_{\lambda\in\sigma_1(A)}\sum_{k=0}^{h_1-1}\left(-\frac{t}{\tau}\right)^{k+1}\frac{1}{k+1}A_{k,\lambda}P_\lambda Y_\lambda(A)b_f\\
&+\int_0^t U(t,s)Q_1(s)f(s)ds.
\end{aligned}
$$

그리고 따름정리 6.4.1의 (6.16)에 의해

$$
\sum_{\lambda\in\sigma_1(A)}\sum_{k=0}^{h_1-1}\left(-\frac{t}{\tau}\right)^{k+1}\frac{1}{k+1}A_{k,\lambda}P_\lambda Y_\lambda(A)b_f
$$

$$= \sum_{\lambda\in\sigma_1(A)} \sum_{k=0}^{h_1-1} \left(-\frac{t}{\tau}\right)^{k+1} \frac{1}{k+1} U(0)_{[k,1]} P_\lambda b_f$$

$$= \sum_{k=0}^{h_1-1} \left(-\frac{t}{\tau}\right)^{k+1} \frac{1}{k+1} U(0)_{[k,1]} Q_1(0) b_f$$

가 성립한다. 위의 결과를 종합하면 $\hat{h}_1(t,f)$를 얻는다. □

미분방정식 (8.5)에 대하여 정리 8.2.4의 2)의 해의 표현과 해의 표현 (8.58)은 겉보기가 다를 뿐 실은 같은 것임을 직접 보일 수 있으나 여기서는 생략한다.

정리 8.2.7로부터 차분방정식 (7.26)의 해의 성분 $Q_1x_n(w,b)$의 표현(정리 7.1.5)과 겉보기가 다른 해의 표현을 얻는다.

정리 8.2.8. $Q_1x_n(w,b)$는 다음과 같이 표현할 수 있다.

$$Q_1x_n(w,b) = B^n \sum_{k=0}^{h_1(B)-1} (-1)^k \binom{n+k}{k+1} (B-E)^k \delta(w,b) + Q_1 w. \tag{8.61}$$

증명 주기작용소 $U(0)$가 $U(0) = B$이고 $b_f = b$가 되는 주기계수 선형미분방정식 $x'(t) = A(t)x(t) + f(t)$가 존재한다. 이 방정식에 정리 8.2.7을 적용하여, $Q_1(0) = Q_1$, $t = n\tau$, $n = 0, 1, 2, \cdots$ 라고 놓으면

$$R_1(n\tau) = P(n\tau)S_1(n\tau) = Q_1, \quad \hat{h}_1(n\tau, f) = 0$$

이므로

$$Q_1x(n\tau) = -B^n \sum_{k=0}^{h_1(B)-1} (-n)_{k+1} \frac{1}{(k+1)!} (B-E)^k \delta(w, b_f) + Q_1 w.$$

한편,

$$-B^n \sum_{k=0}^{h_1(B)-1} (-n)_{k+1} \frac{1}{(k+1)!} (B-E)^k \delta(w, b_f)$$

$$= B^n \sum_{k=0}^{h_1(B)-1} (-1)^k n(n+1)\cdots(n+k) \frac{1}{(k+1)!} (B-E)^k \delta(w, b_f)$$

$$= B^n \sum_{k=0}^{h_1(B)-1} (-1)^k \binom{n+k}{k+1} (B-E)^k \delta(w, b_f)$$

이다. □

음이 아닌 정수 i, n에 대하여 관계식

$$\sum_{j=0}^{i}(-1)^j\binom{n}{i-j}\binom{n+j}{j+1} = \binom{n}{i+1}$$

이 성립한다. 이 관계식을 사용하면, 차분방정식 (7.26)의 해의 표현 (8.61)은 정리 7.1.5에서 준 해의 표현과 동치임을 증명할 수 있으나 그 증명은 생략한다(문헌 [32] 참조).

제3절 보기

이 절에서는 정리 8.2.4 또는 따름정리 8.2.2를 써서 1차원 및 특수하지만 2차원 비제차 주기 선형미분방정식계의 해의 표현을 구체적으로 준다.

먼저 1차원인 경우를 고찰하자.

보기 8.3.1. 1차원 비제차 주기 선형미분방정식

$$\frac{d}{dt}x(t) = a(t)x + f(t) \tag{8.62}$$

에서 $a(t), f(t)$는 $\mathbb{R}$ 위의 (최소) τ-주기를 가진 연속인 복소함수라고 하자.

$$\alpha(t,s) = \int_s^t a(r)dr \ \ (t, s \in \mathbb{R}), \ \ \alpha(t) = \alpha(t, 0)$$

라고 놓으면 (8.62)에 대응하는 제차방정식의 해작용소 $U(t,s)$는 $U(t,s) = e^{\alpha(t,s)}$ 로 주어진다. $\alpha(t+\tau, t) = \alpha(\tau)$이므로 일반주기작용소는 $U(t) = U(0)$이다. 즉, $U(t)$는 t에 무관계하다. 분명히 $U(0) = U(\tau, 0) = e^{\alpha(\tau)}$ 이므로 $\sigma(U(0)) = \{e^{\alpha(\tau)}\}$, 즉 특성승수 μ는 $\mu = e^{\alpha(\tau)}$이다. 그리고 그 표수는 $h_\mu = 1$, 사영은 $Q_\mu(t) = 1$이라는 것도 쉽게 확인할 수 있다.

$$m(a) = \frac{1}{\tau}\int_0^\tau a(r)dr = \frac{\alpha(\tau)}{\tau}$$

라고 놓으면, $U(0) = e^{\tau m(a)}$와 같이 표현되며 플로케 정리로부터 쉽게 $U(t,0) = P(t)e^{tm(a)}$ 라고 나타낼 수 있다. 여기서 $P(t)$는 τ-주기함수이므로 도움정리 8.2.4에 의해 $\mu^{\frac{t}{\tau}} = e^{tm(a)}$, $S_\mu(t) = \mu^{-\frac{t}{\tau}}e^{\lambda t}P_\lambda = e^{-\frac{t}{\tau}\alpha(\tau)}e^{tm(a)} = 1$. 그리고 (8.18)로부터

$$R_\mu(t) = P(t)S_\mu(t) = P(t) = e^{\alpha(t)-tm(a)}$$

$= e^{\alpha(t)-\frac{t}{\tau}\alpha(\tau)}$를 얻는다. 따라서 따름정리 8.2.2에 대응하는 방정식 (8.62)의 해 $x(t; w, f)$의 표현은 다음과 같이 된다.

1) $\alpha(\tau) \neq 0$을 가정하자. 그러면 $\mu \neq 1$이고

$$Z_\mu(U(0)) = \frac{1}{\mu-1}, \ \ \gamma_\mu(w, b_f) = w + \frac{1}{\mu-1}b_f$$

이므로 방정식 (8.62)의 해 $x(t;w,f)$는

$$\begin{aligned} x(t;w,f) &= e^{\alpha(t)}\left(w+\frac{1}{\mu-1}b_f\right)+h_\mu(t,f) \\ &= e^{\frac{t}{\tau}\alpha(\tau)}e^{\alpha(t)-\frac{t}{\tau}\alpha(\tau)}\left(w+\frac{1}{\mu-1}b_f\right)+h_\mu(t,f). \end{aligned}$$

여기서

$$h_\mu(t,f)=\frac{e^{\alpha(t)}}{1-\mu}b_f+\int_0^t e^{\alpha(t,s)}f(s)ds=\frac{e^{\alpha(t)}}{1-\mu}\int_t^{t+\tau}e^{\alpha(\tau,s)}f(s)ds$$

는 방정식 (8.62)의 τ-주기해이다.

2) $\alpha(\tau)=0$이라고 가정하자. 그러면 $\mu=1$, $h_1=1$이므로 따름정리 8.2.2에 의해 방정식의 해 $x(t;w,f)$는

$$x(t;w,f)=\frac{te^{\alpha(t)}}{\tau}b_f+e^{\alpha(t)}w+h_1(t,f)$$

이 된다. 여기서

$$h_1(t,f)=-\frac{te^{\alpha(t)}}{\tau}b_f+\int_0^t e^{\alpha(t,s)}f(s)ds$$

는 τ-주기함수이다.

"위의 결과를 보면, 이 변형은 상수변화법의 공식의 자명한 변형이지만 그 도출은 이 장의 내용에 의해 처음으로 가능하다. 그리고 해의 행태도 쉽게 알 수 있다."

다음으로 2차원인 경우를 고찰하자.

보기 8.3.2. 2차원 비제차 주기 선형미분방정식계의 초기값 문제

$$\frac{d}{dt}y(t)=A(t)y(t)+f(t),\ \ y(0)=w, \tag{8.63}$$

$$A(t)=\begin{pmatrix} a(t) & cb(t) \\ b(t) & a(t) \end{pmatrix}$$

를 생각하자. 여기서 c는 실수, $a(t)$, $b(t)$는 $\mathbb{R}$ 위의 (최소) τ-주기를 가진 연속실함수, $f(t)$는 $\mathbb{R}$ 위의 τ-주기를 가진 연속인 2차원 실벡터값 함수라고 한다.

정리 8.2.4 또는 따름정리 8.2.2를 써서 방정식 (8.63)의 해의 표현을 주지만, 정리 8.2.4에서 $h_\mu(t,f)$의 표현은 전후 관계로부터 분명하므로 여기서는 생략한다. 연속함수 $a(t)$, $b(t)$의 적분을

$$\alpha(t,s)=\int_s^t a(r)dr,\quad \beta(t,s)=\int_s^t b(r)dr \tag{8.64}$$

그리고

$$\alpha(t) = \alpha(t, 0), \quad \beta(t) = \beta(t, 0)$$

라고 놓자. 방정식(8.63)에 대응하는 방정식 $x' = A(t)x$의 해작용소 $U(t,s) := U(t, s : c)$를 구해 보기로 하자.

$$B = \begin{pmatrix} 0 & c \\ 1 & 0 \end{pmatrix}$$

이라고 놓으면 방정식 $x' = A(t)x$는 $x' = (a(t)E + b(t)B)x$라고 바꾸어 쓸 수 있다. $A(s)A(t) = A(t)A(s),\ s, t \in \mathbb{R}$이므로 명제 2.2.3에 의하여 해작용소 $U(t,s)$는

$$U(t,s) = \exp\left(\int_s^t A(r)dr\right) = \exp\begin{pmatrix} \alpha(t,s) & c\beta(t,s) \\ \beta(t,s) & \alpha(t,s) \end{pmatrix}$$

와 같이 표현된다. 더욱이 $\alpha(t,s)E$와 $\beta(t,s)B$는 가환이므로

$$U(t,s) = \exp\begin{pmatrix} \alpha(t,s) & c\beta(t,s) \\ \beta(t,s) & \alpha(t,s) \end{pmatrix} = e^{\alpha(t,s)E} e^{\beta(t,s)B}.$$

따라서 해작용소 $U(t,s)$는

$$U(t,s) = U(t, s : c) = e^{\alpha(t,s)} e^{\beta(t,s)B} \tag{8.65}$$

가 된다.

도움정리 8.3.1. (8.65)에서 주어진 $U(t,s)$는 다음과 같이 표현된다.

1) $c = 0$인 경우.

$$U(t,s) = e^{\alpha(t,s)} \begin{pmatrix} 1 & 0 \\ \beta(t,s) & 1 \end{pmatrix}.$$

2) $c > 0$인 경우.

$$U(t,s) = e^{\alpha(t,s)} \begin{pmatrix} \cosh(\sqrt{c}\beta(t,s)) & \sqrt{c}\sinh(\sqrt{c}\beta(t,s)) \\ \frac{1}{\sqrt{c}}\sinh(\sqrt{c}\beta(t,s)) & \cosh(\sqrt{c}\beta(t,s)) \end{pmatrix}.$$

3) $c < 0$인 경우.

$$U(t,s) = e^{\alpha(t,s)} \begin{pmatrix} \cos(\sqrt{|c|}\beta(t,s)) & -\sqrt{|c|}\sin(\sqrt{|c|}\beta(t,s)) \\ \frac{1}{\sqrt{|c|}}\sin(\sqrt{|c|}\beta(t,s)) & \cos(\sqrt{|c|}\beta(t,s)) \end{pmatrix}.$$

증명 $e^{\beta(t,s)B}$를 계산하면 된다. $B^2 = cE$이므로 $k = 0, 1, 2, \cdots$에 대하여

$$B^{2k} = c^k E, \quad B^{2k+1} = c^k B.$$

1) $c = 0$인 경우.

$$e^{\beta(t,s)B} = E + \sum_{n=1}^{\infty} \frac{\beta(t,s)^n}{n!} B^n = E + \beta(t,s)B = \begin{pmatrix} 1 & 0 \\ \beta(t,s) & 1 \end{pmatrix}$$

2) $c \neq 0$인 경우.

$$e^{\beta(t,s)B} = \sum_{n=0}^{\infty} \frac{\beta(t,s)^n}{n!} B^n = \sum_{k=0}^{\infty} \frac{\beta(t,s)^{2k}}{(2k)!} B^{2k} + \sum_{k=1}^{\infty} \frac{\beta(t,s)^{2k+1}}{(2k+1)!} B^{2k+1}$$
$$= \sum_{k=0}^{\infty} \frac{c^k \beta(t,s)^{2k}}{(2k)!} E + \sum_{k=0}^{\infty} \frac{c^k \beta(t,s)^{2k+1}}{(2k+1)!} B.$$

우변의 멱급수의 합을 계산하면 (8.65)로부터 도움정리의 결과를 얻는다. □

$a(t), b(t)$는 τ-주기함수이므로

$$\alpha(t+\tau,t) = \alpha(\tau,0) = \alpha(\tau), \quad \beta(t+\tau,t) = \beta(\tau,0) = \beta(\tau)$$

가 성립하며

$$U(t) = U(t+\tau,t) = e^{\alpha(t+\tau,t)} e^{\beta(t+\tau,t)B} = e^{\alpha(\tau)E+\beta(\tau)B} = U(0)$$

이다. 그러면 $\mu \in \sigma(U(0))$에 대하여 일반화된 고유공간은 $G_\mu(U(t)) = G_\mu(U(0))$가 되며, 사영 $Q_\mu(t) : \mathbb{C}^m \to G_\mu(U(0))$는 $Q_\mu(t) = Q_\mu(0)$가 된다. 따라서 정리 8.1.2에 의해

$$Q_\mu(0)U(t,s) = U(t,s)Q_\mu(0), \quad \mu \in \sigma(U(0))$$

가 성립한다.

$$m(a) = \frac{\alpha(\tau)}{\tau}, \quad m(b) = \frac{\beta(\tau)}{\tau}, \quad A = m(a)E + m(b)B$$

라고 두고 행렬 B의 고유값과 그의 표수를 구하기로 하자.

$$\det(B - \nu E) = \nu^2 - c$$

이므로 다음 사실이 성립한다.

$c \neq 0$이면 $\sigma(B) = \{\pm\sqrt{c}\}, \ h_{\pm\sqrt{c}}(B) = 1$,

$c = 0$이면 $\sigma(B) = \{0\}, \ G_0(B) = \mathcal{N}(B^2) = \mathbb{C}^2, \ h_0(B) = 2$.

$U(0)$과 A 사이의 관계는 $U(0) = e^{\tau A}$ 이며, 플로케 정리에 의하여

$$P(t) = U(t,0)e^{-tA} = e^{(\alpha(t)-tm(a))} e^{(\beta(t)-tm(b))B} \tag{8.66}$$

는 τ-주기함수이고 $U(t,0) = P(t)e^{tA}$ 라고 나타낼 수 있다. $\lambda \in \sigma(A)$에 대하여 일반화된 고유공간으로의 사영을 $P_\lambda : \mathbb{C}^2 \to G_\lambda(A)$ 그리고 $\nu \in \sigma(B)$에 대하여 일반화된 고유공간으로의 사영을 $T_\nu : \mathbb{C}^2 \to G_\nu(B)$라고 표시한다.

$U(0)$, A, B의 고유값들 사이의 관계 및 사영 $Q_\mu(0), P_\lambda, T_\nu$들 사이의 관계를 조사하자.

먼저, $Q_\mu(0)$, P_λ의 관계를 보이자. 스펙트럼 사상정리에 의해 $\sigma(U(0)) = e^{\tau\sigma(A)}$이다. 그리고 $\mu \in \sigma(U(0))$와 $\lambda \in \sigma_\mu(A)$에 대하여

$$G_\lambda(A) \subset G_\mu(U(0)), \ h_\mu(U(0)) = \max\{h_\lambda(A) \ : \ \lambda \in \sigma_\mu(A)\}, \ Q_\mu(0) = \sum_{\lambda \in \sigma_\mu(A)} P_\lambda$$

가 성립한다.

다음으로 A, B의 고유값 사이의 관계는

$$A - \lambda E = m(b)B - (\lambda - m(a))E$$

이므로

$$\begin{aligned}\sigma(A) &= m(a) + \sigma(m(b)B) = m(a) + m(b)\sigma(B) \\ &= \{m(a) \pm m(b)\nu \ : \ \nu \in \sigma(B)\}.\end{aligned}$$

간단한 계산에 의해 다음 도움정리를 얻는다.

도움정리 8.3.2. $\mu \in \sigma(U(0))$라고 하자. $Q_\mu(0), P_\lambda, T_\nu$ 사이의 관계는 다음과 같이 분류된다.

1) $\beta(\tau)c = 0$이라고 하자.

(1) $\beta(\tau) = 0$일 때 $A = m(a)E$, $U(0) = e^{\alpha(\tau)}E$이고

$$\sigma(A) = \{m(a)\},\ \sigma(U(0)) = \{\mu\},\ \mu = e^{\tau m(a)},\ P_{m(a)} = Q_\mu(0) = E,$$

$$h_{m(a)}(A) = h_\mu(U(0)) = 1.$$

(2) $\beta(\tau) \neq 0, c = 0$일 때 $\sigma(B) = \{0\}$이며

$$\sigma(A) = \{m(a)\},\ \sigma(U(0)) = \{\mu\},\ \mu = e^{\tau m(a)},\ Q_\mu(0) = P_{m(a)} = T_0 = E,$$

$$h_\mu(U(0)) = h_{m(a)}(A) = h_0(B) = 2.$$

(3) $\beta(\tau) = 0, c = 0$일 때 $\sigma(B) = \{0\}$이며

$$\sigma(A) = \{m(a)\},\ \sigma(U(0)) = \{\mu\},\ \mu = e^{\tau m(a)},\ Q_\mu(0) = P_{m(a)} = T_0 = E,$$

$$h_\mu(U(0)) = h_{m(a)}(A) = 1,\ h_0(B) = 2.$$

2) $\beta(\tau)c \neq 0$이라고 하자.

$$\sigma(B:\mu) = \{\nu \in \sigma(B) \ : \ e^{\tau(m(a)+m(b)\nu)} = \mu\}$$

라고 놓으면

$$Q_\mu(0) = \sum_{\nu \in \sigma(B:\mu)} P_{m(a)+m(b)\nu} = \sum_{\nu \in \sigma(B:\mu)} T_\nu,$$

$$h_\mu(U(0)) = \max\{h_\nu(B) \ : \ \nu \in \sigma(B:\mu)\} = 1,$$

$$Q_\mu(0)U(t,s) = e^{\alpha(t,s)} \sum_{\nu \in \sigma(B:\mu)} e^{\nu\beta(t,s)} T_\nu$$

가 성립한다.

(1) $e^{2\beta(\tau)\sqrt{c}} \neq 1$인 경우:

μ는 단순근이고 $\mu = e^{\tau(m(a)+m(b)\nu)}$이다. 여기서 $\nu = \sqrt{c}$ 또는 $\nu = -\sqrt{c}$이다. 그러면

$$Q_\mu(0) = T_\nu,\ \ Q_\mu(0)U(t,s) = e^{\alpha(t,s)+\nu\beta(t,s)}T_\nu.$$

(2) $e^{2\beta(\tau)\sqrt{c}} = 1$인 경우:

(이 경우는 $c<0$이고, $2\beta(\tau)\sqrt{|c|} \in 2\pi\mathbb{Z}$), μ는 중근이고

$$\mu = e^{\tau(m(a)+m(b)\sqrt{c})} = e^{\tau(m(a)-m(b)\sqrt{c})},\quad Q_\mu(0) = E,$$

$$U(t,s) = e^{\alpha(t,s)}(e^{\beta(t,s)\sqrt{c}}T_{\sqrt{c}} + e^{-\beta(t,s)\sqrt{c}}T_{-\sqrt{c}}).$$

다음으로 방정식 (8.63)의 해는 다음과 같이 분류된다. $\mu \in \sigma(U(0))$라고 하자.

$$\textbf{I}.\ c=0\begin{cases} 1)\ \ \mu \neq 1 \\ 2)\ \ \mu = 1 \end{cases},$$

$$\textbf{II}.\ c\neq 0\begin{cases} 1)\ \ \beta(\tau)=0\begin{cases} (1)\ \ \mu\neq 1 \\ (2)\ \ \mu = 1\end{cases} \\ 2)\ \ \beta(\tau)\neq 0\begin{cases} (1)\ \ \mu\neq 1 & \begin{cases}\text{(a) } \mu\text{가 단순근} \\ \text{(b) } \mu\text{가 중근}\end{cases} \\ (2)\ \ \mu = 1 & \begin{cases}\text{(a) } \mu\text{가 단순근} \\ \text{(b) } \mu\text{가 중근.}\end{cases}\end{cases}\end{cases}$$

위의 경우 해의 모양은 다음과 같이 된다.

I. $c=0$인 경우.

도움정리 8.3.2의 1)에 의해, $Q_\mu(0)=E$이다.

1) $\mu \neq 1$인 경우.

해의 표현에 관한 정리 8.2.4를 적용하자. 간단한 계산에 의해

$$Z_\mu(U(0)) = \frac{1}{\mu-1}\begin{pmatrix} 1 & 0 \\ \frac{\mu}{1-\mu}\beta(\tau) & 1 \end{pmatrix},$$

$$\gamma_\mu(w,b_f) = w + \frac{1}{\mu-1}\begin{pmatrix} 1 & 0 \\ \frac{\mu}{1-\mu}\beta(\tau) & 1 \end{pmatrix} b_f$$

를 얻는다. 따라서 방정식(8.63)의 해 $y(t;w,f)$는 (8.28)에 의해

$$y(t;w,f) = e^{\frac{t}{\tau}\alpha(\tau)}\left[e^{\alpha(t)-\frac{t}{\tau}\alpha(\tau)}\begin{pmatrix} 1 & 0 \\ \beta(t)-\frac{t}{\tau}\beta(\tau) & 1 \end{pmatrix}\right]\begin{pmatrix} 1 & 0 \\ \frac{t}{\tau}\beta(\tau) & 1 \end{pmatrix}$$
$$\times\left(w + \frac{1}{\mu-1}\begin{pmatrix} 1 & 0 \\ \frac{\mu}{1-\mu}\beta(\tau) & 1 \end{pmatrix} b_f\right) + h_\mu(t,f).$$

2) $\mu = 1$인 경우.

방정식 (8.63)의 해 $y(t;w,f)$는

$$y(t;w,f)=\frac{te^{\alpha(t)}}{\tau}\begin{pmatrix}1 & 0\\ \beta(t)-\frac{t+\tau}{2\tau}\beta(\tau) & 1\end{pmatrix}\delta(w,b_f)$$
$$+e^{\alpha(t)}\begin{pmatrix}1 & 0\\ \beta(t)-\frac{t}{\tau}\beta(\tau) & 1\end{pmatrix}w+h_1(t,f).$$

II. $c\neq 0$인 경우.

1) $\beta(\tau)=0$인 경우.

도움정리 8.3.2의 1)에 의해 $Q_\mu(0)=E$이다.

(1) $\mu\neq 1$이면 방정식 (8.63)의 해 $y(t;w,f)$는

$$y(t;w,f)=\mu^{\frac{t}{\tau}}P(t)\left(w+\frac{1}{\mu-1}b_f\right)+h_\mu(t,f).$$

(2) $\mu=1$이면 방정식 (8.63)의 해 $y(t;w,f)$는

$$y(t;w,f)=\frac{t}{\tau}e^{\alpha(t)}e^{\beta(t)B}b_f+e^{\alpha(t)}e^{\beta(t)B}w+h_1(t,f).$$

2) $\beta(\tau)\neq 0$인 경우.

(1) $\mu\neq 1$이라고 하자. 그러면 방정식(8.63)의 해 $y(t;w,f)$의 (8.37)에 대응하는 사영성분은

$$Q_\mu(0)y(t;w,f)=e^{\alpha(t)}e^{\beta(t)B}Q_\mu(0)\left(w+\frac{1}{\mu-1}b_f\right)+h_\mu(t,f), \tag{8.67}$$

(8.38)에 대응하는 사영성분은

$$Q_\mu(0)y(t;w,f)=\mu^{\frac{t}{\tau}}R_\mu(t)\left(w+\frac{1}{\mu-1}b_f\right)+h_\mu(t,f). \tag{8.68}$$

(a) $e^{2\sqrt{c}\beta(\tau)}\neq 1$인 경우.

(a-1) $c>0$이면 (8.67)과 (8.68)은 각각

$$Q_\mu(0)y(t;w,f)=e^{\alpha(t)}e^{\nu\beta(t)}T_\nu\left(w+\frac{1}{\mu-1}b_f\right)+h_\mu(t,f),$$

$$Q_\mu(0)y(t;w,f)=\mu^{\frac{t}{\tau}}P(t)T_\nu\left(w+\frac{1}{\mu-1}b_f\right)+h_\mu(t,f).$$

(a-2) $c<0$이라고 하자. $\nu=\sqrt{|c|}i$이면 (8.68)은

$$Q_\mu(0)y(t;w,f)=\mu^{\frac{t}{\tau}}P(t)e^{-\frac{t}{\tau}2k\pi i}T_{i\sqrt{|c|}}\left(w+\frac{1}{\mu-1}b_f\right)+h_\mu(t,f).$$

$\nu = -\sqrt{|c|}i$ 이면 (8.68)은

$$Q_\mu(0)y(t;w,f) = \mu^{\frac{t}{\tau}}P(t)e^{-\frac{t}{\tau}2k\pi i}T_{-i\sqrt{|c|}}\left(w + \frac{1}{\mu-1}b_f\right) + h_\mu(t,f).$$

(b) $e^{2\sqrt{c}\beta(\tau)} = 1$ 인 경우.

도움정리 8.3.2의 2) (2)에 의하여 $Q_\mu(0) = E$ 이다.
따라서 (8.67)과 (8.68)은 각각

$$y(t;w,f) = e^{\alpha(t)}\left(e^{i\sqrt{|c|}\beta(t)}T_{i\sqrt{|c|}} + e^{-i\sqrt{|c|}\beta(t)}T_{-i\sqrt{|c|}}\right)\left(w + \frac{1}{\mu-1}b_f\right) + h_\mu(t,f),$$

$$y(t;w,f) = \mu^{\frac{t}{\tau}}P(t)e^{-\frac{t}{\tau}2k\pi i}\left(T_{i\sqrt{|c|}} + e^{-\frac{t}{\tau}2\beta(\tau)\sqrt{|c|}i}T_{-i\sqrt{|c|}}\right)\left(w + \frac{1}{\mu-1}b_f\right) + h_\mu(t,f).$$

(2) $\mu = 1$ 이라고 하자.

(a) $e^{2\sqrt{c}\beta(\tau)} \neq 1$ 이면 방정식 (8.63)의 해 $y(t;w,f)$ 는 (8.40)에 의해

$$Q_1(0)y(t;w,f) = \frac{t}{\tau}e^{\alpha(t)+\nu\beta(t)}T_\nu b_f + e^{\alpha(t)+\nu\beta(t)}T_\nu w + h_1(t,f).$$

(b) $e^{2\sqrt{c}\beta(\tau)} = 1$ 이면 도움정리 8.3.2의 2) (2)에 의해, $Q_\mu(0) = E$ 이다.
방정식 (8.63)의 해 $y(t;w,f)$ 는 (8.40)에 의해

$$\begin{aligned} y(t;w,f) = &\frac{t}{\tau}P(t)\left(e^{\frac{t}{\tau}(\alpha(\tau)+i\beta(\tau)\sqrt{|c|})}T_{i\sqrt{|c|}} + e^{\frac{t}{\tau}(\alpha(\tau)-i\beta(\tau)\sqrt{|c|})}T_{-i\sqrt{|c|}}\right)b_f \\ &+P(t)\left(e^{\frac{t}{\tau}(\alpha(\tau)+i\beta(\tau)\sqrt{|c|})}T_{i\sqrt{|c|}} + e^{\frac{t}{\tau}(\alpha(\tau)-i\beta(\tau)\sqrt{|c|})}T_{-i\sqrt{|c|}}\right)w + h_1(t,f). \end{aligned}$$

제 4 절 해의 점근적 행태

이 절에서는 방정식 (8.5)에 대하여 $\mathbb{R}_+$ 위의 유계해의 존재, τ-주기해의 존재 및 점근적 행태를 특성승수에 의한 해의 표현(정리 8.2.4)에 기초하여 고찰한다. 특성지수를 쓰는 경우는 정리 8.2.1과 부록의 결과를 합치면 되는데 여기서는 생략한다.

4.1 해의 점근적 행태

여기서는 방정식 (8.5)의 해의 일반적 행태를 서술한다. 정의 5.3.1에서 $B = U(0), b = b_f$ 라고 놓을 때, $d(\mu), \mu \in \sigma(U(0))$ 의 짝은 방정식 (8.5)에 대한 **초기값** w **의 계층**(각 $d(\mu)$ 는 **초기값** w **의 계층의** μ **성분**)이라고 부른다.

방정식 (8.5)의 해의 표현 정리 8.2.4의 1)에서 $R_\mu(t)$ 가 τ-주기라는 사실에 주목하면 다음 정리를 얻는다.

정리 8.4.1. $\mu \in \sigma(U(0))$ 이고 $Q_\mu(t)x(t)$ 는 방정식 (8.5)의 해 $x(t) := x(t;w,b_f)$ 의 성분이라고 하자.

1) $|\mu| > 1$ 이라고 하자.

(1) $d(\mu) = 0$ 인 경우:

$Q_\mu(t)x(t)$ 는 τ-주기함수이다;

$$Q_\mu(t)x(t) = -\int_t^\infty U(t,s)Q_\mu(s)f(s)ds.$$

(2) $d(\mu) = 1$ 인 경우:

$\mathbb{R}_+$ 위에서 $Q_\mu(t)x(t)$ 는 비유계이다;

$$Q_\mu(t)x(t) = \mu^{\frac{t}{\tau}}R_\mu(t)\gamma_\mu(w, b_f) + h_\mu(t,f) \to \infty \ \ (t \to +\infty),$$

$\mathbb{R}_-$ 위에서 $Q_\mu(t)x(t)$ 는 점근적 τ-주기함수이다;

$$Q_\mu(t)x(t) = -\int_t^\infty U(t,s)Q_\mu(s)f(s)ds + o(1) \ \ (t \to -\infty).$$

(3) $d(\mu) > 1$ 인 경우:

$\mathbb{R}_+$ 위에서 $Q_\mu(t)x(t)$ 는 비유계이다;

$$Q_\mu(t)x(t) = \frac{(\frac{t}{\tau})^{d(\mu)-1}\mu^{\frac{t}{\tau}}}{(d(\mu)-1)!\mu^{d(\mu)-1}}R_\mu(t)(U(0)-\mu E)^{d(\mu)-1}\gamma_\mu(w,b_f) \\ +o(t^{d(\mu)-1}\mu^{\frac{t}{\tau}}) \ \ (t \to +\infty).$$

$\mathbb{R}_-$ 위에서 $Q_\mu(t)x(t)$ 는 점근적 τ-주기함수이다;

$$Q_\mu(t)x(t) = -\int_t^\infty U(t,s)Q_\mu(s)f(s)ds + o(1) \ \ (t \to -\infty).$$

2) $|\mu| < 1$ 이라고 하자.

(1) $d(\mu) = 0$ 인 경우:

$Q_\mu(t)x(t)$ 는 τ-주기함수이다;

$$Q_\mu(t)x(t) = \int_{-\infty}^t U(t,s)Q_\mu(s)f(s)ds.$$

(2) $d(\mu) = 1$ 인 경우:

$\mathbb{R}_+$ 위에서 $Q_\mu(t)x(t)$ 는 점근적 τ-주기함수이다;

$$Q_\mu(t)x(t) = \int_{-\infty}^t U(t,s)Q_\mu(s)f(s)ds + o(1) \ \ (t \to +\infty).$$

$\mathbb{R}_-$ 위에서 $Q_\mu(t)x(t)$ 는 비유계이다;

$$Q_\mu(t)x(t) = \mu^{\frac{t}{\tau}}R_\mu(t)\gamma_\mu(w, b_f) + h_\mu(t,f) \to \infty \ \ (t \to -\infty).$$

(3) $d(\mu) > 1$ 인 경우:

$\mathbb{R}_+$ 위에서 $Q_\mu(t)x(t)$는 점근적 τ-주기함수이다;

$$Q_\mu(t)x(t) = \int_{-\infty}^{t} U(t,s)Q_\mu(s)f(s)ds + o(1) \quad (t \to +\infty),$$

$\mathbb{R}_-$ 위에서 $Q_\mu(t)x(t)$는 비유계이다;

$$Q_\mu(t)x(t) = \frac{(\frac{t}{\tau})^{d(\mu)-1}\mu^{\frac{t}{\tau}}}{(d(\mu)-1)!\mu^{d(\mu)-1}} R_\mu(t)(U(0)-\mu E)^{d(\mu)-1}\gamma_\mu(w,b_f)$$
$$+o(t^{d(\mu)-1}\mu^{\frac{t}{\tau}}) \ (t \to -\infty).$$

3) $|\mu| = 1, \mu \neq 1$이라고 하자.

(1) $d(\mu) = 0$인 경우:

$Q_\mu(t)x(t)$는 τ-주기함수이다;

$$Q_\mu(t)x(t) = h_\mu(t,f).$$

(2) $d(\mu) = 1$인 경우:

$\mathbb{R}$ 위에서 $Q_\mu(t)x(t)$는 유계이다;

$$Q_\mu(t)x(t) = \mu^{\frac{t}{\tau}} R_\mu(t)\gamma_\mu(w,b_f) + h_\mu(t,f).$$

(3) $d(\mu) > 1$인 경우:

$\mathbb{R}_+, \mathbb{R}_-$ 위에서 $Q_\mu(t)x(t)$는 비유계이다;

$$Q_\mu(t)x(t) = \frac{(\frac{t}{\tau})^{d(\mu)-1}\mu^{\frac{t}{\tau}}}{(d(\mu)-1)!\mu^{d(\mu)-1}} R_\mu(t)(U(0)-\mu E)^{d(\mu)-1}\gamma_\mu(w,b_f)$$
$$+o(t^{d(\mu)-1}) \ (|t| \to \infty).$$

4) $\mu = 1$이라고 하자.

(1) $d(1) = 0$인 경우:

$Q_1(t)x(t)$와 $(U(t)-E)Q_1(t)x(t)$는 둘 다 τ-주기함수이다;

$$Q_1(t)x(t) = R_1(t)Q_1(0)w + h_1(t,f),$$
$$(U(t)-E)Q_1(t)x(t) = v_1(t,f).$$

(2) $d(1) = 1$인 경우:

$\mathbb{R}_+, \mathbb{R}_-$ 위에서 $Q_1(t)x(t)$는 비유계이고, $(U(t)-E)Q_1(t)x(t)$는 τ-주기함수이다;

$$Q_1(t)x(t) = \frac{t}{\tau}R_1(t)\delta(w,b_f) + R_1(t)Q_1(0)w + h_1(t,f), \tag{8.69}$$

$$(U(t)-E)Q_1(t)x(t) = R_1(t)\delta(w,b_f) + v_1(t,f).$$

(3) $d(1) > 1$인 경우:

$\mathbb{R}_+$, $\mathbb{R}_-$ 위에서 $Q_1(t)x(t)$와 $(U(t)-E)Q_1(t)x(t)$는 비유계이다;

$$Q_1(t)x(t) = \left(\frac{t}{\tau}\right)^{d(1)} \frac{1}{d(1)!} R_1(t)(U(0)-E)^{d(1)-1}\delta(w, b_f) + o\left(t^{d(1)}\right) \quad (|t| \to \infty),$$

$$(U(t)-E)Q_1(t)x(t) = \left(\frac{t}{\tau}\right)^{d(1)-1} \frac{1}{(d(1)-1)!} R_1(t)(U(0)-E)^{d(1)-1}\delta(w, b_f)$$
$$+o(t^{d(1)-1}) \quad (|t| \to +\infty).$$

증명 1) (1)은 $\gamma_\mu(w, b_f) = 0$이므로 정리 8.2.5 또는 따름정리 8.2.3으로부터 얻어진다. (2)는 따름정리 8.2.2에 의해

$$Q_\mu(t)x(t) = \mu^{\frac{t}{\tau}} R_\mu(t)\gamma_\mu(w, b_f) + h_\mu(t, f) \quad (t \in \mathbb{R})$$

이므로 분명하다. 정리 8.2.5에 의해

$$h_\mu(t, f) = -\int_t^\infty U(t, s)Q_\mu(s)f(s)ds$$

이므로 (2)를 얻는다.

(3)은 정리 8.2.4와 정리 8.2.5 그리고 따름정리 8.2.1에서 주어진 관계식

$$U(t, 0)Q_\mu(0) = \mu^{\frac{t}{\tau}} R_\mu(t) \sum_{k=0}^{h_\mu(U(0))-1} \left(\frac{t}{\tau}\right)_k U(0)_{[k,\mu]}$$

로부터 얻어진다.

2) 1)과 마찬가지로 보일 수 있다.

3) 정리 8.2.4로부터 쉽게 얻어진다.

4) 정리 8.2.4와 정리 8.2.6, 특히 관계식 $v_1(t, f) = (U(t)-E)h_1(t, f) - R_1(t)Q_1(0)b_f$ 에 의해 얻어진다. □

방정식 (8.5)에서 $f(t) \equiv 0$인 경우, $\mu \in \sigma(U(0))$에 관하여 **초기값** $w \in \mathbb{C}^m$ **의 계층**의 μ성분 $d(\mu)$를 다음과 같이 정의한다.

$$Q_\mu(0)w = 0$$

일 때, $d(\mu) = 0$이라고 정의한다. 그렇지 않은 경우, $d(\mu)$는

$$(U(0)-\mu E)^{d(\mu)-1}Q_\mu(0)w \neq 0, \quad (U(0)-\mu E)^{d(\mu)}Q_\mu w = 0$$

을 만족하는 양수이다.

따름정리 8.4.1. $x(t)$는 초기조건 $x(0) = w$를 만족하는 제차 주기계수 선형미분방정식 (8.1)의 해라고 하자. $d(\mu) = 0$이면 $Q_\mu(t)x(t) = 0$이다. $d(\mu) \neq 0$인 경우, 다음 결과가 성립한다.

1) $|\mu| > 1$인 경우.

(1) $d(\lambda)=1$ 이면 $Q_\mu(t)x(t)$ 는

$$Q_\mu(t)x(t)=\mu^{\frac{t}{\tau}}R_\mu(t)Q_\mu(0)w.$$

$\mathbb{R}_+$ 위에서 비유계이다;

$t\to-\infty$ 일 때 $Q_\mu(t)x(t)$ 는 0 에 수렴한다.

(2) $d(\lambda)\ge 2$ 이면 $Q_\mu(t)x(t)$ 는 $\mathbb{R}_+$ 위에서 비유계이다;

$$Q_\mu(t)x(t)=\frac{(\frac{t}{\tau})^{d(\mu)-1}\mu^{\frac{t}{\tau}}}{(d(\mu)-1)!\mu^{d(\mu)-1}}R_\mu(t)(U(0)-\mu E)^{d(\mu)-1}Q_\mu(0)w$$
$$+o(t^{d(\mu)-1}\mu^{\frac{t}{\tau}})\ \ (t\to+\infty).$$

$t\to-\infty$ 일 때 $Q_\mu(t)x(t)$ 는 0 에 수렴한다.

2) $|\mu|<1$ 인 경우:

(1) $d(\lambda)=1$ 이면 $P_\lambda x(t)$ 는

$$Q_\mu(t)x(t)=e^{\lambda t}Q_\mu(0)w.$$

$t\to+\infty$ 일 때, $Q_\mu(t)x(t)$ 는 0 에 수렴한다. $\mathbb{R}_-$ 위에서 $Q_\mu(t)x(t)$ 는 비유계이다;

$$Q_\mu(t)x(t)=\mu^{\frac{t}{\tau}}R_\mu(t)Q_\mu(0)w\to\infty\ \ (t\to-\infty).$$

(2) $d(\lambda)\ge 2$ 이면 $P_\lambda x(t)$ 는 $t\to+\infty$ 일 때 $Q_\mu(t)x(t)$ 는 0 에 수렴한다. $\mathbb{R}_-$ 위에서 $Q_\mu(t)x(t)$ 는 비유계이다;

$$Q_\mu(t)x(t)=\frac{(\frac{t}{\tau})^{d(\mu)-1}\mu^{\frac{t}{\tau}}}{(d(\mu)-1)!\mu^{d(\mu)-1}}R_\mu(t)(U(0)-\mu E)^{d(\mu)-1}Q_\mu(0)w$$
$$+o(t^{d(\mu)-1}\mu^{\frac{t}{\tau}})\ \ (t\to-\infty).$$

3) $|\mu|=1,\ \mu\ne1$ 인 경우: .

(1) $d(\mu)=1$ 이면 $\mathbb{R}$ 위에서 $Q_\mu(t)x(t)$ 는 유계이다;

$$Q_\mu(t)x(t)=\mu^{\frac{t}{\tau}}R_\mu(t)Q_\mu(0)w.$$

(2) $d(\mu)\ge 2$ 이면 $\mathbb{R}_+,\mathbb{R}_-$ 위에서 $Q_\mu(t)x(t)$ 는 비유계이다;

$$Q_\mu(t)x(t)=\frac{(\frac{t}{\tau})^{d(\mu)-1}\mu^{\frac{t}{\tau}}}{(d(\mu)-1)!\mu^{d(\mu)-1}}R_\mu(t)(U(0)-\mu E)^{d(\mu)-1}Q_\mu(0)w$$
$$+o(t^{d(\mu)-1})\ \ (|t|\to\infty).$$

그리고 $\mathbb{R}_+$, $\mathbb{R}_-$ 위에서 비유계이다;

4) $\mu=1$ 인 경우:

(1) $d(1)=1$ 이면 $\mathbb{R}_+,\mathbb{R}_-$ 위에서 $Q_1(t)x(t)$ 는 비유계이다;

$$Q_1(t)x(t)=\frac{t}{\tau}R_1(t)Q_1(0)w+R_1(t)Q_1(0)w,$$

(2) $d(1) \geq 2$이면 $\mathbb{R}_+$, $\mathbb{R}_-$ 위에서 $Q_1(t)x(t)$는 비유계이다;

$$Q_1(t)x(t) = \binom{t}{\tau}^{d(1)} \frac{1}{d(1)!} R_1(t)(U(0) - E)^{d(1)-1} Q_1(0)w$$
$$+o\left(t^{d(1)}\right) \quad (|t| \to \infty).$$

증명 $x(t)$의 성분 $Q_\mu(t)x(t)$가

$$\begin{aligned} Q_\mu(t)x(t) &= U(t,0)Q_\mu(0)w \\ &= \mu^{\frac{t}{\tau}} R_\mu(t) \sum_{k=0}^{h_\mu - 1} \binom{t}{\tau}_k \frac{1}{k!\mu^k} (U(0) - \mu E)^k Q_\mu(0)w \quad (t \in \mathbb{R}) \end{aligned}$$

이므로 분명하다. □

4.2 해의 유계성과 주기성: 일반적인 경우

여기서는 방정식 (8.5)의 해가 유계 또는 τ-주기로 되는 초기값의 집합을 결정하는 조건을 고찰한다. 다음 정리의 증명은 정리 8.4.1로부터 쉽게 유도된다.

정리 8.4.2. 다음 명제가 성립한다.

1. 초기값 $x(0) = w$를 만족하는 방정식 (8.5)의 해 $x(t; w, f)$가 $\mathbb{R}_+$ 위에서 유계이기 위한 필요충분조건은 다음 조건이 성립하는것이다.

각 $\mu \in \sigma(U(0))$에 대하여

1) $|\mu| > 1$이면 $\gamma_\mu(w, b_f) = 0$,

2) $|\mu| = 1,\ \mu \neq 1$이면 $(U(0) - \mu E)\gamma_\mu(w, b_f) = 0$,

3) $\mu = 1$이면 $\delta(w, b_f) = 0$.

2. 초기값 $x(0) = w$를 만족하는 방정식 (8.5)의 해 $x(t; w, f)$가 $\mathbb{R}$ 위에서 유계이기 위한 필요충분조건은 다음 조건이 성립하는 것이다.

각 $\mu \in \sigma(U(0))$에 대하여

1) $|\mu| \neq 1$이면 $\gamma_\mu(w, b_f) = 0$,

2) $|\mu| = 1,\ \mu \neq 1$이면 $(U(0) - \mu E)\gamma_\mu(w, b_f) = 0$,

3) $\mu = 1$이면 $\delta(w, b_f) = 0$.

3. 초기값 $x(0) = w$를 만족하는 방정식 (8.5)의 해 $x(t; w, f)$가 τ-주기함수이기 위한 필요충분조건은 다음 조건이 성립하는 것이다.

각 $\mu \in \sigma(U(0))$에 대하여

1) $\mu \neq 1$이면 $\gamma_\mu(w, b_f) = 0$,

2) $\mu = 1$이면 $\delta(w, b_f) = 0$.

다음 결과는 정리 2.4.9에서 주어졌으나 위 정리로부터 간단히 얻어진다.

따름정리 8.4.2. 방정식 (8.5)가 $\mathbb{R}_+$ 위에서 유계인 해를 가지면 $\mathbb{R}$ 전체에서 유계인 해를 가진다.

증명 방정식 (8.5)가 $\mathbb{R}_+$ 위에서 유계인 해를 가지면 정리 8.4.2의 조건 1. 1), 2), 3)을 만족하는 w_0가 존재한다. 정리 8.4.2의 조건 2. 1)은 $Q_\mu(0)w = -Z_\mu(U(0))Q_\mu(0)b_f$ 라고 표시된다. 따라서

$$Q_\mu(0)w = \begin{cases} Q_\mu(0)w_0 & (|\mu| \geq 1) \\ -Z_\mu(U(0))Q_\mu(0)b_f & (|\mu| < 1) \end{cases}$$

와 같은 w에 대하여 정리 8.4.2의 조건 2. 1), 2), 3)이 성립하며, $x(t, w, f)$는 $\mathbb{R}$ 전체에서 방정식 (8.5)의 유계인 해이다. □

$b_f = 0$인 경우도 정리 8.4.2에 의해 다음 결과를 쉽게 얻을 수 있다.

따름정리 8.4.3. $b_f = 0$이라고 하자. $x(t)$가 초기값 $x(0) = w$를 만족하는 방정식 (8.5)의 해이면 다음 명제가 성립한다.

I. $x(t)$가 $\mathbb{R}_+$ 위에서 유계이기 위한 필요충분조건은 다음 조건이 성립하는 것이다.

각 $\mu \in \sigma(U(0))$에 대하여

1) $|\mu| > 1$이면 $Q_\mu(0)w = 0$,

2) $|\mu| = 1$이면 $Q_\mu(0)w \in \mathcal{N}(U(0) - \mu E)$.

II. $x(t)$가 $\mathbb{R}$ 위에서 유계이기 위한 필요충분조건은 다음 조건이 성립하는 것이다.

각 $\mu \in \sigma(U(0))$에 대하여

1) $|\mu| \neq 1$이면 $Q_\mu(0)w = 0$,

2) $|\mu| = 1$이면 $Q_\mu(0)w \in \mathcal{N}(U(0) - \mu E)$.

III. $x(t)$가 τ-주기해이기 위한 필요충분조건은 다음 조건이 성립하는 것이다.

각 $\mu \in \sigma(U(0))$에 대하여

1) $\mu \neq 1$이면 $Q_\mu(0)w = 0$,

2) $\mu = 1$이면 $Q_\mu(0)w \in \mathcal{N}(U(0) - \mu E)$.

방정식 (8.5)의 $\mathbb{R}_+$ 위의 유계해가 τ-주기해로 되는 조건을 서술한다.

따름정리 8.4.4. 방정식 (8.5)의 $\mathbb{R}_+$ 위에서의 유계해 $x(t; w, f)$가 τ-주기해이기 위한 필요충분조건은 유계해 $x(t; w, f)$의 초기값 w가 각 $\mu \in \sigma(U(0))$에 대하여 조건

$$\mu \neq 1, |\mu| \leq 1 \text{ 일때 } \gamma_\mu(w, b_f) = 0$$

을 만족하는 것이다.

도움정리 5.3.3의 증명과 마찬가지 방법으로 방정식 (8.5)가 $\mathbb{R}_+$ 위에서 유계해를 갖기 위한 필요충분조건을 얻을 수 있다.

정리 8.4.3. $\mu = 1 \in \sigma(U(0))$에 대하여 다음 명제는 동치이다.

1) $\delta(w, b_f) = 0$를 만족하는 w가 존재한다.
2) $Q_1(0)b_f \in (U(0) - E)G_\mu(U(0))$가 성립한다.
3) $b_f \in \mathcal{R}(U(0) - E)$가 성립한다.

다음에 「도입」에서 언급한 마세라 정리의 정밀화된 결과를 주자. 이는 차분방정식에서의 정리 5.3.8에 대응한다.

정리 8.4.4. 다음 명제는 동치이다.

1) 방정식 (8.5)가 $\mathbb{R}_+$ 위에서 유계해를 가진다.
2) $1 \notin \sigma(U(0))$; 또는 $1 \in \sigma(U(0))$이면 $\delta(w, b_f) = 0$를 만족하는 $Q_1(0)w$가 존재한다.
3) 방정식 (8.5)가 τ-주기해를 가진다.

주 8.4.1. 해의 유계성과 주기성에 관한 결과에 있어서 $\mu = 1$, $h_1(U(0)) = 1$이면

$$\delta(w, b_f) = 0 \Longleftrightarrow Q_1(0)b_f = 0$$

이 성립한다.

마지막으로, 정리 8.2.6을 쓰면 다음 결과를 얻는다.

정리 8.4.5. $\mu = 1 \in \sigma(U(0))$라고 하자. 그러면 초기값 $x(0) = w$를 만족하는 방정식 (8.5)의 해 $x(t)$에 대한 다음 명제는 동치이다.

1) $(U(t) - E)Q_1(t)x(t)$는 $\mathbb{R}_+$ 위에서 유계이다.
2) $(U(t) - E)Q_1(t)x(t)$는 $\mathbb{R}$ 위에서 유계이다.
3) $(U(t) - E)Q_1(t)x(t)$는 τ-주기함수이다.
4) $(U(0) - E)\delta\,(w, b_f) = 0.$ (8.70)

증명 정리 8.2.6에 의해

$$(U(t) - E)Q_1(t)x(t) = U(t,0)\delta(w, b_f) + v_1(w, f) \tag{8.71}$$

가 성립한다. 여기서 $v_1(w, f)$는 τ-주기함수이다.

먼저, 3)과 4)의 동치성을 보이자. $(U(t) - E)Q_1(t)x(t)$가 τ-주기이면 (8.71)에 의해 $U(t,0)\delta(w, b_f)$도 역시 τ-주기함수이다. 따라서 $U(t+\tau, 0)\delta(w, b_f) = U(t,0)\delta(w, b_f)$가 성립한다. 이로부터 $(U(t) - E)U(t,0)\delta(w, b_f) = 0$을 얻는다. $t = 0$을 택하면, (8.70)이 얻어진다.

거꾸로 (8.70)이 성립한다고 하자. $U(t,0)U(0) = U(t)U(t,0) = U(t+\tau, 0)$이므로 (8.70)에 $U(t,0)$을 곱하면,

$$0 = (U(t+\tau, 0) - U(t,0))\delta(w, b_f)$$

가 된다. 따라서 $U(t,0)\delta(w,b_f)$는 τ-주기함수이다. $v_1(t,f)$가 τ-주기함수이므로 (8.71)에 의해 3)이 성립한다.

다음으로 1)과 4)의 동치성을 보이자. (8.71)에 의해 1)이 성립하는 것과 $U(t,0)\delta(w,b_f)$가 $\mathbb{R}_+$ 위에서 유계인 것은 동치이다. 따름정리 8.2.1에 의해

$$U(t,0)\delta(w,b_f) = R_1(t)\sum_{k=0}^{h_1-1}\left(\frac{t}{\tau}\right)_k \frac{1}{k!}(U(0)-E)^k\delta(w,b_f)$$

이고, $R_1(t)$는 τ-주기이므로 $U(t,0)\delta(w,b_f)$가 $\mathbb{R}_+$ 위에서 유계인 것과 $(U(0)-E)\delta(w,b_f)=0$이 성립하는 것은 동치이다. 따라서 1)과 4)는 동치이다. 2)와 4)의 동치성도 쉽게 알 수 있다. □

유계해의 존재에 관한 정리 8.4.4를 간단한 보기를 통해서 보이기로 하자.

보기 8.4.1. 보기 8.3.2에서 $c=0$인 경우, 즉 방정식

$$\frac{d}{dt}x(t) = \begin{pmatrix} a(t) & 0 \\ b(t) & a(t) \end{pmatrix} x(t) + f(t), \quad x(0) = w \tag{8.72}$$

의 τ-주기해의 존재 그리고 $\mathbb{R}_+$ 위에서의 유계해의 존재성에 대하여 생각하기로 하자. 보기 8.3.2에서 쓴 기호를 설명없이 그대로 사용한다.

먼저, 정리 8.4.4를 써서, 방정식 (8.72)의 $\mathbb{R}_+$ 위에서의 유계해의 존재에 대하여 서술하자. $\sigma(U(0)) = \{e^{\alpha(\tau)}\}$라는 것을 주의하자.

(A) $\alpha(\tau)\neq 0$인 경우.

$1\notin\sigma(U(0))$이므로 방정식 (8.72)는 $\mathbb{R}_+$ 위에서 유계해를 가진다.

(B) $\alpha(\tau)=0$인 경우.

$$U(0) = \begin{pmatrix} 1 & 0 \\ \beta(\tau) & 1 \end{pmatrix}$$

이며, $1\in\sigma(U(0)), h_{U(0)}(1)=2$이다. $w={}^t(w_1,w_2),\ b_f={}^t(b_1,b_2)$라고 놓으면

$$\delta(w,b_f)=0 \Longleftrightarrow b_1=0, \beta(\tau)w_1=-b_2.$$

따라서 방정식 (8.72)가 $\mathbb{R}_+$ 위에서 유계해를 가지기 위한 필요충분조건은

$$b_1=0,\ \beta(\tau)w_1=-b_2$$

가 성립하는 것이다.

다음으로 방정식 (8.72)의 τ-주기해를 초기값에 의하여 특징짓자. 정리 5.4.1을 쓰면 다음 사실이 성립한다.

1) $\alpha(\tau)\neq 0$인 경우.

(A)에 의해 방정식 (8.72)의 해 $x(t; w, f)$가 τ-주기이기 위한 필요충분조건은

$$w = \frac{1}{1-e^{\alpha(\tau)}} \begin{pmatrix} 1 & 0 \\ \frac{e^{\alpha(\tau)}}{1-e^{\alpha(\tau)}}\beta(\tau) & 1 \end{pmatrix} b_f \tag{8.73}$$

가 성립하는 것이다.

2) $\alpha(\tau) = 0$인 경우.

(B)에 의해 방정식 (8.72)가 τ-주기해를 가지기 위한 필요충분조건은 $b_1 = 0$, $\beta(\tau)w_1 = -b_2$가 성립하는 것이다.

제5절 해의 유계성: 특수한 경우

이 절에서는 주기선형미분방정식 (8.5)에서 $A(t) = A + B(t)$인 경우, 즉

$$\frac{d}{dt}x(t) = (A + B(t))x(t) + f(t) \tag{8.74}$$

와 대응하는 제차방정식

$$\frac{d}{dt}x(t) = (A + B(t))x(t) \tag{8.75}$$

를 다루기로 한다. 여기서 A와 $B(t)$는 가환이라고 가정한다. 제차방정식 (8.75)의 해작용소를 $U(t,s)$ 그리고 제차방정식 $z'(t) = B(t)z(t)$의 해작용소를 $V(t,s)$라고 나타낸다. 그러면 가정에 의해 $U(t,s) = e^{(t-s)A}V(t,s)$가 성립한다. 비제차방정식 (8.74)가 $\mathbb{R}_+$에서 유계해를 가지기 위한 필요충분조건은 정리 8.4.4에서 주어졌으나 $e^{\tau A}$의 스펙트럼적 성질과 방정식 $z'(t) = B(t)z(t)$의 주기작용소 $V(\tau, 0)$의 스펙트럼적 성질이 양적으로는 나타나지 않고 있다. A와 $B(t)$가 가환이라는 가정 아래서 제차방정식 (8.75)의 주기작용소 $U(\tau,0)$는 $U(\tau,0) = e^{\tau A}V(\tau,0)$와 같이 표현된다(정리 2.3.4 참조).

이로부터 여기서는 $e^{\tau A}$와 $V(0) := V(\tau,0)$의 스펙트럼적 성질에 의해 방정식 (8.74)가 $\mathbb{R}_+$에서 유계해의 존재 조건을 특징짓는다.

$$J = J(e^{\tau A}, V(0)) = \{(\lambda,\mu) : W_\lambda(e^{\tau A}) \cap W_\mu(V(0)) \neq \{0\}\},$$

그리고

$$J(\eta) = \{(\lambda,\mu) \in J : \lambda\mu = \eta\}$$

라고 둔다. 정리 1.6.8에 의해

$$\sigma(U(0)) = \{\lambda\mu : (\lambda,\mu) \in J\} \tag{8.76}$$

가 성립한다. 분명히, $J = \cup_{\eta\in\sigma(U(0))} J(\eta)$.

(1) 기본적인 결과

방정식 (8.74)의 유계해의 존재성에 관한 결과는 다음과 같다.

정리 8.5.1. A와 $B(t)$가 가환이라고 가정하자. 다음 두 조건 중 어느 하나가 성립하면, 비제차방정식 (8.74)는 $\mathbb{R}_+$에서 유계해를 가진다.

H-1) 모든 $\lambda \in \sigma(e^{\tau A})$에 대하여 관계식

$$W_\lambda(e^{\tau A}) \cap W_{\lambda^{-1}}(V(0)) = \{0\}$$

이 성립한다.

H-2) 모든 $(\lambda, \lambda^{-1}) \in J(1)$에 대하여, 즉 조건

$$W_\lambda(e^{\tau A}) \cap W_{\lambda^{-1}}(V(0)) \neq \{0\}$$

을 만족하는 모든 $\lambda \in \sigma(e^{\tau A})$에 대하여

(*) 적당한 $w_\lambda \in G_\lambda(e^{\tau A}) \cap W_{\lambda^{-1}}(V(0))$가 존재하여

$$\left(e^{\tau A} - \lambda E\right) w_\lambda + Q_\lambda(e^{\tau A}) Q_{\lambda^{-1}}(V(0))(\lambda b_f) = 0 \tag{8.77}$$

을 만족한다.

증명 모든 $\lambda \in \sigma(e^{\tau A})$에 대하여 $\lambda^{-1} \notin \sigma(V(0))$이면 $1 \notin \sigma(U(0))$이다. 가정 H-1) 이 성립한다고 가정하면 $1 \notin \sigma(U(0))$이다. 따라서 정리 8.4.4에 의해 방정식 (8.74)는 $\mathbb{R}_+$에서 유계해를 가진다.

가정 H-2)가 성립한다고 가정하면 $1 \in \sigma(U(0))$가 된다. 따라서 정리 8.4.2은 방정식 (8.74)가 $\mathbb{R}_+$에서 유계해를 갖는 것과 $\delta(w, b_f) = 0$, 즉

$$(U(0) - E) Q_1(U(0)) w + Q_1(U(0)) b_f = 0 \tag{8.78}$$

을 만족하는 $Q_1(U(0))w$가 존재하는 것이 동치라는 것을 보여주고 있다.

$$R_\lambda = Q_\lambda(e^{\tau A}) Q_{\lambda^{-1}}(V(0)), \quad (\lambda, \lambda^{-1}) \in J(1)$$

이라고 놓자. $U(0) = e^{\tau A} V(0)$이므로 정리 1.6.8에 의해

$$Q_1(U(0)) = Q_1(e^{\tau A} V(0)) = \sum_{(\lambda, \lambda^{-1}) \in J(1)} R_\lambda \tag{8.79}$$

를 얻는다.

이제 방정식 (8.78) 이 해를 가진다는 것을 보이자.

$$(U(0) - E) = (e^{\tau A} V(0) - E) = e^{\tau A}(V(0) - \lambda^{-1} E) + \lambda^{-1}(e^{\tau A} - \lambda E)$$

이므로 식 (8.79)를 쓰면

$$\begin{aligned} &(U(0) - E) Q_1(U(0)) w \\ &= (U(0) - E) \sum_{(\lambda, \lambda^{-1}) \in J(1)} R_\lambda w = \sum_{(\lambda, \lambda^{-1}) \in J(1)} (U(0) - E) R_\lambda w \end{aligned}$$

$$= e^{\tau A} \sum_{(\lambda,\lambda^{-1})\in J(1)} \left(V(0) - \lambda^{-1}E\right) R_\lambda w + \sum_{(\lambda,\lambda^{-1})\in J(1)} \lambda^{-1}\left(e^{\tau A} - \lambda E\right) R_\lambda w,$$

$$Q_1(U(0))b_f = \sum_{(\lambda,\lambda^{-1})\in J(1)} R_\lambda b_f = \sum_{(\lambda,\lambda^{-1})\in J(1)} \lambda^{-1} R_\lambda(\lambda b_f)$$

를 얻는다. 따라서

$$\begin{aligned}
&(U(0) - E)Q_1(U(0))w + Q_1(U(0))b_f \\
=& e^{\tau A} \sum_{(\lambda,\lambda^{-1})\in J(1)} \left(V(0) - \lambda^{-1}E\right) R_\lambda w \\
&+ \sum_{(\lambda,\lambda^{-1})\in J(1)} \lambda^{-1}\left[\left(e^{\tau A} - \lambda E\right) R_\lambda w + R_\lambda(\lambda b_f)\right].
\end{aligned}$$

가정 H-2) 를 만족하는 벡터를 w_λ 라 하면, $w_\lambda \in G_\lambda(e^{\tau A}) \cap W_{\lambda^{-1}}(V(0))$ 이므로 $R_\lambda w_\lambda = w_\lambda$ 이다. $w = \sum_{(\lambda,\lambda^{-1})\in J(1)} w_\lambda$ 라고 두면, $R_\lambda w = w_\lambda$ 를 얻는다. 따라서

$$(U(0) - E)Q_1(U(0))w + Q_1(U(0))b_f = 0$$

을 얻는다. 정리 8.4.2에 의해 방정식 (8.74)는 $\mathbb{R}_+$ 에서 유계해를 가진다. □

다음 따름정리는 정리 8.5.1의 직접적인 결과이다.

따름정리 8.5.1. $\sigma(e^{\tau A}) = \{\lambda_1, \cdots, \lambda_\rho\}$ 라고 하자. $\lambda_1^{-1}, \cdots, \lambda_\rho^{-1} \notin \sigma(V(0))$ 이면 정리 8.5.1의 가정 H-1)이 만족된다.

주 8.5.1. H-2)에서 조건 (*)는 다음과 같이 바꿀 수 있다.
(**) 적당한 $w_\lambda \in G_{\lambda^{-1}}(V(0)) \cap W_\lambda(e^{\tau A})$ 가 존재하여

$$\left(V(0) - \lambda^{-1}E\right) w_\lambda + Q_{\lambda^{-1}}(V(0))Q_\lambda(e^{\tau A})(\lambda b_f) = 0 \tag{8.80}$$

을 만족한다.

$w \in \mathbb{C}^m$ 과 $(\lambda, \mu) \in J$ 에 대하여

$$w_{\lambda,\mu} = R_{\lambda,\mu} w, \;\; R_{\lambda,\mu} = Q_\lambda(e^{\tau A})Q_\mu(V(0))$$

라고 놓는다. 도움정리 1.6.2로부터 임의의 $w \in \mathbb{C}^m$ 은

$$w = \sum_{(\lambda,\mu)\in J} w_{\lambda,\mu} \tag{8.81}$$

와 같이 유일하게 표현된다.

따름정리 8.4.3을 써서 제차방정식 (8.75)의 유계해에 관한 다음 결과를 얻는다.

정리 8.5.2. A와 $B(t)$가 가환이라고 가정하자. 그러면 (8.81) 안의 성분 $w_{\lambda,\mu}$가 다음 조건을 만족하면 제차방정식 (8.75)의 해 $x(t;0,w)$는 $\mathbb{R}_+$ 위에서 유계이다.

H-1) $|\lambda\mu| > 1$이면 $w_{\lambda,\mu} = 0$;

H-2) $|\lambda\mu| = 1$이면

$$w_{\lambda,\mu} \in \mathcal{N}(e^{\tau A} - \lambda E) \cap \mathcal{N}(V(0) - \mu E).$$

증명 $\mathbb{R}_+$에서 유계해에 관한 따름정리 8.4.3의 조건을 확인해 보기로 하자. (8.81)에 의해 주어진 w의 성분이 조건 H-1) 과 H-2) 를 만족한다고 하자. $\eta \in \sigma(U(0))$에 대하여

$$Q_\eta(U(0))w = \sum_{(\lambda,\mu)\in J(\eta)} R_{\lambda,\mu}w = \sum_{(\lambda,\mu)\in J(\eta)} w_{\lambda,\mu}$$

이므로 조건 H-1) 은 $|\eta| > 1$인 모든 $\eta \in \sigma(U(0))$에 대하여 $Q_\eta(U(0))w = 0$이 성립한다는 뜻이다.

$|\eta| = 1$을 가정하자. $\eta = \lambda\mu \in \sigma(U(0))$ 에 대하여

$$U(0) - \eta E = e^{\tau A}V(0) - \eta E = e^{\tau A}(V(0) - \mu E) + \mu(e^{\tau A} - \lambda E)$$

이므로

$$(U(0) - \eta E)Q_\eta(U(0))w = \sum_{(\lambda,\mu)\in J(\eta)} (e^{\tau A}(V(0) - \mu E)w_{\lambda,\mu} + \mu(e^{\tau A} - \lambda E)w_{\lambda,\mu}.$$

따라서 조건 H-2)는 $|\eta| = 1$인 모든 $\eta \in \sigma(U(0))$에 대하여 $Q_\eta(U(0))w \in \mathcal{N}(U(0) - \eta E)$가 성립한다는 뜻이다. 따라서 따름정리 8.4.3에 의해 증명이 끝난다. □

(2) 기본적인 결과의 변형

1) 정리 8.5.1의 조건은 지수행렬 $e^{\tau A}$에 기초하고 있다. 따라서 A에 기초한 조건으로 바꿀 필요가 있다.

2) 정리 8.5.1의 조건은 행렬 $V(0)$에 기초하고 있다. 따라서 $V(0) = e^{\tau B}$인 경우 B에 기초한 조건으로 바꿀 필요가 있다.

이를 위하여 다음 도움정리가 필요하게 된다.

$\alpha \in \sigma_\nu(A)$에 대하여 $P_\alpha = Q_\alpha(A)$라고 놓자.

다음 명제는 정리 1.3.4의 일반화이다.

명제 8.5.1. A와 B는 가환인 $m \times m$ 행렬이고 $f(X)$와 $g(X)$는 $f(X) = \prod_{i\in I} f_i(X)$, $g(X) = \prod_{j\in J} g_j(X)$와 같이 분해된 다항식이다. 여기서 $f_i(X), i \in I = \{1,\ldots,r\}$ 는 어느 *2*개도 서로 소이고 $g_j(X), j \in J = \{1,\ldots,s\}$도 어느 *2*개도 서로 소라고 하자. 그러면

1) $\mathcal{N}(f(A)) \cap \mathcal{N}(g(B)) = \bigoplus_{I\in I} \mathcal{N}(f_i(A)) \cap \bigoplus_{j\in j} \mathcal{N}(g_j(A))$

2) $\mathcal{N}(f(A)) \cap \mathcal{N}(g(B)) = \bigoplus_{(i,j)\in I\times J} \mathcal{N}(f_i(A)) \cap \mathcal{N}(g_j(B))$.

증명 1) 정리 1.3.4의 직접적인 결과이다.

2) 기호를 간단히 하기 위해

$$M = \mathcal{N}(f(A)),\ \ N = \mathcal{N}(g(B)),\ \ M_i = \mathcal{N}(f_i(A)),\ \ N_j = \mathcal{N}(g_j(B))$$

라고 놓는다. 먼저

$$\sum_{(i,j)\in I\times J} M_i \cap N_j = \bigoplus_{(i,j)\in I\times J} M_i \cap N_j \tag{8.82}$$

임을 보이자. $\sum_{(i,j)\in I\times J} z_{i,j} = 0,\ z_{i,j} \in M_i \cap N_j$ 임을 가정하고 $x_i = \sum_{j\in J} z_{i,j}$ 라고 두면, $x_i \in M_i$ 이고

$$\sum_{i\in I} x_i = \sum_{i\in I}\sum_{j\in J} z_{i,j} = 0.$$

$M = \bigoplus_{i\in I} M_i$ 이므로 모든 $i \in I$ 에 대하여 $x_i = 0$ 이 성립한다. 즉, $i \in I$ 에 대하여 $\sum_{j\in J} z_{i,j} = 0$. 그리고 $N = \bigoplus_{j\in I} N_j$ 이므로 $j \in I$ 에 대하여 $z_{i,j} = 0$ 이 성립한다. 따라서 (8.82)가 성립한다.

$M_i \subset N, N_j \subset N$ 이므로 포함관계

$$\bigoplus_{(i,j)\in I\times J} M_i \cap N_j \subset M \cap N$$

은 분명하다. 그러므로 포함관계

$$M \cap N = \bigoplus_{i\in I} M_i \cap \bigoplus_{j\in J} N_j \subset \bigoplus_{(i,j)\in I\times J} M_i \cap N_j \tag{8.83}$$

를 증명하자. $x \in M \cap N$ 이라고 하자. 그러면 $x = \sum_{i\in I} x_i$ 인 $x_i \in M_i, i \in I$ 가 존재하고 $g(B)x = 0$ 이 성립한다. 따라서

$$\sum_{i\in I} g(B)x_i = 0 \tag{8.84}$$

이 성립한다. A와 B가 가환이므로 모든 $i \in I$에 대하여 $f_i(A)(g(B)x_i) = g(B)f_i(A)x_i = 0$ 이 성립한다. 따라서 $g(B)x_i \in M_i$ 이고 (8.84)는 $g(B)x_i = 0,\ i \in I$를 뜻한다. 더욱이 $x_i = \sum_{j\in J} z_{ij},\ i \in I$ 인 $z_{ij} \in N_j$ 가 존재하므로

$$0 = f_i(A)x_i = \sum_{j\in J} f_i(A)z_{i,j}. \tag{8.85}$$

그리고 $g_j(B)f_i(A)z_{i,j} = f_i(A)g_j(B)z_{i,j} = 0$ 이므로 $f_i(A)z_{i,j} \in N_j$ 가 되고, (8.85)는 $f_i(A)z_{i,j} = 0,\ j \in J$를 뜻한다. 즉 $z_{i,j} \in M_i \cap N_j$. 그 결과로서

$$x = \sum_{i\in I} x_i = \sum_{(i,j)\in I\times J} z_{i,j} \in \bigoplus_{(i,j)\in I\times J} M_i \cap N_j.$$

이로부터 포함관계 (8.83)이 증명되었다. □

다음 결과는 명제 8.5.1로부터 직접 나온다.

따름정리 8.5.2. A와 B는 가환이고 $\Lambda \subset \sigma(A), \Gamma \subset \sigma(B)$라고 하자. 그러면

$$\bigoplus_{\alpha\in\Lambda}\mathcal{N}((A-\alpha E)^k)\cap\bigoplus_{\beta\in\Gamma}\mathcal{N}((B-\beta E)^\ell) = \bigoplus_{(\alpha,\beta)\in\Lambda\times\Gamma}\mathcal{N}((A-\alpha E)^k)\cap\mathcal{N}((B-\beta E)^\ell).$$

증명 명제 8.5.1에서

$$f(X)=\prod_{\alpha\in\Lambda}f_\alpha(X),\ \ f_\alpha(X)=(X-\alpha E)^k$$

$$g(X)=\prod_{\beta\in\Gamma}g_\beta(X),\ \ g_\beta(X)=(X-\beta E)^\ell$$

라고 두면

$$M=\{x\in\mathbb{C}^m : f(A)x=0\}=\bigoplus_{\alpha\in\Lambda}\mathcal{N}((A-\alpha E)^k),$$

$$N=\{y\in\mathbb{C}^m : g(B)y=0\}=\bigoplus_{\beta\in\Gamma}\mathcal{N}((B-\beta E)^\ell),$$

$$M_\alpha=\{x\in\mathbb{C}^m : f_\alpha(A)x=0\}=\mathcal{N}((A-\alpha E)^k),\ \ \alpha\in\Lambda,$$

$$N_\beta=\{y\in\mathbb{C}^m : g_\beta(A)y=0\}=\mathcal{N}((B-\beta E)^\ell),\ \ \beta\in\Gamma$$

따라서 명제 8.5.1로부터 따름정리의 결과를 얻는다. □

따름정리 8.5.3. A와 B는 가환이라고 하자. 그러면

$$\bigoplus_{\alpha\in\sigma(A)}\mathcal{N}((A-\alpha E)^k)\cap\bigoplus_{\beta\in\sigma(B)}\mathcal{N}((B-\beta E)^k)=\bigoplus_{\alpha\beta\in\sigma(AB)}\mathcal{N}((A-\alpha E)^k)\cap\mathcal{N}((B-\beta E)^k).$$

증명 따름정리 8.5.2에 의해

$$\bigoplus_{\alpha\in\sigma(A)}\mathcal{N}((A-\alpha E)^k)\cap\bigoplus_{\beta\in\sigma(B)}\mathcal{N}((B-\beta E)^k) = \bigoplus_{(\alpha,\beta)\in\sigma(A)\times\sigma(B)}\mathcal{N}((A-\alpha E)^k)\cap\mathcal{N}((B-\beta E)^k).$$

한편, 정리 1.6.8에 의해

$$\bigoplus_{(\alpha,\beta)\in\sigma(A)\times\sigma(B)}\mathcal{N}((A-\alpha E)^k)\cap\mathcal{N}((B-\beta E)^k) = \bigoplus_{\alpha\beta\in\sigma(AB)}\mathcal{N}((A-\alpha E)^k)\cap\mathcal{N}((B-\beta E)^k)$$

가 된다. □

따름정리 8.5.4. 두 행렬 A와 C는 가환이고 $\lambda \in \sigma(e^{\tau A})$, $\mu \in \sigma(C)$라고 하자. 그러면

$$\begin{aligned}&\mathcal{N}((e^{\tau A} - \lambda E)^k)) \cap \mathcal{N}((C-\mu E)^k) \\ &\qquad = \bigoplus_{\alpha \in \sigma_\lambda(A)} \left(\mathcal{N}((A-\alpha E)^k) \cap \mathcal{N}((C-\mu E)^k)\right)\end{aligned}$$

가 성립한다.

증명 정리 6.4.6과 따름정리 8.5.2에 의해

$$\begin{aligned}\mathcal{N}\left((e^{\tau A} - \lambda E)^k\right) \cap \mathcal{N}((C-\mu E)^k) &= \left(\bigoplus_{\alpha \in \sigma_\lambda(A)} \mathcal{N}\left((A-\alpha E)^k\right)\right) \cap \mathcal{N}((C-\mu E)^k) \\ &= \bigoplus_{\alpha \in \sigma_\lambda(A)} \left(\mathcal{N}((A-\alpha E)^k) \cap \mathcal{N}((C-\mu E)^k)\right)\end{aligned}$$

가 된다. □

명제 8.5.2. 두 행렬 A와 B는 가환이고 $\lambda \in \sigma(e^{\tau A})$, $\mu \in \sigma(e^{\tau B})$라고 하자. 그러면

$$\begin{aligned}&\mathcal{N}\left((e^{\tau A} - \lambda E)^k\right) \cap \mathcal{N}\left((e^{\tau B} - \mu E)^k\right) \\ &\qquad = \bigoplus_{(\alpha,\beta) \in \sigma_\lambda(A) \times \sigma_\mu(B)} \left(\mathcal{N}((A-\alpha E)^k) \cap \mathcal{N}((B-\beta E)^k)\right).\end{aligned}$$

특히,

$$\begin{aligned}&\mathcal{N}(e^{\tau A} - \lambda E) \cap \mathcal{N}(e^{\tau B} - \mu E) \\ &\qquad = \bigoplus_{(\alpha,\beta) \in \sigma_\lambda(A) \times \sigma_\mu(B)} \left(\mathcal{N}(A-\alpha E) \cap \mathcal{N}(B-\beta E)\right).\end{aligned}$$

증명 정리 6.4.6과 따름정리 8.5.3에 의해

$$\begin{aligned}&\mathcal{N}\left((e^{\tau A} - \lambda E)^k\right) \cap \mathcal{N}\left((e^{\tau B} - \mu E)^k\right) \\ &= \bigoplus_{\alpha \in \sigma_\lambda(A)} \mathcal{N}\left((A-\alpha E)^k\right) \cap \bigoplus_{\gamma \in \sigma_\mu(B)} \mathcal{N}\left((B-\beta E)^k\right) \\ &= \bigoplus_{(\alpha,\beta) \in \sigma_\lambda(A) \times \sigma_\mu(B)} \left(\mathcal{N}((A-\alpha E)^k) \cap \mathcal{N}((B-\beta E)^k)\right).\end{aligned}$$

따라서 증명이 끝난다. □

도움정리 8.5.1. $w, b \in \mathbb{C}^m$, $\alpha \in \sigma_\nu(A)$라고 하자. 그러면 방정식

$$(\nu E - e^{\tau A}) P_\alpha w = P_\alpha \nu b \tag{8.86}$$

가 해를 갖는 것과 방정식

$$\tau(A - \alpha E) P_\alpha w = -Y_\alpha(A) P_\alpha b \tag{8.87}$$

가 해를 갖는 것은 동치이다. 보다 정확하게 조건 $h_\alpha(A) \geq 2$ 아래 $P_\alpha w$가 방정식 (8.86)의 해이면 이는 방정식 (8.87)의 해이다. 그리고 역도 성립한다.

증명 $\alpha \in \sigma_\nu(A)$에 대하여 $B = A - \alpha E$라고 놓자. 그러면 A와 αE는 가환이므로 정리 1.6.7에 의해

$$\eta \in \sigma(B) \Longleftrightarrow \eta + \alpha \in \sigma(A),$$

그리고

$$Q_\eta(B) = P_{\eta+\alpha}$$

이고 $h_\eta(B) = h_{\eta+\alpha}(A)$도 쉽게 알 수 있다. 방정식 (8.86)을 $\nu = e^{\tau\alpha}$로 나누면

$$(E - e^{\tau(A-\alpha E)})P_\alpha w = P_\alpha b,$$

즉

$$(E - e^{\tau B})Q_0(B)w = Q_0(B)b$$

를 얻는다. 따라서 정리 6.4.4에 의하여

$$\tau B Q_0(B)w = -\sum_{k=0}^{h_0(B)-1} B_k \frac{\tau^k}{k!} B^k Q_0(B)b$$

와 동치이다. 이는 바로 방정식 (8.87)을 뜻한다. □

정리 8.5.3. A와 $B(t)$가 가환이라고 하자. 다음 가정의 어느 하나가 만족되면, 비제차방정식 (8.74)는 $\mathbb{R}_+$에서 유계해를 가진다.

A-1) 각 $\lambda \in \sigma(e^{\tau A})$에 대하여 관계식

$$\bigoplus_{\alpha \in \sigma_\lambda(A)} (W_\alpha(A) \cap W_{\lambda^{-1}}(V(0))) = \{0\}$$

이 성립한다.

A-2) 각 $(\lambda, \lambda^{-1}) \in J(1)$에 대하여, 즉

$$\bigoplus_{\alpha \in \sigma_\lambda(A)} (W_\alpha(A) \cap W_{\lambda^{-1}}(V(0))) \neq \{0\}$$

인 각 $\lambda \in \sigma(e^{\tau A})$와 각 $\alpha \in \sigma_\lambda(A)$에 대하여

$$\tau(A - \alpha E)w_{\alpha,\lambda} = -Y_\lambda(A)P_\alpha Q_{\lambda^{-1}}(V(0))b_f \tag{8.88}$$

를 만족하는 $w_{\alpha,\lambda} \in G_\alpha(A) \cap W_{\lambda^{-1}}(V(0))$가 존재한다.

증명 따름정리 8.5.4에 의해

$$\left(\bigoplus_{\alpha \in \sigma_\lambda(A)} W_\alpha(A)\right) \cap W_{\lambda^{-1}}(V(0)) = \bigoplus_{\alpha \in \sigma_\lambda(A)} (W_\alpha(A) \cap W_{\lambda^{-1}}(V(0)))$$

을 얻는다. 따라서 정리 8.5.1의 가정 H-1)과 가정 A-1)은 동치이다.

정리 8.5.1의 가정 H-2)는 다음과 같이 된다. $Q_\lambda(e^{\tau A}) = \sum_{\alpha\in\sigma_\lambda(A)} P_\alpha$, 이므로 방정식 (8.77)에 $Q_\lambda(e^{\tau A})$를 곱하면 $w_\lambda \in G_\lambda(e^{\tau A}) \cap W_{\lambda^{-1}}(V(0))$에 대하여

$$\sum_{\alpha\in\sigma_\lambda(A)} \left[\left(e^{\tau A} - \lambda E\right) P_\alpha w_\lambda + P_\alpha Q_{\lambda^{-1}}(V(0))(\lambda b_f)\right] = 0 \tag{8.89}$$

이 된다. $w_{\alpha,\lambda} = P_\alpha w_\lambda, \alpha \in \sigma_\lambda(A)$라고 놓으면 방정식 (8.89)는

$$\left(e^{\tau A} - \lambda E\right) w_{\alpha,\lambda} + P_\alpha Q_{\lambda^{-1}}(V(0))(\lambda b_f) = 0 \ \ (\alpha \in \sigma_\lambda(A)) \tag{8.90}$$

이 된다. $G_\lambda(e^{\tau A}) = \sum_{\alpha\in\sigma_\lambda(A)} G_\alpha(A)$이므로

$$\begin{aligned} w_\lambda &\in \left(\sum_{\alpha\in\sigma_\lambda(A)} G_\alpha(A)\right) \cap W_{\lambda^{-1}}(V(0)) \\ &= \sum_{\alpha\in\sigma_\lambda(A)} [G_\alpha(A) \cap W_{\lambda^{-1}}(V(0))]. \end{aligned}$$

따라서 $P_\alpha w_\lambda \in G_\alpha(A) \cap W_{\lambda^{-1}}(V(0))$, 즉 $w_{\alpha,\lambda} \in G_\alpha(A) \cap W_{\lambda^{-1}}(V(0))$를 얻는다.

거꾸로 $w_{\alpha,\lambda} \in G_\alpha(A) \cap W_{\lambda^{-1}}(V(0))$가 방정식 (8.90)을 만족한다고 가정하자. $w_\lambda = \sum_{\alpha\in\sigma_\lambda(A)} w_{\alpha,\lambda}$라고 놓으면 $w_\lambda \in G_\lambda(e^{\tau A}) \cap W_{\lambda^{-1}}(V(0))$이다. 그리고 $P_\alpha w_\lambda = w_{\alpha,\lambda}$이므로 $w_{\alpha,\lambda}$는 방정식 (8.89) 을 만족한다.

더욱이 $P_\alpha w_{\alpha,\lambda} = w_{\alpha,\lambda}$이므로 도움정리 8.5.1에 의해 $w_{\alpha,\lambda}$가 방정식 (8.90)을 만족하는 것과 방정식 (8.88)을 만족하는 것은 동치이다. □

주 8.5.2. 정리 8.5.3의 가정 A-1)에서

$$\bigoplus_{\alpha\in\sigma_\lambda(A)} (W_\alpha(A) \cap W_{\lambda^{-1}}(V(0))) = \{0\}$$

이 성립하는 것과 모든 $\alpha \in \sigma_\lambda(A)$에 대하여 $W_\alpha(A) \cap W_{\lambda^{-1}}(V(0)) = \{0\}$이 성립하는 것은 동치이다.

제차방정식 (8.75)를 고찰하기 위해 다음 사실을 재확인하자. $(\lambda,\mu) \in J(\eta), \eta \in \sigma(U(0))$이면

$$G_\eta(U(0)) = \bigoplus_{(\lambda,\mu)\in J(\eta)} \left(G_\lambda(e^{\tau A}) \cap G_\mu(V(0))\right)$$

가 성립한다. $G_\lambda(e^{\tau A}) = \bigoplus_{\alpha\in\sigma_\lambda(A)} G_\alpha(A)$이므로 명제 8.5.1은

$$G_\lambda(e^{\tau A}) \cap G_\mu(V(0)) = \left(\bigoplus_{\alpha\in\sigma_\lambda(A)} G_\alpha(A)\right) \cap G_\mu(V(0))$$

$$= \bigoplus_{\alpha\in\sigma_\lambda(A)} (G_\alpha(A)\cap G_\mu(V(0))) \tag{8.91}$$

를 뜻한다. 따라서 방정식 (8.81) 안의 $w \in \mathbb{C}^m$ 의 성분 $w_{\lambda,\mu} \in G_\lambda(e^{\tau A})\cap G_\mu(V(0))$ 는 $v_{\alpha,\mu} \in G_\alpha(A)\cap G_\mu(V(0))$ 에 의해 다음과 같이 유일하게 표현된다.

$$w_{\lambda,\mu} = \sum_{\alpha\in\sigma_\lambda(A)} v_{\alpha,\mu}. \tag{8.92}$$

그 결과 다음을 얻는다.

$$w_{\lambda,\mu} = 0 \Longleftrightarrow \text{ 모든 } \alpha\in\sigma_\lambda(A) \text{ 에 대하여 } v_{\alpha,\mu} = 0. \tag{8.93}$$

한편, $V(0) = e^{\tau B}$ 이면

$$G_\lambda(e^{\tau A})\cap G_\mu(V(0)) = G_\lambda(e^{\tau A})\cap G_\mu(e^{\tau B}) = \bigoplus_{(\alpha,\beta)\in\sigma_\lambda(A)\times\sigma_\mu(B)} G_\alpha(A)\cap G_\beta(B).$$

명제 8.5.2로부터

$$\begin{aligned}&\mathcal{N}(e^{\tau A}-\lambda E)\cap\mathcal{N}(e^{\tau B}-\mu E)\\ &= \bigoplus_{(\alpha,\beta)\in\sigma_\lambda(A)\times\sigma_\mu(B)} (\mathcal{N}(A-\alpha E)\cap\mathcal{N}(B-\beta E))\end{aligned}$$

이므로 $w\in\mathbb{C}^m$ 의 성분 $w_{\lambda,\mu}\in G_\lambda(e^{\tau A})\cap G_\mu(e^{\tau B})$는 적당한 $u_{\alpha,\beta}\in G_\alpha(A)\cap G_\beta(B)$에 의해

$$w_{\lambda,\mu} = \sum_{(\alpha,\beta)\in\sigma_\lambda(A)\times\sigma_\mu(B)} u_{\alpha,\beta} \tag{8.94}$$

와 같이 분해된다. 더욱이 $w_{\lambda,\mu}\in\mathcal{N}(e^{\tau A}-\lambda E)\cap\mathcal{N}(e^{\tau B}-\mu E)$ 인 것은 모든 $(\alpha,\beta)\in\sigma_\lambda(A)\times\sigma_\mu(B)$ 에 대하여 $u_{\alpha,\beta}\in\mathcal{N}(A-\alpha E)\cap\mathcal{N}(B-\beta E)$ 가 성립하는 것이다.

그 결과 다음을 얻는다.

$$w_{\lambda,\mu} = 0 \Longleftrightarrow \text{ 모든 } (\alpha,\beta)\in\sigma_\lambda(A)\times\sigma_\mu(B) \text{ 에 대하여 } u_{\alpha,\beta} = 0. \tag{8.95}$$

도움정리 8.5.2. $w_{\lambda,\mu}\in G_\lambda(e^{\tau A})\cap G_\mu(V(0))$ 라고 하자.

1) $w_{\lambda,\mu}$ 가 $v_{\alpha,\mu}\in G_\alpha(A)\cap G_\mu(V(0)), \alpha\in\sigma_\lambda(A)$ 에 의해 (8.92)와 같이 표현되었다고 하자. 그러면 $w_{\lambda,\mu}\in\mathcal{N}(e^{\tau A}-\lambda E)\cap\mathcal{N}(V(0)-\mu E)$ 인 것과 각 $\alpha\in\sigma_\lambda(A)$ 에 대하여 $v_{\alpha,\mu}\in\mathcal{N}(A-\alpha E)\cap\mathcal{N}(V(0)-\mu E)$ 가 성립하는 것은 동치이다.

2) $V(0) = e^{\tau B}$ 라고 하고 $w_{\lambda,\mu}$ 가 $u_{\alpha,\beta}\in G_\alpha(A)\cap G_\beta(B), \alpha\in\sigma_\lambda(A)$ 에 의해 (8.94)와 같이 표현되었다고 하자. 그러면 $w_{\lambda,\mu}\in\mathcal{N}(e^{\tau A}-\lambda E)\cap\mathcal{N}(V(0)-\mu E)$ 인 것과 모든 $(\alpha,\beta)\in\sigma_\lambda(A)\times\sigma_\mu(B)$ 에 대하여 $u_{\alpha,\beta}\in\mathcal{N}(A-\alpha E)\cap\mathcal{N}(B-\beta E)$ 가 성립하는 것은 동치이다.

증명 1) $w_{\lambda,\mu} \in \mathcal{N}(e^{\tau A} - \lambda E) \cap \mathcal{N}(V(0) - \mu E)$ 라고 가정하자. 그러면 명제 8.5.2에 의해

$$\mathcal{N}(e^{\tau A} - \lambda E) \cap \mathcal{N}(V(0) - \mu E) = \bigoplus_{\alpha \in \sigma_\lambda(A)} \mathcal{N}(A - \alpha E) \cap \mathcal{N}(V(0) - \mu E).$$

따라서 적당한 $\tilde{v}_{\alpha,\mu} \in \mathcal{N}(A - \alpha E) \cap \mathcal{N}(V(0) - \mu E)$ 에 의해

$$w_{\lambda,\mu} = \sum_{\alpha \in \sigma_\lambda(A)} \tilde{v}_{\alpha,\mu}$$

와 같이 표현된다. $\mathcal{N}(A - \alpha E) \cap \mathcal{N}(V(0) - \mu E) \subset G_\alpha(A) \cap G_\mu(B)$ 이므로 직합분해 (8.91)에 관한 $w_{\lambda,\mu}$ 의 성분의 유일성에 의해 $\tilde{v}_{\alpha,\mu} = v_{\alpha,\mu}$ 를 얻는다.

2) 증명은 1)과 비슷하다. □

위 결과로부터 다음 정리를 얻는다. 사실 (8.93) 과 도움정리 8.5.2에 의해 정리 8.5.2는 다음과 같이 바꿀 수 있다.

정리 8.5.4. A와 $B(t)$가 가환이라고 가정하자. 그리고 방정식 (8.75)의 해 $x(t; 0, w)$ 의 초기값이

$$w = \sum_{(\lambda,\mu) \in J} \sum_{\alpha \in \sigma_\lambda(A)} v_{\alpha,\mu} \tag{8.96}$$

와 같이 표현된다고 하자. 여기서 $v_{\alpha,\mu} \in G_\alpha(A) \cap G_\mu(V(0))$. 그러면 (8.96) 안의 성분 $v_{\alpha,\mu}$ 가 다음 조건을 만족하면 방정식 (8.75)의 해 $x(t; 0, w)$ 는 $\mathbb{R}_+$ 위에서 유계이다.

A-1) $|e^{\tau\alpha}\mu| > 1$ 일 때 $v_{\alpha,\mu} = 0$.

A-2) $|e^{\tau\alpha}\mu| = 1$ 일 때

$$v_{\alpha,\mu} \in \mathcal{N}(A - \alpha E) \cap \mathcal{N}(V(0) - \mu E). \tag{8.97}$$

마지막으로 정리 8.5.4에서 $V(0) = e^{\tau \hat{B}}$ 이면 정리는 $V(0)$ 대신에 $\hat{B}$ 에 의해 표현할 수 있다.

방정식 (8.74)에서 $B(t)B(s) = B(s)B(t)$ $(t, s \in \mathbb{R})$ 를 가정하자. 그러면 명제 2.2.3에 의해 해작용소 $V(t, s)$ 는 다음과 같이 표현된다.

$$V(t, s) = e^{\hat{B}(t,s)}, \quad \hat{B}(t, s) = \int_s^t B(r)dr.$$

이는 $V(0) = e^{\tau \hat{B}}$ 를 의미한다. 여기서

$$\hat{B} = \frac{1}{\tau} \int_0^\tau B(r)dr. \tag{8.98}$$

정리 8.5.5. A와 $B(t)$는 가환이고 $B(t)B(s) = B(s)B(t)$ $(t, s \in \mathbb{R})$를 가정하자. 그리고 $\hat{B}$ 를 (8.98)과 같이 정의하자. 다음 가정의 하나가 만족되면, 비제차방정식 (8.74)는 $\mathbb{R}_+$ 에서 유계해를 가진다.

B-1) 각 $\lambda \in \sigma(e^{\tau A})$에 대하여 관계식

$$\bigoplus_{(\alpha,\beta)\in\sigma_\lambda(A)\times\sigma_{\lambda^{-1}}(\hat{B})} \Big(W_\alpha(A) \cap W_\beta(\hat{B})\Big) = \{0\}$$

이 성립한다.

B-2) 각 $(\lambda, \lambda^{-1}) \in J(1)$에 대하여, 즉

$$\bigoplus_{(\alpha,\beta)\in\sigma_\lambda(A)\times\sigma_{\lambda^{-1}}(\hat{B})} \Big(W_\lambda(A) \cap W_{\lambda^{-1}}(\hat{B})\Big) \neq \{0\}$$

인 각 $\lambda \in \sigma(e^{\tau A})$와 각 $(\alpha, \beta) \in \sigma_\lambda(A) \times \sigma_{\lambda^{-1}}(\hat{B})$에 대하여

$$\tau(A - \alpha E)w_{\alpha,\lambda} = -Y_\lambda(A)P_\alpha Q_\beta(\hat{B})b_f \tag{8.99}$$

를 만족하는 $w_{\alpha,\beta} \in G_\alpha(A) \cap W_\beta(\hat{B})$가 존재한다.

정리 8.5.6. A와 $B(t)$는 가환이고 $B(t)B(s) = B(s)B(t)$ $(t, s \in \mathbb{R})$를 가정하자. 그리고 $\hat{B}$를 (8.98)과 같이 정의하고 제차방정식 (8.75)의 해 $x(t; 0, w)$의 초기값이 $u_{\alpha,\mu} \in G_\alpha(A) \cap G_\mu(\hat{B})$에 의해

$$w = \sum_{(\lambda,\mu)\in J} \sum_{(\alpha,\beta)\in\sigma_\lambda(A)\times\sigma_\mu(\hat{B})} u_{\alpha,\beta} \tag{8.100}$$

와 같이 표현된다고 하자. 그러면 (8.100) 안의 성분 $u_{\alpha,\beta}$가 다음 조건을 만족하면 방정식 (8.75)의 해 $x(t; 0, w)$는 $\mathbb{R}_+$ 위에서 유계이다.

B-1) $|e^{\tau\alpha}e^{\tau\beta}| > 1$이면 $u_{\alpha,\beta} = 0$.

B-2) $|e^{\tau\alpha}e^{\tau\beta}| = 1$이면

$$u_{\alpha,\beta} \in \mathcal{N}(A - \alpha E) \cap \mathcal{N}(\hat{B} - \beta E).$$

정리 8.5.2, 8.5.4, 8.5.6은 따름정리 8.4.3의 주장 I에 대응하고 있다. 주장 II, III에 대응하는 결과도 위와 마찬가지로 쉽게 얻어진다.

(3) 보기

마지막으로 정리 8.5.6을 써서 $\mathbb{R}_+$ 위에서의 유계해에 관한 간단한 보기를 보이자.

보기 8.5.1. 3차원 2π 주기선형계

$$\frac{d}{dt}x(t) = (A + B(t))x(t),\ x(0) = w \in \mathbb{R}^3 \tag{8.101}$$

을 고찰하자. 여기서

$$A = \frac{1}{\sqrt{2}}\begin{pmatrix} 0 & 1 & 0 \\ 1 & 0 & 1 \\ 0 & 1 & 0 \end{pmatrix},\ B(t) = 2\pi\begin{pmatrix} 0 & \sin t & \frac{1}{2\pi} \\ \sin t & \frac{1}{2\pi} & \sin t \\ \frac{1}{2\pi} & \sin t & 0 \end{pmatrix},$$

$$w = \begin{pmatrix} w_1 \\ w_2 \\ w_3 \end{pmatrix}, \; x(t) = \begin{pmatrix} x_1(t) \\ x_2(t) \\ x_3(t) \end{pmatrix}.$$

분명히, A와 $B(t)$는 가환이고 모든 $t, s \in \mathbb{R}$에 대하여 $B(t)B(s) = B(s)B(t)$가 성립한다.

정리 8.5.6을 방정식 (8.101)에 적용하기 위해 먼저 행렬 A를 고찰하자. 간단한 계산에 의해 $\sigma(A) = \{0, 1, -1\}$ 그리고 $h_0(A) = h_1(A) = h_{-1}(A) = 1$을 알 수 있다. A의 고유값에 따르는 고유공간은

$$W_0(A) = \left[\begin{pmatrix} -1 \\ 0 \\ 1 \end{pmatrix}\right], \; W_1(A) = \left[\begin{pmatrix} 1 \\ \sqrt{2} \\ 1 \end{pmatrix}\right], \; W_{-1}(A) = \left[\begin{pmatrix} 1 \\ -\sqrt{2} \\ 1 \end{pmatrix}\right]$$

로 주어진다. 분명히, $\sigma(e^{2\pi A}) = \{1, e^{2\pi}, e^{-2\pi}\}$이고

$$G_1(e^{2\pi A}) = W_0(A), \; G_{e^{2\pi}}(e^{2\pi A}) = W_1(A), \; G_{e^{-2\pi}}(e^{2\pi A}) = W_{-1}(A).$$

다음으로 방정식 $u'(t) = B(t)u(t)$의 주기작용소 $V(0)$를 고찰하자.

$$\hat{B}(t) = \int_0^t B(r)dr = 2\pi \begin{pmatrix} 0 & -\cos t + 1 & \frac{t}{2\pi} \\ -\cos t + 1 & \frac{t}{2\pi} & -\cos t + 1 \\ \frac{t}{2\pi} & -\cos t + 1 & 0 \end{pmatrix}$$

이라고 두면, 명제 2.2.3에 의해 $u'(t) = B(t)u(t)$의 해작용소 $V(t, s)$는

$$V(t, s) = e^{\hat{B}(t) - \hat{B}(s)} = \exp\left\{\int_s^t B(r)dr\right\}$$

로 주어진다. 따라서

$$V(0) = V(2\pi, 0) = e^{2\pi\hat{B}}, \; \hat{B} = \frac{1}{2\pi}\int_0^{2\pi} B(r)dr = \begin{pmatrix} 0 & 0 & 1 \\ 0 & 1 & 0 \\ 1 & 0 & 0 \end{pmatrix}$$

이고 $\sigma(\hat{B}) = \{-1, 1\}$, $h_{-1}(\hat{B}) = 1$, $h_1(\hat{B}) = 1, G_{-1}(\hat{B}) = \mathcal{N}(\hat{B} + E)$, $G_1(\hat{B}) = \mathcal{N}(\hat{B} - E)$이다. 여기서

$$\mathcal{N}(\hat{B} - E) = \left[\begin{pmatrix} 0 \\ 1 \\ 0 \end{pmatrix}, \begin{pmatrix} 1 \\ 0 \\ 1 \end{pmatrix}\right], \; \mathcal{N}(\hat{B} + E) = \left[\begin{pmatrix} -1 \\ 0 \\ 1 \end{pmatrix}\right].$$

더욱이 $\sigma(V(0)) = \{e^{-2\pi}, e^{2\pi}\}$이다. 따라서

$$G_{e^{2\pi}}(e^{2\pi A}) \cap G_{e^{-2\pi}}(V(0)) = \mathcal{N}(A + E) \cap \mathcal{N}(\hat{B} - E) = \left[\begin{pmatrix} 1 \\ -\sqrt{2} \\ 1 \end{pmatrix}\right],$$

$$G_1(e^{2\pi A}) \cap G_{e^{2\pi}}(V(0)) = \mathcal{N}(A) \cap \mathcal{N}(\hat{B} + E) = \left[\begin{pmatrix} -1 \\ 0 \\ 1 \end{pmatrix}\right].$$

다른 경우는 다 영벡터이다.

위의 사실을 종합하면, 다음 결과가 성립한다.

명제 8.5.3. **1.** 제차방정식 (8.101)의 해 $x(t;0,w)$가 $\mathbb{R}_+$에서 유계이기 위한 필요충분조건은 초기조건 w가 다음 조건을 만족하는 것이다.

$$w \in \left[\begin{pmatrix} 1 \\ -\sqrt{2} \\ 1 \end{pmatrix}\right] \bigoplus \left[\begin{pmatrix} -1 \\ 0 \\ 1 \end{pmatrix}\right].$$

2. 제차방정식 (8.101)의 해 $x(t;0,w)$가 2π-주기해를 가지기 위한 위한 필요충분조건은 초기조건 w가 다음 조건을 만족하는 것이다.

$$w \in \left[\begin{pmatrix} 1 \\ -\sqrt{2} \\ 1 \end{pmatrix}\right].$$

부록

부록 A 벡터값 함수의 미분, 유한증분의 정리, 연속함수공간

A.1 벡터값 함수의 미분

1) 벡터값 함수의 미분과 적분

여기서는 벡터값 함수, 행렬값 함수의 미분가능성과 관련된 문제를 다룬다.

두 행렬값 함수의 곱의 미분과 정칙인 행렬값 함수 $A(t)$의 역행렬값 함수 $A^{-1}(t)$의 미분에 관한 정리는 다음과 같다.

정리 A.1.1. 1) $A(t)$가 $\ell \times m$ 행렬값 함수, $B(t)$가 $m \times n$ 행렬값 함수이고 연속미분가능하면,

$$\frac{d}{dt}A(t)B(t) = \frac{dA(t)}{dt}B(t) + A(t)\frac{dB(t)}{dt}.$$

2) $A(t) \in M_m(\mathbb{K})$가 미분가능하면

$$\left(\frac{d}{dt}A(t)\right)^* = \frac{d}{dt}A^*(t).$$

정리 A.1.2. 행렬값 함수 $A(t) \in M_m(\mathbb{C})$가 점 $t = a$에서 정칙행렬이고 미분가능하면, $A^{-1}(t)$는 $t = a$에서 미분가능하고

$$\frac{d}{dt}A^{-1}(a) = -A^{-1}(a)\frac{d}{dt}A(a)A^{-1}(a) \tag{A.1.1}$$

가 성립한다.

증명 $A(t)$가 $t = a$에서 미분 가능하므로 연속이다. 즉 $\lim_{t\to a} A(t) = A(a)$. $A(a)$는 정칙이므로 $A^{-1}(t)$가 a의 근방에서 존재하고 정리 1.2.4에 의해 $\lim_{t\to a} A^{-1}(t) = A^{-1}(a)$가 성립한다. $t \neq a$이면

$$\frac{1}{t-a}(A^{-1}(t) - A^{-1}(a)) = A^{-1}(t)\left(\frac{1}{t-a}(A(a) - A(t))\right)A^{-1}(a).$$

왼편은 $t \to a$일 때 $-A(a)^{-1}(a)A'(a)A^{-1}(a)$에 수렴하며, 따라서 $A^{-1}(t)$가 $t = a$에서 미분가능하고 (A.1.1)이 성립한다. □

다음으로 벡터값 함수의 적분을 다룬다.

정리 A.1.3. I는 구간, $a, b \in I$ 그리고 $f: I \to \mathbb{K}^m$은 적분가능하다고 하자.

1) $A \in M_{nm}(\mathbb{K})$에 대하여

$$A\int_a^b f(t)dt = \int_a^b Af(t)dt.$$

2)

$$\left\|\int_a^b f(t)dt\right\| \leq \left|\int_a^b \|f(t)\|dt\right|.$$

증명 증명의 개략을 서술한다. $a < b$인 경우만 보이기로 하자.
분할 $\triangle: a = t_0 < t_1 < \cdots < t_n = b$에 대하여 리만(Rimann)합

$$\sum_{i=1}^{n} f(\xi_i)(t_i - t_{i-1}),\ t_{i-1} < \xi_i \leq t_i$$

를 고찰하자.

$$A\sum_{i=1}^{n} f(\xi_i)(t_i - t_{i-1}) = \sum_{i=1}^{n} Af(\xi_i)(t_i - t_{i-1})$$

이 성립하므로, 명제 1)은 분명하다.

다음으로 분할 $\triangle$에 의하여

$$\|\sum_{i=1}^{n} f(\xi_i)(t_i - t_{i-1})\| \leq \sum_{i=1}^{n} \|f(\xi_i)\|(t_i - t_{i-1})$$

을 얻는다. 다음에 분할 $\triangle$를 세분화하면, 왼편은 $\|\int_a^b f(t)dt\|$에 수렴하고, 오른편은 $\int_a^b \|f(t)\|dt$에 수렴하므로 명제 2)가 성립한다. □

2) 볼록함수와 노음의 미분가능성

다음으로 볼록함수와 벡터값 함수의 노음의 미분가능성을 보이기로 하자.

함수 $f: I \to \mathbb{R}^m$에 대하여 오른쪽 미분, 왼쪽 미분을 각각

$$D_+f(t) := \lim_{h\to 0+}\frac{1}{h}(f(t+h) - f(t)),\ D_-f(t) := \lim_{h\to 0-}\frac{1}{h}(f(t+h) - f(t))$$

로 표시한다.

정의 A.1.1. 함수 $\varphi: I \to \mathbb{R}$가 **볼록함수(convex function)**라는 것은, $\lambda \geq 0,\ \mu \geq 0,\ \lambda+\mu = 1$이면, 임의의 $s, t \in I$에 대하여

$$\varphi(\lambda t + \mu s) \leq \lambda\varphi(t) + \mu\varphi(s)$$

가 성립하는 것이다.

함수 $\varphi : I \to \mathbb{R}$가 볼록함수라는 것은 구간 I의 임의의 3 점 $t_1 < t_2 < t_3$을 택하면 부등식

$$\frac{\varphi(t_2) - \varphi(t_1)}{t_2 - t_1} \le \frac{\varphi(t_3) - \varphi(t_1)}{t_3 - t_1} \le \frac{\varphi(t_3) - \varphi(t_2)}{t_3 - t_2}. \tag{A.1.2}$$

가 성립하는 것과 동치이다.

도움정리 A.1.1. 구간 I에서 정의된 볼록함수 φ는 I의 임의의 안점에서 오른쪽 미분가능, 왼쪽 미분가능하고, 안의 점 $s < t$에 대하여

$$D_-\varphi(s) \le D_+\varphi(s) \le D_-\varphi(t) \le D_+\varphi(t)$$

가 성립한다.

증명 $t_1 < t_2 < t_3$를 구간 I의 임의의 안점이라 한다. (A.1.2)가 성립하므로 점 $B(t_2, \varphi(t_2))$는 두 점 $A(t_1, \varphi(t_1)), C(t_3, \varphi(t_3))$ 을 연결하는 선분의 아래에 있다. 따라서 $y = \varphi(t)$의 그래프 상의 고정점을 $B(t_2, \varphi(t_2))$, 동점을 $P(t, \varphi(t))$라고 하면 두 점 B, P를 지나는 직선의 기울기

$$a(t) = \frac{\varphi(t) - \varphi(t_2)}{t - t_2}$$

는 t에 관하여 비감소함수이다. $s_1 < t_2 < t$이면 $a(s_1) \le \lim_{t \to t_2+0} a(t)$이다. 따라서 $\lim_{s_1 \to t_2-0} a(s_1) \le \lim_{t \to t_2+0} a(t)$를 얻는다. 그러므로 $\varphi(t)$는 t_2에서 오른쪽 미분가능, 왼쪽 미분가능하며,

$$D_-\varphi(t_2) \le D_+\varphi(t_2)$$

가 성립한다. 한편 $t_1 < s_1 < t_2$로 놓으면, $s_1 < s < t_2$일 때 (A.1.2)로부터

$$\frac{\varphi(s_1) - \varphi(t_1)}{s_1 - t_1} \le a(s).$$

양변에 극한 $s \to t_2 - 0$을 취하면

$$\frac{\varphi(s_1) - \varphi(t_1)}{s_1 - t_1} \le D_-\varphi(t_2)$$

이고, 또 양변에 극한 $s_1 \to t_1 + 0$을 취하면

$$D_+\varphi(t_1) \le D_-\varphi(t_2).$$

마찬가지로 $D_-\varphi(t_1) \le D_+\varphi(t_1)$이 성립한다. □

정리 A.1.4. $f : I \to \mathbb{C}^m$는 열린구간 I에서 오른쪽 (왼쪽) 미분가능하다고 한다. 그러면 $\|f(t)\|$도 I에서 오른쪽(왼쪽) 미분가능하고

$$|D_\pm\|f(t)\|| \le \|D_\pm f(t)\| \text{ (부호동순)}$$

가 성립한다.

증명 먼저 벡터값 함수 $ta+b\ (a,b \in \mathbb{R}^m)$ 에 대하여 연속함수

$$\varphi(t) = \|ta+b\|$$

가 볼록함수라는 것을 보이자. 사실, 임의의 $t, s \in \mathbb{R}$와 $\lambda, \mu \geq 0\ (\lambda+\mu=1)$ 에 대하여

$$\begin{aligned}\varphi(\lambda t+\mu s) &= \|(\lambda t+\mu s)a+b\| = \|\lambda(ta+b)+\mu(sa+b)\| \\ &\leq \lambda\|ta+b\|+\mu\|sa+b\| = \lambda\varphi(t)+\mu\varphi(s)\end{aligned}$$

가 성립한다. 따라서 φ는 볼록함수이다. 도움정리 A.1.1에 의해 φ는 오른쪽 미분가능하다.

다음으로 오른쪽 미분가능한 함수 $f : I \to \mathbb{C}^m$을 생각하자. 구간 I의 점 t를 택하고, $D_+f(t)=a,\ f(t)=b$라고 둔다. 노음에 관한 삼각부등식에 의해

$$\begin{aligned}\big|\|f(t+h)\|-\|f(t)\|-(\|ha+b\|-\|b\|)\big| &\leq \|f(t+h)-(ha+b)\| \\ &= \|f(t+h)-f(t)-hD_+f(t)\|.\end{aligned}$$

$$\lim_{h\to 0+}\frac{1}{h}\|f(t+h)-f(t)-hD_+f(t)\|=0$$

이므로

$$\lim_{h\to 0+}\left|\frac{\|f(t+h)\|-\|f(t)\|}{h}-\frac{\|ha+b\|-\|b\|}{h}\right|=0.$$

그리고 위의 함수 $\varphi(t)$를 택하면

$$\lim_{h\to 0+}\frac{\|ha+b\|-\|b\|}{h}=D_+\varphi(0)$$

이므로

$$\lim_{h\to 0+}\frac{\|f(t+h)\|-\|f(t)\|}{h}=D_+\varphi(0)$$

가 된다. 따라서 $\|f(t)\|$는 오른쪽 미분가능하다. 그리고

$$\left|\frac{\|f(t+h)\|-\|f(t)\|}{h}\right| \leq \left\|\frac{f(t+h)-f(t)}{h}\right\|$$

이므로 양변에 극한 $h\to 0+$를 취하면 다음 식

$$|D_+\|f(t)\|| \leq \|D_+f(t)\|$$

를 얻는다.

마지막으로, $f : I \to \mathbb{C}^m$가 왼쪽 미분가능하다고 하자. 그러면 $g(t)=f(-t)$로 놓으면, $g(t)$는 오른쪽 미분가능하다. 따라서 $\|g(t)\|=\|f(-t)\|$도 역시 오른쪽 미분가능하고 $|D_+\|g(t)\|| \leq \|D_+g(t)\|$이다. 한편 $D_+g(t)=-(D_-f)(-t),\ D_+\|g(t)\|=-(D_-\|f(-t)\|)$ 이므로 $|D_-\|f(-t)\|| \leq \|D_-f(-t)\|$가 성립한다. 그러므로 $-t$를 t로 바꾸면 $|D_-\|f(t)\|| \leq \|D_-f(t)\|$를 얻는다. □

3) 야코비 행렬

$x = {}^t(x_1, x_2, \cdots, x_n)$ 그리고 $D \subset \mathbb{R}^n$ 에서 정의된 함수 $f_i(x_1, x_2, \cdots, x_n)$를 $f_i(x)$, 벡터값 함수 ${}^t(f_1(x), f_2(x), \cdots, f_m(x))$를 $f(x)$로 표시한다. 즉

$$f(x) = \begin{pmatrix} f_1(x_1, \cdots, x_n) \\ \vdots \\ f_m(x_1, \cdots, x_n) \end{pmatrix}.$$

f의 x에 관한 편도함수를

$$D_x f(x) := \begin{pmatrix} \frac{\partial f_1}{\partial x_1} & \cdots & \frac{\partial f_1}{\partial x_n} \\ \vdots & \ddots & \vdots \\ \frac{\partial f_m}{\partial x_1} & \cdots & \frac{\partial f_m}{\partial x_n} \end{pmatrix} = \begin{pmatrix} \frac{\partial f}{\partial x_1} & \cdots & \frac{\partial f}{\partial x_n} \end{pmatrix}$$

이라고 정의한다. 경우에 따라 $D_x f(x)$를 $Df(x)$로 표시한다. 이 행렬을 $f(x)$의 x에 관한 $m \times n$ **야코비(Jacobi) 행렬**이라고 부른다. 야코비 행렬이 연속일 때 f는 (x에 관하여) C^1급이라고 말한다.

정리 A.1.5. U, V가 각각 $\mathbb{C}^l, \mathbb{C}^m$의 영역이고 함수 $f : U \to V$, $g : V \to \mathbb{C}^l$은 C^1급이라고 하자. 그러면 합성사상 $f \circ g : U \to \mathbb{C}^n$도 역시 C^1급이며, 야코비행렬 사이의 관계식은

$$D(f \circ g)(x) = D(f(g(x)))Dg(x), \ (x \in U)$$

이다.

정리 A.1.6. U, V가 $\mathbb{C}^m$의 영역이고, 함수 $f : U \to V$가 C^1급 미분동형사상이라고 하면 $Df(x), (x \in U)$는 정칙행렬이고

$$(Df(x))^{-1} = Df^{-1}(f(x)), \ (x \in U)$$

이다.

A.2 벡터값 함수의 유한증분의 정리

일반적으로 벡터값 함수에 평균값 정리는 성립하지 않는다. 예컨대 $f(t) = {}^t(\cos t, \sin t)$일 때 $f(\pi/2) - f(0) = f'(\theta)(\pi/2 - 0)$이 되는 $\theta \in (0, \pi/2)$는 존재하지 않는다.

평균값 정리를 대신하는 정리로서 적분형과 미분형의 유한증분의 정리가 있다.

영역(domain) $D \subset \mathbb{R}^m$은 연결이고 열린집합을 말한다. 영역 D가 닫힌집합이면 닫힌 영역이라고 부른다. 점 $x_0 \in \mathbb{R}^m$에 대하여 집합

$$\Omega := \{x \in \mathbb{R}^m \ : \ \|x - x_0\| \le b\} \subset \mathbb{R}^m$$

은 볼록집합이고 닫힌 영역이다.

먼저 적분형을 보자.

정리 A.2.1. **[유한증분(mean value theorem)의 정리]**
I는 열린구간, $D := I \times \Omega \subset \mathbb{R} \times \mathbb{R}^m$은 영역, $f : D \to \mathbb{R}^m$, $D_x f : D \to M_m(\mathbb{R})$은 연속, 그리고 임의의 두 점 $y, z \in \Omega$를 연결하는 선분이 Ω에 포함된다고 하자. 그러면

$$f(t, z) - f(t, y) = \int_0^1 D_x f(t, y + \theta(z - y)) d\theta (z - y)$$

가 성립한다.

증명 임의의 t를 고정한다. $G(\theta) = f(t, y + \theta(z - y))$라고 놓으면 벡터값 함수 $G(\theta)$는 C^1급이다. 따라서 이 함수를 θ에 관하여 미분하면 합성함수의 미분법에 의하여

$$\frac{d}{d\theta} G(\theta) = D_x f(t, y + \theta(z - y))(z - y), \quad 0 \leq \theta \leq 1$$

을 얻는다. 더욱이

$$G(1) - G(0) = \int_0^1 \frac{dG(\theta)}{d\theta} d\theta$$

이므로

$$f(t, z) - f(t, y) = \left(\int_0^1 D_x f(t, y + \theta(z - y)) d\theta \right) (z - y)$$

를 얻는다. □

다음으로 미분형을 보기 위해 다음 도움정리를 준비한다.

도움정리 A.2.1. 함수 $\varphi : [a, b] \to \mathbb{R}$는 연속이고, 오른쪽 및 왼쪽 미분가능하다고 하자. 그러면 다음 부등식을 만족하는 점 $s, t \in (a, b)$와 $s', t' \in (a, b)$가 존재한다.

$$D_- \varphi(s) \leq \frac{\varphi(b) - \varphi(a)}{b - a} \leq D_- \varphi(t), \quad D_+ \varphi(s') \leq \frac{\varphi(b) - \varphi(a)}{b - a} \leq D_+ \varphi(t').$$

증명 먼저 $\varphi(a) = \varphi(b)$인 경우를 생각하자. 모든 $x \in [a, b]$에 대하여 $\varphi(x) = \varphi(a) = \varphi(b)$이면 분명히 도움정리가 성립한다. 다음으로 $\varphi(r) > \varphi(a) = \varphi(b)$인 $r \in (a, b)$가 존재한다고 하자. $\alpha \in (\varphi(a), \varphi(r))$이라 하고

$$s = \inf\{x \in [a, r] \ : \ \varphi(x) \geq \alpha\}, \quad s' = \sup\{x \in [a, r] \ : \ \varphi(x) \leq \alpha\}$$

$$t = \sup\{x \in [r, b] \ : \ \varphi(x) \geq \alpha\}, \quad t' = \inf\{x \in [r, b] \ : \ \varphi(x) \leq \alpha\}$$

라고 놓으면 $s, s', t, t' \in (a, b)$이고, φ는 연속함수이므로

$$\varphi(s) = \varphi(s') = \varphi(t) = \varphi(t') = \alpha.$$

$a \leq x < s$이면, $\varphi(x) < \alpha = \varphi(s)$이므로 $(\varphi(x) - \varphi(s))/(x - s) > 0$이 성립한다. 따라서 $D_- \varphi(s) \geq 0$.

$s' < x \le r$이면, $\varphi(x) > \alpha = \varphi(s')$이므로 $(\varphi(x) - \varphi(s'))/(x - s') > 0$이 성립한다. 따라서 $D_+\varphi(s') \ge 0$.

$t < x \le b$이면, $\varphi(x) < \alpha = \varphi(t)$이므로 $(\varphi(x) - \varphi(t))/(x - t) < 0$이 성립한다. 따라서 $D_+\varphi(t) \le 0$.

$r < x < t'$이면, $\varphi(x) > \alpha = \varphi(t)$이므로 $(\varphi(x) - \varphi(t'))/(x - t') < 0$이 성립한다. 따라서 $D_-\varphi(t') \le 0$.

이를 종합하면

$$D_-\varphi(t') \le 0 \le D_-\varphi(s), \;\; D_+\varphi(t) \le 0 \le D_+\varphi(s')$$

를 얻으며 도움정리가 성립한다. 물론 $\varphi(r) < \varphi(a) = \varphi(b)$인 r 이 존재하는 경우도 마찬가지로 증명된다.

마지막으로, $\varphi(a) \ne \varphi(b)$인 경우는

$$f(x) = \varphi(x) - \left(\varphi(a) + \frac{\varphi(b) - \varphi(a)}{b - a}(x - a)\right)$$

라고 놓으면, $f(a) = f(b)$이고,

$$D_\pm f(x) = D_\pm\varphi(x) - \frac{\varphi(b) - \varphi(a)}{b - a}.$$

따라서 $f(x)$에 대하여 도움정리가 성립하며, $\varphi(x)$에 대해서도 도움정리가 성립한다. □

따름정리 A.2.1. φ는 도움정리 A.2.1과 같다고 하자. 그러면 $D_+\varphi(x) \le 0$ $(x \in [a, b])$ 일 때 $\varphi(x)$는 $[a, b]$에서 비증가함수이고, $D_+\varphi(x) \ge 0$ $(x \in [a, b])$이면 $\varphi(x)$는 $[a, b]$에서 비감소함수이다. $D_-\varphi(x)$의 경우도 마찬가지이다.

정리 A.2.2. (유한증분의 정리) I는 열린구간, $D := I \times \Omega \subset \mathbb{R} \times \mathbb{R}^m$은 영역이고, $f : D \to \mathbb{R}^m$, $D_x f : D \to M_m(\mathbb{R})$은 연속, 그리고 임의의 두점 $y, z \in \Omega$를 연결하는 선분이 Ω에 포함된다고 하자. 그러면

$$\|f(t, z) - f(t, y)\| \le \|D_x f(t, y + \theta(z - y))\| \, \|z - y\|, \;\; \theta \in (0, 1).$$

증명 임의의 $t \in I$를 고정하고 $\varphi(s) = \|f(t, y + s(z - y)) - f(t, y)\|$, $(0 \le s \le 1)$라고 놓자. 그러면 $\|f(t, z) - f(t, y)\| = \varphi(1) - \varphi(0)$이다. $D_x f : D \to M_m(\mathbb{R})$은 연속이므로 $f(t, y + s(z - y))$는 s에 관하여 연속미분가능하고

$$\frac{d}{ds} f(t, y + s(z - y)) = D_x f(t, y + s(z - y))(z - y), \;\; 0 \le s \le 1.$$

정리 A.1.4에서 보듯이 $\varphi(t)$는 오른쪽 도함수를 가지며, 부등식

$$\begin{aligned} |D_+\varphi(s)| &\le \left\| \frac{d}{ds} f(t, y + s(z - y)) \right\| \\ &= \|D_x f(t, y + s(z - y))(z - y)\| \end{aligned}$$

$$\le \|D_x f(t, y+s(z-y))\| \, \|z-y\|$$

가 성립한다. 도움정리 A.2.1에 의해 $\varphi(1)-\varphi(0) \le D_+\varphi(\theta)$ 인 $\theta \in (0,1)$ 이 존재한다. 그러므로 원하는 부등식을 얻는다. □

A.3 연속함수공간

여기서 I는 닫힌 유계구간이라고 한다. I에서 정의된 연속함수공간의 부분집합이 상대컴팩트이기 위한 조건을 증명없이 언급한다.

연속인 벡터값 함수 $f: I \to \mathbb{K}^m$ 전체를 $C(I, \mathbb{K}^m)$ 으로 표시하고 잘 알려진 연산을 쓰면 선형공간이 된다. 그리고 $f \in C(I, \mathbb{K}^m)$ 에 대하여 노음을

$$\|f\| = \max_{t \in I} \|f(t)\|$$

라고 정의하면 바나흐 공간이 된다. 구간 I를 강조할 때 $\|f\|$를 $\|f(t)\|_I$ 로 표기한다. 위 노음에 의한 수렴은 I 위에서 고른 수렴과 동치이다.

정의 A.3.1. A를 노음공간 X 의 부분집합이라 하자. A 의 임의의 열이 X 의 어떤 원소에 수렴하는 부분열을 가질 때 부분집합 A를 **상대컴팩트 (relatively compact) 집합**이라고 부르며, 특히, 수렴하는 부분열의 모든 극한이 A 의 원소이면, A를 **컴팩트 (compact) 집합**이라고 부른다.

A가 상대컴팩트 집합이면 A의 닫힘 $\overline{A}$는 컴팩트 집합이 된다.

정의 A.3.2. $\{f_n\} \subset C(I, \mathbb{K}^m)$ 이라고 하자.

1) $\{f_n\}$가 I 위에서 **고르게 유계 (uniformly bounded)**라는 것은 적당한 $M > 0$이 존재하고 모든 $n \in \mathbb{N}$에 대하여

$$\|f_n\| := \max_{t \in I} \|f_n(t)\| \le M$$

이 성립하는 것이다.

2) $\{f_n\}$가 I 위에서 **동등연속 (equicontinuous)**이라는 것은 임의의 $\varepsilon > 0$에 대하여 적당한 양수 $\delta(\varepsilon) > 0$이 존재하고, $|t_1 - t_2| < \delta(\varepsilon)$, $t_1, t_2 \in I$ 이면 모든 $n \in \mathbb{N}$에 대하여

$$\|f_n(t_1) - f_n(t_2)\| < \varepsilon$$

이 성립하는 것이다.

보기 A.3.1 함수족 $\{\frac{1}{n}x^n\}$은 $[0,1]$ 위에서 고르게 유계이고 동등연속이다.

$C(I, \mathbb{K}^m)$ 의 부분집합이 상대컴팩트 집합이기 위한 판정기준인 **아르첼라–아스콜리 (Arzela–Ascoli) 정리**를 언급한다.

정리 A.3.1. (아르첼라–아스콜리 정리) I는 유계닫힌구간 그리고 $A = \{f_n\} \subset C(I, \mathbb{K}^m)$ 이라고 하자. A가 상대컴팩트 집합이기 위한 필요충분조건은 A가 I에서 고르게 유계이고 동등연속인 것이다.

샤우더(Schauder) 부동점 정리를 서술하자. X가 노음공간일 때 연속사상 $f : X \to X$에 대하여 x가 $f(x) = x$를 만족한다면 x를 f의 **부동점(fixed point)**이라고 말한다.

정리 A.3.2. (샤우더 부동점 정리) X를 노음공간, $\Omega \subset X$를 유계인 볼록집합이라고 하자. f가 Ω에서 컴팩트 집합 $K \subset \Omega$로 가는 연속사상이면 f는 Ω 안에 부동점을 가진다.

부록 B 미분방정식의 해의 존재성과 유일성

여기서는 미분방정식의 해의 존재성과 유일성, 연장불가능한 해의 존재성 등을 다룬다.

B.1 조른의 도움정리

미분방정식의 기초 정리는 집합론에서의 조른의 도움정리와 많이 관계된다.

정의 B.1.1. 집합 X 상의 2 항관계 R이 다음 조건을 만족할 때 R을 X에서의 **순서관계 (partially ordered relation)**라고 부른다.

(1) 임의의 x에 대하여 xRx이다.

(2) xRy이고 yRx이면, $x = y$이다.

(3) xRy, yRz이면, xRz이다.

순서관계 R을 $\prec$라고 표시하며, 집합 X에 순서관계 $\prec$가 도입되면 **순서집합(partially ordered set)**이라 부르고 $(X, \prec)$로 표기한다. $x \prec y$를 x는 y보다 작다, 또는 y는 x보다 크다고 말한다. 특히, 임의의 $x, y \in X$에 대하여

$$x \prec y, \text{ 또는 } y \prec x$$

가 성립할 때 순서집합 $(X, \prec)$를 **전순서집합(totally ordered set)**이라고 부른다.

정의 B.1.2. 순서집합 $(X, \prec)$의 부분집합 $B \subset X$에 대하여,

(1) 어떤 $a \in B$가 존재하고, 모든 $x \in B$에 대하여 $x \prec a$ $(a \prec x)$가 성립할 때, a를 B의 **최대(최소) 원소(maxima(minimal)l element)**라고 부르며 기호 $\max B$ $(\min B)$로 나타낸다.

(2) $a \in B$에 대하여 $a \prec x$ $(x \prec a), a \neq x$인 $x \in B$가 존재하지 않으면 a는 B의 **극대(극소) 원소(maximal(minimal) element)**라고 부른다.

(3) 어떤 $a \in X$가 존재하고, 모든 $x \in B$에 대하여 $x \prec a$ $(a \prec x)$가 성립한다면, B는 순서관계 $\prec$에 관하여 위로 (밑으로) 유계라고 말하며, a를 B의 **상계(upper bound)(하계(lower bound))**라고 부른다.

이제 조른의 도움정리를 서술하자.

도움정리 B.1.1. (조른(Zorn)의 도움정리) 순서 집합$(X, \prec)$의 임의의 전순서부분집합이 위로 유계이면 반드시 X 안에 극대원소가 존재한다.

B.2 국소적 해의 존재성과 연장불가능한 해의 존재성

먼저 정규미분방정식과 해의 개념을 서술한다.

$D \subset \mathbb{R} \times \mathbb{R}^m$는 열린집합이고 $f_i : D \to \mathbb{R}$, $i = 1, 2, \cdots, m$은 연속이라고 하자. 그러면

$$\begin{cases} \dfrac{dx_1}{dt} &= f_1(t, x_1, x_2, \cdots, x_m) \\ \dfrac{dx_2}{dt} &= f_2(t, x_1, x_2, \cdots, x_m) \\ \vdots & \\ \dfrac{dx_m}{dt} &= f_m(t, x_1, x_2, \cdots, x_m) \end{cases} \tag{B.2.1}$$

을 **정규미분방정식(normal differential equation)**이라고 부른다.

$$x = {}^t(x_1, x_2, \cdots, x_m),\ f(t,x) = {}^t(f_1(t,x), f_2(t,x), \cdots, f_m(t,x)$$

로 표시하면 비선형미분방정식 (B.2.1) 은 다음과 같이 표기된다.

$$\frac{dx}{dt} = f(t, x). \tag{B.2.2}$$

방정식 (B.2.2)의 해의 개념을 정식화하자.

정의 B.2.1. I를 열린구간이라고 하자. $\varphi = {}^t(\varphi_1, \cdots, \varphi_m) : I \to \mathbb{R}^m$이 다음 세 가지 성질을 만족할 때 방정식 (B.2.2)의 해라고 부른다.

(1) $\varphi(t)$는 I에서 연속미분가능한 함수,

(2) 모든 $t \in I$에 대하여 $(t, \varphi(t)) \in D$,

(3) 모든 $t \in I$에 대하여 $\varphi'(t) \equiv f(t, \varphi(t))$를 만족한다.

특히, $\varphi(t)$가 초기조건 $\varphi(\sigma_0) = w_0$, $(\sigma_0, w_0) \in D$를 만족할 때 초기조건 $\varphi(\sigma_0) = w_0$를 만족하는 (또는 초기점 $(\sigma_0, w_0) \in D$를 지나는) 방정식 (B.2.2)의 **해(solution)**라고 부른다.

도움정리 B.2.1. 함수 $\varphi(t) : I \to \mathbb{R}^m$이 초기점 (σ_0, w_0)를 지나는 방정식 (B.2.2)의 해이기 위한 필요충분조건은 함수 $\varphi(t)$가 적분방정식

$$x(t) = w_0 + \int_{\sigma_0}^{t} f(s, x(s))ds$$

의 연속해인 것이다.

초기조건 $\varphi(\sigma_0) = w_0$를 만족하는 방정식 (B.2.2)의 해를 $\varphi(t; \sigma_0, w_0)$라고 표시한다.

점 $(\sigma, w) \in \mathbb{R} \times \mathbb{R}^m$의 닫힌 근방 $D(\sigma, w; a, r)$을

$$D(\sigma, w; a, r) := \{(t, x) : |t - \sigma| \le a, \|x - w\| \le r\}$$

라고 정의한다. 그리고

$$\alpha := \alpha(\Omega) = \min\{a, r/M\}, M = \sup\{\|f(t,x)\| : (t,x) \in \Omega := D(\sigma_0, w_0; a, r)\} \tag{B.2.3}$$

라고 둔다.

미분방정식의 국소적 해의 존재에 관한 정리는 다음과 같다.

정리 B.2.1. $f : D \to \mathbb{R}^m$ 이 열린집합 $D \subset \mathbb{R} \times \mathbb{R}^m$ 에서 연속이라고 가정하자. 그러면 임의의 초기점 $(\sigma_0, w_0) \in D$를 지나는 방정식 (B.2.2)의 해가 국소적으로 존재한다. 즉 적당한 닫힌 근방 $\Omega := D(\sigma_0, w_0; a, r) \subset D$, $a, r > 0$이 존재하고 초기점 $(\sigma_0, w_0) \in D$를 지나는 방정식 (B.2.2)의 해가 $I := [\sigma_0 - \alpha(\Omega), \sigma_0 + \alpha(\Omega)]$에서 존재한다. 여기서 $\alpha(\Omega)$는 (B.2.3)에서 주어졌다.

증명 초기점 (σ_0, w_0)에 대하여 $\Omega := D(\sigma_0, w_0; a, r) \subset D$가 되도록 $a, r > 0$을 택하자. 이때 $(B.2.3)$과 같이 M, α를 택하고 $C(I, \mathbb{R}^m)$의 유계 닫힌 볼록집합 $B := B(w_0 : r) = \{w \in C(I, \mathbb{R}^m) : \|w - w_0\| \le r\}$을 정의한다. B 위에서의 사상 F를

$$F(x)(t) = w_0 + \int_{\sigma_0}^{t} f(s, x(s))ds$$

라고 정의하면, F는 $F : B \to B$이고 연속사상이다. 사실, $x \in B$이면

$$\max_{t\in I} \|F(x)(t) - w_0\| \le \max_{t\in I} \left| \int_{\sigma_0}^{t} \|f(s, x(s))\|ds \right| \le M \max_{t\in I} |t - \sigma_0| \le r, \tag{B.2.4}$$

즉, $F(x) \in B$이다. 그리고 f는 Ω에서 고른연속이므로 임의의 $\varepsilon > 0$에 대하여 $\delta > 0$이 존재하여 $\|x - y\| < \delta, x, y \in B$이면 $\|f(t, x(t)) - f(t, y(s))\| < \varepsilon/\alpha$이 성립한다. 따라서

$$\|F(x) - F(y)\| \le \max_{t\in I} \left| \int_{\sigma_0}^{t} \|f(s, x(s)) - f(s, y(s))\|ds \right| < \alpha\frac{\varepsilon}{\alpha} = \varepsilon$$

이 성립한다. 즉, $F : B \to B$는 연속사상이다.

다음으로 $F(B)$가 고르게 유계이고 동등연속임을 보이자. 사실, 고른 유계성은 (B.2.4)로부터 분명하고 동등연속성은

$$\|F(x)(t) - F(x)(s)\| \le \left| \int_{s}^{t} \|f(s, x(s))\|ds \right| < M|t - s|$$

로부터 분명하다. 따라서 아르첼라–아스콜리의 정리에 의해 $F(B)$는 상대컴팩트 집합이므로 닫힘 $\overline{F(B)} \subset B$는 컴팩트 집합이다. 그러므로 정리 A.3.2로부터 F는 B 안에 부동점을 가진다. 도움정리 B.2.1에 의해 얻어진 부동점은 초기점 $(\sigma_0, w_0) \in D$를 지나는 방정식 (B.2.2)의 해이다. □

위 정리의 증명법으로 함수근사열(예컨대, 코시(Cauchy)의 근사열)을 구성하여 증명하는 방법이 있으나 복잡성을 피하기 위해 위의 증명법을 사용했다.

위의 해의 존재정리부터 두 가지 문제가 제기된다.

첫째는 해의 연장 문제 : 현실은 초기값 (σ_0, w_0)을 지나는 미분방정식 (B.2.2)의 해는 보다 넓은 범위에서 존재한다. 따라서 해를 연장해야 하며 또 어디까지 연장할 수 있는가 하는 문제가 제기된다.

둘째는 해집합의 구조 문제 : 해가 많이 있는가 또는 하나만인가, 해가 많으면 어느 정도 많은가 하는 문제가 제기된다.

먼저 첫째 문제를 다루기로 하자.

정의 B.2.2. $\varphi : I \to \mathbb{R}^m, \psi : J \to \mathbb{R}^m$을 방정식 (B.2.2)의 해라고 하자. 그러면

(1) $I \subset J, I \neq J$

(2) $\varphi(t) = \psi(t)\ (t \in I)$

를 만족할 때 $\psi(t)$를 $\varphi(t)$ **의 연장해(continued solution)**라고 말한다. 그리고 $\varphi(t)$의 연장해가 존재하면 $\varphi(t)$는 **연장가능한 해(continuable solution)**라고 말한다. 물론, 왼쪽 또는 오른쪽 연장가능한 해도 정의된다. 특히, $\varphi(t)$가 연장해를 가지지 않을 때 **연장불가능한 해 (noncontinuable solution)**라고 말한다. 달리 말하면, 연장할 수 있는데까지 연장한 해라는 뜻이다.

미분방정식 (B.2.2)의 해 φ의 정의역을 J_φ로 표기한다.

연장불가능한 해의 존재성에 대하여서는 직관적으로는 자명하지만, 엄격히 증명하려고 하면 조른의 도움정리가 필요하게 된다.

정리 B.2.2. $D \subset \mathbb{R} \times \mathbb{R}^m$이 열린집합이고 $f : D \to \mathbb{R}^m$이 연속이라고 하자. 방정식 (B.2.2)의 임의의 해 $\varphi_0 : J_{\varphi_0} \to \mathbb{R}^m$에 대하여 φ_0의 연장불가능한 해가 존재하며, 그 정의역은 열린구간이다.

증명 φ_0를 연장가능한 해라고 가정하고 $\mathcal{F}$를 φ_0의 연장해 전체의 집합이라고 하자. φ_0가 연장가능한 해이므로 $\mathcal{F} \neq \emptyset$이다. 임의의 $\psi \in \mathcal{F}$에 대하여

$$G(\psi) = \{(t, \psi(t)) : t \in J_\psi\}$$

라고 둔다. 해 ψ_2가 해 ψ_1의 연장해라는 것은 $G(\psi_1) \subsetneq G(\psi_2)$가 성립하는 것이다. 집합 $\mathcal{F}$에 순서관계를 다음과 같이 도입한다.

$\psi_1, \psi_2 \in \mathcal{F}$에 대하여

$$\psi_1 \prec \psi_2 \iff G(\psi_1) \subset G(\psi_2)$$

라고 정의한다. 그러면 $(\mathcal{F}, \prec)$는 순서집합이 된다. $G(\psi_1) \subset G(\psi_2)$이면 $J_{\psi_1} \subset J_{\psi_2}$이다.

전순서부분집합 $\mathcal{F}' \subset \mathcal{F}$에 대하여

$$J = \cup\{J_\psi : \psi \in \mathcal{F}'\}$$

라고 둔다. J는 J_{φ_0}을 포함하는 구간이다. 사실, $t_1, t_2 \in J, t_1 < t_2$라고 하면, $t_1 \in J_{\psi_1}$, $t_2 \in J_{\psi_2}$인 $\psi_1, \psi_2 \in \mathcal{F}'$이 존재한다. $\mathcal{F}'$은 전순서부분집합이므로 $\psi_1 \prec \psi_2$, 도는 $\psi_2 \prec \psi_1$이 성립한다. $\psi_1 \prec \psi_2$라고 하면, $J_{\psi_1} \subset J_{\psi_2}$이며, 따라서 $t_1, t_2 \in J_{\psi_2}$이다. J_{ψ_2}는 구간이므로,

t_1 와 t_2 사이의 모든 점 t는 J_{ψ_2} 의 점이다. 따라서 $t \in J$ 이다. $\psi_2 \prec \psi_1$ 인 경우도 마찬가지로 $t \in J$ 이다. 그러므로 J는 구간이며, J_{φ_0} 를 포함한다.

다음으로 $\mathcal{F}'$ 이 상계를 가진다는 것을 확인하자. 임의의 $t \in J$ 에 대하여 $t \in J_\psi$ 인 $\psi \in \mathcal{F}'$ 이 존재하는 것은 물론이지만, 다른 $\varphi \in \mathcal{F}'$ 이 존재할 수 있다. 이 경우 $\mathcal{F}'$ 이 전순서부분집합이므로, $\psi \prec \varphi$, 또는 $\varphi \prec \psi$가 성립한다. 따라서 $\psi(t) = \varphi(t)$ 이다. 따라서 $t \in J$ 에 대하여 $t \in J_\psi, \psi \in \mathcal{F}'$ 인 ψ를 써서, $\psi^*(t) = \psi(t)$ 라고 놓으면, J 에서 정의된 함수 ψ^* 를 정의할 수 있다. 그러면 ψ^* 는 미분방정식 (B.2.2)의 해이다. 사실, $s \in J$ 에 대하여 $s \in J_\varphi$ 인 $\varphi \in \mathcal{F}'$ 을 택한다. $\psi^*(t) = \varphi(t), t \in J_\varphi$ 이므로, ψ^* 는 J_φ 에서 미분방정식 (B.2.2)를 만족하며, 따라서 J 에서 ψ^* 는 미분방정식 (B.2.2)를 만족한다. 그리고 분명히 모든 $\varphi \in \mathcal{F}'$ 에 대하여 $\varphi \prec \psi^*$ 이다. 이는 ψ^* 이 $\mathcal{F}'$ 의 상계라는 것을 의미한다.

따라서 조른의 도움정리에 의해 $\mathcal{F}$ 안에 극대원소가 존재한다. 이 극대원소는 방정식 (B.2.2)의 연장불가능한 해이고 φ_0 의 연장해이다.

연장불가능한 해를 ϕ라고 표시하자. ϕ의 정의역 J_ϕ가 오른쪽 끝점 t_1 을 포함하고 있다면 $(t_1, \varphi(t_1))$은 열린집합 D의 점이므로, D의 안점이다. 따라서 해의 존재정리 B.2.1로부터 $(t_1, \varphi(t_1))$을 지나는 해가 존재하며 따라서 연장해가 존재한다. 이것은 모순이다. 따라서 J_ϕ 는 오른쪽 끝점을 포함하지 않는다. 마찬가지로 왼쪽 끝점도 포함하지 않는다. 따라서 J_ϕ 는 열린구간이다. □

주 B.2.1. $\psi : (a, b) \to \mathbb{R}^m$ 을 연장불가능한 해라고 하면 $t \to b - 0$ 일 때 $(t, \psi(t))$는 f 의 정의역 D의 경계 ∂D에 접근하는 것을 주목하자.

도움정리 B.2.2. $D \subset \mathbb{R} \times \mathbb{R}^m$ 이 열린집합이고 $f : D \to \mathbb{R}^m$ 이 연속이라고 하자. 그리고 $\Omega := D(\sigma_0, w_0; a, r) \subset D$ 라고 놓자. 그러면 초기점 (σ_0, w_0)를 지나는 모든 연장불가능한 해 ψ의 정의역 J_ψ 는 구간 $[\sigma_0 - \alpha, \sigma_0 + \alpha]$를 포함한다. 여기서 α는 (B.2.3) 에서 주어졌다.

증명 초기점 (σ_0, w_0)를 지나는 임의의 연장불가능한 해 ψ에 대하여

$$\beta = \sup\{t - \sigma_0 \ : \ \sigma_0 \le s \le t \Longrightarrow (s, \psi(s)) \in \Omega\}$$

라고 둔다. 이 때 $\sigma_0 + \beta < \sup J_\psi$ 가 성립한다. 이를 확인하기 위해 $\sigma_0 + \beta = \sup J_\psi$ 라고 가정하자. $\|f(t, \psi(t))\| \le M, t \in [\sigma_0, \sigma_0 + \beta)$ 이므로 $\sigma_0 \le s < t < \sigma_0 + \beta$에 대하여

$$\|\psi(t) - \psi(s)\| \le \int_s^t \|f(r, \psi(r))\| dr \le M(t - s).$$

따라서 $\lim_{t \to \sigma_0 + \beta} \psi(t) = \psi(\sigma_0 + \beta)$가 성립한다. 이것은 가정과 모순이다. 따라서 $(\sigma_0 + \beta, \psi(\sigma_0 + \beta)) \in \Omega$ 이다.

이제 $\alpha \le \beta$ 임을 보이자. 이를 위해 $\beta < \alpha$ 라고 가정하자. 그러면

$$\|\psi(\sigma_0 + \beta) - \psi(\sigma_0)\| \le \int_{\sigma_0}^{\sigma_0 + \beta} \|f(t, \psi(t))\| dt \le M\beta < M\frac{r}{M} = r.$$

이는 점 $(\sigma_0+\beta, \psi(\sigma_0+\beta))$가 Ω의 안점이라는 뜻이다. 따라서 해의 존재정리 B.2.1에 의해 $\psi(t)$는 $\sigma_0+\beta$의 오른쪽으로 연장되고 Ω에 머물게 된다. 이것은 β의 정의에 어긋나게 된다. □

관련된 또 하나의 정리를 증명하기 위해 다음 도움정리를 준비하자.

도움정리 B.2.3. $\mathbb{R}^m$의 부분집합 K, F가 있어서 K는 유계 닫힌집합, F는 닫힌집합이고 $K \cap F = \emptyset$라고 하자. 그러면

$$\inf\{\|x-y\| \;:\; x \in K, y \in F\} > 0.$$

증명 결론이 성립하지 않는다고 가정하면 K의 점열 $\{x_i\}$와 F의 점열 $\{y_i\}$가 존재하여, $\lim_{i\to\infty}\|x_i - y_i\| = 0$이 성립한다. K는 유계 닫힌집합이므로 K의 적당한 점 x에 수렴하는 부분열 $\{x_{i(j)}\}_j$ 가 존재한다. 그러면 $\{y_{i(j)}\}$도 x에 수렴한다. F가 열린집합이므로 $x \in F$이고 $x \in K \cap F$이다. 이것은 가정과 어긋난다. □

정리 B.2.3. $D \subset \mathbb{R} \times \mathbb{R}^m$은 열린집합이고 $f : D \to \mathbb{R}^m$은 연속이라고 하자. $K_0 \subset D$가 유계 닫힌집합일 때 적당한 $\alpha > 0$이 존재하여 K_0 안의 임의의 점 (σ_0, w_0)를 초기점으로 하는 방정식 (B.2.2)의 모든 연장불가능한 해의 정의역은 적어도 $[\sigma_0-\alpha, \sigma_0+\alpha]$를 포함한다.

증명 $K_0 \cap D^c = \emptyset$이므로 도움정리 B.2.3에 의해

$$K := \cup_{(s,y)\in K_0} D(s, y; a, r) \subset D$$

가 되는 $a,\ r > 0$이 존재한다. 분명하게 K는 유계 닫힌집합이다. 정리의 결론인 $\alpha > 0$의 존재성을 보이기로 하자. 위에서 얻은 a, r을 써서 $\alpha = \min\{a, r/M\}$이라고 정의하면 이것이 구하려는 α이다. 여기서 $M = \max\{\|f(t,x)\| : (t,x) \in K\}$. 사실, 임의의 점 $(t_0, x_0) \in K_0$를 잡자. M 과 $D(\sigma_0, w_0; a, r)$을 이용하면, 도움정리 B.2.2에 의해(σ_0, w_0)를 지나는 방정식 (B.2.2)의 모든 연장불가능한 해의 정의역은 적어도 구간 $[\sigma_0-\alpha, \sigma_0+\alpha]$를 포함한다. □

B.3 해 집합족과 해의 유일성

둘째 문제인 유일성을 다루기로 하자. 먼저 초기점을 지나는 방정식 (B.2.2)의 해가 유일하지 않은 경우를 보자. 집합 $B \subset \mathbb{R}^m$이 연속체라는 것은 닫힌집합이고 연결집합이라는 뜻이다.

$\Omega := \{(t,x) : \sigma_0 \le t \le \sigma_0 + a, \|x - w_0\| \le r\}$이고, 연속함수 $f : \Omega \to \mathbb{R}^m$은 Ω에서 유계, 즉 $M = \sup\{\|f(t,x)\| : (t,x) \in \Omega\} < \infty$, 그리고 $\alpha = \min\{a, r/M\}$이라고 하자. 그리고 초기점 $(\sigma_0, w_0) \in D$를 지나는 방정식 (B.2.2)의 오른쪽으로 연장불가능한 해전체의 집합을 $\mathcal{F}^+$라고 표시하자. 그러면 도움정리 B.2.3에 의해 모든 $\varphi \in \mathcal{F}^+$에 대하여 $[\sigma_0, \sigma_0+\alpha] \subset J_\varphi$이다.

$$S = \{(t, \varphi(t)) \;:\; \varphi \in \mathcal{F}^+,\ t \in [t_0, t_0+\alpha]\},$$

그리고

$$S(c) = \{(c, \varphi(c)) : \varphi \in \mathcal{F}^+\},\ \ c \in [\sigma_0, \sigma_0+\alpha]$$

라고 둔다. 다음 결과는 **크네저(Kneser) 정리**로 알려져있다.

정리 B.3.1. S와 $S(c)$는 연속체이다.

다음으로 초기점을 지나는 방정식 (B.2.2)의 해가 유일하기 위한 조건을 보자.

정의 B.3.1. f가 D에서

$$\|f(t,x) - f(t,y)\| \le L\|x-y\| \ \ (t,x),\ (t,y) \in D$$

을 만족하는 상수 L이 존재할 때 f가 D에서 **립시츠(Lipschitz) 조건**을 만족한다, 또는 **립시츠 상수** L을 가진다고 말한다.

다음 결과는 정리 A.2.2로부터 쉽게 증명된다.

명제 B.3.1. 정리 A.2.2의 가정과 f가 D에서 $\|D_x f(t,x)\| \le L$을 만족하면 f는 D에서 립시츠 상수 L를 가진다.

$f : D \subset R \times R^m \to R^m$이 연속이고, 임의의 초기점 $(t_0, w_0) \in D$에 대하여 적당한 양수 a, r, L이 존재하고 초기점 (σ_0, w_0) 근방 $D(\sigma_0, w_0; a, r)$에서 부등식

$$\|f(t,x) - f(t,y)\| \le L\|x-y\| \ \ (t,x),\ (t,y) \in D(\sigma_0, w_0; a, r)$$

이 성립할 때 f는 D에서 **국소 립시츠 조건(locally Lipschitz condition)**을 만족한다고 말한다. 특히 모든 $(t,x), (t,y) \in D$에 대하여 위 부등식이 성립하면 f는 D에서 립시츠 조건을 만족한다고 말하고 L을 립시츠 상수라고 말한다.

가정

(S) $D \subset R \times R^m$은 영역이고, 함수 $f : D \to R^m$과 $D_x f : D \to M_m(\mathbb{R})$은 연속이다.

명제 B.3.2. 가정 (S)가 만족되면 f는 D에서 국소 립시츠 조건을 만족한다.

명제 B.3.3. D가 컴팩트집합일 때 f가 D에서 국소 립시츠 조건을 만족하면, f는 D에서 립시츠 상수를 가진다.

정리 B.3.2. $f : D \to \mathbb{R}^m$은 영역 $D \subset \mathbb{R} \times \mathbb{R}^m$에서 연속이고, 국소 립시츠 조건을 만족한다고 가정하자. 그러면 임의의 초기점 $(\sigma_0, w_0) \in D$을 지나는 방정식 (B.2.2)의 해가 국소적으로 존재하며 유일하다.

증명 $\Omega := D(\sigma_0, w_0; a, r) \subset D$가 되도록 양수 a, r을 택한다. Ω에서 f는 유계이므로 $\|f(t,x)\| \le M$이 되는 M가 존재한다. 지금 초기점 $(\sigma_0, w_0) \in D$를 지나는 방정식 (B.2.2)의 해는 유일하지 않다, 즉 서로 다른 두 해 $\varphi(t)$, $\psi(t)$, $|t - \sigma_0| \le \min\{a, r/M\}$이 존재한다고

가정하자. 그러면 Ω에서 부등식

$$\begin{aligned}\|\varphi(t)-\psi(t)\| &\le \left|\int_{\sigma_0}^{t}\|f(s,\varphi(s))-f(s,\psi(s))\|ds\right| \\ &\le M\left|\int_{\sigma_0}^{t}\|\varphi(s)-\psi(s)\|ds\right|\end{aligned}$$

가 성립한다. 그론월-벨만의 부등식을 사용하면 $\|\varphi(t)-\psi(t)\|=0$을 얻는다. 이는 가정과 어긋난다. □

위 결과와 관련하여 몇 가지 주의를 언급해 놓는다.

1. 해의 유일성에 관한 연구는 오랜 역사를 가지고 있으며, 해의 유일성에 관한 충분조건으로서, 오스굿(Osgood)의 정리, 나구모(南雲)의 정리, 캄케(Kamke)의 정리가 있으며, 필요충분조건으로서 오카무라 함수(본질적으로는 리아푸노프(Lyapunov) 함수와 같으나 독립적으로 고안)를 쓴 오카무라(岡村)의 정리가 있다.

2. 해가 유일하지 않은 경우, 초기점을 지나고 해집합족의 경계만을 지나는 해가 존재한다(후쿠하라(福原) 정리). 이는 스칼라 미분방정식인 경우 최대해, 최소해의 존재이다.

3. 방정식 (B.2.2)를 보다 일반적인 르벡 적분의 범주에서 취급할 수 있다.

마지막으로 연장불가능한 해의 존재의 간단한 응용으로서 정리 2.1.2를 일반화한 다음 비교정리를 주자.

스칼라 미분방정식

$$\frac{dx}{dt}=g(t,x) \tag{B.3.1}$$

를 고찰한다. 여기서 $g:D\to\mathbb{R}$은 연속이고, D는 $\mathbb{R}\times\mathbb{R}$의 열린집합이라고 한다.

정리 B.3.3. [비교정리(comparison theorem)] $\varphi:[t_0-a,t_0+a]\to\mathbb{R}$, $a>0$은 초기조건 $\varphi(t_0)=x_0$를 만족하는 방정식 (B.3.1)의 유일한 해라고 하면, 다음 결과가 성립한다.

1) 연속함수 $u:[t_0,t_0+a]\to\mathbb{R}$는 오른쪽 미분가능하면

$$(D_+u)(t)\le g(t,u(t)),\ u(t_0)\le x_0 \Longrightarrow u(t)\le\varphi(t),\ t\in[t_0,t_0+a].$$

2) 연속함수 $u:[t_0-a,t_0]\to\mathbb{R}$는 오른쪽 미분가능하면

$$(D_+u)(t)\le g(t,u(t)),\ u(t_0)\ge x_0 \Longrightarrow u(t)\ge\varphi(t),\ t\in[t_0-a,t_0].$$

3) 연속함수 $u:[t_0,t_0+a]\to\mathbb{R}$는 왼쪽 미분가능하면

$$(D_-u)(t)\ge g(t,u(t)),\ u(t_0)\ge x_0 \Longrightarrow u(t)\ge\varphi(t),\ t\in[t_0,t_0+a].$$

4) 연속함수 $u:[t_0-a,t_0]\to\mathbb{R}$는 왼쪽 미분가능하면

$$(D_-u)(t)\ge g(t,u(t)),\ u(t_0)\le x_0 \Longrightarrow u(t)\le\varphi(t),\ t\in[t_0-a,t_0].$$

증명 1)만을 증명하자.

$$h(t,x) = \begin{cases} g(t,x), & x \geq u(t) \\ g(t,u(t)), & x < u(t) \end{cases}$$

라고 놓으면, $h(t,x)$는 연속이다. $y : [t_0, t_0+\alpha) \to \mathbb{R}$을

$$\frac{dy}{dt} = h(t,y), \;\; y(t_0) = x_0$$

의 연장불가능한 해라고 하자. 임의의 $\varepsilon > 0$에 대하여 $y_\varepsilon(t) = y(t) + \varepsilon(t - t_0)$라고 놓으면 부등식 $u(t) \leq y_\varepsilon(t)$가 성립한다. 사실 그렇지 않다고 가정하자. 그러면 $y_\varepsilon(t_1) < u(t_1)$인 t_1이 존재한다.

$$\tau = \inf\{s \;:\; y_\varepsilon(t) < u(t),\; t \in (s, t_1]\}$$

이라고 놓으면 $t_0 \leq \tau$, $y_\varepsilon(\tau) = u(\tau)$ 및 $y_\varepsilon(t) < u(t)$, $t \in (\tau, t_1]$이 성립한다. 따라서 충분히 작은 양수 $h > 0$에 대하여

$$\frac{y_\varepsilon(\tau+h) - y_\varepsilon(\tau)}{h} < \frac{u(\tau+h) - u(\tau)}{h}$$

이므로, $h \to 0+$이면

$$y'_\varepsilon(\tau) \leq (D_+ u)(\tau)$$

를 얻는다. 위 식과 가정을 쓰면

$$y'(\tau) + \varepsilon = h(\tau, y(\tau)) + \varepsilon \leq (D_+ u)(\tau) \leq g(\tau, u(\tau))$$

를 얻는다. 따라서

$$h(\tau, y(\tau)) < g(\tau, u(\tau)).$$

그런데 $y(\tau) \leq u(\tau)$이므로, $h(t,x)$의 정의에 의해

$$g(\tau, u(\tau)) < g(\tau, u(\tau)).$$

이것은 모순이다. 따라서 $u(t) \leq y_\varepsilon(t)$, $t \in [t_0, t_0+\alpha)$가 증명되었다. $\varepsilon > 0$이 임의이므로 $u(t) \leq y(t)$, $t \in [t_0, t_0+\alpha)$가 된다. 따라서 $h(t, y(t)) = g(t, y(t))$를 얻는다. 이는 $y(t)$가 방정식 (B.3.1)의 해라는 뜻이다. 해의 유일성으로부터 $y(t) = \varphi(t)$이다. 더욱이 $y(t)$가 연장불가능한 해이므로 $a \leq \alpha$가 된다. 따라서 결론 $u(t) \leq \varphi(t)$, $t \in [t_0, t_0+a]$를 얻는다. □

B.4 자율계 및 주기계의 해의 성질

마지막으로 자율계 및 주기계의 미분방정식의 해의 고유한 성질을 서술한다. 방정식 (B.2.2)에서 f가 t와 무관계할 때, 즉 $f(t,x) = f(x)$일 때 방정식 (B.2.2)를 **자율계(autonomous)의 미분방정식**이라고 부른다. 즉,

$$\frac{dx}{dt} = f(x) \tag{B.4.1}$$

의 형태의 방정식이다. 방정식 (B.2.2)에서, $f : \mathbb{R} \times D \subset \mathbb{R} \times \mathbb{R}^m \to \mathbb{R}^m$이 t에 관하여 τ-주기함수, 즉 $f(t+\tau, x) = f(t, x)$일 때 방정식 (B.2.2)를 **(τ-)주기계의 미분방정식**이라고 부른다.

자율계 및 주기계의 미분방정식의 해의 고유한 성질은 다음과 같이 주어진다.

성질 B.4.1. 1) (자율계) 함수 $\varphi : J \to \mathbb{R}^m$이 방정식 (B.4.1)의 해일 때 임의의 상수 c에 대하여

$$J_c = \{t \ : \ t + c \in J\}, \ \ \varphi_c(t) = \varphi(t+c) \ \ (t \in J_c)$$

라고 정의하면, $\varphi_c : J_c \to \mathbb{R}^m$도 방정식 (B.4.1)의 해이다.

2) (주기계) $\psi(t)$가 방정식 (B.2.2)의 해이면 $\psi_\tau(t) := \psi(t+\tau)$, $t \in \mathbb{R}$도 해이다.

증명 1) $t \in J_c$라고 하면, $t + c \in J$이다. 따라서 $\varphi_c(t)$는 정의된다. $\varphi(t)$는 방정식 (B.4.1)의 해이므로, $t \in J_c$에 대하여

$$\frac{d}{dt}\varphi_c(t) = \frac{d}{dt}\varphi(t+c) = f(\varphi(t+c)) = f(\varphi_c(t))$$

가 성립한다. 즉, $\varphi_c(t)$는 방정식 (B.4.1)의 해이다.

2)

$$\frac{d}{dt}\psi_\tau(t) = \frac{d}{dt}\psi(t+\tau) = f(t+\tau, \psi(t+\tau)) = f(t, \psi_\tau(t))$$

가 성립한다. □

부록 C 초기값에 관한 해의 의존성

C.1 초기값에 관한 해의 연속성

초기값에 관한 해의 연속성에 관한 **캄케(Kamke)의 정리**를 서술하고 조른의 도움정리를 써서 증명한다.

정리 C.1.1. $f(t, x), f_n(t, x), n = 1, 2, \cdots$는 열린집합 $D \subset R \times R^m$에서 연속이라고 하고 $\varphi_n(t; \sigma_n, w_n)$, $t \in (\alpha_n, \beta_n)$은 미분방정식

$$\frac{d}{dt}x = f_n(t, x), \ \ x(\sigma_n) = w_n \tag{C.1.1}$$

의 연장불가능한 해라고 하자. 그리고 다음 가정을 만족한다고 하자.

1) 각 유계 닫힌집합 $\Omega \subset D$ 위에서 f_n은 f에 고르게 수렴한다.

2) $(\sigma, w) \in D$ 그리고 $(\sigma_n, w_n) \in D \to (\sigma, w)$ $(n \to \infty)$.

그러면 다음 성질 (1), (2)를 만족하는 적당한 부분렬 $\{\varphi_{n_k}(t; \sigma_{n_k}, w_{n_k})\} \subset \{\varphi_n(t; \sigma_n, w_n)\}$과 미분방정식

$$\frac{d}{dt}x = f(t, x), \ \ x(\sigma) = w \tag{C.1.2}$$

의 연장불가능한 해 $\varphi(t; \sigma, w), t \in J_\varphi := (\alpha, \beta)$가 존재한다.

(1)
$$\limsup_{k\to\infty} \alpha_{n_k} \le \alpha < \beta \le \liminf_{k\to\infty} \beta_{n_k}.$$

(1) $\{\varphi_{n_k}(t;\sigma_{n_k},w_{n_k})\}$는 각 유계닫힌구간 $I \subset (\alpha,\beta)$에서 $\varphi(t;\sigma,w)$에 고르게 수렴한다.

증명 3단계로 나누어 증명한다. 편의상, $f = f_0, \sigma = \sigma_0, w = w_0$라고 둔다. 그리고 필요에 따라 $\varphi_n(t;\sigma_n,w_n)$을 $\varphi_n(t)$로 표시한다.

1단계 : 적당한 유계닫힌구간 I와 양수 $B > 0$이 존재하여 모든 $n \in \mathbb{N}$에 대하여

(a) $\varphi_n(t)$는 σ를 안점으로 하는 유계닫힌구간 $I \subset J_{\varphi_n}$에서 정의되고,

(b) $\|\frac{d}{dt}\varphi_n(t)\| \le B,\ t \in I$

가 성립하는 것을 보이자.

점 (σ, w)는 D의 안점이고 $(\sigma_n, w_n) \in D \to (\sigma, w)$ $(n \to \infty)$이므로, 집합 $\{(\sigma_n, w_n)\} \cup \{(\sigma, w)\}$는 컴팩트이다. 따라서 도움정리 B.2.3에 의해 적당한 양수 $a > 0,\ r > 0$이 존재하고

$$D(\sigma_n, w_n; a, r) = \{(t, x)\ :\ |t - \sigma_n| \le a,\ \|x - w_n\| \le r\} \subset D,\ (n \in \mathbb{N}_0)$$

가 성립한다.

$K := \cup_{n\in\mathbb{N}_0} D(\sigma_n, w_n; a, r)$은 유계닫힌집합이므로

$$B = \sup_{n\in\mathbb{N}_0} \sup\{\|f_n(t,x)\| : (t,x) \in K\} < \infty.$$

$\gamma = \max\{a, r/B\} > 0$이라고 놓으면, $|t - \sigma_n| < \gamma$에서 모든 $\varphi_n(t)$가 존재한다. 따라서 임의의 $n \in \mathbb{N}$에 대하여 $\varphi_n(t)$는 $I \subset J_{\varphi_n}$에서 존재한다.

2단계 : 적당한 부분열 $\{n_k\}_{k\in\mathbb{N}} \subset \mathbb{N}$과 해 $\varphi(t;\sigma,w)$가 있어서

$$\|\varphi_{n_k}(t;\sigma_{n_k},w_{n_k}) - \varphi(t;\sigma,w)\|_I \to 0\ \ (k \to \infty)$$

이 성립한다는 것을 보이자.

열 $\{\varphi_n(t)\}$가 구간 I에서 고르게 유계인 것은 분명하다.

$$\|\varphi_n(t) - \varphi_n(s)\| \le \left|\int_s^t \|f(r, \varphi_n(r))\| dr\right| \le B|t - s|$$

이므로 $\{\varphi_n(t)\}$는 구간 I에서 동등연속이다. 따라서 아르첼라–아스콜리의 정리 A.3.1에 의해 적당한 부분열 $\{\varphi_{n_k}(t;\sigma_{n_k},w_{n_k})\}$가 I에서 고르게 수렴한다. 이 극한 함수를 $\varphi(t)$라고 표시하자. $\varphi(t)$가 방정식 (C.1.2)의 해임을 증명하는 것은 쉽다.

3단계 : 정리의 결론을 보이자.

다음 성질 (H)를 가진 (초기점 (σ, w)을 지나는) 방정식 (C.1.2)의 열린구간 J_φ에서 정의된 해 $\varphi(t;\sigma,w)$ 전체 집합을 $\mathcal{F}$라고 표시한다.

(H) $\{\varphi_n\}$의 적당한 부분열 $\{\varphi_{n_k}\}$가 있어서 임의의 유계닫힌구간 $I \subset J_\varphi$에서 고르게

$$\varphi_{n_k}(t;\sigma_{n_k}, w_{n_k}) \to \varphi(t;\sigma, w)\ (k \to \infty).$$

여기서 $\mathcal{F}$의 원소는 연장불가능한 해라고 말할수 없다는것을 주의해두자. 분명히 $\mathcal{F} \neq \emptyset$. $\mathcal{F}$에 정리 B.2.2와 마찬가지 순서 $\prec$를 도입하면, 순서집합이 된다. $\mathcal{F}' \subset \mathcal{F}$를 임의의 전순서집합이라 하고 $\mathcal{F}'$의 상계의 존재성을 보이자. 정리 B.2.2의 증명에서와 같이

$$J = \cup\{J_\psi : \psi \in \mathcal{F}'\}$$

이라고 놓자. J_ψ는 열린구간이므로 J도 열린구간이다. 임의의 $t \in J$에 대하여 $t \in J_\psi, \psi \in \mathcal{F}'$인 ψ를 써서 $\psi^*(t) = \psi(t)$라고 놓으면, J에서 정의된 함수 ψ^*가 잘 정의된다. 분명히 ψ^*는 초기점 (σ, w)를 지나는 방정식 (C.1.2)의 해이다.

$\psi^* \in \mathcal{F}$임을 증명하자. $J = (\alpha^*, \beta^*)$라고 표시하자. 그러면 $i = 1, 2, \cdots$에 대하여

$$\alpha_i = \alpha^* + 1/i,\ \beta_i = \beta^* - 1/i,\ I_i = [\alpha_i, \beta_i]$$

라고 놓고, $\alpha_i < \beta_i$를 가정한다. 분명히, $J = \cup_{i\in\mathbb{N}}\mathrm{int}I_i$이다. 그러면 $I_i \subset J_{\psi_i}, (i = 1, 2, \cdots)$인 $\psi_i \in \mathcal{F}'$이 존재한다. $\psi_i \in \mathcal{F}$이므로 성질 (H)에 의해 $\{\varphi_n\}$의 적당한 부분열 $\{\varphi_{n_k}\}$가 있어서 I_i에서 $\{\varphi_{n_k}\}$는 ψ_i에 고르게 수렴한다. $\psi_i = \psi^*$이므로

$$\|\varphi_{n_k}(t) - \psi^*(t)\| < 1/i\ \ (t \in I_i) \tag{C.1.3}$$

이 성립하는 φ_{n_k}가 무수히 존재한다. (C.1.3)을 만족하는 $\{n_k\}$ 중 하나를 $n(i)$로 표시하되, I_i에 따라 $n(1) < n(2) < \cdots$을 만족하도록 택한다. 그러면, $\{\varphi_{n(i)}\}$는 구간 J의 임의의 유계닫힌구간에서 ψ^*로 고르게 수렴한다. 따라서 $\psi^* \in \mathcal{F}$이고 분명히 $\mathcal{F}'$의 상계이다. 따라서 조른의 도움정리에 의해 $\mathcal{F}$에 극대원소 φ^*가 존재한다.

위에서 얻어진 극대원소 $\varphi^*(t)$가 방정식 (C.1.2)의 연장불가능한 해임을 보이자. $\varphi^* \in \mathcal{F}$이므로 성질 (H)를 만족하는 $\{n_k\}_{k\in\mathbb{N}} \subset \mathbb{N}$이 존재한다. $J_{\varphi^*} = (\alpha, \beta)$라고 놓자. $\beta = \infty$이면 증명이 끝난다. $\beta < \infty$라고 하자. 지금 $\varphi^*(t)$가 β의 오른쪽으로 연장이 가능하다고 가정하자. 그러면 $t \to \beta - 0$일 때 점 $(t, \varphi^*(t))$는 $(\beta, w^*) \in D$에 수렴한다. 따라서 적당한 부분열 $\{n_i := n_{k_i}\}_{i\in\mathbb{N}} \subset \{n_k\}$ 과 증가열 $\{\beta_i\}$가 있어서 $i \to \infty$일 때 $\beta_i \to \beta - 0$이고 $\varphi_{n_i}(\beta_i) \to w^*$가 성립한다. 사실,

$$\alpha < \alpha_i < \beta_i < \beta,\ \lim_{i\to\infty}\alpha_i = \alpha,\ \lim_{i\to\infty}\beta_i = \beta$$

와 같은 점열 $\{\alpha_i\}, \{\beta_i\}$를 택한다. 분명히 $I_i = [\alpha_i, \beta_i] \subset J_{\varphi^*}$이고 $J_{\varphi^*} = \cup_{i\in\mathbb{N}}\ \mathrm{int}I_i$이다. (C.1.3)을 유도한 방법으로

$$\|\varphi_{n(i)}(t) - \varphi^*(t)\| < 1/i,\ (t \in I_i)$$

을 만족하는 열 $\{n(i)\}$가 존재한다. $\xi_i = \varphi_{n(i)}(\beta_{n(i)})$라고 놓으면

$$\|\xi_i - w^*\| \le \|\xi_i - \varphi^*(\beta_{n(i)})\| + \|\varphi^*(\beta_{n(i)}) - w^*\| \le \tfrac{1}{i} + \|\varphi^*(\beta_{n(i)}) - w^*\|$$
$$\to 0\ \ (i \to \infty)$$

을 얻는다.

따라서 위의 증명방법을 되풀이하면 $\mathcal{F}$의 극대원소 ξ^*가 존재하며, 성질 (H)를 만족하는 $\{n_{i_m}\}_{m\in\mathbb{N}} \subset \{n_i\}$가 존재한다. 그리고 ξ^*는 초기점 (β, w^*)를 지나고 방정식 (C.1.2)의 해이고, 적어도 $[\beta, \beta+\eta] \subset J_{\xi^*}$인 $\eta > 0$이 존재한다. 함수 $\hat{\varphi}(t)$를

$$\hat{\varphi}(t) = \begin{cases} \varphi^*(t) & (t \in (\alpha, \beta)) \\ \xi^*(t) & (t \in [\beta, \beta+\eta]) \end{cases}$$

와 같이 정의하자. 그러면 임의의 유계닫힌구간 $I \subset (\alpha, \beta+\eta]$에서 $\{\varphi_{n_{i_m}}(t)\}$는 $\hat{\varphi}(t)$에 고르게 수렴한다. 따라서

$$\hat{\varphi} \in \mathcal{F},\ \varphi^* \prec \hat{\varphi},\ \varphi^* \neq \hat{\varphi}$$

가 성립한다. 이것은 φ^*가 극대원소라는 것과 모순이다. 따라서 $\varphi^*(t)$는 오른쪽으로 연장 불가능하다. 마찬가지로 $\varphi^*(t)$는 왼쪽으로도 연장이 불가능하다. 따라서 정리의 주장 (2)가 성립하며, 주장 (1)은 (2)로부터 쉽게 유도된다. □

따름정리 C.1.1. 정리 C.1.1에서 (σ, w)를 지나는 방정식 (C.1.2)의 연장불가능한 해 $\varphi(t;\sigma,w)$가 유일하면, $\{\varphi_n(t;\sigma_n,w_n)\}$은 각 유계닫힌구간 $I \subset J_\varphi$에서 $\varphi(t;\sigma,w)$로 고르게 수렴한다.

증명 $\varphi_n(t) = \varphi_n(t;\sigma_n,w_n), \varphi(t) = \varphi(t;\sigma,w)$라고 놓고 결론을 부정하자. 그러면 적당한 유계닫힌구간 I, $\varepsilon_0 > 0$ 그리고 부분열 $\{n_k\}_{k\in\mathbb{N}}$이 있어서

$$\sup\{\|\varphi_{n_k}(t) - \varphi(t)\| : t \in I\} \geq \varepsilon_0 \tag{C.1.4}$$

가 성립한다. 그러나 캄케의 정리 C.1.1에 의해 적당한 부분열 $\{n_{k_i}\} \subset \{n_k\}$가 존재하고 $\{\varphi_{n_{k_i}}(t)\}$는 I에서 $\varphi(t)$에 고르게 수렴한다. 이것은 (C.1.4)와 모순이다. □

정리 C.1.2. f는 D에서 연속이고, D 안의 임의의 점을 지나는 방정식 (B.2.2)의 해는 유일하다고 가정하자. 그러면 방정식 (B.2.2)의 해 $\varphi(t;\sigma,w)$는 $\mathcal{D} := \{(t,\sigma,w) : (\sigma,w) \in D, t \in J_\varphi\}$에서 연속이다.

증명 결론을 부정하면 적당한 양수 $\varepsilon_0 > 0$, 점 $(t_0,\sigma_0,w_0) \in \mathcal{D}$, 그리고 열 $\{(t_n,\sigma_n,w_n)\} \subset \mathcal{D}$이 존재하고

$$\lim_{n\to\infty} t_n = t_0,\ \lim_{n\to\infty} \sigma_n = \sigma_0,\ \lim_{n\to\infty} w_n = w_0,$$

$$\|\varphi(t_n;\sigma_n,w_n) - \varphi(t_0;\sigma_0,w_0)\| \geq \varepsilon_0$$

가 성립한다. 정리 C.1.1에 의해 적당한 부분열 $\{\varphi(t;\sigma_{n_k},w_{n_k})\} \subset \{\varphi(t;\sigma_n,w_n)\}$과 σ_0, t_0를 안점으로하는 적당한 유계닫힌구간 I가 존재하여 $\{\varphi(t;\sigma_{n_k},w_{n_k})\}$는 I에서 정의되고, I에서 $\varphi(t;\sigma_0,w_0)$에 고르게 수렴한다. 그리고 $\varphi(t;\sigma_0,w_0)$는 t에 관하여 연속이다. 따라서 임의의 ε $(\varepsilon_0 > \varepsilon > 0)$에 대하여 적당한 양수 N_0가 존재하고, $k > N_0$이면

$$\|\varphi(t;\sigma_{n_k},w_{n_k}) - \varphi(t;\sigma_0,w_0)\| < \varepsilon/2,\ \ (t \in I),$$

$$\|\varphi(t_{n_k};\sigma_0,w_0)-\varphi(t_0;\sigma_0,w_0)\|<\varepsilon/2,\ \ (t_{n_k}\in I) \tag{C.1.5}$$

이 성립한다. 분명히,

$$\|\varphi(t_{n_k};\sigma_{n_k},w_{n_k})-\varphi(t_{n_k};\sigma_0,w_0)\|<\varepsilon/2. \tag{C.1.6}$$

따라서 (C.1.5), (C.1.6) 에 의해

$$\begin{aligned}\varepsilon_0 &\le \|\varphi(t_{n_k};\sigma_{n_k},w_{n_k})-\varphi(t_0;\sigma_0,w_0)\|\\ &\le \|\varphi(t_{n_k};\sigma_{n_k},w_{n_k})-\varphi(t_{n_k};\sigma_0,w_0)\|+\|\varphi(t_{n_k};\sigma_0,w_0)-\varphi(t_0;\sigma_0,w_0)\|\\ &\le \varepsilon/2+\varepsilon/2=\varepsilon\end{aligned}$$

을 얻는다. 이것은 모순이다. □

D는 $\mathbb{R}\times\mathbb{R}^m$의 영역, U는 $\mathbb{R}^p$의 영역이라고 하자. 매개변수를 포함하는 미분방정식

$$\frac{dx}{dt}=f(t,x,u) \tag{C.1.7}$$

를 고찰한다. 여기서 $(t,x)\in D,\ u\in U$이고, $f:D\times U\to\mathbb{R}^m$은 연속이다. 임의의 u에 대하여 초기점을 지나는 해는 D에서 유일하다고 가정한다. 초기점 (σ,w)를 지나는 방정식 (C.1.7)의 연장불가능한 해를 $\varphi(t,\sigma,w,u)$라고 표시하고 φ는

$$\mathcal{D}:(\sigma,w)\in D,\ u\in U,\ t\in J_\varphi$$

에서 정의된 $m+p+2$개 변수의 함수라고 하자. 그러면 다음 결과가 얻어진다.

정리 C.1.3. $\varphi(t,\sigma,w,u)$는 $\mathcal{D}$에서 연속이다.

증명 미분방정식계

$$\begin{cases}\frac{dx}{dt}=f(t,x,y)\\ \frac{dy}{dt}=0\end{cases} \tag{C.1.8}$$

을 생각하자. 임의의 $(\sigma,w)\in D, u\in U$에 대하여 초기조건

$$\begin{cases}x(\sigma)=w\\ y(\sigma)=u\end{cases}$$

를 만족하는 방정식계 (C.1.8)의 해는 유일하며, 해는 $x(t)=\varphi(t,\sigma,w,u),\ \ y(t)=u$로 표현된다. 정리 C.1.2에 의해 $\varphi(t,\sigma,w,u)$는 모든 변수에 관하여 연속이다. □

C.2 초기값에 관한 해의 미분가능성

초기점 (σ,w)를 만족하는 방정식 (B.2.2)의 해를 $\varphi(t;\sigma,w)$라고 하면,

$$\frac{\partial}{\partial t}\varphi(t;\sigma,w)=f(t,\varphi(t;\sigma,w))$$

가 성립한다. 양변을 w로 편미분하면

$$D_w \frac{\partial}{\partial t}\varphi(t;\sigma,w) = D_w f(t,\varphi(t;\sigma,w)). \tag{C.2.1}$$

우변은

$$D_w f(t,\varphi(t;\sigma,w))) = D_x f(t,\varphi(t;\sigma,w))D_w\varphi(t;\sigma,w)$$

이므로 (C.2.1)에서 좌변의 미분 순서가 교환된다면

$$\frac{\partial}{\partial t}D_w\varphi(t;\sigma,w) = D_x f(t,\varphi(t;\sigma,w))D_w\varphi(t;\sigma,w)$$

가 얻어진다. 즉, $D_w\varphi(t;\sigma,w)$는 행렬미분방정식

$$\frac{d}{dt}Y = D_x f(t,\varphi(t;\sigma,w))Y$$

의 해이다. 이 방정식을 (B.2.2)의 **변분(variational) 방정식**이라고 부른다. $\varphi(\sigma;\sigma,w) = w$이므로 $D_w\varphi(\sigma;\sigma,w) = E$이다.

여기서는 위의 직관적인 결과를 엄밀히 증명하고 해 $\varphi(t;\sigma,w)$가 (t,σ,w)에 관하여 연속미분가능함을 보이자.

정리 C.2.1. 방정식 (B.2.2)에서 f, $D_x f$를 영역 D에서 연속이라고 하자. 그리고 $(\sigma_0,w_0)\in D$를 임의로 고정하고 $D(\sigma_0,w_0;a,r)\subset D$을 택한다. 임의의 점 $(\sigma,w)\in D(\sigma_0,w_0;a,r)$을 지나는 방정식 (B.2.2)의 해 $\varphi(t;\sigma,w)$는 유계닫힌구간 I에서 정의된다고 하자. 그러면 다음 결과가 성립한다.

(1) 해 $\varphi(t;\sigma,w)$는 $\int\mathcal{D} := \{(t,\sigma,w) : (\sigma,w)\in D, t\in intI\}$에서 연속미분가능하다.

(2) $D_w\varphi(t;\sigma,w)$는 방정식

$$\frac{d}{dt}Y = D_x f(t,\varphi(t;\sigma,w))Y,\ \ Y(\sigma;\sigma,w) = E \tag{C.2.2}$$

의 해이다.

(3) $\frac{\partial\varphi}{\partial\sigma}(t;\sigma,w)$는 방정식

$$\frac{d}{dt}y = D_x f(t,\varphi(t;\sigma,w))y,\ \ y(\sigma) = -f(\sigma,w) \tag{C.2.3}$$

의 해이다.

(4) $\frac{\partial\varphi}{\partial\sigma}(t;\sigma,w)$는 관계식

$$\frac{\partial\varphi}{\partial\sigma}(t;\sigma,w) + D_w\varphi(t;\sigma,w)f(\sigma,w) = 0 \tag{C.2.4}$$

을 만족한다.

증명 $D_x f$가 $D(\sigma_0,w_0;a,r)$에서 연속이므로 명제 B.3에 의해 국소적 립시츠 조건을 만족한다. 즉 적당한 양수 $K>0$이 존재하고 부등식

$$\|f(t,w_1) - f(t,w_2)\| \le K\|w_1 - w_2\|,\ (t,w_1),(t,w_2)\in D(\sigma_0,w_0;a,r)$$

이 성립한다. 따라서 정리 C.1.2에 의해 $\varphi(t;\sigma,w)$는 $int\mathcal{D}$에서 연속이다.

1단계. $D_w\varphi(t;\sigma_0,w_0)$가 방정식 (C.2.2)를 만족하는 행렬해 $Y(t)$와 일치하는 것을 보이자. $\varphi^0(t)=\varphi(t;\sigma_0,w_0), \varphi(t)=\varphi(t;\sigma_0,w)$, $B=e^{K|I|}$라고 놓자. 그러면 임의의 $1>\varepsilon>0$에 대하여 적당한 $\min\{a,r\}>\delta>0$을 만족하는 δ가 존재하고 $|z-y|<B\delta$이면

$$\|D_xf(t,z)-D_xf(t,y)\|<\varepsilon,\ (t\in I)$$

이 성립한다. 그러면

$$\begin{aligned}\|\varphi(t)-\varphi^0(t)\| &\le \|w-w_0|+\left|\int_{\sigma_0}^t \|f(s,\varphi(s))-f(s,\varphi^0(s))\|ds\right| \\ &\le \|w-w_0\|+K\left|\int_{\sigma_0}^t \|\varphi(s)-\varphi^0(s)\|ds\right|.\end{aligned}$$

그론월–벨만의 부등식(도움정리 2.1.2) 에 의해

$$\begin{aligned}\|\varphi(t)-\varphi^0(t)\| &\le \|w-w_0\|+K\|w-w_0\|\left|\int_{\sigma_0}^t e^{\left|\int_s^t Kdr\right|}ds\right| \\ &\le \left(1+K\left|\int_{\sigma_0}^t e^{K|t-s|}ds\right|\right)\|w-w_0\| \\ &\le \left(1+(e^{K|t-\sigma_0|}-1)\right)\|w-w_0\| \\ &\le e^{K|I|}\|w-w_0\|,\end{aligned}$$

즉 $\|\varphi(t)-\varphi^0(t)\|\le B\|w-w_0\|,\ t\in I$ 를 얻는다. $\|\varphi(t)-\varphi^0(t)\|\le B\delta$ 이므로

$$\left\|D_xf(t,\varphi^0(t)+\theta(\varphi(t)-\varphi^0(t)))-D_xf(t,\varphi^0(t))\right\|<\varepsilon,\ (0<\theta<1,t\in I).$$

따라서 유한증분의 정리에 의해

$$\begin{aligned}&\|f(t,\varphi(t))-f(t,\varphi^0(t))-D_xf(t,\varphi^0(t))(\varphi(t)-\varphi^0(t))\| \\ =&\left\|\int_0^1 \left(D_xf(t,\varphi^0(t)+\theta(\varphi(t)-\varphi^0(t)))-D_xf(t,\varphi^0(t))\right)d\theta\,(\varphi(t)-\varphi^0(t))\right\| \\ \le&\left(\int_0^1 \left\|D_xf(t,\varphi^0(t)+\theta(\varphi(t)-\varphi^0(t)))-D_xf(t,\varphi^0(t))\right\|d\theta\right)\|\varphi(t)-\varphi^0(t)\| \\ \le&\,\varepsilon\|\varphi(t)-\varphi^0(t)\|.\end{aligned}$$

따라서

$$\|\frac{d}{dt}\varphi(t)-\frac{d}{dt}\varphi^0(t)-D_xf(t,\varphi^0(t))(\varphi(t)-\varphi^0(t))\|\le\varepsilon B\|w-w_0\|.$$

지금 식 (C.2.2)를 만족하는 행렬해를 $Y(t)$, 그리고

$$\psi(t;\sigma_0,w)=\varphi(t;\sigma_0,w)-\varphi(t;\sigma_0,w_0)-Y(t)(w-w_0)$$

라고 놓으면 $\psi(\sigma_0;\sigma_0,w)=w-w_0-E(w-w_0)=0$이고

$$
\begin{aligned}
&\left\|\frac{d}{dt}\psi(t;\sigma_0,w)-D_xf(t,\varphi^0(t))\psi(t;\sigma_0,w)\right\| \\
\le&\left\|\frac{d}{dt}\varphi(t)-\frac{d}{dt}\varphi^0(t)-D_xf(t,\varphi^0(t))(\varphi(t)-\varphi^0(t))\right\| \\
&\quad+\left\|D_xf(t,\varphi^0(t))[Y(t)(w-w_0)]-\frac{d}{dt}Y(t)(w-w_0)\right\| \\
\le&\,\varepsilon\|\varphi(t)-\varphi^0(t)\|+\left\|\left[D_xf(t,\varphi^0(t))Y(t)-\frac{d}{dt}Y(t)\right](w-w_0)\right\| \\
\le&\,\varepsilon B\|w-w_0\|.
\end{aligned}
$$

따라서

$$\left\|\frac{d}{dt}\psi(t;\sigma_0,w)\right\|\le\|D_xf(t,\varphi^0(t))\psi(t;\sigma_0,w)\|+\varepsilon B\|w-w_0\|.$$

정리 A.1.4에 의해 $|D_\pm\|\psi(t;\sigma_0,w)\||\le\|\frac{d}{dt}\psi(t;\sigma_0,w)\|$이므로

$$|D_\pm\|\psi(t;\sigma_0,w)\||\le\|D_xf(t,\varphi^0(t))\psi(t;\sigma_0,w)\|+\varepsilon B\|w-w_0\|.$$

$D(\sigma_0,w_0;a,r)$에서 $D_xf(t,w)$는 연속이므로 적당한 $M>0$이 있어서 $\|D_xf(t,w)\|\le M$이 성립한다. $u(t)=\|\psi(t;\sigma_0,w)\|$, $t\in I$라고 놓으면, 위 식은

$$|D_\pm u(t)|\le Mu(t)+\varepsilon B\|w-w_0\|.$$

따라서

$$
\begin{aligned}
D_+u(t)&\le Mu(t)+\varepsilon B\|w-w_0\|\ \ (\sigma_0\le t),\\
-Mu(t)-\varepsilon B\|w-w_0\|&\le D_-u(t)\ \ (t\le\sigma_0)
\end{aligned}
$$

를 얻는다. $u(\sigma_0)=0$이므로 비교정리 2.1.2를 쓰면

$$u(t)\le\varepsilon BM^{-1}\|w-w_0\|\left(e^{M(t-\sigma_0)}-1\right)\ \ (\sigma_0\le t)$$

이고

$$u(t)\le\varepsilon BM^{-1}\|w-w_0\|\left(e^{-M(t-\sigma_0)}-1\right)\ \ (t\le\sigma_0).$$

위 결과를 종합하여 평가식

$$\|\psi(t;\sigma_0,w)\|\le\varepsilon BM^{-1}\|w-w_0\|(e^{M|t-\sigma_0|}-1)\ \ (t\in I)$$

을 얻는다. 그러므로 $D_w\varphi(t;\sigma_0,w_0)$는 I에서 $Y(t)$와 일치한다. 마찬가지 방법에 의해 $D_w\varphi(t;\sigma,w)$는 $int\mathcal{D}$에서 $D_w\varphi(\sigma;\sigma,w)=E$를 만족하는 방정식 (C.2.2)의 해이다.

마지막으로, $D_w\varphi(t;\sigma,w)$가 $int\mathcal{D}$에서 연속인 것을 보이자. 방정식 (C.2.2)의 우변의 열벡터 $D_xf(t,\varphi(t;\sigma,w))z$는 (t,σ,w,z)에 관하여 연속이다. 방정식 (C.2.2)는 정리 C.1.3의 조건을

만족하므로 $Y(t;\sigma,w) = D_w\varphi(t;\sigma,w)$는 $int\mathcal{D}$에서 w에 관하여 연속이다.

2단계. $\frac{\partial\varphi}{\partial\sigma}(t;\sigma,w)$의 존재와 관계식 (C.2.4)를 보이자. 먼저 σ를 고정한다. h를 충분히 작게 잡으면 $\varphi(t;\sigma+h,w)$는 I에서 정의된다. $z = \varphi(\sigma;\sigma+h,w)$라고 놓으면, $\varphi(t;\sigma+h,w)$는 $\varphi(t;\sigma+h,w) = \varphi(t;\sigma,z)$이므로

$$\varphi(t;\sigma+h,w) - \varphi(t;\sigma,w) = \varphi(t;\sigma,z) - \varphi(t;\sigma,w).$$

따라서 $h \to 0$이면 $\|z-w\| \to 0$이므로

$$\begin{aligned}\varphi(t;\sigma,z) - \varphi(t;\sigma,w) &= \int_0^1 D_w\varphi(t;\sigma,w+\theta(z-w))d\theta\,(z-w) \quad (0<\theta<1)\\ &\to D_w\varphi(t;\sigma,w)\,(z-w) \quad (h\to 0).\end{aligned}$$

한편

$$\begin{aligned}z-w = \varphi(\sigma;\sigma+h,w) - \varphi(\sigma;\sigma,w) &= \varphi(\sigma;\sigma+h,w) - \varphi(\sigma+h;\sigma+h,w)\\ &= -\int_\sigma^{\sigma+h} f(s,\varphi(s;\sigma+h,w))ds\\ &= -\int_\sigma^{\sigma+h} f(s,\varphi(s;\sigma,w))ds\\ &\quad -\int_\sigma^{\sigma+h} [f(s,\varphi(s;\sigma+h,w)) - f(s,\varphi(s;\sigma,w))]ds\end{aligned}$$

이므로

$$\lim_{h\to 0}\frac{1}{h}(z-w) = -f(\sigma,\varphi(\sigma;\sigma,w)) = -f(\sigma,w).$$

결국

$$\frac{\partial\varphi}{\partial\sigma}(t;\sigma,w) = \lim_{h\to 0}\frac{\varphi(t;\sigma,z)-\varphi(t;\sigma,w)}{h} = -D_w\varphi(t;\sigma,w)f(\sigma,w)$$

를 얻는다. 따라서 $\frac{\partial\varphi}{\partial\sigma}(t;\sigma,w)$의 연속성은 위로부터 분명하다.

3단계. $\frac{\partial\varphi}{\partial\sigma}(t;\sigma,w)$가 방정식 (C.2.3)의 해임을 보이자. 분명히,

$$\frac{\partial\varphi}{\partial\sigma}(\sigma;\sigma,w) = -D_w\varphi(\sigma;\sigma,w)f(\sigma,w) = -f(\sigma,w)$$

$D_w\varphi(t;\sigma,w)$는 방정식 (C.2.2)의 해이므로,

$$\frac{\partial\varphi}{\partial w_1}(t;\sigma,w),\cdots,\frac{\partial\varphi}{\partial w_m}(t;\sigma,w)$$

는 제차 선형미분방정식 $\frac{d}{dt}y = D_xf(t,\varphi(t;\sigma,w))y$의 해이다. 따라서 위위 해의 일차결합 $-D_w\varphi(t;\sigma,w)f(\sigma,w)$도 해이다. 그러므로 $\frac{\partial\varphi}{\partial\sigma}(t;\sigma,w)$가 방정식 (C.2.3)의 해이다.

4단계. $\frac{\partial\varphi}{\partial t}(t;\sigma,w)$의 존재와 연속성은 $\varphi(t;\sigma,w)$가 방정식 (B.2.2)의 해이므로 분명하다. □

C.3 비선형계의 선형화 방법

방정식 (B.4.1), 즉

$$\frac{dx}{dt} = f(x)$$

에서 $f(x)$를 C^1급이라고 가정하자.

1) 정상해 근방의 선형화

방정식 (B.4.1)에서 $f(w_0) = 0$을 만족하는 w_0를 방정식 (B.2.2)의 **특이점** 또는 **정상해**라고 부른다. 이 때

$$\frac{d}{dt}y = D_x f(w_0)y \tag{C.3.1}$$

를 특이점 w_0 근방의 **선형화(linearization) 방정식**이라고 부른다. 이 방정식은 상수계수 선형 미분방정식이다.

특이점 w_0의 근방의 점 w를 지나는 방정식 (B.4.1)의 해 $\varphi(t;w) := \varphi(t;0,w)$에 대하여 $D_w\varphi(t;w)$는 정리 C.2.1로부터 $\frac{d}{dt}D_w\varphi(t;w) = D_x f(\varphi(t;w))D_w\varphi(t;w)$를 만족한다. $w = w_0$라고 놓으면, $\varphi(t;w_0) = w_0$이므로

$$\frac{d}{dt}D_w\varphi(t;w_0) = D_x f(w_0))D_w\varphi(t;w_0)$$

가 성립한다. 즉 $D_w\varphi(t;w_0)$는 방정식 (C.3.1)의 해이다.

2) 주기해 근방의 선형화

$\varphi(t;w)$를 방정식 (B.4.1)의 τ-주기해라고 하자. 그러면

$$\frac{d}{dt}y = D_x f(\varphi(t;w))y \tag{C.3.2}$$

를 주기해 $\varphi(t;w)$ 근방의 선형화 방정식이라고 부른다. 이 방정식은 주기계수 선형미분방정식이다. 정리 C.2.1로부터 $D_w\varphi(t;w)$는 방정식 (C.3.2)의 기본행렬이고, $D_w\varphi(0;w) = E$이다.

명제 C.3.1 다음 명제가 성립한다.

1) 적당한 m차 행렬 R이 있어서 등식

$$D_w\varphi(\tau;w) = e^{\tau R}$$

이 성립한다.

2) $D_w\varphi(\tau;w)$는 고유값 1을 가지며, 대응하는 고유벡터는 $\frac{d}{dt}\varphi(0;w)$이다.

증명 $D_w\varphi(t;w)$는 방정식 (C.3.2)의 기본행렬이고, $D_w\varphi(0;w)=E$이므로 초기점 $(0,w_0)$를 지나는 방정식 (C.3.2)의 해 $\psi(t;w_0)$는

$$\psi(t;w_0)=D_w\varphi(t;w)w_0,\ (t\in\mathbb{R}) \tag{C.3.3}$$

로 표현된다. $D_w\varphi(t;w)$는 정칙이므로 적당한 m차 행렬이 있어서 등식 $D_w\varphi(\tau;w)=e^{\tau R}$이 성립한다.

$\varphi(t;w)$는 방정식 (B.4.1)의 해이므로 $\frac{d}{dt}\varphi(t;w)=f(\varphi(t;w))$가 성립한다. 우변은 t에 관하여 미분가능하므로 양변을 미분하면 합성함수의 미분법에 의해

$$\frac{d}{dt}\left(\frac{d}{dt}\varphi(t;w)\right)=D_xf(\varphi(t;w))\frac{d}{dt}\varphi(t;w)$$

가 성립한다. 즉, $\frac{d}{dt}\varphi(t;w)$는 방정식 (C.3.2)의 해이다. (C.3.3)으로부터

$$\frac{d}{dt}\varphi(t;w)=D_w\varphi(t;w)\frac{d}{dt}\varphi(0;w),\ (t\in\mathbb{R}) \tag{C.3.4}$$

가 얻어진다. $\frac{d}{dt}\varphi(t;w)$는 주기가 τ인 함수이고, $\frac{d}{dt}\varphi(t;w)\neq 0$이므로 (C.3.4)에서 $t=\tau$라고 놓으면

$$D_w\varphi(\tau;w)\frac{d}{dt}\varphi(0;w)=\frac{d}{dt}\varphi(\tau;w)=\frac{d}{dt}\varphi(0;w)$$

가 된다. 따라서 1은 $D_w\varphi(\tau;w)$의 고유값이고 $\frac{d}{dt}\varphi(0;w)$는 대응하는 고유벡터이다 □

3) 해 근방의 선형화

일반적으로, 정리 C.2.1에서 얻은 제차 선형미분방정식

$$\frac{d}{dt}y=D_xf(t,\varphi(t;\sigma,w))y \tag{C.3.5}$$

또는 행렬선형미분방정식

$$\frac{d}{dt}Y=D_xf(t,\varphi(t;\sigma,w))Y \tag{C.3.6}$$

를 방정식 (B.2.2)의 해 $\varphi(t;\sigma,w)$ 근방의 선형화 방정식(또는 변분방정식)이라고 부른다.

명제 C.3.2 방정식 (B.2.2)에서 가정 (S)가 만족된다고 하자. 그러면 방정식 (B.2.2)의 해 $\varphi(t;\sigma,w)$에 대하여 변수변환

$$x=y+\varphi(t;\sigma,w) \tag{C.3.7}$$

를 하면 방정식 (B.2.2)와 다음 방정식들은 동치이다 :

$$\frac{d}{dt}y=f(t,y+\varphi(t;\sigma,w))-f(t,\varphi(t;\sigma,w)) \tag{C.3.8}$$

또는

$$\frac{d}{dt}y = D_x f(t, \varphi(t;\sigma,w))y + g(t,y), \tag{C.3.9}$$

여기서

$$g(t,y) = f(t, y+\varphi(t;\sigma,w)) - f(t,\varphi(t;\sigma,w)) - D_x f(t,\varphi(t;\sigma,w))y.$$

그리고 $g(t,y)$는 가정 (S)를 만족하며, $g(t,0)=0$, $D_y g(t,0)=0$이 성립한다.

방정식 (B.2.2)가 τ-주기계이고 $\varphi(t;\sigma,w)$가 τ-주기해이면 t에 관하여 고르게

$$\lim_{y\to 0} g(t,y) = 0, \quad \lim_{y\to 0} D_y g(t,y) = 0.$$

증명 $\varphi(t;\sigma,w)$는 방정식의 해이므로 (C.3.7)를 t에 관하여 미분하면

$$\frac{d}{dt}x = \frac{d}{dt}y + \frac{d}{dt}\varphi(t;\sigma,w) = \frac{d}{dt}y + f(t,\varphi(t;\sigma,w)).$$

이로부터 방정식 (B.2.2)와 방정식 (C.3.8)은 동치이다. $g(t,y)$의 정의로부터 방정식 (C.3.9)와도 동치이다. 한편, f가 가정 (S)를 만족하므로

$$D_y g(t,y) = D_x f(t, y+\varphi(t;\sigma,w)) - D_x f(t,\varphi(t;\sigma,w)).$$

따라서 $g(t,y)$는 가정 (S)를 만족한다. 뿐만 아니라, $g(t,0)=0$, $D_y g(t,0)=0$도 얻어진다.

다음으로 가정으로부터 $g(t,y), D_y g(t,y)$는 τ-주기함수이다. $g(t,0)=0$이고 $g(t,y)$는 연속이므로, 임의의 $\varepsilon>0$에 대하여 적당한 $\delta>0$이 존재하고

$$\|y\| < \delta \text{ 이면 } \|g(t,y)\| < \varepsilon \ (0 \le t \le \tau)$$

이 성립한다. $g(t,y)$의 주기성에 의해 $\|g(t,y)\| < \varepsilon (t \in \mathbb{R})$이 성립한다. 마찬가지로 t에 관하여 고르게 $\lim_{y\to 0} D_y g(t,y) = 0$인 것도 알 수 있다. □

참고문헌

이 책은 저자와 나이토와 공동집필한 [68, 69]에 근거한 부분이 많으며, 이 책이 출판된 이후의 결과들이 많이 포함되어 있다.

제1장 참고문헌

제1장 전반에서는 선형대수의 표준적인 책 [2, 26, 11, 31, 68]을 참고로 하였다. 1절부터 4절까지는 위 책을 참조하였다.

5절의 내용은 주로 저자들의 논문 [36]에 의거하고 있으나 책 [51], [8]을 참조하였다.

6절부터 8절까지는 스펙트럼 분해정리와 스펙트럼 사상정리의 내용이며 [21, 51, 68]을 참고로 하였으나 보다 세밀화하고 있다. 특히 실행렬이 복소고유값을 가지는 경우는 논문 [36]을 인용하였다. 상미분방정식의 많은 책 [12, 14, 15, 22, 25] 들은 Jordan 표준형에 의거하고 있다는 것을 주의해 둔다. 6절에서 가환인 행렬의 스펙트럼 문제는 논문 [47]과 [35]의 내용을 참고하였다.

제2장 참고문헌

제2장 전반에서는 상미분방정식의 표준적인 교과서 [1, 14, 21, 25, 46, 68]와 전문서적 [4, 12, 22]를 참조하였다. 2절에서 가환 방정식의 해작용소의 구성문제는 책 [42]을 참조했다. 3절에서 상수계수 선형미분방정식계의 해의 표현의 일부는 문헌 [36], 해의 유계성에 관해서는 [15]를 참고로 했다. 4절에서 특성승수의 일부는 책 [42], 주기해의 일의성과 존재성에 관해서는 [43, 15, 46]를 참고로 하였다.

제3장 참고문헌

제3장 전반에서는 차분방정식의 기본적인 책 [5, 16, 27, 45, 68]를 참조하였으며, 해의 표현의 일부는 문헌 [36]을 참고로 하였다.

제4장 참고문헌

제4장 전반에서는 이산수학, 차분방정식의 기본적인 책 [7, 19, 27, 45, 69]를 참조하였다. 이 장에서는 문헌 [32, 49, 50]에서 제기된 이산수학적 내용이 포함되어 있다.

제5장 참고문헌

제5장 전반에서는 저자들의 연구논문 [28, 66, 54, 32]로부터 인용하였다. 1절과 2절의 상수계수 차분방정식계는 논문 [28, 66], 3절 주기계수는 논문 [54]을 주로 인용하였다.

제6장 참고문헌

제6장 전반에서는 책 [69]과 논문 [66, 53]를 참조하였다. 2절에서 합성함수의 미분에 관한 브루노 공식은 논문 [9, 13, 57]을 참조하였으며, 4절에서 변환공식의 응용 (II)는 [53], 변환공식의 응용 (III) 은 [33]을 참조하였다.

제7장 참고문헌

제7장 전반에서는 책 [69]과 논문 [29, 66]을 참조하였다. 1절 해의 표현에 대해서는 [29]를 주로 인용하였으나, 기호는 문헌 [66]에 맞추었다. 2절 주기화함수에 대해서는 [52]을 인용하였다.

제8장 참고문헌

제8장 전반에서는 책 [69]과 논문 [66]을 인용하였으며, 논문 [32]도 참조하였다. 4절에서 가환성의 가정하에서의 유계해의 존재에 대해서는 [35]를 인용하였다.

부록 참고문헌

부록 전반에 걸쳐, 상미분방정식의 책 [21, 22, 37]을 참조하였다. 해의 연속적 의존성에 관한 정리(캄케의 정리)의 증명에서 조른의 도움정리를 사용하는 방법은 논문 [59]에 의거하고 있다. 무한차원 함수미분방정식에로의 확장은 문헌 [62, 63, 64, 65]를 참조하기 바란다.

참고 문헌

[1] 장성각, 권영철, 배명학, 『미분방정식의 이해와 응용』, 경문사, 2011.

[2] 김응태, 박승안, 『선형대수학』 제5판, 경문사, 2011.

[3] 계승혁, 김영원, 『기초복소해석』, 서울대학교출판문화원, 2011.

[4] L. Ya. Adrianova, *Introduction to Linear Systems of Differential Equations*, Ttanslation of Mathematical Monographs Volume 16, American Mathematical Society, Providence, Rhode Island, 1995.

[5] R. P. Agarwal, *Difference Equations and Inequalities, Theory, Methods, and Applications*, Marcel Dekker, Inc., New York-Basel-Hong Kong, 1992.

[6] M. Aigner, *A Course in Enumeration*, Graduate Texts in Mathematics, 238, Springer-Varlag, 2007.

[7] T. Arakawa, T. Ibukiyama and M. Kaneko, *Bernoulli Numbers and Zeta Functions with an appendix by Don Zagier*, Springer Japan, 2014.

[8] V. I. Arnol'd, *Ordinary Differential Equations*, Springer-Verlag, Berlin Heidelberg New York, 1992.

[9] F. Fáa di Bruno, "Note sur une nouvelle formule de calcul differentiel," *Quart. J. Pure Appl. Math.*, 1 (1857), 359–360.

[10] T. A. Burton, *Stability and Periodic Solutions of Ordinary and Functional Differential Equations*, Mathematics in science and engineering Vol. 178, Academic Press, Orlando, San Diego, New York, 1985.

[11] K. Chiba, *Functions of Matrix and Jordan cannonical form* (in Japanese), Saientisutosha, 2010.

[12] E. A. Coddington and N. Levinson, *Theory of Ordinary Differential Equations*, McGraw-Hill, 1955.

[13] G. M. Constantine and T. H. Savits, "A multivariate Faa Di Bruno formula with applications," *Trans. Amer. Math. Soc.*, 348 (1996), 503-520.

[14] W. A. Coppel, *Stability and Asymptotic Behavior of Ordinary Differential Equations*, Heath, Boston, 1965.

[15] J. L. Daleckii and M. G. Krein, *Stability of Solutions of Differential Equations in Banach Space*, Trans. of Math. Monographs. Vol. 43, Amer. Math. Soc.,1974.

[16] S. N. Elaydi, *An Introduction to Difference Equations*, Springer-Varlag, New York, 1996.

[17] A. M. Fink, *Almost Periodic Differential Equations*, Lecture Notes in Math., 377, Springer-Varlag, Berlin-New York, 1974.

[18] S. K. Godonov, *Ordinary Differential Equations with Constant Coefficient*, Translations of Math. Monographs, 169, American Math. Soc., 1997.

[19] R. Graham, D. Knuth and O. Patashnik, *Concrete Mathematics* (A foundation for computer sciece), Addison-Wesley, 1989.

[20] J. K. Hale, *Oscillations in Nonlinear Systems*, McGraw-Hill, New York, Toronto, London, 1963.

[21] J. K. Hale, *Ordinary Differential Equations*, John Wiley & Sons, New York, 1969.

[22] P. Hartman, *Ordinary Differential Equations*, John Wiley & Sons, New York, 1964.

[23] T. Hara and J. S. Shin, "On the lmit set of 2-dimensional linear differential equations with quasi periodic coefficients" (in Japanese), kyotodaigaku-suurikaisekikenkyuusyo-koukyuuroku, 1582 (2008), 118-126.

[24] L. Hatvani and T. Krisztin, "On the existence of periodic solutions for linear inhomogeneous and quasilinear functional differential equations," *J. Differential Equations*, 97 (1992), 1-15.

[25] M. W. Hirsch, S. Smale and R. L. Devaney, *Differential Equations, Dynamical Systems and an Introduction to Chaos*, Elsevier Inc, 2004.

[26] K. Hoffman and R. Kunze, *Linear Algebra*, Prentice-Hall, Inc, 1971.

[27] M. Inoue, *Introduction to Difference Equations* (in Japanese), Hirokawashyoten, 1968.

[28] J. Kato, T. Naito and J. S. Shin, "Bounded solutions and periodic solutions to linear differential equations in Banach spaces," Proceeding in DEAA, *Vietnam J. of Math.* 30 (2002), 561-575.

[29] J. Kato, T. Naito and J. S. Shin, "A characterization of solutions in linear differential equations with periodic forcing functions," *Journal of Difference Equ. Appl.* 11 (2005), 1-19.

[30] Y. Katznelson, *An Introduction to Harmonic Analysis*, Dover Publications, Inc., 1976.

[31] Y. Katznelson and Y.R. Katznelson,, *A (Terse) Introduction to linear algebra*, Student Mathematical Librery, Vol. 44, AMS, Inc., 1976.

[32] D. Kim and J. S. Shin, "Representations of solutions to periodic continuous linear system and discrete linear system," *Bull. Korean Math. Soc.* 51 (2014), No. 4, 933-942

[33] D. Kim and E. G. Lee, "Relationship among coefficents, Bernolli numbers and Stirling numbers," *ARS Combinatoria*. 125 (2016), 331-337.

[34] D. Kim, R. Miyazaki, T. Naito and J.S. Shin, "Normal eigenvalues in evolutionary process," *J. Korean Math. Soc.* 53 (2016), No. 4, 895-908.

[35] D. Kim, R. Miyazaki, T. Naito and J.S. Shin, "Boundedness of solutions in periodic linear differential equations under commutativity conditions for coefficient matrices," submitted.

[36] D. Kim, R. Miyazaki, T. Naito and J.S. Shin, "Realifications of solutions to linear systems with constant coefficients," submitted.

[37] T. Kimura, *Ordinary Differential Equations* (in Japanese), Kyouritushyppan, 1974.

[38] S. G. Kranz and H. R. Parks, *A Primer of Real Analytic Functions*, 2nd ed., Birkhäuser Advanced Texts, Basler Lehrbücher, Birkhäser, 2002.

[39] V. Lakshmikantham, and S. Leela, *Differential and Intgral Inequalities, Vol.* I, II, Academic Press, New York, 1969.

[40] B. M. Levitan and V. V. Zhikov, *Almost Periodic Functions and Differential Equations*, Cambridge University Press, 1982.

[41] S. M. Lozinskii, "Estimates for errors of numerical inttegration of ordinary differential equations.I," (Russian)*Izv. Vyssh. Uchebn. Zaved. Math.* 5 (1958), 52-90.

[42] D. L. Lukes, *Differential Equations : Classical to Controlled*, Math. in science and engneering, Vol. 162, Academic Press, Inc, 1982.

[43] J. L. Massera, "The existence of periodic solutions of systems of differential equations," *Duke Math. J.* 17 (1950), 457-475.

[44] J. L. Massera and J. J. Schäffere, *Linear Differential Equations and Function Spaces*, Academic Press, New York and London, 1966.

[45] K. S. Miller, *An Introduction to the Calculus of Finite Differences and Difference Equations*, Dover Publications, New York, 1966.

[46] R. K. Miller and A. N. Michel, *Ordinary Differential Equations*, Academic press, 1982.

[47] R. Miyazaki, T. Naito and J.S. Shin, "Delayed feedback control by commutative gain matries", SIAM J. Math. Anal. **43** (2011), No. 3, 1122-1144

[48] R. Miyazaki, D. Kim, T. Naito and J.S. Shin, "Fredholm operators, evolution semigroups, and periodic solutions of nonlinear periodic systems," Journal of Differential Equations, 257 (2014), 4214-4247.

[49] R. Miyazaki, D. Kim, T. Naito and J.S. Shin, "Generalized eigenspaces of generators of evolution semigroups," J. Math. Anal. Appl. 433 (2016), 991-1005.

[50] R. Miyazaki, D. Kim, T. Naito and J.S. Shin, "Solutions of higher order inhomogeneous periodic evolutionary process," *J .Korean Math. Soc.* **54**(2017), No.6, 1853-1878. .

[51] T. Naito, *Ordinary Differential Equations , Knack of Mathematics, 10*, Kyoritushuppan, 2012.

[52] T. Naito and J. S. Shin, "On the periodicizing function," *Bull. Korean Math. Soc*. 43 (2006), 253–263.

[53] T. Naito, P. H. A. Ngoc and J. S. Shin, "Representations and asymptotic behavior of solutions to periodic linear difference equations," *Funkcialaj Ekvac.* 51 (2008), 55-80.

[54] T. Naito, P. H. A. Ngoc and J. S. Shin, "Floquet representations and asymptotic behavior of solutions to periodic linear difference equations," *Hiroshima Math. J.* 38 (2008), 135-154.

[55] T. Naito, P. H. A. Ngoc and J. S. Shin, "Lyapunov exponents of solutions to linear differential equations with periodic forcing functions," *J. Math. Anal.* 342 (2008), 349-353.

[56] K. Nomizu, *Fundamentals of Linear Algebra*, Chelsea Pub. Company, New York, 1979.

[57] S. Roman, "The formula of Faa Di Bruno," *Amer. Math. Monthly*, 87 (1980), 805-809.

[58] N. Rouche and J. Mawhin, *Ordinary Differential Equations ; Stability and Periodic Solutions*, Pitman, Boston, 1980.

[59] K. P. Rybakowski, "Ważewski's principle for retarded functional differential equations," *J. Differential Equations,* 36(1980), 117-138.

[60] G. Rzadkowski, "A Short proof of the explicit formura for Bernoulli numbers," *Amer. Math. Monthly*, 111 (2004), 432-434.

[61] G. Sansonne and R. Conti, *Non-linear Differential Equations*, Pergamon Press, 1964.

[62] J. S. Shin, "Existence of solutions and Kamke's theorem for functional differential equations in Banach spaces, J. Differential Equations," 81(1989), 294-312.

[63] J. S. Shin, "Kneser type theorems for functional differential equations in a Banach space," Funkcial. Ekvac., 23(1992), 451-466.

[64] J. S. Shin, "Comparison theorems and uniqueness of mild solution to semilinear functional differential equations in Banach spaces," Nonlinear Analysis. TMA., 23(1994), 825-847.

[65] J. S. Shin and T. Naito, "Existence and continuous dependence of mild solutions to semilinear functional differential equations in Banach spaces." Tohoku Math. J., 51(1999), 555-583.

[66] J. S. Shin and T. Naito, "Representations of solutions, translation formulae and asymptotic behavior in discrete linear systems and in periodic continuous linear systems." Hiroshima Math. J. 44 (2014), 75-126.,

[67] J. S. Shin and T. Naito, "On the equation $(I - e^{\tau A})w = b$" Mathematics, **57**, No. 3, (2005) 314-320, Math. Soc. Japan.

[68] J. S. Shin and T. Naito, *Introduction to Linear Ordinary Differential Eqautions, Vol 1, basic theory*, Makino Shoten, 2007. in Japanese.

[69] J. S. Shin and T. Naito, *Introduction to Linear Ordinary Differential Eqautions, Vol 2, Methods by Difference Equations*, Makino Shoten, 2011. in Japanese.

[70] A. E. Taylor and D.C. Lay, *Introduction to Functional Analysis*, John Wiley-Sons.Inc., 1980.

[71] V. A. Yakubovich and V. M. Starzhinskii, *Linear Differential Equations with Periodic Coefficients 1,2*, John Wiley and Sons, New York, Toronto, 1975.

[72] T. Yoshizawa, *Stability Theory by Liapunov's Second Method*, Math. Soc. Japan, Tokyo, 1966.

찾아보기

주기선형계

연속계와 이산계의 융합

지은이 신정선 · 김도한
펴낸이 조경희
펴낸곳 경문사
펴낸날 2018년 9월 3일 1판 1쇄
등 록 1979년 11월 9일 제313-1979-23호
주 소 04057, 서울특별시 마포구 와우산로 174
전 화 (02)332-2004 팩스 (02)336-5193
이메일 kyungmoon@kyungmoon.com
facebook facebook.com/kyungmoonsa

값 35,000원

ISBN 979-11-6073-058-6

★ 경문사 홈페이지에 오시면 즐거운 일이 생깁니다.
http://www.kyungmoon.com

한국과학기술출판협회 회원사